中国科学院大学研究生教材系列

低温材料基础

李来风　黄传军　编著

電子工業出版社
Publishing House of Electronics Industry
北京 • BEIJING

内 容 简 介

低温技术在航空航天、超导、大科学工程等领域中得到日益广泛的应用。低温材料是低温技术的基础。充分掌握材料在低温下的力学、电学、热学、磁学等性能是设计和制造可靠低温系统的基础。多数材料的性能随温度变化显著，因此需要研究材料在室温至绝对零度宽温区内的各种性能。

本书是在中国科学院大学研究生授课讲义的基础上编撰而成的，主要介绍金属、聚合物和纤维增强聚合物基复合材料在低温下的力学性能、电学性能、热学性能、磁学性能及其测量方法。此外，本书还简要介绍了实用超导材料。

本书可作为“制冷及低温工程”“动力工程及工程热物理”等专业的本科生和研究生教材及参考书，还可作为从事低温技术及材料科学的科研人员的参考书。

图书在版编目（CIP）数据

低温材料基础 / 李来风，黄传军编著. —北京：电子工业出版社，2024.1

中国科学院大学研究生教材系列

ISBN 978-7-121-46832-2

Ⅰ. ①低… Ⅱ. ①李… ②黄… Ⅲ. ①低温材料－研究生－教材 Ⅳ. ①TB35

中国国家版本馆 CIP 数据核字（2023）第 234828 号

责任编辑：李树林
印　　刷：三河市良远印务有限公司
装　　订：三河市良远印务有限公司
出版发行：电子工业出版社
　　　　　北京市海淀区万寿路 173 信箱　邮编：100036
开　　本：787×1 092　1/16　印张：26　字数：666 千字
版　　次：2024 年 1 月第 1 版
印　　次：2024 年 1 月第 1 次印刷
定　　价：99.00 元

凡所购买电子工业出版社图书有缺损问题，请向购买书店调换。若书店售缺，请与本社发行部联系，联系及邮购电话：（010）88254888，88258888。

质量投诉请发邮件至 zlts@phei.com.cn，盗版侵权举报请发邮件至 dbqq@phei.com.cn。

本书咨询和投稿联系方式：（010）88254463，lisl@phei.com.cn。

序　言

低温材料泛指可用于低温环境的结构材料和功能材料。现代低温技术的许多应用，如空间技术、应用超导、液化天然气存储，以及近年受到重视的氢能源技术，都离不开高性能低温材料的支撑。同时，这些领域的应用和突破取决于新型低温材料研发和已有材料低温性能的获得。例如，柯林斯（Collins）氦液化器曾被认为是低温技术的最重要进展之一。在此之前，卡皮查（Kapitsa）已经提出了膨胀式氦液化器的基本原理。柯林斯的技术革新导致了更高效率的氦液化器的研制成功，这主要归功于低温材料的选用。例如，为减少漏热，用渗氮钢制作间隙更小的活塞和气缸；在铜镍管内安装铜散热片以提高热交换效率；由于活塞和阀杆一直处于拉应力状态，因而可以使用冷损较小的细杆；等等。1964 年，我国首台氦液化器研制成功，也主要归功于采用室温密封、冷损较小的长活塞结构。20 世纪 90 年代，具有较高低温比热的铒三镍（Er_3Ni）磁蓄冷材料使小型制冷机最低温度达到 4.2 K 以下。

材料在低温下的性能恶化往往容易引起重大灾难，如 20 世纪 40 年代美国克利夫兰市液化天然气爆炸、1986 年美国“挑战者”号航天飞机爆炸等事故。类似的事例虽有很多，但是低温材料的研究仍没引起足够的重视。目前针对低温材料的教材和专著较少，有关低温材料的性能数据匮乏，且分散在各种文献资料中，很有必要出版一本低温材料的教材和专著，以适应近年低温物理、低温工程相关领域的需求，同时能为从事与低温相关研究工作的科研人员和研究生提供帮助和参考。

中国科学院理化技术研究所李来风研究员一直从事低温材料、低温技术及应用超导研究。近年来，李来风研究员为中国科学院大学研究生讲授“低温材料科学基础”课，在科研和教学中积累了丰富的经验和资料。于是，李来风研究员和黄传军研究员基于“低温材料科学基础”讲义，编撰了《低温材料基础》一书，并由中国科学院大学资助出版。

本书共 8 章，第 1 章简要介绍了低温材料，第 2 章和第 3 章分别介绍材料的低温力学性能和物理性能，第 4 章和第 5 章分别介绍金属材料和非金属材料，第 6 章介绍实用超导材料及超导磁体，第 7 章和第 8 章分别介绍材料低温力学、热学和电学性能测量方法。

希望本书有助于制冷及低温工程、动力工程及工程热物理等专业的研究生学习、了解低温材料的相关知识，同时为低温技术的发展发挥积极作用。

中国科学院理化技术研究所研究员
中国科学院院士
周远

2023 年 10 月于北京

前　言

低温技术在航空航天、超导、大科学工程等领域中得到日益广泛的应用。低温材料是低温技术的基础。充分掌握材料在低温下的力学、电学、热学、磁学等性能是设计和制造可靠低温系统的基础。多数材料的性能随温度变化显著，因此需要研究材料在室温至绝对零度宽温区内的各种性能。低温材料学旨在研究材料力学、电学、热学、磁学等性能在低温下随温度变化的规律。

低温物理和低温技术均始于 20 世纪初。1908 年，荷兰物理学家昂内斯（Onnes）液化了氦，随后于 1911 年发现了超导现象。20 世纪 50－70 年代是低温技术发展的黄金时代。其间，低温材料也取得了一系列重要进展。

中国科学院院士洪朝生（1920－2018）是我国低温物理和低温技术的开创者。1950 年，洪朝生院士在半导体锗单晶中发现杂质能级上的导电现象，提出了半导体禁带中杂质导电的概念，这一发现被物理界称为“洪朝生效应”。这成为无序系统研究的开端，引发了国际上对无序电子输运机制的探索。1953 年，洪朝生院士在中国科学院物理研究所组建了国内第一个低温实验室，主持研制低温研究设备，先后在国内首次实现了氢和氦的液化，并使该技术在国内得以推广，为我国科学研究，特别是“两弹一星”做出了贡献。20 世纪 70 年代，洪朝生院士带领低温科研队伍为我国航天事业的发展做出了贡献。“桃李不言，下自成蹊。”洪朝生院士的学术魅力和人格魅力在我国低温物理、低温材料以及低温技术领域产生了深远影响。

本书共 8 章。第 1 章简要介绍低温材料，以及低温下材料选取和使用时应注意的问题。第 2 章介绍材料的低温力学性能，主要讲述低温弹性、塑性和强度、韧性以及疲劳性能等；但是本书不涉及低温蠕变、硬度以及摩擦磨损力学性能。第 3 章介绍材料的低温物理性能，主要包括比热、热导率、热扩散系数、接触热阻、热发射率、热膨胀等热学性能，以及电导率、磁化率等电磁性能；考虑到一些读者可能对磁性及磁性材料了解较少，还增加了对磁性基础知识的介绍。第 4 章介绍金属材料，主要包括钢、镍基合金、钛和钛合金、铝和铝合金、铜和铜合金，以及低温马氏体相变、低温“锯齿”形流变和金属材料氢脆等内容。第 5 章介绍非金属材料，主要包括高分子、陶瓷以及纤维增强聚合物基复合材料等。第 6 章介绍实用超导材料及超导磁体，主要介绍六种实用超导材料，包括铌-钛（Nb-Ti）、铌三锡（Nb_3Sn）、二硼化镁（MgB_2）、铋-2212（Bi-2212）、铋-2223（Bi-2223）和钇钡铜氧化物（YBCO）；考虑到一些读者可能对超导电性了解较少，还增加了一部分相关基础知识的介绍。第 7 章和第 8 章分别介绍材料低温力学、热学和电学性能测量方法。

本书的第 1 章、第 3 章、第 5 章和第 8 章由李来风撰写，第 2 章、第 4 章、第 6 章和第 7 章由黄传军撰写。虽然作者对所写部分的内容做过一些研究工作，但毕竟涉及面有限，所以本书大部分内容参考了国内外低温材料已有的相关著作和原始文献。本书主要是为制冷及低温工程等专业的本科生和研究生撰写的，所以内容侧重于基本原理和现象的介绍，一些实验细节以及深入研究没有过多涉及。

在本书的编写过程中引用了大量国内外文献，在此向相关作者表示衷心的感谢。本书作者在从事相关研究的过程中及在本书撰写过程中曾获科学技术部重点研发计划、国家自然科学基金面上项目和中国科学院“十三五”信息化专项等资助，特表示衷心感谢。

为避免翻译错误，一些参考图表采用了原始文献格式，由此带来的不便之处望读者包涵；对书中出现的错误和不妥之处敬请读者指正。

编著者

2023 年 9 月

目　　录

01 第1章 绪 论

本章简要介绍低温材料及其应用，首先介绍了温度和温标的概念、低温的含义，随后介绍了低温材料的发展和与低温材料相关的几个事故，最后介绍了低温材料选取应注意的事项。

1.1 低温简介

提到低温，首先需要明确温度的概念。温度可以用来表示物体的冷热程度，也可以用来度量处于热平衡系统下的微观粒子热运动强弱的程度。

温度的定量数值表示法叫作温标。温标应具有三个基本要素，即测温物质、固定点，以及测温特性与温度的关系。

历史上存在四类温标，分别是经验温标、理想气体温标、热力学温标和国际温标。

经验温标是在经验上以某一物质属性随温度的变化为依据并采用经验公式分度的温标。例如，摄氏温标以水银为测温物质，液体水在1个标准大气压下的冰点及沸点为固定点，摄氏温标的符号为t，单位为摄氏度（℃）。华氏温标以冰点为32华氏度，汽点为212华氏度，华氏温标的符号为t_F，单位为华氏度（℉）。华氏温标与摄氏温标的关系为$t_F=32+1.8t$。早期文献中还常使用兰氏度（符号为t_R），其与华氏度的关系为$t_R=t_F+459.67$，单位为兰氏度（°R）。

理想气体温标是以气体为测温物质，利用理想气体状态方程体积（压强）不变时压强（体积）与温度成正比关系所确定的温标。理想气体温标比经验温标具有更广泛的意义，但不适用于高温以及低于气体液化点以下的温度。

热力学温标是建立在热力学第二定律的基础上的。与经验温标和理想气体温标不同，热力学温标不依赖于测温物质及其物理属性。热力学温标所确定的温度为热力学温度，其符号为T，单位为开尔文（K）。每开尔文定义为水三相点热力学温度的1/273.16。

国际温标是一个国际协议性温标，它与热力学温标接近，且复现精度高，使用方便。1927年第七届国际计量大会上首先确定采用国际温标为统一摄氏温标和热力学温标，1960年第11届国际计量大会对摄氏度进行了重新定义，规定它由热力学温标导出，摄氏温度t定义为$t=T-273.15$，单位为摄氏度（℃）。当前使用的国际温标为1989年第18届国际计量大会确定的“国际温标（ITS—90）”。

人类日常生活在一个较窄的温度范围内。地球上有记录的地球表面最低温度低于零下90℃，最高温度高于57℃。目前探索或实现的温度范围跨度则超过10^{15} K [1]。实验室内能实现的最低温度已达0.28 nK，非常接近热力学绝对零度。高温领域，通过核聚变反应能达

到 10^8 K，与太阳内部温度处于同一量级甚至更高，而宇宙内最热星体内部温度比此温度还要高一个数量级。

低温的获得取决于制冷技术。制冷是指用人工的方法在一定时间和一定空间内对物体进行冷却，使其温度降到环境温度以下。制冷的温度范围是从环境温度开始的，一直到接近绝对零度。制冷与低温没有明确的温区划分标准。目前制冷界将制冷温度划分为三个温区：

（1）120 K 以上，称为制冷；

（2）4.2～120 K，称为低温制冷；

（3）4.2 K 以下，称为超低温制冷。

120 K 作为普冷和深冷（低温）的分界线是在 1971 年第 13 届国际制冷大会上确定的。在 120 K 以下，Kr（常压沸点 119.8 K，下同）、甲烷（111.6 K）、O_2（90.2 K）、Ar（87.3 K）、N_2（77.4 K）、Ne（27.1 K）、H_2（20.3 K）和 He（4.2 K）等所谓“永久气体”开始冷凝液化。相应地，低温通常是指 120 K 以下，而 1 K 以下为极低温。

1823 年，Faraday 成功液化了氯气（Cl_2），证实气体可以被液化。1852 年，焦耳（Joule）和汤姆逊（Thomson）发现了节流降温效应，这是“低温”的第一个里程碑。1869 年，安德鲁斯（Andrews）提出临界温度概念，被认为是“低温”的萌芽。1873 年，范德瓦耳斯（van der Waals）提出了物态方程，奠定了气体液化的基础。1890 年，杜瓦（Dewar）发明玻璃真空夹套容器，获得了低温保持技术。1895 年，林德（Linde）和汉普逊（Hampson）制成第一台连续运转的空气液化器。1898 年，杜瓦研制了第一台氢液化器。1902 年，克劳德（Claude）发明了活塞式膨胀机，被认为是“低温”第二个里程碑。1908 年，昂内斯（Onnes）实现了氦液化，随后于 1911 年发现了超导电性。1938 年，卡皮查（Kapitsa）证实了液氦的超流动性。1939 年，卡皮查发明了低温透平膨胀机，被认为是“低温”的第三个里程碑。1947 年，柯林斯（Collins）开发了实用、高效的氦液化器，从而液氦得到了广泛应用。

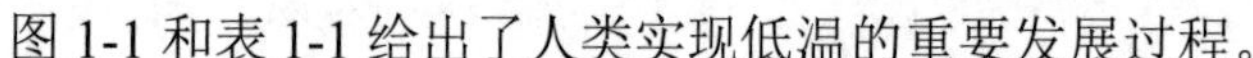

图 1-1 和表 1-1 给出了人类实现低温的重要发展过程。

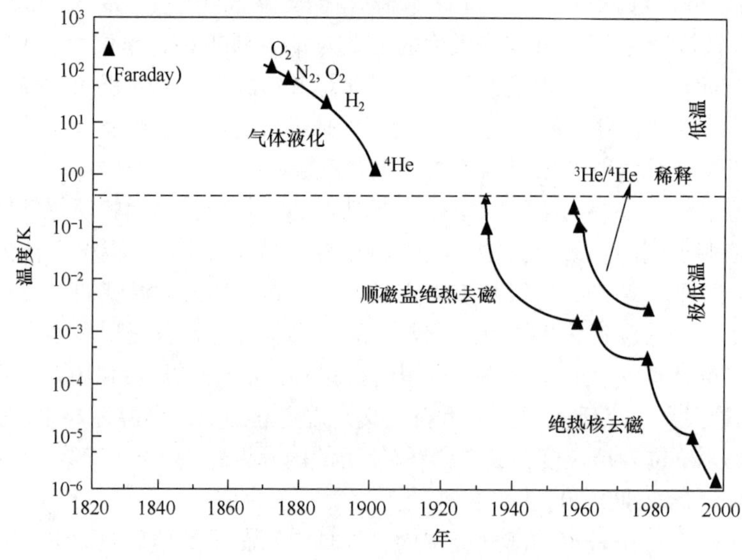

图 1-1　制冷温度简要发展历程[1]

表 1-1 制冷技术及极限温度[1]

温 区	制冷方法	实现时间	典型温度 T_{min}/K	极限温度 T_{min}/K
10^0 K 量级	宇宙背景辐射	—	—	2.73
	^{4}He 减压	1908 年	1.3	0.7
	^{3}He 减压	1950 年	0.3	0.23
mK 量级	顺磁盐绝热去磁	1934 年	3×10^{-3}	1×10^{-3}
	^{3}He/^{4}He 稀释	1965 年	10×10^{-3}	2×10^{-3}
	Pomeranchuk	1965 年	3×10^{-3}	2×10^{-3}
μK 量级	绝热核去磁	1956 年	100×10^{-6}	1.5×10^{-6}
nK 量级	绝热核去磁	1993 年	—	0.28×10^{-9}

在中国低温物理与低温技术研究的开创者、中国科学院院士洪朝生的带领下，我国于 1953 年在中国科学院物理研究所组建低温实验室。1956 年，建成了氢液化系统，为我国航天和“两弹一星”的发展创造了重要基础。1959 年，实现了采用液氢预冷的氦液化，为我国低温物理实验提供了条件。1960 年，成功研制了活塞式膨胀机氦液化器。1962 年，低温工程专家、中国科学院院士周远改进了活塞式膨胀机，使氦液化器实现了量产，推动了我国超导、航天等领域的发展。1980 年，中国科学院物理研究所低温室与北京气体厂成立了中国科学院低温技术实验中心，即目前中国科学院理化技术研究所的前身之一，主要从事低温物理和低温技术的研发。

低温的概念在不断地发展。在 1983 年举行的国际低温工程大会上，“低温”概念拓展至泛指水的三相点温度（273.16 K）以下。除非特别注明，本书中的“低温”概念采用此定义。

低温不仅与人们日常生活息息相关，还与许多尖端科学研究密不可分。航空航天、超导、磁约束核聚变、高能粒子加速器、磁共振成像、远红外测量和气体工业等领域都离不开低温。

1.2 低温材料简介

在低温环境下，一些材料因不具有室温下的某些性能而不能使用，也有很多材料在低温环境下仍具有优良的性能。此外，还有一些材料在低温下表现出一些特异的性能，如超导。

低温技术的发展离不开材料的选择和使用。材料在人类社会的发展历程中起到至关重要的作用。材料与生物、能源和信息技术构成了当今新技术革命的四大支柱。

低温材料泛指可用于低温环境的工程材料和其他材料。按用途分类，工程材料可分为结构材料和功能材料。结构材料是以其力学性能为基础，用以制造受力为主的零构件的材料。结构材料是起承载作用的材料，主要包括金属材料、高分子材料、陶瓷和玻璃以及复合材料四类。金属材料主要包括钢、铝合金、钛合金等。目前用于低温环境的复合材料主要是高分子基复合材料。功能材料主要是指低温下具有特殊热学、电学、磁学等性能的材料，如超导材料、热电材料、磁卡材料和巨磁阻材料等。在低温系统中可能同时需要结构材料和功能材料。

1.2.1 低温材料发展简史

公元前2000多年，即商、周时期，我国已经进入青铜兴盛时期。春秋时期，我国已经掌握了生铁铸造法，并广泛用于农业。东汉时期，我国发明了反复锻打钢的方法，被认为是最原始的形变热处理工艺。16世纪前，我国在冶金方面一直居于世界领先地位，使用自然铜的时间也早于西方。到18世纪，钢铁工业成为产业革命的重要内容和物质基础。到19世纪中叶，现代平炉和转炉炼钢技术使人类真正进入了钢铁时代。同时代，铜、铅、锌等金属材料获得大量应用，铝、镁、钛等金属相继被发现并获得应用。在20世纪中叶以后，人工合成高分子材料问世并获得大量应用，先后出现尼龙、聚乙烯、聚丙烯、聚四氟乙烯等塑料及合成橡胶、新型工程塑料等。从20世纪中叶开始，单晶锗、单晶硅和化合物半导体材料的应用使人类社会进入了信息时代。现代材料科学技术的发展还揭开了金属、非金属无机材料和高分子材料之间的密切联系，复合材料开始获得广泛应用。从20世纪80年代开始，纳米材料获得了广泛关注。随后，非晶材料、高熵合金等一系列新材料及增材制造等材料新工艺先后出现。

金属材料是主要的低温结构材料。早期，低温领域使用的金属材料主要为铜、黄铜等。1820年，Berthier研制了铁铬（Fe-Cr）合金。1827年，Karsten从钢中分离出了碳化铁（Fe_3C），但直到1888年，Abel才确定了Fe_3C。1861年，Chernov提出了钢的临界转变温度概念，为相变和热处理工艺奠定了基础。1871年，Hadfield研制了锰钢和硅钢。1878年，碳钢的性能获得显著提高，其液氮温区性能得到表征并开始用作低温结构材料。1910年，Strauss发明了奥氏体不锈钢。1912年，Brearly发明了铁素体不锈钢。到20世纪20年代，通用型马氏体不锈钢（Cr：13 wt.%～18 wt.%）和奥氏体不锈钢（Cr：18 wt.%，Ni：8 wt.%）已开始获得广泛应用。目前，各种钢在低温系统结构材料中的占比超过80%。

16世纪以来材料及材料测试方法发展简史见表1-2。

表1-2 16世纪以来材料及材料测试方法发展简史[2]

时　间	使用材料	材料测试技术及发明者
16世纪	石、木、铜、青铜、铸铁	拉伸（L. da Vinci）
17世纪		拉伸、压缩（Galieo）
		压力爆破（Mariotte）
		弹性（Hooke）
18世纪	可锻铸铁	剪切、扭转（Coulomb）
19世纪	水泥	疲劳（Wöhler）
	硫化橡胶	塑性（Tresca）
	贝氏转炉钢	万能试验机
20世纪初	合金钢	硬度（Brinell）
20世纪10年代	铝合金	冲击（Charpy, Izod）
	合成塑料	蠕变（Andrade）
20世纪20年代	不锈钢	断裂（Griffith）
20世纪30年代	碳化物	应变片

（续表）

时间	使用材料	材料测试技术及发明者
20 世纪 40 年代	镍基合金	电子万能试验机
20 世纪 50 年代	钛合金	低周疲劳（Coffin、Manson）
	玻璃纤维	断裂力学（Irwin）
20 世纪 60 年代	高强度低合金钢	闭环控制试验机
20 世纪 70 年代	高性能复合材料	疲劳裂纹扩展（Paris）
20 世纪 80 年代	增韧陶瓷	多轴试验
20 世纪 90 年代	铝锂合金	数控试验技术
21 世纪初	纳米材料	人机友好界面软件

20 世纪中叶以来，在液氢/液氧运载火箭、液化天然气储存与输运和磁约束热核聚变等研究的驱动下，低温材料得到迅速发展。科技工作者除了对当时已有材料开展了大量低温筛选测试，还相继开发了多种新型低温材料。

1.2.2 不同低温材料性能及应用简介

当低温领域的工作温度不同时，各种低温系统有各自不同的特点，所用的金属结构材料也不尽相同，如不同钢材料的低温适用的范围不同[3]。因此，在低温系统中结构材料的选择通常是由低温力学性能和低温相容性为基础的多种因素综合考虑来决定的，除满足上述要求外还需综合考虑材料成本、可提供材料规格和结构成型等因素。一些材料的基本力学性能与相对价格见表 1-3。

表 1-3 一些材料的基本力学性能与相对价格[2]

材料	实例	弹性模量/GPa	强度/MPa	密度/(g · cm^{-3})	相对价格
低碳钢	AISI 1020	203	260($R_{p0.2}$)	7.9	1
低合金钢	AISI 4340	207	1103($R_{p0.2}$)	7.9	3
高强度铝合金	7075-T6	71	469($R_{p0.2}$)	2.7	6
钛合金	Ti-6Al-4V（TC4）	117	1185($R_{p0.2}$)	4.5	45
工程塑料	聚碳酸酯	2.4	62($R_{p0.2}$)	1.2	5
木材	松木	12.3（弯曲）	88(R_m)	0.51	1.5
复合材料	玻璃纤维增强树脂基复合材料	21	380(R_m)	2	10
高性能复合材料	碳纤维增强树脂基复合材料	76	930(R_m)	1.6	200

金属材料中铁素体钢屈服强度较高，但因含有较多的针状马氏体，使其韧性下降，尤其是在低温时，冷脆现象更为明显，故大部分铁素体钢只能有选择地在低温中使用。对 9% Ni 钢，在经过复杂的热处理后，其 77 K 温度的韧性会有所改善，强度也较高。在液氢或液氦温区时，9% Ni 钢会出现低温脆性，且其焊接性能低于母材较多，远不能发挥母材高强度的特点。9% Ni 钢对热处理较为敏感，通过合理而复杂的热处理，可以提高韧性。

铝合金也可用于液化天然气温区甚至液氮和液氦温区。9% Ni 钢、铝合金等材料被广泛应用到制氧机、空气分离设备及天然气液化等设备中，制成各种换热器、贮液槽、低温储存与输运设备。铝合金中的铝−锰、铝−镁、铝−镁−硅合金在低温下强度不高，但具有较高的韧性及良好的导热性能，故可用作低温设备中的传热部件。这些铝合金的焊接性能较差，其接头强度降低较多，并且其延性降低近50%。铝–铜、铝–锂和铝–铜–锂合金在航天领域有着重要应用。

钛合金的比强度高，耐腐蚀性能和焊接性能都较好。α相（密排六方结构）钛合金的低温韧性比较好，能用于液氢或液氦温区，如钛合金TA7（Ti-5Al-2.5Sn）。β相（体心立方结构）钛合金则较脆，不能用于液氢或液氦温区。α+β相钛合金低温性能介于二者之间。α+β相钛合金中近α相材料也可用于低温，如钛合金TC4（Ti-6Al-4V）。此外，氧（O）、氢（H）、氮（N）、碳（C）等间隙元素对钛合金低温性能有重要影响。低温领域常选用超低间隙元素（ELI）钛合金，如Ti-5Al-2.5Sn ELI、Ti-6Al-4V ELI。

非金属材料主要包括陶瓷、玻璃、高分子材料以及纤维增强聚合物基复合材料等。玻璃曾用于低温领域，最早的低温容器就采用了玻璃。昂内斯第一次液化氦气也是采用玻璃容器盛装的。玻璃质脆，且易破裂，后来逐渐被金属材料替代。高分子材料可用作低温胶黏剂、绝热、低温高压电绝缘材料等，还用于纤维增强聚合物基复合材料基体。玻璃纤维和碳纤维增强聚合物基复合材料是重要的低温结构材料。玻璃纤维增强树脂基复合材料具有突出的优点，如优良的电绝缘和低热导性能，因此可用于低温支撑以及大型超导磁体绝缘系统。碳纤维增强聚合物基复合材料具有高比强度或比模量，可用于低温常压和高压储存容器结构材料。玻璃纤维和碳纤维增强树脂基复合材料具有各向异性特征。

1.2.3 与低温材料相关的事故和实例

材料的正确应用极大地促进了人类文明进程。然而，材料质量问题或使用不当也曾带来了巨大的财产和生命损失。下面介绍历史上与低温材料相关的一些事故及实例。

1. “泰坦尼克”号沉船

1912年4月，“泰坦尼克”号邮轮在首航时撞上冰山而沉没。事故造成1500余人遇难。事后调查发现，造成事故的原因为船体所选用的钢材不适用于低温环境，低温导致钢材发生韧脆转变[4]。从材料角度来说，船体结构钢含硫（S）元素和磷（P）元素偏高，而现代钢中S和P的最高质量含量分别为0.002%和0.01%。此外，材料成分中Mn/S和Mn/C元素含量比值对韧脆转变也有影响。同时，船体采用了钢板铆接技术，而铆钉材料低温性能差也是引起灾难的原因之一[5]。

2. 克利夫兰液化天然气爆炸

1944年10月20日，美国克利夫兰（Cleveland）液化天然气（LNG）贮罐发生泄漏后爆炸。爆炸造成130余人死亡，300余人重伤。爆炸还导致3600余人无家可归，直接经济损失超过当年市值700万美元[6]。事后调查发现LNG罐体材料采用了3.5% Ni钢，此材料在LNG储存温度下发生韧脆转变，导致罐体开裂。此后，LNG贮罐结构材料主要选用韧脆转变温度可低至液氮温度的9%Ni钢、5083铝合金和304奥氏体不锈钢等。

3. “阿波罗13”载人登月服务舱液氧罐爆炸

1970年4月，“阿波罗”计划第三次载人登月时，服务舱的一个液氧罐发生爆炸，致使太空船严重损坏。事故的主要原因为，维护过程中的一系列失误操作导致加热器受损，从而最终造成液氧罐爆炸。[7]

4. "挑战者"号航天飞机爆炸

1986年1月28日,"挑战者"号航天飞机发射升空后发生爆炸，造成7名宇航员遇难。事故原因为火箭推进器的一个O形密封圈低温下变脆，发生密封失效，从而导致燃料泄漏并引起爆炸。

5. 大型强子对撞机（LHC）氦泄漏事故

2008年9月19日，开机运行仅10日的LHC的两个加速器磁体间超导电路熔融并导致氦（He）泄漏。[8]事故导致实验延误数月以及数千万美元的经济损失。

1.3 低温材料选取的注意事项

材料是低温工程的基础。现代低温技术的大规模应用依赖于材料性能的保障。低温应用的所有重大进展都取决于材料的改进或已有材料的巧妙利用。本节介绍一些低温技术领域材料选取应注意的因素。

1.3.1 介质相容性

1.3.1.1 液氧相容性

氧和液氧具有强氧化性。一般材料接触液氧时，除需要考虑由低温引起的一些效应外，还需要考虑氧化性引起的问题。

有些材料在液氧中静置无明显的化学变化，但当受到冲击、碰撞、摩擦或静电等作用时，可能会发生急剧的化学反应，并发生爆鸣、燃烧甚至爆炸。液氧相容性需要考虑材料燃点，氧气氛中冲击敏感性以及可能触发燃烧的因素，如机械冲击、气动冲击、摩擦、绝热压缩和静电积累等。

除了金（Au）和铂（Pt），其他金属材料都可能在富氧气氛中燃烧。应用于液氧环境的金属材料需要考虑材料的成分、表面状态、热特性、密度、形状、物理和力学性能以及材料表面的氧化膜等因素。此外，还应考虑氧压力、温度和流速等因素。镍及镍合金液氧相容性较为优异。不锈钢材料也具有比较优良的液氧相容性，但是在高压以及高速率氧气氛中曾发生过燃烧事故。铜材料液氧相容性也比较优良，且对氧压力不敏感。然而，铜线以及铜网等铜材料也发生过燃烧事故。铝合金应用于液氧系统时应避免高流速、摩擦以及粒子撞击等。合金钢液氧相容性较差。合金钢用于氧容器时应避免任何可能触发燃烧的因素。此外，合金钢在液氧温度还存在韧脆转变问题。钛合金液氧相容性较差，且与液氧缓慢发生化学反应。氧环境中冲击及摩擦都易引起钛合金燃烧。此外，铍（Be）、镁（Mg）及其合金等液氧相容性也比较差。

液氧系统中也常采用非金属材料，如塑料、弹性体、润滑剂、胶黏剂以及纤维织物等。与金属材料相比，多数非金属（陶瓷除外）的燃点更低，热导及比热更低，因此更易触发燃烧。对含非金属材料的氧系统加压时，应尽量缓慢以避免引起燃烧。所有高分子材料都能在氧气中燃烧。尼龙和聚酯不可用于氧环境。在高分子材料中液氧相容性较好的是氟碳塑料［如聚四氟乙烯（PTFE）、未增强的聚三氟氯乙烯（PCTFE）］、含氟橡胶弹性体和氟醚橡胶等。此外，聚酰亚胺的液氧相容性也较为优良。

在通常情况下，树脂的液氧相容性较差。在航天用复合材料液氧贮箱需求牵引下，国内外对环氧树脂和氰酸酯基体体系复合材料的液氧相容性开展了大量研究。树脂与液氧相容的化学本质在于聚合物的热氧降解和燃烧，与液氧不相容的程度与聚合物发生常规热氧化的难易程度一致。因此，通过提高聚合物的抗氧化性和阻燃性可以提高其与液氧相容性。树脂基体中添加抗氧化剂和进行凝聚相阻燃分布是提高树脂液氧相容性的常用方法。

材料液氧相容性测试方法主要有落锤冲击法、声波法、热测法、电弧法、磨损法、断裂法和组态测试法等。

与氧相比，氟（F）是比氧更强的氧化剂。液氟相容性也是涉氟低温系统需要考虑的关键问题。

1.3.1.2 氢脆

1875 年，Johnson 在电解水实验时首次发现材料氢脆现象。氢对金属材料的力学性能具有不良影响，主要包括内部结构损害、硬化和脆化等。氢脆指氢进入金属材料后引起的塑性下降、诱发裂纹、产生滞后断裂以及断裂韧度下降的现象。氢脆效应即使在氢的浓度微量时也会很显著，同时还与应力状态以及材料中的微观组织密切相关。

根据氢的来源，氢脆可分为内部氢脆和环境氢脆两类。前者是指金属材料在冶炼和加工过程（如酸洗、电镀）中吸收了过量的氢而造成的；后者是指材料在硫化氢（H_2S）、氢气（H_2）和水汽等环境中，氢进入金属而造成的。

涉氢低温系统应注意材料的氢脆性能。此外，由于氢的易扩散性，在有些低温系统如液氦杜瓦中，长时间使用后会在底部富集固态氢，易引起危险。目前，针对金属材料的氢脆研究已有很多，但针对低温氢脆的研究则较少。金属材料的氢脆讨论可参见本书第 4 章。

1.3.2 低温韧脆转变

一些金属材料在低温下会发生韧脆转变，也称低温冷脆转变。此转变温度称为韧脆转变温度。韧脆转变温度可采用简支梁、悬臂梁、落锤冲击等测量方法确定。在韧脆转变温度以下，材料的韧性显著下降。镍钢是具有韧脆转变特性的典型材料。镍钢的低温韧脆转变温度随 Ni 含量增加而降低[7]。通常，具有体心立方和部分具有密排六方结构的金属材料存在低温韧脆转变，而具有面心立方结构的金属材料不存在韧脆转变。低温韧脆转变的讨论见本书第 3 章和第 5 章。

1.3.3 热应力和热应变

温度变化和温度梯度都能导致热应力（热应变）的产生。热应力可能导致材料或结构失效。低温系统设计时需要考虑热应力因素。

1.3.3.1 温度变化引起的热应力

当经历温度变化时，多数材料会发生热胀冷缩，即发生热变形（Δl）或热应变($\Delta l/l$)。

热应变是弹性应变，即当温度回复到初始温度时物体回复到原来的形状，热应变回复为零。自由状态下温度变化在物体内不产生热应力。

物体在经历温度变化时，如果变形受到约束，即使没有外力的作用，物体内也会产生热应力。热应力大小与材料的弹性模量 E（也称杨氏模量 E）、温度变化量（ΔT）和热膨胀系数 $\alpha(T)$ ［或热膨胀（收缩）量（Δl）］有关。考虑如图 1-2 所示的长为 l 的圆柱，自初始温度 T_0 变化到温度 T_1。当圆柱不受约束时，其热应变 ε_T 为

$$\varepsilon_T = \frac{\Delta l}{l} = \int_{T_0}^{T_1} \alpha(T)\mathrm{d}T = \bar{\alpha}(T)(\Delta T) \tag{1-1}$$

式中，$\alpha(T)$ 为材料的热膨胀系数，$\bar{\alpha}(T)$ 为对应温度范围内的平均热膨胀系数，单位均为 K^{-1}。假设一内应力同时作用于此圆柱，则总变形为

$$\varepsilon = \varepsilon_T + \varepsilon_I \tag{1-2}$$

式中，ε_I 为内应力产生的弹性应变，此弹性应变与内应力关系遵从胡克定律（Hooke law），即

$$\varepsilon_I = \frac{\sigma}{E} \tag{1-3}$$

式中，E 为材料的弹性模量，σ 为热应力。当圆柱受到约束时，任意时刻总变形应为零。因此，设内应力（热应力）为

$$\sigma = -\bar{\alpha}(T)(\Delta T)E \tag{1-4}$$

式中，负号表示热应力的方向与圆柱变形方向相反。因此，热应力是当物体温度变化时，由于它和不能自由变形的其他物体之间，或者物体内部各部分之间相互约束产生的应力。

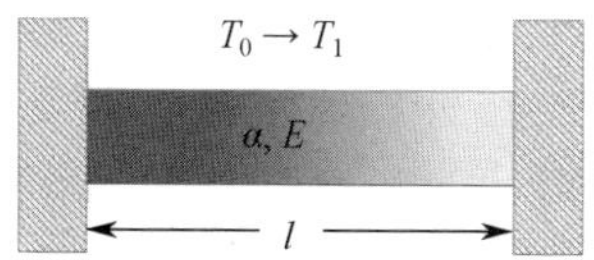

图 1-2　长度为 l 的圆柱经历温度变化

注意，在实际情况中热膨胀系数 α 和弹性模量 E 都是温度 T 的函数。工程计算时多采用平均热膨胀系数 $\bar{\alpha}(T)$。多数材料的弹性模量 E 随温度降低而增加，其在室温至 4.2 K 温区的变化量一般在 5%～10%之间。对 304 奥氏体不锈钢，室温至 4.2 K 的收缩率 $\Delta l / l$ 为 0.29%，取其室温下弹性模量 E=200 GPa 且认为降温过程中保持不变，则计算可得对应的热应力高达 580 MPa。

当具有不同热膨胀系数的物质互相约束时，Nb_3Sn/Cu 或 Bi-2212/Ag 复合超导体从热处理温度降至室温的残余应力示意图如图 1-3 所示。当经历温度变化时也会在接触部位产生热应力，即

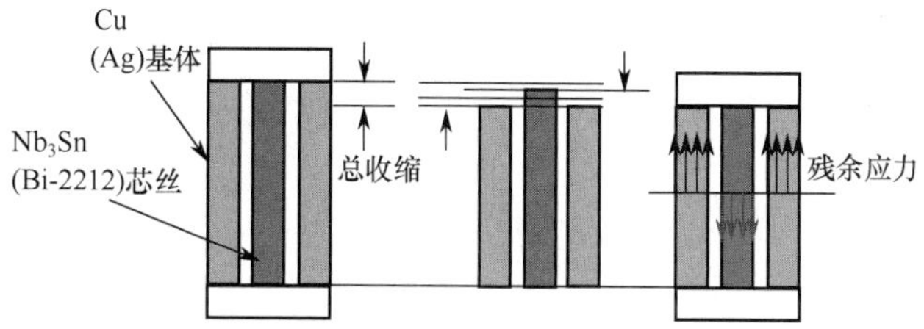

图 1-3　Nb_3Sn/Cu 或 Bi-2212/Ag 复合超导体从热处理温度降至室温的残余应力示意图

$$\sigma_1 = -K\alpha_1 E_1(T_f - T_0) \tag{1-5}$$

$$\sigma_2 = \sigma_1 \tag{1-6}$$

$$K = \frac{1-\alpha_2/\alpha_1}{1+E_1/E_2} \tag{1-7}$$

式中，T_0为初始温度，T_f为最终温度，α_1、α_2和E_1、E_2分别为物体1和物体2的热膨胀系数（假设$\alpha_1>\alpha_2$）和弹性模量。K为约束系数，σ_1和σ_2分别为作用在物体1和物体2上的热应力。可见当温度降低时（$T_f<T_0$），作用在热膨胀系数大的物体上的热应力为拉应力（$\sigma>0$），而作用在热膨胀系数小的物体上的热应力为压应力（$\sigma<0$）。例如，对于Nb_3Sn/Cu、Bi-2212/Ag复合超导体，当从热处理温度（分别为650 ℃左右和890 ℃左右）降至室温，以及从室温降至超导转变温度T_c的过程，都会使超导材料承受压应力。

对低温系统，应特别注意热应力（热应变）以及补偿，否则极易引起结构失效、真空泄漏等问题。对于大型低温系统或传输管线等，室温到低温的降温过程中产生的热变形会非常大，更需要可靠的补偿系统。如大型强子对撞机（LHC），其周长达27 km，自室温降至磁体运行温度其总收缩量超过80 m。

1.3.3.2 温度梯度引起的热应力

低温系统中的一些结构，如杜瓦的支撑结构等，一端在室温下，而另一端在低温环境中，即存在温度梯度。温度梯度也会产生热应力。温度梯度导致的热应力还与物体的几何结构等因素有关。如在不锈钢法兰中自内向外建立温度梯度，内部温度为228 K，外部温度为300 K。如图1-4（a）所示，法兰自内而外的实际温度梯度如图中实线所示，虚线为理想线性温度梯度。计算得到的热应力分布如图1-4（b）所示，注意法兰外部为压应力，而内部为拉应力[7]。

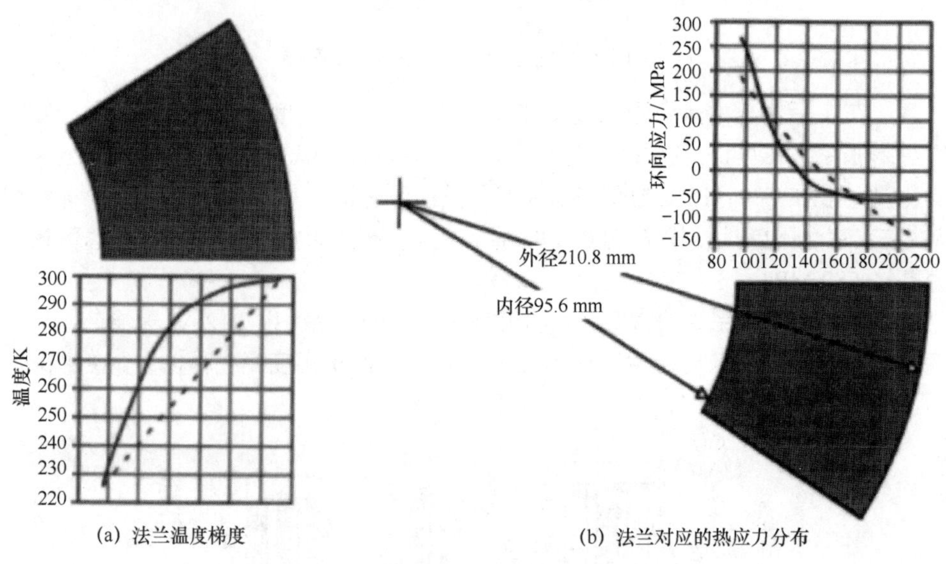

(a) 法兰温度梯度　　(b) 法兰对应的热应力分布

图1-4　法兰温度梯度及对应的热应力分布[7]

1.3.3.3 热疲劳

室温–低温温度循环引起的热应力循环（或热应变循环），称为热疲劳。热疲劳也会引起材料及结构的失效。

当温度循环与外加载荷同时作用于物体时，称为热机械疲劳。通常热机械疲劳引起的破坏性比单纯热疲劳或机械疲劳的更大，应用于低温环境的结构材料应考虑热疲劳性能。

1.3.4 抗热震性

式（1-4）为受约束材料产生的最大热应力。实际温度变化过程中的热应力还与材料传热系数 h、热导率 k 以及材料的几何结构密切相关。习惯上引入一个无维度参数，即毕奥模数（Biot modulus），以方便计算热应力。毕奥模数 β 定义为

$$\beta = \frac{xh}{k} \tag{1-8}$$

式中，x 为材料的厚度或直径。可见，当传热系数较大或（和）材料热导率较低时，毕奥模数较大。如冷端直接与材料接触传导（非对流和辐射传热）且材料热导率较低时，当 $\beta > 20$ 时热应力会迅速增大至满足式（1-4）得到的值。

抗热震性是指材料在承受急剧温度变化时的抗破损能力，有时也称热冲击。对较大毕奥模数（$\beta > 20$），抗热震性 ΔT_c 为[9]

$$\Delta T_c = \frac{\sigma_{fail}(1-\upsilon)}{E\alpha} \tag{1-9}$$

式中，σ_{fail} 为材料的失效应力，υ 为泊松比，E 为弹性模量，α 为线膨胀系数。通常低热导率材料（如聚合物、陶瓷等）抗热震性能较差。对抗热震性较差的材料，使用时需注意控制降温速率。

Schott 和 Winkelmann 引入了抗热震参数 TSP 表征材料的抗热震性能，即

$$\text{TSP} = \frac{R_m\sqrt{\dfrac{k}{c\rho}}}{\alpha E} \tag{1-10}$$

式中，R_m 为材料的抗拉强度，k 为热导率，c 为比热，ρ 为密度，$k/(c\rho)$即为材料的热扩散系数。TSP 单位为 $\text{K}\cdot\text{m/s}^{1/2}$。由式（1-10）可见，具有高抗拉强度、高热扩散系数、低热膨胀系数、低弹性模量的材料抗热震性能较好。这是由于低热膨胀系数材料在温度变化时发生较小的热应变，因此热应力也小，而高热扩散系数的材料在温度变化时建立的温度梯度小。

在稳态情况下，可定义热应力比 TSR 来表示材料抗热应力阻力，即

$$\text{TSR} = \frac{R_m}{\alpha E} \tag{1-11}$$

式中，热应力比 TSR 单位为 K。

一些材料的抗热震参数 TSP 和热应力比 TSR 见表 1-4。

表 1-4 一些材料 300 K 下的 TSP 和 TSR[10]

材　料	αE/(MPa/K)	TSR/K	TSP/($\text{K}\cdot\text{m/s}^{1/2}$)
2024-T3	1.652	280	1.94
因瓦合金	0.387	1660	2.81

（续表）

材　料	αE/(MPa/K)	TSR/K	TSP/(K · m/s$^{1/2}$)
灰铸铁（C-20）	0.880	160	0.65
4340	2.397	422	1.19
9% Ni	2.230	384	1.03
304 不锈钢	3.088	167	0.34
Ti-5Al-2.5Sn	1.066	819	1.57
派来克斯玻璃	0.205	134	0.09
尼龙	0.252	241	0.33
聚四氟乙烯	0.050	366	0.13

1.3.5　低温诱发相变

一些材料在低温下会发生相变。此外，在低温下应力及应变也会诱发相变，如一些γ相［面心立方结构（FCC）］奥氏体不锈钢低温下会发生温度、应变或应力诱发马氏体相变——γ相转变为α′相[体心立方结构（BCC）、体心四方结构（BCT）或体心斜方结构（BCP），或ε相［密排六方结构（HCP）]。奥氏体转变为马氏体会发生体积变化（体积膨胀1%～3%），因此会产生尺寸稳定性问题。此外，马氏体相变后材料的力学性能以及磁性能都会发生变化。在低温系统中选用发生相变的材料时需要考虑这些因素。

1.4　本章小结

本章介绍了低温及低温材料相关概念。通过本章的学习，应对低温工程设计中低温材料的选取及其重要性有明确的认识。

复习思考题 1

1-1　简述低温材料选取中应注意的因素。

1-2　参考相关文献获得某种铝合金室温至液氦温度的收缩率 $\Delta L/L_0$ 及弹性模量 E，估算从室温降温至液氦温度的热应力。

本章参考文献

[1] POBELL F. Matter and methods at low temperature [M]. 3rd ed. Berlin Heidelberg New York: Springer, 2007.

[2] DOWLING N E. Mechanical behavior of materials: engineering methods for deformation, fracture, and fatigue [M]. 4th ed. New York: Pearson, 2012.

[3] NISHIMURA A. Cryogenic structural materials and their welding and joining [J]. Welding International.

1990. 4: 283.

[4] MCEVILY A J. Metal failures: mechanisms, analysis, prevention [M]. 2nd ed. Hoboken: Wiley & Sons, 2013.

[5] HERTZBERG R W, VINCI R P, Hertzberg J L. Deformation and fracture mechanics of engineering materials [M]. 5th ed. Hoboken: Wiley & Sons, 2012.

[6] PETERSON T J, WEISEND II J G. Cryogenic safety: A guide to best practice in the Lab and workplace [M]. Cham: Springer, 2019.

[7] EDESKUTY F J, STEWART W F. Safety in the handling of cryogenic fluids [M]. New York: Springer, 1996.

[8] LHC Project Report 1168[R], 2009.

[9] WANG H, SINGH R N. Thermal shock behaviour of ceramics and ceramic composites [J]. International Materials Reviews. 1994. 39: 228.

[10] BARRON R F, BARRON B R. Design for thermal stresses [M]. Hoboken: Wiley, 2011.

02 第2章 材料低温力学性能

材料的低温力学性能是低温系统设计的基础，也是系统低温环境安全使用的保障。材料失效模式主要包括变形失效、断裂失效和腐蚀失效，其中与力学直接相关的有变形失效和断裂失效两类。变形失效又可分为与时间无关的变形失效（包括弹性变形和塑性变形），以及与时间有关的变形失效（蠕变）。断裂分为静态承载导致的断裂，包括脆性断裂模式、韧性断裂模式、环境导致断裂和蠕变断裂，以及变应力承载（疲劳）导致的断裂（包括低周疲劳、高周疲劳、疲劳裂纹扩展和应力腐蚀疲劳）。每一种失效模式又包括不同形式，例如，弹性变形失效包括弹性不稳定（屈曲）和超大弹性变形，塑性变形失效包括拉伸不稳定（颈缩）和塑性大变形（屈服）等。在低温下，蠕变通常不明显。此外，应力腐蚀一般在低温环境下也较少涉及。因此，本部分不涉及蠕变、应力腐蚀、硬度和摩擦等力学性能。

本章主要讲述结构材料的低温弹性变形、塑性、强度、韧性和疲劳性能的基本概念，以及低温对材料的这些性能影响的一般规律。

2.1 材料的低温弹性变形

材料在受拉伸、压缩、弯曲、剪切和扭转载荷作用时，都会产生弹性变形。在弹性变形过程中，无论加载还是卸载，其应力和应变都保持单值线性关系。弹性变形是一种可逆变形，即当外载荷卸载后，变形完全消失。本节介绍弹性变形的基本特征及模量、泊松比等基本概念和其随温度降低的变化行为。

2.1.1 弹性变形

材料因受外力作用发生尺寸或形状的变化，称为变形。当外力去除后，可随之消失的变形称为弹性变形。当外力去除后，不能完全恢复原形状而剩余的（永久性）变形称为塑性变形。

弹性变形的基本特征是具有可逆性，即受外力作用时产生变形，外力卸载后变形消失。弹性变形是指材料在受外力后瞬间产生的变形，即不考虑时间滞后性。但也有材料在外力作用后缓慢产生弹性变形，外力卸载后缓慢恢复原状，该现象称为黏弹性。一些高分子材料具有显著的黏弹性特征。

材料因温度变化而引起的热膨胀（或收缩）也是一种弹性变形，即热应变也是弹性应变，相关介绍参见本书第3章。本章只讨论材料因外载荷作用引发的弹性变形。

弹性变形的可逆性和瞬时性反映了其由原子间结合力决定的这一本质属性。在原子尺度上，弹性变形是构成材料的原子系统在外力作用下离开其平衡位置达到新的平衡状态的过程。

在平衡状态下，材料中的原子处于平衡位置，原子间的作用力——吸引力和排斥力是平衡的。各原子之间保持着一定的平衡距离 x_0，如图 2-1 所示。当受外力作用时，原子间距拉大，原子间作用力的合力表现为吸引力，而当原子间距减小时，原子间作用力的合力表现为排斥力。外力引起的原子间距的变化（Δx），即位移，在宏观上就是变形。外力去除后，原子复位的变形就是弹性变形。

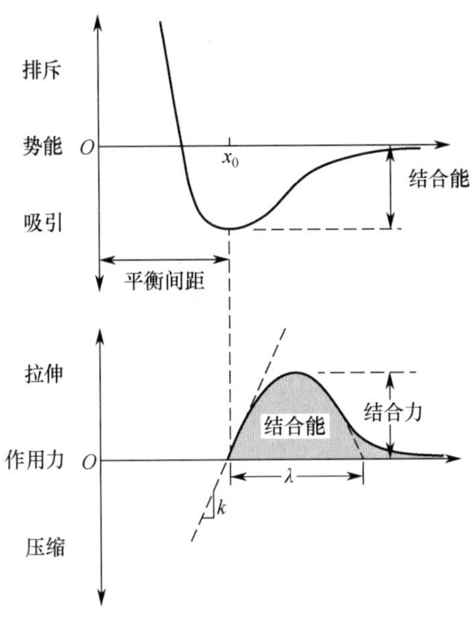

图 2-1　原子间势能与作用力

原子间作用力 P 随原子间距 x 的变化而变化，一种近似关系为

$$P = \frac{A}{x^2} - \frac{B}{x^4} \tag{2-1}$$

式中，A 和 B 分别为与原子种类和晶格常数相关的常数。式（2-1）中第一项为引力，第二项为斥力。原子间作用力与原子间距并不成线性关系，而是如图 2-1 所示的抛物线关系。在外力适中时，原子偏离平衡位置不大。在原子间作用力曲线的起始段，可近似视为直线，此时有

$$P = k \cdot \Delta x \tag{2-2}$$

式中，k 为与原子种类和晶格类型相关的常数。由此得到胡克定律，式中常数 k 也称模量，用符号 E 表示。胡克定律表征材料在弹性状态下应力与应变之间的关系为

$$\sigma = E \cdot \varepsilon \tag{2-3}$$

式（2-3）表示各向同性材料在单轴加载方向上的应力与弹性应变之间的关系。对应地，E 称为弹性模量。对于复杂应力状态以及各向异性体上的弹性变形，需要用包含高阶指数的广义胡克定律来描述，读者可参考相关资料。

2.1.2 模量

拉伸弹性模量也称杨氏模量，习惯上用 E 表示。由式（2-2）可知，材料弹性模量 E 本质上是原子间结合力曲线的斜率，是与原子种类和晶格常数有关的常数。弹性模量表征材料抵抗外加载荷引起的变形的能力。与物体弹性模量 E 有关的变形如图 2-2 所示。由于外力可以是拉伸力或压缩力，因此弹性模量有拉伸弹性模量（简称拉伸模量）或压缩弹性模量（简称压缩模量）。从图 2-1 可知，拉伸弹性模量与压缩弹性模量在数值上接近。实验表明，多数材料的拉伸弹性模量和压缩弹性模量相差在 5%以内，且压缩弹性模量通常稍大于拉伸弹性模量。

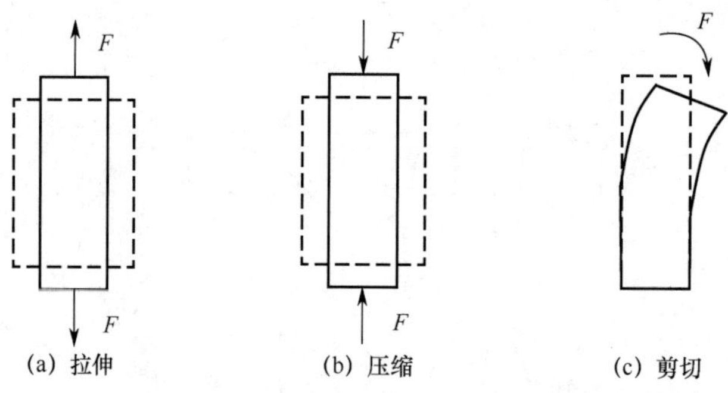

图 2-2　与物体弹性模量 E 相关的变形

当外力为剪切应力（τ）时，对应的是切变弹性模量。切变弹性模量也称为剪切模量，与其有关的变形如图 2-3 所示。剪切模量用符号 G 表示，表征材料抵抗剪切应力 τ 导致的变形 γ 的能力，即

$$G=\frac{\tau}{\gamma} \tag{2-4}$$

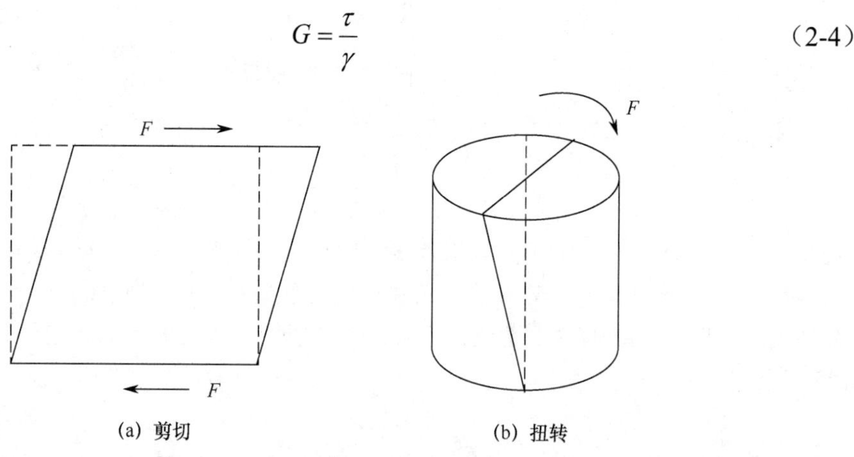

图 2-3　与剪切模量相关的变形

物体在三向（x, y, z）压缩（如流体静压）下，体积变化率（$\Delta V/V$）与压应力（或压强）间由体积弹性模量（简称体模量）B 联系。与体模量 B 有关的变形如图 2-4 所示。物体的等温体压缩系数定义为

$$K_T=-\frac{1}{V}\left(\frac{\partial V}{\partial P}\right)_T \tag{2-5}$$

式中，P、T、V 分别为压力、绝对温度、体积。物体在一维方向上线性压缩系数定义为

$$k_T = \frac{A}{l}\left(\frac{\mathrm{d}l}{\mathrm{d}L}\right)_T \tag{2-6}$$

式中，A 为物体的承受载荷 L 的横截面，l 为物体长度。对各向同性固体，线压缩系数 k_T 和体压缩系数 K_T 间有

$$K_T = 3k_T \tag{2-7}$$

还可以定义等熵（S）体压缩系数

$$K_S = -\frac{1}{V}\left(\frac{\partial V}{\partial P}\right)_S \tag{2-8}$$

物体的体弹性模量 B_T 定义为

$$B_T = \frac{1}{K_T} = -V\left(\frac{\partial P}{\partial V}\right)_T \tag{2-9}$$

由于流体静压应力 σ 为压应力，即为负值，因此有

$$B_T = V\left(\frac{\partial \sigma}{\partial V}\right)_T \tag{2-10}$$

由热力学原理，有

$$\mathrm{d}U = T\mathrm{d}S - P\mathrm{d}V = T\mathrm{d}S + \sigma\mathrm{d}V \tag{2-11}$$

$$\mathrm{d}F = -P\mathrm{d}V - S\mathrm{d}T = \sigma\mathrm{d}V - S\mathrm{d}T \tag{2-12}$$

式中，U 为物体的内能，F 为亥姆霍兹自由能（Helmholtz free energy）。由于

$$\sigma = \left(\frac{\partial F}{\partial V}\right)_T = \left(\frac{\partial U}{\partial V}\right)_{T=0} \tag{2-13}$$

因此有

$$B_{T=0} = V_0\left(\frac{\partial^2 \sigma}{\partial V^2}\right)_{T=0} \tag{2-14}$$

由式（2-14）可知，体模量 B 是内能 U–体积 V 关系曲线的曲率。因此所有与体积相关的能量项都对体模量有贡献。体模量 B 与物质晶格参数和原子间距有直接关系。高体模量 B 的材料通常具有强原子键合、高结合能和高熔点等特点。

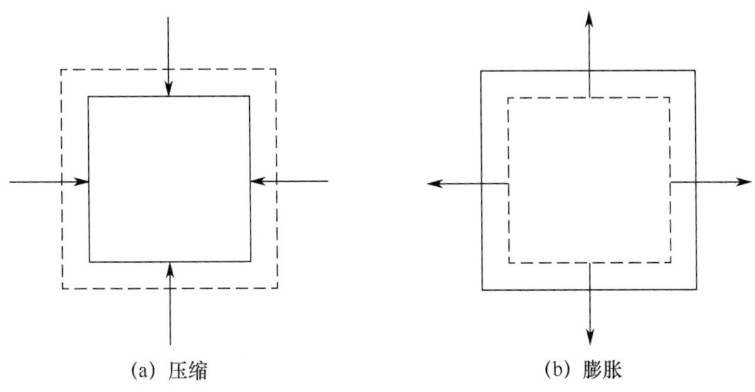

图 2-4　与材料体压缩系数 K 或体模量 B 有关的变形

弹性模量 E 是与原子间结合相关的物理量，本质上取决于材料原子中的电子结构而非

显微组织。因此，弹性模量 E 是对组织不敏感的材料性能指标。材料热处理等通常不会改变材料的弹性模量，这与强度不同。室温下几种材料的弹性模量 E 见表 2-1。

表 2-1　几种材料的室温弹性模量 E[1]

材料种类	材　　料	弹性模量 E/GPa
金属	铁	214
	铜	128
	钛	115
	铝	70
非金属	氧化铝	350
	玻璃	70
	环氧树脂	3

由于材料的弹性模量 E 与原子种类及晶格常数相关，而后者与温度相关，因此弹性模量 E 随温度变化而变化。当温度降低时，多数材料的晶格常数变小，原子间距减小，原子间结合力增加，作用力曲线斜率增大，因此弹性模量 E 增加，如图 2-5 所示。反之，温度升高使材料原子间距增大，原子间结合力减弱，作用力曲线斜率减小，因此弹性模量 E 降低。镍（Ni）、铁（Fe）、钛（Ti）等典型金属弹性模量 E 随温度变化见表 2-2。从表 2-2 还可知，在室温以下，金属材料弹性模量 E 随温度降低而增加主要发生在液氮温度以上。

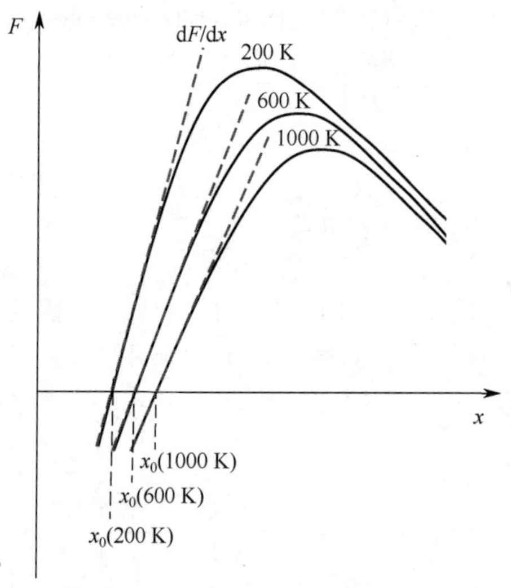

图 2-5　不同温度下原子间作用力变化[2]

表 2-2　典型金属材料的弹性模量 E 随温度变化[1]　　单位：GPa

温度/K	镍	铁	铜	钛	铝	镁
300	224.5	214.0	128.2	114.6	70.1	44.7
280	225.8	214.9	129.2	116.6	70.8	45.1
260	227.2	215.8	130.1	—	71.6	45.6
240	228.6	216.8	131.1	—	72.3	46.0

（续表）

温度/K	镍	铁	铜	钛	铝	镁
220	230.0	217.7	132.0	120.0	73.1	46.4
200	231.3	218.4	132.9	—	73.8	46.8
180	232.7	219.3	133.7	123.7	74.5	47.2
160	233.8	220.1	134.6	—	75.2	47.6
140	235.1	220.9	135.4	—	75.8	48.0
120	236.4	221.7	136.2	127.0	76.5	48.3
100	237.5	222.3	136.9	—	77.1	48.6
80	238.5	222.9	137.5	129.4	77.6	48.9
60	239.2	223.5	138.0	—	77.9	49.1
40	239.8	223.9	138.4	—	78.2	49.2
20	240.1	224.1	138.6	130.6	78.3	49.3
接近 0	240.1	224.1	138.6	130.6	78.4	49.4

在某些应用领域，如精密仪表要求弹性模量随温度变化较小，需要选用恒弹性合金，如铍青铜、锡磷青铜等。

晶体的弹性模量 E 与材料晶格常数有关，因此具有各向异性特征。单晶体金属的弹性模量值在不同结晶学方向不同。通常在原子间距较小的结晶学方向上弹性模量值较大，而在原子间距较大的结晶学方向上弹性模量值较小。对多晶金属材料，其弹性模量宏观上则具有各向同性特征。

固体的弹性变形以介质中的声速传播。固体中声速为

$$v = \sqrt{\frac{E}{\rho}} \tag{2-15}$$

式中，ρ 为密度。室温下声波在几种材料中的传播速率如表 2-3 所示。金属准静态拉伸测试加载速率一般小于 10 mm/s，对应应变速率小于 1 s^{-1}。摆锤冲击试验加载速率为 4～6 m/s，对应的应变速率约为 10^3 s^{-1}。对比可见，弹性变形在固体材料中的传播速率较大，远远超过上述加载速率。这也表明一般测试表征研究以及一般工程技术中的外载荷加载速率不会影响固体材料的弹性性质。式（2-15）还提供了一种测量材料弹性模量的方法，即声学法。与常规的施加外载荷测量变形法相比，此法具有更高的可靠性。声学法测量材料弹性模量的测量不确定度仅为 1%左右。

表 2-3　室温下不同材料中的声速

材　料	声速/(m/s)	材　料	声速/(m/s)
铁	5000	玻璃	5500
铜	3666	空气	343
铝	5104		

平板中的横波与圆柱中的扭转波传输速度 v_t 与材料的剪切模量 G 间有

$$v_t = \sqrt{\frac{G}{\rho}} \tag{2-16}$$

式中，ρ 为密度。同理，上式可用于剪切模量 G 的实验测量。

2.1.3 泊松比

当对材料施加单轴外力时，材料除在施力方向发生形变，还在垂直施力方向上发生形变（横向应变），如图 2-6 所示。材料的泊松比（Poisson's Ratio），常用符号 υ 表示，定义为材料受拉应力后横向应变与拉应变之比的负值，即

$$\upsilon = -\frac{\varepsilon_2}{\varepsilon_1} \tag{2-17}$$

式中，ε_2 为垂直于受力方向上的应变，ε_1 为受力方向上的正应变（拉应变）。对各向同性材料，泊松比的理论值在−1 至 0.5 之间。对单晶材料，泊松比可为任意值。由于多数材料承受拉伸应变时（$\varepsilon_1 > 0$），通常垂直受力方向的应变为负（$\varepsilon_2 < 0$），因此泊松比为正值，即 $\upsilon > 0$。

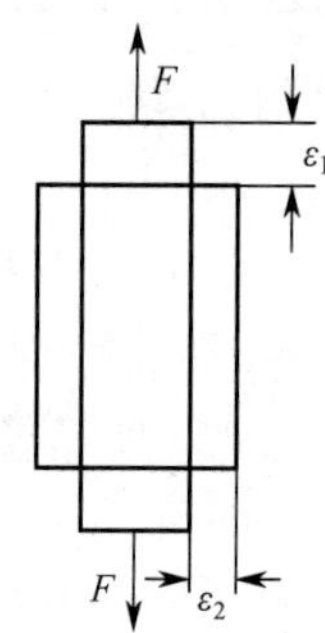

图 2-6 单轴受力时受力方向变形与垂直施力方向变形

镍、铁、铜等金属材料室温及接近绝对零度（0 K）时泊松比见表 2-4。一些材料室温以下弹性模量和泊松比见表 2-5。温度对材料泊松比有一定影响。一般情况下，当温度降低时材料的泊松比略有降低。

表 2-4 镍等金属材料室温及接近绝对零度时的泊松比[1]

材料	泊松比（297 K）	泊松比（接近 0 K）
铁	0.2945	0.2898
铜	0.3501	0.3445
铝	0.3456	0.3357

表 2-5 一些材料室温下弹性模量 *E* 和泊松比[3]

材料	弹性模量 *E*/GPa	泊松比	材料	弹性模量 *E*/GPa	泊松比
铝	70	0.345	环氧树脂	3.0	0.33
黄铜（70/30）	101	0.350	尼龙 66	2.7	0.41
铜	130	0.343	聚碳酸酯	2.4	0.38
铁、低碳钢	212	0.293	高分子量聚乙烯	1.08	0.42
铅	16.1	0.440	陶瓷（Al_2O_3）	400	0.22
镁	44.7	0.291	金刚石	960	0.20

（续表）

材　料	弹性模量 *E*/GPa	泊　松　比	材　料	弹性模量 *E*/GPa	泊　松　比
不锈钢	215	0.283	MgO	300	0.18
钛	120	0.361	SiC	396	0.22
钨	411	0.280	玻璃（SiO_2）	69～70	0.18～0.20
镍	200	0.3	E 玻璃纤维	72.4	0.22
ABS 塑料	2.4	0.35	花岗岩	49.6	0.213
有机玻璃	2.7	0.35	碳化钨	534	0.22

对于各向同性固体材料，由材料的本构关系可知，只有两个独立的弹性常数。因此弹性模量 E、剪切模量 G、体模量 B 以及泊松比 υ 之间的关系为

$$G=\frac{E}{2(1+\upsilon)} \tag{2-18}$$

$$B=\frac{E}{3(1-2\upsilon)} \tag{2-19}$$

因此，可以通过测量弹性模量 E 和泊松比，从而能够计算得到剪切模量 G 和体模量 B。

泊松比表征材料弹性变形范围内横向应变与纵向应变之间的关系。体模量 B 表征材料的绝热压缩特性。材料的泊松比 υ 与 B/G 的关系如图 2-7 所示。致密、不可压缩材料，如液体、橡胶弹性体等，其泊松比 υ 接近极限值 0.5。大多数固体材料，如金属、聚合物以及陶瓷材料，泊松比 υ 值在 0.25 至 0.35 之间。玻璃、矿物等易压缩材料的泊松比 υ 趋近 0。气体的泊松比 υ 也趋近于 0。对于一些具有网状结构的材料等，其泊松比可为负值。临界流体是最易被压缩的，其泊松比 υ 接近另一极限值–1。

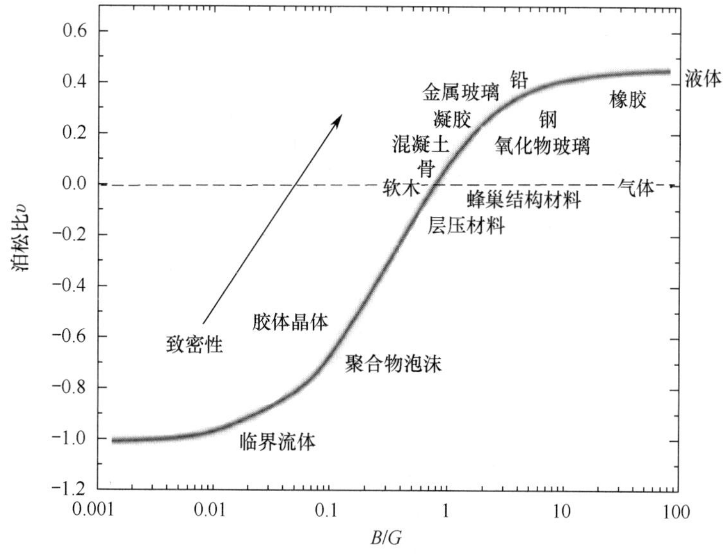

图 2-7　泊松比与 B/G 的关系[4]

泊松比 υ 为负值（$\upsilon<0$）的材料常称为“拉胀”材料。负泊松比材料的典型微结构如图 2-8 所示。

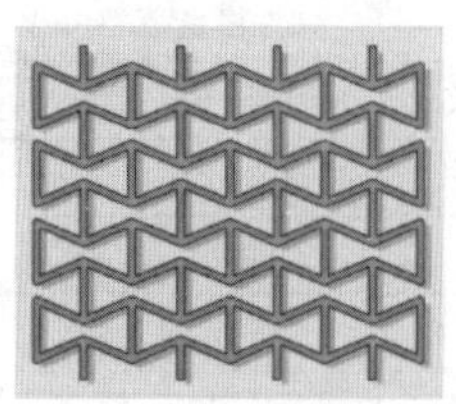

(a) 反式六角蜂窝结构

(b) 具有“手性”结构特性（特殊的空间螺旋特性）材料

图 2-8　具有负泊松比材料的微观结构[5]

材料弹性性能具有重要的工程意义。构件在服役过程中通常都是处于弹性变形状态。对于精密构件，容许的弹性变形量应控制在一定范围之内，即材料的刚度问题。刚度是指弹性变形范围内构件抵抗变形的能力，即

$$Q=\frac{P}{\varepsilon}=\frac{\sigma A}{\varepsilon}=EA \tag{2-20}$$

式中，A 为构件受力截面积，ε 为应变。由此可见，设计中提高刚度可通过选用高弹性模量材料和增加构件受力截面积来实现。

比弹性模量定义为弹性模量与密度之商。碳纤维具有较高的比弹性模量。

弹性不稳定（屈曲）是一种常见的结构失效方式。单杆不同约束下屈曲示意图如图 2-9 所示，图中考虑单一细长杆承受压应力的几种情形：（1）两端可自由转动但不能左右移动（铰支），如图 2-9（a）所示；（2）两端固定，如图 2-9（b）所示；（3）一端固定，另一端可自由转动但不能左右移动（铰支），如图 2-9（c）所示；（4）一端固定，另一端自由，如图 2-9（d）所示。按强度条件计算压杆许用承载值大于实际承载值。然而，分析计算表明，当载荷大于某临界值时，系统发生失稳。对图 2-9 中的 4 种情形，此临界载荷 F_{cr} 分别为[2]

$$\begin{aligned}
&(1) \quad F_{cr}=\frac{\pi^2 EI}{L^2}\\
&(2) \quad F_{cr}=\frac{4\pi^2 EI}{L^2}\\
&(3) \quad F_{cr}=\frac{2\pi^2 EI}{L^2}\\
&(4) \quad F_{cr}=\frac{\pi^2 EI}{4L^2}
\end{aligned} \tag{2-21}$$

式中，I 为压杆惯性矩，L 为压杆长度。式（2-21）就是著名的欧拉公式。由欧拉公式可知，两端完全固定时临界载荷最大，而自由约束状态下临界载荷较小。对于更为复杂的多杆承载情况，读者可参阅相关资料。

工程设计中还有另外一些构件，如弹簧，则要求其在允许的弹性变形内具有足够的承载能力。此类问题可归结为弹性比功问题。弹性比功 R 定义为材料吸收弹性变形功而不发生永久变形的能力，它表征单位体积材料所吸收的最大弹性变形功。如图 2-10 所示，弹性比功 R 在数值上为

$$R=\frac{1}{2}\sigma_e\varepsilon_e=\frac{\sigma_e^2}{2E} \tag{2-22}$$

可见，提高弹性极限 σ_e 或者降低弹性模量 E 都能提高弹性比功 R。例如，中碳钢的弹性比功为 0.23 MJ/m^3，而高碳弹簧钢的弹性比功为 2.27 MJ/m^3。弹簧钢中碳含量高达 0.5%～0.7% 质量分数，主要是为了通过增加碳化物相以提高其弹性极限。铍青铜（R=1.44 MJ/m^3）或磷青铜（R=1.0 MJ/m^3）也具有较高的弹性极限和较低的弹性模量，可用于制作弹簧等。

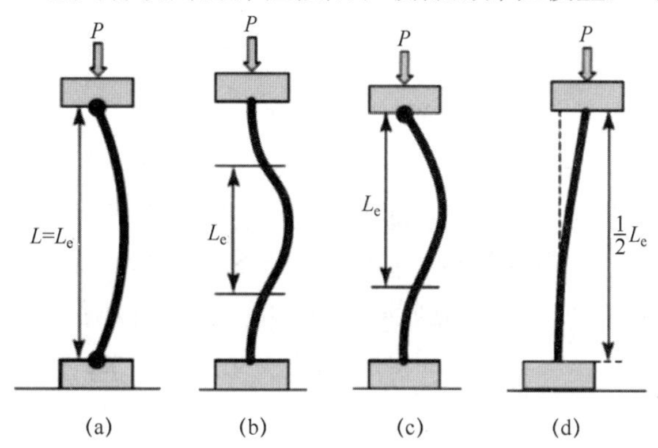

图 2-9　单杠不同约束条件下屈曲示意图

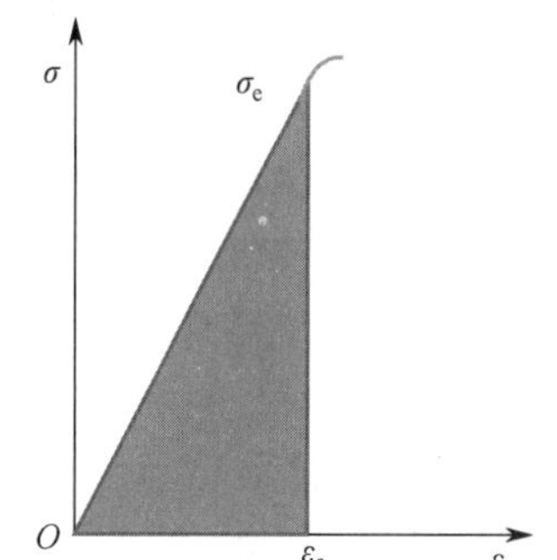

图 2-10　弹性比功示意图

形状记忆合金如镍钛（NiTi）、镍钛铜（TiNiCu）、铁钯（FePd）、镍锰锡（NiMnSn）、镍锰锡铜（NiMnSnCu）、镍锰铟钴（NiMnInCo）和铜锌铝（CuZnAl）等在奥氏体相变终止温度以上进行拉伸试验，会发生应力诱发的马氏体相变。应力去除后，由马氏体相变引起的变形会消失。终止温度以上的马氏体只在应力作用下稳定，卸载后逆转变为稳定的马氏体相。这种不通过加热即恢复到原来形状的弹性变形，称为相变超弹性。形状记忆合金马氏体相变为无扩散型一级相变，相变过程伴随潜热变化，此效应称为弹热效应。弹热效应中热量来源包括相变中的晶格振动引起的熵变、电子状态贡献的熵变以及磁状态引起的熵变等。形状记忆合金 NiTi 在发生马氏体相变时，在绝热条件下（如快速加载、卸载）其温度会升高。在此过程中，电子熵贡献很小，因此可忽略。磁熵变和晶格振动熵起主要作用。通过设计单轴循环系统等，弹热效应可用于固体制冷技术。铜铝锰（CuAlMn）形状记忆合金在液氦温度下仍具有弹热效应。

2.2　材料的低温塑性和强度

材料在承受载荷超过弹性变形范围后会发生永久、不可逆变形，称之为塑性变形。大多数金属及合金具有不同程度的塑性变形能力，被称为塑性材料；陶瓷等工程材料基本无塑性变形能力，被称为脆性材料。通常用强度来表征工程材料抵抗变形和断裂的能力。本节介绍塑性变形的基本特征和强度概念，以及静强度准则与安全系数。

2.2.1 塑性变形

当作用在材料上的外加应力超过弹性极限 R_e 时，材料开始发生永久性不可逆变形，即塑性变形。典型金属材料拉伸应力–应变曲线如图 2-11 所示。R_e 对应的点为比例极限，此点以前为直线。$R_{p0.2}$ 对应的点称为屈服极限，标志着弹性变形阶段终止和塑性变形阶段开始。R_e 和 $R_{p0.2}$ 之间，应力–应变关系尽管已不再是线性，但仍属于弹性阶段，即此阶段卸载后可按原应力–应变关系恢复到原始状态。应力超过屈服极限以后，如卸载，则应力–应变关系就不再按原路回到原始状态，而是有塑性应变保留下来。

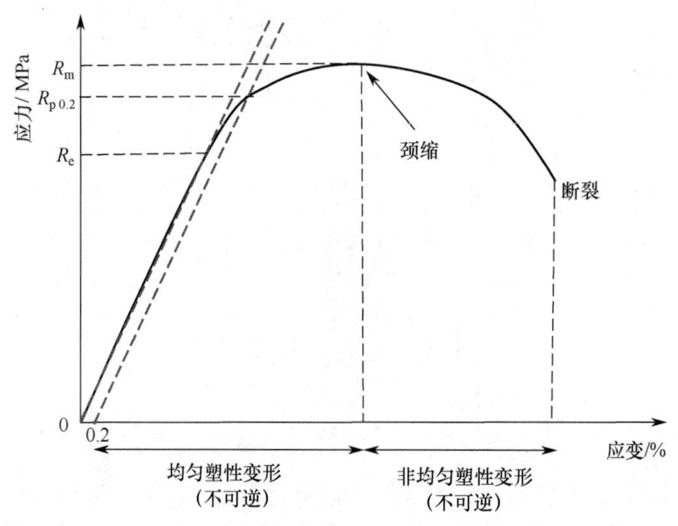

图 2-11　典型金属材料拉伸应力–应变曲线

表征材料塑性的指标有断后伸长率和断面收缩率等。断后伸长率（A）定义为断裂后材料标距的伸长量 ΔL 与原始标距 L_0 之比的百分率，即

$$A = \frac{\Delta L}{L_0} = \frac{L - L_0}{L_0} \times 100\% \tag{2-23}$$

式中，L 为断后材料标距长度。断面收缩率（Z）定义为材料断裂后横截面积 S_u 的最大缩减量（$S_0 - S_u$）与原始截面积 S_0 之比的百分率，即

$$Z = \frac{\Delta S}{S_0} = \frac{S_0 - S_u}{S_0} \times 100\% \tag{2-24}$$

对于发生颈缩的材料，其伸长量包括颈缩前的均匀伸长和颈缩后非均匀（集中）伸长两部分。研究表明材料的均匀伸长与其制造（如冶金）因素有关，而集中伸长与材料的几何尺寸有关。为便于比较，规定了两种标准拉伸试样，其原始标距 L_0 与原始截面积 S_0 的平方根之比分别为 11.3 和 5.65。对于圆形横截面拉伸试样，对应原始标距分别为其直径的 10 倍

和 5 倍。相应地，断后伸长率分别用 A_{10} 或 A_5 表示。对有颈缩的材料，A_5 大于 A_{10}，这是由于原始标距越大，材料集中变形对断后伸长率贡献越小。

对于没有颈缩的材料，断面收缩率 Z 为零。对于形成颈缩的材料，断面收缩率 Z 也由均匀变形的断面收缩率和集中变形阶段的断面收缩率组成。断面收缩率 Z 只与材料有关，与试样尺寸无关。

颈缩前材料总体积保持不变，有

$$A = \frac{Z}{1-Z} \tag{2-25}$$

即在均匀变形阶段伸长率 A 始终大于断面收缩率 Z。颈缩开始发生后，真实塑性应变 $\varepsilon_{\text{true}}$ 与（条件）断面收缩率 Z 之间有

$$\varepsilon_{\text{true}} = \ln\left(\frac{1}{1-Z}\right) \tag{2-26}$$

因此可通过测量断面收缩率 Z 求得真实塑性应变 $\varepsilon_{\text{true}}$ 的极限。

金属材料塑性变形的主要形式是滑移和孪晶。滑移是金属在切应力作用下沿一定的晶面（滑移面）和一定的晶向（滑移方向）进行的切变过程。每一个滑移面和该面上的一个滑移方向组合成一个滑移系，表示金属在滑移时可能采取的一个空间取向。金属晶体中滑移系越多，其塑性越好。相对于具有体心立方和密排六方结构的金属材料，面心立方结构的金属材料具有较多的滑移面，因此塑性较好。此外，面心立方金属材料低温下变形时滑移特征得以保持，因此通常其低温塑性同样优异。

使金属单晶产生滑移所需要的分切应力定义为临界分切应力。在不同的滑移系统上临界分切应力亦有所不同。临界分切应力随温度变化，且不同滑移系的临界分切应力随温度变化程度不同，如图 2-12 所示。具有体心立方结构的金属材料，如铁（Fe）、钼（Mo）、铌（Nb），其临界分切应力显著高于具有密排六方和面心立方结构的金属，且随温度降低增加最为明显。具有面心立方结构的金属材料，如铝（Al）和铜（Cu），其临界分切应力最低，且随温度降低变化较不明显。对于具有密排六方结构的金属材料，临界分切应力介于二者之间。间隙对密排六方结构金属材料的临界分切应力随温度降低的影响不同。在图 2-12 中，一类是对间隙敏感的材料，如钛（Ti）；另一类是对间隙不敏感的材料，如镁（Mg）。

孪晶是发生在金属晶体内局部区域的均匀切变过程。切变区的宽度较小，在切变后已变形区域的晶体取向与未变形区域的晶体取向互成镜面对称关系。孪晶变形通常也是沿特定晶面和特定晶向进行的。孪晶可以改变晶体的取向，从而促进或抑制滑移。

断后伸长率 A 和断面收缩率 Z 是重要的工程性能指标。构件使用过程中难免偶然过载，或者局部应力过载。此时，构件如果具有一定塑性，则可利用局部塑性变形松弛或缓冲应力集中，避免断裂失效，保证安全。另外，金属材料塑性指标还是塑性成形和冷塑性成形工艺设计的基础参数。

工程材料塑性随温度降低变化趋势不同，如高强度钢断后伸长率 A 随温度降低而减小，而铝合金等具有面心立方结构材料，断后伸长率 A 则随温度降低先增加后降低，或先降低后增加，相关内容见本书第 4 章。

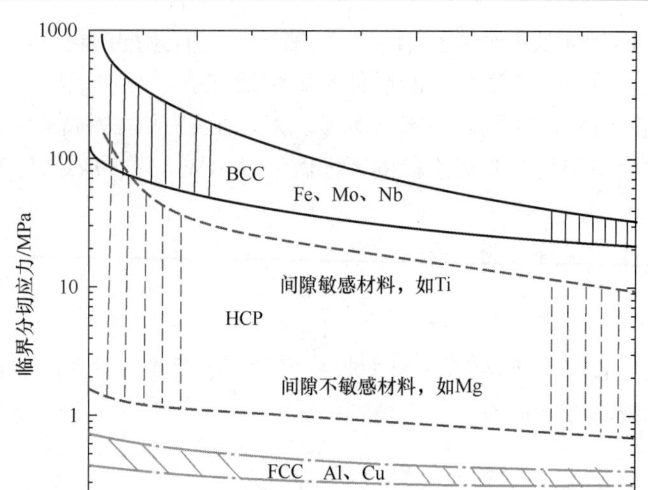

图 2-12　不同晶体结构的临界分切应力随温度变化[6]

2.2.2 强度

材料的强度指标主要包括比例极限、弹性极限、屈服强度、抗拉强度和断裂强度等。比例极限和弹性极限为材料的弹性性能。本部分重点讲述屈服强度和抗拉强度。

比例极限是指应力与应变成正比关系的最大应力。在实际操作时，选择应力–应变曲线上开始偏离直线时的应力值作为比例极限。

弹性极限是指材料由弹性变形过渡到弹性–塑性变形的应力。应力超过弹性极限之后，材料便开始发生塑性变形。这使得在实际操作时较难精确测量弹性极限，因此一般将产生一定残余变形的应力作为规定弹性极限。例如，常将残余变形 0.01%的应力作为弹性极限（R_e），如图 2-11 所示。值得注意的是，弹性极限并非金属材料对最大弹性变形的抗力。如前所述，因为应力超过弹性极限后，材料在发生塑性变形的同时还会继续产生弹性变形，因此弹性极限是表征开始塑性变形时的抗力。

屈服极限或屈服强度定义为拉伸过程中载荷不增加或开始下降而试样仍继续伸长时恒定载荷对应的应力，用 σ_y 表示，如图 2-13（a）。相应地，屈服强度应定义为开始发生塑性变形时的应力值。同样，这实际上很难操作，这是由于多晶材料屈服的不同步性导致的。在工程材料中，除退火或热轧的低碳钢和中碳钢等少数合金具有明显的屈服现象外，大多数金属材料都没有明显的屈服点。工程上采用规定一定的残留变形量的方法确定材料的屈服强度。例如，以 0.2%残留变形的应力作为屈服强度（规定非比例延伸强度），用 $\sigma_{0.2}$ 或 $R_{p0.2}$ 表示。规定非比例延伸强度 $R_{p0.2}$ 通常利用应力–应变曲线的图解法得到。屈服强度是表征金属发生明显塑性变形的抗力。对低碳钢等材料，存在明显屈服（不连续屈服）现象，拉伸应力–应变曲线呈现上屈服点和下屈服点，如图 2-13（b）所示。

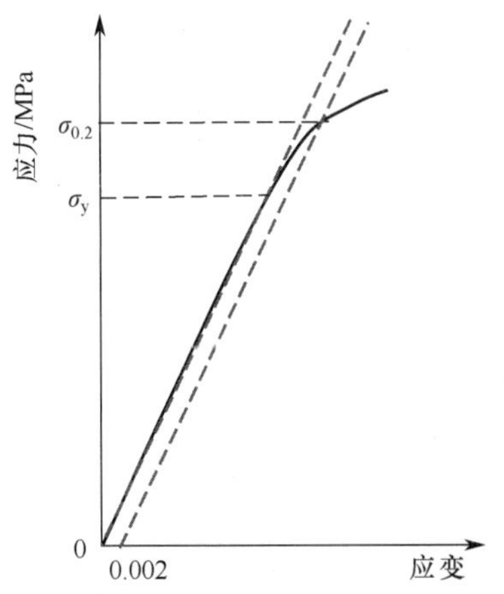

(a) 屈服强度 σ_y 与规定非比例延伸强度 $\sigma_{0.2}$

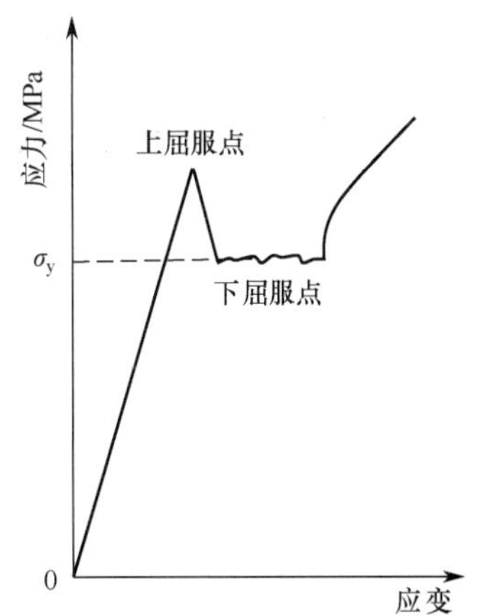

(b) 碳钢拉伸应力-应变曲线（上屈服点、下屈服点）

图 2-13　屈服强度、规定非比例延伸强度和明显屈服

屈服强度具有重要的意义，是工程技术上最为重要的力学性能指标之一。通常屈服强度对应的残余塑性变形量由构件服役条件而确定。比较常用的是残余变形量为 0.2%对应的规定非比例延伸强度 $R_{p0.2}$。对于有些特殊构件如承压容器，为安全起见，常采用残余变形量为0.01%甚至0.001%对应的规定非比例延伸强度 $R_{p0.01}$ 和 $R_{p0.001}$ 作为屈服强度。而对桥梁、建筑物等大型工程结构的构件，则可容许更大的残余变形量，常选取残余变形量 0.5%对应的 $R_{p0.5}$ 作为屈服强度。有些结构甚至选择残余变形量 1.0%对应的 $R_{p1.0}$ 作为屈服强度。

金属材料的屈服机理较为复杂，纯金属和合金也有所不同。对于纯金属材料，屈服强度源于使位错移动的临界分切应力，因此其大小由位错移动所受的各种阻力决定，具体包括点阵阻力、位错间交互作用产生的阻力和位错与其他晶体缺陷交互作用的阻力等。

点阵阻力是位错在晶体中运动需要克服的阻力，与晶体结构和原子间作用力等因素有关。一般规律是位错宽度越大，位错周围的原子比较接近于平衡位置，点阵畸变能低，位错易于运动，因此点阵阻力也越小。由于面心立方结构金属和合金较体心立方结构的金属和合金的位错宽度大，所以面心立方结构金属点阵阻力小，屈服应力小。此外，滑移面的面间距越大，则点阵阻力越小。在滑移方向上原子间距越小，点阵阻力也越小。此外，温度降低也会导致位错运动阻力增加，因此材料屈服强度一般随温度降低而增加。

位错间交互作用产生的阻力源于平行位错的长程弹性相互作用，包括相交位错产生合位错的作用，以及运动位错与穿过滑移面的位错交截产生割阶的作用。一般规律是，位错密度增加，临界分切应力也增加，相应屈服应力增加。通常可以通过增加晶体中的位错密度来提高屈服强度，但这往往导致材料塑性降低。晶体通过冷作变形，其位错密度可增加 4～5 个数量级，从而显著提高其屈服强度，此过程被称为形变强化。

晶界阻力源于多晶体的位错运动需要克服的晶界界面阻力。这是由于晶界两侧的取向不同，造成位错在晶界堆积，应力集中，从而激发相邻晶粒中的位错源开动，引起宏观屈服应变。屈服强度 σ_b 与晶粒大小的关系由霍尔–佩奇关系（Hall-Petch relationship）描述，即 $\sigma_b=\sigma_0+kd^{-1/2}$。$\sigma_0$ 为材料常数，也称晶格摩擦力，与位错在晶体中运动的总阻力有关，大体相当于单晶体的屈服应力；d 为多晶体中各晶粒的平均直径；k 为表征晶界对强度影响程度的常数，与晶界特征等因素有关。注意，由于 σ_0 和 k 都与温度密切相关，因此不同温度下晶粒对屈服强度的影响也不同。图 2-14 为 316 奥氏体不锈钢在室温、液氮和液氦温度下屈服强度与晶粒尺寸的关系，由此可见，σ_0 和 k 都随温度降低而增加。图 2-14 中，ann.为 annealed 的缩写，即退火。

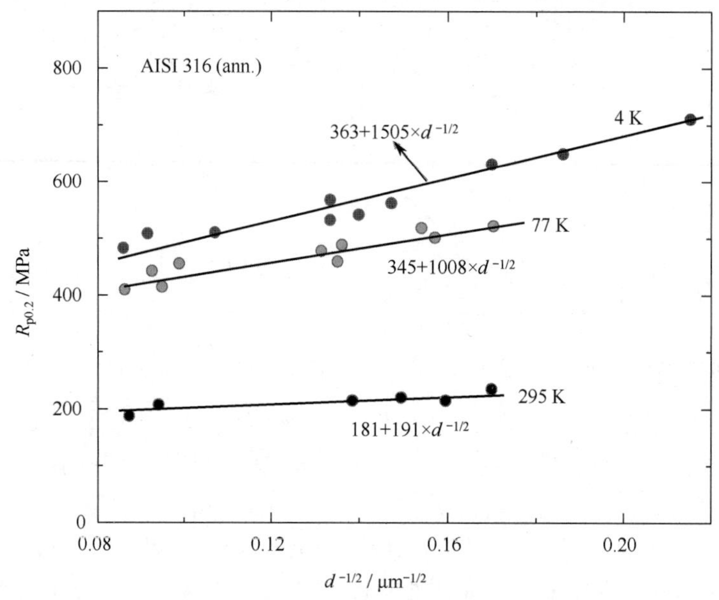

图 2-14　316 奥氏体不锈钢在不同温度下屈服强度与晶粒尺寸关系[7]

影响金属合金屈服强度的因素还包括固溶强化和第二相强化。

温度对金属材料屈服强度具有重要影响。一般规律是，材料屈服强度随温度降低而增加，但其变化范围与晶格类型相关。如图 2-12 所示，面心立方结构（FCC）、体心立方结构（BCC）和密排六方结构（HCP）三种晶格材料临界分切应力大小不同，温度变化对其影响也不同。由此可见，体心立方结构金属和陶瓷屈服强度随温度降低而增加最为明显，而面心立方结构和密排六方结构金属屈服强度随温度降低而增加较小。图 2-15 给出了几种工程材料屈服强度随温度降低变化的趋势，由此可见，不同晶体结构的合金屈服强度随温度降低变化的趋势不同。

应变速率以及应力状态对材料屈服强度也有影响。一般规律是，应变速率越大，测得的屈服强度也越大；而应力状态的影响表现为，弯曲屈服强度大于拉伸屈服强度，拉伸屈服强度大于扭转屈服强度等。

抗拉强度 R_m 表征材料的极限承载能力，是材料最大均匀塑性变形所对应的抗力，即材料最大均匀塑性变形抗力。抗拉强度 R_m 定义为拉伸试验时最大载荷对应的工程（条件）应力值。对于脆性材料和不形成颈缩的塑性材料，拉伸最高载荷就是断裂载荷，因此其抗拉强度也代表抗断裂能力，即断裂强度。而对形成颈缩的塑性材料，抗拉强度 R_m 代表产生最大均匀变形的抗力，也表示材料在准静态拉伸条件下的极限承载能力。

对于抗拉强度，多数随温度降低而增加，这与材料键合强度随温度降低而增加有关。几种工程材料抗拉强度随温度降低的变化规律如图 2-16 所示。与屈服强度类似，不同晶体结构的合金抗拉强度随温度降低变化趋势不同。对奥氏体不锈钢，低温、应力或应变诱发马氏体相变对材料的抗拉强度增加也有重要影响。低温下金属材料塑性变形时还可能发生“锯齿”状应力–应变行为，具体见本书第 4 章。

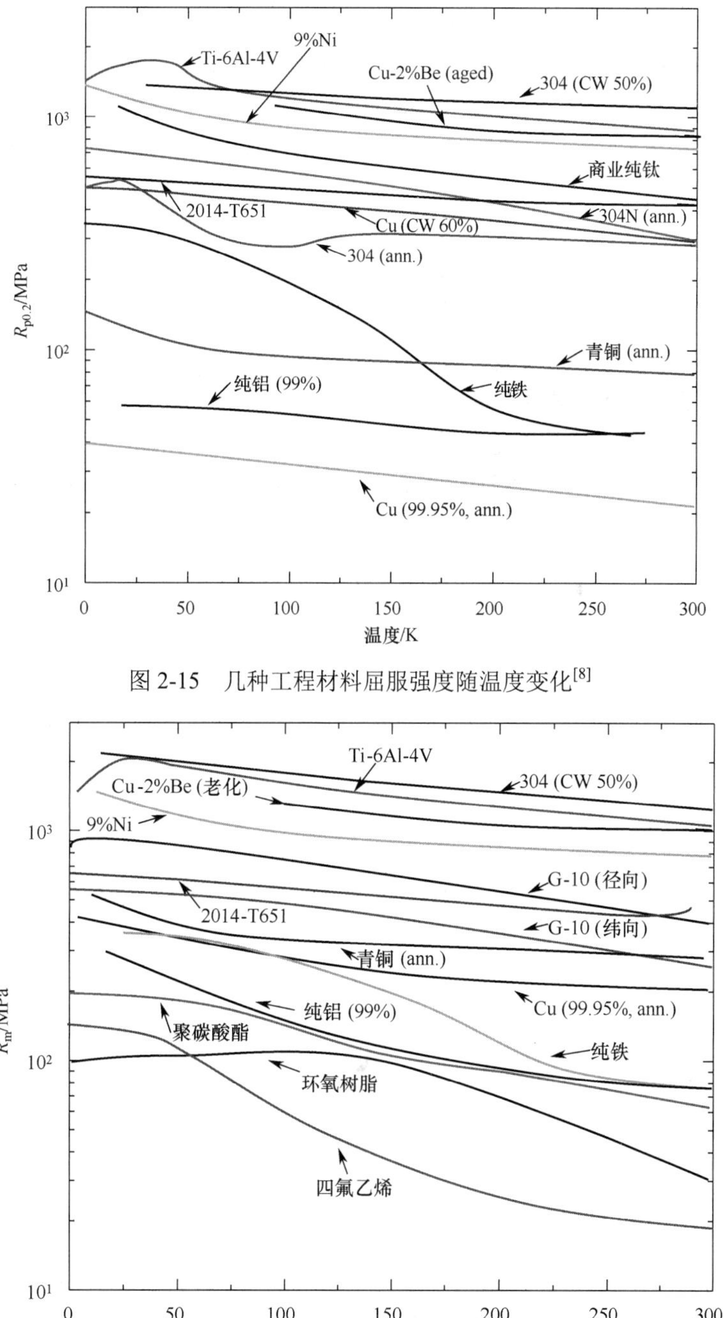

图 2-15　几种工程材料屈服强度随温度变化[8]

图 2-16　一些工程材料抗拉强度 R_m 随温度的变化[8]

2.2.3　静强度准则与安全系数

在工程设计中，常用的静强度分析的强度设计准则有断裂准则和屈服准则等。

断裂准则包括无裂纹材料的断裂准则和含裂纹材料的断裂准则。含裂纹材料的断裂准则即断裂力学准则，将在 2.3 节中详细讲述。无裂纹材料的断裂准则主要为最大拉应力准则，也就是说，材料无论处于何种应力状态，其承受的最大拉应力达到材料的拉伸强度极限值（抗拉强度）即发生脆性断裂。该准则多用于脆性材料承受拉、扭和三向拉伸应力状态。最大伸长线应变理论也是无裂纹材料的断裂准则之一，该准则认为材料无论出于何种应力状态，只要最大伸长线应变达到极限值，就会引起脆性断裂。此理论特别符合岩石、混凝土等脆性材料压缩断裂。

屈服准则包括最大正应力准则（最大拉应力理论，或第一强度理论）、最大拉应变准则（莫尔–库仑定律，或第二强度理论）、最大切应力准则（特雷斯卡屈服准则，或第三强度理论）、最大形状改变比能准则（Van Mises 准则，或第四强度理论）等。

最大切应力准则认为不论材料处于何种应力状态，当其承受的最大切应力达到极限值，就会引起塑性流动而失效。此理论较符合金属材料的屈服，目前广泛应用于工程设计中。最大形状改变比能准则（也称最大畸变能准则）认为不论材料处于何种应力状态，只要形状改变比能达到极限值，就会引起塑性流动而失效。相对于最大切应力准则，此准则更接近实验结果。

在进行工程设计时，为防止因材料问题、工程偏差以及外载荷增加等因素引起构件失效，工程的受力部分理论上能够负担的载荷必须大于其实际承载的载荷。

定义应力安全系数 S_{stress} 为构件的失效应力（对塑性材料，常取屈服强度；对脆性材料，常取抗拉强度）与实际服役应力之比，其值应大于 1，且通常在 1.3 至 2.0 之间。应力安全系数值越大则裕度越大。系统中构件安全系数的设定需要考虑构件服役环境及材料特性等多个因素。此外，当系统的不确定因素较多以及结构失效导致的后果较严重时，安全系数应选择更高数值。工程设计时有时也选用寿命安全系数 S_{life}，其定义为期望失效寿命与预计服役寿命之比。寿命安全系数一般用于服役过程中应力变化不大但构件随服役时间发生缓慢变形或裂纹持续扩展的情形。寿命安全系数通常选用范围为 5 到 10 之间。

2.3 材料的低温韧性

韧性表示材料抵抗裂纹扩展的能力。从能量角度来看，韧性表征材料裂纹扩展即形成新表面所需要吸收的能量。表征材料韧性的指标有拉伸韧度、冲击韧度和准静态断裂韧度。

拉伸韧度表征材料承受拉伸载荷至断裂吸收的能量。拉伸韧度定义为工程应力–应变曲线下面积，单位与应力单位相同。材料的强度越大，塑性变形越大，其拉伸韧度也越大。拉伸韧度可用于定性比较材料，目前已较少使用。

冲击韧度表征材料承受冲击载荷（高应变速率）至断裂吸收的能量。通常认为冲击韧度是表征韧性的定性指标，而准静态断裂韧度才是表征韧性的定量指标。准静态断裂韧度是断裂韧度中的一种，下面着重介绍断裂韧度。

2.3.1 冲击韧度与低温韧脆转变

简支梁（Charpy）冲击试验加载速率一般在 4～6 m/s，对应材料应变速率约为 $10^3\ s^{-1}$。然而，与准静态拉伸以及准静态断裂韧度试验相比，冲击韧度测试的应变速率较高。高应变速率将影响塑性变形和断裂性能。这是由于材料塑性变形落后于高应变速率冲击而导致抗变形能力下降。此外，低温下变形引起的温度上升也是影响材料韧性的一个重要因素。

冲击韧度定义为试样吸收能量与试样截面积的比值，即

$$\alpha_k = \frac{K}{S} \tag{2-27}$$

式中，K 为使试样断裂吸收能量，即冲击吸收能量，单位为 J。S 为试样缺口处截面积。冲击韧度单位为 J/m^2。

除了冲击韧度和冲击吸收能量，侧膨胀值（Lateral Expansion，LE）也是冲击试验上反应材料韧性的一个重要指标，如图 2-17 所示。侧膨胀值单位为 mm。应注意侧膨胀值是与材料尺寸无关的量，这与冲击吸收能量不同。通常冲击韧度越好，侧膨胀值越大。冲击韧度越差，侧膨胀值变化越不明显。对有明显低温韧脆转变的材料，其侧膨胀值随温度降低而降低，如图 2-17（b）所示。

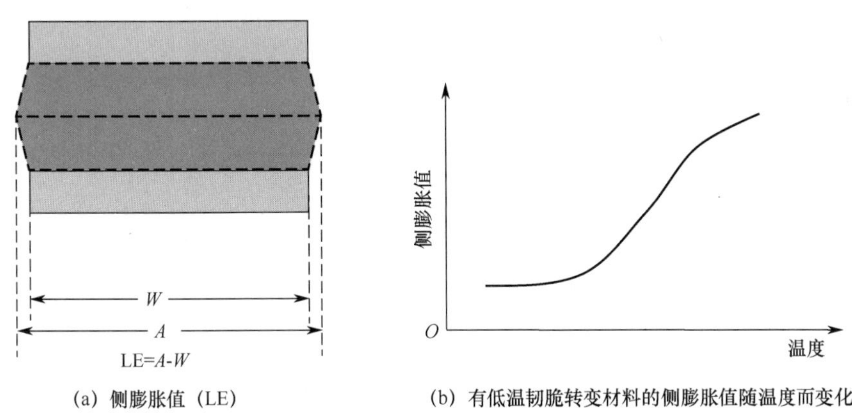

(a) 侧膨胀值（LE）　　(b) 有低温韧脆转变材料的侧膨胀值随温度而变化

图 2-17　冲击侧膨胀值及有低温韧脆转变材料的侧向膨胀量随温度变化趋势[9]

典型金属材料的冲击试样断口形貌包括纤维区、晶状区和剪切唇三个部分。测量时，剪切唇常按纤维区处理。晶状区与原始横截面之比称为脆性（晶状）断面率。

严格意义上，使试样断裂所做的功包含使试样产生裂纹所需的功和试样裂纹扩展至断裂所需的功两部分。仪器化冲击设备可将上述两项分离，从而获得更多的信息。

大量实验表明材料的冲击韧度对其组织非常敏感，能较灵敏地反映材料的缺陷和显微组织的变化，因此冲击韧度是一项重要的材料性能指标。

简支梁冲击、悬臂梁（Izod）冲击和落锤冲击是常用的冲击试验方法。

实验表明应变速率、缺口形状和温度等都是影响材料韧度的因素，本节主要讨论温度对材料低温韧性的影响。

许多材料冲击韧度随温度降低而降低。当温度降低（通常指零下 40 ℃以下）至某临界数值时，材料的冲击韧度急剧下降表明材料由韧性断裂转变为脆性断裂，这种转变称为冷脆转变或者韧脆转变，转变的温度称为冷脆转变温度（T_K）或者韧脆转变温度（Ductile-Brittle Transition Temperature，DBTT）。

冷脆转变温度可通过系列冲击试验测定。所谓系列冲击试验是指对同一种材料开展一系列温度下的冲击试验，获得不同温度下的冲击吸收能量。通过测试获得的冲击吸收能量或者脆性断面率随温度变化曲线，从而确定冷脆转变温度。

图 2-18 给出了一种压力容器钢 A533B 冲击韧度随温度变化趋势。在冷脆转变温度以上，材料的断裂模式为韧性断裂。在冷脆转变温度以下，材料的断裂模式为脆性断裂。从断口形貌上，高冲击韧度对应代表韧性的纤维状，而低冲击韧度对应代表脆性的光滑结晶状。冷脆转变区材料的断口呈现前述两种形貌的混合状。

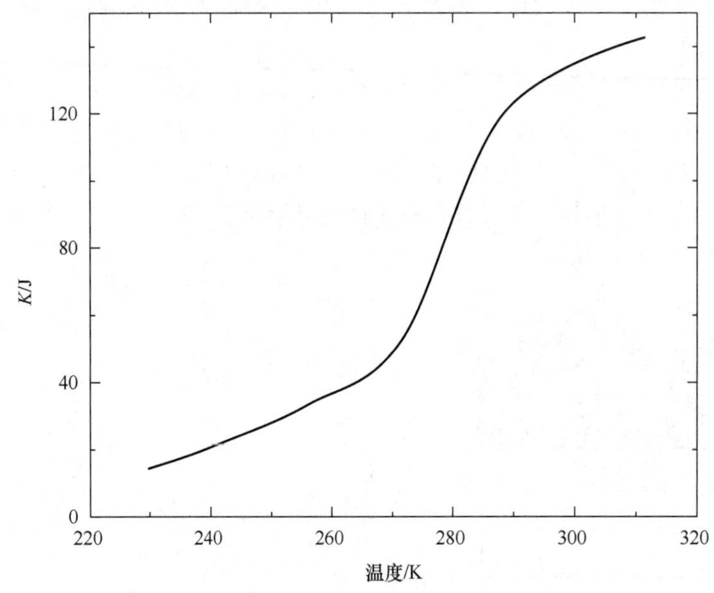

图 2-18　压力容器钢 A533B 冲击韧度随温度变化趋势[1]

材料的成分都对材料的冷脆转变温度有影响。图 2-19（a）给出了碳含量对碳钢冷脆转变温度的影响。镍含量对镍钢冷脆转变温度也有影响，机理在于 Ni 降低了铁素体基体交叉滑移阻力。图 2-19（b）给出了锰（Mn）含量对锰钢冷脆转变温度的影响。

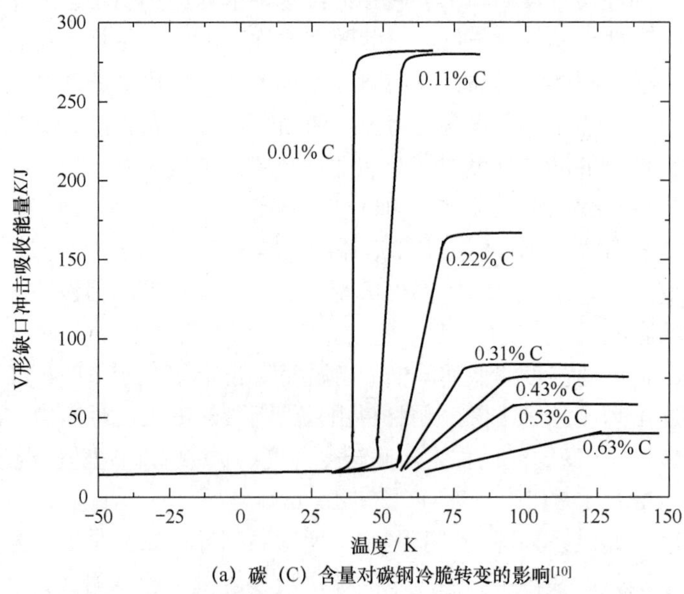

(a) 碳（C）含量对碳钢冷脆转变的影响[10]

图 2-19　C 和 Mn 含量分别对碳钢和锰钢冲击韧度的影响

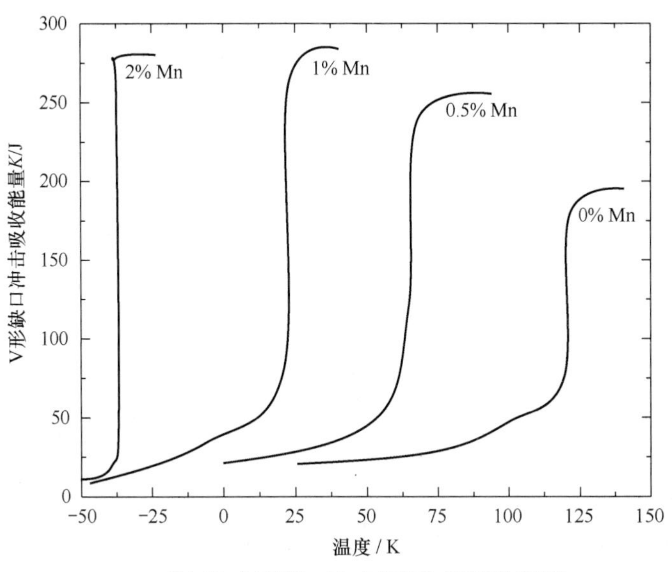

(b) Mn含量对Fe-xMn-0.5C钢冲击韧度的影响[9]

图 2-19　C 和 Mn 含量分别对碳钢和锰钢冲击韧度的影响（续）

温度对不同类型金属材料缺口冲击韧度影响归纳如图 2-20 所示。具有面心立方结构金属及合金，如奥氏体钢、镍基合金、铝及铝合金、铜及铜合金等，冲击韧度一般随温度降低变化不大，多数材料无冷脆转变现象。低强度且具有体心立方结构金属及合金，如商业纯铁、普通碳钢和部分低合金钢等，具有明显的冷脆转变现象。具有密排六方结构金属及合金介于面心立方结构金属及合金和体心立方结构金属及合金之间，如 Ti-5Al-2.5Sn，温度降低时韧性也有降低，但不如体心立方结构金属及合金那样明显。高强度及超高强度钢，如 18Ni（200）马氏体时效钢，由于其在很宽的温度范围内冲击韧度值都较低，所以其冷脆转变现象不明显。

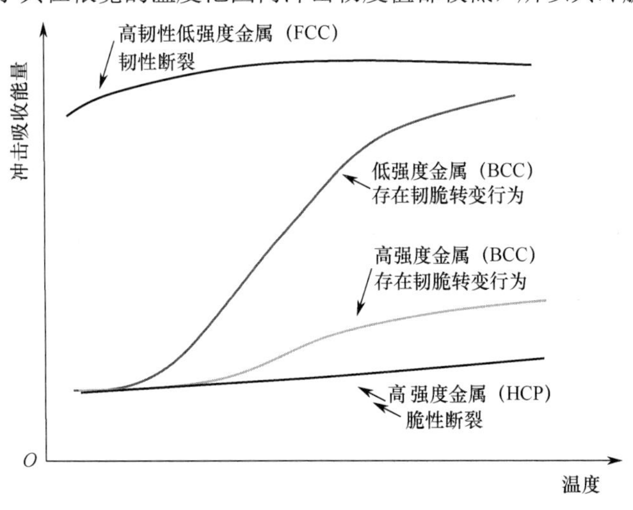

图 2-20　温度对不同类型材料冲击韧度影响[9]

冷脆转变温度与试验方法和试验应变加载速率有关。如图 2-21（a）所示，当采用准静态加载时，材料的韧脆转变温度向低温侧偏移，而韧性上平台值则减小。加载方式对材料的韧脆转变温度也有影响。采用简支梁冲击和疲劳裂纹（周期性载荷）扩展方法确定的韧脆转变性能的影响如图 2-21（b）所示。中子辐照也会对材料的韧脆转变有影响，如图 2-22 所示。

钢的化学成分对其冷脆转变温度有重要影响。如具有体心立方结构的 α-Fe 中置换固溶元素 Ni、Mn 等会降低冷脆转变温度及提高冲击韧度。α-Fe 中间隙固溶元素碳（C）、氮（N）等则提高冷脆转变温度并降低冲击韧度。这是由于固溶于 α-Fe 中的碳原子能形成浓缩气团，能引起位错钉扎，在提高屈服极限的同时降低了冲击韧度并提高了冷脆转变温度。氮的作用与碳类似，通过位错钉扎效应提高屈服强度。

晶粒尺寸对材料冷脆转变温度也有影响。实验和理论分析都表明减小晶粒尺寸能降低材料冷脆转变温度，且其值正比于材料平均晶粒尺寸的对数（ln$d$）。因此细化晶粒是降低材料冷脆转变温度的有效途径之一。此外，轧制方向和轧制温度，冷加工和时效处理，以及辐照损伤等因素对材料冷脆转变温度也有影响。

测量材料冷脆转变温度的实验方法有多种，如能量准则法、断口形貌准则法以及落锤试验法等。

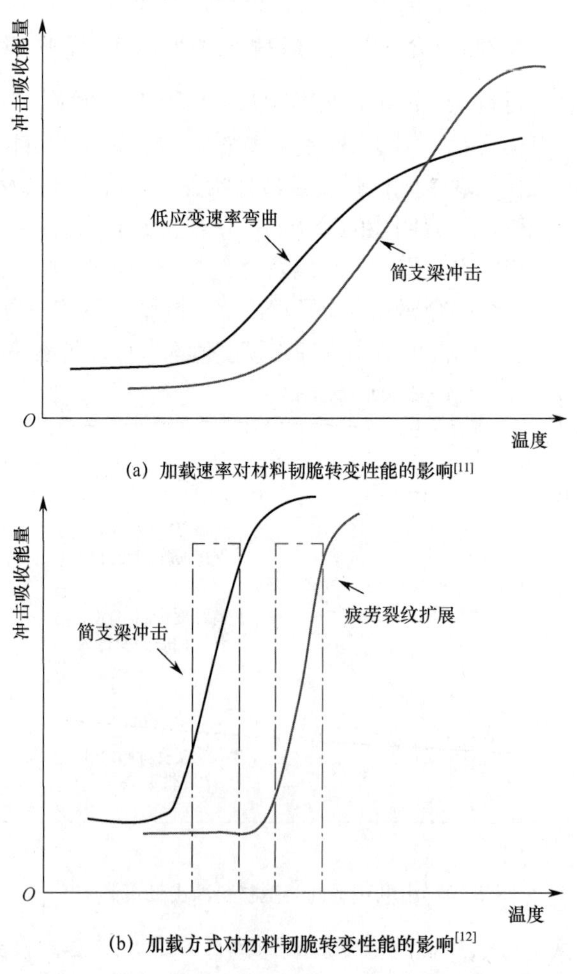

(a) 加载速率对材料韧脆转变性能的影响[11]

(b) 加载方式对材料韧脆转变性能的影响[12]

图 2-21　加载速率和加载方式对材料韧脆转变性能的影响

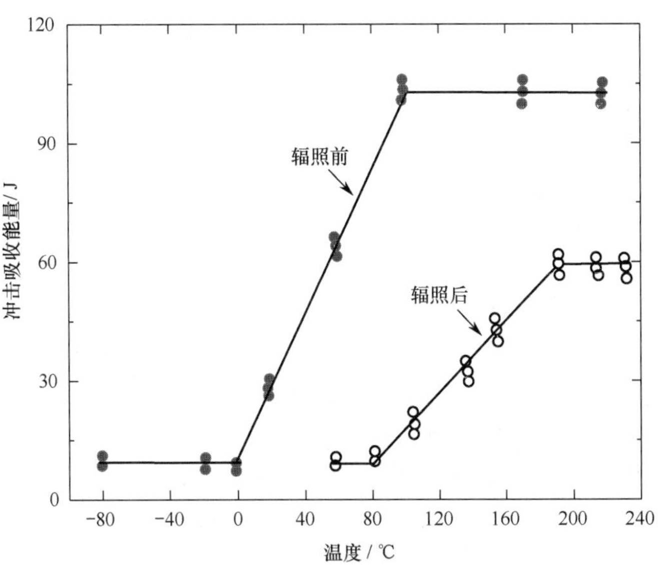

图 2-22　中子辐照对材料韧脆转变的影响[11]

应注意试样缺口形状对材料冷脆转变温度测量也有影响。冲击试样缺口形状主要有三种，即 V 形、U 形和钥匙孔形，如图 2-23 所示。应注意通常 U 形缺口试样和 V 形缺口试样的韧带长度不同。U 形缺口通常不如 V 形缺口敏感。此外，由于参与塑性变形体积不同，U 形缺口对表征较大尺寸范围内的材质缺陷灵敏度高于 V 形缺口试样。钥匙孔形冲击试样目前已较少使用。

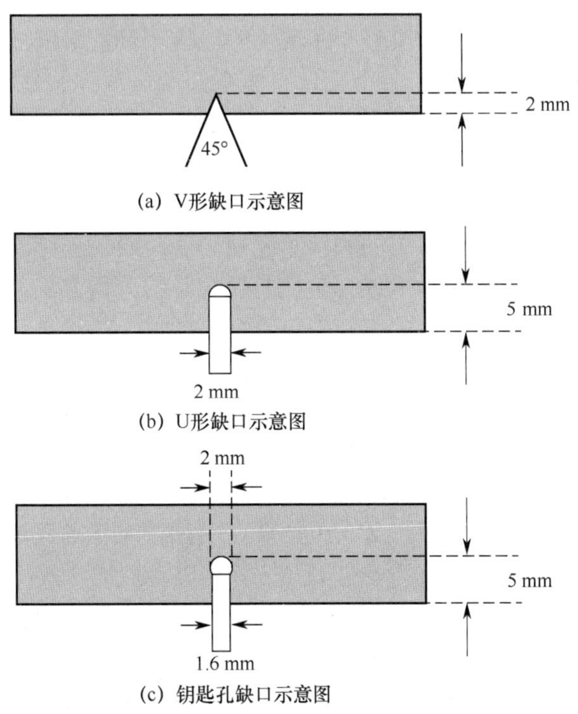

图 2-23　金属材料缺口冲击试样（10 mm×10 mm×55 mm）缺口形状

除了温度、辐照、氢脆和氦脆，造成金属材料变脆的因素还有回火热处理、应力腐蚀和液态金属等。

一些研究表明金属合金材料简支梁冲击韧性与材料的屈服强度有一定关系。应注意这些关系多是针对特定材料的经验关系，目前尚无理论依据。

2.3.2 断裂力学与断裂韧度

2.3.2.1 断裂力学基本概念

基于材料强度理论的设计准则主要考察构件材料的极限强度和安全系数。自 20 世纪特别是二战以来，新材料及新工艺尤其是焊接被广泛使用。然而，陆续发生了多起恶性断裂事故，如二战期间的自由轮脆性断裂，20 世纪 50 年代北极星导弹固体燃料发动机压力壳和民兵火箭燃烧室在远低于许用应力时脆断等。对相关事故的大量实验分析研究表明这些断裂源于结构的缺陷和裂纹的存在。这使传统的基于强度理论的设计理念受到严重挑战。这是因为传统的强度理论假定的材料是连续、均匀和各向同性的介质，不考虑材料存在的缺陷和裂纹。此外，相关实验还发现并非所有缺陷或裂纹都导致结构失效。对含缺陷和裂纹材料的力学行为的研究促进了现代断裂力学的产生。

1913 年，英格利斯（Inglis）指出，实际材料中不可避免地存在各种缺陷，其尖端附近存在局部高应力集中区域，并获得了应力集中系数的解析式。该应力远高于远离尖端的应力，从而成为断裂的源头。1920 年，格里菲斯（Griffith）建立了脆性断裂理论的基本框架。20 世纪 40 年代末，美国海军研究实验室研究自由轮钢板脆性断裂问题时，伊尔文（Irwin）将格里菲斯的概念从脆性材料推广到塑性材料，提出断裂需考虑的因素除脆性材料的表面能，还需要计入塑性应变能。伊尔文获得了应力强度因子和能量释放率间的关系式，建立了线弹性断裂力学。20 世纪 60 年代中期，科学家开始研究弹塑性断裂力学。1965 年，韦尔斯（Wells）提出了断裂力学的裂纹张开位移（COD）准则，用裂纹尖端张开位移 δ 作为控制断裂的参量，并以 δ 达到顶端张开位移的临界值 δ_c 作为断裂判据。1968 年，Rice 提出了 J 积分断裂力学概念[13]。

断裂力学抛弃传统强度理论认为的构件是无缺陷和裂纹的连续均匀介质，而认为构件存在宏观裂纹，利用线弹性断裂力学或弹塑性断裂力学的分析方法，研究裂纹在外载荷作用下的力学行为。实验中，构件中的宏观裂纹特征可通过无损检测获得。通过把构件中存在的裂纹特征和构件承受的应力以及材料抵抗裂纹扩展的能力（断裂韧度）定量地联系起来，从而对构件的服役安全性和寿命进行预测。这就是基于断裂力学的设计理念。由此可见，不同于只考虑外载荷和材料极限强度的强度设计理念，基于断裂力学的设计理念考虑了外载荷、裂纹特征以及材料断裂韧度三个因素，如图 2-24 所示。

断裂力学具有非常重要的工程意义。1982 年，美国国家标准局调研表明断裂破坏造成的经济损失占其年度国内生产总值的 4%，而充分利用断裂力学和断裂控制技术，可使损失减少一半。因此基于断裂力学的设计在低温工程中具有极为重要的意义。国际著名低温材料专家 Reed 认为，断裂力学的引入是低温科学研究发展中的重要进展之一[14]。正是断裂力学设计理念在低温领域的广泛采用，才避免了类似 1944 年美国克利夫兰（Cleveland）市 LNG 贮罐爆炸的灾难性事故再次发生。

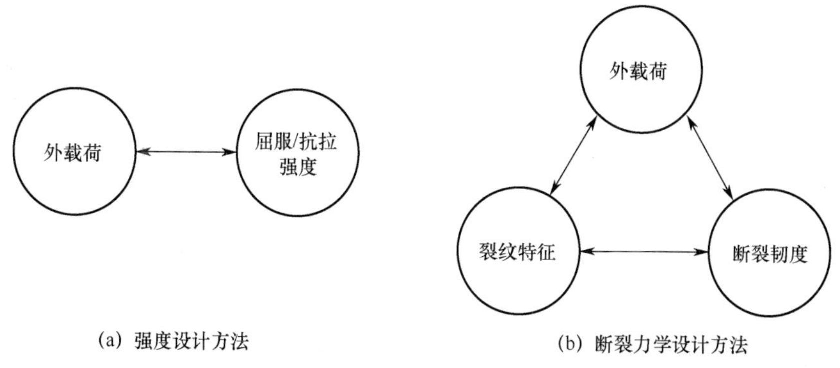

(a) 强度设计方法　　(b) 断裂力学设计方法

图 2-24　强度设计方法和断裂力学设计方法示意图

2.3.2.2　线弹性断裂力学

线弹性断裂力学是应用弹性力学理论研究含裂纹材料受力后裂纹扩展的行为和规律。线弹性断裂力学认为材料脆性断裂前基本上是弹性变形，即其应力–应变关系是线性关系。因此可以用材料力学和弹性力学的概念分析裂纹扩展规律。线弹性断裂力学正是基于此思想发展起来的。

20 世纪 20 年代，格里菲斯对脆性材料的断裂行为研究做了开创性工作。格里菲斯从能量平衡的角度提出，在脆性材料中，当裂纹扩展释放的弹性应变能等于新裂纹形成的所需表面能时，裂纹会失稳并进一步扩展。格里菲斯的理论只适用于玻璃等脆性材料，不适用大多数金属材料且存在能量参数计算复杂等缺点。1940—1950 年期间，伊尔文和奥罗万（Orowan）各自独立对格里菲斯的能量平衡观点进行了发展，认为工程材料断裂还需考虑塑性耗散功，其数值是断裂表面自由能的数个数量级。伊尔文随后提出了应力强度因子概念和应力场分析方法，标志着现代断裂力学时代的到来。1961 年，帕里斯（Paris）和其合作者开创了利用应力强度因子的方法分析疲劳裂纹扩展。到 20 世纪 70 年代，线弹性断裂力学已趋于成熟。

线弹性断裂力学提出了两种处理方法，即应力场分析法和能量分析法。

1. 应力场分析法

理论上材料的抗拉强度应与其弹性模量为同一数量级（E/π），然而大量试验发现材料尤其是脆性材料抗拉强度比理论值低 3～4 个数量级，即使晶须与纤维等材料的强度也远低于理论强度，如表 2-6 所示。格里菲斯发现材料中大量缺陷的存在是造成脆性材料极限强度远低于理论强度的主要原因。这些断裂是由缺陷造成的应力集中，导致局部应力超过材料极限强度。历史上，英格利斯首先研究了材料中缺陷的应力集中效应。如图 2-25 所示，考虑平板中存在一个椭圆裂纹，垂直裂纹方向受均匀的拉应力 σ 作用，半长轴长度为 a，半短轴长度 b，a 和 b 远小于板宽度和高度。英格利斯认为裂纹尖端（A 点）的拉应力为

$$\sigma_A = \sigma\left(1 + 2\frac{a}{b}\right) \tag{2-28}$$

定义应力集中因子 k_t 为

$$k_t = \frac{\sigma_A}{\sigma} = \left(1 + 2\frac{a}{b}\right) \tag{2-29}$$

当裂纹为圆形（$a=b$）时，$k_t=3$。式（2-28）可改写为

$$\sigma_A=\sigma\left(1+2\sqrt{\frac{a}{\rho}}\right) \tag{2-30}$$

式中，ρ 为椭圆的曲率半径（$\rho=b^2/a$）。当 $a\gg b$，式（2-30）可近似为

$$\sigma_A=2\sigma\sqrt{\frac{a}{\rho}} \tag{2-31}$$

考虑当 $\rho=0$ 时，$\sigma_A\to\infty$，显然与实际情况不符。然而式（2-31）仍定量描述了裂纹尖端应力集中效应。

表 2-6　晶须、纤维等工程材料室温弹性模量与抗拉强度[16]

材　料	弹性模量 E/GPa	抗拉强度 R_m/GPa	E/R_m
晶须			
SiC	700	21.0	33
Al_2O_3	420	22.3	19
α-Fe	196	12.6	16
纤维			
SiC	616	8.3	74
W(d=0.26 μm)	405	24.0	17
W(d=25 μm)	405	3.9	104
Al_2O_3	379	2.1	180
Fe	220	9.7	23
二氧化硅玻璃纤维	73.5	10.0	7.4

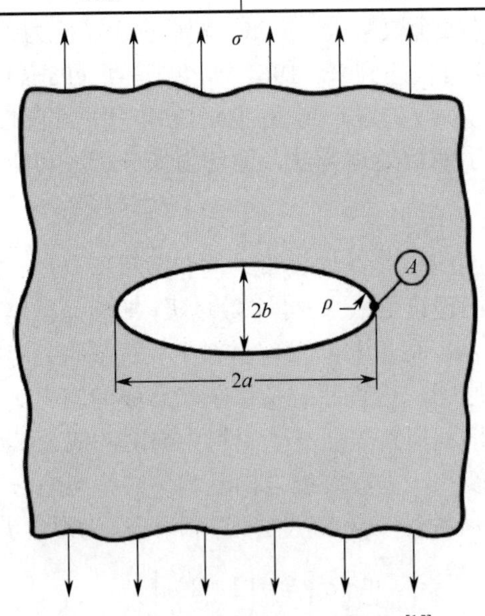

图 2-25　无限大平板中椭圆裂纹[15]

伊尔文于 1957 年研究了裂纹尖端应变场的定量描述。考虑一无限大尺寸的宽板内有一长度为 $2a$ 的中心穿透（或贯穿）裂纹，如图 2-26（a）所示，在垂直裂纹方向受均匀的拉应力 σ 作用。伊尔文推出离裂纹尖端为点（r,θ）处的应力场［如图 2-26（b）所示］为

$$\sigma_{xx}=\frac{K_{\mathrm{I}}}{\sqrt{2\pi r}}\cos\left(\frac{\theta}{2}\right)\left[1-2\sin\left(\frac{\theta}{2}\right)\sin\left(\frac{3\theta}{2}\right)\right] \tag{2-32}$$

$$\sigma_{yy}=\frac{K_{\mathrm{I}}}{\sqrt{2\pi r}}\cos\left(\frac{\theta}{2}\right)\left[1+\sin\left(\frac{\theta}{2}\right)\sin\left(\frac{3\theta}{2}\right)\right] \tag{2-33}$$

$$\tau_{xy}=\frac{K_{\mathrm{I}}}{\sqrt{2\pi r}}\sin\left(\frac{\theta}{2}\right)\cos\left(\frac{\theta}{2}\right)\cos\left(\frac{3\theta}{2}\right) \tag{2-34}$$

$$\tau_{xz}=\tau_{yz}=0 \tag{2-35}$$

$$K_{\mathrm{I}}=\sigma\sqrt{\pi a} \tag{2-36}$$

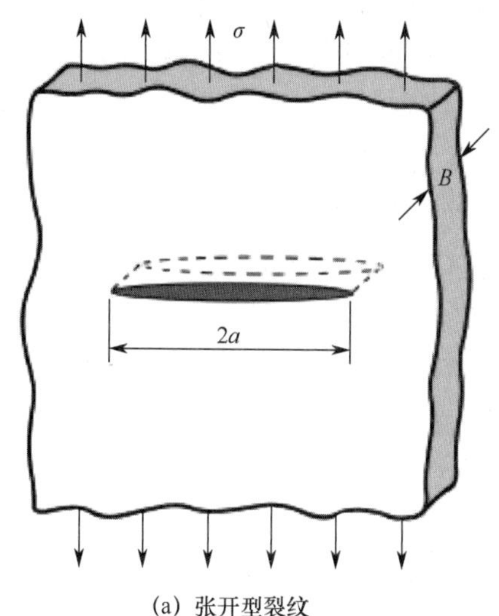

(a) 张开型裂纹

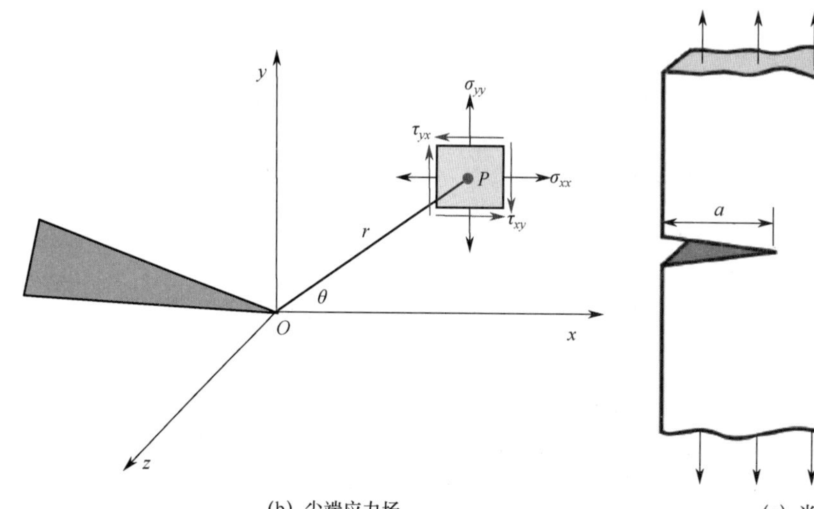

(b) 尖端应力场

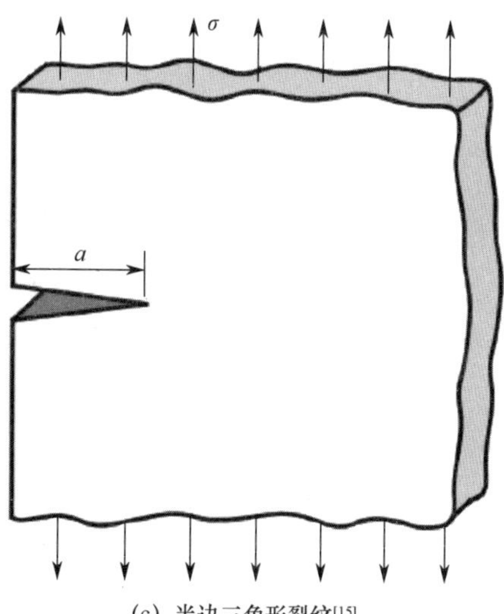

(c) 半边三角形裂纹[15]

图 2-26　张开型裂纹及尖端应力场，半边三角形裂纹示意图

由此可见，在裂纹延长线上，即 x 轴上，因 $\theta=0$ 和 $\sin\theta=0$，有

$$\sigma_{xx}=\sigma_{yy}=\frac{K_{\mathrm{I}}}{\sqrt{2\pi r}}$$

$$\tau_{xy} = 0 \tag{2-37}$$

即在该平面上切应力为零，而拉伸正应力最大，故裂纹易沿该平面扩展。

式（2-32）、式（2-33）和式（2-34）中具有共同因子 K_I。对于裂纹尖端的任意点，其各应力分量完全决定于 K_I。因此，K_I 表示在名义应力作用下，含裂纹体处于弹性平衡状态时裂纹前端附近应力场的强弱。故 K_I 是表示裂纹前端应力场强弱的因子，称之为应力强度因子（也称之为应力场强度因子）。应力强度因子是“广义载荷”，是描述裂纹尖端附近应力场强弱程度的参量。应力强度因子是带裂纹构件所承受的载荷、裂纹几何形状和尺寸等因素的函数。

注意式（2-32）、式（2-33）和式（2-34）中的共同因子 K_I 是对无限尺寸板和中心穿透裂纹在特殊条件下推导得到的。研究表明，当材料具有有限尺寸时，应力强度因子 K_I 成为与几何形状有关的参数，即

$$K_I = Y\sigma\sqrt{\pi a} \tag{2-38}$$

式中，Y 是只与几何尺寸有关的函数。对于中心穿透无限宽度，Y=1。对如图 2-26（c）所示的半边三角形板边裂纹情况（注意无裂纹侧宽度为无限大），Y=1.12。

应力强度因子 K_I 的单位是 $\text{MPa}\cdot\text{m}^{1/2}$，即 K_I 是个能量指标。

当 $r\to0$ 时，由式（2-32）、式（2-33）和式（2-34）可知，σ_{xx}、σ_{yy}、τ_{xy} 都趋向于无穷大。这表明裂纹尖端其应力场具有奇异性。K_I 是描述裂纹尖端场奇异性的力学参量。

上述是对裂纹扩展方向与外力垂直情形下裂纹尖端应力场描述。此外还存在其他情形。裂纹扩展的方式共有张开型（Ⅰ）、滑开型（Ⅱ）、撕开型（Ⅲ）以及它们之间的混合（如Ⅰ+Ⅲ、Ⅰ+Ⅲ、Ⅱ+Ⅲ、Ⅰ+Ⅱ+Ⅲ）。三种主要的裂纹扩展方式如图 2-27 所示。

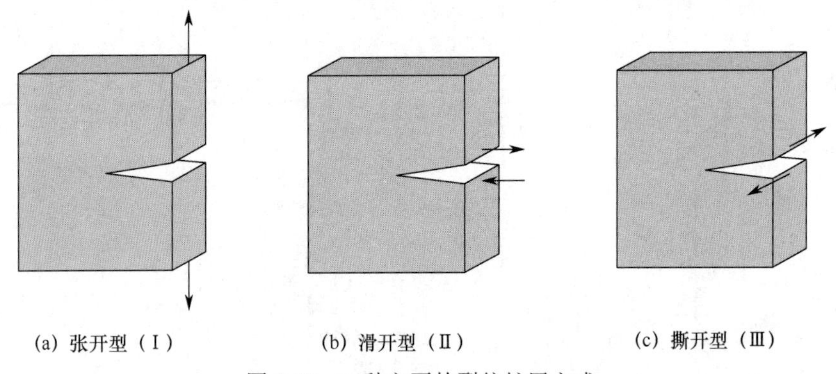

(a) 张开型（Ⅰ）　　(b) 滑开型（Ⅱ）　　(c) 撕开型（Ⅲ）

图 2-27　三种主要的裂纹扩展方式

裂纹扩展方式不同，其应力场强度因子 K 也不同。为区分起见，三种裂纹扩展方式的应力场强度因子分别用符号 $K_Ⅰ$、$K_Ⅱ$和 $K_Ⅲ$表示。$K_Ⅰ$是拉伸正应力作用下，裂纹在张开型扩展时的应力强度因子。在工程上，张开型裂纹扩展是最危险的，容易引起低应力脆断。实际裂纹即使是复合型的，也常当作张开型处理，这样既简单又安全可靠。材料对张开型裂纹扩展的抗力最低。因此，目前多数研究主要针对张开型裂纹扩展。

当含裂纹构件上的正拉应力逐渐增加，或裂纹继续扩展，裂纹尖端的应力强度因子 $K_Ⅰ$也随之逐渐增大。当应力强度因子 $K_Ⅰ$达到某个只取决于材料及温度，而与外力无关的临界值时，构件中的裂纹将产生突然的失稳扩张。此临界应力强度因子，被称为材料的断裂韧

度。如果裂纹尖端处于平面应变状态，此临界值被称为平面应变断裂韧度，用符号 K_{Ic} 表示。K_{Ic} 与外力及构件和裂纹的几何形状无关，是材料的特性，只与材料的成分、热处理状态、加工工艺和温度等因素有关。K_{Ic} 反映了材料抵抗裂纹失稳扩展的能力。

断裂力学准则可以解决常规强度设计中不能解决的带裂纹构件的断裂问题。在使用断裂力学准则作断裂分析时，首先要采用无损探测技术确定初始裂纹的位置、形状和尺寸等信息，然后简化成裂纹模型。对构件设计，首先估计可能出现的最大裂纹尺寸，作为抗断裂的依据，同时要通过实验测定平面应变断裂韧度 K_{Ic}。

断裂力学的应力场分析法可以解决下列问题：

（1）确定带裂纹构件可承受的临界载荷。当已知构件的几何形状、裂纹几何和构件材料的断裂韧度，运用应力场分析法可确定带裂纹构件的临界载荷。

（2）确定裂纹容限尺寸。当已知外加载荷、构件材料的断裂韧度以及含裂纹构件的几何形状，运用应力场分析法可以确定裂纹的容限尺寸，即裂纹失稳扩展时对应的裂纹尺寸。

（3）确定带裂纹构件的安全裕度。

（4）选择与评定材料。按照传统的设计理念，选择与评定材料只需要依据强度准则；而按断裂力学准则，应选择高断裂韧度的材料。一般情况下，材料的屈服强度越高，断裂韧度则越低，因此选择与评定材料应全面考虑。

2．能量分析法

从断裂的能量平衡角度，格里菲斯提出了材料的缺口强度理论，其认为，材料中存在的裂纹引起应力集中，当裂纹尖端正应力达到理论强度值时，裂纹失稳扩展并导致断裂。而裂纹扩展受能量条件支配，即裂纹扩展的动力是裂纹形成时物体所释放出的弹性应变能，而其阻力是裂纹扩展时新产生裂纹的表面能。

考虑如图 2-26（a）所示无限宽板，裂纹长度为 $2a$，受均匀单向应力 σ 作用。裂纹扩展时释放出的弹性应变能为

$$u=-\frac{\sigma^2\pi a^2}{E} \tag{2-39}$$

式中，E 为弹性模量，负号表示物体能量减少。另外，裂纹扩展时表面能增加，当形成 $2a$ 长裂纹时，新增的表面能为

$$W=4a\gamma \tag{2-40}$$

式中，γ 为单位面积上的表面能。注意，裂纹扩展后产生了两个表面。

物体中总能量的变化为

$$U=u+W=-\frac{\sigma^2\pi a^2}{E}+4a\gamma \tag{2-41}$$

当裂纹长度达到临界值 $2a_c$ 时，总能量的变化达到极大值，即

$$\frac{\partial U}{\partial a}=\frac{\partial}{\partial a}\left(-\frac{\sigma^2\pi a^2}{E}+4a\gamma\right)=0 \tag{2-42}$$

从而可求得临界应力 σ_c 为

$$\sigma_c=\left(\frac{2E\gamma}{\pi a}\right)^{\frac{1}{2}} \tag{2-43}$$

实际裂纹形成时除了产生表面能，还有塑性变形能，而且后者数值上远大于前者。因此，格里菲斯理论只适用于脆性固体等裂纹尖端塑性变形可以忽略的情况。据此，格里菲斯随后对式（2-43）做了修正，即

$$\sigma_c=\left(\frac{2E(\gamma+U_P)}{\pi a}\right)^{\frac{1}{2}} \tag{2-44}$$

式中，U_P为裂纹形成时的塑性变形功。

式（2-43）可改写成

$$\sigma_c\sqrt{\pi a}=(2E\gamma)^{\frac{1}{2}} \tag{2-45}$$

由于弹性模量 E 和表面能 γ 都是材料常数，即

$$\sigma_c\sqrt{\pi a}=c \tag{2-46}$$

对比式（2-46）和式（2-44），结合前述分析，据能量分析法同样得出 $\sigma_c\sqrt{\pi a}$ 可作为与材料断裂相关的机械性能指标。

对能量分析法可做如下理解：当裂纹扩展单位面积时，系统所释放的弹性能量 $\frac{\partial U}{\partial a}$ 是推动裂纹扩展的动力，而其所需要提供的能量为裂纹扩展阻力，来自裂纹形成的表面能。可把裂纹扩展单位面积由系统所提供的弹性能量叫作裂纹扩展力，或称为裂纹扩展时的能量释放率，用 G_I（与 K_I 类似，I 表示 I 型裂纹扩展）表示。能量释放率 G_I 与外加应力、材料尺寸和裂纹尺寸有关，单位为 kJ/m^2，其值为

$$G_I=\frac{\partial U}{\partial A}=-\frac{\partial}{\partial(2a)}\left(-\frac{\sigma^2\pi a^2}{E}\right)=\frac{\sigma^2\pi a}{E} \tag{2-47}$$

在临界状态下的裂纹扩展能量释放率记为 G_{Ic}

$$G_{Ic}=\frac{\sigma^2\pi a_c}{E}=2\gamma \tag{2-48}$$

这表明临界状态下的裂纹扩展能量释放率数值上等于临界裂纹扩展阻力。G_{Ic} 越大，材料抵抗裂纹扩展的能量越大，因此 G_{Ic} 是材料抵抗裂纹失稳扩展的度量，也可以称之为材料的断裂韧度。

对于裂纹扩展时塑性变形功不可忽略的情况，式（2-48）需修改为

$$G_{Ic}=2(\gamma+U_P) \tag{2-49}$$

式中，U_P 为塑性变形功。

3. 应力场分析法与能量分析法的关系

很多工程构件都可以简化为二维平面问题，即平面应变问题和平面应力问题。

对于平面应力问题，设有一等厚薄板，板厚度 h 远小于其他两个方向的尺寸。在板的侧面上受平行于板面但不沿厚度方向变化的应力，而且应力也平行于板面且不沿厚度方向变化，取板中 z=0 的面为 xOy 面，以垂直于该面的直线为 z 轴。由于板的两个表面为自由面，其上没有外力作用，因而有 σ_{zz}=0。对平面应变问题，设有一个等截面的长柱体，柱体的轴线与 z 轴平行，柱体的轴向尺寸远大于其另外两个方向的尺寸。柱体的侧面承受垂直 z 轴且沿 z 方向不变的力。若柱体两端无限长，或虽为有限长但其两端有刚性约束，即柱体

的轴向位移受到限制。此时，柱体的任何一个截面均可以看作对称面，因而柱体内各点都只能沿 x 和 y 方向移动，而不能沿 z 方向移动，即位移分量只是坐标 x 和 y 的函数，而与 z 无关，即有 $\varepsilon_{zz}=0$。

对平面问题，引入弹性模量 E' 和泊松比 υ'，结合材料平面问题的本构关系，对平面应力状态，有

$$\begin{aligned} E' &= E \\ \upsilon' &= \upsilon \end{aligned} \tag{2-50}$$

对平面应变状态，有

$$\begin{aligned} E' &= \frac{E}{1-\upsilon^2} \\ \upsilon' &= \frac{\upsilon}{1-\upsilon} \end{aligned} \tag{2-51}$$

考虑平面问题，对比式（2-44）与式（2-47）可知，在平面应变情形下，有

$$G_{\mathrm{I}} = \frac{(1-\upsilon^2)K_{\mathrm{I}}^2}{E} \tag{2-52}$$

而在平面应力情形下，有

$$G_{\mathrm{I}} = \frac{K_{\mathrm{I}}^2}{E} \tag{2-53}$$

在裂纹失稳的临界状态下，对平面应变状态有

$$G_{\mathrm{Ic}} = \frac{(1-\upsilon^2)K_{\mathrm{Ic}}^2}{E} \tag{2-54}$$

对平面应力状态则有

$$G_{\mathrm{Ic}} = \frac{K_{\mathrm{Ic}}^2}{E} \tag{2-55}$$

因此，K_{Ic} 和 G_{Ic} 都可以作为材料断裂韧度指标。

2.3.2.3　弹塑性断裂力学简介

如 2.3.2.2 节所述，线弹性断裂力学应用弹性力学理论来研究含裂纹材料受力后裂纹扩展的行为和规律。线弹性断裂力学认为，材料脆性断裂前基本上是弹性变形，即其应力应变关系是线性关系。然而对于金属等韧性材料，其断裂前不仅有弹性变形，还有塑性变形。实验发现，当塑性变形尺寸较小，即小范围屈服的情况下，线弹性断裂力学仍可修正适用。然而，对塑性变形尺寸（简称塑性区）较大，即大范围屈服或整体屈服，线弹性断裂力学已不适用。因此需要发展新的断裂力学理论——弹塑性断裂力学。

与线弹性断裂力学的应力场分析和能量分析法类似，弹塑性断裂力学也发展了不同的处理方法，目前应用广泛的是 J 积分弹塑性断裂力学和裂纹尖端张开位移（Crack Tip Opening Displacement，CTOD）理论。

1．J 积分弹塑性断裂力学

Rice 于 1968 年独立提出了弹塑性断裂力学的 J 积分——J 积分弹塑性断裂力学。该法于 1972 年由 Begley 和 Landes 用实验证实。

考虑单位厚度的板中穿透裂纹的情况，裂纹扩展的能量公式可由式（2-49）描述，式中 U 为材料的内能（或势能），包括应变能和外力做的功两部分：

$$U = E - W \tag{2-56}$$

其中，应变能可表示为

$$E = \int \mathrm{d}E = \int \omega \mathrm{d}A = \iint \omega \mathrm{d}x\mathrm{d}y \tag{2-57}$$

式中，ω 为单位体积的应变能（应变能密度）。

若材料边界特定积分回路 $\boldsymbol{\varGamma}^*$ 上作用张力 $\boldsymbol{T}$，且 $\boldsymbol{\varGamma}^*$ 上各点的位移是 $\boldsymbol{u}$，则边界上外力所做的功为

$$W = \int \mathrm{d}W = \int_{\varGamma^*} \boldsymbol{u} \cdot \boldsymbol{T} \mathrm{d}s \tag{2-58}$$

由式（2-56）可得到

$$U = E - W = \iint \omega \mathrm{d}x\mathrm{d}y - \int_{\varGamma^*} \boldsymbol{u} \cdot \boldsymbol{T} \mathrm{d}s \tag{2-59}$$

可证明：

$$G = \frac{\partial U}{\partial a} = \int_{\varGamma^*} \left(\omega \mathrm{d}y - \frac{\partial}{\partial x} \boldsymbol{u} \cdot \boldsymbol{T} \mathrm{d}s \right) \tag{2-60}$$

式中，$\boldsymbol{\varGamma}$ 为裂纹下表面逆时针走向裂纹上表面的任意路径，如图 2-28 所示。

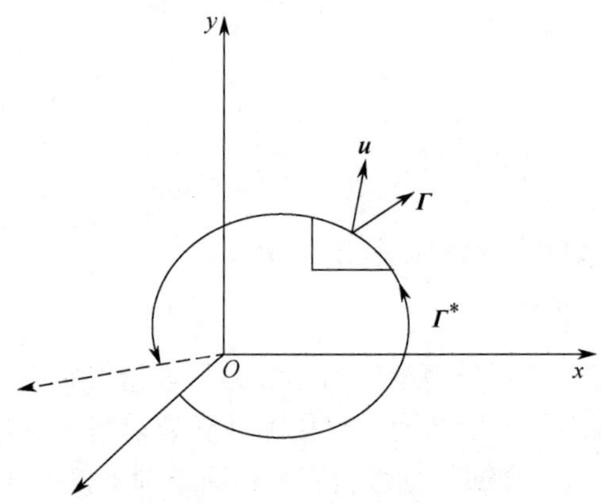

图 2-28　J 积分示意图

当较小的应变区中包含弹性和塑性形变时，可证明 J 积分的值与积分路径无关，即 J 积分值与积分路线 $\boldsymbol{\varGamma}$ 的形状和大小无关，这一特性称为 J 积分的守恒性。J 积分的守恒性表明，可以绕过对裂纹尖端场复杂应力应变行为的处理，形成不同的断裂力学判据。

由式（2-60）可知，在线弹性状态下，J 积分等于裂纹扩展力 G_{I}。说明，J 积分的值常用 J 表示。对平面应变状态有

$$J = G_{\mathrm{I}} = \frac{(1-\upsilon^2)K_{\mathrm{I}}^2}{E} \tag{2-61}$$

对平面应力状态，则有

$$J = G_{\mathrm{I}} = \frac{K_{\mathrm{I}}^2}{E} \tag{2-62}$$

由于 $K_{\mathrm{I}} \geqslant K_{\mathrm{Ic}}$、$G_{\mathrm{I}} \geqslant G_{\mathrm{Ic}}$ 是线弹性状态下的断裂判据，根据推理，$J \geqslant J_{\mathrm{Ic}}$ 可作为断裂判据。然而其正确与否只能用实验证明。由式（2-61）和式（2-62）还可知，J 积分与 G_{I} 具有相同的量纲。

由于塑性变形具有不可逆性，不允许卸载，而裂纹扩展就意味着部分卸载，因此 J 积分原则上不能处理裂纹扩展问题。临界值 J_{Ic} 也只是裂纹开始扩展的开裂点，而不是裂纹失稳的扩展点。

2. 裂纹尖端张开位移

韦尔斯于 1961 年提出了裂纹尖端张开位移概念。此概念认为在理想的弹塑体材料中裂纹尖端达到全面屈服后，其韧带部位的应力值不会继续扩大，所以不能再用应力关系表征裂纹体的扩展行为。因此可以通过裂纹尖端的应变数量大小来表征裂纹体的扩展量。实验上难以测量裂纹尖端的应变数量，而裂纹尖端张开位移（CTOD）与裂纹尖端的应变数量相关且易于测量，如图 2-29 所示。

1）线弹性条件下的裂纹尖端张开位移

线弹性断裂力学在小范围屈服条件下研究塑性区修正时，引入了有效裂纹长度的概念。如图 2-30 所示，塑性区的产生相当于裂纹长度的增加，增加量为 r_y，从而引入了有效裂纹长度 $a+r_y$ 以替代原裂纹长度 a。在此假想下可不再考虑塑性变形的影响，从而继续使用线弹性力学分析方法。当裂纹从 a 变为 $a+r_y$，裂纹顶点也相应移动，所以原来的裂纹顶点需要张开，其张开位移就是裂纹尖端张开位移 δ。

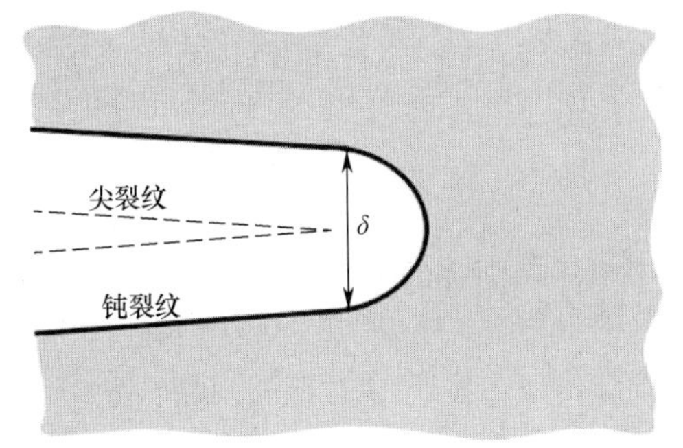

图 2-29　裂纹尖端张开位移（CTOD 或 δ）示意图[15]

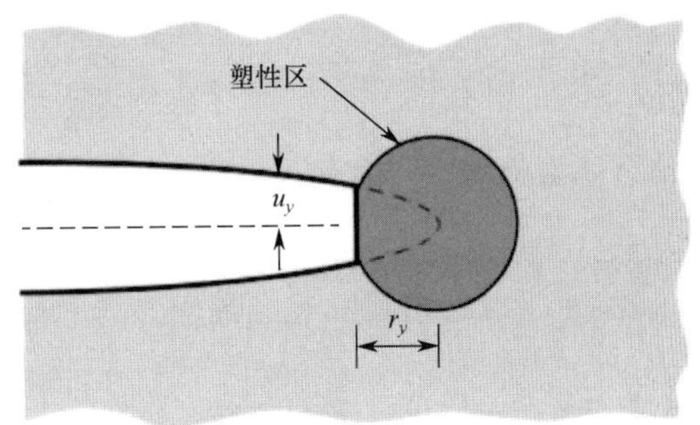

图 2-30　塑性区修正和有效裂纹长度[15]

根据线弹性断裂力学应力场分析求出裂纹尖端张开位移 δ 为

$$\delta = \frac{4K_{\mathrm{I}}^2}{\pi\sigma_{\mathrm{YS}}E} = \frac{4G_{\mathrm{I}}}{\pi\sigma_{\mathrm{YS}}} \tag{2-63}$$

式中，σ_{YS} 为有效屈服强度，一般取极限抗拉强度和极限屈服强度的均值。由式（2-63）可知，δ 与 K_{I} 与 G_{I} 具有等价性，因此临界裂纹尖端张开位移 δ_{c} 也可以作为材料小范围屈服条件下的断裂韧度使用。与 K_{Ic} 和 G_{Ic} 一样，临界裂纹尖端张开位移 δ_{c} 是材料的属性，与试样形状及外加载荷无关。

2）带状屈服模型

如果在弹塑性条件下要使用裂纹尖端张开位移 δ 作为断裂判据，需要确定弹塑性变形条件下 δ 与构件工作应力和裂纹尺寸间的关系。带状屈服模型是一个应用广泛的解决方案。

考虑一个受单向均匀拉伸的薄板（拉伸应力 σ），板中心有一长为 $2a$ 的穿透裂纹，如图 2-31 所示。裂纹尖端产生塑性变形区，如图 2-31 中深色阴影区所示。假定裂纹尖端的塑性区呈尖劈形。带状屈服模型认为塑性区上下两面均受均匀应力，其值为有效屈服强度。此应力阻止上下两个表面分离，其方向是使塑性区闭合，与外应力方向相反。塑性区周围仍是弹塑性区，所以此模型旨在将裂纹尖端的弹塑性问题进行弹性化处理，从而可以继续使用弹性力学的方法。

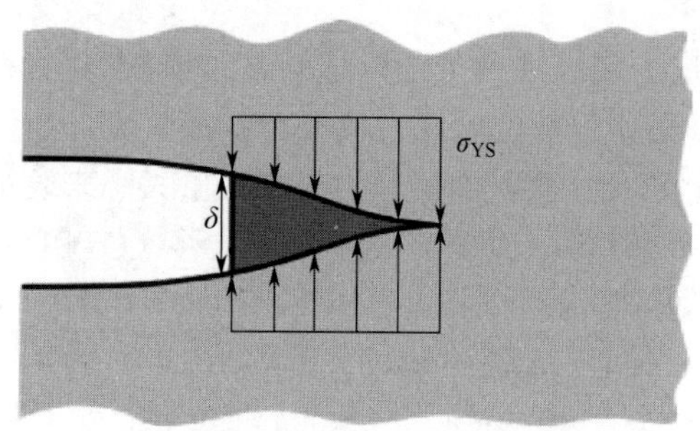

图 2-31　带状屈服模型与裂纹尖端张开位移[15]

按带状屈服模型处理方法，裂纹尖端张开位移 δ 为

$$\delta = \frac{8\sigma_{YS}a}{\pi E}\ln\sec\left(\frac{\pi}{2}\frac{\sigma}{\sigma_{YS}}\right) \tag{2-64}$$

在裂纹开始扩展的临界条件下，有

$$\delta_c = \frac{8\sigma_{YS}a}{\pi E}\ln\sec\left(\frac{\pi}{2}\frac{\sigma_c}{\sigma_{YS}}\right) \tag{2-65}$$

将 lnsec 函数级数展开，有

$$\delta_c = \frac{8\sigma_{YS}a}{\pi E}\left[\frac{1}{2}\left(\frac{\pi}{2}\frac{\sigma}{\sigma_{YS}}\right)^2 + \frac{1}{12}\left(\frac{\pi}{2}\frac{\sigma}{\sigma_{YS}}\right)^4 + \cdots\right] \tag{2-66}$$

因此有

$$\delta = \frac{K_I^2}{\sigma_{YS}E}\left[1 + \frac{1}{6}\left(\frac{\pi}{2}\frac{\sigma}{\sigma_{YS}}\right)^2 + \cdots\right] \tag{2-67}$$

当 $\sigma/\sigma_{YS} \to 0$，有

$$\delta = \frac{K_I^2}{\sigma_{YS}E} = \frac{G_I}{\sigma_{YS}} \tag{2-68}$$

可见，带状屈服模型推出的裂纹尖端张开位移 δ 也与 K_I 和 G_I 具有等价性。临界裂纹尖端张开位移 δ_c 与 K_{Ic} 和 G_{Ic} 一样，是材料属性。

3．阻力曲线（*R* 曲线）

R 曲线表示裂纹在失稳断裂前准静态缓慢扩展中断裂阻力的增加。*R* 曲线是裂纹扩展

长度 Δa 与断裂的推动力 K、J、G 或 δ 的函数，相应有 K-R 曲线、J-R 曲线和 δ-R 曲线等。同时，定义裂纹扩展的推动力大小为材料抵抗裂纹扩展的阻力 R。图 2-32 给出了 K-R 曲线，其中阻力 R 用 K 表示，常记作 K_R。在恒定载荷 σ_i 下，当裂纹发展的推动力用 K 和 a 表示时，R 曲线可以用作判断断裂的依据。当满足

$$K = K_R \tag{2-69}$$

和

$$\frac{\partial K}{\partial a} = \frac{\partial K_R}{\partial a} \tag{2-70}$$

时，断裂便会发生。K_R 和 K 分别通过构件及其结构的计算得到。

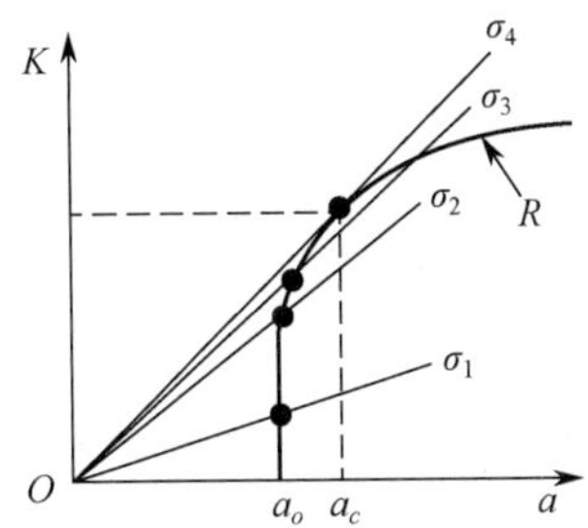

图 2-32 R 曲线图上裂纹发展阻力曲线和裂纹推动力曲线[15]

2.3.2.4 工程材料断裂韧度简介

断裂韧度用来表征材料抵抗裂纹扩展的能力，是断裂力学设计的关键参数。不同材料的断裂韧度差别较大。断裂韧度的值可通过实验测量，详见本书第 7 章。断裂韧度测量过程复杂，测量不确定度较大。相对而言，简支梁冲击试验相对简单且测量不确定度较小。有些研究尝试确定了冲击韧度和断裂韧度两者之间的经验关系。应注意这些关系仅是建立在实验基础之上，缺乏理论依据，且对材料种类及处理状态依赖性较大，因而不具有普适性。

1. 影响材料断裂韧度的因素

1）强度

工程材料的断裂韧度和强度存在“折中”关系，即提高材料的强度通常会导致断裂韧度降低。在通过热处理等提高强度（或断裂韧度）时断裂韧度（或强度）则会降低。如何同时提高材料强度和韧度，是材料及工艺研究的一个重要内容。

2）内增韧和外增韧

依据增韧效应发生在裂纹产生之前或之后，有研究提出材料的增韧可分为内增韧和外增韧两类。对于作用于裂纹产生之前的增韧方法称为内增韧，而作用于裂纹产生之后的增韧方法称为外增韧[17]。通常，在裂纹形成过程和裂纹尖端微结构中，通过改变裂纹方向或形成微孔等增韧方法为内增韧，而裂纹形成后通过桥接等增加裂纹扩展阻力的方法为外增韧。外增韧的作用是屏蔽裂纹形成驱动力对裂纹尖端应力场的作用。

固有韧性是指在材料裂纹尖端应力场作用下裂纹的形成阻力。因此，内韧性好的材料具有较高阻抗裂纹成核和扩展的能力。此外，内韧性好的材料可通过微结构调控增韧。金属合金是具有高内韧性特征的典型材料，而陶瓷和高分子材料的内韧性较差。

断裂与材料的键合特性、晶体结构以及材料有序度等因素有关，如表 2-7 所示。材料的固有韧性与裂纹尖端发生塑性变形的能力有关。从键合特性角度，具有金属键的材料具有较高的固有韧性，而共价键材料具有较差的固有韧性。对具有相同键合特性的材料，晶体结构对内韧性起重要作用。具有密排特征和高对称性晶体结构的材料具有较高固有韧性，如具有面心立方结构材料的韧性远优于具有体心立方结构材料的韧性。

表 2-7　韧性与材料的键合、晶体结构以及有序度关系

性　质	韧性降低、脆性依次增加		
键合	金属键	离子键	共价键
晶体结构	密堆积	低对称结构	非晶
有序度	无序固溶	短程有序	长程有序

材料的塑性变形能力与材料有序度相关。对金属材料，引入固溶体会降低材料宏观有序度，从而提高材料的塑性和韧性。

对非晶材料，如玻璃，由于不能像金属材料等通过位错移动实现滑移，因此内韧性较低。对非晶材料，“剪切带”可认为是一种有效塑性变形机理。通常非晶金属材料的断裂能在 1～10 000 J/m^2 之间。

对高分子材料，由于其键合特性，其固有韧性较为复杂。温度以及应变速率对高分子材料的屈服以及裂纹形成和扩展都有重要影响。

对于固有韧性较差的材料，如陶瓷及高分子材料，外增韧是有效的增韧方式，如通过引入纤维增韧等。

2．影响金属材料断裂韧度的因素

1）晶体结构

与材料的塑性行为类似，不同晶格类型的金属材料断裂韧度随温度降低的变化趋势也有不同。

具有面心立方结构的金属及合金的断裂韧度随温度降低变化不大，部分材料甚至还有增加，如 310S 和 Fe-23Ni-15Cr-9Mn 奥氏体不锈钢及 5083 铝合金等。亚稳态奥氏体不锈钢低温可能发生马氏体相变。马氏体相变对材料的断裂韧度有较复杂的影响。304 不锈钢（简称 304）是典型的亚稳态奥氏体不锈钢。对沉淀硬化具有面心立方结构的合金，低温下屈服强度和断裂韧度相对室温下变化不大。

具有体心立方结构的金属及合金材料低温下会发生韧脆转变，其断裂韧度随温度降低而显著降低。发生冷脆转变后，其断裂模式从孔洞贯通转变为解离。

具有密排六方结构金属及合金材料的低温断裂韧度一般较低。部分材料也具有冷脆转变特性。如金属铍（Be），其室温断裂韧度在 7～23 $MPa \cdot m^{1/2}$ 之间，但液氮温度的断裂韧度则仅为室温下的 70%。此外，Zn、Mg 等具有密排六方结构金属中也发现冷脆转变现象，例外的是金属镉（Cd）。

图 2-33 是部分金属材料断裂韧度随温度的变化情况。

一些金属材料的液氦温度下屈服强度 $R_{p0.2}$、弹性模量 E 和平面应变断裂韧度 K_{Ic} 值见表 2-8。

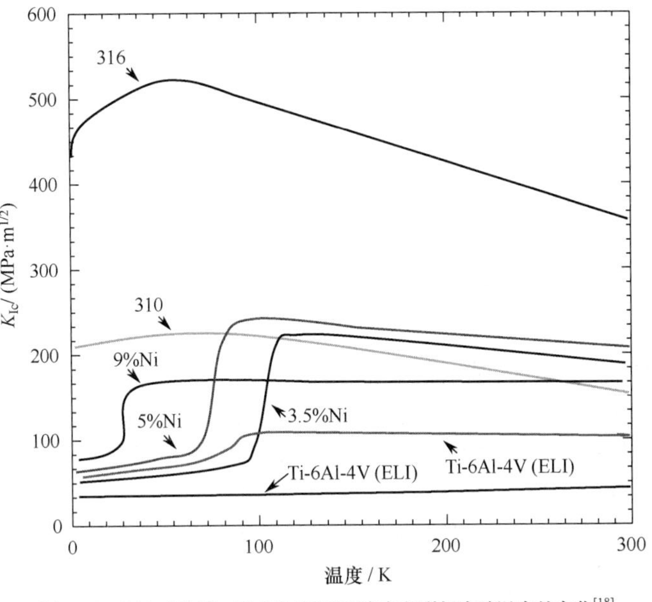

(a) 310、316、Ni 钢、Ti-6Al-4V 平面应变断裂韧度随温度的变化[18]

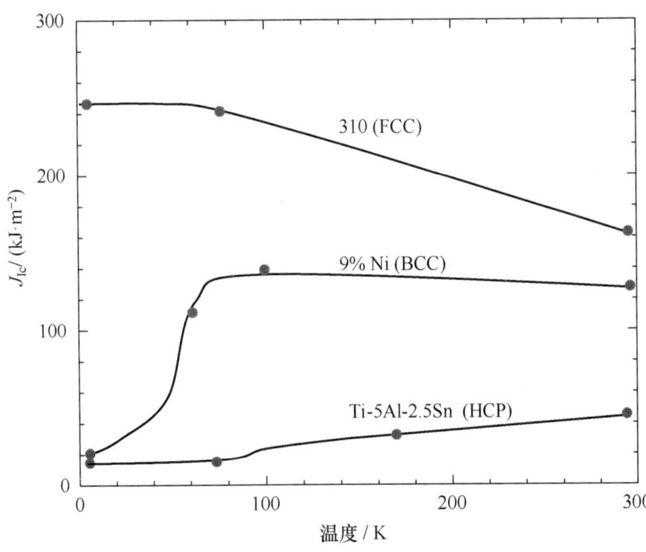

(b) 310、9%Ni 钢、Ti-5Al-2.5Sn[14]

图 2-33　一些金属材料断裂韧度随温度的变化

表 2-8　一些金属材料液氦温度屈服强度 $R_{p0.2}$、弹性模量 E 和平面应变断裂韧度 K_{Ic} 值[14]

材料及状态	$R_{p0.2}$/MPa	E/GPa	K_{Ic}/(MPa · m$^{1/2}$)	$K(J)_{Ic}$/(MPa · m$^{1/2}$)
304，退火	500	209		330
316，退火	800	207		260
Inconel 718，650 ℃热处理	1400	211	110	
	1200	211	165	
2219-T87	530	78	45	

（续表）

材料及状态	$R_{p0.2}$/MPa	E/GPa	K_{Ic}/(MPa · $m^{1/2}$)	$K(J)_{Ic}$/(MPa · $m^{1/2}$)
Ti-5Al-2.5Sn，退火	1520	133	35	
	1291	125	80	
9%Ni，淬火，回火	1340	205	70	
4340 钢	1750	200	35	

2）化学成分

化学成分对金属材料的晶体结构、相平衡、强化以及变形机理有重要影响。杂质会在基体中形成沉淀相或夹杂物。因此，化学成分对断裂韧度有重要影响。

氮（N）可以提高 Fe-Ni-Cr-Mn 奥氏体不锈钢的强度和奥氏体稳定性。通过提高奥氏体稳定性可以提高液氦温区的断裂韧度。对 Fe-Ni-Cr 奥氏体不锈钢，如 304、310 和 316，有研究表明提高奥氏体稳定性对低温断裂韧度的影响作用有限，甚至有不利影响。

对于置换式固溶强化，如铝合金中的 Mg，对低温屈服强度和断裂韧度的影响作用都较小。

焊接接头的相对低温断裂韧度有重要影响，如 AWS308L 和 AWS316L，以及含有奥氏体相和 5%～10%的 δ-铁素体相。铁素体有利于阻止热裂纹，但低温下脆性增加。铁素体的存在使焊接材料的低温断裂韧度降低。5%、6%和 9%的镍钢也存在此类问题。热处理后这些镍钢中存在 5%～10%的回转奥氏体。回转奥氏体对提高室温至液氮温区断裂韧度有利。

3）加工

金属加工包括生产、精炼、铸造和铸锭成型，以及热处理过程等。加工对材料微观结构以及性能有重要影响。

生产、精炼以及铸造过程决定材料的洁净度和均匀度。铸造成型影响材料的有向性（各向同性或各向异性）、晶粒度、均匀度以及冷加工性。热处理过程决定材料的最终微观结构。

晶粒度对低温下断裂韧度影响较为明显。晶粒细化可以在对断裂韧度影响较小的前提下提高屈服强度。不同温度下断裂韧度对晶粒大小的依赖关系不同。对具有冷脆转变的材料，晶粒细化可以降低冷脆转变温度。通过细晶化，马氏体钢的冷脆转变温度可降低至液氮温度。超细晶粒 Fe-12Ni 铁素体钢的冷脆转变温度可低至绝对零度。

晶界析出对材料低温断裂韧度有不利影响，如在 1000 ℃退火处理溶解晶界析出相（碳化物）可使 Fe-13Ni-22Cr-5Mn 液氦温度断裂韧度提高 40%。晶界析出可使 310S 奥氏体不锈钢液氦温度断裂韧度降低 50%。

晶界析出对断裂韧度的影响与基体和晶界强度有关。当基体的强度高于晶界强度，断裂韧度降低。因此，晶界析出对断裂韧度的影响与温度有关。在低温下晶界析出降低断裂韧度，而在室温下可能不同。

4）应变速率

应变速率对材料的断裂韧度有影响。相同温度下，应变速率越低，断裂韧度越大。

2.3.2.5 断裂力学设计概要

断裂力学设计通过研究含裂纹的构件中裂纹开始扩展的条件和扩展规律，从而进行工程设计。通过断裂力学分析，可以确定裂纹的容许尺寸、评定零点和构件的承载能力，估算其使用寿命，从而提出构件的损伤容限设计方法。如本节第一部分所述，断裂力学设计方法需要考虑构件外加载荷、裂纹形状及尺寸以及断裂韧度。构件外载荷可通过应力分析计算得到，而裂纹形状及尺寸可通过无损检测等方法获得。

用于评定材料断裂韧度的指标有 K_{Ic}、G_{Ic}、J_{Ic}、δ_c 以及 R 曲线等。满足平面应变条件的断裂韧度指标 K_{Ic} 可以直接用于工程设计和计算，其应用最为广泛。结合无损探测技术，可以预先发现构件中存在的裂纹及其尺寸，当外应力作用下其应力强度因子 K_I 值低于材料的断裂韧度 K_{Ic}，则构件是安全的。δ_c 可用于工程结构安全性的评价。J 积分试验法得到的延性断裂韧度，可以用于材料韧性的相对评价。满足一定条件下（见本书第7章），可以将 J 积分临界值 J_{Ic} 转换为应力强度因子临界值 K_{Ic}，通常记为 $K_{Ic}(J)$ 或 $K(J)_{Ic}$，其可行性已获得大量实验证实。

温度是影响材料断裂韧度的一个重要因素。当温度降低时，多数材料的断裂韧度都会明显降低。然而具有面心立方结构金属及合金，如奥氏体不锈钢、铝及铝合金、铜及铜合金等，低温下断裂韧度变化不大甚至有所增加，详见本书第5章。低温结构设计选材时应特别注意材料的断裂韧度随温度变化的情况。

2.4 材料的低温疲劳性能

2.4.1 变应力与材料疲劳

变应力指随时间变化的应力。材料在变应力作用下，即使所受应力低于材料的极限强度，也会发生断裂，这种现象称为材料疲劳。疲劳断裂在断裂时通常不发生明显的塑性变形，因此难以检测和预防。

变应力包括随机变应力和交变应力。交变应力还可细分为稳定循环变应力和不稳定循环变应力。随机变应力、不稳定循环变应力和稳定循环变应力，分别如图 2-34（a）、图 2-34（b）和图 2-34（c）所示。本书主要讨论稳定循环变应力。接下来，对稳定循环变应力的特征参数进行定义。应力幅 σ_a 为

$$\sigma_a = \frac{\Delta\sigma}{2} = \frac{(\sigma_{max} - \sigma_{min})}{2} \tag{2-71}$$

式中，$\Delta\sigma$ 为应力范围，σ_{max} 和 σ_{min} 分别为最大应力和最小应力。

平均应力 σ_m 为

$$\sigma_m = \frac{(\sigma_{max} + \sigma_{min})}{2} \tag{2-72}$$

应力比 R（$-1 \leqslant R \leqslant 1$）为

$$R = \frac{\sigma_{min}}{\sigma_{max}} \tag{2-73}$$

稳定循环变应力的另外一个特征参数是加载频率 f，单位为 Hz。

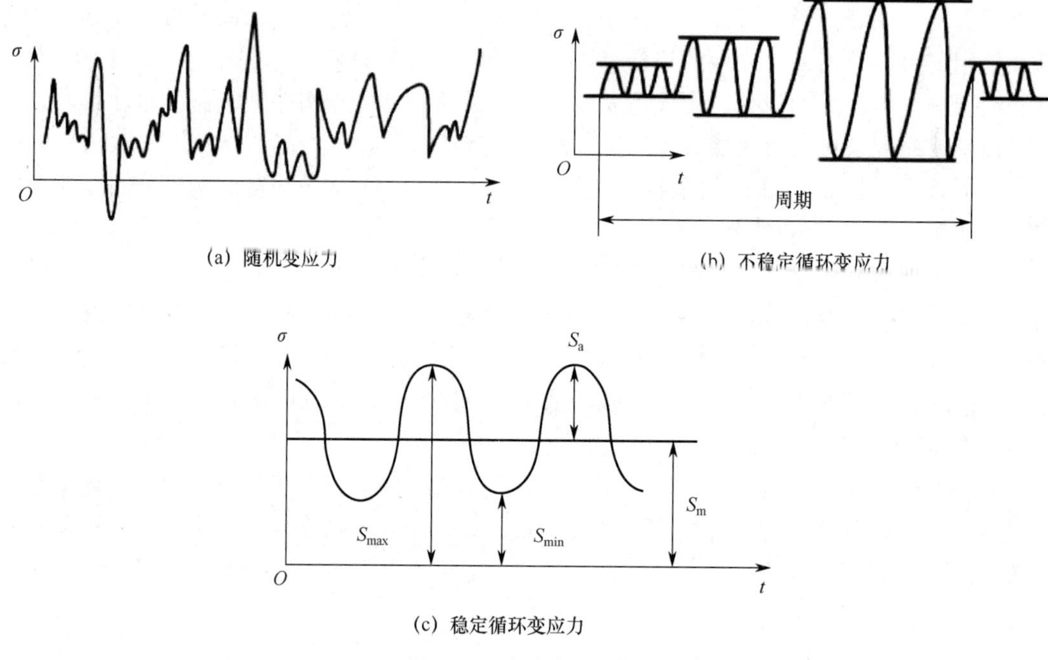

(a) 随机变应力

(b) 不稳定循环变应力

(c) 稳定循环变应力

图 2-34　变应力示意图

在静载情况下，无论显示脆性还是韧性的材料，在变应力下断裂都不会发生明显的塑性变形，且断裂通常是突发性的。疲劳断裂包括裂纹萌生、裂纹扩展和最终断裂三个阶段。时间尺度上第一个阶段最长，而最终断裂最短，甚至是瞬间发生。裂纹萌生通常发生在材料表面、内部缺陷、金属夹杂物，以及缺口、沟槽等处。在应力低于材料极限强度下，缺陷及缺口等成为应力集中点，随着加载循环的增加，应力集中点逐步发展成微观裂纹和宏观裂纹。宏观裂纹进一步扩展，直至构件剩余部分不能承担载荷而发生突然断裂。裂纹萌生、裂纹扩展和最终断裂三个阶段在材料疲劳断口形貌有所体现。微观上，裂纹扩展阶段对应条状花纹，称为疲劳条带或疲劳辉纹。最终断裂区微观形貌则与静载断裂形貌一致。

从断裂循环次数上分，疲劳可分为低周疲劳、高周疲劳和超高周疲劳。低周疲劳通常指疲劳断裂寿命小于 10^5 次。高周疲劳通常指疲劳断裂寿命大于 10^5 次而小于 10^7 次（有时也用 10^6 次）。超高周疲劳指疲劳断裂寿命大于 10^7 次而小于 10^{10} 次。高铁车轴、发动机零部件以及机械设备的轴承等需要研究超高周疲劳性能。一般低温工程中较少涉及超高周疲劳。

2.4.2　*S*-*N* 曲线与 ε-*N* 曲线

高周疲劳通常发生在施加的变应力水平处于材料的弹性变形范围内。实验上，可以通过控制应力或控制应变来实现。由于多数测试设备控制应力比控制应变更加可行，因此高周疲劳都是在控制应力条件下，以材料的最大应力或应力幅对循环寿命 *N* 的关系（*S*-*N* 曲线）和疲劳极限来表征材料的性能。

金属材料典型的 *S*-*N* 曲线有两类，即有明显水平部分的 *S*-*N* 曲线和无明显水平部分的 *S*-*N* 曲线，分别如图 2-35（a）和图 2-35（b）所示。中、低强度钢的 *S*-*N* 曲线通常具有明显的水平部分，表明当所加变应力降低至特定值时，试样可承受“无限次（< 10^7 次）”循环而不断裂，其对应的应力称为材料的疲劳极限 σ_R。对于高强度钢、不锈钢和大多数非铁合金（如钛合金、铝合金），其 S-N 曲线无水平部分，而是随循环次数逐渐降低，如图 2-35（b）所示。此种情况下，常根据实际需要给出一定的循环次数（如 10^7 次）所对应的应力作为金属材料的条件疲劳极限，记作 $\sigma_R(N)$。材料疲劳极限是构件工程设计的重要参数之一。

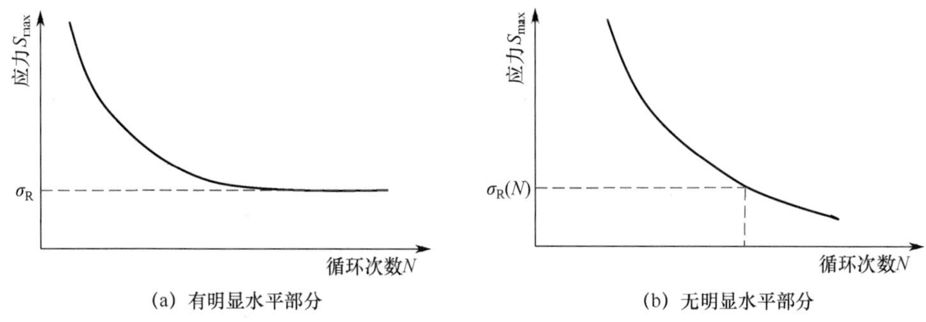

图 2-35　金属材料 S-N 曲线类型

20 世纪 80 年代，日本学者发现钢铁材料在超过 10^7 次应力循环后出现疲劳破坏。随后一系列研究发现多数材料在经历足够多应力循环后都会发生疲劳破坏，如图 2-36 所示。这表明疲劳极限只具有相对意义。应注意使用液压伺服动态试验设备开展 10^8～10^9 次疲劳试验耗时极长。目前超高周疲劳试验主要采用超声试验设备，试验频率可达 20 kHz。对于高频对材料性能的影响，目前尚有争议。

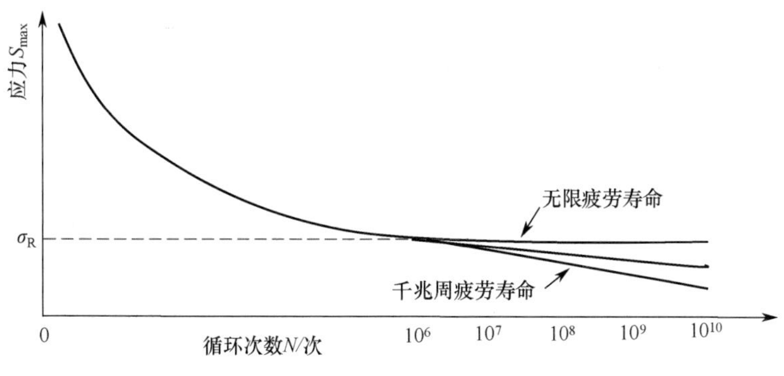

图 2-36　千兆周疲劳 S-N 曲线[19]

低周疲劳通常发生在构件局部或整体发生塑性变形的情形中。在这些情形下，循环塑性变形行为对构件的疲劳寿命起决定性作用。这些循环塑性应变控制下的疲劳，称为应变疲劳或低周疲劳。对材料低周疲劳行为的研究，采用控制应变条件的疲劳试验，对试验结果的描述则借助于应变–寿命（ε-N）曲线或者循环应力–应变曲线。

温度是影响材料疲劳性能的一个重要因素。对金属材料，如前所述，屈服强度和抗拉强度随温度降低而增加。这与温度降低后位错的运动变弱导致塑性变形的阻力增加有关。此外，温度减小后扩散等作用也有降低。对有些金属材料，疲劳强度和疲劳极限也随温度降低而增加，如图 2-37 所示。铜及铜合金等也具有相同规律。温度降低后疲劳裂纹萌生和扩展都受阻，因此疲劳强度和疲劳寿命都会增加。然而，对锌、铁素体钢等具有冷脆转变特性的金属合金，在转变温度以下，其疲劳强度试验测量较为困难，且呈现疲劳强度随温度降低而降低的现象。对于工程塑料，温度对疲劳性能的影响更为复杂。几种工程塑料 77 K 和 4.2 K 下的 S-N 曲线分别见图 2-38（a）和图 2-38（b）所示。

低温环境尤其是液氦温区，高周疲劳实验成本极高，因此目前工程材料液氦温区高周疲劳性能研究较少。

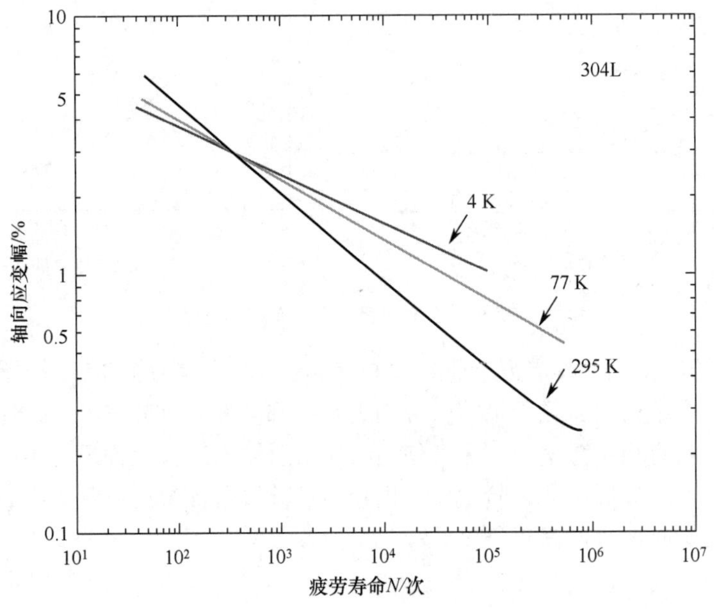

图 2-37　304L 不同温度下 ε-N 曲线[8]

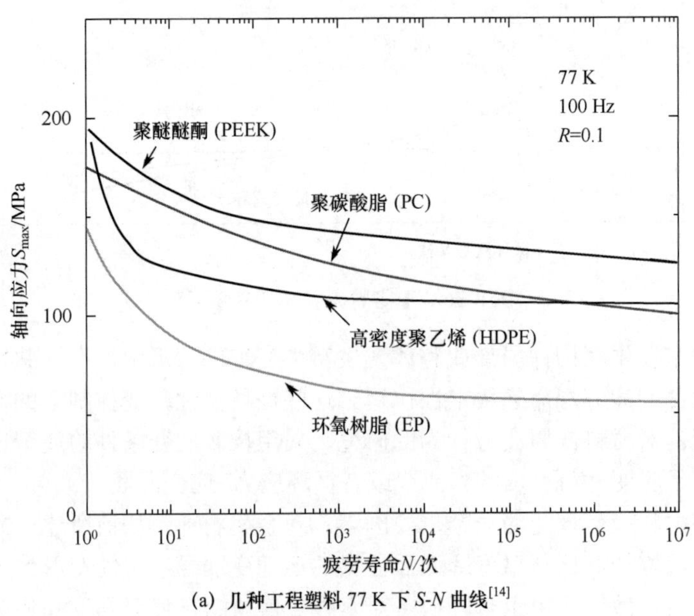

(a) 几种工程塑料 77 K 下 S-N 曲线[14]

图 2-38　几种工程塑料低温（77 K 和 4.2 K）疲劳 S-N 曲线

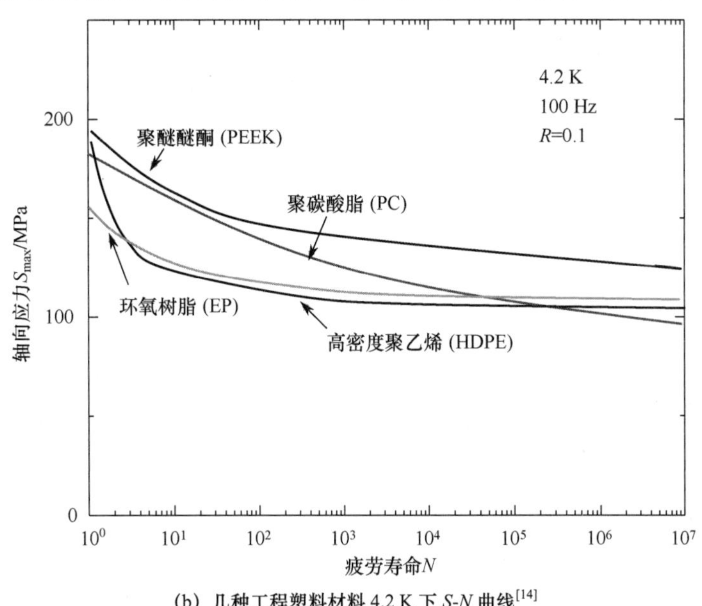

(b) 几种工程塑料材料 4.2 K 下 S-N 曲线[14]

图 2-38　几种工程塑料低温（77 K 和 4.2 K）疲劳 S-N 曲线（续）

2.4.3　疲劳裂纹扩展速率及门槛值

如前所述，疲劳断裂包括裂纹萌生、裂纹扩展和最终断裂三个阶段。当裂纹扩展到临界值时会发生裂纹的失稳扩展并直至断裂。在绝大多数情况下，宏观的临界裂纹是构件在循环载荷作用下由萌生或已存的小裂纹逐渐变大而成的，即所谓的裂纹稳态（亚临界）扩展过程。研究裂纹稳态扩展过程具有重要的科研和工程意义。

在工程应用上，构件中已存在的裂纹或缺陷可通过无损检测方法确定，掌握裂纹稳态扩展行为并结合构件承载情况则可以预测构件剩余寿命，即损伤容限设计。

含裂纹构件的裂纹扩展在变应力作用下会越来越快。对构件在较低应力水平下的服役情形，其疲劳寿命的绝大部分是在裂纹初期扩展阶段。同时，应力水平越高，裂纹扩展越快，如图 2-39 所示。恒应力水平下，裂纹尺寸越大，裂纹扩展越快。

定义变应力每循环一次裂纹长度的增量为疲劳裂纹扩展速率，记为 da/dN，其中 a 为裂纹长度，N 为应力循环次数。裂纹扩展速率越大，表示裂纹扩展越快。1961 年，帕里斯等人首先利用应力强度因子分析方法处理疲劳裂纹扩展。帕里斯认为应力强度因子幅度 $\Delta K=K_{max}-K_{min}$ 是疲劳裂纹扩展的控制因子，二者间有经验方程如下：

$$\frac{da}{dN}=C(\Delta K)^m \tag{2-74}$$

式中，C 和 m 为与材料和温度等因素有关的常数。对金属材料，m 值一般在 2～7 之间。

在双对数坐标中，da/dN-ΔK 关系曲线可分为三个区（Ⅰ、Ⅱ和Ⅲ），如图 2-40 所示。在Ⅰ区，裂纹扩展缓慢。实验发现当 ΔK 小于某临界值 ΔK_{th} 时，无论经历多少次交变循环，裂纹都不发生扩展。此应力强度因子幅度临界值定义为疲劳裂纹扩展门槛值。一般材料的 ΔK_{th} 值是其平面应变断裂韧度值的 5%～15%，如钢的 ΔK_{th} 值约为 9 MPa · $m^{1/2}$，铝合金的

ΔK_{th}值约为 4 MPa · $m^{1/2}$。材料的ΔK_{th}对其组织、温度以及应力比等都很敏感。在Ⅰ区，材料的微观结构、平均应力和温度等因素对疲劳裂纹扩展速率影响较大。帕里斯经验方程仅适用于Ⅱ区，也是裂纹稳态扩展区。在Ⅱ区，环境温度、平均应力以及频率等因素对疲劳裂纹扩展速率影响较大，而材料微观结构以及厚度等尺寸因素对其影响较小。在Ⅲ区，疲劳裂纹扩展速率进一步增加，当K_{max}达到材料的平面应力断裂韧度时，构件断裂。在Ⅲ区，材料的微观结构、平均应力以及尺寸因素对疲劳裂纹扩展速率影响较大。

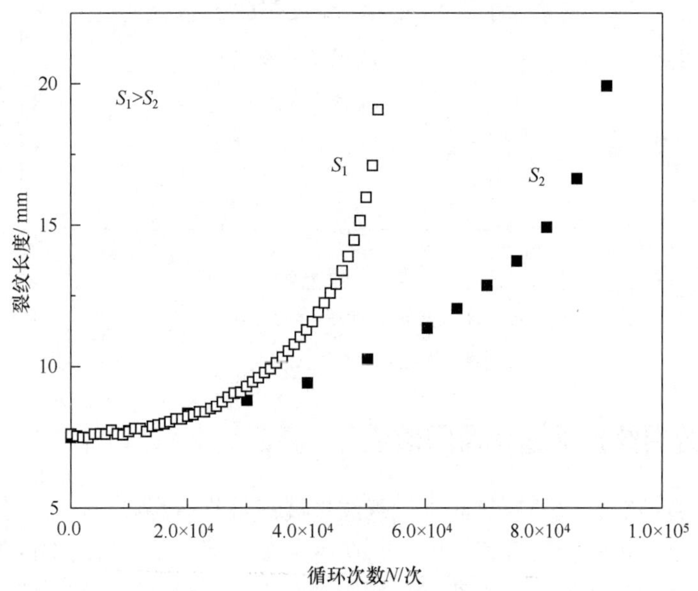

图 2-39　不同应力 S 下裂纹长度与循环次数 N 之间关系

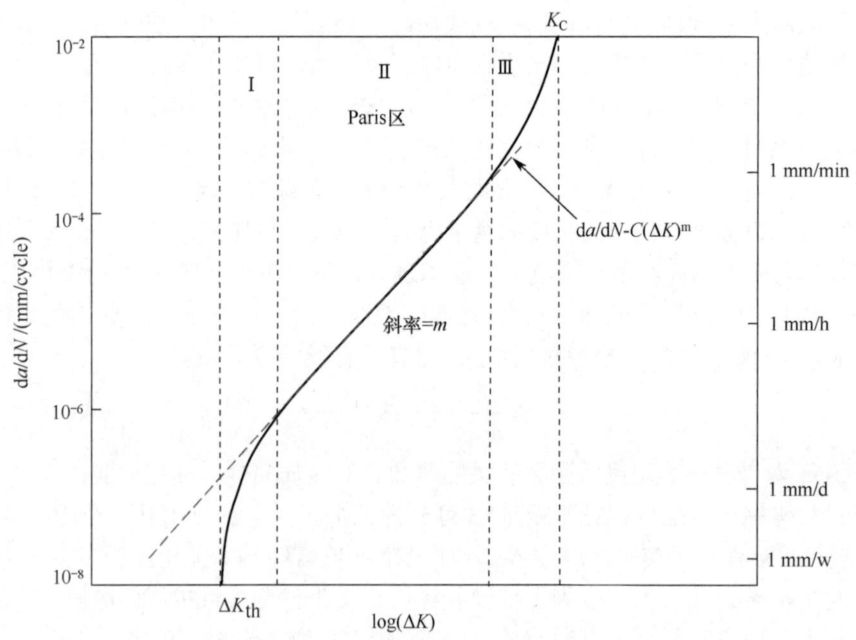

图 2-40　da/dN-ΔK 关系曲线

对式（2-74）积分，得

$$\int_0^{N_\mathrm{f}} \mathrm{d}N = \frac{1}{C}\int_{a_0}^{a_\mathrm{f}} (\Delta K)^{-m}\,\mathrm{d}a \tag{2-75}$$

根据式（2-38），有

$$\Delta K = Y\sqrt{\pi a}\Delta\sigma \tag{2-76}$$

则式（2-75）可写为

$$\int_0^{N_\mathrm{f}} \mathrm{d}N = \frac{1}{CY^m\Delta\sigma^m\pi^{m/2}}\int_{a_0}^{a_\mathrm{f}} \frac{\mathrm{d}a}{a^{m/2}} \tag{2-77}$$

类似有

$$\int_{a_0}^{a_\mathrm{f}} \mathrm{d}a = CY^m\Delta\sigma^m\pi^{m/2}a^{m/2}\int_0^{N_\mathrm{f}} \mathrm{d}N \tag{2-78}$$

由式（2-77）可得

$$N_\mathrm{f} = \frac{2[a_\mathrm{f}^{(2-m)/2} - a_0^{(2-m)/2}]}{(2-m)CY^m} \tag{2-79}$$

在疲劳损伤容限设计中，式（2-79）可用来估算裂纹扩展寿命。注意式（2-79）不适用于 m=2 以及 Y 与裂纹长度 a 相关的情形。对于 Y 与裂纹长度 a 相关的情况，计算较为复杂。

一些工程材料的低温疲劳裂纹扩展门槛值见表 2-9。

表 2-9　工程材料的低温疲劳裂纹扩展门槛值[20]

材　料	$\Delta K_{\mathrm{th}}/(\mathrm{MPa}\cdot\mathrm{m}^{1/2})$						R
	297 K	233 K	173 K	123 K	77 K	4.2 K	
2024-T4	1.8	—	—	—	3.0	—	0.05
低碳钢	3.8	—	—	—	5.3	—	−1
304	7.0	—	—	—	8.5	—	−1
Fe-9Ni-0.10C	3.5	—	—	—	5.8	—	0.05
Fe-4Mn-0.15C	3.3	—	—	—	5.7	—	0.05

帕里斯公式是经验公式，无理论依据，只能通过实验验证。过去数十年间还发展了多种经验方程，描述了 $\mathrm{d}a/\mathrm{d}N$ 和 ΔK 甚至 ΔK_{th} 的关系，但都基于帕里斯公式的基本思想。读者可参考相关文献。

低温对材料及构件疲劳裂纹扩展速率有重要影响。温度降低，多数金属合金材料的疲劳裂纹扩展速率以及门槛值也有不同程度的降低。但是在Ⅱ区末尾和Ⅲ区开始阶段，有的材料表现出不同的行为。

2.4.4　疲劳设计概要

疲劳断裂包括裂纹萌生、裂纹扩展和最终断裂三个阶段。外载荷、构件材料和环境因素（尤其是温度）对裂纹萌生以及裂纹的稳态扩展都有影响。疲劳的不同设计原理之间的主要区别在于裂纹萌生和裂纹扩展稳态的定量处理方法。目前疲劳设计主要包括总寿命法和损伤容限法两种[21]。

2.4.4.1 总寿命法

总寿命法是指以循环应力范围（*S-N* 曲线）或应变范围（ε-*N* 曲线）描述疲劳断裂的总寿命的方法。在这些方法中，通过控制应力幅或应变幅以获得初始无裂纹（和具有名义光滑表面）的测试试样产生疲劳断裂所需的循环数。此寿命包括裂纹萌生的疲劳循环数（可能高达总寿命的 90%）和使裂纹扩展至疲劳断裂的循环数。由于裂纹萌生阶段寿命占试样疲劳总寿命的主要部分，因此该方法在多数情况下体现抵抗裂纹萌生的设计思想。

在低应力的高周疲劳情形下，材料主要发生弹性变形。对高周疲劳，传统上是用应力范围描述导致断裂所需的时间或循环数；而对低周疲劳，应力通常较大，足以引起塑性变形，因此可以用应变范围描述疲劳寿命。低周疲劳方法还广泛用来预测应力集中部位的全塑性区应变场的裂纹萌生和早期裂纹扩展寿命。

2.4.4.2 损伤容限法

疲劳设计的损伤容限法与断裂力学设计的损伤容限法基本一致。损伤（裂纹及缺陷等）存在于一切工程构件中。这些裂纹及缺陷的形状及尺寸可通过无损检测等方法确定。对利用无损检测未检测到裂纹及缺陷的情形（可能存在超越检测范围的缺陷），需要进行可靠性检验。对于通过可靠性检验的情形，则根据探伤技术的分辨率来估计最大原始裂纹尺寸。疲劳寿命则定义为该裂纹自此尺寸扩展到某一临界尺寸所需的循环数。这与疲劳寿命法本质上不同。临界尺寸的设定需要考虑构件材料的韧性、构件承载、可容许的应变和可容许的构件柔度变化等诸多因素。采用损伤容限法预测裂纹扩展寿命时，需要应用裂纹扩展速率等裂纹扩展经验规律。根据线弹性断裂力学的要求，只有满足小范围屈服条件，也就是远离应力集中的塑性应变场，且与带裂纹构件的特征尺寸（包括裂纹尺寸）相比，裂纹尖端塑性区较小，弹性加载占主导作用的情形下，才可以用损伤容限法。

损伤容限法已广泛应用于疲劳破坏起关键作用的领域，如航空航天和核工业等。目前，损伤容限法已用于一些大型低温工程建设，如国际热核实验堆（ITER）、低温风洞等。

2.5 本章小结

本章讲述了弹性变形、塑性变形、强度、冲击韧度、断裂力学和疲劳的基本概念。通过本章的学习应掌握低温材料强度、断裂韧度等随温度降低的一般变化行为，并初步掌握低温工程设计中的强度、断裂力学及疲劳设计方法。

复习思考题 2

2-1 归纳一般金属材料弹性、强度随温度变化的基本规律，简要解释其发生原因。

2-2 简述影响金属材料屈服强度的因素以及金属材料强度随温度降低的一般变化行为。

2-3 镍钢在不同温度下的冲击韧度（单位：kJ/m^2）如下表所示，作图并分析 Ni 含量对其韧脆转变温度的影响。

温度/℃	0% Ni	2% Ni	5% Ni	8% Ni
−200	2	2	5	28
−150	3	5	30	35
−100	6	15	55	37
−50	15	55	70	47
0	60	80	75	60
50	75	85	80	65
100	75	85	85	67

2-4 参考相关文献，查找某种奥氏体不锈钢液氮或液氦温度下冲击吸收能量及准静态断裂韧度。归纳影响奥氏体不锈钢材料韧性的基本因素。

2-5 简述金属材料疲劳强度和疲劳极限随温度降低的一般变化行为。

2-6 解释裂纹扩展速率 da/dN 与应力强度因子范围 ΔK 间的一般规律。

2-7 考虑承受最大拉应力 120 MPa 的一高强度板，假设式（2-38）几何形状因子 Y=1，板材料的平面应变断裂韧度 K_{Ic}=70 $MPa \cdot m^{1/2}$。通过试验测定板材料帕里斯参数为 $C=1.5\times10^{-9}$ m/cycle，m=3。假定板中存在一垂直于拉应力的初始裂纹，长度为 5 mm，计算在疲劳载荷下板的寿命。

本章参考文献

[1] REED R P, Clark A F. Materials at low temperatures [M]. Ohio: American Society for Metals,1983.

[2] HERTZBERG R W, VINCI R P, Hertzberg J. L. Deformation and fracture mechanics of engineering materials [M]. 5th ed. Hoboken: Wiley & Sons, 2012.

[3] GONZALEZ-VELAZQUEZ J L. Mechanical behavior and fracture of engineering materials [M]. Cham: Springer, 2020.

[4] GREAVES G N, GREER A L, LAKES R S, et al. Poisson’s ratio and modern materials [J]. Nature Materials, 2011, 10: 823.

[5] LAKES R S. Negative Poisson’s Ratio Materials: Auxetic Solids [J]. Annual Review of Materials Research, 2017, 47: 63-81.

[6] ANOOP C R, SINGH P K, KUMAR R R, et al. A review on steels for cryogenic applications [J]. Materials Performance and Characterization, 2021.

[7] REED R P, HORRUCHI T. Austenitic steels at low temperatures [M]. New York: Springer, 1985.

[8] EKIN J W. Experimental techniques: Cryostat design, material properties and superconductor critical-current testing [M]. New York: Oxford University Press, 2006.

[9] SURYANARAYANA C. Experimental techniques in materials and mechanics [M]. Boca Raton: CRC press, 2011.

[10] HOSFORD W F. Mechanical Behavior of Materials [M]. New York: Cambridge University Press, 2009.

[11] MCEVILY A J. Metal failures: mechanisms, analysis, prevention [M]. 2nd ed. Hoboken: Wiley & Sons, 2013.

[12] SCHIJVE J. Fatigue of structures and materials [M]. 2nd ed. Dordrecht: Springer, 2008.

[13] 嵇醒. 断裂力学判据的评述[N]. 力学学报, 2016, 48: 741.

[14] TIMMERHAUS K D, REED R P. Cryogenic Engineering-Fifty Years of Progress [M]. New York: Springer, 2007.

[15] ANDERSON T L. Fracture mechanics: fundamentals and applications [M]. 4th ed. Boca Raton: CRC Press, 2017.

[16] DOWLING N E, KAMPE S L, KRAL M V. Mechanical behavior of materials [M]. New York: Pearson, 2019.

[17] RITCHIE R O. Toughening materials: enhancing resistance to fracture [J]. Philosophical Transactions of the Royal Society A, 2021, 379.

[18] Altas of Stress Strain Curves [M]. 2nd. Ohio: ASM International, 2002.

[19] CLAUDE B. Fatigue limit in metals [M]. London: Wiley-ISTE, 2014.

[20] LIAW P K, LOGSDON W A. Fatigue crack growth thresold at cryogenic temperatures-a review [J]. Engineering Fracture Mechanics, 1985, 22: 585.

[21] SURESH S. Fatigue of Materials [M]. New York: Cambridge University Press, 2000.

03 第3章 材料低温物理性能

本章主要讲述材料在低温下的热学、电学和磁学性能。首先介绍比热、热导率、热扩散系数、接触热阻、热发射率和热膨胀等热学性能；其次介绍电导率和剩余电阻率等电学性能；最后介绍材料的低温磁化率、磁导率和磁场对材料低温力学性能的影响等。

3.1 低温热学性能

3.1.1 比热

材料的热容定义为

$$C_x = \lim_{\Delta T \to 0}\left(\frac{\Delta Q}{\Delta T}\right)_x \tag{3-1}$$

式中，ΔQ 是物体温度升高 ΔT 时所吸收的热量，x 表示在该变化过程中保持不变的量，如压力或体积，热容的单位为J/K。1 mol 物质的热容称为物质的摩尔热容，单位 J/(mol · K)。

单位质量物质的热容称为物质的比热，即

$$c_x = \frac{C_x}{m} \tag{3-2}$$

式中，c_x 为物质的比热，单位是 kJ/(kg · K)或 J(g · K)，C_x 为质量 m 的物体的热容。

在实际应用中，最为常用的是定压热容 C_P 和定容热容 C_V。通常实验所测得的是定压热容 C_P，而物理意义更为基本的是定容热容 C_V。定容热容 C_V 直接与物质内能 U 相关，即

$$C_V = \left(\frac{\partial U}{\partial T}\right)_V = \left(\frac{T\mathrm{d}S}{\mathrm{d}T}\right)_V \tag{3-3}$$

式中，S 为系统的宏观参量熵。

对于定压热容 C_P，由于加热过程中物体的内能增加（$\mathrm{d}U > 0$），而且物体体积膨胀对外做功（$\mathrm{d}W > 0$），因此有 $C_P > C_V$，即$(C_P - C_V)/C_P > 0$。对多数固体材料，室温下$(C_P - C_V)/C_P$值约为百分之几，且随温度降低迅速减小。在液氦温度下，$C_P \approx C_V$，两者的定量关系为

$$C_P - C_V = VT\alpha^2 / k \tag{3-4}$$

式中，V 是物体的体积，$\alpha = \frac{1}{V}\left(\frac{\partial V}{\partial T}\right)_P$ 是体胀系数，$k = -\frac{1}{V}\left(\frac{\partial V}{\partial P}\right)_T$ 是压缩系数。

由式（3-3）可知，定容热容 C_V 与系统的宏观参量熵 S 的变化量有关。系统的宏观参量熵 S 是相应微观量的统计平均。玻尔兹曼关系（Boltzmann relation）$S = k_B \ln w$ 将宏观参量熵 S 与系统的微观状态数 w 联系起来，其中，k_B 为波尔兹曼常数。微观状态数 w 越大表

明系统越混乱，反之则越有序。由热力学第二定律可知，孤立体系的熵不会减少。微观状态的任何变化，必将引起熵的改变，从而引起比热的变化。

在实际的系统中，熵的组成是复杂的，包括晶格熵、电子熵和磁熵。有些固体分子（如C_{60}）本身除了质心运动，还有转动，因此对应晶格熵中还应包括振动自由度和转动自由度的贡献。系统的熵是各子系统的熵之和，因此系统的比热也应包含各子系统的比热之和。子系统是指晶格系统、电子系统或磁矩系统，还可以指某一自由度。

在低温下，晶格振动减弱。这对通过低温比热研究很多现象的微观机制十分有利。系统、子系统的熵或微观状态数与微观粒子之间的相互作用及能级分布密切相关，因此研究比热与温度的依赖关系能够提供被测量系统的许多有用的微观信息。在工程应用上，低温比热是各种低温系统设计的关键参量之一。

3.1.1.1 晶格比热

固体的晶格振动可用声子描述。每一种振动模式表示一种声子的频率。由量子力学理论可知，声子的能量是量子化的，为$(n_j+1/2)h\omega_j/(2\pi)$，$h$ 为普朗克常数（Planck constant），$n_j=0,1,2,\cdots$，$j=0,1,2,\cdots$。声子是玻色子（Boson），声子系统遵从波色统计，每一种振动模式的平均能量为

$$\overline{E_j(T)}=\frac{1}{2}\frac{h}{2\pi}\omega_j+\frac{h\omega_j}{2\pi\left(\mathrm{e}^{\frac{h\omega_j}{2\pi k_{\mathrm{B}}T}}-1\right)} \tag{3-5}$$

可见温度越高，平均能量$\overline{E_j(T)}$越大。如果把$\frac{h}{2\pi}\omega_j$看作一个频率为ω_j的声子能量，那么$2\pi\overline{E_j(T)}/(h\omega_j)$可以看作在温度 T 的平均声子数。频率 ω_j 越大，平均声子数越小。

由 N 个原子组成的固体，总的振动模式数应为 $3N$。对应晶格振动（声子系统）的总能量为

$$\overline{E(T)}=\sum_{j=1}^{3N}\overline{E_j(T)} \tag{3-6}$$

因此，晶格比热为

$$c_{\mathrm{V}}=\left(\frac{\partial\overline{E(T)}}{\partial T}\right)_{\mathrm{V}}=\sum_{j=1}^{3N}\left(\frac{\partial\overline{E_j(T)}}{\partial T}\right)_{\mathrm{V}} \tag{3-7}$$

考虑 $3N$ 个振动模式的具体频率取决于多种因素，如原子质量、原子间结合力大小、边界及界面情况、晶体结构等，而温度影响每一种振动模式的声子数。定义声子频率的分布函数（声子谱）$f(\omega)$为频率 $\omega\sim\omega+\mathrm{d}\omega$ 之间的振动模式数，则有

$$\int_0^{\infty}f(\omega)\mathrm{d}\omega=3N \tag{3-8}$$

$$\overline{E(T)}=\sum_{j=1}^{3N}\overline{E_j(T)}=\int_0^{\infty}E(T,\omega)f(\omega)\mathrm{d}\omega \tag{3-9}$$

$$c_{\mathrm{V}}=\int_0^{\infty}\left(\frac{\partial E(T,\omega)}{\partial T}\right)_{\mathrm{V}}f(\omega)\mathrm{d}\omega \tag{3-10}$$

对式（3-10）的处理需要用到两个重要的模型，即爱因斯坦模型（Einstein model）和

德拜模型（Debye model）。

1. 爱因斯坦模型

爱因斯坦模型对晶格振动采用了最简单的假设，即认为晶格中各原子的振动可以看作相互独立的，且所有原子的振动都有相同的频率 ω_E。因此由式（3-5）和式（3-10）有

$$c_V = 3Nk_B \frac{\left(\frac{h\omega_E}{2\pi k_B T}\right) e^{\frac{h\omega_E}{2\pi k_B T}}}{\left(e^{\frac{h\omega_E}{2\pi k_B T}} - 1\right)^2} \tag{3-11}$$

这一模型基本上和实验相符。但是发现，在 $T \ll h\omega_E/(2\pi k_B)$时计算值明显比实验值小。我们称 $\theta_E = \frac{h\omega_E}{2\pi k_B}$ 为爱因斯坦温度。爱因斯坦模型在低温下与实验不符，原因在于此模型不包含在低温下起主要作用的低频振动模式。

2. 德拜模型

德拜模型把固体看成连续介质，声子谱 $f(\omega)=A\omega^2$，A 为常数。考虑总的振动模式数为 $3N$，ω 从零开始，最大到德拜的截止频率 ω_D。我们称 $\theta_D = \frac{h\omega_D}{2\pi k_B}$ 为德拜温度。由于低温下晶格振动以长波为主，因此德拜模型更符合实际固体的情况。

当 $T>\theta_D$ 时，式（3-11）近似等于 $3Nk_B = 3R = 24.93$ J/(mol · K)，R 为理想气体常数［8.31 J/(mol · K)］，这就是杜隆–珀蒂定律（Dulong-Petit law）。

室温下部分材料的定压摩尔热容见表 3-1。注意硅（Si）、碳（C）、硼（B）等元素材料室温定压比热偏离此定律。然而，实验发现在足够高温度下仍遵从此定律，如金刚石在 1000 K 下定压摩尔热容 C_P 为 21.04 J/(mol · K)[1]。

表 3-1 一些材料室温下定压摩尔热容 C_P[2] 单位：J/(mol · K)

材　料	C_P	材　料	C_P	材　料	C_P
Bi	26.0	Pb	26.88	Au	25.50
Pt	25.96	Sn（灰锡）	27.59	Ag	25.21
Zn	25.67	Cu	24.75	Fe	25.67
Si	20.90	B	11.87	Al	22.15
C（石墨）	8.52	C（金刚石）	6.02	In	26.74

实际晶体的声子谱比较复杂。实验发现相同晶体结构的材料具有大致相同形貌的声子谱，只是最大频率不同。例如，铅（Pd）、镍（Ni）和铜（Cu）等具有面心立方结构金属具有相同形貌的声子谱，但 Ni 的最大频率比 Cu 的高，Pd 的最低。

按德拜模型，声子总能量为

$$U = 9Nk_B T\left(\frac{T}{\theta_D}\right)^3 \int_0^{\theta_D/T} \frac{x^3}{e^x - 1} dx \tag{3-12}$$

式中，定义 $x \equiv \frac{h\omega}{2\pi k_B T}$，晶格比热可写为

$$c_V = 9Nk_B\left(\frac{T}{\theta_D}\right)^3\int_0^{\theta_D/T}\frac{e^x x^4}{(e^x-1)^2}dx \tag{3-13}$$

而且有

$$f_D\left(\frac{T}{\theta_D}\right) \equiv 3\left(\frac{T}{\theta_D}\right)^3\int_0^{\theta_D/T}\frac{e^x x^4}{(e^x-1)^2}dx \tag{3-14}$$

称之为德拜比热函数，简称德拜函数。可见，c_V、θ_D 和 T 三个量中只有两个量是独立的。若已知某固体的德拜温度 θ_D，则可以算出给定温度 T 的比热 c_V。反之，若测量得知固体某一温度 T 下的比热 c_V，则可以计算出该温度下的 $\theta_D(T)$。只用一个参量 θ_D，就可以在很宽的温度内决定材料的晶格比热，这是德拜理论的优势。实验上，可以通过测量材料的比热并依据上述理论得到德拜温度。

德拜温度还可以通过固体中声速测量得到，这是由于

$$\theta_D = \frac{h}{k_B}\left(\frac{3N_A\rho}{4\pi M_m}\right)^{\frac{1}{3}} v_m \tag{3-15}$$

式中，N_A 为阿伏伽德罗常数（Avogadro's number），ρ 为密度，M_m 为摩尔质量，v_m 为平均声速：

$$v_m = \left(\frac{3}{\frac{1}{v_L^3}+\frac{1}{v_T^3}}\right)^{\frac{1}{3}} \tag{3-16}$$

式中，v_L 和 v_T 分别为纵波声速和横波声速。

当 $T \ll \theta_D$ 时，式（3-12）中积分值基本上与 T 无关，为一常数，且当 $\theta_D/T \to \infty$ 时，有

$$\int_0^{\infty}\frac{x^3}{e^x-1}dx = \int_0^{\infty}x^3\sum_{j=1}^{\infty}e^{-jx}dx = \frac{\pi^4}{15} \tag{3-17}$$

从而有

$$c_V \approx \frac{12\pi^4}{5}Nk_B\left(\frac{T}{\theta_D}\right)^3 = 234Nk_B\left(\frac{T}{\theta_D}\right)^3 \tag{3-18}$$

此与德拜 T^3 近似，通常称之为德拜 T^3 定律（简称 T^3 律）。

由于德拜模型也是一种近似处理，由此得到的声子谱与实际材料声子谱仍有差别。因此，比热测量确定的 $\theta_D(T)$ 不是常数，在低温下的值有时与高温下的值差别很大。在低温下只有声子谱中的低频部分对比热有贡献，因此低频声子态密度权重小的固体，低温下德拜温度值偏大。一般情况下，教科书上给出的 θ_D 都是低温值，按低温下晶格比热项 βT^3 的系数给出 $\theta_D = (1944/\beta)^{1/3}$。几种材料德拜温度随温度的变化如图 3-1 所示。

表 3-2 给出了一些固体元素和金属合金的德拜温度 θ_D。如前所述，θ_D 与晶格振动所允许的最短波长有关。大多数材料的 θ_D 值在 200 K 到 400 K 之间。一般而言，原子量小、原子间结合力强的材料 θ_D 较高，如金刚石的 $\theta_D \approx 2230$ K；反之，结合力弱的重原子所组成的材料的 θ_D 较低，如铅（Pb）的 $\theta_D \approx 105$ K，与铅类似的铊的 $\theta_D \approx 78.5$ K。θ_D 低的材料低温下比热较大，如在 4～20 K 温区 Pb 的比热几乎比铜大一个数量级，因此 Pb 也用于低温蓄冷材料。

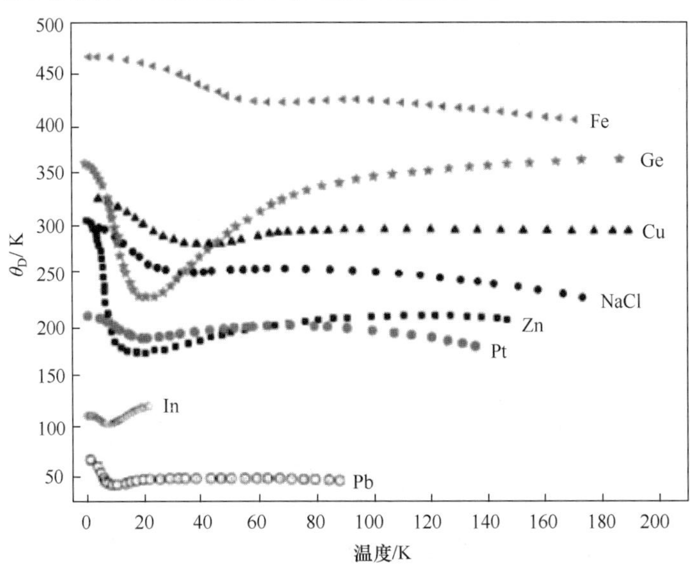

图 3-1　铁、铜等材料德拜温度随温度变化[3]

表 3-2　一些固体元素和金属合金的德拜温度[4-6]　　单位：K

材　料	德拜温度	材　料	德拜温度	材　料	德拜温度
Ag	225	Ga	320	Pd	274
Al	428	Ge	374	Pt	240
As	282	Gd	200	Sb	211
Au	165	Hg	71.9	Si	645
B	1250	In	108	Sn（灰）	260
Be	1440	K	91	Sn（白）	200
Bi	119	Li	344	Ta	244
C（金刚石）	2230	La	142	Th	163
Ca	230	Mg	400	Ti	420
Co	445	Mo	450	V	380
Cr	630	Na	158	W	400
Cu	343	Ni	450	Zn	327
Fe	470	Pb	105	Zr	291
304 不锈钢	470	316 不锈钢	500	21-6-9 不锈钢	417

由式（3-12）可知，当 $T<\theta_D/2$ 时，晶格比热减少得较快。当 $T<\theta_D/20$ 时，晶格比热随温度的变化可近似地用德拜 T^3 定律描述，但有偏差。在 $\theta_D/5<T<\theta_D/20$ 温区，晶格比热随温度的变化与德拜 T^3 定律的偏离甚至可达 30%。

对实际晶体，德拜 T^3 定律所能成立的温度较低，一般要到 $\theta_D/50$ 甚至 $\theta_D/100$ 以下才能观测到真正的德拜 T^3 定律行为。

德拜温度反映固体中原子振动的平均频率大小，与原子质量和原子之间的结合力有关。物理学中固体的许多性质与原子振动、原子质量和原子间结合力有关，因而它们很大程度上可用德拜温度来代表。因此，德拜温度已经不再限于其原来的意义，而成为一个重要的具有广泛意义的物理量。如实验发现电阻率、熔点、压缩系数、热膨胀系数以及有些力学性质都与德拜温度相关。例如，利用电阻率与德拜温度的关系，根据材料电导率的布洛赫定理（Bloch's theorem）可导出电导率为

$$\sigma=\frac{AT^5}{M\theta_D^6}\int_0^{\theta_D/T}\frac{x^5}{(e^x-1)(1-e^{-x})}dx \tag{3-19}$$

式中，A 为金属特性常数，M 为金属原子的质量。式（3-19）是 Bloch-Grüneisen 公式。

当 $T>\theta_D/2$ 时，式（3-19）近似为

$$\sigma\approx\frac{AT}{4M\theta_D^2} \tag{3-20}$$

即金属在高温下的电阻率与温度成正比。

当 $T<\theta_D/10$ 时，积分上限近似认为 $\theta_D/T\to\infty$，式（3-19）近似为

$$\sigma\approx 124.4\frac{AT^5}{4M\theta_D^6} \tag{3-21}$$

即金属在低温下的电阻率与温度 T 的 5 次方成正比[7]。

德拜模型在低温下与实验结果能很好地符合，这是因为在低温下长波声子的激发对比热贡献起主要作用，可以把晶体看成连续介质，与固体内原子排列无关。也有尝试将非晶固体用德拜模型处理，发现与实际测量结果不符。当 $T<\theta_D/100$ 时，晶态材料比热的实验值与根据德拜模型计算值一致。但温度较高时二者有偏差，这是实际声子谱与德拜谱之间的差别所致。对非晶态材料，其低温比热比晶态的偏大，且与德拜模型计算值偏差较大。如图 3-2 所示，低温下液晶高分子材料与非晶态高分子低温比热行为不同。实验发现非晶态固体（如玻璃）的低温比热变化行为与非晶态高分子类似。当温度低于 80 K 时，非晶态材料的比热随温度变化行为基本一致，可以近似认为与材料化学成分无关。

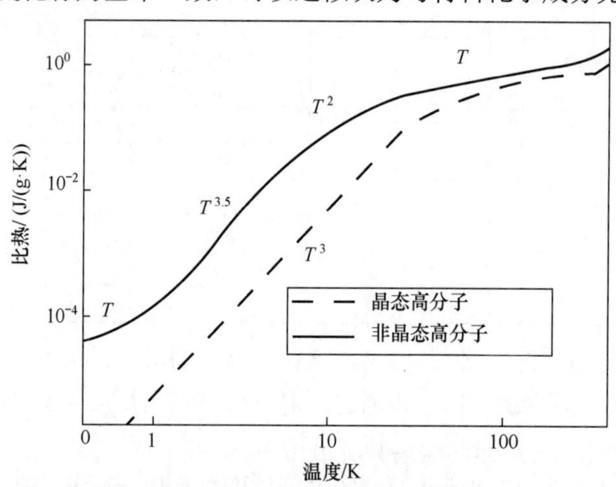

图 3-2 非晶态和液晶高分子材料低温比热随温度变化[8]

20 世纪 70 年代，Zeller 和 Pohl 系统开展了低温比热和热导率测量的工作。他们发现 1 K 以下非晶态材料的低温比热甚至大于金属材料。在 10 mK 温度下，非晶态玻璃物质的低温比热是同类型晶体材料的 10^3 倍。他们认为非晶态固体中存在一种低能激发态，这种状态未被包含在简谐振动假设之中，从而导致对德拜理论的偏离。这种低能激发态是由于非晶

态原子（或原子簇）的振动形成了声子散射中心。此外，在低温热导、声学性质、介电性质的测量上都观察到这种低能激发态的表现。

1975 年，Zaitlin 和 Anderson 的研究表明，温度在 1 K 以下，材料热传导主要取决于声频声子。由于对低温比热有贡献的低能激发态是定域化的，因此其对热传导没有贡献。这些低能激发态与非简谐振动相关。非晶态绝缘体的低温比热包括两项，即

$$c_V = \alpha T^{1+\delta} + \beta T^3 \tag{3-22}$$

式中，第二项仍对声子比热有贡献。实验发现 δ 的范围为 $0.1 < \delta < 0.5$，而对多数材料 $1+\delta$ 的值接近 1.1。表明第一项为非晶态结构造成，而与材料类型无关。式（3-22）还表明，低温下非晶态材料比热以接近线性关系下降，而非仅以 T^3 律下降。

非晶态的典型特征是具有无序结构，晶态和非晶态 SiO_2 示意图如图 3-3 所示，其中•代表 Si 原子，○代表氧原子，非晶态 SiO_2 中有许多氧原子可在两个亚稳态之间变动，A、B、C 代表三种不同的方式。非晶态的某些原子可以具有两个能量极小的位置，即一个原子有两个亚稳位置，好比处于双势阱中，可以通过隧道效应穿过中间势垒 V_0，由一个能态转变为另外一个能态，如图 3-4 所示。双势阱中运动的原子不再是简谐振动，这是一种高阶的、非简谐的振动状态。两个势阱能量极小值之差为 Δ，与具体的体系有关。每一个双势阱都可以发射和吸收声子，这是低温下发生低能激发的原因。低能量激发的态密度（双势阱的态密度）对比热的贡献为式（3-22）中第一项。这就是安德森（Anderson）和菲利普（Phillips）的唯象解释。

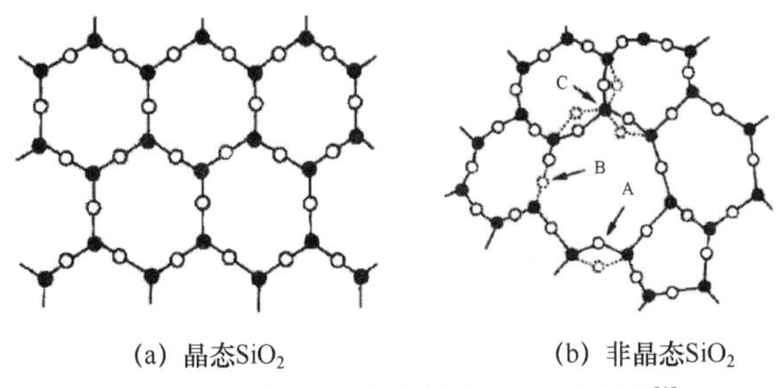

图 3-3　晶态 SiO_2 和非晶态 SiO_2 示意图[8]

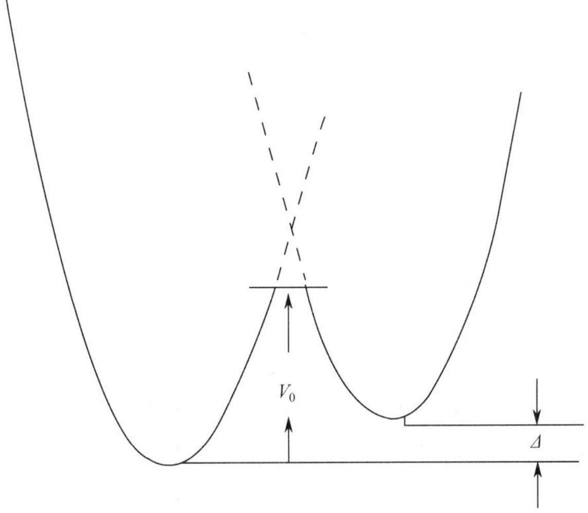

图 3-4　双势阱模型示意图[4]

3.1.1.2 电子比热

不考虑磁贡献，低温下金属的比热包括两项，即

$$c_V = \gamma T + \beta T^3 \tag{3-23}$$

在很低的温度下，晶格比热以德拜 T^3 律趋于零，因此电子比热成为主要贡献者。注意此处电子比热指电子的平均自由度对比热的贡献，而电子自旋运动的贡献通常归并到磁比热中。

经典情况下，每个电子的平均能量为 $3k_BT/2$，其热容应为 $3k_B/2$。由量子力学可知，金属中的自由电子并非都对比热有贡献，真正有贡献的只有费米面（Fermi surface）附近约 $2k_BT$ 能级范围的电子。电子比热只和费米面处的态密度成正比，而和金属总的自由电子数无关，即

$$c_e = \frac{1}{3}\pi^2 k_B^2 T \times N(E_F) = \gamma T \tag{3-24}$$

式中，γ 是电子比热系数［索末菲数（Sommerfeld number）］，即

$$\gamma = \frac{1}{3}\pi^2 k_B^2 N(E_F) \tag{3-25}$$

电子比热系数单位为 $\mathrm{mJ/(mol \cdot K^2)}$。实验发现当温度上升时，很多金属的电子比热系数相对于低温下电子比热系数发生变化，且变化趋势不同。这与费米能级（Fermi level）附近态密度曲线的复杂结构的温度依赖有关。几种常用材料的电子比热系数见表 3-3。

表 3-3　几种常用材料的电子比热系数[9]　　单位：$\mathrm{mJ/(mol \cdot K^2)}$

材　料	γ	材　料	γ	材　料	γ
Ag	0.646	Cu	0.695	Nb	7.79
Al	1.35	Fe	4.98	Ni	7.02
Au	0.729	Ga	0.596	Pb	2.98
Cr	1.40	Hg	1.79	V	9.26

低温下电子–声子相互作用变得重要起来，其引起的比热增加量甚至可以高达电子比热本身的 20%以上。这是由于金属中电子不是完全自由的，电子在周围正离子的作用下，运动起来不可能完全独立，因此在温度升高时电子所获得的动能必然有一部分交给晶格，显示出电子有效质量的增加。室温下，由于热运动能很大，相比之下电子和晶格的相互作用可以忽略，而低温下则不同。

当温度低于临界温度 T_c 时，有些金属及合金材料呈现超导态。图 3-5（a）是铝低温比热测量结果，当外加一定磁场时，材料处于正常态，反之处于超导态，处于超导态和正常态材料的低温比热不同。Hg 的低温比热与温度之比 c/T 见图 3-5（b），其中“▲”代表正常态，“•”代表超导态，发现晶格（声子）比热仍遵循德拜 T^3 律，且与正常态具有相同的系数 β，即声子贡献比热在超导态（s）和正常态（n）都有：

$$c_{ph,s} = c_{ph,n} = \beta T^3 \tag{3-26}$$

当 $T < T_c$，材料进入超导态。在超导转变温度 T_c 时，电子比热发生跳跃。在无外磁场情况下，正常态转变为超导态为二级相变，无潜热释放。如图 3-5（c）所示，对 V 和 Sn 等简单超导材料，超导 BCS 理论给出的电子比热跳跃间距为

$$\Delta c_e = 1.43\gamma T_c \tag{3-27}$$

式中，γT_c 为 T_c 温度下正常态电子比热。当 $T < T_c$ 时，如图 3-5（c）所示，电子比热 c_{es}

与温度关系为

$$c_{es} = a e^{-b\frac{T_c}{T}} \tag{3-28}$$

式中，a 和 b 都是材料常数。超导态电子比热随温度指数的变化表明，超导体中态密度存在能隙 ΔE，也反映了通过热激发跳跃能隙的电子数[10]。

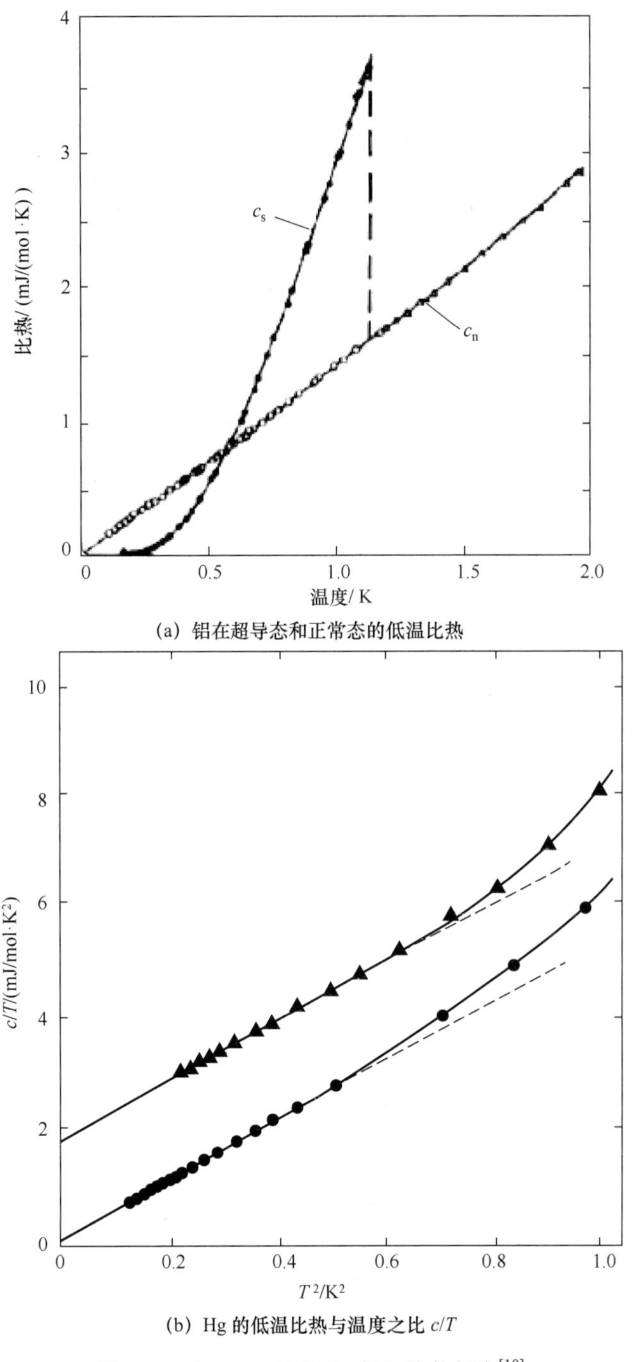

(a) 铝在超导态和正常态的低温比热

(b) Hg 的低温比热与温度之比 c/T

图 3-5 Al、Hg、V 和 Sn 低温比热行为[10]

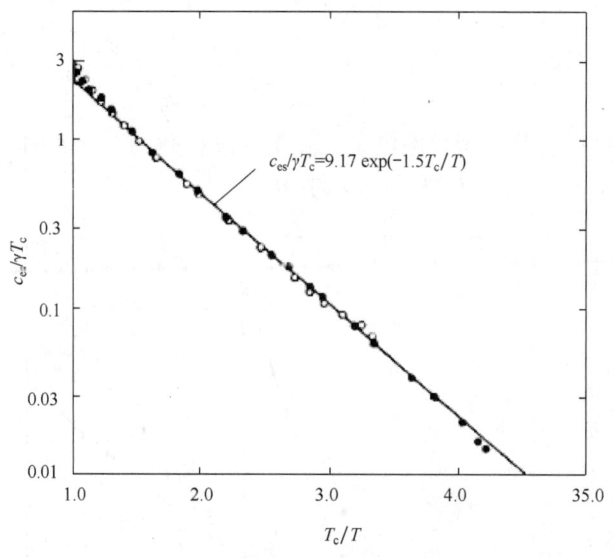

(c) V 和 Sn 超导态的电子比热 $c_{es}/(\gamma T_c)$

图 3-5　Al、Hg、V 和 Sn 低温比热行为[10]（续）

3.1.1.3　磁比热

固体中具有磁矩的微观粒子有电子、离子（或原子）和原子核，它们除了对磁性质有贡献，还对比热有贡献。铁磁体中磁性的离子（或原子）通过交换作用在某一临界温度以下形成长程磁有序状态。自旋波是长程磁有序系统的元激发，也称磁子。和晶格振动的元激发——声子一样，磁子对比热也有贡献。在有些磁合金中，由于磁性原子的浓度和涨落，在浓度高的区域形成铁磁集团、反铁磁集团或混磁集团，而各集团大磁矩的方向是无序分布的。相邻磁集团之间有间接交换作用，使每一个磁集团处于周围所有磁矩在该处产生的内场作用之下，对比热产生贡献。在属于自旋玻璃的稀磁合金中，杂质磁矩之间有所谓的 RKKY 相互作用，在冻结状态下磁性杂质原子对比热的贡献与磁集团又有所不同。此外，有的系统磁性很强，但还不足以形成长程磁有序，在这样的金属或合金系统中存在大量称为自旋涨落的磁激发。这种磁激发对比热的贡献在低温下特别显著。

1．磁子比热

与声子类似，磁子也是波色子，因此遵从波色统计。角频率为 ω 的磁子的平均能量为

$$E=\frac{h\omega}{2\pi}\left(e^{\frac{h\omega}{2\pi k_B T}}-1\right)^{-1} \tag{3-29}$$

由于铁磁自旋波和反铁磁自旋波的色散关系不同，他们的比热–温度关系也不同。

1）铁磁系统

自旋波的角频率和动量之间的色散关系为

$$\omega=Cq^2 \tag{3-30}$$

式中，C 为常数，q 为动量。由此得到

$$dq=\frac{1}{2}C^{-\frac{1}{2}}\omega^{-\frac{1}{2}}d\omega \tag{3-31}$$

ω～ω+dω 之间的状态数为

$$N=\frac{1}{(2\pi)^3}4\pi q^2\frac{\mathrm{d}q}{\mathrm{d}\omega}=\frac{1}{(2\pi)^2}\frac{\omega^{\frac{1}{2}}}{C^{\frac{3}{2}}} \tag{3-32}$$

磁子总能量为

$$U=\frac{h}{8\pi^3C^{\frac{3}{2}}}\int\frac{\omega^{\frac{3}{2}}}{\mathrm{e}^{\frac{h\omega}{2\pi k_{\mathrm{B}}T}}-1}\mathrm{d}\omega=C'T^{\frac{5}{2}} \tag{3-33}$$

式中，C' 为常数。因而磁子比热有

$$c_{\mathrm{M}}=\left(\frac{\partial U}{\partial T}\right)_{\mathrm{V}}=C^*T^{\frac{3}{2}} \tag{3-34}$$

2）反铁磁系统

自旋波的频率和动量之间的色散关系为

$$\omega=Cq \tag{3-35}$$

因此有

$$\mathrm{d}q=C^{-1}\mathrm{d}\omega \tag{3-36}$$

反铁磁磁子状态密度为

$$N=\frac{1}{(2\pi)^3}4\pi q^2\frac{\mathrm{d}q}{\mathrm{d}\omega}=\frac{2\omega^2}{(2\pi)^2C^3} \tag{1-37}$$

磁子总能量为

$$\begin{aligned}U&=\int\frac{2\omega^2h\omega}{(2\pi)^3C^3\left(\mathrm{e}^{\frac{h\omega}{2\pi k_{\mathrm{B}}T}}-1\right)}\mathrm{d}\omega=C'\int\frac{\omega^3}{\left(\mathrm{e}^{\frac{h\omega}{2\pi k_{\mathrm{B}}T}}-1\right)}\mathrm{d}\omega\\&=C''T^4\end{aligned} \tag{3-38}$$

因而反铁磁磁子比热为

$$c_{\mathrm{M}}=\left(\frac{\partial U}{\partial T}\right)_{\mathrm{V}}=C^*T^3 \tag{3-39}$$

长程磁有序材料的低温比热有

$$c_{\mathrm{V}}=c_{\mathrm{e}}+c_{\mathrm{ph}}+c_{\mathrm{M}} \tag{3-40}$$

式中，c_{e} 为电子贡献项，c_{ph} 为声子贡献项，c_{M} 为磁子贡献项，因此对铁磁系统有

$$c_{\mathrm{V}}=\gamma T+\beta T^3+\delta T^{\frac{3}{2}} \tag{3-41}$$

对反铁磁系统有

$$c_{\mathrm{V}}=\gamma T+\beta T^3+\delta T^3 \tag{3-42}$$

若材料为绝缘体，$\gamma=0$，则比热只包含两项。注意对反铁磁系统，磁子贡献和声子贡献都遵从 T^3 律变化趋势。因此，从实验测出的总比热很难区分，有时候可以通过测量具有类似声子贡献的非磁性材料的低温比热来进行比较，从而得到反铁磁自旋波贡献。

2. 磁集团比热

在内磁场作用下，当 $T=0$ 时，磁集团磁矩停止在该处能量有利的平衡方向上。当 $T>0$ 时，磁集团磁矩在平衡方向周围进动。若磁矩偏离平衡方向的角度为 α，则磁相互作用能 E 增大，且 $E=K\alpha^2/2$，而且 K 越大，进动频率 ω 也越大。最简化的处理方式是，假定所有磁集团磁矩的频率一样，因此可以用爱因斯坦模型计算每一个磁集团的比热。

在没有长程磁有序的系统中，内磁场不会太大，而磁集团的质量较大，使磁集团磁矩进动的频率 ω 较小，相应的爱因斯坦温度较低，实验表明其往往低于 1 K。根据爱因斯坦模型的比热公式可得

$$c_{\mathrm{M}} = Nk_{\mathrm{B}}\left(\frac{T_{\mathrm{E}}}{T}\right)^2 \times \frac{\mathrm{e}^{\frac{T_{\mathrm{E}}}{T}}}{\left(\mathrm{e}^{\frac{T_{\mathrm{E}}}{T}}-1\right)^2} \tag{3-43}$$

当 $T>T_{\mathrm{E}}$，c_{M} 基本上等于常数 C。因此材料的总比热为

$$c_{\mathrm{V}} = C + \gamma T + \beta T^3 \tag{3-44}$$

式中，C 是磁集团的比热贡献，为常数，和磁集团的数目有关。实验发现此常数随材料的形变而加大，这反映了由于形变时位错增殖和运动，使大集团分裂为更多较小的集团，导致 c_{M} 加大。

3.1.1.4 反常比热

反常比热指晶格、电子和磁比热都不能包含的比热。反常比热往往出现在某一特定温区。本部分主要讨论两类重要的反常比热，即肖特基（Schottky）比热和合作现象引起的反常比热。肖特基比热源于微观粒子的基态能级在内场或外场作用下的分裂，因此其与粒子之间的相互作用无关。合作行为引起的比热源于粒子之间强相互作用在某一临界温度引起系统状态雪崩式的变化。

1. 肖特基比热

粒子总自旋 J，可能有 $2J+1$ 个取向，自由状态下这 $2J+1$ 个取向的能量是简并的。晶场中的粒子能级可以部分或全部去除简并，使能级分裂。晶场分裂以后的离子基态仍然与激发态相距甚远，一般在低温下离子不可能跳到激发态。

当处于绝对零度（$T=0$）时，所有粒子都在最低能态。当 $T>0$ 时，粒子有一定概率跃迁到基态能级较高能态上，因此升高温度时粒子吸收能量，对比热有贡献。当温度较高时，对基态能级分裂的宽度 ΔE（温度低于 1 K）来说，系统温度 $T \gg \Delta E / k_{\mathrm{B}}$，于是离子几乎等概率分布在分裂后具有微小能量差别的各能态上，这时温度的改变不影响离子的能级分布，系统不吸收能量，比热趋于零。可见由于基态能级分裂引起的比热贡献是两边小、中间突起，称之为肖特基比热[4]。

2. 合作现象引起的反常比热

考虑强关联体系，当一个系统中粒子之间相互作用很强，每个粒子的能量与周围粒子的状态都有关，因此粒子的能级就无从说起，更谈不上粒子在能级上的分布。对此类系统应考虑整个系统的能量，以及系统组态对能量的影响。

对上述系统加热，当接近某一临界温度时，粒子的热运动能与相互作用能势均力敌，系统组态很容易发生剧烈变化，从而引起某种相变。如铁磁体，磁矩之间有强相互作用，在低温下磁矩都整齐指向同一方向。在临界温度，由于热涨落，少数磁矩挣脱周围磁矩的束缚离开原方向而发生"动摇"。每个动摇的磁矩引起它周围磁矩作用力减弱，从而引起更多磁矩的动摇。当全部磁矩动摇后，系统各磁矩取向混乱，相变过程也就完成，这就是合作现象。除铁磁相变外，还有反铁磁相变、有序–无序相变、正常 He–超流 He 相变、正常态–超导态相变等都有合作效应。这种相变的比热曲线很像希腊字母 λ，也称为"λ-相变"。^{4}He 的相图如图 3-6 所示。

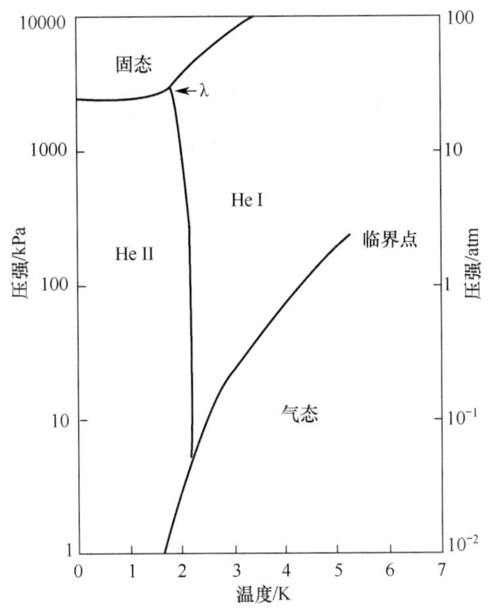

注：atm 为标准大气压，1 atm≈101 kPa，工程计算通常取 1 atm=100 kPa。

图 3-6　^{4}He 相图[9]

3.1.1.5　典型材料的低温比热

典型材料低温比热如图 3-7 和图 3-8 所示。当温度在室温至 100 K 附近时，多数材料比热随温度缓慢降低。当温度在 100 K 以下时，多数材料低温比热随温度急剧下降，且多数晶体材料以德拜 T^3 律下降，不同材料的比热差别能达到数个数量级。典型材料低温比热变化行为概括如下[8]：

（1）Fe、Cu、Al、Be 等纯金属材料，当温度在 10 K 以下时，比热与温度接近线性关系（电子比热主导）；当温度在 100 K 至 10 K 时，比热以德拜 T^3 律下降（声子比热主导）；当温度在 100 K 以上时，趋近与材料无关常数（杜隆–珀蒂定律）。

（2）不锈钢、铜合金等，由于自由电子贡献较小，因此它们不存在线性项，其他与纯金属类似。

（3）玻璃、高分子等非晶态材料低温比热以德拜 T^3 律下降，当温度在 1 K 以下时，由于非晶态低能激发导致附加准线性项。

（4）当超导材料在转变温度 T_c 发生二级相变时，发生比热跳跃。

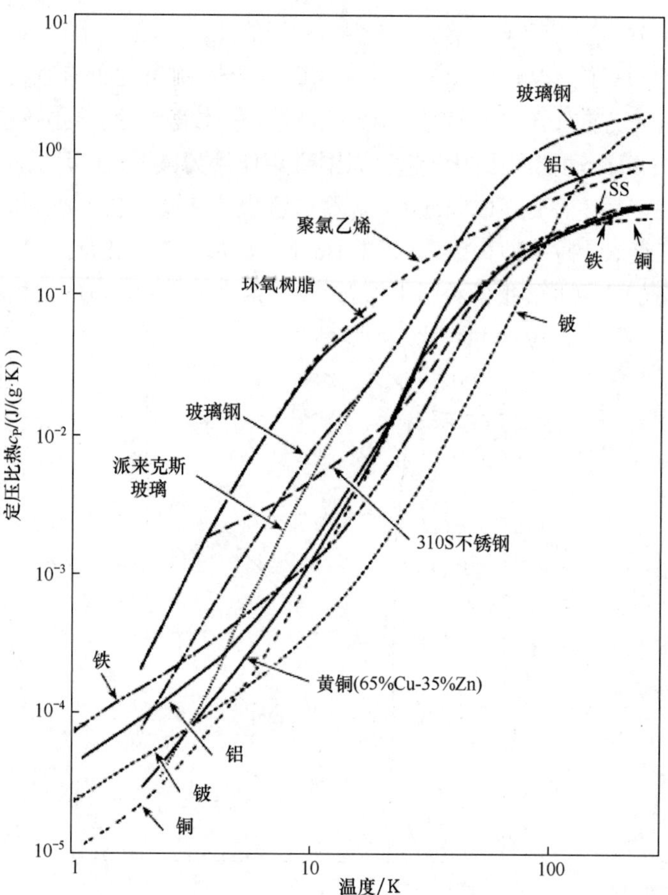

图 3-7　典型材料比热随温度（1～100 K）变化图[11]

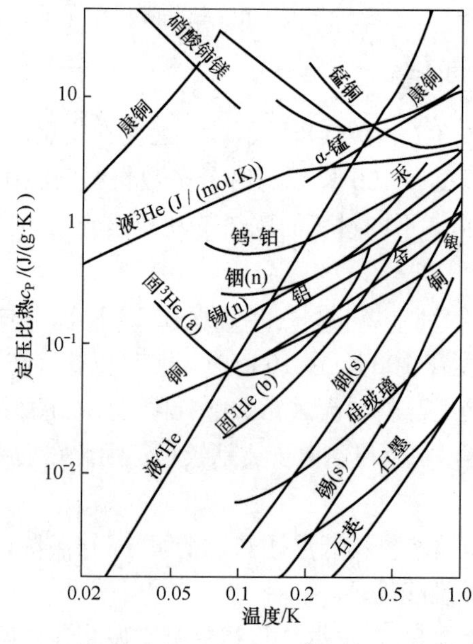

图 3-8　典型材料低温（1 K 以下）比热[3]

当温度在 4.2 K 以下时，多数材料的比热变得很小。此时 $\theta_D/T \approx 100$，$c_V \approx 2\times10^{-3}$ J/(mol · K)，比室温下小 10^4 量级。这在低温实验中具有重要意义。例如，比热的迅速减小使材料的热扩散率迅速增长，从而显著加快热平衡过程。在室温下需要数小时才能平衡的系统，在 4.2 K 温度下只需要几分钟即可实现，因此试验上室温附近控温需要自动化仪表，而低温下人工控制也可满足需要。在液氮温度以下，材料的焓值比液氦的汽化潜热（还需要加上部分显热）要小很多，因此在设计低温装置时对所用材料的重量限制不必过于苛刻。如果样品与液池或温度计之间的热接触不好，则少量的不稳定漏热就会在样品或温度计上造成大的温度起伏。由于 4.2 K 温度下比热和热导较小，塑性变形发热易导致试样局部温度升高，因此低温拉伸测量以及疲劳测量需要选择合适的应变速率。

高德拜温度、低低温比热材料可用于低温温度测量，而低德拜温度、高低温比热材料可用于制冷机蓄冷材料。非晶态玻璃、高分子材料及复合材料低温比热远大于金属材料。因此在低温系统设计时应避免使用这些材料。但在超导磁体的绝缘支撑以及需要低温高比强度的设计中，通常需要采用这些材料。

1．冷却物体吸热计算

使单位质量物体从室温 T_0 冷却到温度 T，物体吸收的冷量或冷源必须从物体带走的热量为

$$Q = \int_{T}^{T_0} c_P \mathrm{d}T = H(T_0) - H(T) \tag{3-45}$$

式中，$H(T_0)$和 $H(T)$分别为物体在温度 T_0 和 T 时的焓值。此冷量等于 c_P–T 曲线以下从 T 到 T_0 之间的面积。表 3-5 给出了部分材料的焓值。

表 3-5　典型材料的焓值[12]

材料	$H(T)-H(T_0)$　单位：kJ/kg							
	T=1 K	T=4 K	T=10 K	T=20 K	T=80 K	T=100 K	T=200 K	T=300 K
Cu	6×10^{-6}	0.00013	0.0024	0.034	0.61	6.02	10.6	42.4
Al	—	0.000463	0.0049	0.048	0.755	9.37	17.76	84.8
Pb	3×10^{-6}	0.0007	0.034	0.368	1.920	6.20	8.53	20.71
白锡	9×10^{-7}	0.000283	0.0190	0.251	1.75	7.55	11.18	31.7
In	6×10^{-6}	0.00099	0.0408	0.413	2.52	9.42	13.39	35.08
α-Fe	—	0.000742	0.00537	0.0316	0.31	3.84	7.56	39.2
Ni	—	0.00098	0.0071	0.041	0.413	4.56	8.63	40.82

结合典型材料的比热（见图 3-7 和图 3-8），可见将物体从室温冷却到液氦温度时，绝大多数热量是在室温到液氮温度之间取走的，例如对铜而言可达 93%，而且冷却到液氮温度以下再继续冷却也很容易了。这是低温实验中通常采用液氮预冷方法的物理原因。1 kg 不同固体材料冷却到低温液体正常沸点所需的低温液体量如表 3-6 所示。

2．磁制冷材料

磁性物质是由原子或具有磁矩的磁性离子组成的结晶体，具有一定的热运动或振动。

当无外加磁场时，磁性物质内磁矩的取向是无规则的，此时系统的熵较大。当磁性物质被磁化时，磁矩沿磁化方向择优取向，在等温条件下，该过程导致磁性物质熵减小，有序度增加，向外界放热。当磁场强度减弱，由于磁性原子或离子的热运动，其磁矩又趋于无序，在熵增和等温条件下，磁性材料从外界吸热，就能达到制冷的效果。此过程称为磁性材料的磁热（或磁卡）效应。

表 3-6　冷却 1 kg 固体到相应低温液体沸点所需低温液体量[12]　　单位：升

低温液体	^4He(4.2 K)		$p-H_2$(20 K)		N_2(77 K)
初始温度	300 K	77 K	300 K	77 K	300 K
Cu	31.2	2.1	2.5	0.17	0.46
Al	66.8	3.3	5.4	0.27	1.01
Pb	13.1	2.3	1.1	0.17	0.17
Sn	21.0	2.7	1.7	0.21	0.29
Nb	23.2	2.1	1.9	0.17	0.34
Ti	39.8	2.2	3.2	0.18	0.60
α-Fe	31.8	1.3	2.6	0.11	0.48
石英	45.6	2.1	3.7	0.17	0.69
聚四氟乙烯	65.9	4.5	5.3	0.35	0.97
n①	≈20	≈10	≈4	≈2	≈1.5

① 如果较充分地利用了显热，低温液体的消耗量可以减少为表中所列数值（只计汽化潜热）的 $1/n$，这里给出的 n 的近似值由 Cu、Al 和 Pb 等的焓值及低温液体的潜热、显热值计算得到。

磁制冷材料性能主要取决于磁有序化温度（磁相变点，如居里点 T_c、奈尔点 T_N 等），以及一定外加磁场变化下磁有序温度附近的磁卡效应（通常是磁场强度的函数）等。磁有序温度是指在高温冷却时，发生顺磁→铁磁、顺磁→亚铁磁等磁相变的转变温度。磁卡效应一般用一定外加磁场变化下的磁相变温度点的等温磁熵变 ΔS_M 或在该温度下绝热磁化时材料自身的温度变化 ΔT_{ad} 来表征。适合磁制冷的材料一般应具有低比热和高热导率，以保障磁性材料有明显的温度变化和快速地进行热交换。

目前发展的磁制冷材料依据的应用温度范围可分为 20 K 以下、20～77 K，以及 77 K 以上三个温区。20 K 以下温区用磁制冷材料包括 $Gd_3Ga_5O_{12}$（GGG）及 Er 基材料等，其已在生产 He II 流及氦液化前级制冷中获得实际应用。20～77 K 温区用磁制冷材料包括稀土元素单晶、多晶材料，如 RAl_2［R=镝（Dy）、钆（Gd）等］化合物等。77 K 以上温区由于温度高、晶格熵增大，顺磁材料已不适合，因而需要用铁磁材料，适用于该温区的磁制冷材料主要是稀土元素 Gd 化合物。

3. 蓄冷材料

用于低温系统蓄冷器的填料应具有较大的比热和比表面积，还要求具有足够的力学强度，耐磨损，经受长周期性剧烈的温度和压力交变流动下不破碎，以及较小的流动阻力等要求。

适用于不同温区、不同类型制冷机的蓄冷材料及形状不同。例如气体制冷机的蓄冷器一般采用细金属丝网、小金属球或颗粒，而低温制冷机要求具有更大的比表面积和比热的蓄冷材料。随温度降低，多数金属填料的比热急剧下降。在 40 K 以上温区蓄冷填料通常选用磷青铜或不锈钢，但不适合 20～30 K 温区。金属 Pb 可用于 15 K 以上温区蓄冷，但不适合更低温度。

在 15～4.2 K 蓄冷器主要采用具有反常磁比热的磁性蓄冷材料，如 Er_3Ni。20 世纪 90 年代，Er_3Ni 替代铅作为蓄冷材料促进了二级 GM 制冷机技术，使其极限制冷温度从 10 K 降至 4 K 甚至更低。随后，镧系元素及化合物如 Nd 和 $HoCu_2$ 也用于了 4 K 蓄冷。部分稀土元素化合物 2～22 K 温区的容积比热情况可参考文献[8]。近年来，还有研究利用铒（Er）和钬（Ho）的氮化物 ErN 和 HoN 作为 4 K 温区蓄冷材料。在 2～35 K 温区 ErN、HoN 和 $HoCu_2$ 等材料的低温比热如图 3-9 所示。制冷机用蓄冷材料在 1～15 K 温区的低温比热如图 3-10 所示。

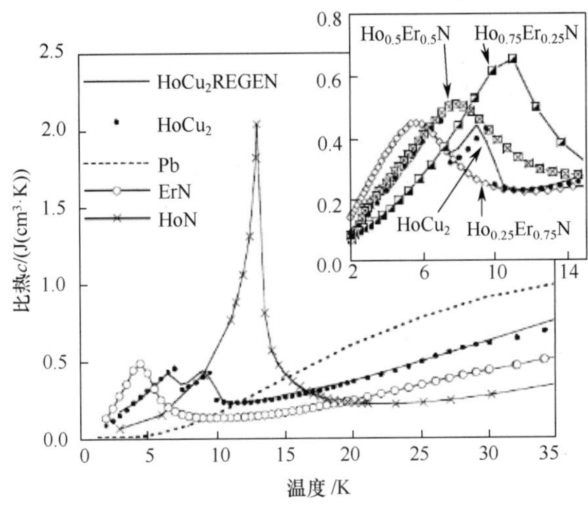

图 3-9　在 2～35 K 温区 ErN、HoN 和 $HoCu_2$ 等材料的低温比热[13]

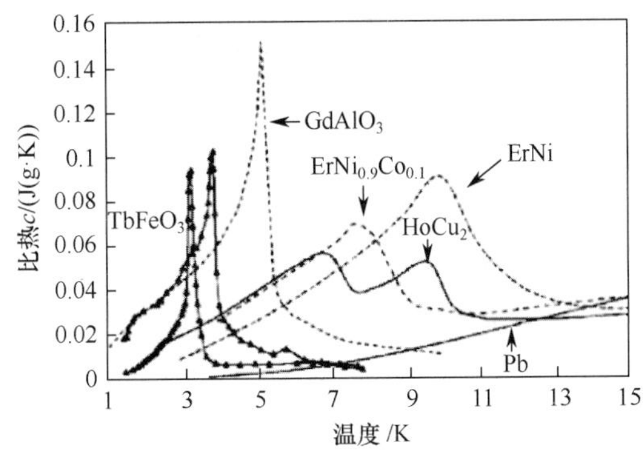

图 3-10　制冷机用蓄冷材料在 1～15 K 温区的低温比热[3]

3.1.2　热导率

由傅里叶定律可知，材料的热导率 λ 为（有时也用 κ 表示）

$$\lambda = -\frac{\boldsymbol{\varphi}}{\nabla T} \tag{3-46}$$

式中，$\boldsymbol{\varphi}$ 为热流密度矢量，方向与传热方向一致，即单位时间内通过垂直于传热方向的单位截面积所传导的热量；∇T 为该处的温度梯度；负号表示传热方向与温度梯度方向相反，即由高温到低温。热导率 λ 的单位为 W/(m · K)。

材料的热导率 λ 为温度的函数。对于长度 l 的粗细均匀的均质棒状固体，若两端的温度分别为 T_1 和 T_2（$T_2 > T_1$），如图 3-11 所示，则在稳定情况下热流 Φ（单位 W）为与空间函数无关的常数，且有

$$\Phi = \frac{A}{l}\int_{T_1}^{T_2} \lambda(T)\mathrm{d}T \tag{3-47}$$

式中，A 为截面积，单位为 m^2；l 为棒长度，单位为 m。式（3-47）也是稳态法材料热导率测量的依据。此外，由上式可知，通过选用具有低热导率 $\lambda(T)$ 的材料、减小结构截面积 A、提高结构长度 l 和降低 T_2 都可以降低漏热。

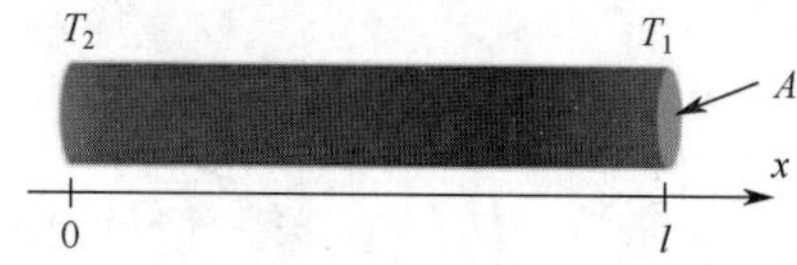

图 3-11　一维传热示意图

材料的热导率与载流子输运性质有关，即热导率是各载流子贡献之和，即

$$\lambda = \sum_{\alpha} \lambda_{\alpha} \tag{3-48}$$

式中，α 代表激发，可为电子（或空穴）、声子、电磁波、自旋波等。这些载流子输运会被其他载流子、晶格缺陷、杂质等散射，因此热导率还可为

$$\lambda = \frac{1}{3}\frac{c}{V_{\mathrm{m}}} v l \tag{3-49}$$

式中，c 为载流子比热，v 为载流子速度，V_{m} 为摩尔体积，l 为载流子平均自由程。在低温下，载流子速度可近似认为不依赖于温度，因此热导率主要依赖于载流子平均自由程。影响载流子输运的散射过程主要包括声子–声子、晶格缺陷、电子–声子、电子缺陷、点缺陷以及电子–电子相互作用。由于热传导过程被各种机制的散射所限制，且通常可以近似认为这些散射过程是彼此独立的，因此可以分别计算后求和得到热导率。

对于纯金属材料，热导率包括电子热导率和声子热导率两部分。实验表明，纯金属材料的电子热导率远大于声子热导率。对于一般合金材料，由于不同元素原子的大量出现会使电子热导率贡献显著减少，因此需要同时考虑电子热导率和声子热导率。对绝缘体，热导率则主要取决于声子贡献。

我们定义热阻为热导率之倒数，即 $W=1/\lambda$ 。

3.1.2.1　电子热导率和声子热导率

1．声子热导率

对于声子贡献的热导率，当 $T < \theta_{\mathrm{D}}/10$ 时，晶格热导率可表示为

$$\lambda_{\mathrm{p}} = \frac{1}{3}\frac{c_{\mathrm{P}}}{V_{\mathrm{m}}} v_{\mathrm{p}} l_{\mathrm{p}} \propto T^3 l_{\mathrm{p}}(T) \tag{3-50}$$

当 $\theta_{\mathrm{D}}/30 < T < \theta_{\mathrm{D}}/10$ 时，声子—声子相互作用起主要作用，且由于温度升高引起的声子数增加而导致声子自由程降低。因此，此温度范围内材料热导随温度升高而降低。当 $T < \theta_{\mathrm{D}}/30$ 时，声子数较少，声子散射主要源于晶格缺陷和晶界，且后者起主导作用，这是由于低温下对导热率起主要作用的声子波长大于晶格缺陷的尺寸。这导致声子自由程基本与温度无关，因此，此温区热导率对温度关系与比热相同，即

$$\lambda_{\mathrm{p}} \propto c_{\mathrm{P}} \propto T^3 \tag{3-51}$$

需要注意的是，由于热导率源于材料的输运特性，即电子、声子输运，因此热导受材料缺陷等因素影响较大。

对于非晶材料、玻璃及高分子材料，隧道效应对声子散射也有影响。这导致这些材料低温声子热导率有

$$\lambda_{\mathrm{p}} \propto T^2 \tag{3-52}$$

且在 2～20 K 温区通常存在一平台。

图 3-12 给出了几种电介质材料低温热导率。一些材料的低温（T> 2 K）热导率如图 3-13 所示。

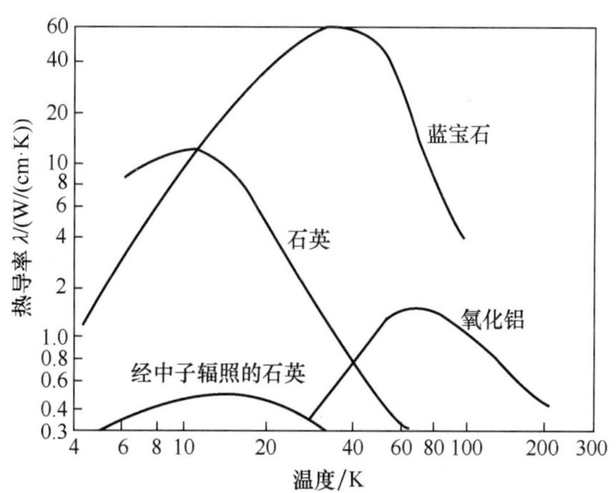

图 3-12　几种电介质材料低温热导率[3]

2. 电子热导率

电子热导率 λ_{e} 和电导率 σ 之间的关系，可由维德曼–弗兰兹定律（Wiedemann-Franz law）给出

$$L_0 = \frac{\lambda_{\mathrm{e}}}{\sigma T} = \frac{\rho}{W_{\mathrm{e}} T} \tag{3-53}$$

式中，σ 为电导率；ρ 为电阻率；L_0 为自由电子洛伦兹数（Lorentz number），值为 $2.4453\times10^{-8}\ \mathrm{W\cdot\Omega/K^2}$。式（3-53）中出现温度 T，是由于自由电子所输运的电量与温度无关，但自由电子所输运的热量会随温度变化。由式（3-53）表明，金属材料具有相同的电子热导率与电导率之比值，且此值正比于绝对温度。

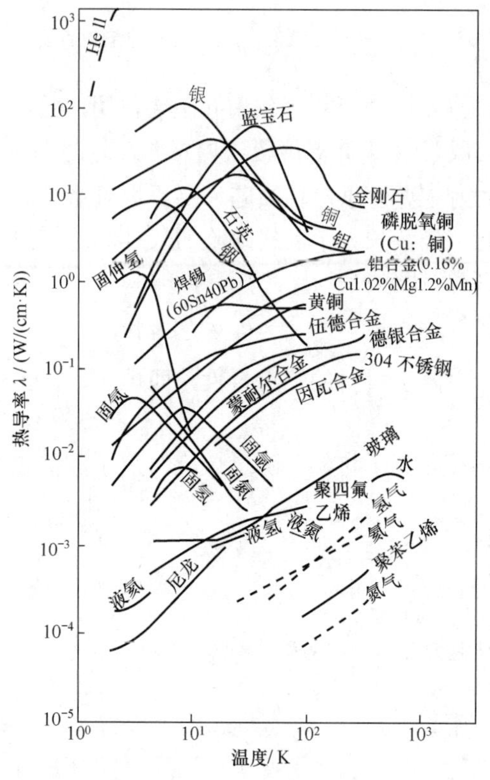

图 3-13　一些材料 $T>2$ K 热导率的变化行为[3]

维德曼–弗兰兹定律在杂质散射为主的低温区以及在声子散射为主的高温区是成立的，但在中间温区则不太准确。在低温下（$T \ll \theta_D$），由于 $\rho=\rho_r$ 为常数，其中，ρ_r 为杂质引起的电阻率（剩余电阻），因此 $W_e \approx W_{ei} \propto T^{-1}$，其中，$W_{ei}$ 为杂质贡献项，即有 $\lambda_e \propto T$。在高温下（$T \gg \theta_D$），$\rho \approx \rho_l \propto T$，$W_e \approx W_{ep}$，其中，$\rho_l$ 为晶格振动（声子）引起的电阻率，W_e 是常数，W_{ep} 是声子贡献项。

实验方面，低温下材料的热导测量非常困难。相对而言，低温下材料电导率测量则容易得多。因此满足条件下可以通过测量低温电导率和利用维德曼–弗兰兹定律得到材料的热导率。

一些固体材料的低温热导率见表 3-7。

表 3-7　几种固体材料的低温热导率[14]　　单位：W/(m·K)

温度/K	材料						
	5083	OFHC(RRR=100)	Ti-6Al-4V	718	9% Ni	316	聚四氟乙烯
4	3.295	642.3	—	0.4624	0.6256	0.2724	0.04599
6	4.982	931.7	—	0.8644	0.9814	0.4653	0.06624
8	6.685	1239	—	1.199	1.349	0.6770	0.08244
10	8.427	1540	—	1.519	1.716	0.9039	0.09545
12	10.19	1814	—	1.832	2.080	1.143	0.1066
14	11.97	2045	—	2.136	2.443	1.391	0.1166
16	13.73	2226	—	2.426	2.804	1.647	0.1258

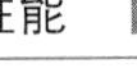

（续表）

温度/K	材　料						
	5083	OFHC(RRR=100)	Ti-6Al-4V	718	9% Ni	316	聚四氟乙烯
18	15.48	2352	—	2.699	3.163	1.906	0.1343
20	17.21	2423	0.8426	2.956	3.521	2.169	0.1422
30	25.43	2143	1.656	3.998	5.293	3.469	0.1738
40	32.89	1485	1.905	4.744	7.022	4.670	0.1953
50	39.66	1005	2.411	5.316	8.688	5.730	0.2099
60	45.85	741.2	2.917	5.784	10.28	6.647	0.2203
70	51.55	603.6	3.291	6.182	11.79	7.435	0.2280
80	56.81	529.3	3.531	6.532	13.21	8.114	0.2341
90	61.71	487.0	3.685	6.842	14.55	8.705	0.2391
100	66.26	461.5	3.804	7.119	15.81	9.224	0.2434
120	74.52	434.8	4.061	7.587	18.09	10.10	0.2505
140	81.80	422.1	4.412	7.962	20.07	10.83	0.2562
160	88.26	415.0	4.846	8.264	21.77	11.48	0.2608
180	94.04	410.3	5.311	8.510	23.23	12.07	0.2644
200	99.24	407.0	5.750	8.720	24.46	12.63	0.2672
220	104.0	404.2	6.129	8.912	25.49	13.18	0.2692
240	108.3	401.9	6.447	9.101	26.32	13.71	0.2705
260	112.2	399.9	6.740	9.301	26.98	14.25	0.2715
280	115.9	398.0	7.075	9.528	27.48	14.78	0.2722
300	119.3	396.3	7.555	9.793	27.83	15.31	0.2728

对于低温液体，其热导率通常较低，且热导率通常随温度降低而降低。例外的是超流氦，相对于各自正常态，无论超流 ^{4}He 还是超流 ^{3}He 都具有较大的热导率。1 个大气压下几种低温液体的热导率见表 3-8。

表 3-8　1 个大气压下几种液体的热导率[15]

物　质	温度/K	热导率 λ/(W/(m · K))
O_2	90	0.152
N_2	77	0.14
H_2	20	0.072
He	4.2	0.019

对低温气体，气体分子传热与气体压力和分子平均自由程相关，而气体分子平均自由程与温度相关。气体分子平均自由程为

$$l = \frac{RT}{\sqrt{2}\pi d^2 N_A p} \tag{3-54}$$

式中，R 为理想气体常数，值为 8.31 J/(mol · K)；N_A 为阿伏伽德罗常数（Avogadro’s number），值为 $6.02\times10^{23}\text{mol}^{-1}$，$d$ 为气体分子直径，p 为气体压力。

当两板间距 L 远小于气体分子平均自由程，即 $L \ll l$，称之为自由分子区；而当 $l \ll L$，称之为流体动力区。

当气体压力 p 很低，气体传热主要与残余气体压力有关，而与距离 L 无关，即为自由分子区。此时，气体传热可用 Kennard 定律表示，即

$$Q = A\alpha\left(\frac{\gamma+1}{\gamma+1}\right)\sqrt{\frac{R}{8\pi M}}\frac{\Delta T}{\sqrt{T}}p$$

$$\gamma = \frac{c_{\mathrm{P}}}{c_{\mathrm{V}}} \tag{3-55}$$

式中，M 为分子摩尔质量；A 为热流面积；α 为与气体相关的系数，表征气体与壁之间的热平衡度。对 He，$\alpha \leqslant 0.5$；对 Ar 和 N_2，$\alpha \approx 0.78$。

在流体动力区，残余气体压力较高，气体传热与压力无关，其传热行为可用傅里叶定律（Fourier law）描述。常压下几种气体热导率见表 3-9。

表 3-9　常压下几种气体的热导率[15]　　单位：mW/(m · K)

温度/K	He	H_2	N_2
300	150.7	176.9	25.8
77	62.4	51.6	7.23
20	25.9	15.7	—
5	9.7	—	—

3.1.2.2　平均热导率和积分热导率

在实际应用中，初始温度 T_1 和目标温度 T_2 往往是几个比较固定的温度，如 300 K、77 K 和 4.2 K 等。为方便计算，这里引入平均热导率的概念，定义平均热导率 $\overline{\lambda}$ 为

$$\overline{\lambda} = \frac{\int_{T_1}^{T_2} \lambda(T)\mathrm{d}T}{T_2 - T_1} \tag{3-56}$$

且有

$$\Phi = \overline{\lambda}\frac{A}{l}(T_2 - T_1) \tag{3-57}$$

式（3-57）是估算固体传热常用的公式。几种材料的平均热导率见表 3-10。

表 3-10　几种材料的平均热导率[12]　　单位：W/(m · K)

材 料 名 称	平均热导率 $\overline{\lambda}$（初始温度 T_1～目标温度 T_2）				
	0.1～1 K	1～4 K	4～77 K	77～300 K	4～300 K
铜（无氧磷铜）	1	5	80	190	160
铜（电解）	40	200	980	410	570
不锈钢（304）	0.06	0.2	4.5	12.3	10.3
黄铜（70/30）	0.35	1.7	26	81	67

（续表）

材料名称	平均热导率 $\bar{\lambda}$（初始温度 T_1～目标温度 T_2）				
	0.1～1 K	1～4 K	4～77 K	77～300 K	4～300 K
派来克斯玻璃	0.006	0.06	0.25	0.82	0.68
尼龙	0.001	0.006	0.17	0.31	0.27
玻璃、陶瓷	0.004	0.03	1.3	2	1.6

材料的热导率随温度变化。为方便计算，还常引入积分热导率的概念。积分热导率定义为温度 T_1 和温度 T_2 之间热导率的积分，即

$$I(T_1,T_2)=\int_{T_1}^{T_2}\lambda(T)\mathrm{d}T \tag{3-58}$$

积分热导率的单位为 W/m。

一些材料的低温积分热导率见表 3-11。

表 3-11　一些材料的低温积分热导率[8]　　单位：W/m

材　料	积分热导率 *I*								
	I×4 K	*I*×10 K	*I*×20 K	*I*×30 K	*I*×77 K	*I*×100 K	*I*×150 K	*I*×200 K	*I*×300 K
5083	6.6	41.7	168.7	378.7	1905	3417.5	7192.5	11792.5	22642.5
Al（99.994%）	3400	19600	59600	95100	—	—	—	—	—
黄铜（68/32）	6	45	205	465	1980.5	—	—	—	—
Cu（99.999%）	2200	13300	43300	72800	—	—	—	—	—
无氧高导铜（RRR①=100）	1260	7770	27620	49520	60559	73121.5	95096.5	115721.5	155921.5
Inconel 718	0.92	6.8	29.3	63.8	245.95	414.7	794.7	1214.7	2134.7
因瓦合金	0.48	3.39	15.54	35.04	152.6	282.6	627.6	1067.6	2167.6
锰铜（Cu84%Mn）	1	8.5	38.5	88.8	382	632	1382	2382	4382

① 金属剩余电导率（Residual Resistance Ratio，RRR）。

积分热导率的重要应用还包括确定热损耗和室温至考察温度的热截留。

考虑通过长度为 l，截面积为 A，热导率为 $\lambda(T)$ 的支撑结构从温度 T_2 向温度 T_1（$T_2>T_1$）传输的热量，即热损耗为

$$\Phi=\frac{A}{l}\int_{T_1}^{T_2}\lambda(T)\mathrm{d}T=\frac{A}{l}I(T_1,T_2) \tag{3-59}$$

例如，由通过 3 根直径为 10 mm，长度 l 为 1 m 的奥氏体不锈钢支撑结构［I(4.2 K, 295 K)= 3070 W/m］从室温到液氦温度传输的热流为 0.7 W，如图 3-14（a）所示。这将导致液氦的蒸发率为 1 l/h。如将不锈钢柱换成相同规格的铜［RRR=20，I(4.2 K, 295 K)= 126000 W/m］，则热损耗约为 20 W；而换成 G-10 玻璃钢［I(4.2 K, 295 K)=167 W/m］，则热损耗约为 2.6×10^{-2} W。

为减少通过支撑结构向液氦的热输运，常采用中间温度的热截留技术。可采用液氮冷却的热沉，也可采用与制冷机的一级冷头连接的热沉。考虑通过 3 根直径为 10 mm，长度

l 为 0.75 m 的奥氏体不锈钢支撑结构［I(4 K, 77 K)=325 W/m］从 77 K 热沉到液氦传输的热流仅为 0.1 W，如图 3.1-14（b）所示。热截留后液氦的消耗量仅为原来的 1/7。

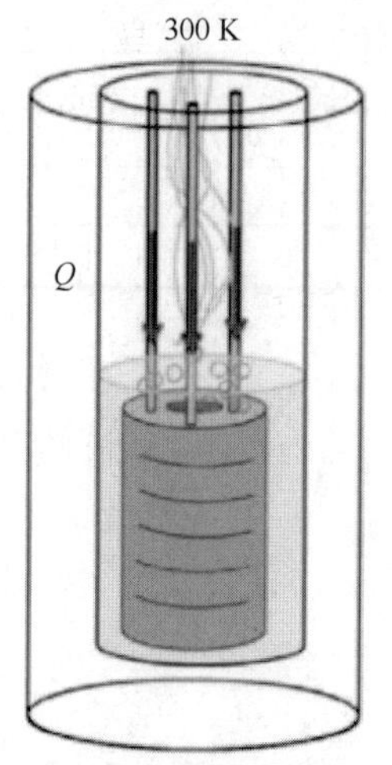

(a) 支撑结构从室温直接至液氦示意图

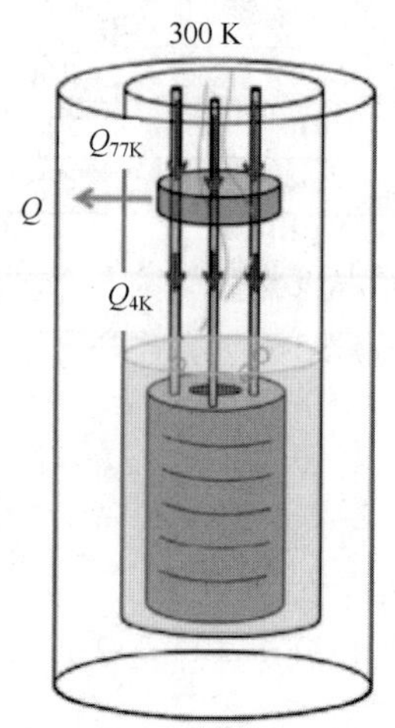

(b) 采用77 K热截留示意图

图 3-14　热截留示意图[15]

金、铜、蓝宝石以及石英晶体等具有高热导率，常用于低温系统中需要传热性能较好的部件。不锈钢、玻璃钢、胶木、树脂、尼龙和棉线等低温传热性能较差。

3.1.3　热扩散系数

考虑在一维情况下瞬态传热，由能量守恒方程和热扩散方程有

$$\frac{\partial T}{\partial t}=\frac{\lambda}{c\rho}\frac{\partial^2 y}{\partial x^2}+Q^* \tag{3-60}$$

当内部无热量产生（$Q^*=0$）时，均匀、各向同性材料的热扩散系数或热扩散率定义为

$$D=\frac{\lambda}{c\rho} \tag{3-61}$$

式中，λ 为热导率，c 为比热，ρ 为密度。热扩散系数 D 单位为 m^2/s。由式（3-61）可知，若材料具有低热导率和高比热，则具有低扩散系数。

热扩散系数为表征材料热量扩散能力的物理量，即表征材料由初始温度分布到不可逆均匀温度的时间快慢的量度。可求得特征时间 τ 为

$$\tau\approx\frac{4}{\pi^2}\frac{l^2}{D} \tag{3-62}$$

式中，l 为材料的长度。特征时间 τ 为瞬时温度达到最终温度的 2/3 所需时间。瞬时温度达到最终温度的 95%所需的时间约为 3τ。特征时间 τ 与物体长度 l 和扩散系数 D 相关。扩散系数越大，由初始温度到不可逆均匀温度的特征时间越短。

当温度降低时，多数材料的热导率和比热都会降低。然而，材料的比热降低的幅度通常远大于热导率降低的幅度。因此，材料的热扩散系数会随温度降低而显著增加，如图 3-15 和表 3-12 所示。注意奥氏体不锈钢具有相对较低的低温热扩散系数。

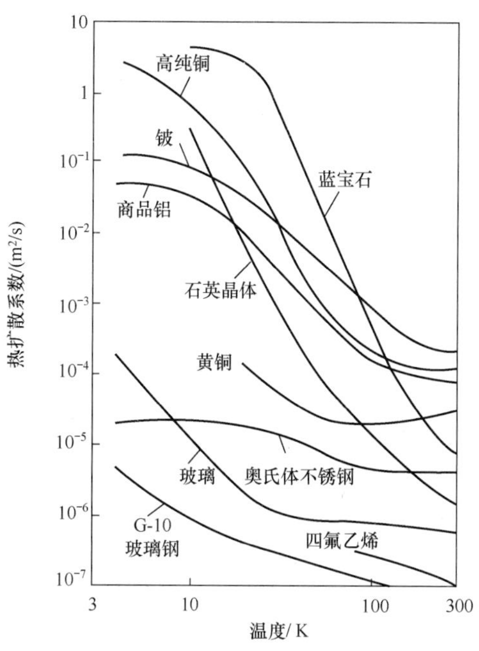

图 3-15　一些材料的热扩散系数随温度的变化行为[11]

表 3-12　几种材料的低温热扩散系数[16]　　单位：m^2/s

温度/K	材料						
	6061 铝合金	Cu(RRR=100)	9% Ni 钢	304 不锈钢	聚四氟乙烯	派来克斯玻璃	G-10 玻璃钢
20	1174×10^{-6}	35700×10^{-6}	—	20.0×10^{-6}	0.79×10^{-6}	2.00×10^{-6}	1.70×10^{-6}
30	449×10^{-6}	8950×10^{-6}	—	14.1×10^{-6}	0.60×10^{-6}	0.931×10^{-6}	1.21×10^{-6}
40	233×10^{-6}	2840×10^{-6}	—	9.86×10^{-6}	0.51×10^{-6}	0.539×10^{-6}	0.967×10^{-6}
50	153×10^{-6}	1150×10^{-6}	—	7.42×10^{-6}	0.44×10^{-6}	0.304×10^{-6}	0.819×10^{-6}
60	116×10^{-6}	685×10^{-6}	14.3×10^{-6}	5.96×10^{-6}	0.39×10^{-6}	0.261×10^{-6}	0.713×10^{-6}
70	96.4×10^{-6}	421×10^{-6}	12.0×10^{-6}	5.17×10^{-6}	0.35×10^{-6}	0.238×10^{-6}	0.640×10^{-6}
80	84.9×10^{-6}	295×10^{-6}	10.3×10^{-6}	4.72×10^{-6}	0.32×10^{-6}	0.224×10^{-6}	0.583×10^{-6}
90	77.7×10^{-6}	242×10^{-6}	9.36×10^{-6}	4.42×10^{-6}	0.295×10^{-6}	0.215×10^{-6}	0.537×10^{-6}
100	72.7×10^{-6}	200×10^{-6}	8.87×10^{-6}	4.20×10^{-6}	0.272×10^{-6}	0.208×10^{-6}	0.501×10^{-6}
120	67.4×10^{-6}	168×10^{-6}	8.45×10^{-6}	4.11×10^{-6}	0.236×10^{-6}	0.210×10^{-6}	0.446×10^{-6}
140	63.6×10^{-6}	150×10^{-6}	8.15×10^{-6}	4.05×10^{-6}	0.209×10^{-6}	0.212×10^{-6}	0.407×10^{-6}
160	61.5×10^{-6}	139×10^{-6}	7.98×10^{-6}	3.99×10^{-6}	0.189×10^{-6}	0.214×10^{-6}	0.380×10^{-6}
180	60.7×10^{-6}	132×10^{-6}	7.88×10^{-6}	3.95×10^{-6}	0.172×10^{-6}	0.216×10^{-6}	0.359×10^{-6}
200	60.0×10^{-6}	126×10^{-6}	7.80×10^{-6}	3.90×10^{-6}	0.158×10^{-6}	0.218×10^{-6}	0.343×10^{-6}
250	60.7×10^{-6}	117×10^{-6}	7.74×10^{-6}	3.90×10^{-6}	0.134×10^{-6}	0.227×10^{-6}	0.321×10^{-6}
300	60.7×10^{-6}	114×10^{-6}	7.74×10^{-6}	3.91×10^{-6}	0.121×10^{-6}	0.243×10^{-6}	0.312×10^{-6}
350	64.6×10^{-6}	119×10^{-6}	—	3.98×10^{-6}	0.129×10^{-6}	0.258×10^{-6}	0.312×10^{-6}

3.1.4　接触热阻

当两个物体表面互相接触时，固体对固体的接触很难达到理想状态。实际的接触仅发生在一些离散点或微小面积上，其余的间隙部分可能是真空或者其他介质（空气等）。由于间隙介质的热导率和固体导热通常相差较大，因而引起接触面附近热流发生变化，形成接触换热的附加阻力，即接触热阻。接触热阻的倒数即为接触热导。接触热阻有时也称为界面热阻或连接热阻。

接触热导 h 数学上定义为由于非理想接触引起的热流密度与温差的比值，即

$$h=\frac{Q/A}{\Delta T} \tag{3 63}$$

式中，Q 为总热流，而 A 为名义接触面积。相应地，接触热阻为接触热导的倒数，即

$$R=\frac{A\Delta T}{Q} \tag{3-64}$$

接触热阻在传热学中称为阻抗。

对于接触热阻的产生机理，传统的观点认为由于两固体接触是非理想的，如图 3-16（a）所示，即接触表面的实际有效接触面积只占到名义接触面积的 0.01%～0.1%。即使通过施加压力，也难以实现理想接触。如两界面接触压力达到 10 MPa，实际接触面积也仅占名义接触面积的 1%～2%。非理想接触会引起热流的收缩，如图 3-16（b）所示，从而产生接触热阻，并导致温度不连续，如图 3-16（c）所示。接触热阻不仅与材料特性有关，还与界面状态密切相关。

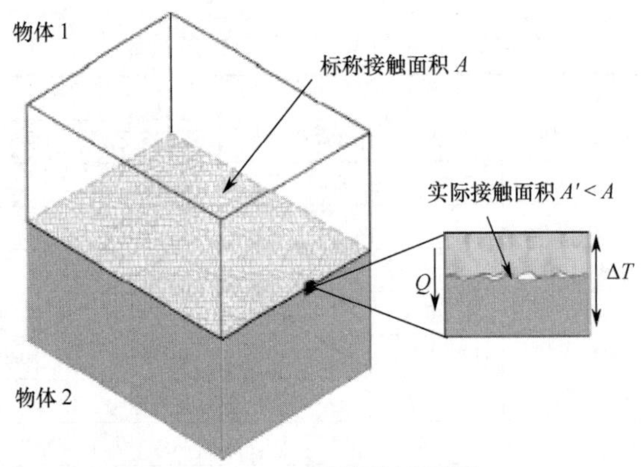

(a) 两固体接触示意图

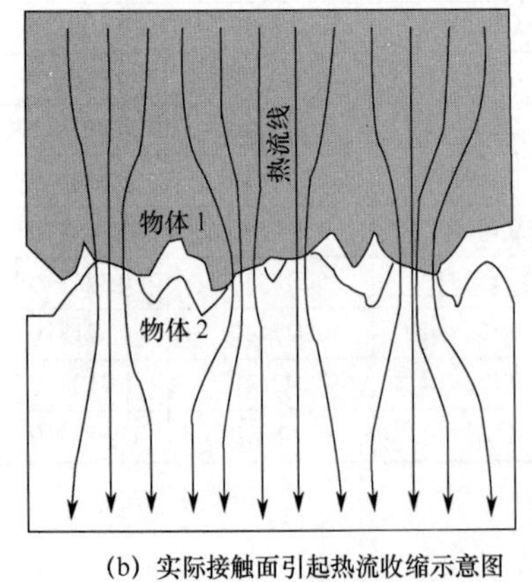

(b) 实际接触面引起热流收缩示意图

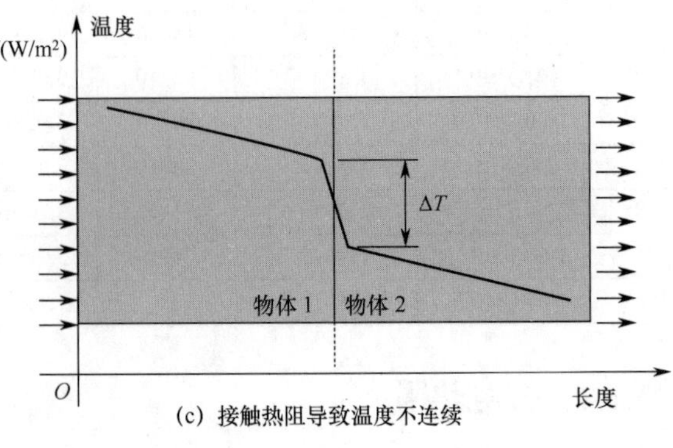

(c) 接触热阻导致温度不连续

图 3-16　固体接触及其对热流和温度的影响[3]

对接触热阻的研究，不仅要考虑其表观的宏观特性，更要从微观角度考虑传热过程中的微尺度效应和电子、声子散射机理。

由于超流氦具有极高低温热导率，因此当有热流通过固体表面和超流氦（He II）之间时，理论上温度应连续变化。1941 年，卡皮查（Kapitza）发现事实并非如此，即当热流通过固体（青铜）和 He II 的界面时，温度在界面上存在一个突变，即界面上给出了一个附加的热阻，这就是卡皮查热阻。后来，人们把固体和 He II、固体和液 ^{3}He、^{3}He 和 ^{4}He 的混合液、金属–电介质以及电介质之间低温下界面热阻也都称为卡皮查热阻。卡皮查热阻通常是指液氦温度以下（小于 4 K）发生的界面热阻现象。

1952 年，哈拉特尼科夫（Khalatnikov）提出了声子失配模型（Acoustic Mismatch Model，AMM），对卡皮查热阻现象进行了解释。1955 年，Mazo 和 Onsager 对此模型进行了完善。基于此模型，可以计算通过界面声子输运的比例。如图 3-17 所示，考虑声子自液氦至固体的输运过程，由折射定律有

$$\frac{\sin\alpha_1}{\sin\alpha_s}=\frac{v_1}{v_s} \tag{3-65}$$

式中，v_1 和 v_s 分别为液氦和固体中的声速。发生全反射的临界条件为

$$\alpha_{1,cr}=\arcsin\left(\frac{v_1}{v_s}\right) \tag{3-66}$$

在液氦中，声速为 v_1=238 m/s；在典型固体中，声速为 $v_s=3\times10^3$ m/s，则发生全反射的临界角度为 $\alpha_{1,cr}\approx4°$。因此，液氦中通过液氦–固体界面进入固体的声子比率为

$$f=\frac{1}{2}\sin^2\alpha_{1,cr}=\frac{1}{2}\left(\frac{v_1}{v_s}\right)^2 \tag{3-67}$$

对于前述固体，可得此比率< 10^{-2}。因此声子透射率 t 很小，可认为只有垂直于界面的声子发生透射。此时，透射率 t 为

$$t=\frac{4Z_1Z_s}{(Z_1+Z_s)^2}\approx\frac{4Z_1}{Z_s}=\frac{4\rho_1v_1}{\rho_sv_s} \tag{3-68}$$

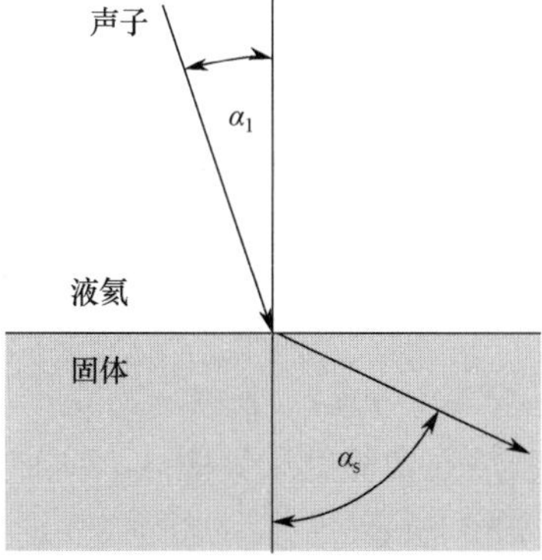

图 3-17 液氦–固体界面声子输运示意图[17]

式中，Z_l 和 Z_s 分别为液氦和固体中的声阻抗，ρ_l 和 ρ_s 分别为液氦和固体的密度。根据式（3-68）可得，液氦–铜界面声子透射率为 $t \approx 10^{-3}$。

由式（3-65）和式（3-66）可知，实际通过液氦–固体界面输运的声子比例为

$$f_t = \frac{2\rho_l v_l^3}{\rho_s v_s^3} \tag{3-69}$$

对液氦–铜界面，此比例小于 10^{-5}，而通过界面的热流为

$$\dot{Q} = \frac{1}{2}(f_t) u v_l A = \frac{4\pi^5 k_B^4 \rho_l v_l}{15h^3 \rho_s v_s^3} A T^4 \tag{3-70}$$

式中，

$$u = \frac{U}{V} = \frac{4\pi^5 k_B^4}{15h^3 v_l^3} T^4 \tag{3-71}$$

为液氦中纵波能量密度，A 为接触面积，k_B 为玻尔兹曼常数。当热平衡时，可认为界面两侧热流大小相同，但方向相反，因此净热流为零。当液氦温度高于固体温度时，产生热流。假定二者温差 ΔT 较小，即远小于液氦温度 T_l，通过界面的热流 $\dot{q}$ 为

$$\dot{q} = \frac{d\dot{Q}}{dT} \Delta T = \frac{16\pi^5 k_B^4 \rho_l v_l}{15h^3 \rho_s v_s^3} A T^3 \Delta T \tag{3-72}$$

由此得到卡皮查热阻 R_K 为

$$R_K = \frac{A\Delta T}{\dot{q}} = \frac{15h^3 \rho_s v_s^3}{16\pi^5 k_B^4 \rho_l v_l} \frac{1}{T^3} \tag{3-73}$$

也就是说，卡皮查热阻与 T^3 成反比。实验发现，20～100 mK 温区与式（3-73）符合较好，但在 10 mK 以下，符合较差[3, 10, 17]。这表明，AMM 理论存在不足。AMM 理论只考虑了晶格振动的波动性，但没有考虑其粒子性。因此，AMM 主要适用于 30 K 以下且长波声子起主导作用的热输运。实验发现，对液态 ^3He 和金属接触，卡皮查热阻与温度关系为 T^{-1}，而对 $^3He/^4He$ 混合液和金属接触，卡皮查热阻与温度关系则为 T^{-2}。

对于金属–金属接触，还应考虑自由电子对热输运的贡献。

在固体中的声速与材料的德拜温度成正比，因此接触热阻与材料的德拜温度也有关系。

卡皮查热阻理论模型和计算比较复杂。因此常采用一些简化的模型和实验结果，如对固体与固体接触，施加压力提高接触热导（降低接触热阻），即有

$$h \approx \alpha p^n \tag{3-74}$$

式中，h 为接触热导，α 为经验常数，$n \approx 1$，p 为压力。

低温下一些固体材料间接触热导实验结果如图 3-18（a）所示。极低温（<1 K）下液氦与固体的接触热阻如图 3-18（b）所示。

低温电子学等领域尤其需要考虑接触热导问题。

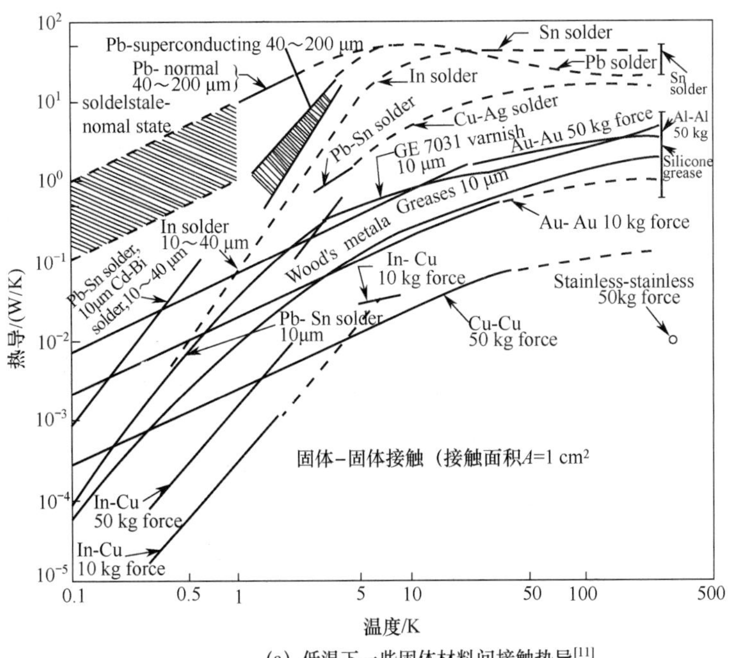

(a) 低温下一些固体材料间接触热导[11]

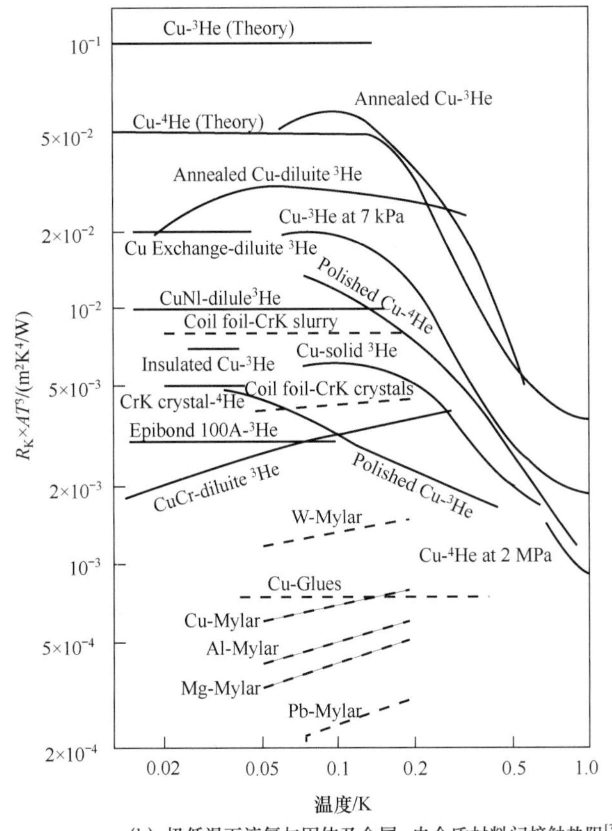

(b) 极低温下液氦与固体及金属–电介质材料间接触热阻[3]

图 3-18 低温下一些固体–固体和液氦–固体间接触热阻

3.1.5 热发射率

任何物体都会吸收、反射和发射电磁波，而物体由于具有温度而辐射电磁波的现象，通常称为热辐射。电磁波范围较广，而对热辐射有实际意义的辐射波长仅在 0.1～100 μm 之间。

材料的表面发射率是表征材料热物性的重要物理量之一。热发射率是指物体的辐射能力与相同温度下黑体的辐射能力之比，有时也称发射率、辐射率或比辐射率等。

热发射率是温度和发射光谱波长的函数。按波长范围划分，物体的热发射率可分为单色光谱和全波长热发射率。按照发射方向分类，热发射率可分为方向热发射率、法向热发射率和半球热发射率。半球热发射率也称为半球积分热发射率，描述物体全波长范围内向半球空间内辐射能量与相同条件下黑体辐射能量的比值。热发射率数值越接近 1，表明物体的辐射能力越接近黑体。在与辐射表面法线方向成 θ 角的小立体角内的热发射率称为方向热发射率。法向热发射率是指辐射表面法向方向的热发射率，也可以认为是方向热发射率的特例，即 θ 角为零的热发射率。

黑体的辐射功率与温度之间的定量关系由斯忒藩–玻尔兹曼定律（Stefan-Boltzmann law）描述，即

$$M_{\mathrm{b}} = \sigma T^4 \tag{3-75}$$

式中，M_{b} 为黑体的全波长辐射功率，单位为 $\mathrm{W/m^2}$；σ 为斯忒藩–玻尔兹曼常数，$\sigma=5.67032\times10^{-8}$ $\mathrm{W/(m^2 \cdot K^4)}$。实际物体的辐射功率为

$$M_{\mathrm{b}} = \varepsilon \sigma T^4 \tag{3-76}$$

式中，ε 为实际物体的发射率，为 0 到 1 间的数值。

在一定温度下，绝对黑体的温度与辐射本领最大值相对应的波长的乘积为一常数，即

$$\lambda_{\max} T = 2897.8\ \mu\mathrm{m} \cdot \mathrm{K} \tag{3-77}$$

这就是维恩位移定律（Wien's displacement law）。由此可见，在高温下辐射功率最强值向短波偏移，而在低温下辐射功率最强值向长波偏移，如图 3-19 所示。在 4.2 K 温度下，辐射功率最大值对应波长为 690 μm，对应电磁波频率为 435.5 GHz。在 300 K 温度下，辐射功率最大值对应波长为 10 μm，对应电磁波频率为 29.98 THz。

实际应用中测量材料的光谱发射率十分困难。通常假定材料为灰体。灰体的表面发射率不随辐射波长变化，因此其表面的发射能量只是温度的函数。

除了波长和温度，材料的发射率还与材料种类、材料的表面状态、发射角以及辐射的偏振状态等有关。此外，还应考虑材料的辐射除了自身辐射，还包括材料表面对周围环境辐射的反射；在材料的发射率测试时，通常需要考虑上述两个部分。

根据基尔霍夫定律（Kirchhoff law），相同温度下，物体对同一波长 λ 的单色热发射率与单色波长吸收之比值相同，即 $\varepsilon(\lambda, T)=\alpha(\lambda, T)$，$\alpha$ 为辐射源在波长为 λ 和温度为 T 情况下的光谱吸收率。定义物体在波长为 λ 和温度为 T 的情况下的光谱反射率 $\rho(\lambda, T)$。因此，对于不透明（无折射）物体，有 $\varepsilon(\lambda, T)+\rho(\lambda, T)=1$。

考虑两个互相平行的无限大板（$T_1 > T_2$），发射率都远小于 1 且可看作灰体，则两板间辐射热流密度（单位为 $\mathrm{W/m^2}$）为

$$q_{\mathrm{r}} = \left(\frac{\varepsilon_1 \varepsilon_2}{\varepsilon_1 + \varepsilon_2 - \varepsilon_1 \varepsilon_2} \right) \sigma (T_1^2 - T_2^2) \tag{3-78}$$

式中，下标 1 和 2 分别代表冷端表面和热端表面。在低温系统中，常选用 $\varepsilon_1 \sim \varepsilon_2 \ll 1$，因此有 $q_r = \left(\frac{\varepsilon}{2}\right)\sigma(T_1^2 - T_2^2)$。

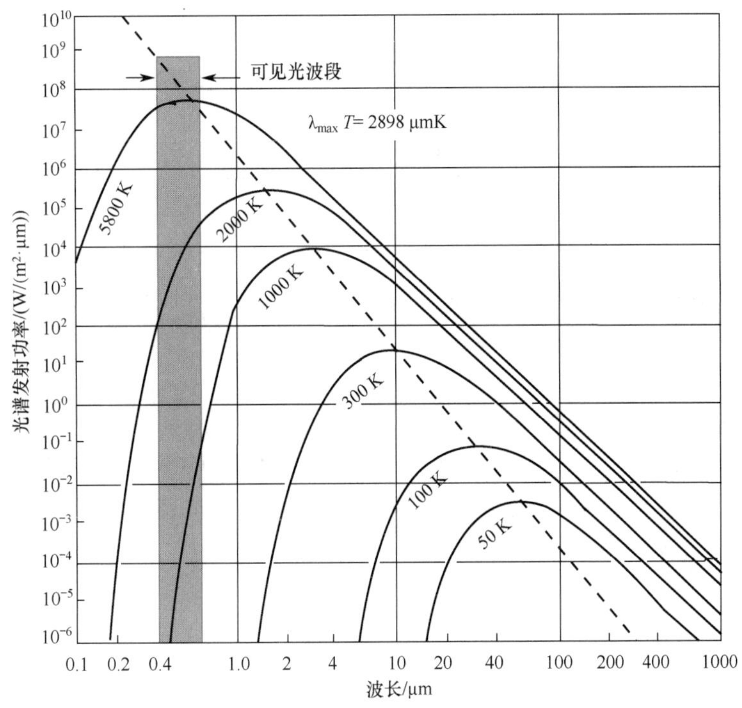

图 3-19　不同温度下单色光辐射功率与波长间关系[16]

对柱状和球状辐射换热体（柱或球用 1 表示），物体间辐射热流密度有

$$q_1 = \frac{\sigma(T_1^2 - T_2^2)}{\frac{1}{\varepsilon_1} + \left(\frac{A_1}{A_2}\right)\left(\frac{1}{\varepsilon_2} - 1\right)} \tag{3-79}$$

当面积 A_1=A_2，式（3-79）与式（3-78）相同。

低温系统中，高真空及超高真空使气体对流及气体传导传热显著降低，因此降低辐射传热变得十分重要。研究材料的低温发射率对低温系统设计具有重要意义。

通过对材料低温发射率研究发现如下规律：高电导材料通常是优良的反射体，如铜、银、金和铝；发射率随温度降低而降低；优良反射体的发射率会因表面污染而增加；通过合金化提高材料的反射率可提高发射率；仅通过光洁度等外观不能可靠确定材料是否具有高发射率，尤其在长波段。

一些材料不同温度下的发射率见表 3-13。

表 3-13　一些材料不同温度下发射率[18]

材　料	表面温度			
	4 K	**20 K**	**77 K**	**300 K**
铜	0.0050	—	0.008	0.018
铝	0.011	—	0.018	0.03

（续表）

材　料	表面温度			
	4 K	20 K	77 K	300 K
铅	0.012	—	0.036	0.05
锡	0.012	—	0.013	0.05
锌	—	—	0.026	0.05
黄铜	0.018	—	—	0.035
304	—	—	0.048	0.08
焊锡（50Pb50Sn）	—	—	0.032	—
玻璃、漆、碳	—	—	—	>0.9

3.1.6　热膨胀

3.1.6.1　热膨胀及其应用

物体因温度变化会出现体积变化现象，通常随温度降低体积减小，随温度升高体积膨胀。与比热类似，热膨胀与晶格振动相关，且有相同的变化趋势，如随温度降低，材料的热膨胀系数降低。具体地说，物质的热膨胀源于原子间相对位移的非谐项（高于二次的项）。在定压下各向同性材料的线膨胀系数定义为

$$\alpha_{\mathrm{P}} \equiv \left(\frac{\partial \ln L}{\partial T}\right) = \frac{1}{L}\left(\frac{\mathrm{d}L}{\mathrm{d}T}\right)_{\mathrm{P}} \tag{3-80}$$

与比热类似，还可以定义定容线膨胀系数 α_{V}，且随温度下降，$\alpha_{\mathrm{P}} \to \alpha_{\mathrm{V}}$。定义体积膨胀系数为

$$\beta_{\mathrm{P}} \equiv \left(\frac{\partial \ln V}{\partial T}\right) = \frac{1}{V}\left(\frac{\mathrm{d}V}{\mathrm{d}T}\right)_{\mathrm{P}} \tag{3-81}$$

对各向同性固体，有

$$\beta = 3\alpha \tag{3-82}$$

在工程设计中，常用积分热收缩率，即

$$\frac{\Delta L}{L} = \int_{T_0}^{T} \alpha \mathrm{d}T = \frac{(L_T - L_0)}{L_0} \tag{3-83}$$

平均热膨胀系数为

$$\bar{\alpha} = \frac{\Delta L}{L_0 \Delta T} \tag{3-84}$$

金属材料室温–低温（4 K）线收缩率一般在0.5%左右。因瓦合金（invar alloy）具有较低的热收缩率，有时称为零膨胀材料。在相同温度范围内，高分子材料线收缩率一般都大于金属的，如环氧树脂和聚四氟乙烯，甚至达2%。例外的是聚酰胺酰亚胺（Torlon），其线收缩率甚至小于铝合金。G-10玻璃钢具有各向异性特征，其径向线收缩率约为0.25%，而垂直纤维布方向因富环氧树脂，其线收缩率高达0.71%。碳纤维增强环氧树脂的线收缩率较小。有些非晶材料，如派莱克斯玻璃（Pyrex）、ZERODUR，线收缩率接近于零。多晶石英不仅具有较低的热导率，还具有较低的热膨胀。线收缩率较小的石英常用作低温设备中测量物体相对位置的测量原件（参照物）。此外，材料的热膨胀系数还与它们的成型方向

有关，如石墨。对于石墨材料，其在高温下导热性能较好，但在低温下导热性能较差，可做绝热材料使用。石墨材料平行于冲压轴方向的膨胀系数与垂直于冲压轴方向的膨胀系数相差三倍。常用材料低温线收缩率和线膨胀系数如表 3-14 和图 3-20 所示。

表 3-14　不同材料的线收缩率（相对 293 K）及 293 K 热膨胀系数[3]

材　料	$\Delta L/L$/%						α/K^{-1}
	4 K	40 K	80 K	100 K	150 K	200 K	293 K
铝	0.414	0.412	0.390	0.369	0.294	0.201	22.9×10^{-6}
铜	0.326	0.323	0.302	0.283	0.221	0.149	16.65×10^{-6}
5083 铝合金	0.415	0.413	0.390	0.368	0.294	0.201	22.8×10^{-6}
2.25%～9%Ni	0.210	0.205	0.189	0.177	0.133	0.099	—
因瓦合金	0.045	0.048	0.048	0.045	0.030	0.020	1×10^{-6}
Nb-45Ti	0.188	0.184	0.167	0.156	0.117	0.078	10×10^{-6}
Cu/Nb-Ti	0.265	0.262	0.245	0.231	0.178	0.117	12×10^{-6}
304/316	0.296	0.296	0.278	0.260	0.203	0.138	15.8×10^{-6}
Ti-6Al-4V	0.173	0.171	0.162	0.154	0.118	0.078	8×10^{-6}
派来克斯玻璃	0.056	0.057	0.054	0.050	0.0395	0.027	3.0×10^{-6}
尼龙	1.39	1.35	1.25	1.17	0.95	0.67	80×10^{-6}
聚四氟乙烯	2.14	2.06	1.93	1.85	1.60	1.25	200×10^{-6}
G-10 玻璃钢（//）	0.705	0.69	0.64	0.60	0.49	0.35	40×10^{-6}
G-10 玻璃钢（⊥）	0.24	0.235	0.21	0.20	0.155	0.11	12×10^{-6}

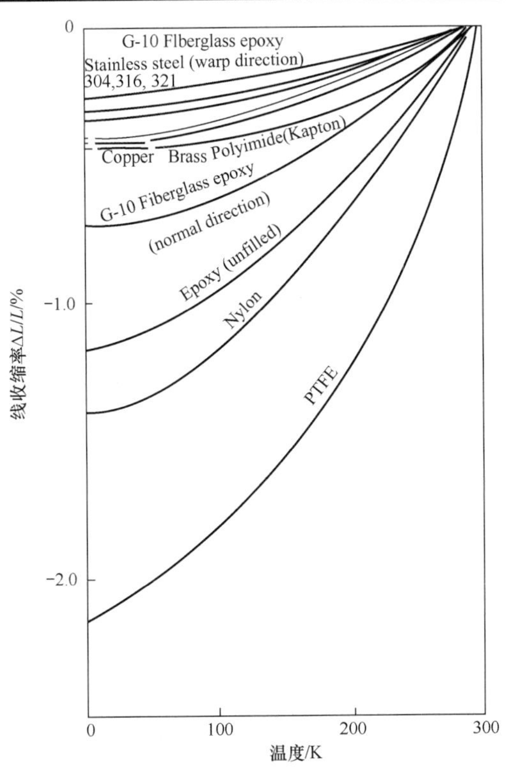

图 3-20　一些工程材料低温（300 K～4.2 K）线收缩率[11]

根据材料的线膨胀系数，可以预先估计在温度变化时各部件的变形量，并采取预防措施。由于热膨胀现象，温度梯度可导致材料内部产生热应力。此外，在约束条件下，当温度变化时导致具有不同热膨胀系数的材料产生热应力。热应力的值与线膨胀系数、温度变化（或温度梯度）量、弹性模量等有关。

对各向同性材料，其低温下密度 ρ_{LT} 可利用材料的收缩率（$\Delta L/L$）和室温密度 ρ_{300K} 得到，即 $\rho_{LT}=\rho_{300K}\times(1+\Delta L/L)^3$。一些低温材料的室温密度和低温（4.2 K）密度见表 3-15。

表 3.1-15　一些材料室温密度和低温（4.2 K）密度　　单位：kg/m^3

材　料	ρ_{300K}	$\Delta L/L$/%	$\rho_{4.2K}$
Al	2700	0.414	2733.7
Cu	8960	0.326	9047.9
Fe	7830	0.204	7878.0
Nb	8580	0.143	8616.7
Nb-Ti	6000	0.188	6033.9
316LN	7890	0.296	7960.3

3.1.6.2　反常热膨胀简介

少数材料表现出反常热膨胀行为，主要包括低热膨胀及负热膨胀。典型的低热膨胀材料是因瓦合金。负热膨胀与常规材料的热胀冷缩现象相反，材料的体积随温度升高而缩小，随温度降低而变大。

1951 年，胡梅尔（Hummel）发现 β-锂霞石的结晶聚集体在 1000 ℃后继续升温会出现体积缩小的现象，从而引发对负热膨胀现象的研究。随后，发现了一系列负热膨胀材料，但由于所发现的负热膨胀材料的窗口温度较窄等因素限制了其应用。1995 年，Sleight 等发现了 $ZrV_{2-x}P_xO_7$ 系列各向同性负热膨胀材料，其窗口温度可达 950 K。随后，Mary 等发现立方晶体结构的 ZrW_2O_8 从 0.3 K 直至分解温度 1050 K 都具有优良的各向同性负热膨胀行为。1997 年，Sleight 发现了化学通式为 $A_2M_3O_{12}$ 的钨酸盐和钼酸盐系列负热膨胀材料，其中 $Sc_2W_3O_{12}$ 是迄今为止发现的窗口温度范围最宽的负热膨胀材料，其响应温度范围从 10 K 直至 1200 K。

3.2　低温电学性能

3.2.1　金属材料电导率

基于自由电子模型，依据固体物理理论得到的金属材料电导率可表示为

$$\sigma=\frac{ne^2\tau}{m} \tag{3-85}$$

式中，τ 为外场作用下电子两次碰撞之间经历的自由运动时间，也称之为弛豫时间。电阻率 ρ 定义为电导率 σ 的倒数。

在室温下，多数金属材料的电阻率由传导电子与晶格声子的相互作用所支配。在低温

下，金属材料的电阻率则由传导电子与晶格中的杂质原子及其他缺陷的相互作用所支配。低温下金属材料电阻率可表示为

$$\rho = \rho_L + \rho_i \tag{3-86}$$

式中，ρ_L 为声子引起的电阻率，ρ_i 是破坏晶格周期性的缺陷对电子波散射而引起的电阻率。在缺陷浓度不算大时，ρ_L 通常不依赖于缺陷数目，而 ρ_i 通常不依赖于温度。此经验性结论被称为马西森定则（Matthiessen's rule）。马西森定则为低温实验数据分析带来了很大方便。

依据上述金属电导率数值估算出电子的平均自由程约为数百个原子间距，这并不能通过固体物理理论解释。量子理论发展后，在费米–狄拉克统计（Fermi-Dirac statistics，简称费米统计或 FD 统计）和能带论基础上，发展了金属现代电导理论。根据量子力学可知，电子是费米子（自旋量子数为半整数），遵从费米统计。依据能带论，电子在周期性势场运动过程中，只有当原子振动、杂质缺陷等原子使晶体势场偏离周期场时才会发生碰撞散射，这对电子自由程给出了正确的解释。在低温下，只有那些低频的晶格振动（长声学波），才能对散射有贡献，而且随着温度降低，有贡献的晶格振动模式的数量不断减少，因此金属电阻率随温度降低而变化。金属材料的电导率与德拜温度之间的关系见本书 3.1 节。实际材料中存在杂质与缺陷，也将破坏周期性势场，引起电子的散射。金属中杂质和缺陷散射的影响，一般来说是不依赖于温度的，而与杂质和缺陷的密度成正比，它们是产生剩余电阻的原因。

在液氦温度范围，含有微量磁性杂质的稀磁合金材料大都在电阻随温度变化曲线上出现极小值。稀磁合金材料极低温下出现的电阻极小情况，是电子被磁性杂质散射时伴随有自旋变化的结果，称之为近藤效应（Kondo effect）。

磁场对金属材料的电阻率有一定影响，称为磁电阻。在低温下，磁场对纯金属材料的电阻率影响更为明显。这与低温下电子的长平均自由程对电子散射因素相关。在物理上，磁电阻源于磁场对电子输运轨迹的影响导致被散射概率的增加。因此，磁场对金属电阻率的影响与磁场强度成正比。此外，磁场对金属电阻率的影响与纯金属种类、纯度、磁场的方向及磁场强度相关。目前尚无针对纯金属材料磁电阻的理论。对一些金属，基于大量实验数据获得了电阻率与磁场的关系，如科勒图[19]。根据科勒图，可以得到考察温度 T 下电阻率相对室温下电阻 R_0 的变化。

金属合金的电阻率通常高于纯金属的。在低温下，合金电阻率对温度的敏感性通常低于纯金属，这与合金中通常存在大量晶格缺陷相关。合金室温电阻率通常比纯金属的高两个数量级。

一些工程材料低温下电阻率如表 3-16 所示。

表 3-16　一些工程材料低温电阻率[20]

材　　料	电阻率 ρ/(μΩ · m)				
	273 K	192.4 K	75.75 K	19.65 K	4.0 K
铝合金 5083-O	0.0566	0.0469	0.0332	0.0303	0.0303
Inconel 718	1.145	1.121	1.083	1.077	1.081
Inconel 718（ann.）	1.225	1.214	1.185	1.183	1.188
OFHC Cu	0.01559	0.01013	2.00×10^{-3}	1.7×10^{-4}	1.6×10^{-4}

（续表）

材　料	电阻率 ρ/(μΩ · m)				
	273 K	192.4 K	75.75 K	19.65 K	4.0 K
Ti-6Al-4V	1.675	1.610	1.501	1.469	—
Ti-6Al-4V ELI	1.563	1.490	1.366	1.331	—
AISI 316	0.765	0.697	0.585	0.553	0.553
因瓦合金	0.795	0.690	0.544	0.505	0.502

纯金属 Ni 和 Nb、纯铝（1100）、316 及因瓦合金电阻率随温度变化如图 3-21 所示。AISI 304/304L、316、317、321、347、410 和 430 不锈钢电阻率随温度的变化如图 3-22 所示。

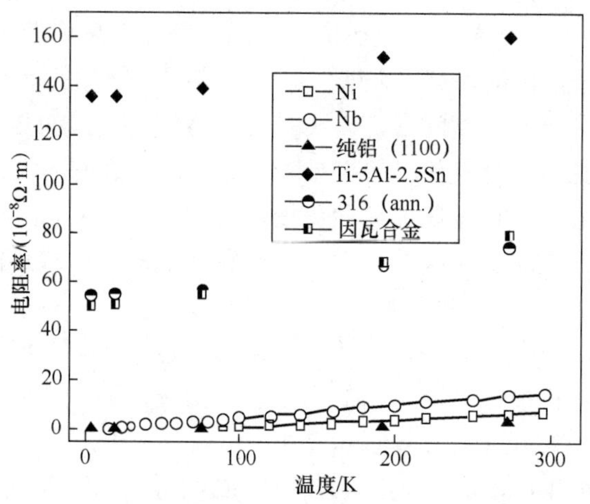

图 3-21　Ni、Nb、纯铝（1100）、316 和因瓦合金电阻率随温度的变化[20]

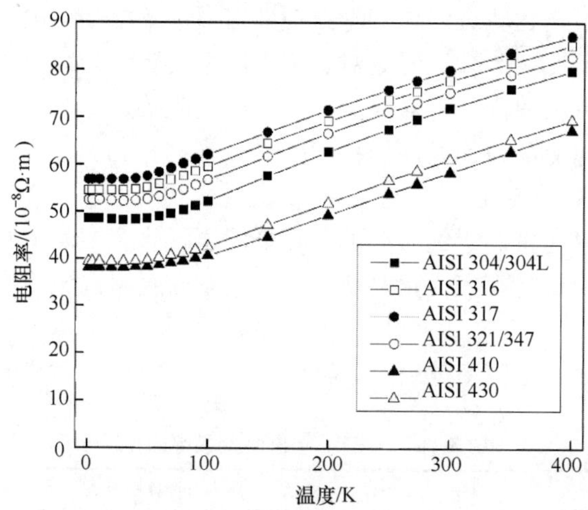

图 3-22　AISI 304/304L、316、317、321、347、410 和 430 不锈钢电阻率随温度的变化[21]

3.2.2　剩余电阻率（RRR）

材料的剩余电阻率 $\rho_i(0)$ 是假设温度在 0 K 时的电阻率。当 $T \to 0$ 时，声子电阻率

$\rho_L = 0$，即电阻主要源于杂质和缺陷的散射。剩余电阻率可用于金属材料杂质和缺陷数量的定性评定。在实验测量时绝对零度无法实现，因此经验上选用液氦沸点温度，即 4.2 K。定义材料的剩余电阻率（RRR）为

$$\text{RRR} = \frac{R_{293\text{K}}}{R_{4.2\text{K}}} = \frac{\rho_{293\text{K}}}{\rho_{4.2\text{K}}} \tag{3-87}$$

式中，$R_{293\text{K}}$ 和 $R_{4.2\text{K}}$ 分别为温度 293 K 和 4.2 K 时材料的电阻。RRR 值越大，表明材料的杂质和缺陷越少，通常热导也越大。不同 RRR 值铜的电阻率和热导率随温度的变化分别如图 3-23（a）和 3-23（b）所示。不同金属材料的剩余电阻率与杂质含量的关系如图 3-24 所示。

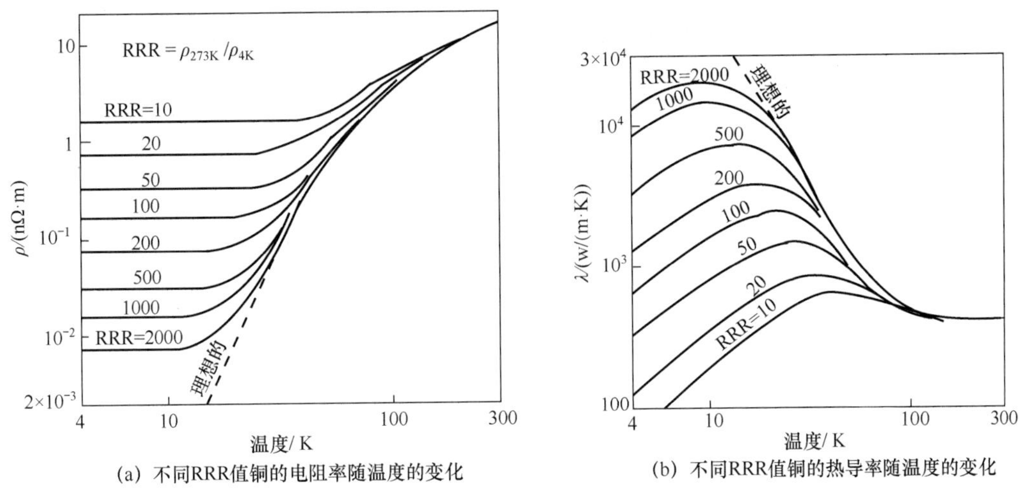

(a) 不同RRR值铜的电阻率随温度的变化　(b) 不同RRR值铜的热导率随温度的变化

图 3-23　不同 RRR 值铜的低温电阻率和热导率

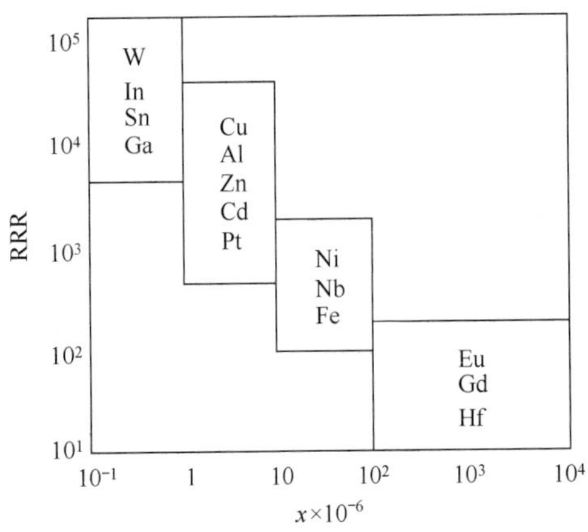

图 3-24　不同金属材料剩余电阻率与杂质含量之间的关系[10]

对 Nb 以及 Nb-Ti/Cu、Nb_3Sn/Cu 等超导材料，其超导转变温度均高于 4.2 K，因此其剩余电阻率 RRR 有不同的定义。

部分材料的电阻率和 RRR 值如表 3-17 所示。

表 3-17　金属及合金材料电阻率[11]　　单位：nΩ · m

材　料	RRR	10 K	20 K	50 K	77 K	100 K	150 K	200 K	250 K	295 K
OFHC	≈100	0.15	0.17	0.84	2.1	3.4	7.0	10.7	14.1	17.0
铌	213	—	0.62	8.9	23.7	38.2	68.2	95.5	121.2	143.3
5083-O	1.95	30.3	30.3	31.3	33.3	35.5	41.5	47.9	53.9	59.2
Ti-6Al-4V	1.15	—	1470	1480	1500	1520	1570	1620	1660	1690
316	1.39	539	539	549	568	588	638	689	733	771
因瓦合金	1.58	503	505	521	545	570	633	700	765	823

3.2.3　半导体材料电阻率

半导体材料的电导由导带电子和价带空穴的输运性质决定。室温下，晶格振动起主要作用，因此杂质浓度对材料的电导影响不大。在室温下半导体材料的电阻率可表示为

$$\rho(T) = \alpha \mathrm{e}^{\frac{\delta}{2k_{\mathrm{B}}T}} \tag{3-88}$$

式中，α 为常数，δ 为带隙。

在低温下，晶格振动变弱并可忽略，杂质与载流子相互作用对输运性质起主导作用。半导体材料电阻率随温度的变化并不是线性的。由于导带电子数较少，半导体材料电阻率会随着温度降低而升高。

3.2.4　温差电现象

1823 年，泽贝克（Seebeck）发现两种不同的金属接触并组成回路时，当两接触点有温差，便会产生电势差。这是热电偶测温以及热电器件的工作原理。1834 年，佩尔捷（Peltier）发现，当在由两种不同的金属接触组成的回路上通电流时，其中一侧会放热而另一侧则会吸热。这成为热电制冷器件和温差发电器件的工作原理，如图 3-25 所示。

1851 年，汤姆逊（Thomson，即 Lord Kelvin）建立了热电现象的理论基础，得到泽贝克系数（Seebeck coefficient)（S_{ab}）和佩尔捷系数（Peltier coefficient）（Π_{ab}）之间存在 $\Pi_{\mathrm{ab}}=T S_{\mathrm{ab}}$ 关系，还预测存在第三种热电现象，即汤姆逊效应。不久后汤姆逊还实验证明了此现象的存在。

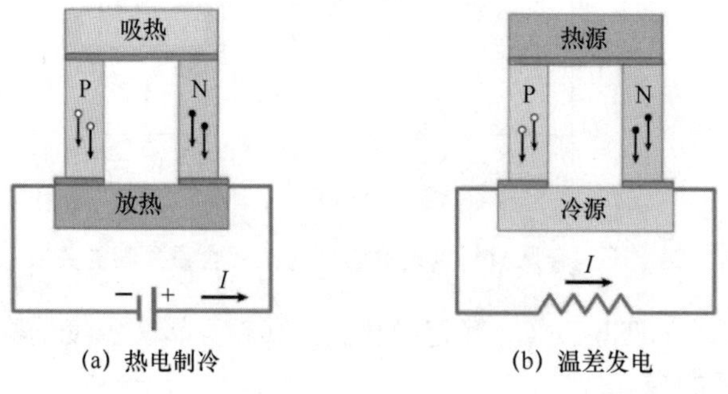

图 3-25　热电制冷器件和温差发电器件的工作原理

在不同温度下，材料的热电性能有所不同。材料的热电效率常用无量纲的热电优值系数 zT 来表征，即

$$zT = \frac{S_{ab}^2 T\sigma}{\lambda} \tag{3-89}$$

式中，T 为绝对温度，σ 为电导率，λ 为热导率。由式（3-89）可知，为获得较高热电优值系数 zT，需较高泽贝克系数、高电导率和低热导率。

热电现象发现后的一个世纪内，由于一般材料的热电效率极低，热电的相关研究几乎停滞不前。1954 年，Goldsmid 和 Douglas 用具有较高热电效应的半导体材料，将其研发的热电制冷器件成功冷却至 0 ℃以下，引起了科研人员的极大兴趣。

根据使用的温度不同，热电材料主要分为三类：

（1）碲化铋（Bi_2Te_3）及其合金，适用于温度在 450 ℃以下，是目前广泛应用于热电制冷器件的材料。

（2）碲化铅及其合金，适用温度在 1000 ℃附近，主要应用于温差发电领域。

（3）硅锗合金，适用温度可达 1300 ℃，主要应用于温差发电领域。

3.2.5　低温温度的电测量方法

国际温标是指根据国际协议而采用的易于高精度复现，并在当时的知识和技术水平范围内尽可能接近热力学温度的经验温标。热力学温标是最基本的温标，但装置复杂且实现困难。为使用方便，1927 年第七届国际计量大会决定采用国际温标，即第一个国际协议性温标 ITS—27。现行的国际温标是 ITS—90，采用若干固定温度点，其所定义的温度范围从 0.65 K 向上直至 1358 K。PLTS—2000 温标所定义的温度范围从 0.9 mK 至 1358 K。

有些测温方法基于基本物理定律，依靠测温物质的特性与热力学温度间的关系确定温度。此类温度计称为基准温度计，这类温度计不需要标定，等级更高。还有一类测温方法需要标定，称为标准温度计。基准测温温度计主要包括 ^{3}He 熔化曲线、超导转变点、噪声、库仑阻塞（Coulomb Blockade）、核取向、气体、蒸气压、穆斯堡尔效应（Mössbauer effect）和渗透压温度计等。标准测温温度计主要包括电阻、磁化率、容式和 Pt−NMR 等温度计。

在低温领域，常用的温度测量方法包括气体测温（主要有定容气体测温、声学气体测温和介电常数气体测温）、蒸气压测温、热电势测温、电阻测温、噪声测温、介电测温、电子顺磁测温、核顺磁测温、核取向测温和库仑阻塞测温等。

上述低温温度测量方法中，电阻、二极管、电容和热电势测温实施方法较为简单，如电阻测温，除温度测量元件外只需要恒流源和电压表即可。

电阻测温利用材料的电阻随温度变化的性质实现温度测量。一般来说，材料的电阻随温度升高而增加，即具有正温度系数；也有一些材料的电阻随温度升高而降低，即具有负温度系数。正温度系数电阻温度计常采用纯金属材料，如 Pt、Cu、Ni 等，或低杂质的 Rh-Fe、Pt-Co 等合金。

对纯金属材料，如 Pt，其电阻随温度降低接近线性降低。当温度降低到杂质对电子的散射作用对电阻的贡献起主导作用时，电阻与温度的关系不再是线性的。此温度一般在 4 K 左右，该温度以下不能用作温度计。对标准级 Pt 材料，4.2 K 与室温的电阻率之比通常小于 4×10^{-4}。当材料中杂质增多时，此比值增大，可用作温度计的温度下限也上升。标准铂电阻温度计（SPRT）采用直径 75 μm 的铂丝绕制后，用 600 ℃退火以释放残余应变。常采用 Pt、Inconel、玻璃、石英等护套，且充入氦气以利于热传导并封装。典型温度计直径为 5.8 mm、长为 56 mm、250 ℃电阻为 25.5 Ω。ITS—90 规定此类温度计可用于 13.8 K 至 523.15 K 温度范围。近年还研发了小型标准铂电阻温度计，其直径为 3.2 mm、长为 9.7 mm。工业级铂电阻温度计（PRT）使用的 Pt 材料杂质含量高于 SPRT 级。标准级和工业级铂电阻温度计的主要区别在于 Pt 杂质含量和残余应变等。

Rh-5at.%Fe（Rh-Fe）电阻温度计适用温度范围为 0.65～500 K。铑铁电阻温度计可交换性不如铂电阻温度计，但其复现性较好。标准铑铁电阻温度计复现性精度可达 0.2 mK。

电容随温度的变化趋势也可用于低温温度测量。此类温度计还具有对磁场不敏感的特性。在 2～300 K 范围内，磁场对其影响小于 0.05%。

有些半导体材料，如 Ge，具有负温度系数。除 RuO_2 外，多数半导体电阻温度计不具备可交换性，即每个温度计都需要单独标定。Cernox 系列温度计采用在 O_2-N_2-Ar 气氛下 Al_2O_3 基体上沉积锆（Zr）。

二极管温度计利用其正向偏压随温度变化实现温度测量。常用的二极管温度计是硅二极管和镓铝砷二极管。硅二极管温度计具有可交换性，而镓铝砷二极管温度计不具有可交换性，需要标定。

热电偶温度计利用泽贝克效应测量温度。热电偶温度计可采用几种金属材料的组合或单臂热电偶。几种用于低温的组合热电偶温度计如表 3-18 所示。用于单臂热电偶的材料主要有以下三种。

（1）康铜：55wt.%Cu-45wt.%Ni。

（2）铬镍合金：90wt.%Ni-10wt.%Cr。

（3）镍铝合金：95wt.%Ni-2wt.%Al-2wt.%Mn-1wt.%Si。

表 3-18　几种可用于低温领域的热电偶温度计

类　型	正极导线	负极导线	（美国）色码	测温温区/K	标准误差
E	铬镍合金	康铜	+紫色；−红色	3～1173	1.5 K
J	铁	康铜	+白色；−红色	63～1073	1.5 K
K	铬镍合金	镍铝合金	+黄色；−红色	3～1573	1.5 K
T	铜	康铜	+蓝色；−红色	3～673	温度的 1%
Au-Fe	铬镍合金	Au-0.07at.%Fe	—	1～573	电势的 0.2%

3.3　材料的低温磁学性能

3.3.1　材料的低温磁学性能简介

有些材料在低温下表现出不同于室温的磁学性能，如磁卡效应等，本节主要讨论金属结构材料的低温磁化率、磁导率（除特别说明外，本书中均指相对磁导率）以及相变引起奥氏体不锈钢磁学性能的改变。

一些材料低温下质量磁化率和相对体积磁化率分别如表 3-19 和 3-20 所示。

表 3-19　一些材料的低温质量磁化率［$\chi/\rho \equiv B+(C/T)$］[11]

材　料	4.2 K 质量磁化率/(m^3/kg)	B(1.6～4.2 K)/(m^3/kg)	C(1.6～4.2 K)/($m^3 \cdot$ K/kg)
带聚丙烯绝缘层铜线	0.04×10^{-8}	$(0.04\pm1.3)\times10^{-8}$	$(0.01\pm1.9)\times10^{-8}$
带绝缘层铜线	0.1×10^{-8}	$(0.6\pm0.9)\times10^{-8}$	$(-2.0\pm2.1)\times10^{-8}$
304	134×10^{-8}	$(136\pm11)\times10^{-8}$	$(-7.2\pm6)\times10^{-8}$
316	361×10^{-8}	$(392\pm31)\times10^{-8}$	$(-130\pm25)\times10^{-8}$

表 3-20　一些材料的室温和低温相对体积磁化率[11]

材　料	状　态	密度/(kg/m^3)	293 K	77 K	4.2 K
2014	—	2.79×10^3	1.80×10^{-5}	—	1.72×10^{-5}
99.96%纯铜	原态	—	-7.32×10^{-6}	-8.55×10^{-6}	-9.32×10^{-6}
Ti-6Al-4V	—	4.41×10^3	1.80×10^{-4}	—	-8.27×10^{-6}
316	—	7.97×10^3	3.0×10^{-3}	7.7×10^{-3}	1.6×10^{-2}
316LN	退火	7.97×10^3	2.6×10^{-3}	6.9×10^{-3}	1.1×10^{-2}
	敏化	—	3.5×10^{-3}	7.2×10^{-3}	1.1×10^{-2}
G-10 CR	—	1.83	2.63×10^{-6}	—	5.34×10^{-4}

多数材料具有较低磁化率，但在较高磁感应强度下的系统设计时仍需考虑磁作用力。针对质量磁化率（χ/ρ），磁场对物质磁作用力为

$$F=\frac{\chi}{\rho}\frac{mB\nabla B}{\mu_0} \tag{3-90}$$

式中，χ/ρ 为质量磁化率，单位是 m^3/kg；μ_0 为真空磁导率（$\mu_0=4\pi\times10^{-7}$ H/m）；m 为物体质量，单位是 kg；B 为磁感应强度（$\mu_0 H$），单位是 T；∇B 为磁感应强度梯度，单位是 T/m。

针对体积磁化率，磁场对物质磁作用力为

$$F=\chi\frac{VB\nabla B}{\mu_0} \tag{3-91}$$

式中，χ 为体积磁化率；V 为物体体积，单位是 m^3。

AISI 316LN 奥氏体不锈钢和 KHMN30L（7Cr-1Ni-28Mn-0.1N-0.1C）高锰钢磁导率随温度的变化如图 3-26 所示。一种奈耳温度计算式为[22]

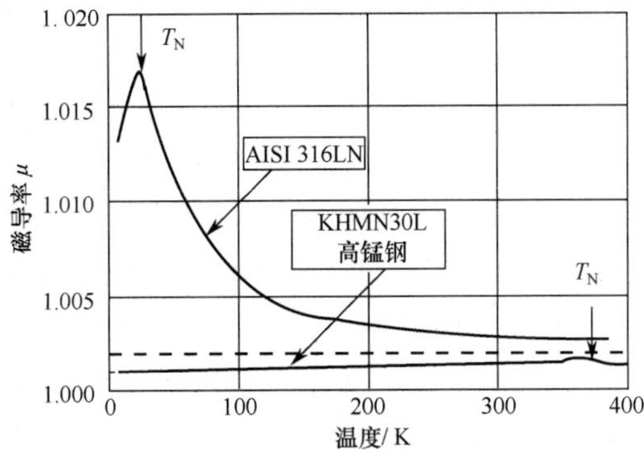

图 3-26　316LN 奥氏体不锈钢和 KHMN30L 高锰钢磁导率随温度的变化[22]

$$T_N = 99.81 - 13.7m_{Cr} - 3.14m_{Ni} + 8.83m_{Mn} - 12.68m_{Si} + 4.48m_{Mo} - 32.45m_C - 33.86m_N \text{(K)} \quad (3\text{-}92)$$

式中，m_C、m_N等为材料中对应元素的质量百分数。T_N越高，磁导率越低。

几种材料在 4.2 K 温度下相对磁导率如表 3-21 所示，不同温度和磁场下相对磁导率如表 3-22 所示。

表 3-21　几种材料 4.2 K 温度下相对磁导率[23-24]

材　料	相对磁导率
SUS 304L(18Cr-10Ni)	1.01
SUS 304LN(18Cr-10Ni-0.2N)	1.01
SUS 316L(17Cr-12Ni-2Mo)	1.02
SUS 316L(17Cr-12Ni-2Mo-0.2N)	1.02
SUS 310S(25Cr-20Ni)	1.2
Nitronic 40(21Cr-6Ni-9Mn-0.2N)	1.002
A286(15Cr-25Ni-2Ti)	1.3
JN1(14.7Ni-24.4Cr-4.4Mn-0.33N)	1.0155
25Mn(25Mn-5Cr-1Ni)	1.0011

表 3-22　几种材料不同温度 T 和磁感应场强 B 下的相对磁导率[5]

B/T	AISI 316LN			AISI 316LN（TIG 焊接）			Inconel 718（热处理）		
	4.2 K	78 K	293 K	4.2 K	78 K	293 K	4.2 K	78 K	293 K
1	1.0252	1.0077	1.0027	1.0280	1.0082	1.0029	1.1578	1.0594	1.0031
2	1.0214	1.0075	1.0027	1.0230	1.0080	1.0029	1.0897	1.0444	1.0031
3	1.0183	1.0074	1.0027	1.0194	1.0079	1.0029	1.0642	1.0356	1.0031
4	1.0161	1.0072	1.0027	1.0170	1.0077	1.0029	1.0506	1.0301	1.0030
5	1.0145	1.0071	1.0027	1.0153	1.0075	1.0029	1.0422	1.0261	1.0030
6	1.0133	1.0070	1.0027	1.0140	1.0074	1.0029	1.0361	1.0236	1.0030

3.3.2　低温对奥氏体不锈钢磁学性能的影响

一些奥氏体不锈钢经历冷热冲击以及在低温下变形都可能诱发马氏体相变。奥氏体不锈钢焊接过程中也可能产生铁素体。这些因素都会改变材料的磁学性能，聚变、磁共振成像和加速器高场超导磁体设计时都需要考虑其影响。

奥氏体不锈钢具有面心立方结构（γ 相），属于顺磁体。然而多数奥氏体不锈钢是亚稳态的，温度及变形都会导致奥氏体转变为具有体心立方结构或体心六方结构的马氏体（α′），或具有密排六方结构的马氏体（ε）。与奥氏体不锈钢的顺磁性不同，α′马氏体具有铁磁性。

除了磁学性能变化，奥氏体转变为马氏体还会对强度和韧性有一定影响。奥氏体开始转变为马氏体的温度，即 T_{ms} 或 M_s，与材料的化学成分，特别是元素镍的含量密切相关。如对 Ni 质量含量为 8%左右的 304 奥氏体不锈钢，马氏体转变温度甚至高于 77 K。室温冷至 77 K 时，马氏体转变率为 5%～10%。对含镍量 12%左右的 316 奥氏体不锈钢，低温下温度不能诱发马氏体相变，即在整个低温温区都是稳定的。此外，材料的微观结构对马氏体转变温度也有影响。研究发现，平均晶粒 70 μm 的 18Cr-10Ni 奥氏体不锈钢的马氏体转

变温度 T_{ms} 为 110 K，而其单晶材料的 T_{ms} 则为 195 K[25]。表 3-23 列出了温度对一些奥氏体不锈钢磁学性能的影响。

表 3-23 温度对奥氏体不锈钢磁学性能的影响（基于 4.2 K 磁测量）[11]

奥氏体不锈钢	马氏体转变	
	低温冷却	循环低温冷却
304	√	√
310	√	√
310S	√	×
316	×	×
316L	√	×
316LN	×	×

3.3.3 焊接对奥氏体不锈钢磁学性能的影响

奥氏体不锈钢材料的焊接易导致 δ 铁素体的产生。δ 铁素体也是铁磁性材料。焊接中 δ 铁素体的产生会改变材料的磁学性能。δ 铁素体会显著降低奥氏体不锈钢低温尤其是液氦温度的断裂韧度，如图 3-27 所示。因此焊接过程中设法降低 δ 铁素体含量对奥氏体不锈钢的磁学性能和力学性能都有益。此外，焊接过程导致晶界析出碳化物（$M_{23}C_6$）和 σ 相，也对焊接接头的磁学性能和力学性能有不利影响。表 3-24 列出了焊接对一些材料磁学性能的影响。

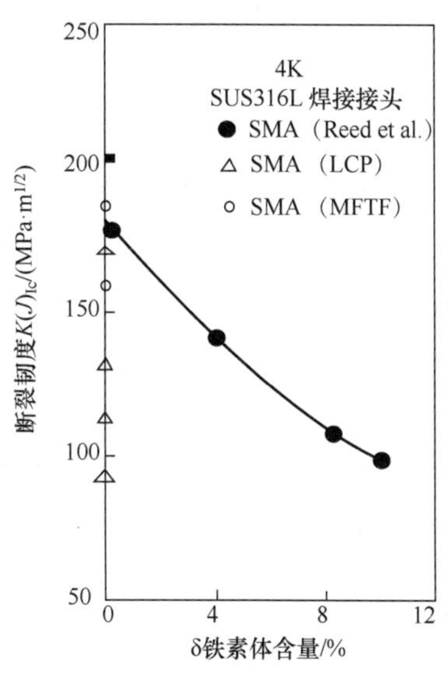

图 3-27 δ 铁素体含量对 SUS 316L 焊接接头低温断裂韧度的影响[26]

表 3-24 焊接对材料磁学性能的影响（基于 4.2 K 温度的磁测量）[11]

材料	铁磁痕迹	材料	铁磁痕迹
304	√	316	×
304N	×	316L	√
310	√	316LN	×
310S	√		

3.3.4 塑性变形对奥氏体不锈钢磁学性能的影响

在室温及低温下变形都会诱发一些不稳定的奥氏体不锈钢发生马氏体相变。部分奥氏体不锈钢，如 304，室温下变形如加工等会诱发马氏体相变从而改变磁学性能。变形诱发马氏体相变的发生温度与奥氏体不锈钢化学成分相关。研究表明 Fe-Ni-Cr 系奥氏体不锈钢变形诱发马氏体相变发生温度主要与体系的镍当量有关，即当镍当量高于特定值后，在室温下塑性变形不会诱发马氏体相变，其顺磁性不变。一些奥氏体不锈钢，在低温下塑性变形会诱发马氏体相变，如 316LN、YUS130S（18Cr-7Ni-10Mn-0.4Si-0.3N）。也有一些奥氏体不锈钢，在低温下变形不会诱发马氏体相变，即其奥氏体相在整个低温温区是稳定的，如 P506（19Cr-11Ni-12Mn-1Mo-0.2Si-0.3N）、KHMN30L（7Cr-1Ni-28Mn-0.1N-0.1C）和 310 等。在液氦温度下塑性变形对几种材料相对磁化率的影响如图 3-28 所示。

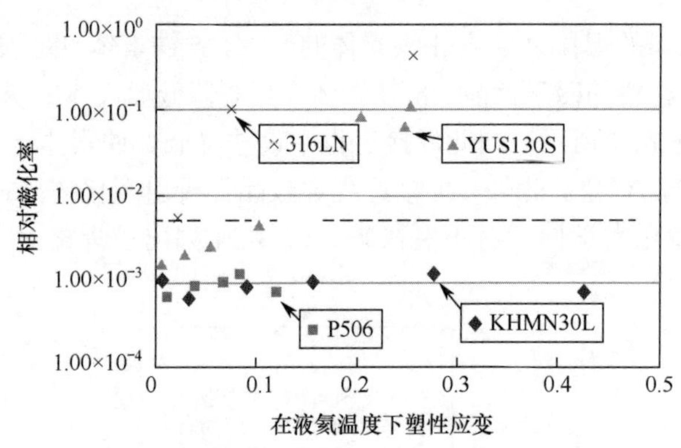

图 3-28 在液氦温度下塑性变形对 316LN、P506、YUS130S 和 KHMN30L 磁化率的影响[27]

对 301、304 等亚稳型 Fe-Ni-Cr 奥氏体不锈钢，Angel 于 1954 年提出 Md_{30} 温度，其定义为 30%真应变诱发 50%体积的 α′ 马氏体相变对应的温度，单位为℃，表征其奥氏体稳定性。1970 年，Nohara 等对 Md_{30} 温度的计算进行了修改，引入了晶粒尺寸（Grain Size，GS）对应变诱发马氏体相变的影响，提出 Md_{30}^{GS} 的计算公式为[28]

$$\begin{aligned}Md_{30}^{GS}=&551-462(m_C+m_N)-9.2m_{Si}-8.1m_{Mn}-13.7m_{Cr}\\&-29(m_{Ni}+m_{Cu})-18.5m_{Mo}-68m_{Nb}-1.42(v-8)\ (℃)\end{aligned} \tag{3-93}$$

式中，m_C、m_N 等为材料中对应元素的质量百分数，v 为按美国材料与试验协会（ASTM）标准给出的晶粒度。可见，当奥氏体晶粒平均尺寸降低时（晶粒度增大）时，Md_{30}^{GS} 降低，应变诱发马氏体相变量降低。注意 Md_{30} 仅是针对亚稳型 Fe-Ni-Cr 奥氏体不锈钢的经验公式，不适用高锰奥氏体不锈钢及 316、Nitronic 50 等稳定型奥氏体不锈钢。

3.3.5 磁场对金属材料低温力学性能的影响

应用于强磁场环境的金属结构材料应考虑低温、磁场对力学及物理性能的影响。对于铁磁性合金以及低温和变形诱发马氏体相变的奥氏体不锈钢，更应考虑强磁场对其性能的影响。图 3-29 为磁场对 SUS316LN 奥氏体不锈钢液氦温度下拉伸性能的影响。可见磁场对发生应变诱发马氏体相变的奥氏体不锈钢低温塑性有一定影响。对于磁场对金属结构材料液氦温度断裂韧度的影响，目前尚未获得明确结论。对于铁磁性合金 Incoloy 908，研究发现 14 T 磁场对其低温断裂韧度没有明显影响，如图 3-30 所示。对于发生温度及塑性应变诱发马氏体相变的亚稳态奥氏体不锈钢，情况较复杂。马氏体相变既包含提高材料断裂韧度的因素，又有降低断裂韧度的因素。而强磁场对低温下应变诱发马氏体相变会产生影响，如图 3-31 所示，因此会影响材料的断裂韧度。磁场对 AISI 316LN 奥氏体不锈钢液氦温度下断裂韧度的影响如图 3-32 所示，图中黑点为 1 T 紧凑拉伸试样测量值，圆圈为小于 1 T 比例紧凑拉伸试样测量值。

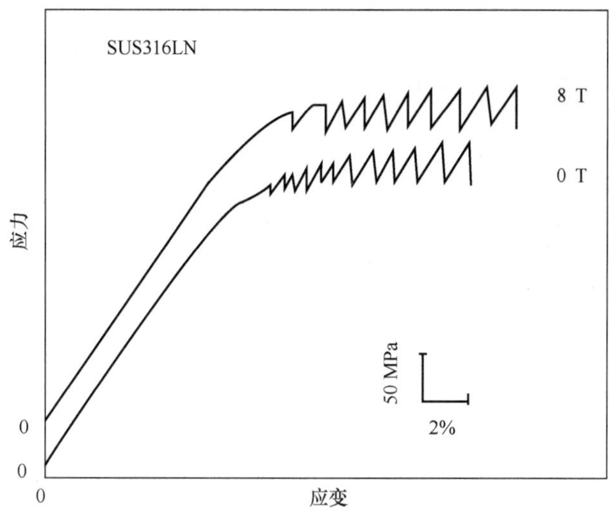

图 3-29 磁场对 SUS316LN 奥氏体不锈钢液氦温度拉伸性能的影响[23]

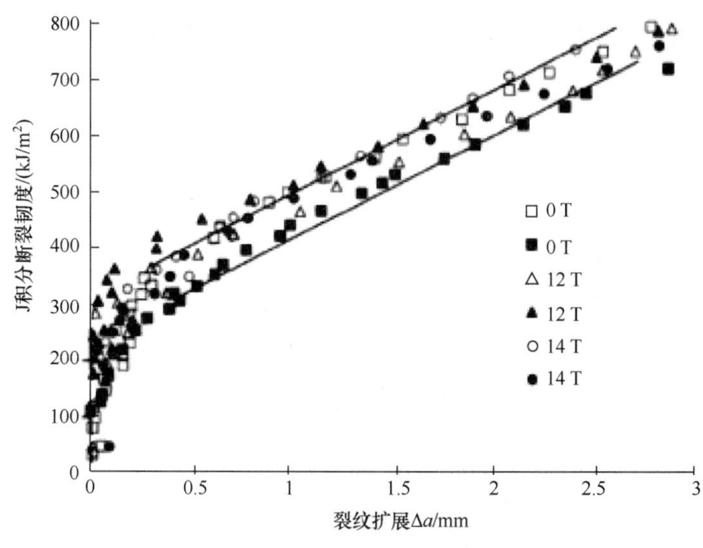

图 3-30 磁场对 Incoloy 908 合金液氦温度断裂韧度的影响[29]

(a) 液氦温度下 10%塑性变形的微观结构

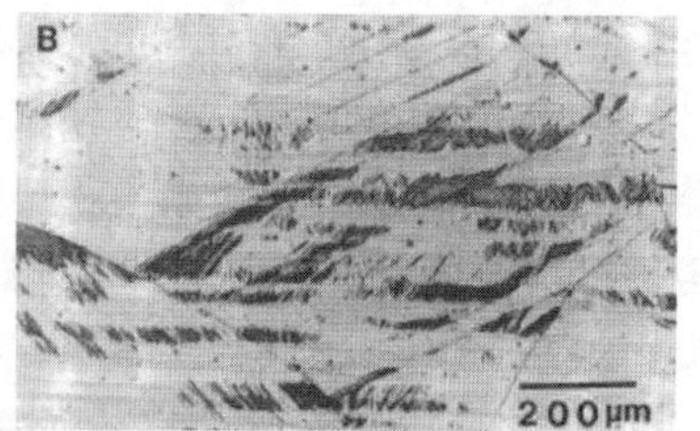

(b) 8 T 磁场、液氦温度下 10%塑性变形的微观结构

图 3-31 Fe-Ni 合金液氦温度下及磁场液氦共同作用下 10%塑性变形后的微观结构[23]

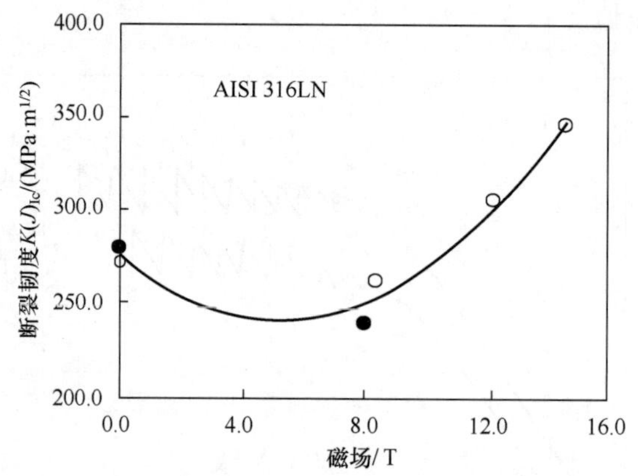

图 3-32 磁场对 AISI 316LN 液氦温度断裂韧度的影响[30]

3.4 本章小结

通过本章的学习应掌握材料比热、热导、热膨胀、热扩散、接触热阻及发射率等概念，以及低温环境下随温度降低材料变化的一般规律，还应掌握金属材料的电导、剩余电阻率、温差电现象等概念和低温温度的电测量方法。

复习思考题 3

3-1 归纳影响各类材料低温比热的因素。

3-2 概述材料比热及热导随温度降低的变化规律。

3-3 一长度为 1 cm 的圆柱一端连接（不考虑接触热阻）在温度为 0.5 K 热沉上，另一端连接一加热元件，当功率为 10 μW 时圆柱两端的温差为 1 mK。

（1）如果圆柱材料分别选用 Si、硅玻璃和铜，分别确定圆柱的直径。已知上述材料 0.5 K 时热导率分别为 1×10^{-2} W/(cm · K)、5×10^{-5} W/(cm · K)和 4 W/(cm · K)。

（2）加热功率提高至 10 mW，上述材料两端建立不同的温度梯度，确定温度梯度最大者和最小者。此温度下硅玻璃热导率$\propto T^2$，而铜热导率$\propto T$。

3-4 结合文献，解释卡皮查热阻发生的原因。

本章参考文献

[1] TARI A. The specific heat of matter at low temperature [M]. London: Imperial College Press, 2003.

[2] GOPAL E E R. Specific heats at low temperatures [M]. New York: Plenum Press, 1968.

[3] VENTURA G, RISEGARI L. The art of cryogenics: low temperature experimenal techniques [M]. Burlington: Elsevier, 2008.

[4] 曹烈兆, 阎守胜, 陈兆甲. 低温物理学 [M]. 二版. 合肥: 中国科学技术大学出版社, 2009.

[5] ANSORGE W, BILLAN J, GOURBER J P. et al. Magnetic permeability measurements at cryogenic temperatures[C]. In 6th International Conferencal Conference on Magnet Technology, Bratislava, 1977.

[6] COLLINGS E W, SMITH R D. Specific heats of some cryogenic structural materials I—Fe-Ni-Bae alloys [R], Advances in Cryogenic Engineering 1978, 24: 214.

[7] 方俊鑫, 陆栋. 固体物理学（上）[M]. 上海: 上海科学技术出版社, 1980.

[8] VENTURA G, PERFETTI M. Thermal properties of solids at room and cryogenic temperatures [M]. Dordrecht Heidelberg New York London: Springer, 2019.

[9] VANSCIVER S W. Helium cryogenics [M]. 2nd ed. New York: Springer, 2012.

[10] POBELL F. Matter and methods at low temperature [M]. 3rd ed. Berlin Heidelberg New York: Springer, 2007.

[11] EKIN J W. Experimental techniques: Cryostat design, material properties and superconductor critical-current testing [M]. New York: Oxford University Press, 2006.

[12] 阎守胜, 陆果. 低温物理实验的原理与方法 [M]. 北京: 科学出版社, 1985.

[13] NAKANO T, MASUYAMA S, HIRAYAMA Y, et al. ErN and HoN spherical regenerator materials for 4 K cryocoolers [J]. Applied Physics Letters, 2012: 101.

[14] BRADLEY P E, RADEBAUGH R. Properties of selected materails at cryogenic temperatures [M]. Boca Raton: CRC Press, 2013.

[15] BAUDOUY B. Heat transfer and cooling techniques at low temperature[J]. Accelerator Physics (physics.acc-ph), 2015. DOI: 10.5170/CERN-2014-005.329.

[16] BARRON R F, NELLIS G F. Cryogenic heat transfer [M]. 2nd ed. Boca Raton: CRC Press, 2016.

[17] ENSS C, HUNKLINGER S. Low temperature physics [M]. Berlin Heidelberg New York: Springer, 2005.

[18] FLYNN T M. Cryogenic engineering: revised and expanded [M]. 2nd ed. New York: Marcel Dekker, 2005.

[19] MEADEN G T. Electrical resistance of metals [M]. New York: Springer, 1965.

[20] CLARK A F, CHILDS G E, WALLACE G H. Electrical resistivity of some engineering alloys at low temperatures [J]. Cryogenics. 1970. 10: 295.

[21] CHU T K, HO C Y. Thermal Conductivity and Electrical Resistivity of Eight Selected AISI Stainless Steels [C]. Thermal Conductivity 15. 1978.

[22] OZAKI Y, FURUKIMI O, KAKIHARA S, et al. Development of non-magnetic high manganese cryogenic steel for the construction of LHC project's superconducting magnet [J]. IEEE Transactions on Applied Superconductivity. 2002, 12: 1248.

[23] SHIBATA K. Effects of high magnetic field on structural metallic materials at cryogenic temperatures and

related phenomena [J]. Teion Kogaku, 1991, 26: 247.

[24] UMEZAWA O, ISHIKAWA K. Electrical and thermal-conductivities and magnetization of some austenitic steels, titanium and titanium-alloys at cryogenic temperatures [J]. Cryogenics, 1992, 32: 873.

[25] REED R P, HORIUCHI T. Austenitic Steels at Low Temperatures [M]. New York: Springer, 1983.

[26] NISHIMURA A. Cryogenic structural materials and their welding and joining [J]. Welding International, 1990, 4: 283.

[27] COUTURIER K, SGOBBA S. Phase stability of high manganese austenitic steels for cryogenic applications [C]. In proceedings of the Materials Week 2000 Conferences. Mucich, 2000.

[28] NOHARA K, ONO Y, TANAKA T. Composition and grain size dependence of strain-induced martensitic transformationin metastable austenitic stainless steels [J]. Tetsu-to-Hagane, 1977, 63: 2772.

[29] CLATTERBUCK D M, CHAN J W, MORRIS J W. The influence of a magnetic field on the fracture toughness of ferromagnetic steel [J]. Materials Transactions JIM, 2000, 41: 888.

[30] CHAN J W, CHU D, TSENG C, et al. Cryogenic fracture behavior of 316LN in magnetic fileds up to 14.6T [C]. In 10th International Cryogenic Materials Conference (ICMC)/Cryogenic Engineering Conference (CEC). Albuquerque NM, 1993.

04 第4章 金属材料

金属材料是最重要的低温材料。本章简要介绍应用于低温的金属材料及特性，共 8 个方面，分别为低温马氏体相变、低温“锯齿”形流变、金属材料氢脆、钢、镍基合金和高温合金、钛和钛合金、铝和铝合金，以及铜和铜合金等。

4.1 低温马氏体相变

马氏体相变最初是指由面心立方结构（FCC）的奥氏体钢（相）转变为体心立方结构（BCC）或体心四方结构（BCT）的马氏体钢（相）（α′）。后来，马氏体相变演变为泛指一种无扩散或位移型的相变。我国著名材料学家徐祖耀院士提出，将马氏体相变定义为替换原子无扩散（成分不改变，近邻原子关系不改变）和切变（母相和马氏体之间成位向关系）而使形状改变的相变，这里的相变泛指一级（具有热量突变和体积突变，如放热和膨胀）形核长大型相变。按此定义，把基本特征属马氏体相变型产物统称马氏体。马氏体相变具有体积突变、放热、磁学和力学性能改变等特点。此外，对低温下材料自发或应变、应力等诱发马氏体相变的机理研究也具有重要意义。本节介绍金属材料马氏体相变，即重点介绍低温、应力或应变诱发奥氏体不锈钢的马氏体相变。

4.1.1 马氏体相变的基本特征

不锈钢、钛合金、碱金属、固体气体元素（如固体氧、固体氦）、高分子材料，甚至超导材料（如 V_3Si、Nb_3Sn）在低温下都发现了马氏体相变。

奥氏体不锈钢马氏体相变，是指低温、应变或应力诱发的马氏体相变。面心立方结构（FCC），α′相体心立方结构（BCC）、体心四方结构（BCT）或体心斜方结构（BCP），或 ε 相密排六方结构（HCP），如图 4-1 所示。

316LN 奥氏体不锈钢金相照片如图 4-2（a）所示。α′相马氏体形貌有多种，如板条状、片状和薄板状，分别如图 4-2（b）、图 4-2（c）和图 4-2（d）所示。

马氏体相变为非扩散相变，这是由于新生成的马氏体和母体（奥氏体）成分完全一致，仅发生点阵改组；马氏体相变可以在低温下进行。低温下置换原子、间隙原子都极难扩散，而马氏体生长速度可高达 10^3 m/s（固体中声速），因此不可能依靠扩散进行；原子以切变方式移动，相邻原子的相对位移不超过原子间距，近邻关系不变。

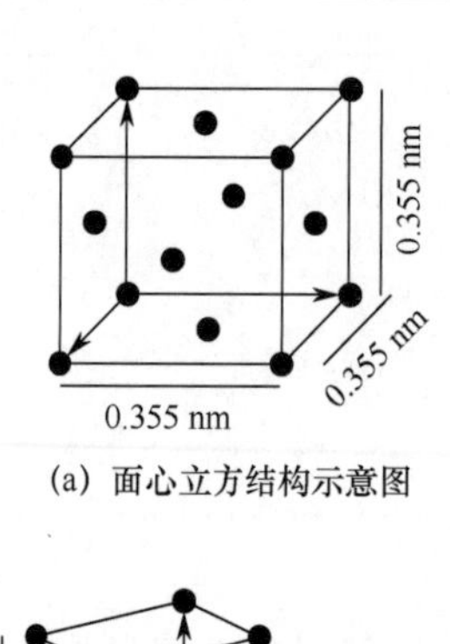

(a) 面心立方结构示意图

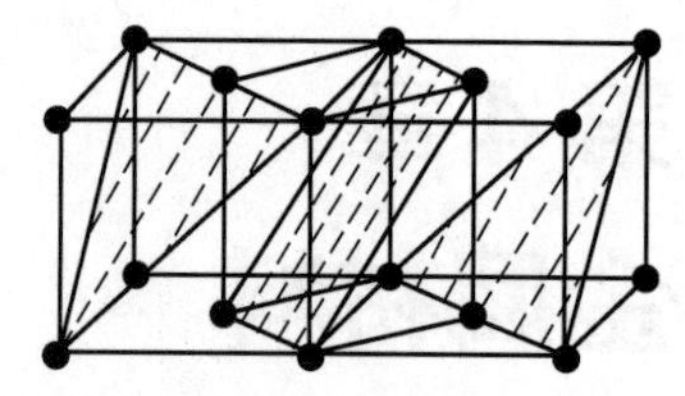

(b) 面心立方结构（奥氏体）和体心四方结构（马氏体）关系示意图

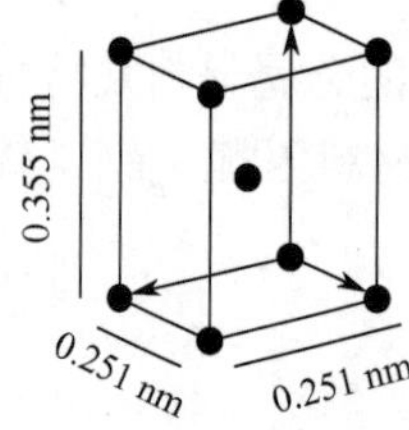

(c) 体心四方结构示意图

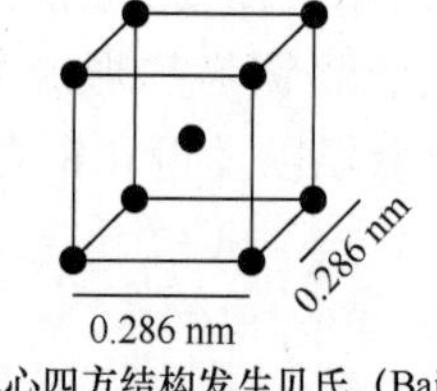

(d) 体心四方结构发生贝氏（Bain）应变，变为体心立方结构

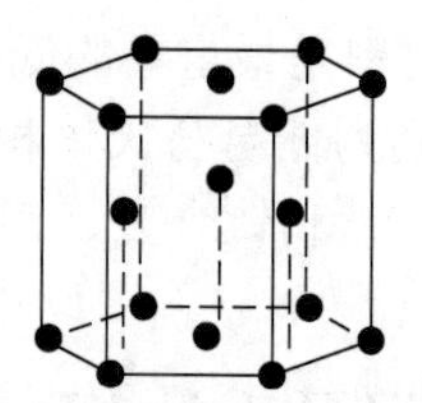

(e) 密排六方结构示意图

图 4-1 面心立方结构、α′ 相和 ε 相马氏体相变示意图

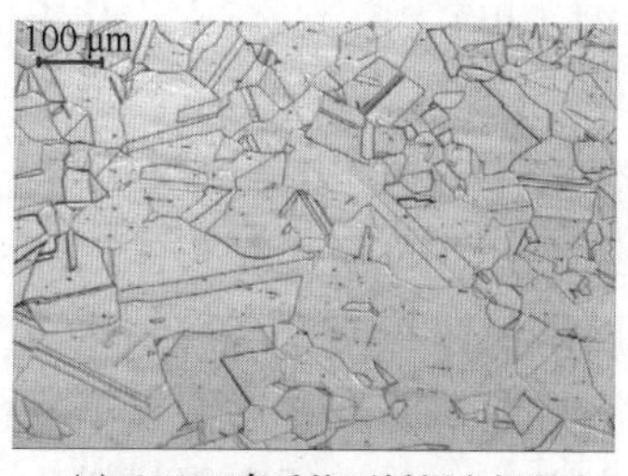

(a) 316LN奥氏体不锈钢金相照片

(b) 板条状马氏体照片

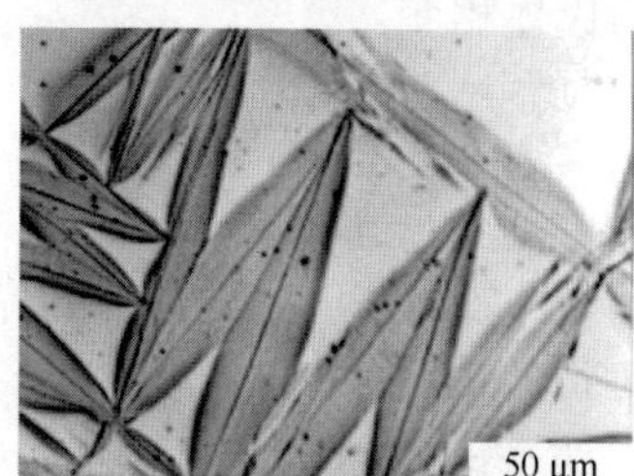

(c) 片状马氏体照片

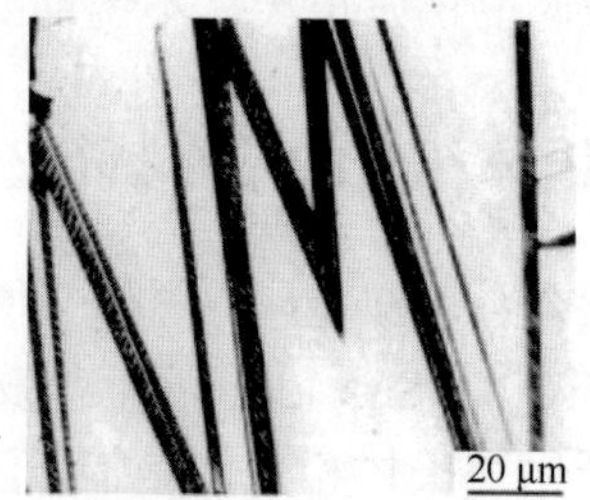

(d) 薄板状马氏体

图 4-2 奥氏体和几种马氏体形貌

马氏体往往在母相的一定晶面上开始形成，此晶面称为惯习面。马氏体和母相的相界面、中脊面都可能成为惯习面。对碳（C）质量含量小于 0.5%的钢，惯习面通常为$\{111\}_{\gamma}$。

马氏体相变源于原子迁移的协调剪切机制。从能量角度分析，马氏体相变的驱动力是母体奥氏体和产生马氏体的亥姆霍兹自由能。在平衡温度 T_0，母相和子相具有相同的自由能。当温度在 T_0 以下，马氏体转变发生。马氏体转变开始发生的温度称为 T_{ms}，而全部转变为马氏体的温度称为 T_{mf}。当冷却至 T_0 温度以下但没有发生马氏体相变的情形称为过冷，过冷与两相自由能差别增大关联。T_0 温度以下且自由能差别增大是马氏体剪切相变即马氏体转变开始的诱因。流变强度、缺陷变形能和弹性常数等特性通过对母相和子相应变能的贡献影响马氏体相变发生的难易程度。母相和子相应变能差异小的材料的 T_0 和 T_{ms} 差别相对较小，而母相和子相应变差别大的材料需要更多的驱动能以发生低温马氏体相变。对铁基合金，T_{ms} 对应的应变能差值在 400～2600 J/mol 之间，而非铁材料的驱动力在 40 J/mol 左右。

相变过程中自由能转化为热能和储能（内能）。相变潜热可以测量，也可通过相变焓确定。对于铁基合金，相变焓的测量值在 1200～3200 J/mol 之间，还发现与材料的形貌和内部缺陷有关（储能）。例如，有研究发现，板条状马氏体（位错）的形成较片状马氏体（孪晶）的形成放热少。原因是，孪晶变形储能为 100 J/mol，远低于位错储能（10^{17} 位错对应 1500 J/mol）。储能的三种主要形式为应变、界面和缺陷形成，缺陷类型主要包括位错和孪晶。实验上曾发现马氏体形成后空位或空位团浓度非常大。这些空位的形成对储能贡献很大。

马氏体相在母体奥氏体相内分散的位置成核并快速生长至平衡状态时的尺寸和形貌。相变开始于温度低于母相和子相热力学平衡温度时，晶核并不随机分布。计算表明均匀分布成核需要相当大的能量，其值远超热涨落能。因此，各种成核始于具有低激活能壁垒的点。晶格缺陷包括自由界面和其应变场基本上都可成为晶核产生点。有研究提出，铁基合金的堆垛层错晶核是成核模型。堆垛层错以及奥氏体结构中的少量的密排六方结构也被认为是铁基合金相变晶核的产生点。

温度也是影响马氏体相变的关键因素之一。在温度 T_{ms}，马氏体相变开始发生。与其他相变不同，马氏体相变发生非常快。进一步的马氏体相变通常只需要稍微降低温度。马氏体逆转生成奥氏体的温度称为 T_{as}。对于铁基合金，T_{as} 远高于 T_{ms}，T_{as} 一般大于 600 K，但有些材料的 T_{as} 比 T_{ms} 仅高数 K。

影响缺陷密度、缺陷形态或者母体相流变应力的因素也影响 T_{ms}。可以通过冷加工降低晶粒尺寸、辐照和循环相变从而降低 T_{ms}，而表面或薄片约束松弛等缺陷引入会提高 T_{ms}，流体静压降低铁基合金的 T_{ms}。此外，磁场也会提高铁基合金的 T_{ms}。

对铁基合金，曾测量到马氏体生长速度接近声速。铁基合金的马氏体相变具有如下特征：

（1）对于多数 Fe-C 合金钢，当温度达到 T_{ms}，马氏体转变开始。T_{ms} 与冷却速率无关，实验上发现冷却速率 50000 K/s 仍对 T_{ms} 无影响。然而，马氏体相变反应速率与冷却速率密切相关，一般高冷却速率提高相变反应速率。此类动力学行为称为非热相变，通常发生在室温以上。在材料达到热平衡时间内，相变发生并停止，随后停留在一个不会再发生相变的温度。因此有研究认为马氏体相变总是动力学稳定的。偏聚在潜在晶核的间隙原子 C 和 N 实现稳定功能，阻止任何可能发生的马氏体相变。

（2）对 Fe-Ni 和 Fe-Ni-C 合金，马氏体相变会突发性发生。通常，此类材料的马氏体相变伴随明显的声音发生。马氏体相变通过许多晶体成为晶核后快速发生。单个或多个晶核生成足以引发其他晶核形成和相变发生。因此马氏体相变可认为是自催化行为。当然，实际应用中不希望发生这种相变。这是由于这种突发性相变产生大量滑移但伴随有限的孪晶或者层错和马氏体与奥氏体界面的高残余应力。

（3）等温相变。此类材料马氏体晶粒也快速生长，但是生长动力依赖于时间，且新的马氏体相变通常需要新晶核形成，而不是原有晶核的生长。此类马氏体相变量依赖于冷却速率，且低冷却速率导致更多的马氏体生成。此外，在较低的温度下由于不能提供足够晶核形成能因而生成的马氏体量也较少。

应力也是马氏体相变的驱动力之一。应力可引起马氏体形状改变（应变增加），从而引起应力场释放。应力通常诱发两类相变，即应力诱发相变和应变诱发相变。后者指母相发生塑性形变从而形成新的晶核，生成的马氏体相通常为沿滑移面和沿特定方向的细小晶粒。应力诱发马氏体相变发生在温度 T_{ms} 以上。能发生应变诱发马氏体相变的最高温度标记为 T_{md}。当温度低于 T_{ms}，应力有助于冷却引起的马氏体相变完成。然而，对有些合金如 Fe-Ni-Cr 系奥氏体不锈钢，在 T_{ms} 至 T_{md} 温度范围内，应变诱发的马氏体相变可能被抑制在 80 K 以下。

冷加工可通过两个方面影响冷却至 T_{ms} 下发生的马氏体相变。一些铁基合金的轻微塑性变形能形成新的晶核，因此能增加 T_{ms} 温度以下的马氏体转变。然而，强冷变形会增加母相奥氏体的流变强度，因此会导致 T_{ms} 降低和马氏体转变量降低。

当马氏体相变参与材料的整体变形模式，其应力–应变特性会改变。应变中会有由于相变引发的部分，实验中发现相变引起材料应变增加 100%的现象。此外，马氏体相变还会引起材料流变强度增加从而导致抗拉强度 R_m 增加，如 304 和 316 奥氏体不锈钢。

马氏体相变的剪切型原子迁移会产生宏观形貌改变、特定形状的马氏体形貌，以及母相奥氏体和子相马氏体特定的晶体学关系。这些变化可以通过光学显微镜甚至目测观察到。

奥氏体钢中马氏体含量可通过 X 射线衍射、磁测量等试验获得，如表 4-1 所示。

表 4-1　奥氏体钢中马氏体含量表征方法

方　法	探 测 区	优　势	不　足
磁测量	块体	准确度高	不一定达到磁饱和，边缘效应，需标定
中子衍射	块体	穿透深度大（约 20 mm）	大科学装置
X 射线衍射	表面	快速、相对简单	穿透深度小（约 10 μm），织构效应
金相/SEM/EBSD	表面	空间信息	间接确定马氏体相
穆斯堡尔谱	表面	高准确度，高精度	环境依赖性高

4.1.2　Fe-Ni-Cr 系奥氏体不锈钢的马氏体相变

Fe-Ni-Cr 系奥氏体不锈钢可用作 20 K 甚至以下低温结构材料。然而，由于多数 Fe-Ni-Cr 系奥氏体不锈钢是亚稳态的，温度、应力或塑性变形都可能诱发马氏体相变，即由具有面心立方结构的 γ 相转变为具有体心立方结构或体心四方结构的 α' 相和具有密排六方结构的 ε 相。在低温系统设计时，需要考虑断裂行为、尺寸稳定性、磁性，以及焊接接头的上述性能等都要考虑选用 Fe-Ni-Cr 系奥氏体不锈钢的马氏体相变行为。

Fe-Ni-Cr 系奥氏体不锈钢的奥氏体稳定性与其化学组分、应力、塑性应变以及温度等因素密切相关。在化学成分中，如前讨论，镍元素等是奥氏体稳定元素，当其含量超过特定值时奥氏体是稳定的，即温度、应力以及应变都不会诱发马氏体相变。马氏体开始转变温度 T_{ms} 可由 Eichelman-Hull 公式给出[1]，即

$$T_{ms}=1758-1667(m_C+m_N)-61.1m_{Ni}-41.7m_{Cr}-33.3m_{Mn}-27.8m_{Si}-36.1m_{Mo}\ (\mathrm{K}) \tag{4-1}$$

式中，m_{Ni} 等为对应的元素质量百分数。由式（4-1）可见，C、N、Ni、Cr、Mn 等都是奥氏体稳定元素，可显著降低马氏体开始转变温度。由式（4-1）还可以计算得到 310 系奥氏体不锈钢的马氏体开始转变温度 T_{ms} 为−2000 K，使其成为 300 系奥氏体不锈钢中最稳定的。此外，这也解释了为什么 316N、304N 和 347N 分别比 316、304 和 347 更加稳定。

AISI 301、304、316 等是亚稳态的，而含 26%Cr 和 20%Ni 的 310 以及 P506 等奥氏体不锈钢则是稳态的。如本书 4.1.1 节所述，应力诱发马氏体相变发生在温度 T_{ms} 以上，即当外应力大于材料的屈服应力并在相变前产生塑性变形时，塑性应变会提供易于被激活的形核位置。在温度高于 T_{ms} 点对奥氏体进行塑性变形能产生马氏体相变，且其转变量随变形量增加而增加，即应变诱发马氏体相变。然而，当温度升高到某一温度 T_{md}，即形变马氏体点，塑性变形则不能使奥氏体转变成马氏体。如果在温度 T_{md} 点以上对奥氏体产生大量的变形，会使随后的马氏体转变变得非常困难，温度 T_{ms} 点降低，转变量减少。例如，对通用型 304、为应用于低温而元素调节的 304 以及 P506 奥氏体不锈钢，可以计算得到马氏体开始转变温度 T_{ms} 分别为 280 K、140 K 和绝对零度附近，而计算得到的形变马氏体点 T_{md} 则分别为 346 K、320 K 和 36 K。

Fe-Ni-Cr 系奥氏体不锈钢的奥氏体稳定性对应力−应变行为和流变的温度依赖性都有影响。在亚稳定的 Fe-Ni-Cr 系奥氏体不锈钢中，如 301 和 304，α′相变和 ε 相变都会发生。塑性变形量和温度对 301 奥氏体不锈钢马氏体相变体积分数的影响如图 4-3 所示。这些材料会发生低温应力、应变诱发马氏体相变。在另一些亚稳定的 Fe-Ni-Cr 系奥氏体不锈钢中，如 316，则通常只会发生 α′ 相变，ε 相变则为中间相。这类材料只发生应力、应变诱发马氏体相变，而低温则不会。而在奥氏体稳定的 Fe-Ni-Cr 不锈钢中，如 310，低温下和整个变形直至断裂过程中都不发生 α′ 相变和 ε 相变。

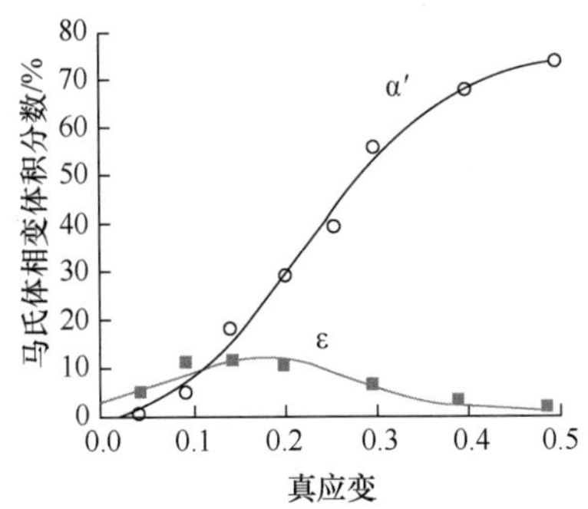

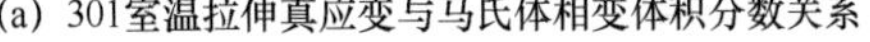
(a) 301室温拉伸真应变与马氏体相变体积分数关系

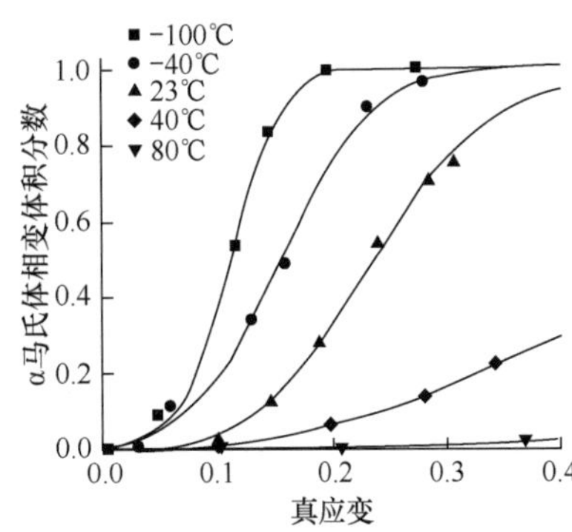

(b) 温度对不同拉伸真应变下301α′马氏体相变体积分数的影响

图 4-3　塑性变形量和温度对 301 奥氏体不锈钢马氏体相变体积分数的影响[2]

马氏体相变对 Fe-Ni-Cr 系奥氏体不锈钢的应力−应变行为的影响如图 4-4 所示。在 4～200 K 低温区，对亚稳态 Fe-Ni-Cr 系奥氏体不锈钢应力−应变行为分为三个不同阶段，而具有稳定奥氏体结构的 Fe-Ni-Cr 不锈钢则只有位错应变硬化行为；具有亚稳态奥氏体结构的 Fe-Ni-Cr 不锈钢的应力−应变行为的第 I 阶段，表征微应变和包含 0.2%非比例塑性变形的早期宏观应变。通常认为在第 I 阶段不会发生 α′ 相变。然而，在第 I 阶段可能发生堆积层错团簇或者 ε 相变，或者二者同时发生。在低温下堆积层错能降低，低至足以诱发 ε 马氏体相变。

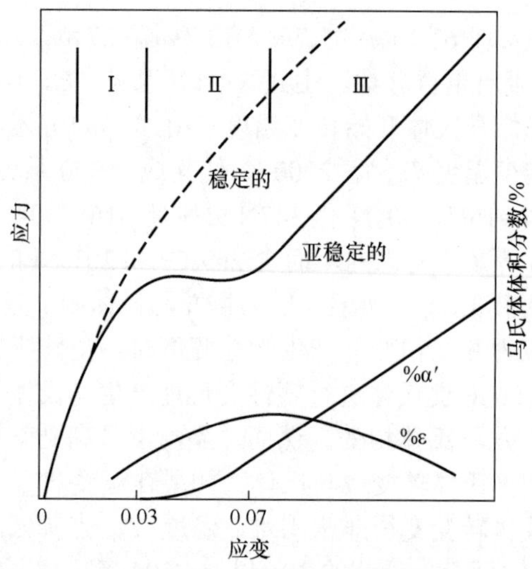

图 4-4　Fe-Ni-Cr 系奥氏体不锈钢应变诱发马氏体相变[3]

亚稳态和稳态 Fe-Ni-Cr 系奥氏体不锈钢在应变行为第 I 阶段的温度依赖性如图 4-5 所示。对亚稳态 Fe-Ni-Cr 系奥氏体不锈钢，如 304，流变强度对温度依赖性可分为 3 个区域，即高温区（$T>T_1$），表现为正常的温度依赖性，不发生马氏体相变；中间温区（$T_1>T>T_2$），流变强度随温度降低而降低；和低温区（$T<T_2$），流变强度随温度降低而增加。对稳态 Fe-Ni-Cr 系奥氏体不锈钢，流变强度对温度的依赖是正常的随温度降低而单调增加。应力–应变行为的第 I 阶段，通常不发生 α′ 相变。而磁测量也未发现磁导率变化。通常到第Ⅱ阶段才发现磁导率变化。有研究还用磁测量研究 α′ 相变发生的应力水平，发现 α′ 相变发生的应力远高于屈服应力。

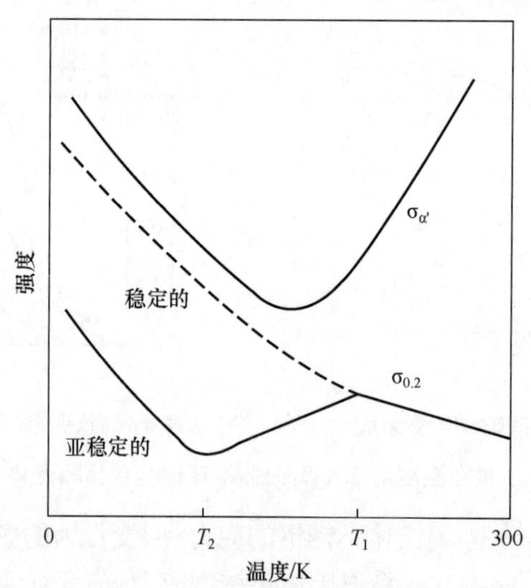

图 4-5　Fe-Ni-Cr 奥氏体不锈钢在应变行为第 I 阶段的温度依赖性[3]

在应力–应变行为的第Ⅱ阶段，常发生所谓的“易滑移”并在交叉口处形成板条状 α′ 马氏体。第Ⅱ阶段主要发生在 76～200 K 的温度范围。在此温度范围内，应力维持相对不变的应变概率，其通常在 3%～5%之间。

在应力–应变行为的第III阶段，材料的加工硬化率增大至某一常数，并在一个较大塑性形变范围（20%～40%）维持不变。在第III阶段，α′相马氏体质量分数与塑性变形量呈线性关系。如图4-4所示，研究表明最大质量分数的ε相发生在从第II阶段向第III阶段的过渡区中。因此在第III阶段不再发生ε相变，且ε相的数量随应变增加而减少，因此可推测ε相马氏体转变为α′相马氏体。对稳定Fe-Ni-Cr系奥氏体不锈钢，加工硬化率在第I阶段和第II阶段降低，但第III阶段维持不变。304L和316LN奥氏体不锈钢在室温、液氮和液氦温度下拉伸真应力–应变曲线及不同应变下马氏体质量分数分别如图4-6（a）和图4-6（b）所示。

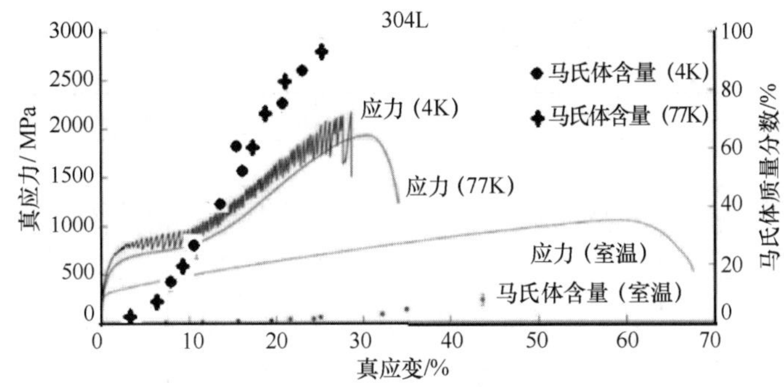

（a）304L奥氏体不锈钢室温、77 K和4.2 K拉伸真应力–应变曲线及不同应变下马氏体质量分数

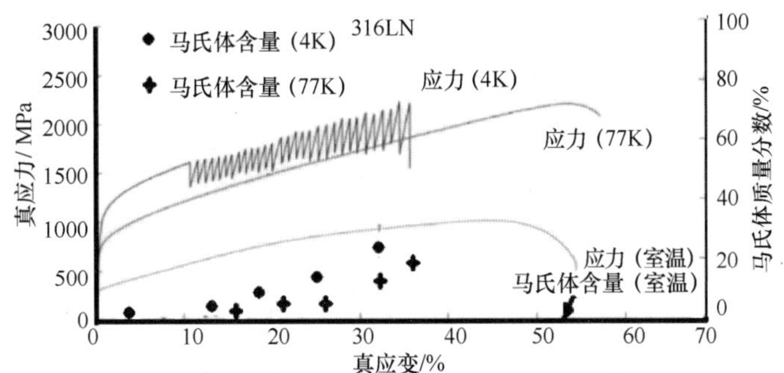

（b）316LN奥氏体不锈钢室温、77 K和4.2 K拉伸真应力–应变曲线及不同应变下马氏体质量分数

图4-6　304L和316LN不同温度下拉伸真应力–应变曲线及不同应变下马氏体质量分数[4]

由于α′相马氏体强度高于γ相奥氏体，因此α′相马氏体可用于钢铁材料增强。对Fe-Ni-Cr系奥氏体不锈钢，也可用形成α′相马氏体的方法增强。如通过大的塑性变形轧制形成高比例α′相马氏体，使Fe-Ni-Cr系奥氏体不锈钢的室温屈服强度达1400 MPa以上。当然，通过此种方式得到的屈服强度提高是以严重牺牲塑性和韧性为代价的。

300系Fe-Ni-Cr奥氏体不锈钢相变行为归纳如表4-2所示。对单晶和Fe-9Cr-8Ni多晶奥氏体不锈钢，实验上发现了应力诱发马氏体相变，但对Fe-18Cr-8Ni多晶奥氏体不锈钢未发现此类相变。通常认为弹性应力诱发马氏体相变行为与低温冷却诱发马氏体相变一致。应变诱发马氏体相变相对较为复杂，可分为3个阶段。每个阶段的加工硬化率都有不同。在第III阶段，应变诱发α′相马氏体相变发生在滑带交叉处，只具有一个变体惯习面。而应力或温度诱发的马氏体相变则发生在{111}片层，且具有3个变体惯习面。此外，应力诱发的马氏体相变通常降低材料的流变强度，而应变诱发的马氏体相变通常增加材料的流变强度。应变诱发的马氏体相变发生初期且对加工硬化率无贡献，因此发生在第Ⅱ阶段的流变强度降低，而在第Ⅲ阶段流变强度增加。

表 4-2　300 系 Fe-Ni-Cr 奥氏体不锈钢的相变行为[5]

相变诱因	相变特征				
	晶体结构	形貌	位置	体积含量/%	备注
低温	HCP	{111}片层		0～5	
	BCC	<110>板条，3 变体惯习面	{111}片层内	0～10	等温相变
应力	HCP	{111}片层			
	BCC	<110>板条			304 及稳定奥氏体不锈钢中未发现
应变					
第 I 阶段	HCP	{111}片层		0～5	加工硬化
第 II 阶段	HCP	{111}片层		0～20	在第 III 阶段减少
	BCC	<110>板条，3 个变体惯习面	滑移—平面相互作用	0～10	无加工硬化
第 III 阶段	BCC		{111}片层内	10～80	强加工硬化，相变量随应变线性增加

由于 Fe-Ni-Cr 系奥氏体不锈钢广泛用于低温结构材料，因此低温系统设计时需要考虑低温环境发生的马氏体相变。马氏体相变对 Fe-Ni-Cr 系奥氏体不锈钢的性能具有一系列影响，主要包括：

（1）体积膨胀。与 γ 相奥氏体相比，α′ 相马氏体密度增加 1.7%。相变体积变化易导致结构局部肿胀甚至破裂。

（2）磁性变化。α′ 相马氏体为铁磁性，而 γ 相奥氏体为顺磁性。实验发现 α′ 相马氏体每增加 1wt.%，材料的相对磁导率增加 0.01。因此超导磁体设计尤其是对磁场要求较高的加速器磁体、核磁共振成像磁体以及聚变磁体，需要充分考虑 Fe-Ni-Cr 系奥氏体不锈钢的相变问题。针对强磁场环境对 Fe-Ni-Cr 系奥氏体不锈钢的低温力学及相变行为影响已有研究，但目前的研究结果较分散。多数研究者认为强磁场对 Fe-Ni-Cr 系奥氏体不锈钢低温力学性能影响不大，且不会促进或抑制马氏体相变，而进一步的研究需要相应高精度“原位”测试手段。

（3）力学性能变化。强度：马氏体相变对于 Fe-Ni-Cr 系奥氏体不锈钢强度的影响如前所述。对于三种类型的奥氏体不锈钢 304L、316L 和 310S 拉伸应力–应变行为，如图 4-7 所示，316L 奥氏体稳定性介于亚稳定的 304L 和稳定的 310S 之间。韧性：马氏体相变对韧性也有影响。通常认为马氏体相变既有提高韧性的因素，也有降低韧性的因素，如表 4-3 所示。外磁场对马氏体相变也有影响，见本书第 3 章所述，因而影响力学性能。对 304L、316L 和 310S 奥氏体不锈钢研究表明，韧性与奥氏体相稳定性（屈服强度）成反比。然而对于温度就能诱发相变的、奥氏体相非常不稳定的 Fe-Ni-Cr 系不锈钢如 301，实验发现马氏体相变会导致韧性降低。此外，Fe-Ni-Cr 系奥氏体不锈钢的焊接通常导致热影响区氮化物、碳化物等的析出。这些区域奥氏体相会更为不稳定且易发生马氏体相变。Fe-Ni-Cr 系不锈钢焊接热影响区马氏体相变易产生高应力及开裂。

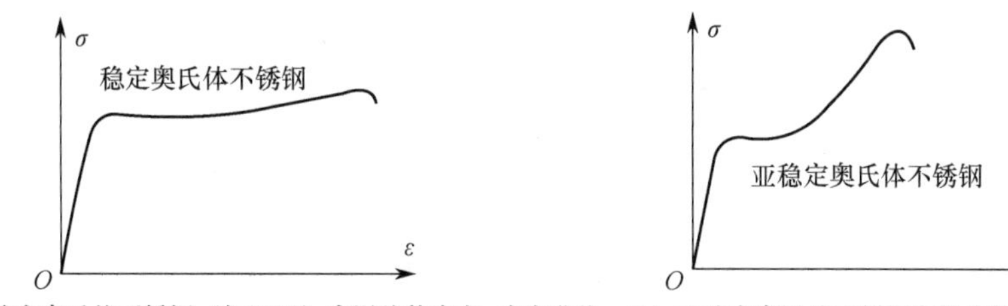

(a) 稳定奥氏体不锈钢（如310S）室温拉伸应力-应变曲线　(b) 亚稳定奥氏体不锈钢室温拉伸应力-应变曲线

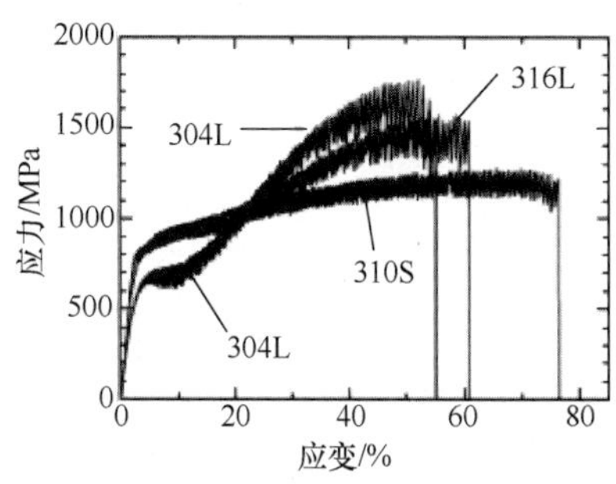

(c) 304L、316L、310S液氦温度拉伸应力-应变曲线[6]

图 4-7　奥氏体稳定性对拉伸应力-应变影响示意图

表 4-3　马氏体相变对奥氏体不锈钢断裂韧性的影响[7]

	因　素	影　响
提高韧性	加工硬化	马氏体相增强
	马氏体相硬度	马氏体相生成可诱发裂纹偏转和二次裂纹形成
	静磁力	静磁力降低裂纹尖端应力强度
	相变应变	相变应变的膨胀效应和偏向分量屏蔽裂纹，降低作用在尖端的有效应力强度
降低韧性	马氏体相脆性	马氏体相降低低温下裂纹萌生阻力
	相变应变	相变应变提高作用在尖端的有效应力强度

4.1.3　Fe-Mn-Cr 系奥氏体不锈钢的马氏体相变

Fe-Mn-Cr 系奥氏体不锈钢与 Fe-Ni-Cr 系奥氏体不锈钢的低温变形及低温相变不同之处主要在于，前者主要发生孪晶和密排六方结构的 ε 相马氏体相变。对 Fe-Mn-Cr 系奥氏体不锈钢，孪晶变形和 ε 相马氏体相变相辅相成，都与材料中的 Mn 元素及其含量有关。

对于 Mn 含量低于 10%的 Fe-Mn-Cr 系奥氏体不锈钢，其低温相变行为与 Fe-Ni-Cr 系奥氏体不锈钢的基本一致。Nitronic 40、Nitronic 50 及 JJ1 就属于此类材料。其中对于 Mn 含量 8%～10%的 Fe-Mn-Cr 系奥氏体不锈钢，低温可诱发板条状马氏体相变。对于 Mn 含量在 10%～14%的 Fe-Mn-Cr 系奥氏体不锈钢，低温可诱发 α′ 相和 ε 相马氏体相变。当此类 Fe-Mn-Cr 系奥氏体不锈钢升温至室温时其结构主要是 α′ 相马氏体、ε 相马氏体以及少量残余 γ 相奥氏体。ε 相马氏体也是亚稳态的，在室温及低温下变形会诱发 ε 相马氏体转变为 α′ 相马氏体。此类 Fe-Mn-Cr 系奥氏体不锈钢中，Mn 含量小于 12%的材料的性能主要由 α′ 相马氏体决定，且其低温韧性可通过热处理增加。对 Mn 含量高于 12%的材料，性能则主要由 ε 相马氏体决定，这导致室温及低温屈服强度严重退化。

对 Mn 质量百分数在 14%～27%的 Fe-Mn-Cr 系奥氏体不锈钢及奥氏体钢，低温诱发的马氏体相变产生的量变少。材料由 ε 相马氏体和未转变的 γ 相奥氏体构成，且其奥氏体比例及稳定性随 Mn 质量百分数增加而增加。低温韧脆转变温度也随 Mn 质量百分数增加而降低。如 JK2LB，其 Mn 的质量百分数为 21 %。

对 Mn 质量百分数在 28%～46%的 Fe-Mn(-Cr)材料为全奥氏体钢，不发生马氏体相变。其中 Mn 质量百分数在 26%～36%的钢维持较高的低温韧性，其温度可低至 20 K 甚至更低。当 Mn 的质量百分数高于 36 %，其低温韧性变差。

4.2 低温“锯齿”形流变

“锯齿”形不连续流变（屈服）是指拉伸、压缩等应力–应变曲线（σ-ε）上发生的 $d\sigma/d\varepsilon$ 不连续行为，如图 4-8 所示。这种不连续屈服导致应力–应变曲线变化如“锯齿”形，因此常称为“锯齿”形流变。不连续屈服的显著特征是载荷（应力）随时间不连续剧烈变化。

在特定温度和应变速率范围内，多种金属或合金材料在塑性变形过程中会出现特殊的塑性失稳现象，即时域上的“锯齿”形应力流变和空域上的应变局域化。发生不连续屈服时，在宏观时域上表现为应力–应变曲线上的“锯齿”形振荡，如图 4-8（a）所示；在空域上则主要表现为剪切带的形成和传播，造成材料塑性的降低和表面的凹凸不平，如图 4-8（b）所示。

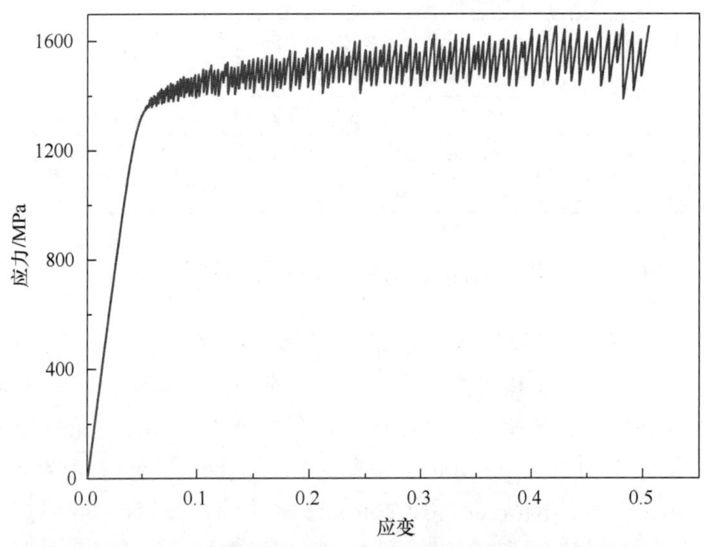

(a) 奥氏体不锈钢316LN液氦温度拉伸应力–应变曲线

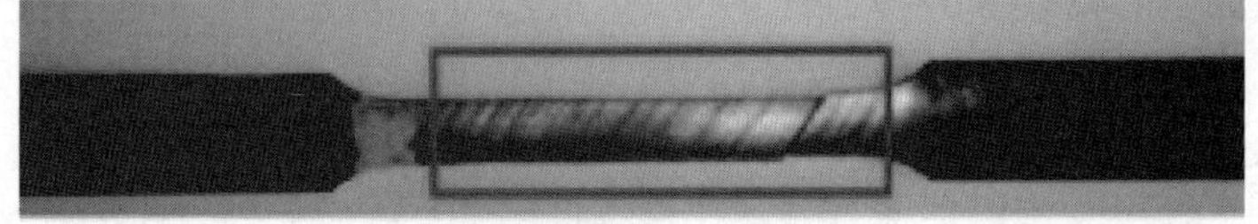

(b) 奥氏体不锈钢316LN液氦温区拉伸试样上的剪切带

图 4-8　奥氏体不锈钢 316LN 液氦温区拉伸应力–应变及剪切带形成

不连续屈服的发生不仅与材料相关，还与试验系统相关。以拉伸试验为例，试样发生塑性变形后任意时刻系统总应变 ε、试样上的塑性应变 $\varepsilon_{p,s}$ 和试样–试验机系统弹性应变 $\varepsilon_{e,s-m}$ 之间有

$$\varepsilon = \varepsilon_{p,s} + \varepsilon_{e,s-m} \tag{4-2}$$

因此有

$$\dot{\varepsilon} = \dot{\varepsilon}_{p,s} + \dot{\varepsilon}_{p,s-m} \tag{4-3}$$

即

$$\dot{\varepsilon} = \dot{\varepsilon}_{p,s} + \frac{1}{E_{s-m}}\dot{\sigma} \tag{4-4}$$

式中，$\dot{\varepsilon}$ 为系统总应变速率，$\dot{\varepsilon}_{p,s}$ 为塑性变形应变速率，σ 和 E_{s-m} 分别为应力和试样–试验机系统的弹性模量。当试样上 $\dot{\varepsilon}_{p,s}$ 超过 $\dot{\varepsilon}$ 时就会发生应力剧烈降低，即当 $\dot{\varepsilon}_{p,s}$ 剧烈增加时应力发生跳跃。除拉伸、压缩等准静态试验，在蠕变试验时也会发生不连续屈服，有时称之为台阶状蠕变。

目前，实验上发现了三种类型的不连续屈服，分别是吕德斯（Lüders）屈服、波特文–勒夏特利埃（Portevin-Le Chatelier，PLC）效应和低温不连续屈服，下面分别进行介绍。

4.2.1　吕德斯屈服

对金属材料不连续屈服的研究最早始于 19 世纪 60 年代。吕德斯发现低碳钢在室温下进行拉伸试验时，会出现明显的屈服现象，即应力升高到上屈服点后快速跌落到下屈服点，如图 4-9（a）所示。随后拉伸应力–应变曲线会出现一个具有微小应力起伏波动的“锯齿”形流变带，伴随试样表面上吕德斯带的形成。当应力平台区结束以后，加工硬化起主导作用，致使材料随后的宏观塑性变形变得均匀稳定，如图 4-9（b）所示。

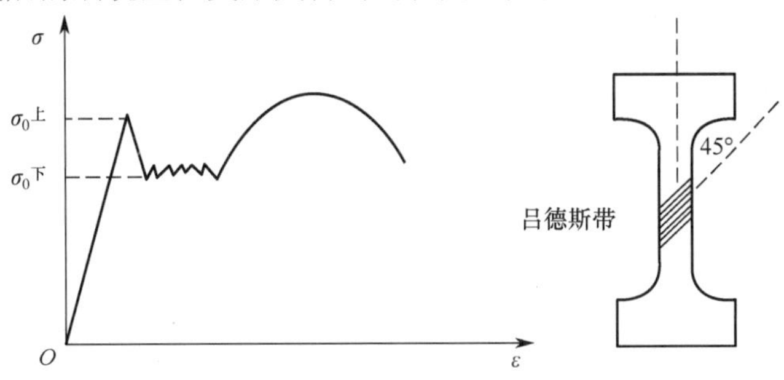

（a）低碳钢室温拉伸应力–应变曲线

（b）低碳钢拉伸试样表面

图 4-9　低碳钢拉伸应力–应变曲线和试样表面

吕德斯带的形成和溶质原子与位错相互关系有关。低碳钢中位错被 C、N 原子钉扎并

形成柯氏（Cottrell）气团。在塑性变形时，位错必须挣脱柯氏气团的束缚才能移动，即需要加大外力才能引起屈服（上屈服点）。随后，位错可以在较小的应力下运动，从而在一个低应力水平（下屈服点）下继续变形。

4.2.2 PLC 效应

20 世纪 20 年代，波特文等在拉伸试验中发现金属材料室温及高温下发生的不同于吕德斯变形的新型不连续屈服现象，即应力–应变曲线上出现的连续反复振荡的“锯齿”形屈服现象，如图 4-10 所示。由于波特文等首次提出此连续“锯齿”形屈服现象的概念，该现象也被称为 PLC 效应，而且在多数钢、部分高温合金，以及 Al、Cu、Ni、Ti、V、Zr、Mg 等合金中也发现了这种现象。

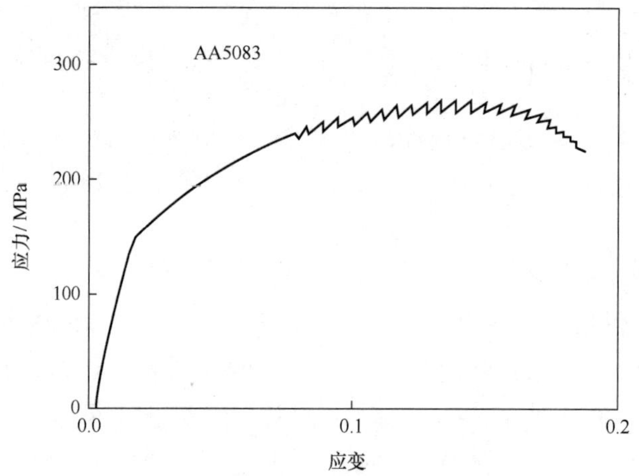

图 4-10　AA5083 铝合金室温拉伸应力–应变曲线

进一步研究发现，PLC 效应导致的“锯齿”形屈服包括 6 种不同形式（A-F），其中常见的 5 种如图 4-11 所示。每种类型的主要特征见表 4-4。

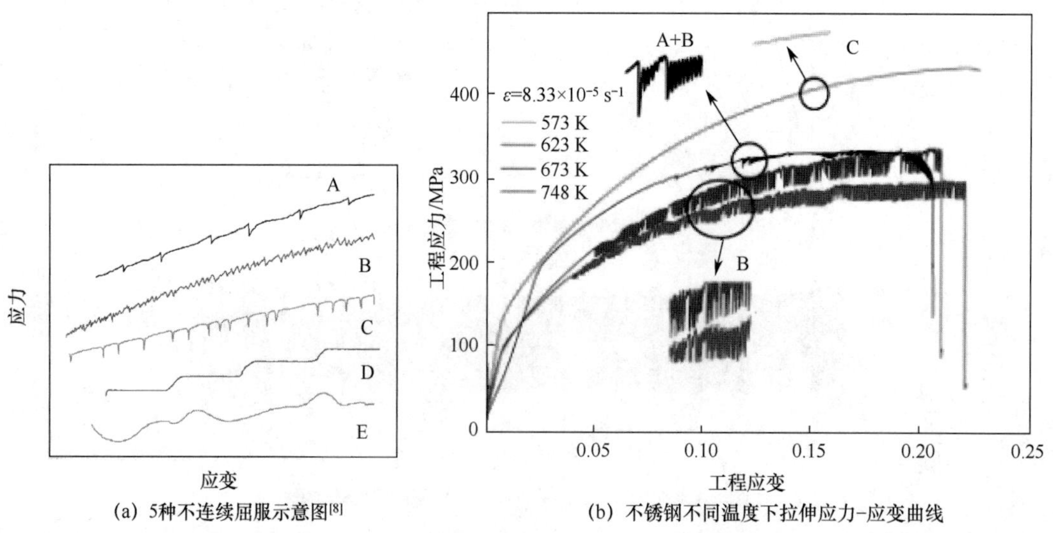

（a）5种不连续屈服示意图[8]　（b）不锈钢不同温度下拉伸应力–应变曲线

图 4-11　PLC 效应导致的 5 种类型不连续屈服及实例

表 4-4　PLC 效应导致的 6 种不连续屈服特征[8]

类　型	特　征
A	周期性锁紧型"锯齿"，且"锯齿"间存在光滑区；每一"锯齿"对应变形带产生和沿拉伸方向扩展。当扩展通过数个变形带后在试样拉伸方向形成应变梯度；多发生在室温和中高温度以及高应变速率下；"锯齿"形屈服开始发生的临界应变与试样温度成反比，与试样应变速率成正比
B	相对应力–应变曲线的平均值周期性微小尺度振荡；源于变形带不连续扩展（跳跃）；A 型"锯齿"在高温和低应变速率下可变为 B 型
C	低于应力–应变曲线原趋势的解锁型"锯齿"；多发生在高温和低应变速率情形下；"锯齿"形屈服开始发生的临界应变与试样温度成正比，与试样应变速率成反比，有时称之为逆 PLC 效应
D	应力–应变曲线的上阶梯状平台；与 A 型类似，源于变形带连续扩展，但应变硬化效应微弱或变形带应变梯度为零；仅在均匀预变形 Au-Cu 合金等发现
E	当 A 型"锯齿"应变较大后变为不规则"锯齿"，即 E 型；E 型"锯齿"发生阶段应变硬化效应较小，与大应变时变形带产生的应变梯度小相关
F	具有弓形应力–应变曲线特征；多发生在高温和高应变速率且应变硬化很小的情形下；与变形带反射相关；首先在数值模拟时发现，随后在试验上发现

目前对 PLC 效应的理论解释主要包括动态应变时效理论和位错切割机制。"应变时效"是指金属材料在塑性变形时或塑性变形后所发生的时效过程。最常见的是变形后的时效，称为静态应变时效（Static Strain Aging，SSA）。变形和时效同时发生的过程则称为动态应变时效（Dynamic Strain Aging，DSA）。动态应变时效是指在一定温度和应变速率下，溶质原子可扩散至可动位错线周围，起到钉扎位错作用而阻碍其运动，当外加应力增加到可以克服这种阻力时，可动位错将突然挣脱溶质原子气团的束缚而自由运动，直至再次被扩散的溶质原子钉扎。位错与溶质原子气团之间"钉扎"和"脱钉"反复进行，宏观上表现为流变应力的"锯齿"形振荡。通常，动态应变时效的宏观表现特征包括应力–应变曲线上出现"锯齿"波、屈服应力平台、异常应变–硬化关系，以及低甚至负的"应变速度敏感系数"。

Rodirguez 等归纳了导致不连续屈服产生的 7 个可能原因[8]，包括：

（1）位错密度或位错滑移速度的增加。位错滑移导致的塑性应变速率为

$$\dot{\varepsilon}_{\mathrm{P}} = \rho_{\mathrm{m}} \boldsymbol{b} \bar{\boldsymbol{v}} \tag{4-4}$$

式中，ρ_{m} 为参与滑移的位错密度，$\boldsymbol{b}$ 为伯格斯矢量（Burgers vector），$\bar{\boldsymbol{v}}$ 为位错滑移平均速度。因此，当位错密度 ρ_{m}、位错滑移速度 $\bar{\boldsymbol{v}}$ 任一或同时增加时都会导致不连续屈服。

（2）可动位错与动态应变时效的相互作用。可动位错与动态应变时效的相互作用会导致位错密度 ρ_{m}、位错滑移速率 $\bar{\boldsymbol{v}}$ 任意或同时增加，从而导致不连续屈服。

（3）可动位错有序向无序转变、渐变或调整。

（4）孪晶变形的产生。

（5）位错切割第二相粒子。

（6）材料温度的突变或温度的不均匀传递。这种情形主要发生在低温下。

（7）应力或应变诱发相变。

4.2.3 低温不连续屈服

20 世纪 50 年代，在实验中又发现了低温屈服不连续现象。在常温和高温下具有连续、光滑的应变硬化行为的金属材料在液氦温度下发生塑性变形不稳定现象，如图 4-8（a）和图 4-12 所示。随后，先后在具有面心立方结构的 Al、Cu、Ni、Pb、Ag，具有体心立方结构的 Nb、Ta、Mo、Cs，具有密排六方结构的 Zr、Ti、U、Hg、Hg、In 的金属单晶和多晶材料，以及 Cu-Ni、Cu-Be、Al-Mg、Al-Zn、Al-Cu、Al-Li、Cu-Al、Cu-Ni、Cu-Zn、Ti-Al、Ti-Zr、Ti-Pb、Ti-V、Ti-O、Ti-Zr-Mo、Ti-Al-V、Sn-Cd、Cu-Au-Co、Pb-In 合金，钢、高温合金甚至金属复合材料中发现了低温不连续屈服现象。在低温下发生不连续屈服的钢和金属复合材料如表 4-5 所示。

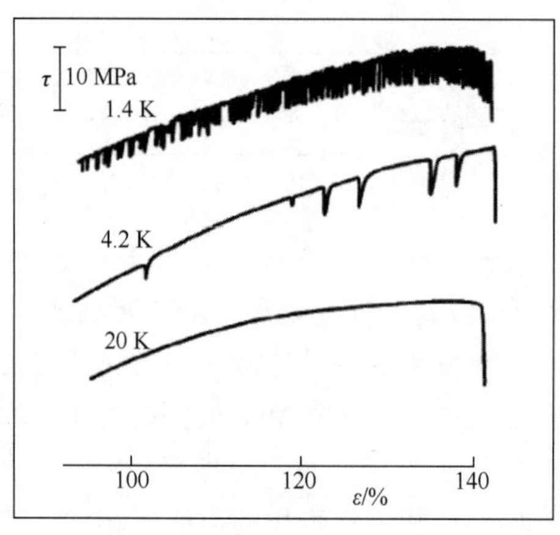

(a) 单晶铝（99.5%）不同温度拉伸应力-应变曲线

(b) 310S不同温度下拉伸应力-应变曲线

图 4-12 单晶及多晶金属材料液氦温度下拉伸应力-应变曲线[9]

表 4-5 合金低温不连续屈服特征[9]

材 料	材 料 特 性	试 验 条 件	开始温度/K	试验温度/K	注
304L	商品级	拉伸 4.4×10^{-6}～8.8×10^{-3} s^{-1}		4	
310L	商品级	拉伸 4.4×10^{-6}～8.8×10^{-3} s^{-1}		4	
316LN	商品级	拉伸 4.4×10^{-6}～8.8×10^{-3} s^{-1}		4	
316LN	商品级	拉伸 2.5×10^{-4} s^{-1}	36		
316LN	商品级	拉伸 2.4×10^{-4} s^{-1}	34		
310S	商品级	拉伸 3×10^{-4} s^{-1}	32.5		
Fe-Ci-Ni	多晶 18%Cr-(10～25)%Ni	拉伸 3×10^{-4} s^{-1}			
Fe-Ni-Cr-Mn	多晶(3.05～24.5)%Ni-(15.4～30.8)%Cr-(4.1～6.1)%Mn	拉伸 0.05 mm/s（位移速率）			
Fe-Ni-Cr	多晶	拉伸 5.5×10^{-4}～2.5×10^{-3} s^{-1}	20.4		
	000Kh18N8		19		
	000Kh18N20		20.4		
Fe-Ni-Cr	12Kn18N10T	拉伸 0.14×10^{-1}～0.28×10^{-3} s^{-1}		4.2	

（续表）

材　料	材 料 特 性	试 验 条 件	开始温度/K	试验温度/K	注
JN1	Fe-25%Cr-15%Ni-0.35%N-4%Mn	拉伸 $1.7×10^{-4}$ s^{-1}	35	4.2	
Fe-Ni-Mo	Fe-13%Ni-3%Mo-0.2%Ti	拉伸 $8.33×10^{-3}$～$4.17×10^{-5}$ s^{-1}			
310S	商品级	拉伸 $3.3×10^{-4}$ s^{-1}			
SUS304H	Fe-10.24%Ni-18.1%Cr	拉伸 $3.3×10^{-3}$～$3.3×10^{-5}$ s^{-1}		4	
SUS310S	Fe-19.76%Ni-24.5%Cr	拉伸 $3.3×10^{-3}$～$3.3×10^{-5}$ s^{-1}		4	无相变
Fe-Ni	Fe-13%Ni，多晶	拉伸 $4.17×10^{-5}$～$8.33×10^{-3}$ s^{-1}		4	
高马氏体钢	多晶 Fe-25%Mn-5%Cr-1%Ni	拉伸 $3.0×10^{-4}$ s^{-1}		4	
Cu-Nb	Cu-32.5%Nb	拉伸 $1.33×10^{-4}$ s^{-1}		4.2	
Cu-(Nb-Ti)	商品级复合超导体，Ti60-Nb40	拉伸 $7×10^{-4}$ s^{-1}		4.2	
Cu-(Nb-Ti)	商品级复合超导体，Ti50-Nb50	拉伸 $7×10^{-4}$ s^{-1}		4.2	
Al-Zr-Nb	多晶	拉伸		4.2	

1．低温不连续屈服的基本特征

金属材料低温不连续屈服具有如下特征。

（1）材料开始出现不连续屈服的温度 T_{se} 与材料、试验系统和应变速率等因素相关。几种典型材料的低温不连续屈服开始温度 T_{se} 见表 4-6。相同温度下，试验应变速率较低或较高时都不会发生低温不连续屈服，如图 4-13 所示。不同温度下，发生不连续屈服的应变速率范围不同，如图 4-14 所示。

表 4-6　几种材料的低温不连续屈服开始温度 T_{se}

材　料	T_{se}/K	材　料	T_{se}/K
Nb	4.2～20	Ti-6Al-4V	20～25
Ti	1.7～20	310S	32.5
Nb-Ti	4.2	316LN	34～36
铝合金	6～12	JN1	35

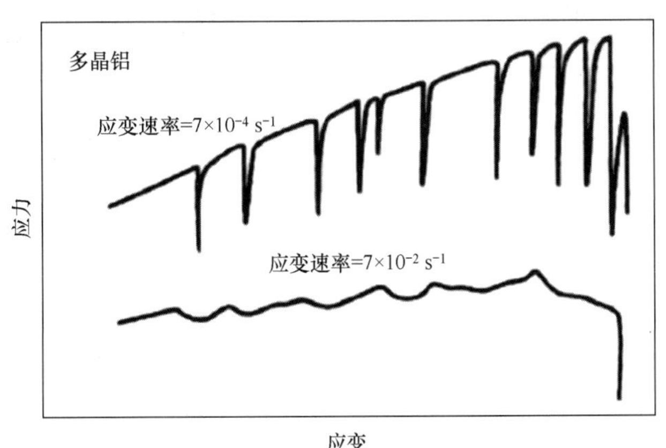

图 4-13　多晶铝不同应变速率下低温拉伸应力–应变曲线[9]

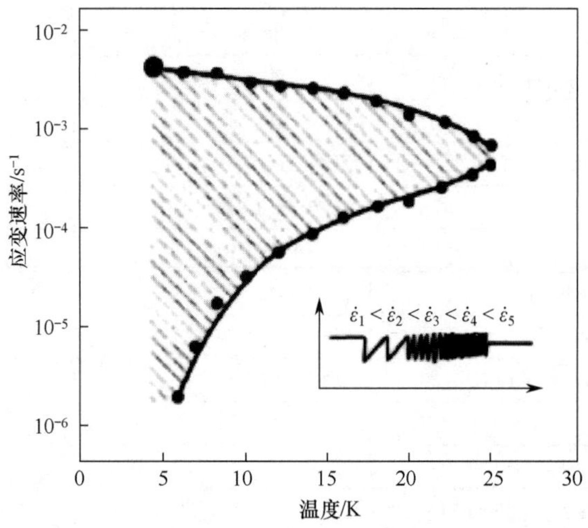

图 4-14 Cu-14at.%Al 合金出现不连续屈服的温度-应变速率范围[9]

（2）金属材料发生不连续屈服时会伴随试样温度的显著变化，如图 4-15 所示。通常 PLC 效应导致的不连续屈服则无此现象。此外，金属材料发生低温不连续屈服时还伴随电阻值的跳跃，如图 4-16 所示。

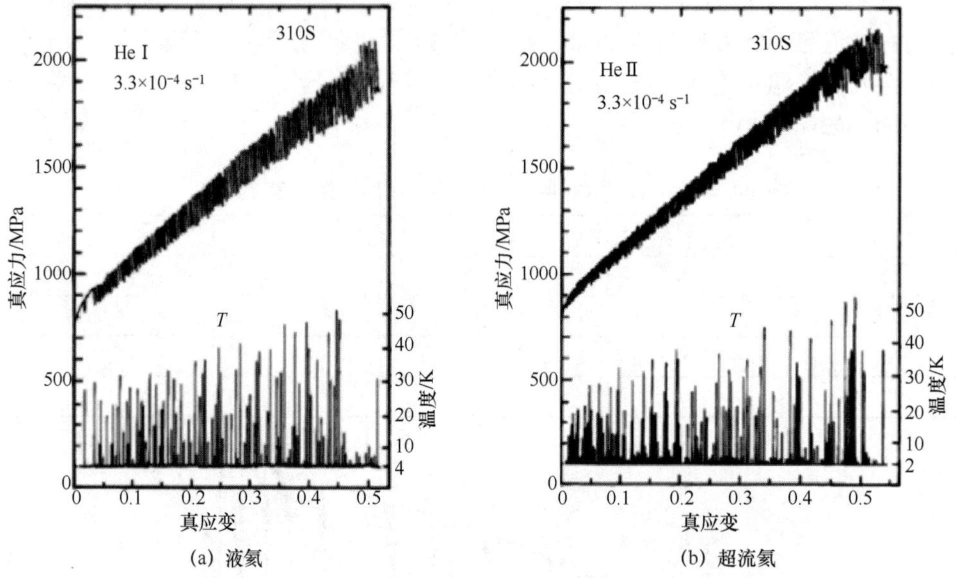

图 4-15 310S 奥氏体不锈钢不同冷却介质（液氦和超流氦）中拉伸应力-应变曲线及试样温度的变化[9]

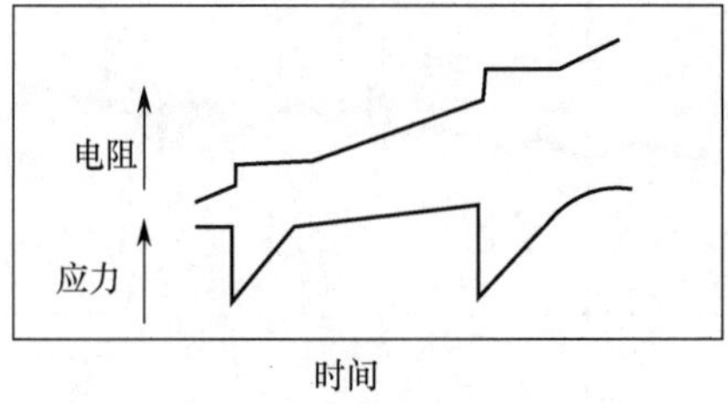

图 4-16 多晶铝（99.5%）低温不连续屈服时电阻变化[9]

（3）一些材料（如亚稳态奥氏体不锈钢）发生低温不连续屈服时伴随应变或应力诱发马氏体相变或孪晶生成。然而也有许多材料发生低温不连续屈服时并不发生相变，如 310、铝合金等。

（4）晶粒及晶界影响低温不连续屈服行为。通过对具有不同晶粒尺寸的多晶铝研究，发现晶粒粒径降低，即晶界增大，可抑制低温不连续屈服数量，但会增大应力跳跃幅度，如图 4-17 所示。

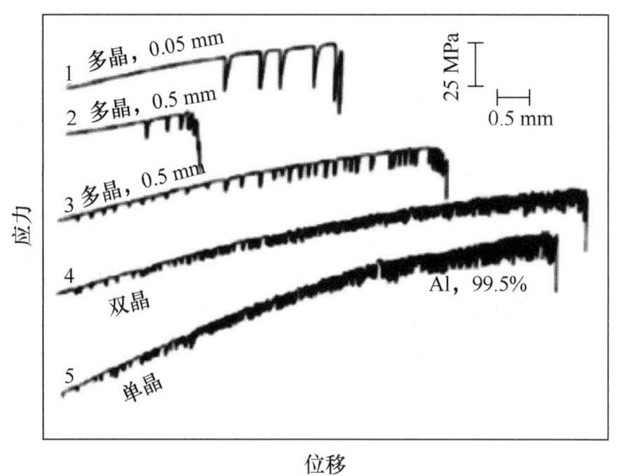

图 4-17　晶粒对低温不连续屈服的影响[9]

（5）冷却介质对低温不连续屈服的影响。冷却介质的影响源于材料与冷却介质界面传热因素。通常相同温度的低温液体的热容和热导比气体的都高，且与金属材料界面传热效率更高。研究表明在低温气体冷却环境中出现的不连续屈服会在同温度的低温液体中变弱甚至消失，如图 4-18 所示。图中曲线 1 和曲线 2 为不同温度下液氢环境，曲线 3 为 H_2/He 气体环境。

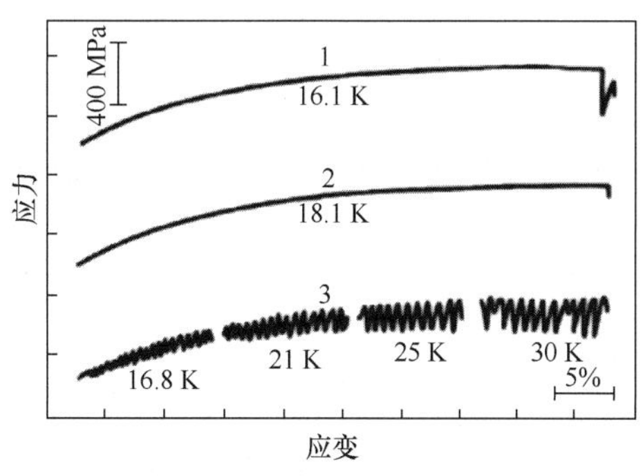

图 4-18　冷却介质对亚稳态奥氏体不锈钢低温不连续屈服的影响[9]

（6）材料杂质含量对低温不连续屈服开始温度、不连续屈服数目以及幅度都有影响，如图 4-19 所示。

（7）样品几何尺寸对低温不连续屈服的影响。当试样变小（板状试样厚度、宽度减小，圆柱试样直径减小）时不连续屈服数目以及应力跳跃幅度有所降低，如图 4-20。这可能与冷却介质热交换有关。

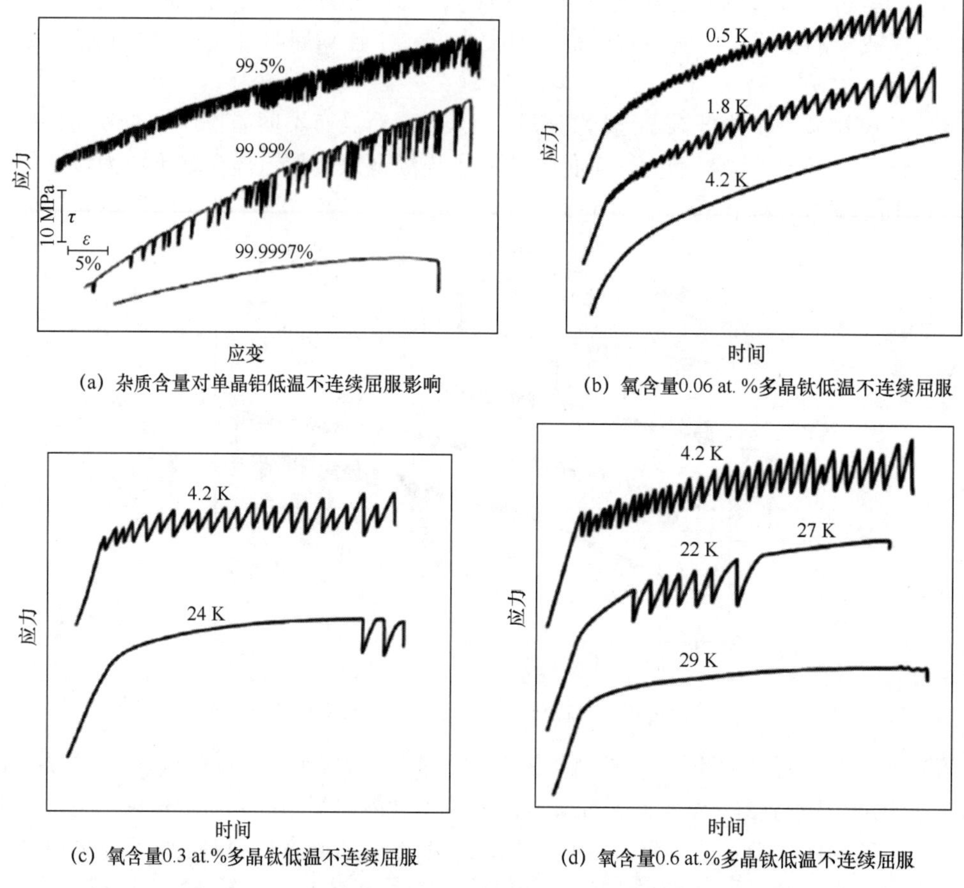

图 4-19　杂质含量对单晶铝、多晶钛低温不连续屈服的影响[9]

（8）每一低温不连续屈服都伴随声音释放。此外，试验中人为声音干预也能改变低温屈服不连续行为，如改变 T_{se}。

（9）超导转变对低温不连续屈服也有影响。应变速率和温度相同的条件下，超导转变发生后材料不连续屈服变弱甚至消失，如 Al、Pb、In、Sn、Al-Mg、Al-Mn、Al-Li 和 Sn-Cd 等，但是超导转变不影响材料的强度性质。

如前所述，许多低温金属结构材料如奥氏体不锈钢等具有面心立方结构，研究表明这些材料的低温不连续屈服还具有如下特性。

（1）每一个不连续屈服包括 4 部分，即弹性变形、塑性屈服以及应力弛豫阶段［包括（Ⅰ）应力突降和（Ⅱ）应力缓慢降低两个阶段］，如图 4-21 所示。塑性屈服阶段试样的温度升高并不明显。温度升高阶段主要发生在应力缓慢降低阶段。对奥氏体不锈钢，发现不连续屈服发生时试样表面温度升高可达 40～50 K。应力弛豫阶段应力降低速率不同，应力迅速降低阶段（Ⅰ）通常发生时间范围为微秒级，而应力缓慢降低阶段（Ⅱ）通常发生时间范围为毫秒级。由于具有面心立方结构材料屈服应力受温度影响较大，应力缓慢降低阶段试样温度迅速上升会导致材料的屈服应力显著降低。温度升高还导致位错运动速率增大，因此较低应力就会产生较大应变。

直径	液氢20 K	气态20 K
3 mm	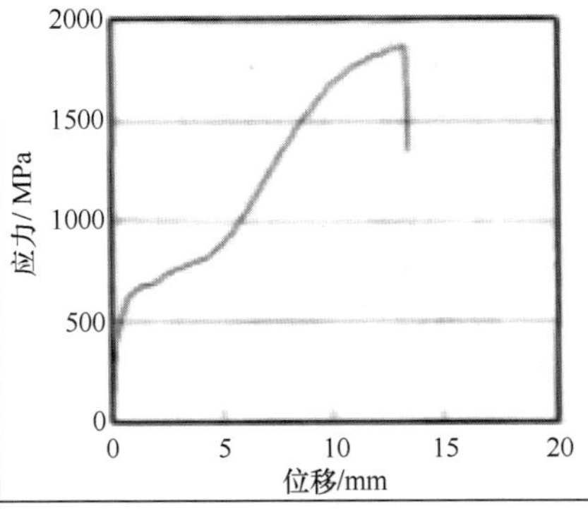	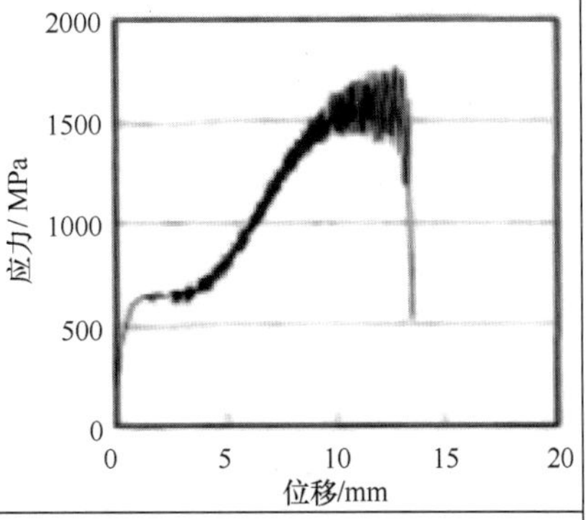
5 mm	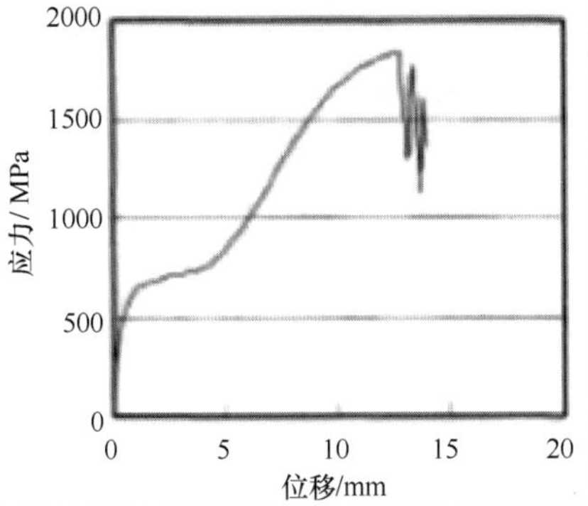	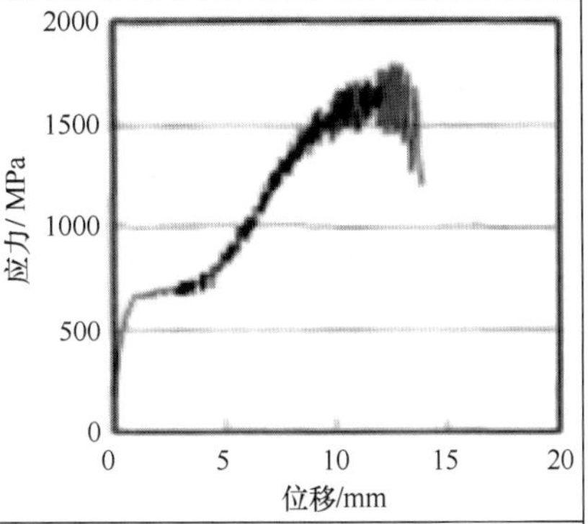
7 mm	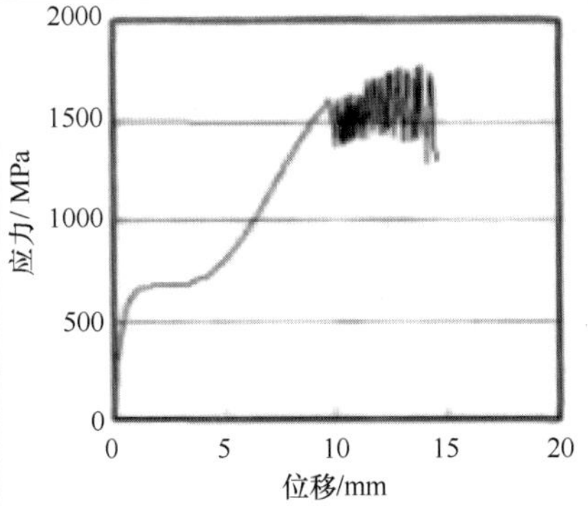	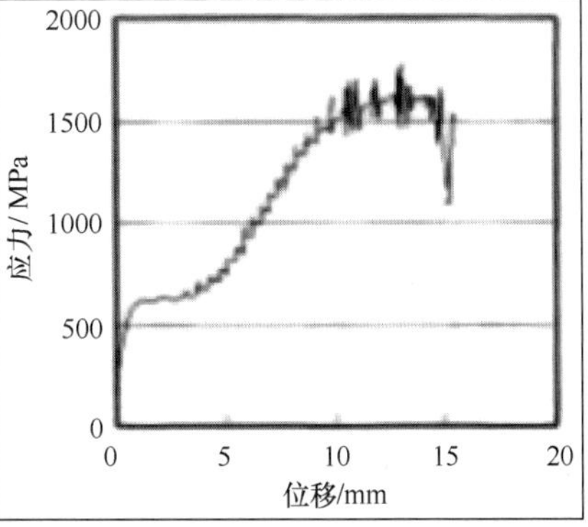

图 4-20　试样直径和冷却介质对低温不连续屈服的影响[10]

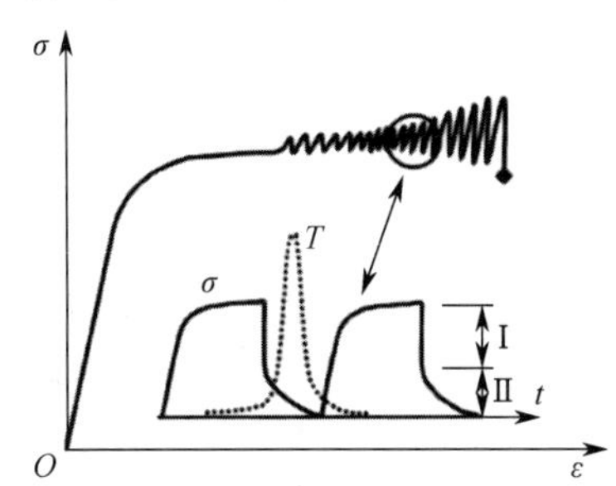

图 4-21　单个不连续屈服放大以及试样温度变化对应关系[11]

（2）对多数奥氏体不锈钢，开始出现不连续屈服的温度 T_{se} 约为 35 K，如图 4-22 所示。

（3）对发生低温、应变或应力诱发马氏体相变的奥氏体不锈钢材料，温度 T_{se} 远小于马氏体开始转变温度 T_{ms}。[12]

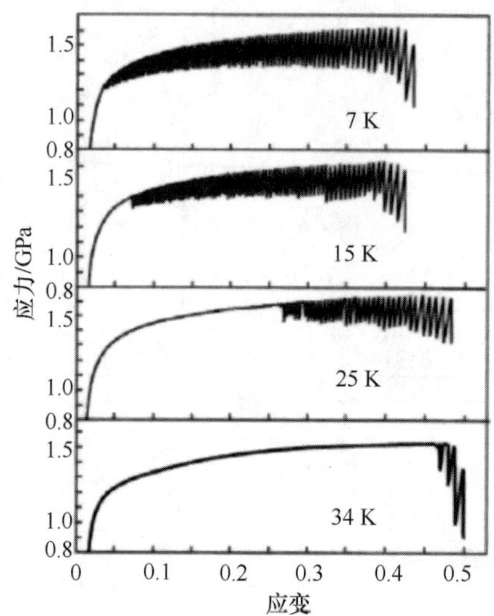

图 4-22　316LN 不同温度下应力应变曲线（$\dot{\varepsilon}=2.4\times10^{-4}\ s^{-1}$）[9]

2．低温不连续屈服机理

对于低温不连续屈服产生的机理，尚无完善和统一的解释。接下来介绍目前存在的主要假说。

1）热力不稳定性假说

20 世纪 60 年代，科研人员提出了低温不连续屈服源于塑性流动的热力不稳定的假说。认为热力不稳定可引起材料短时间内所释放的热量急剧增加，导致其热软化程度 $\left|\dfrac{\partial\sigma}{\partial T}\right|$ 远大于形变硬化 $\dfrac{d\sigma}{d\varepsilon}$，即试样放热时形变应力减小会引起材料的突然软化。根据试样的绝热保温不稳定性可得到：

$$\sigma > -c\left(\frac{d\sigma}{d\varepsilon}/\frac{\partial\sigma}{\partial T}\right) \tag{4-6}$$

式中，c 为材料比热。当温度降低时，材料的比热和热导都显著降低。在接近绝对零度时，金属材料的比热降低更为显著。此外，发生不连续屈服时材料的温度跳跃变化也支持热力不稳定性假说。

更为详细的实验和理论研究表明，当温度低于 15 K 时，形变应力与温度依赖关系与热激活过程完全不同。反常温度依赖关系的存在表明，某些温度区域内形变应力随温度的增加而增加。这是由于位错运动的各种机制的综合效果引起的。这表明热力不稳定的全部理论假说并未被实验全部证实。此外，如图 4-21 所示，对单个应力跳跃的精确测量表明，温度峰值与应力的初始降落的第 I 阶段（Ⅰ）对应，而不对应应力的缓慢降落阶段（Ⅱ），这与热力不稳定假说不一致。此外，超导转变对低温不连续屈服的影响也与热力不稳定假说矛盾。

2）位错塞积群动力学假说

与 PLC 效应解释类似，该假说将应力跳跃与可动位错的剧烈堆积形成的塞积群理论相联系起来。晶体中塑性变形包含大量断开的位错，这也是面心立方结构的特性。在单个位错的横向滑移之前，断开的位错要收缩成一条线需要大量的激活能。由于热扰动随着温度的降低而减小，因此随着温度的降低而增加的应力 τ 将引起塑性变形的大量发生。然而试验测量到的应力 τ 值不够大，所以应假设有一个给定的位错位于 n 个位错的塞积群处的前端。在此情形下应力对位错塞积群的前端起作用，在塞积群中包含相当于 $n\tau$ 的 n 个位错和相当于 $n\tau b$ 的力。将断裂位错缩小成一条线所需的力是 $(bG\sqrt{2}/8\pi)-\gamma$，其中 G 为剪切模量，γ 是堆垛层错的能量。当力相等时横向滑移就开始，即

$$\frac{n\tau b}{2}=(bG\sqrt{2}/8\pi)-\gamma \tag{4-7}$$

和

$$\tau=\frac{G}{2}\left(0.056-\frac{\gamma}{Gb}\right) \tag{4-8}$$

式中，T 存在于液氦温度，γ、G、b 值已知。对 Cu、Al、Pb，n 值约为 25。所以应力$(1.1\sim0.5)G$ 接近极限剪切强度，将在塞积群前增大。这可能导致位错的自发运动（如增殖）。这在变形曲线上表现为跳跃。因为塞积群在一个跳跃中无法产生可观察到的变形，所以需要很多随机分布的塞积群同时起作用。

目前，尚未在极低温下观察到位错塞积群。然而，在室温下已在具有体心立方结构的 W 和 Cr，以及具有面心立方结构的黄铜和不锈钢中发现了位错塞积群。

对不锈钢和某些合金的实验研究表明，刃型位错而非螺型位错的运动将导致低温不连续屈服的变形产生，如图 4-23 所示。刃型位错能形成塞积群，而塞积群的雪崩式变化又会引起应力跳跃。316LN 奥氏体不锈钢低温变形期间还发现马氏体成核现象。只有在均匀变形的截面才产生马氏体，所以马氏体转变在不连续屈服部分停止。由于马氏体的形核被终止于螺型位错的移动和交叉处，这表明不连续屈服是由于刃型位错的滑移产生的。这表明，局部温度升高在不连续屈服的产生中不能发挥主要作用。此外，温度上升将使螺型位错的运动对不连续屈服产生影响并阻碍其发生。

3. 低温不连续屈服与 PLC 效应的异同

低温不连续屈服与 PLC 效应都可表现为“锯齿”形拉伸应力–应变曲线。早期少数研究人员甚至把低温不连续屈服也归为 PLC 效应。然而，低温不连续屈服与 PLC 效应有本质不同。低温不连续屈服与 PLC 效应都与位错运动相关。在 PLC 效应中，溶质原子扩散与位错运动相互作用造成塑性变形不稳定，即通过原子扩散强化影响位错运动的壁垒。然而，在低温下，由于晶格运动能量原因等影响位错运动的壁垒较稳定，无显著增强。无论低温不连续屈服还是 PLC 效应，位错运动都要连续克服壁垒并表现为“锯齿”形应力–应变行为。因此造成 PLC 效应的位错壁垒源于溶质原子扩散。然而，造成低温不连续变形的壁垒形成却与扩散无关。

与 PLC 效应比较，对低温不连续屈服的机理解释尚未成熟。

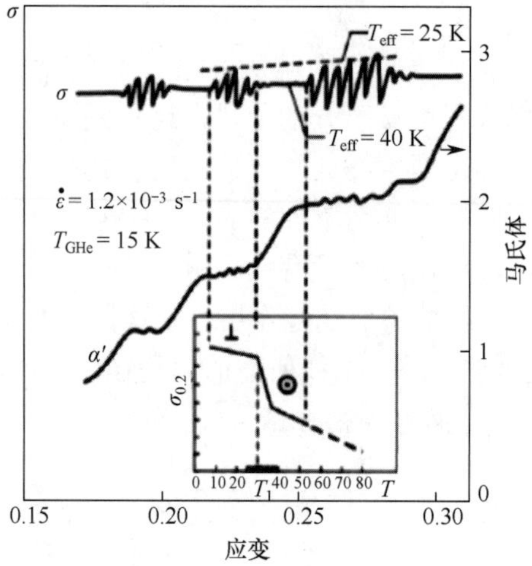

图 4-23　316LN 奥氏体不锈钢 $\dot{\varepsilon}=1.2\times10^{-3}\ s^{-1}$ 下应力–应变行为

4.3　金属材料氢脆

4.3.1　金属材料氢脆简介

氢是原子体积最小的元素，因此具有高扩散性，能渗入材料内部，也容易在服役过程中受应力、温度等因素驱动快速扩散并在缺陷处富集。此外，与氦不同，氢还具有高化学活性。氢具有“半金属”特性，与许多金属易发生化学结合，也易偏析于材料缺陷处形成气团并改变缺陷。氢对金属材料的力学性能具有不良影响，主要包括内部结构损害、硬化和脆化。脆化即金属材料氢脆（简称氢脆），指氢进入金属后引起材料塑性下降、诱发裂纹、产生滞后断裂以及断裂韧度下降的现象。氢脆效应即使在氢的浓度非常微量时也会很显著，同时还与外应力、内应力和材料中的微观组织密切相关。

氢对材料力学性能破坏的机理，按是否出现由氢导致的新物相的出现可分为两类。一类是出现与氢相关的新物相并引起材料结构破坏，新物相包括氢气气泡、氢化物以及水和甲烷等氢气与材料中的某些成分发生反应后的产物。氢对材料力学性能破坏的机理的另一类是没有明显的第二相出现，即称之为氢脆效应。

氢气气泡源于金属材料吸收氢原子并在晶界析出形成氢分子而产生气泡。对材料表面与 H_2 接触而形成的气泡，其压力不会超过材料表面 H_2 的压力，而对由于与酸性环境接触以及电镀过程中氢原子渗入而形成的气泡，其内部压力会很大并可能破坏材料。在铸造、焊接和成型过程中，进入金属材料的氢会在材料固化后由于氢溶解度的显著下降而在材料内部的微小空隙析出。这些析出的 H_2 压力上升会导致材料空隙膨胀，且由于应力集中效应在尖锐缝隙处膨胀应力会更大。当金属材料内部空隙中存在氢压力，同时还受到外部应力时产生的断裂面的表面通常为光亮的近圆形，且拉伸断裂中心部分呈深色，这种结构通常称为鱼眼。鱼眼结构发生在材料内部应力集中区域，易成为疲劳破坏源头。加工过程中避免金属材料与湿气的接触是避免形成鱼眼的关键，另外还可以通过加热材料使氢气逸出。金属材料片状断裂形成机制与鱼眼形成机制类似，是一种二维结构断层，源于金属材料在锻造或轧制过程中存在内部氢气气泡。此外，溶解氢在材料内部缝隙析出还可能造成一种多条线沿三维不同方向伸展的断裂结构，称为碎裂性断裂。

氢会与 Zr、Ti、Nb 等过渡族金属、碱金属和碱土金属形成氢化物。密度较低、质脆的氢化物导致材料延展性显著下降。在无外应力时氢化物相通常是随机取向的，而存在外应力时氢化物片层排列倾向于正交于外应力方向。氢化物相在外应力下的重新取向及对力学性能的不利影响是在用作核裂变反应堆的锆合金结构材料的一个重要问题。

氢还与金属材料中的某些微量成分（如 C）或杂质发生化学反应而破坏材料结构。如氢气会与钢中的碳发生反应并生成甲烷（$4H+Fe_3C=CH_4+3Fe$），还会在某些铜合金中还原 Cu_2O 并生成水。反应生成物在金属材料中的溶解度很低，因此会在晶粒间的缝隙积聚并导致膨胀。

氢脆效应不涉及明显的化学反应或新相生成。目前氢脆机理的解释主要包括氢增强的结合破坏和氢增强的局部塑性。氢增强的结合破坏理论认为，材料中应力较高的区域氢的溶解度会增强，而进入晶格的氢原子量增多时会导致金属原子间的结合力下降。这种观点主要源于在某些不能形成氢化物的体系中氢脆现象的发生，并未伴随较大局部形变以及热力学上的考虑，但这缺少实验证据。氢增强的局部塑性理论基于氢会在应力场较强的区域（如裂纹尖端）富集，这些富集的氢原子能降低在外应力下位错发生移动的能垒，从而能在这些局部的区域造成微小的断裂，大量微小断裂的积聚会导致材料宏观延展性的下降。另外，在实验中也观察到了 Fe、Ni 等氢脆断裂面附近存在大量微小的塑性形变。

根据金属材料中氢的来源，氢脆可分为内部氢脆和环境氢脆两类。内部氢脆指金属材料在冶炼以及熔炼、酸洗、电镀、热处理、焊接等加工过程中吸入过量氢。环境氢脆主要指金属材料在水汽、氢气、硫化氢等环境中吸入过量氢。氢脆有时还分为三类，即环境氢脆、内部氢脆和反应氢脆。按此分类，环境氢脆指金属材料与高压、气态氢环境相关的氢脆。内部氢脆的氢源于腐蚀、电解等电化学及热反应。此外，内部氢脆还包括金属材料从水汽中吸入的氢以及焊接、铸造和凝固过程中吸入的氢。环境氢脆和内部氢脆的发生都需要外应力协助。反应氢脆指由于金属材料与氢的化学反应而产生的不可逆的氢损伤。与环境氢脆和内部氢脆不同，反应氢脆不需要外应力协助。图 4-24 为三种氢脆与外应力及材料示意图。三种氢脆的基本特征见表 4-7。

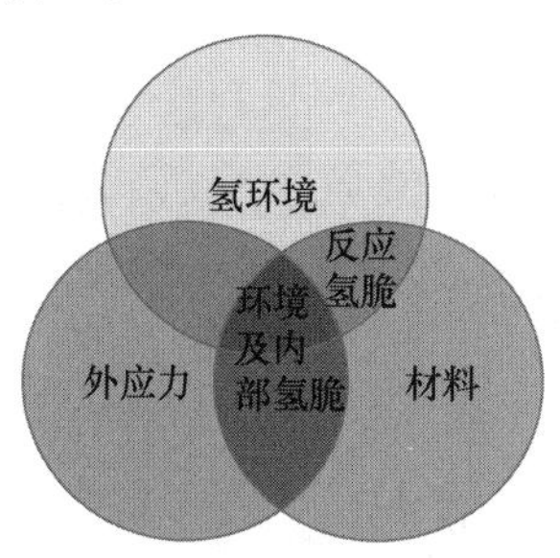

图 4-24　环境氢脆、内部氢脆和反应氢脆与外应力关系示意图

表 4-7　三种氢脆的基本特征[13]

特　征	环境氢脆	内部氢脆	反应氢脆
氢源	气态氢	加工、电解、腐蚀	任何来源的气态或原子氢
典型条件、特征	氢压力 10^{-6}～10^{8} Pa； 室温附近最严重； −100～700 ℃发生； 气体纯度影响大； 应变速率影响大	氢平均含量(0.1～10)×10^{-6}； 室温附近最严重； −100～100 ℃发生； 应变速率影响大	含氢环境服役或热处理，通常发生在高温
测试方法	缺口拉伸； 光滑试样拉伸； 蠕变断裂； 疲劳； 断裂韧性； 圆盘压力测试	缺口拉伸； 低应变速率拉伸； 弯曲测试	目测或金相
裂纹萌生	表面或内部	内部； 裂纹不可逆扩展； 低速率、不连续扩展； 快速断裂	通常在内部
步骤	吸附或晶格间扩散	晶格间扩散导致内应力增加	化学反应

材料环境氢脆可通过气态氢环境下材料力学测试来表征。这些表征通常采用材料在气态氢环境下与空气环境或惰性气体环境（如氦）下的力学性能比较得到。在实验中发现环境氢脆导致材料的缺口拉伸强度（NTS）的变化趋势与其对材料光滑试样低应变速率拉伸测试得到的断面收缩率的变化趋势一致。图 4-25 为电镀镍在高压氢环境（8.3 MPa）下缺口拉伸强度与光滑试样断面收缩率随温度的变化趋势。此外，美国材料与试验协会（ASTM）还提供了另外几种测试方法，即 ASTM G129 或 ASTM G142。注意这些通过低应变拉伸测试得到的性能指标仅用作考核氢脆的最小作用，但不能真实反映材料在氢环境下的长期服役特性。更为准确的表征方法为在氢环境下材料及部件的耐久性试验。

环境氢脆指数定义为材料在气态环境下的缺口拉伸强度、光滑试样断面收缩率，以及断后伸长率与其在空气或氦等惰性气体气氛中同种性能的比值。此外，有时还用带预制疲劳裂纹的紧凑拉伸试样通过类似对照测试表征材料的应力强度因子门槛值，以表征氢环境对材料断裂性能的影响。参考 ASTM G129，缺口拉伸强度比、断面收缩率比和断后伸长率比定义如下：

缺口拉伸强度比=氢气环境缺口拉伸强度/空气或惰性气体环境缺口拉伸强度

断面收缩率比=光滑试样氢气环境断面收缩率/光滑试样空气或惰性气体环境断面收缩率

断后伸长率比=光滑试样氢气环境断后伸长率/光滑试样空气或惰性气体环境断后伸长率

Walter 和 Chandler 系统研究了多种金属材料室温高压氢环境（69 MPa）下的环境氢脆指数并依据其值将材料分为 5 类，如表 4-8 所示。一些金属材料在室温高压氢环境（34.5 MPa 或 69 MPa）下的氢脆指数如表 4-9 所示。

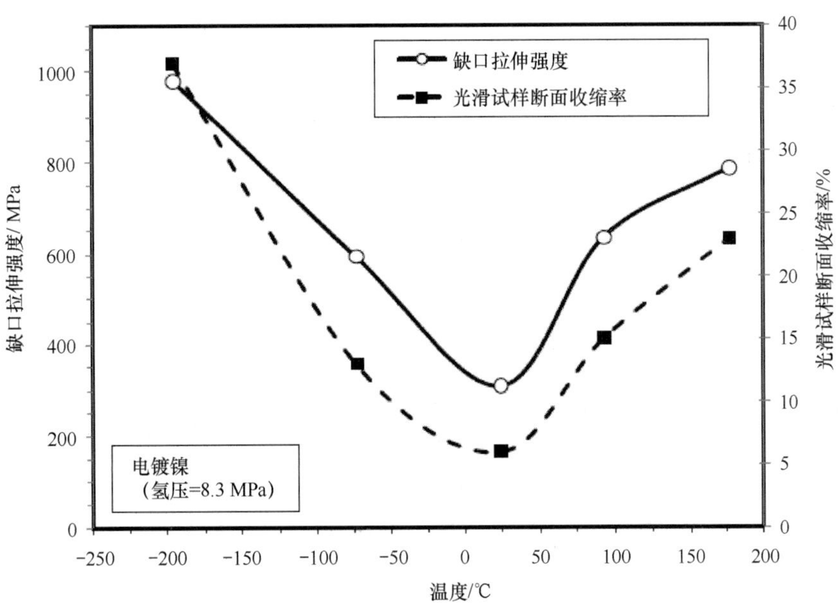

图 4-25　电镀镍在高压氢环境下缺口拉伸强度与光滑试样断面收缩率随温度的变化趋势[14]

表 4-8　氢脆效应分类、环境氢脆指数及材料选用建议[14]

氢脆效应分类	环境氢脆指数（缺口拉伸强度比）	材料选用建议
可忽略	0.97～1.0	结合氢环境断裂力学及裂纹扩展分析结果，可用于考察温区的涉氢压力容器制造
较小	0.90～0.96	结合氢环境断裂力学及裂纹扩展分析，可谨慎使用
高	0.70～0.89	不可用于氢指数考察对应的氢压力和温区环境
严重	0.50～0.69	
特别严重	0.0～0.49	

表 4-9　一些金属材料在室温（24℃）高压氢环境下的氢脆指数[14]

材　料	氢压/MPa	氢 脆 效 应	氢脆指数（H_2/He）			塑性*/%		缺口拉伸强度*/MPa		
			NTS	A	Z	A	Z	NTS	$R_{p0.2}$	R_m
Ti-6Al-4V（退火）	68.9	高	0.79	1.00	1.00	15	48	1674	909	1075
OFHC 铜	68.9	可忽略	1.00	1.00	1.00	63	94	599	269	289
2024	68.9	可忽略	—	0.95	0.97	19	36	—	324	441
310	68.9	小	0.93	1.00	0.96	56	64	799	220	531
316	68.9	可忽略	1.00	0.95	1.04	59	72	1109	441	648
Nitronic 40	68.9	高	—	0.89	0.80	65	74	—	434	744
4340	34.5	特别严重	0.35	0.31	0.26	12.4	54.2	2157	1302	1371
18Ni(250)	68.9	特别严重	0.12	0.03	0.05	8.2	55	2914	1709	1723
Inconel 718（固溶）	34.5	特别严重	0.53	0.24	0.34	20.8	29.5	1723	1102	1364
Inconel 718（固溶）	68.9	特别严重	0.46	0.09	0.08	17	26	1888	1254	1426

* 空气或惰性气体中。

图 4-26 给出了 304L、316 和 310 三种奥氏体不锈钢充氢与未充氢的塑性应变比随温度的变化，其中充氢方法为 620 K、69 MPa 氢环境中持续 504 h。一些研究表明，内部氢脆和环境氢脆都主要发生在 200～300 K 温度范围内。然而，由于低温系统服役都要经历室温，因此也需要考虑氢脆的影响。此外，对于液氢以及低温、高压环境下材料的氢脆行为，目前研究较少。氢能的发展迫切需要开展相关研究。

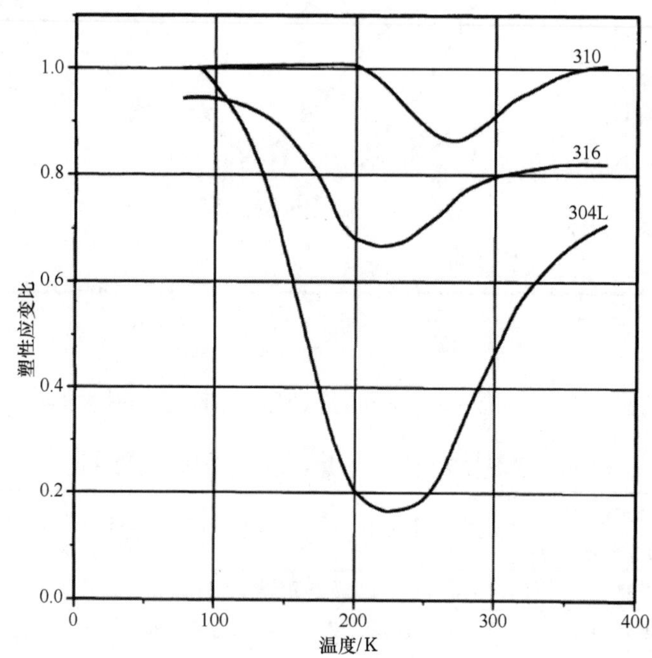

图 4-26 304L、316 和 310 三种奥氏体不锈钢充氢与未充氢的塑性应变比随温度的变化 [15]

4.3.2 典型金属材料的氢脆特征

由上述结果可知，不同材料的抗氢脆性能差别较大，下面简要介绍几类金属材料的氢脆特性。

4.3.2.1 碳钢

碳钢广泛用于天然气及石油输送系统，低碳锰钢还广泛用于高压氢系统。碳钢的氢脆是一个重要问题。普通低碳钢室温抗拉强度在 400～800 MPa 之间，由于其相对较低的碳含量，其硬度相对较低，可焊性相对较好。与高强度钢相比，低碳钢具有较好的抗氢脆性能。然而，在涉氢环境使用时应考虑其氢脆性能。由铁素体和珠光体组成的软钢充氢后强度变化不大，但断面收缩率显著降低，断口形貌观察还发现材料由带韧窝的韧性断裂转变为解离型脆性断裂。低碳钢的抗氢脆效应与氢环境（纯度、压力）、材料强度、材料化学成分、材料微结构及热处理等因素有关。此外，还发现碳钢强度越高，氢脆效应越严重。因此，碳含量高于 0.3%的中碳钢和高碳钢由于具有较低的韧性、较差的可焊接性和较显著的氢脆效应，较少用于涉氢结构。当相应涉氢结构需要较高强度材料时，可选择经淬火和回火处理的低合金钢。氢在金属材料中的溶解度和扩散系数与材料的晶体结构密切相关。氢在具有体心立方结构的碳钢中的溶解度相对较低，而扩散系数相对较大，因此其氢脆效应相对显著。温度对碳钢的抗氢脆性能有显著影响。当温度升至 100 ℃以上时，氢脆效应逐渐消失。在更高温度下，碳钢易发生氢蚀，即发生如前所述的 $4H+Fe_3C=CH_4+3Fe$ 反应。目前多数氢脆实验研究在室温下进行。然而，实验发现氢脆效应最为敏感的温度低于室温，因此在低温使用时更应注意氢脆问题。低强度碳钢的氢损伤机理主要源于氢与位错的相互作用。有研究表明，低碳钢的氢脆与位错输运引起的氢局域富集有关。这与实验中发现氢在碳钢中的高扩散系数以及氢与位错的高结合能一致。此外，显微观察也表明氢降低了碳钢中位错形成和运动所需的应力。由于氢富集在裂纹尖端，因此造成裂纹尖端塑性增强。低碳钢焊接的氢脆效应与低碳钢的氢脆效应一致。对于具有较高强度的低碳钢，焊接材料断裂韧度相对母体材料显著下降。氢还易导致焊接区和热影响区微裂纹的形成。

4.3.2.2　高强度低合金钢

高强度低合金钢常用于氢气输送管道。高强度低合金钢室温屈服强度在 500～550 MPa 之间，处理状态包括热轧和冷轧。高强度低合金钢属于碳钢的一类，典型元素含量为：C（0.03%），N（0.004%），Al（0.03%），Ti（0.03%），Nb（0.04%）。高强度低合金钢的强化机理为沉淀硬化以及热轧引起的晶粒细化。对两种高强度低合金钢 S700MC 和 HC420LA 研究表明，氢脆效应会导致显著延性降低和脆性断裂转变。

4.3.2.3　高强度钢

低合金高强度钢（如 4340、300M）、高合金高韧性二次硬化钢（如 HY180、AF140、AerMet 100）、二次硬化热加工模具钢（如 H-11、H-13）、马氏体时效钢［如 18Ni(250)］、含碳二次硬化马氏体不锈钢（如 HT-9、AISI 410、AISI 422）和低碳沉淀硬化强化马氏体不锈钢（如 13-8 PH）共 6 类高强度钢，都具有显著的氢脆效应，且其抗氢脆性能与材料的屈服强度、化学组成、杂质含量以及微结构等因素密切相关。氢脆效应与材料屈服强度的关系最为明显，屈服强度越高，氢脆效应越显著，即抗氢脆性能越差。降低 Mn、Si 的含量，以及降低 S、P 杂质含量，对提高这些高强度钢的抗氢脆性能较有利。稀土金属元素的引入能有效降低高强度钢杂质含量并提高抗氢脆性能，如 AerMet 100 等。

4.3.2.4　奥氏体不锈钢

奥氏体不锈钢具有显著的抗蚀性能、高延性和高断裂韧性。奥氏体不锈钢常用于石化工业和氢输运、阀门和贮箱主体材料。具有面心立方结构的奥氏体不锈钢的氢脆与具有体心立方结构的 α-Fe 等有很大不同。这主要源于氢在奥氏体不锈钢及 α-Fe 中的扩散系数和平衡溶解度不同，因而导致氢的扩散系数不同。氢在奥氏体不锈钢中的扩散系数是在 α-Fe 中的千分之一，因此奥氏体不锈钢的氢脆效应没有 α-Fe 的氢脆效应明显。各种奥氏体不锈钢之间的氢扩散特性相差不大，然而合金元素如 Ni 对其抗氢脆性能有影响。例如，发现 316 奥氏体不锈钢的抗氢脆性能明显优于相对低 Ni 的 304。与碳钢氢脆类似，发现一些奥氏体不锈钢（如 21-6-9）存在中间温度氢脆会更加明显，一般认为这与氢扩散以及氢的输运速率和温度的关系密切相关。奥氏体不锈钢还广泛用作液氢及低温、高压氢贮箱的主体材料。

4.3.2.5　高温合金

对高温合金氢脆性能的研究主要源于运载火箭的液氢、液氧发动机等。使用氢气为燃料的燃气轮机也需要考虑高温合金的氢脆性能。一般钢材料的氢脆主要发生在−200～200 ℃的温度范围内，而高温合金的氢脆发生温度范围更宽。大量研究发现，氢气压力和温度都对高温合金的氢脆敏感性有重要影响。铁基高温合金氢脆敏感性对温度的依赖还不同于镍基和钴基高温合金。此外，材料表面粗糙度、热处理状态、产品形态、材料成分、纹理方向和晶体方向都对高温合金氢脆敏感性有重要影响。

4.3.2.6　钛合金

氢是钛合金 β 相稳定元素。氢还可以在 α-Ti 和 β-Ti 中间隙固溶，且氢在 β-Ti 中的溶解度大于在 α-Ti 中的溶解度。氢在 α-Ti 合金中的固溶度因合金成分不同而变化，一般为（20～200）ppm（1ppm=10^{-6}），而在 β-Ti 合金中的固溶度可高达上千至上万 ppm。氢在 α+β 钛合金中的固溶度介于上述两者之间。钛及钛合金的吸氢是一种放热反应，所以钛及钛合金吸氢是一种自发进行的过程。而钛合金吸入少量氢就会显著改变力学性能，导致塑性降低或氢致延迟开裂等。研究表明 Ti-6Al-4V 的氢脆效应显著，而纯钛的抗氢脆性能相对较好。Ti-6Al-4V 的氢脆效应与氢在合金中形成脆性的 δ 相氢化物、α 相马氏体以及氢改变位错密度和分布有关。细晶纯钛在低至中应变速率拉伸测试中表现出优良的抗氢脆性能。然而高应变速率及低温下纯钛的抗氢脆性能较差，这可能与氢导致空洞成核和在粗晶处空洞连通有关。

4.3.2.7　高强度铝合金

高强度铝合金主要指 2※※※系和 7※※※系铝合金。2※※※系铝合金可用于运载火箭液氢燃料贮箱主体材料。氢在铝合金中的溶解度很小，且不易形成氢化物，因此铝合金的氢脆效应相对较弱。但是对于高强度铝合金，因其具有高应力腐蚀敏感性，因此氢脆效应逐渐显著。高强度铝合金的氢脆效应不同于其他材料，即其在高压氢环境拉伸测试时不发生明显的塑性损失或延迟开裂。这可能与铝合金自发形成的致密氧化膜有关。然而，预充氢或潮湿环境会引起高强度铝合金塑性显著降低。高强度铝合金氢脆具有可逆性，即如果充氢后通过加热等去除氢则材料的力学性能与未充氢的相同。这也表明铝合金的氢脆效应是由原子氢所控制的。

4.4　钢

钢是含碳量 0.02%～2%之间的铁碳合金。一般含碳量越高，硬度和强度就越高，但韧性尤其是低温韧性显著降低。可以在低温下使用的钢泛称低温钢。低温钢主要应用于航空航天工业、石化与化工工业、能源工业、应用超导、极地科考与开发和交通运输工业等领域。按晶体结构划分，低温钢主要包括铁素体低温钢和奥氏体低温钢两类。具有体心立方结构的铁素体低温钢存在韧脆转变，价格相对低廉，主要用于石化、LNG 和低温液体等方面。铁素体低温钢具有合适的室温和低温强度，因此目前研究热点主要在于如何经济地降低其韧脆转变温度。具有面心立方结构的奥氏体低温钢多数无韧脆转变或者韧脆转变温度较低。奥氏体低温钢低温下兼具高强度、较高韧性和塑性，组织稳定，但其室温强度较低。受高场磁约束热核聚变发展驱动，针对奥氏体低温钢的一个研究热点在于兼顾低温断裂韧度的前提下提高低温强度等。

本节主要介绍低温钢。

4.4.1　锰钢和镍钢

低温锰钢和镍钢是在普通碳钢的基础上通过添加 Mn 元素或 Ni 元素以提高低温强度和韧性得到，如图 4-27 所示。通过添加 Mn 元素（低、中锰钢），可以增加钢的低温强度和韧性，且使用温度可低至−50 ℃。而通过添加 Ni 元素同样可以增加钢的低温强度和韧性，且效果更加明显。添加 2%～3%质量百分数的 Ni 可使钢的使用温度低至−90 ℃，而添加 9%质量百分数的 Ni 可使钢的使用温度降至−196 ℃，12%质量百分数的镍钢甚至可使用于液氦温度下。这些材料的 C 含量一般在 0.03%～0.09%之间。

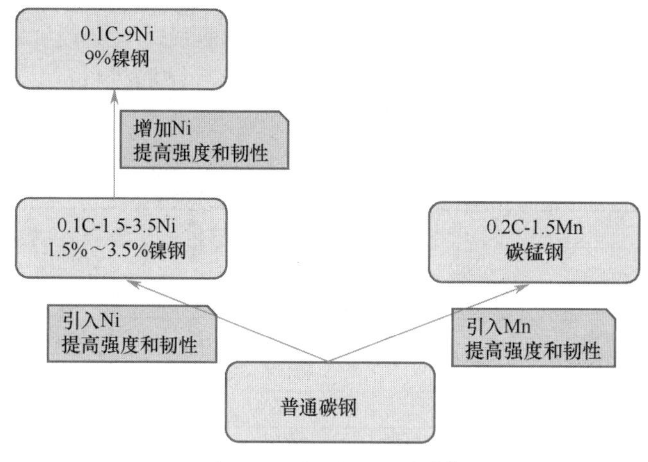

图 4-27　碳锰钢及镍钢[16]

目前，针对低温锰钢和镍钢的研究主要集中在经济性、有效地降低韧脆转变温度，包括有效调控化学成分以实现节镍而保持低温韧度、晶粒细化以提高低温韧性等。力学性能上的韧脆转变对应材料断裂模式上韧性断裂转变为脆性断裂。材料的断裂模式主要取决于应力集中区域、裂纹尖端或缺陷区域变形机制与断裂机制的竞争。当材料裂纹尖端在达到脆性断裂应力前发生屈服，产生的塑性变形使裂纹钝化并使应力集中释放。在这种情况下裂纹会按韧性断裂模式扩展，对应断裂韧度较高。相反，发生屈服前达到材料的断裂应力，材料会按脆性断裂模式断裂，对应断裂韧度较低。随着温度降低，铁素体材料的屈服强度显著增加。在韧脆转变区，其韧度会随温度降低而显著降低。

一般通过两种途径降低材料韧脆转变温度。一种是降低材料的强度，另一种是提高材料的断裂应力。考虑到强度是材料重要设计指标，研究中常采用后者降低材料韧脆转变温度。考虑到体心立方结构的铁素体材料脆性断裂模式主要有沿晶分离和穿晶解离两种。在多数情况下，沿晶分离模式源于化学元素 S 或 P 导致的晶界偏析。因此可以通过降低材料中 S、P 的含量或在材料中形成稳定的硫化物阻止晶界偏析来达到目的。此外，材料服役过程中也应避免导致 S 元素和 P 元素晶界偏析。

对锰含量较高的钢，其晶界结合力一般较弱。在冶金上可以通过添加“表面活性剂”

提高晶界结合强度。例如，可以添加微量元素 B。

当晶界分离断裂模式被抑制后，铁素体低温钢的断裂模式转为穿晶解离。有些元素，如 Ni，可以提高低温钢阻止穿晶解离能力。作为典型的体心立方结构金属，低温钢解离沿{100}面。通过晶粒细化可以降低沿{100}面开裂的平均自由程，因此也可以提高阻抗穿晶解离能力。此方法的负面效果是增加了低温钢焊接难度。

4.4.1.1 碳锰钢（C-Mn）

一般用途的碳锰钢含有中等质量百分数为 0.2%的 C 元素和约 1.5%的 Mn 元素。碳锰钢的典型化学成分质量百分数：C 为 0.2%，Mn 为 1.5%，Si 为 0.3%，S 小于 0.02%，P 小于 0.02%，Al 为 0.05%。C 及 Mn 的含量使此类钢具有相应的强度和较好的可焊接性。此类钢通常采用 Si 或 Al 脱氧，且通常细化晶粒以优化韧性。碳锰钢具有珠光体相，室温屈服强度可达 500 MPa。碳锰钢易被腐蚀，通常采用涂层或镀锌以提高耐蚀性。碳锰钢广泛应用于船舶、管道、桥梁、建筑和岸基结构等以低温韧度为首要设计因素的领域。此外，碳锰钢还用于制造使用温度在−50～250 ℃之间且具有轻微腐蚀性的化学及石化容器和压力容器。典型碳锰钢的低温使用温度如表 4-10 所示。

表 4-10　碳锰钢及镍钢低温使用温度

材　料	状　态	最低允许使用温度/K	可存储应用材料
碳锰*		223	NH_3，液化石油气（LPG）
1.5%Ni	正火	213	NH_3，丙烷，CS_2
2.25%Ni	正火或正火及回火	208	NH_3，丙烷，CS_2
3.5%Ni	正火或正火及回火	183	CO_2，乙炔，乙烷
5%Ni	正火或正火及回火	168	乙烯
9%Ni	双正火+回火，或淬火加回火	108	液化天然气（LNG），O_2，Ar_2

* 细晶，Al 镇静碳锰钢。

4.4.1.2 镍钢

按 Ni 含量不同，镍钢通常分为几类。一类是 Ni 质量百分数为 1.5%～3.5%的镍钢。为提高低温强度和低温韧性，通过在普通碳钢添加 1.5%～3.5%质量百分数的 Ni 元素得到。Ni 元素的添加可显著降低钢的韧脆转变温度。部分牌号的此类钢还添加了不高于 0.5%质量百分数的 Cu 以提高耐蚀性和耐候性。过高质量含量的 Cu 导致热轧过程中产生热脆。由于不再需要利用 C 元素增强以及 C 对材料韧度的副作用，此类钢中 C 质量百分数一般降至 0.1%以下。此类钢通常还利用 Al 实现细晶化。1.5%～3.5%镍钢的典型成分质量百分数：C 为 0.1%，Mn 为 0.5%，Si 为 0.3%，S 小于 0.02%，P 小于 0.02%，Ni 为 1.5%～3.5%，Cu 为 1.0%，Al 为 0.05%。此类钢通常以正火、正火+回火、淬火+回火提供。热处理主要为了获得细晶、合适的强度和韧度。此类钢的性能对材料元素含量、热处理以及板材厚度依赖性强，其室温屈服强度高于 500 MPa。通过合适的正火处理，含 2.25%质量百分数镍钢使用温度可低至−60 ℃，含 3.5%质量百分数的镍钢使用温度可低至−90 ℃。需要指出的是此类钢的焊接对焊材要求较高。此类钢主要用于前述碳锰钢不能满足使用要求的低温领域，主要包括石油、气体以及石化工业，产品包括阀、泵、管道、一般容器以及液化石油气输运，还用于压力容器。由于此类材料疲劳性能优良，还用于在低温环境中的轴及转子部件。

另一类镍钢是 9%Ni 钢。1944 年，美国国际镍（INCO）公司开发了 9%镍钢。9%质量百分数 Ni 的添加进一步提高了低温韧度，降低了韧脆转变温度，使其最低使用温度可达液氮温区。9%Ni 钢的典型成分质量百分数：C 为 0.06%，Mn 为 0.6%，Si 为 0.25%，S 小于 0.01%，P 小于 0.02%，Ni 为 9.5%。9%镍钢通常以淬火或者回火状态提供。9%Ni 钢主要组织为板条状马氏体。在热处理过程中，温度等因素对 9%镍钢微观结构和性能优化影响较大。在室温下，9%Ni 钢的屈服强度大于 650 MPa，冲击吸收能量大于 100 J，弹塑性断裂韧度 CTOD 大于 1 mm。9%Ni 钢由弹塑性断裂韧度 J_{Ic} 转换得到的线弹性平面应变断裂韧度 K_{Ic} 随温度的变化如图 4-28 所示。与质量百分数为 5%的 Ni 钢相比，9%Ni 钢韧脆转变温度显著向低温推移。有研究表明，通过优化热处理可使晶粒细化，从而进一步提高 9%Ni 钢低温韧度。9%Ni 钢液氮温度屈服强度 $R_{p0.2}$、抗拉强度 R_m 和断后伸长率 A 一般在 1000 MPa、1100 MPa 和 34%左右，而液氦温度则分别一般在 1300 MPa、1400 MPa 和 25%左右[17]。9%Ni 钢焊接性较好，但对焊材要求较高。9%Ni 钢主要用于 LNG 等低温流体储存和输运。为进一步降低成本，国内外正在开展降低镍含量的相关研究，相继开发了一系列满足使用要求的节 Ni 系列，如 8%Ni 钢、7.5%Ni 钢，甚至 7%Ni 钢等。此外，国内外还开展了高锰钢用于 LNG 的研究。

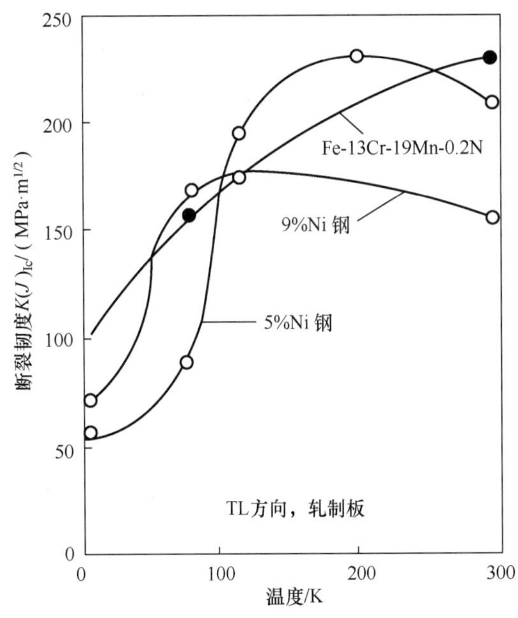

图 4-28 5%Ni 钢和 9%Ni 钢断裂韧度 $K(J)_{Ic}$ 随温度的变化[18]

典型镍钢的低温使用温度和强度性能分别如表 4-10 和表 4-11 所示。9%Ni 钢低温力学性能如表 4-12 所示。

表 4-11 镍钢在室温下屈服强度 $R_{p0.2}$ 和抗拉强度 R_m 单位：MPa

材 料	$R_{p0.2}$	R_m
3.5%Ni	487	616
5%Ni	507	678
7%Ni-TMCP	686	723
9%Ni	725	762

表 4-12　9%Ni 钢低温力学性能[17]

状　　态	温度/K	$R_{p0.2}$/MPa	R_m/MPa	A/%	Z/%	K^{***}/J	$K(J)_{Ic}$/MPa · $m^{1/2}$	K_{Ic}/MPa · $m^{1/2}$
细晶化处理	77	1007	1124	34	71	186*/145**	326	345
	4.2	1317	1539	27	63	174*/144**	172	183
双正火+回火	77	1001	1125	34	72	170	217	231
	4.2	1304	1408	25	65	102	78	79

* 细晶化处理+回火（550℃/1h），**细晶化处理+回火（600℃/1h），***吸收能量。

4.4.2　马氏体时效钢

马氏体时效钢是以无 C 或微 C 板条状马氏体为基体（C 质量百分数一般在 0.003%以下），通过时效产生金属间化合物以实现沉淀硬化的超高强度钢。这与通过增加 C 质量百分数以控制 C 的过饱和固溶或碳化物沉淀来提高硬度和强度的强化途径不同。马氏体时效钢依赖时效产生的金属间化合物沉淀硬化，可以兼顾强度和韧性。马氏体时效钢高温下具有良好的热塑性，即具有良好的高温热锻性，并能控制晶粒和力学性能。马氏体时效钢的低硬化指数使其在固溶状态下冷加工性能优良。马氏体时效钢具有优良的焊接性能。

马氏体时效钢的合金化元素主要有三类：第一类是形成沉淀硬化相的强化元素，如 Mo、Ti 等；第二类是平衡组织以保证钢中不出现 δ 铁素体的元素，如 Ni、Co、Mn 等；第三类是与抗蚀性有关的元素，如 Cr 等。马氏体时效钢按成分主要分为含 Co 马氏体时效钢和无 Co 马氏体时效钢两类，前者如 18Ni(200)、18Ni(250)、18Ni(300)和 18Ni(350)，后者如 T250、T300 等。括号内为其室温屈服强度值（单位 KSI, 1 KSI=6.895 MPa）。国内也开发了无 Co 马氏体时效钢，牌号如 Fe15Ni6Mo4Cu1Ti 等。典型马氏体时效钢标称化学成分和室温力学性能分别如表 4-13 和表 4-14 所示。

表 4-13　典型马氏体时效钢标称化学成分和室温力学性能[19-20]

牌　　号	Ni/%	Mo/%	Co/%	Ti/%	Al/%	$R_{p0.2}$/MPa	R_m/MPa	A/%	Z/%	K_{Ic}/(MPa · $m^{1/2}$)
18Ni(200)	18	3.3	8.5	0.2	0.1	1400	1500	10	60	155～240
18Ni(250)	18	5.0	8.5	0.4	0.1	1700	1800	8	55	120
18Ni(300)	18	5.0	9.0	0.7	0.1	2000	2050	7	40	80
18Ni(350)	18	4.2	12.5	1.6	0.1	2400	2450	6	25	35～50
18Ni（铸造）	17	4.6	10.0	0.3	0.1	1650	1750	8	35	105
T250	18.5	3.0	—	1.26	—	1800	—	—	—	98.2

表 4-14　几种马氏体时效钢低温力学性能

材料和状态	温度/K	$R_{p0.2}$/MPa	R_m/MPa	A/%	Z/%	K/J	$K(J)_{Ic}$/(MPa · $m^{1/2}$)	K_{Ic}/(MPa · $m^{1/2}$)
18Ni(200)，时效	293	1393	1441	—	—	57	—	140
	102	1800	1848	—	—	30	—	78
18Ni(200)，细晶化+时效	293	1524	1544	—	—	57	—	120
	102	1868	1896	—	—	33	—	97
18Ni(250)，退火+时效	293	1696	1792	8.5	41	28	—	110
	102	2206	2275	6	25	14	—	44

（续表）

材料和状态	温度/K	$R_{p0.2}$/MPa	R_m/MPa	A/%	Z/%	K/J	$K(J)_{Ic}$/(MPa · $m^{1/2}$)	K_{Ic}/(MPa · $m^{1/2}$)
18Ni(300)，固溶	295	831	1068	15.5	70.8		165	—
	77	1299	1560	12.8	60.1	—	—	120.2
	4.2	1596	1758	6.7	47.1	—	—	83

马氏体时效钢在时效前就具有较高的韧性，且可保持至液氮温区。固溶处理的 18Ni(300) 马氏体时效钢室温及低温拉伸应力–应变曲线和断裂韧度分别如图 4-29（a）和图 4-29（b）所示。马氏体时效钢可用于运载火箭发动机壳体等宇航结构钢等。

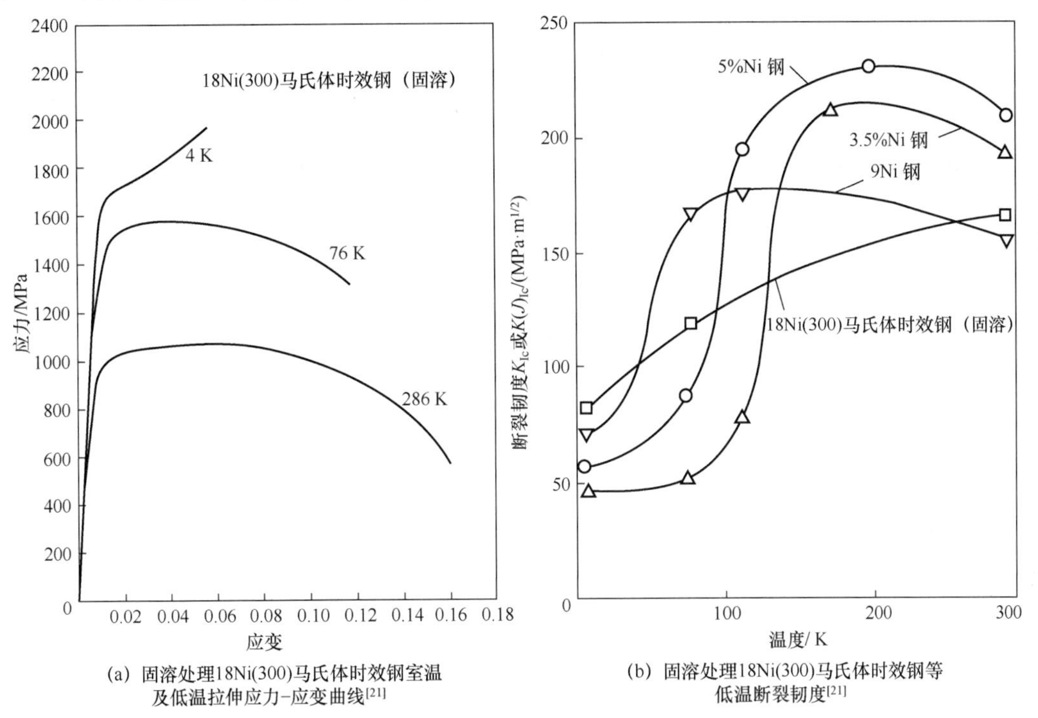

（a）固溶处理18Ni(300)马氏体时效钢室温及低温拉伸应力–应变曲线[21]

（b）固溶处理18Ni(300)马氏体时效钢等低温断裂韧度[21]

图 4-29　固溶处理 18Ni(300)室温及低温拉伸和断裂韧度

4.4.3　不锈钢

不锈钢是指一系列在空气、水、盐等溶液、酸以及其他腐蚀介质中具有高度化学稳定性的钢种。现有的不锈钢从化学成分来看，都是高 Cr 钢。这是由于在大气中，当钢中 Cr 含量大约超过 12%时，自然条件下一般不会发生锈蚀现象。习惯上将这类钢统称为不锈钢。此特性与钢在氧化性介质中的钝化有关。

依据不锈钢在使用时的相，如铁素体、马氏体、奥氏体或奥氏体+铁素体，可将不锈钢分为 4 类，即铁素体不锈钢、马氏体不锈钢、奥氏体不锈钢和双相不锈钢。铁素体不锈钢和马氏体不锈钢是 Cr 钢。马氏体不锈钢可以进行淬火及回火的调质处理。奥氏体不锈钢是在 Cr 钢中加入其他元素（如 Ni），使奥氏体能在室温时稳定。

也可以将不锈钢分为 5 类，即三种普通类单相不锈钢（分别为铁素体、马氏体和奥氏体），以及两种衍生类不锈钢［分别为双相不锈钢和沉淀硬化（PH）不锈钢］，如图 4-30 所示。

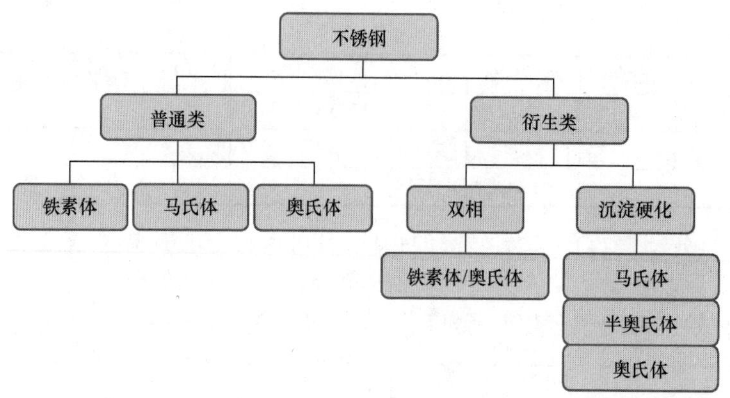

图 4-30　不锈钢分类示意图

影响不锈钢相的关键元素是 Cr 和 Ni。接下来介绍其他一些合金元素的详细作用。其中一部分元素如 Si、Mo 等作用与 Cr 类似，但贡献不同。有时定义 Cr 当量，如

$$Cr_{eq}=m_{Cr}+1.5m_{Si}+m_{Mo} \tag{4-9}$$

式中，m_{Cr} 等为对应的元素质量百分数。另外一些合金元素如 N、C、Mn、Cu、Co 等作用与 Ni 类似，其贡献也有不同。类似地，定义 Ni 当量，如

$$Ni_{eq}=m_{Ni}+30\ (m_C+m_N)+0.5\ (m_{Mn}+m_{Cu}+m_{Co}) \tag{4-10}$$

式中，m_{Ni} 等为对应的元素质量百分数。注意，Cr 当量和 Ni 当量的计算公式是不一样的。

依据上述讨论，可以确定不锈钢的 Schaffler-Delong 相图，如图 4-31 所示。

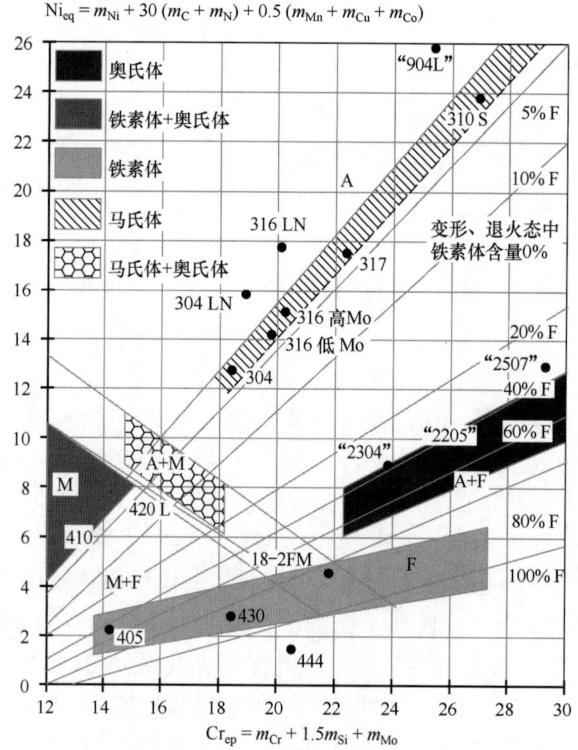

图 4-31　Schaffler-Delong 相图

对于不锈钢牌号表示方法，国外主要有 AISI（American Iron and Steel Institute）、UNS（Unified Numbering System for Metals and Alloys）、SUS［Steel Use Stainless（Japan）］等规则。AISI 用 3 位数字，而 UNS 用 S 后加 5 位数字表示。应注意不同牌号表示的类似材料化学成分可能不同，因此性能也有不同，如 AISI 316LN 和 SUS 316LN。

AISI 400 系列中的 405、409、429、430、434、436、439、442、444 和 446 不锈钢为铁素体不锈钢。除 442 和 446 外（C 质量百分数为 0.2%），铁素体不锈钢的碳质量百分数小于 0.12%。Cr 质量百分数在 10.5%～27%之间。高 C、高 Cr 的 442 和 446 具有优良的耐蚀性和耐氧化性。在 434 和 444 中还含有少量 Mo 以提高耐氯酸腐蚀性。铁素体不锈钢焊接时易产生 σ 相。铁素体不锈钢具有铁磁性，且不能通过热处理强化。此类不锈钢主要通过加工硬化增强。但加工硬化强化性能劣于奥氏体不锈钢，如图 4-32 所示。铁素体不锈钢耐蚀性劣于奥氏体不锈钢，其韧性也较差，退火拉伸屈服强度一般在 275～350 MPa 之间。铁素体不锈钢价廉，广泛用于家具等，但基本不用作结构材料。

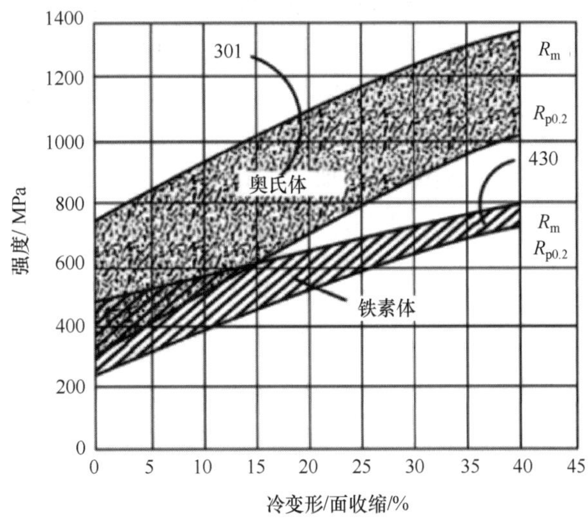

图 4-32　冷变形对铁素体和奥氏体不锈钢强度的影响

AISI 400 系列中的 403、410、413、414、416、420、422、432 和 440 为马氏体不锈钢。AISI 400 系列不锈钢的 C 质量百分数较高，一般在 0.15%～1.2%之间；Cr 质量百分数一般在 11.5%～18%之间。420 中还含有小于 1%的 Mo 以提高力学性能和耐腐蚀性，而 413 和 414 中则是通过添加 Ni（<2.5%）来实现。马氏体不锈钢也具有铁磁性，且其耐蚀性劣于铁素体和奥氏体不锈钢。退火状态屈服强度在 275 MPa 左右，也可通过冷变形强化。马氏体不锈钢在强化和回火处理后，其拉伸屈服强度可高达 1900 MPa。含有 S（约 0.15%）和 Se（约 0.15%）的马氏体不锈钢可快速切削。马氏体不锈钢价格高于铁素体不锈钢，部分原因在于热处理。

铁素体、奥氏体和马氏体不锈钢中典型元素范围如表 4-12 所示。

表 4-12　铁素体、奥氏体和马氏体不锈钢中典型元素范围　　单位：wt.%

元　素	铁素体（BCC）	马氏体（BCC）	奥氏体（FCC）
C	0.08～0.2	0.15～1.2	0.03～0.25
Cr	11～27	11.5～18	16～26

（续表）

元　素	铁素体（BCC）	马氏体（BCC）	奥氏体（FCC）
Ni	0～1	0～2.5	3.5～22
Mn	1～1.5	1～1.5	2（200 系，5.5～10）
Si	1	1	1～1.5
Mo	0～2.5	0～1	1.5～3（部分）
P 和 S	0.075	0.075	0.075
Ti	0～1	—	0～0.4

奥氏体+铁素体双相不锈钢主要包括 AISI 329（S32900 和 S32950）、S31800 和 S32550。双相不锈钢 Cr 质量百分数在 21%～29%之间，其 Ni 质量百分数一般为 2.5%～6.5%。通过在 960～1020 ℃之间水淬火以产生铁素体+奥氏体结构。双相不锈钢也是铁磁性的。其退火状态室温拉伸强度为 550 MPa 左右。双相不锈钢延性和韧性优良，耐蚀以及耐应力腐蚀性优于奥氏体不锈钢。双相不锈钢主要用于水处理以及热交换部件等。

沉淀硬化不锈钢可分为三类，即马氏体沉淀硬化不锈钢、半奥氏体沉淀硬化不锈钢和奥氏体沉淀硬化不锈钢。马氏体沉淀硬化不锈钢包括 S13800（XM-13、PH13-8Mo）、S15500（XM-12、15-5 PH）、S17400（630、17-4 PH）、S45000（XM-25、Custom 450）、S45500（XM-16、Custom 455）。半奥氏体沉淀硬化不锈钢包括 S17700（631、17-7 PH）、S35000（633、Pyromet 350）、S35500（634、Pyromet 355）。奥氏体沉淀硬化不锈钢主要为 S66286（660）。和双相不锈钢一样，沉淀硬化不锈钢没有可快速切削类。沉淀硬化不锈钢的主要特征是可通过时效处理获得不同级别的强度，其室温拉伸屈服强度可高达 1700 MPa；而通过冷变形后，时效热处理可获得更高强度。沉淀硬化不锈钢具有高延性、高韧性以及高温强度。马氏体和半奥氏体沉淀硬化不锈钢具有铁磁性。

4.4.4 奥氏体钢和奥氏体不锈钢

奥氏体钢是指在室温下具有稳定奥氏体组织的钢。钢中加入合金元素如 Ni、Mn、N 和 Cr 等能使正火后的合金具有稳定的奥氏体组织。奥氏体钢的主要合金元素包括金属元素 Cr、Mn、Ni、Al、Mo、Nb、V、Co 和非金属 C、N 和 Si 等。

奥氏体不锈钢是奥氏体钢中的一种，主要包括 AISI 300 和 AISI 200 系列以及少数 PH 钢。AISI 300 和 AISI 200 两类奥氏体不锈钢 C 质量百分数最高为 0.15%，Cr 质量百分数最低为 16%，还含有 Ni/Mn 以形成并稳定奥氏体。AISI 300 系列是 Fe-Ni-Cr 体系奥氏体不锈钢，Ni 是奥氏体形成元素。N 也可用于强化，如 XM-21。AISI 200 系列是 Fe-Mn-Cr 系奥氏体不锈钢，也可采用 N 强化，如 XM-11、XM-19、XM-28 和 S28200。

不同合金元素对奥氏体钢的热力学性能及相变过程、组织和稳定性、形变与断裂特性等力学性能的行为影响是不同的。下面简单归纳主要合金元素对奥氏体钢的作用。

铬（Cr）：Cr 与 Fe 的原子半径接近，且电负性相差不多，二者可以形成连续固溶体。Cr 对奥氏体钢的作用主要体现在耐蚀性。Cr 是形成并稳定铁素体的元素，其可以缩小奥氏体区。当 Cr 含量增加，奥氏体钢中可出现铁素体组织。在 Fe-Ni-Cr 奥氏体不锈钢中，当 C 质量百分数为 0.1%、Cr 质量百分数为 18%时，为获得稳定的单一奥氏体组织所需的 Ni 质量百分数最低，约为 8%，此即著名的 18-8 系列铬镍不锈钢。随着 Cr 含量的增加，有些金属化合物析出形成的倾向增大并可能降低钢的塑性和韧性甚至耐蚀性。Cr 含量的提高可使马氏体转变温度下降，从而提高奥氏体组织的稳定性。Cr 是较强碳化物形成元素。在奥氏体钢中，常见的铬化合物有 $C_{23}C_6$、Cr_7C_3，其一般形式为 $M_{23}(C,N)_6$、$M_7(C,N)_3$。当钢中含有 Mo 或 Nb 时，还可见 Cr_6C 型碳化物。当钢中以 N 作为合金化元素时，也会形成各种氮化物。当 Cr 含量提高并产生铁素体和合金化合物时会降低奥氏体钢的韧性，但在保持奥氏体组织稳定的前提下提高 Cr 含量不会对力学性能有显著影响。Cr 对奥氏体钢性能影响最大的是耐蚀性。Cr 能提高钢的耐氧化性介质和耐酸性氯化物介质的性能。Cr 还能提高耐局部腐蚀如晶界腐蚀、点蚀、缝隙腐蚀以及应力腐蚀性能。在 Ni、Mo 和 Cu 的复合作用下，Cr 能够提高耐还原性介质、有机酸和碱介质的性能。

镍（Ni）：Ni 是奥氏体钢中的主要合金元素，主要作用是形成并稳定奥氏体，使钢获得完全奥氏体组织，从而使钢具有良好的强度、塑性和韧性的组合，并具有优良的冷、热加工性和焊接、低温和无磁性能。Ni 是形成并稳定奥氏体且扩大奥氏体相区的元素。在奥氏体不锈钢中，随着 Ni 含量的增加，残余铁素体可完全消除，并显著降低 σ 相形成的倾向。Ni 降低马氏体转变温度，甚至使钢在很低的温度下不发生马氏体转变。Ni 含量的增加会降低 C、N 在奥氏体钢中的溶解度，从而使碳氮化合物脱熔析出。在 Fe-Ni-Cr 奥氏体不锈钢中可能发生马氏体转变的 Ni 含量范围内，随着 Ni 含量的增加，钢强度降低而塑性提高。具有稳定奥氏体组织的 Fe-Ni-Cr 奥氏体不锈钢的室温和低温断裂韧度优良，可以用作低温钢。对于具有稳定奥氏体组织的 Fe-Mn-Cr-N 奥氏体不锈钢，Ni 的加入可进一步改善韧度。Ni 还可以显著降低奥氏体不锈钢的冷加工硬化倾向。这源于奥氏体稳定性增大，降低甚至消除冷加工过程中的马氏体转变。在奥氏体不锈钢中，Ni 的加入以及随着 Ni 含量的提高，使钢的热力学稳定性增加。因此奥氏体不锈钢具有较好的不锈性和耐氧化性介质的性能，且随着 Ni 含量的提高，耐还原性介质的性能进一步得到改善。Ni 还是提高奥氏体不锈钢耐多种介质穿晶型应力腐蚀的唯一重要的元素。Ni 含量提高导致产生晶界腐蚀的临界碳含量降低，即钢的晶界腐蚀敏感性增加。Ni 对奥氏体不锈钢的耐点腐蚀和缝隙腐蚀的影响不显著。此外，Ni 还可提高奥氏体不锈钢的高温抗氧化性能，这主要与 Ni 改善了 Cr 的氧化膜的成分、结构和性能有关，但 Ni 能降低钢的抗高温硫化性能。Ni 元素的感生放射性是 Mn 的 10 倍，放射性环境使用会产生非常高的长期放射性转变产物，还产生肿胀等行为，因此选用 Mn 是一种选择。Ni 元素在体液中析出会造成致敏性和其他组织反应。

锰（Mn）：在 Fe-Ni-Cr 系奥氏体不锈钢中 Mn 质量百分数一般不超过 2%。在高氮 Fe-Ni-Cr 系奥氏体不锈钢中，为提高 N 的溶解度，Mn 的质量百分数控制在 5%～10%之间。在无 Ni 或少 Ni 的奥氏体钢和奥氏体不锈钢中，Mn 是最主要的合金元素。在 Fe-Mn-Cr 奥氏体不锈钢和高锰奥氏体钢中 Mn 的含量可以很高。Mn 是较弱的奥氏体形成元素，但也是强奥氏体稳定元素。当钢中 Cr 质量百分数大于 14%时，为节约 Ni，仅靠加入 Mn 是无法获得单一奥氏体组织的。由于不锈钢中 Cr 质量百分数大于 17%时才有比较好的耐蚀性，因此目前 Mn 代替 Ni 的奥氏体不锈钢主要是 Fe-Mn-Cr-Ni-N 型钢，如 1Cr18Mn8Ni5N 和 1Cr17Mn6Ni5N 等。而无 Ni 的 Fe-Mn-Cr 奥氏体不锈钢用量较少。但发现 N 加入后 Mn 与 N 复合可以实现，所以目前有不少研究是针对 Fe-Mn-Cr-N 体系的。对 Fe-(5-20)Mn-12Cr

系合金，随着 Mn 含量的增加，奥氏体组织的稳定性增大，钢中 γ 相不断增多，而马氏体逐渐减少，所以宏观上表现为强度逐渐降低而塑性不断增加的趋势。在 Fe-Ni-Cr 系奥氏体不锈钢中随 Mn 含量的增加，钢的强度提高。在 Fe-Mn-Cr 奥氏体不锈钢中随 Mn 含量的增加，钢的强度变化比较小，而冲击韧度先增加后降低。在无 Ni 的 Fe-Mn-Cr-N 奥氏体不锈钢中，低温下会出现比较明显的韧脆转变。当钢中有 Ni 存在时，其低温韧度可得到明显改善。当奥氏体钢中的合金化元素配合适当时，无 Ni 的 Fe-Mn-Cr-N 奥氏体不锈钢在低温（液氮甚至液氦温区）下也没有明显的韧脆转变。

氮（N）：N 为奥氏体稳定元素，可以提高强度、韧性和耐腐蚀性能，特别是耐局部腐蚀，如耐晶间腐蚀、点腐蚀和缝隙腐蚀等。氮元素能使钢具有好的应变硬化趋势。N 元素能增加阻抗变形诱发马氏体转变的能力。氮元素还能降低钢的磁导率。目前应用的含氮奥氏体不锈钢可分为控氮型、中氮型和高氮型 3 种类型。控氮型是在超低碳（质量百分数为 0.02%～0.03%）Fe-Ni-Cr 奥氏体不锈钢中加入质量百分数为 0.05%～0.10%的 N，用以提高钢的强度，同时提高耐晶间腐蚀和晶间应力腐蚀。通常中氮型氮质量百分数为 0.10%～0.40%，在正常大气压力条件下冶炼和浇注。目前所得到的含氮奥氏体不锈钢主要以耐腐蚀性为主，同时具有较高的强度。高氮型含氮质量百分数在 0.40%以上，一般在加压条件下冶炼和浇注，主要在固溶态或半冷加工态下使用，既具有高强度，又耐腐蚀。含氮质量百分数高达 0.80%甚至 1.0%的高氮型奥氏体钢也已获得实际应用并实现工业化生产。N 的作用除部分替代贵重的 Ni 外，主要是作为间隙固溶强化元素提高奥氏体不锈钢的强度。与 C 不同，N 不显著损害钢的塑性和韧性。氮元素提高强度的作用比 C 和其他合金元素强，而且随温度降低效果更为明显，如图 4-33 所示。含氮钢的屈服强度由基体强度、氮原子间隙固溶在奥氏体中而导致的晶界强化和固溶强化三部分组成。N 的固溶强化减缓了钢的回复速率，N 的晶界强化效应可用霍尔–佩奇关系描述。氮元素的加入还提高奥氏体钢的硬度。奥氏体钢的形变强化指数比较高，冷加工变形可提高钢的强度，含 N 奥氏体钢的加工硬化作用更为突出。含 N 奥氏体不锈钢在低温下具有良好的断裂韧性，使这类钢在超导及其他低温场合下得到广泛应用。高锰奥氏体钢比 Fe-Ni-Cr 奥氏体不锈钢成本低，屈服强度高，低温下没有磁性，且用 N 强化后，奥氏体组织得到进一步强化。N 是强烈形成并稳定奥氏体且扩大奥氏体相区的元素。与 C 相比，氮原子在奥氏体中有不同的间隙分布，其本质在于不同的结合能。氮原子结合能较大，有较强的排斥分布，N 在 Mn 周围占据位置的概率和在 Fe 周围占据位置的概率几乎是相同的，所以氮原子在奥氏体中的分布要比 C 均匀的多。这也可以解释 N 增强奥氏体有较大的稳定性。N 会减缓奥氏体向 α–马氏体和 ε–马氏体的转变。低温冷却过程中 N 会抑制奥氏体向 α–马氏体的转变，这也是 316LN 比 316L 更为稳定的原因。

硅（Si）：奥氏体不锈钢中 Si 的质量百分数一般在 1.0%以下，是强烈形成铁素体的元素。同时，金属间化合物（σ、χ 相等）的形成也会加速和增多，从而影响钢的性能。为保持单一的奥氏体组织，随着钢中 Si 含量的提高，奥氏体形成元素的含量也要相应地提高。Si 还是降低奥氏体层错能的有效元素，有利于应力诱发 γ→ε 马氏体相变及其在加热过程中的 ε→γ 逆转变。

铌（Nb）：Nb 在钢中可以以固溶形式存在，也可以以化合物沉淀存在。微合金钢中添加 Nb 可通过形成 NbC 沉淀。在不锈钢中添加 Nb 可以提高热影响区的耐晶间腐蚀能力。要实现提高耐晶间腐蚀能力，Nb 的添加质量百分数需要在 0.2%以上，且还与 C 和 N 的含量密切相关。对铁素体不锈钢，Nb 的添加还可显著提高耐热疲劳性能。对奥氏体不锈钢，Nb 还有晶粒细化功能，但冶炼时需要防止形成沉淀相[22]。

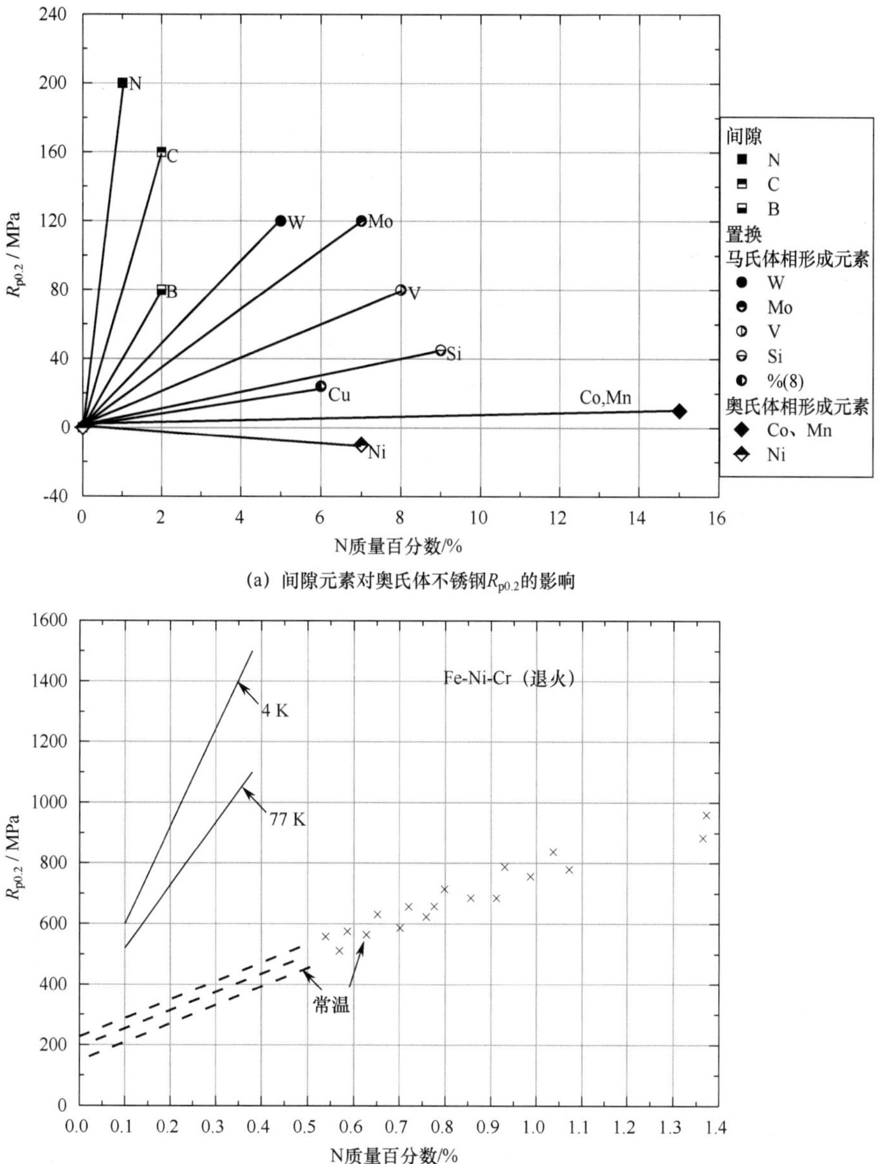

(a) 间隙元素对奥氏体不锈钢$R_{p0.2}$的影响

(b) N对Fe-Ni-Cr不锈钢在室温、液氮和液氦温度下 $R_{p0.2}$的影响[23]

图 4-33　不同间隙元素及 N 对奥氏体不锈钢屈服强度的影响

在低温下使用的奥氏体钢可分为奥氏体不锈钢和其他奥氏体钢。本节主要介绍 Fe-Ni-Cr 系、Fe-Mn-Cr 系奥氏体不锈钢、高锰奥氏体钢和 N 强化的 Fe-Ni-Cr 和 Fe-Mn-Cr 系奥氏体不锈钢。

4.4.4.1　Fe-Ni-Cr 系

所有奥氏体钢都可以看作是由 Fe-Ni-Cr 系的 18Cr8Ni(302)基础上发展起来的，又可分为 15% Cr、18% Cr、20%～25% Cr、高 Cr 和高 Ni 类。AISI 奥氏体不锈钢种类（非 PH 不锈钢）如图 4-34 所示。为提高强度，302 奥氏体不锈钢含碳量较高。在 302 基础上发展了通用的 304。302B 是在 302 基础上增加了 Si 以提高抗氧化性。302 基础上降低 C 含量得到 304L。304L 基础上增加 N 以提高强度即 304N（或 304LN）。302 基础上降低 Cr 和 Ni 以降低加工硬化得到 301。302 基础上增加 S 以提高可加工性得到 303。303 基础上增加 Se 以改善加工表面性能得到 303Se。302 基础上增加 Ni 以降低加工硬化得到 305。为降低加工硬化特性，进一步增加 Ni 得到 384。302 基础上添加 Ti 以降低碳化物沉淀得到 321。321 基础上增加 Nb 进一步降低碳化物沉淀得到 347。347 基础上增加 Ta 和 Co 得到 348，主要用于核工业。302 基础上增加 Cr 和 Ni 含量以提高焊接性，得到 308。302 基础上增加 Cr 和 Ni 含量提高高温性能，得到 309 和 309S。310 和 310S 与 309 和 309S 类似。310 基础上增加 Si 提高耐热性，得到 314。302 基础上增加 Mo 以提高耐蚀性，得到 316。316 降低 C 含量以提高焊接性，得到 316L。316 基础上增加 N 含量以提高强度，得到 316N。316 基础上增加 S 和 P 以提高加工性得到 316F。316 基础上增加 Ni 含量以阻止碳化物形成和提高耐冷热冲击性得到 330。316 基础上增加 Mo 和 Cr 进一步提高耐蚀性得到 317。317 降低 C 含量以提高焊接性得到 317L。317L 基础上增加 Mo 和 N 得到 317LMN。

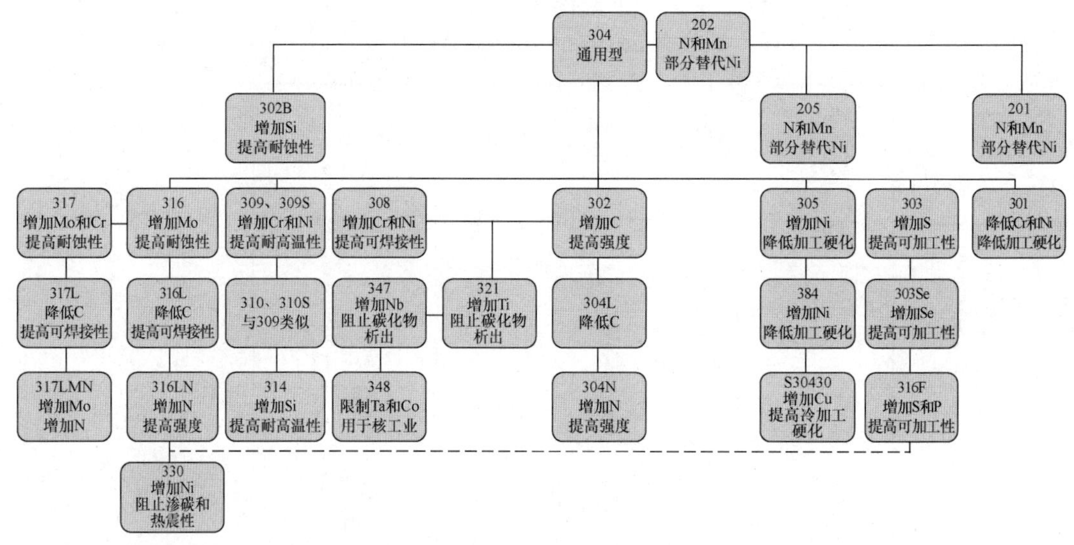

图 4-34　AISI 奥氏体不锈钢种类[24]

300 系列奥氏体不锈钢具有中等屈服强度和抗拉强度。在室温和液氮温度下，其屈服强度分别在 200～300 MPa 之间和 400～700 MPa 之间，而抗拉强度分别在 550～650 MPa 之间和 1300～1600 MPa 之间。在液氮温度下，简支梁冲击吸收能量一般在 150 J 以上，断裂韧度则通常在 300 MPa · $m^{1/2}$ 以上。温度在 590～920 ℃之间的热处理会使 300 系列奥氏体不锈钢“敏化”。“敏化”导致晶界析出 $M_{23}C_6$ 型碳化物和 σ 铁素体。这将导致在低温下塑性和韧性降低，以及在室温下晶界腐蚀。

300 系列奥氏体不锈钢中 304 和 316 广泛应用于低温领域。例如，304 广泛应用于 LNG、液氮存贮和输运，甚至超导磁体的支撑结构。低温、加工和低温变形都会引起 304 马氏体相变和磁性能变化。316 奥氏体不锈钢成本高于 304，也广泛应用于低温领域。低温及室温加工变形不会引起 316 马氏体相变，但低温应变会诱发相变并引起磁性能变化。

20 世纪 70 年代以后，在受控磁约束核聚变研究的驱动下，美国、日本、欧盟等对 Fe-Ni-Cr 系奥氏体不锈钢中的 304、310、316 的低温性能进行了大量的研究。其中改性的 316LN 型已用于 ITER 超导导体铠甲和线圈盒。这些研究表明：传统的 Fe-Ni-Cr 系奥氏体强度不足，不能满足未来受控核聚变对低温结构材料的要求；钢的奥氏体组织稳定性比较差，在室温及低温下奥氏体会部分转变为马氏体，从而改变材料的强度、韧性和磁性；靠增大 Cr 和 Ni 含量增加奥氏体稳定性会改变在低温下磁性且对强度贡献不大。而磁约束核聚变装置需要低温结构材料具有下列特征：高屈服强度，这是由于强磁场、高电磁应力等环境要求结构材料必须具有高屈服强度；优良塑韧性，这是由于低温设备要求高可靠性，要求材料具有良好的低温塑韧性，防止发生低应力脆性破坏；无磁性，如要求磁导率小于 1.05，强磁场环境的磁性结构材料受巨大电磁力作用且本身磁化会影响磁场分布；奥氏体组织稳定，这是由于低温环境的马氏体相变会降低材料韧性，产生磁性，改变磁场的分布，造成体积变化和变形等，从而导致局部的高应力。

为提高低温强度，发展了 N 增强型 Fe-Ni-Cr 系奥氏体不锈钢。例如，日本 Nippon 钢厂研发了 N 质量百分数接近 0.4%的 Fe-Ni-Cr 系奥氏体不锈钢。对 N 增强型 Fe-Ni-Cr 系奥氏体不锈钢，为形成固溶体，一种途径是相应增加 Cr 和 Ni，Cr 质量百分数从 304 的 19%左右提高到 25%～27%，Ni 质量百分数从 304 的 9%～10%左右提高到 13%～18%，其中两种钢的成分分别为 25%Cr-13%Ni-0.4%N 和 27%Cr-18%Ni-0.35%N，其液氦温区屈服强度和断裂韧度都分别超过了 1200 MPa 和 200 MPa · $m^{1/2}$。另一种途径是在 Fe-Ni-Cr 系奥氏体不锈钢中增加 Mn 的含量，如 Nitronic 系列的 Nitronic 40 和 Nitronic 50。Nitronic 40 和 Nitronic 50 有时也称为 Fe-Ni-Cr-Mn 钢或 Fe-Ni-Cr-Mn-N 钢。Nitronic 40 的成分是 21%Cr-6%Ni-9%Mn-0.35%N，因此也称 21-6-9 钢。Nitronic 50 的成分是 22%Cr-13%Ni-5%Mn-0.30N，因此也称 22-13-5 钢。Nitronic 40 和 Nitronic 50 液氦温度屈服强度都大于 1200 MPa，但其断裂韧度都远低于 200 MPa · $m^{1/2}$。在 Nitronic 40 钢中还易出现 δ 铁素体，从而改变磁性能。因为含 N 量较高，Nitronic 40 和 Nitronic 50 在室温下屈服强度也高于 316 奥氏体不锈钢。在 ITER 计划中，Nitronic 50 被用于中心螺线管线圈（CS）紧固材料。Nitronic 50 还有望用于磁约束核聚变 DEMO 装置纵向场（TF）线圈盒，以及低温高压贮氢结构材料。

4.4.4.2 Fe-Mn-Cr 系奥氏体不锈钢和 Fe-Mn 系奥氏体钢

磁约束核聚变研究还促进了 Fe-Mn-Cr 系奥氏体不锈钢的研究。采用 Fe-Mn-Cr 系奥氏体不锈钢替代 Fe-Ni-Cr 系奥氏体不锈钢用作核聚变低温结构材料，不仅能大幅度降低成本，同时也具有优良的抗肿胀性能，特别是可以显著减少长期残留有害的放射线污染，这为磁约束核聚变装置的例行维护和废物处理提供了方便。

与 Fe-Ni-Cr 系奥氏体不锈钢不同，Fe-Mn-Cr 系奥氏体不锈钢易发生孪晶和 γ→ε 相变。孪晶和 ε 相变是相互关联的。奥氏体结构中的周期性孪晶或缺陷易形成 ε 相马氏体结构。当 Mn 质量百分数在 10%～30%范围内时，在稳定的 α 马氏体和 γ 奥氏体间易形成 ε 马氏体相，如图 4-35 所示。此外，当 Mn 质量百分数在 10%～30%范围内时，应变也会诱发奥氏体到 ε 马氏体相变。ε 相变提高了材料强度，但同时降低了韧性。

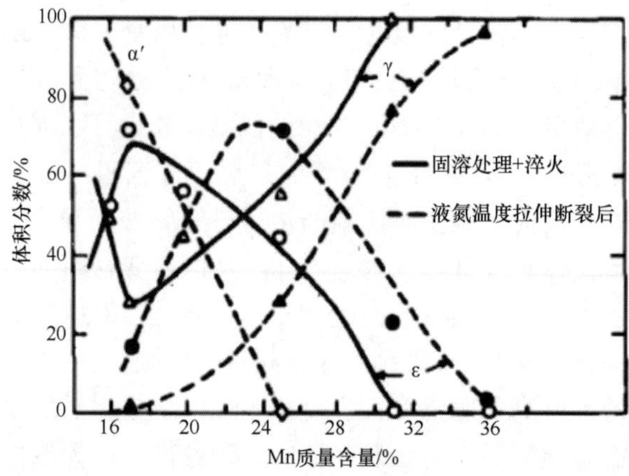

图 4-35 Mn 质量含量对奥氏体不锈钢相的影响[25]

Fe-Mn-Cr 系奥氏体不锈钢和 Fe-Mn 系奥氏体钢中增加 Cr、C 或 N 含量可降低形成 ε 相马氏体趋势和提高韧性。与 Fe-Ni-Cr 系类似，C 或 N 都通过固溶间隙强化。但 C 会在热处理和焊接过程造成碳化物析出从而降低韧性，因此优选 N。由于 Mn 提高了 N 在钢中的溶解度，因此可以类似 Fe-Ni-Cr 系钢通过中氮或高氮途径获得低温高强韧奥氏体不锈钢或奥氏体钢。高锰钢中 Cr 可以稳定奥氏体和提高耐蚀性。高锰钢中 Cr 含量超过 12%即可实现不锈钢功能。由于在高 Cr 含量时易形成金属间化合物相，Fe-Mn-Cr 系奥氏体不锈钢中通常引入少量 Ni 以稳定奥氏体相。通过 Cr、C、N 或 Ni 稳定的 Fe-Mn 系奥氏体钢仍可能发生微孪晶变形并导致高加工硬化系数和变形区的复杂微结构。这也造成 Fe-Mn 系奥氏体钢不像 Fe-Ni-Cr 系奥氏体不锈钢对夹杂物那样敏感。因此，Fe-Mn 系奥氏体钢可以对材料纯度要求不高且保持高强韧特性。此外，Fe-Mn 系奥氏体钢还具有优良的加工特性，加工引起的强度增加不会引起韧性的显著降低。

20 世纪 80 年代以来，日本等研发了多种 Fe-Mn-Cr 系奥氏体不锈钢和 Fe-Mn 系奥氏体钢。如日本 Kobe 钢厂的 22Mn-13Cr-5Ni-0.2N 和 18Mn-16Cr-5Ni-0.2N，Nippon 钢厂的 25Mn-5Cr-1Ni、25Mn-15Cr-1Ni-1Cu 和 22Mn-13Cr-3Ni-1Mo-1Cu-0.2N，JSW 的 10Mn-12Cr-12Ni-5Mo-0.2N 等[25]。其中 JSW 的 10Mn-12Cr-12Ni-5Mo-0.2N (JJ1)因兼具低温强韧性等特点，已用于 ITER TF 线圈盒关键部件。神户钢厂开发的 22Mn-13Cr-5Ni-1Mo- 0.24N 低碳增硼型（JK2LB）已用于 ITER CS 导体铠甲。JK2LB 在经历 Nb_3Sn 热处理后仍具有优良的低温力学性能。此外，室温至液氦温区 JK2LB 收缩量为 0.22%，低于 316/304 的 0.29%，相比更接近 Nb_3Sn 同温区范围的收缩量。

基于 Mn 代 Ni 以节省成本等考虑，中国科学院金属研究所研制了 Fe-Mn-Al 系奥氏体钢，适用于 77 K 低温环境，部分已获得应用。但是这些钢强度较低，且由于 N 和 Al 会结合夹杂物，因此较难用 N 来强化。

4.5 镍基合金和高温合金

4.5.1 镍基合金和高温合金简介

镍基合金广泛用于航空航天、核工程等领域。镍基合金中的高温合金是以 Fe-Co-Ni 为基体的一类高温合金结构材料，可以在600 ℃以上高温环境服役，并能同时承受苛刻的机械应力。高温合金具有良好的高温强度，良好的抗氧化和抗热腐蚀性能，优异的蠕变与疲劳抗力，良好的组织稳定性和使用可靠性。很多镍基合金和高温合金兼具优良的低温力学性能，特别是具有较高的室温和低温抗拉强度，因此已用于低温系统，如Inconel 718合金。此外，高温合金能长时间承受高温，满足Nb_3Sn及Bi-2212超导材料对缠绕后热处理的要求，因此有望应用于超导体铠甲。本节介绍几种适用于低温领域的镍基合金和镍基、铁镍基高温合金。

铁镍基和镍基高温合金通常以铁钴或镍形成面心立方基体（γ相）。镍基合金中Ni质量百分数都在30%以上，其中Ni质量百分数和Fe质量百分数之和大于50%的称为铁镍基高温合金，Ni质量百分数大于50%的称为镍基高温合金。

按成分镍基合金可分为以下几类：Ni-Cu系，如Monel 400系、Monel K-500等，此系合金具有较高的强度和韧性；Ni-Mo系，如 Hastelloy A和Hastelloy B系列；Ni-Cr系，如Inconel系列、Incoloy系列、Hastelloy C系列、Hastelloy D系列、Hastelloy G系列、Nicrofer系列等。

Ni-Cr系还可细分为3个系列：

（1）Ni-Cr-Mo系，如Hastelloy C系列等；

（2）Ni-Cr-Si系，如Hastelloy D；

（3）Ni-Cr-Fe系，如Inconel 600、690、718系列等。

在Ni-Fe系，其Ni质量百分数大于30%，Ni和Fe之和质量百分数大于50%，也称为Fe-Ni系，如Incoloy 800系列。

高温合金组元较多，含有大量影响性能的微量元素。

4.5.2 镍基合金和镍基、铁镍基高温合金的低温性能

在受控磁约束核聚变、高能加速器以及脉冲强场磁体等研究驱动下，20世纪70年代以来，美国等研究了多种镍基合金和高温合金的低温性能，如因瓦合金、A286、Inconel 718等。美国还为ITER Nb_3Sn型超导体铠甲材料研制了Incoloy 908合金。

4.5.2.1 因瓦合金

因瓦合金（invar alloy）属于铁基高镍合金，通常为质量百分数在 32%～36%之间的Ni，还含有少量的S、P、C等元素，其余为Fe。因含有0.2%C，因瓦合金有时也称因瓦钢。因瓦合金冷却时发生马氏体相变，转变温度在173～153 K之间。因瓦合金还被称为不胀钢，其中$Fe_{64}Ni_{36}$平均热膨胀系数低至1.8×10^{-8} K^{-1}，室温−4 K收缩量$\Delta L/L$仅为0.046%，如图4-36（a）和图4-36（b）所示。因瓦合金的热膨胀系数与具有正常格林艾森（Grüneisen）行为的金属材料不同，后者室温下热膨胀系数α一般为$(10\sim20)\times10^{-6}$ K^{-1}。这种体积不随温度变化的特性被称为因瓦行为。具有此类特性的合金还有32%Fe-4%Ni-Co（也称超因瓦合金）、54%Fe-9%Co-Cr等。此外，36%Fe-12%Ni-Cr合金不仅具有较低的热膨胀系数，还在宽温区具有恒定弹性系数特性，称为埃尔因瓦合金（Elinvar alloy）。因发现埃尔因瓦合金，纪尧姆（Guillaume）获得了年度诺贝尔物理学奖。应注意，所有因瓦合金都具有铁磁性或

反铁磁性，因此这些合金的低热膨胀系数行为都发生在居里（Curie）或奈耳温度以下。

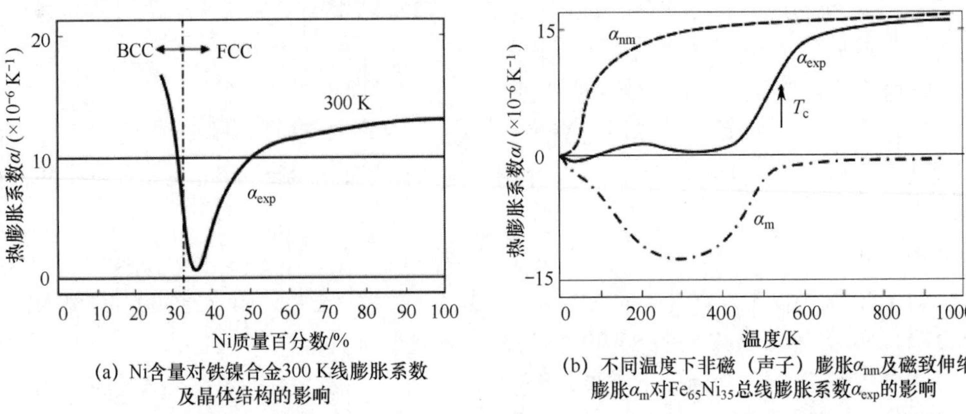

图 4-36 Ni 含量对铁镍合金室温线膨胀系数的影响及不同温度下 $Fe_{65}Ni_{35}$ 热膨胀系数的影响因素[26]

4.5.2.2 Inconel 718 合金

Inconel 718（国内相近牌号为 GH4169）是美国于 1959 年发明的一种镍基高温合金。Inconel 718 是一种 Ni-Cr-Fe-Nb 基，同时含有少量 Mo、Ti、Al 和其他微量有益元素的时效硬化型合金。NASA 研究发现 Inconel 718 合金具有优异低温屈服强度、塑性以及韧性。其低温力学性能可通过优化退火热处理优化，如图 4-37 所示。用于低温领域的 Inconel 718 合金一般采用温度 1318 K 固溶热处理、993 K 和 893 K 热处理[27]。Inconel 718 合金从低温到 650 ℃宽温区具有优异的力学性能、制造适应性和焊接性。目前，Inconel 718 合金已用于多种低温系统的高性能低温结构材料。Inconel 718 合金室温及低温力学性能如表 4-15 所示。Inconel 718 合金低温疲劳性能如图 4-38 所示。

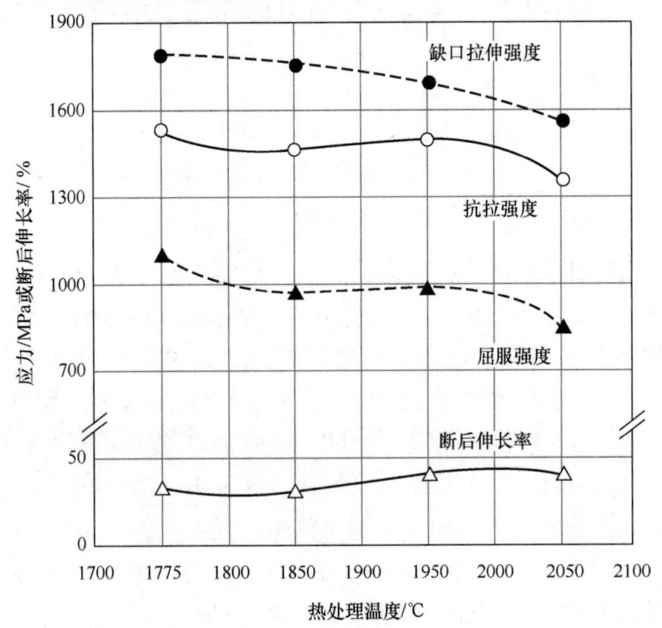

图 4-37 Inconel 718 合金退火温度对液氮（77 K）力学性能影响[27]

表 4-15 Inconel 718 合金室温及低温力学性能*

温度/K	$R_{p0.2}$/MPa	R_m/MPa	A/%	Z/%	K_{Ic}/(MPa · $m^{1/2}$)
295	1172	1404	15.4	18.2	96.3
195	—	—	—	—	106
77	1342	1649	20.6	19.8	103.2
4	1408	1816	20.6	20.2	112.3

* 处理状态：固溶（1256 K/0.75 h，空冷）+双时效（992 K/8 h+随炉冷至 894 K）。

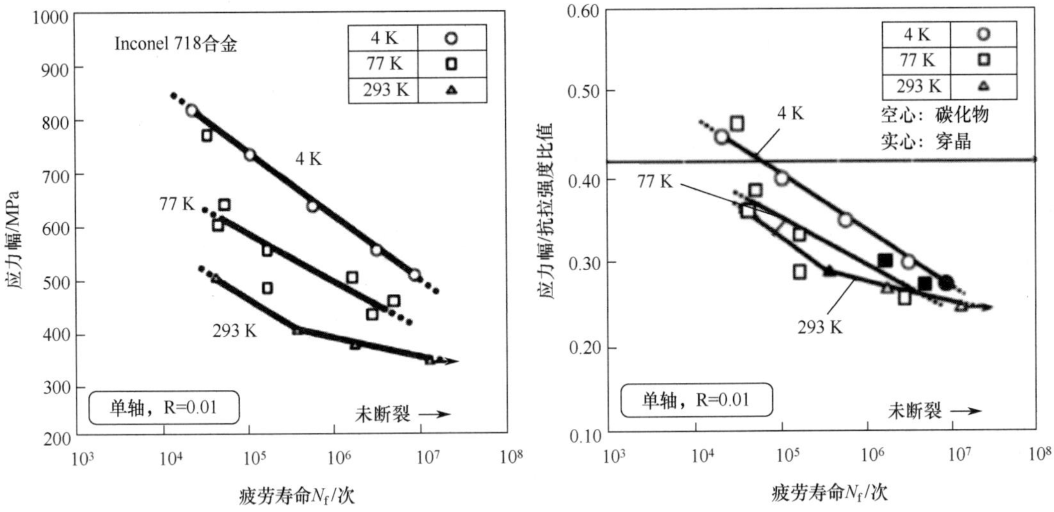

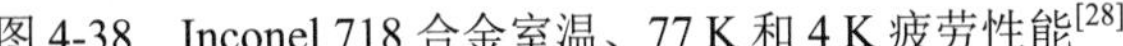

(a) 不同温度S-N曲线

(b) 不同温度下应力幅/抗拉强度之比

图 4-38 Inconel 718 合金室温、77 K 和 4 K 疲劳性能[28]

4.5.2.3 Incoloy 908 合金

Incoloy 908 合金是麻省理工学院（MIT）和国际镍公司（INCO）专为 ITER TF 用铠甲材料研发的，目的是使材料经历 Nb_3Sn 热处理后具有合适的低温强度以及与 Nb_3Sn 匹配的热膨胀量，如图 4-39（a）和 4-39（b）所示。Incoloy 908 合金在室温至 4 K 的收缩量为 0.16%左右，与 Nb_3Sn 同温区收缩量 0.173%非常接近。Incoloy 908 合金成功应用于 ITER TF 模型线圈以及韩国 KSTAR 聚变装置 TF 线圈的超导铠甲。然而，由于此材料易产生氧致脆化，如图 4-39（c）所示。ITER TF 模型线圈的大尺寸不能保证热处理时满足所需的氧浓度控制。2003 年 ITER 设计者被迫放弃 Incoloy 908 合金，而选用 316LN 作为超导体铠甲材料。Nb_3Sn 热处理导致铠甲材料——316LN 敏化从而断后伸长率显著下降，导致修改设计指标。国内外投入大量科研精力后解决了此问题。

4.5.2.4 其他高温合金

Incoloy A286（Fe-25Ni-15Cr）是一种铁基、沉淀硬化高温合金。Incoloy A286 利用 Mo、Ti、Al、V 和微量元素 B 协同强化。Incoloy A286 的国内相应牌号为 GH2132。JBK-75 是一种为了提高耐氢脆性能的改进型。

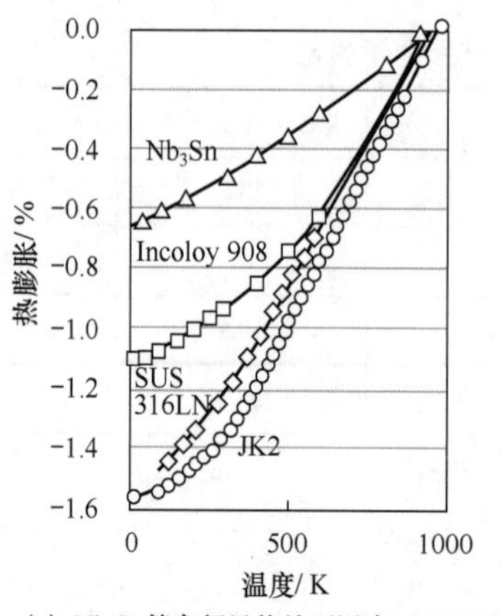

(a) Nb_3Sn等自超导热处理温度（650℃）至超导磁体运行温度相对收缩量[29]

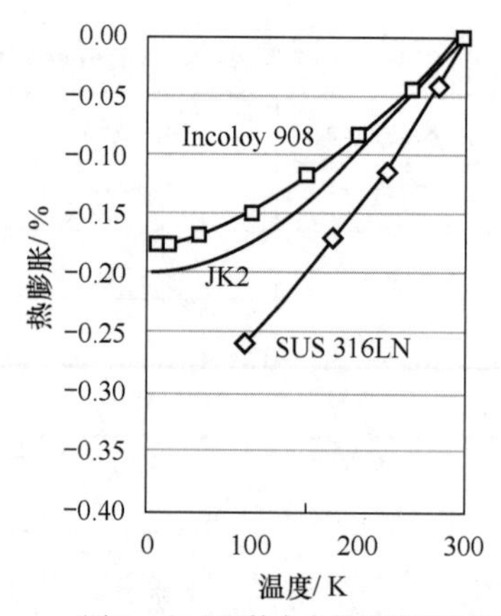

(b) Incoloy908等合金结构材料自室温至低温相对收缩量[29]

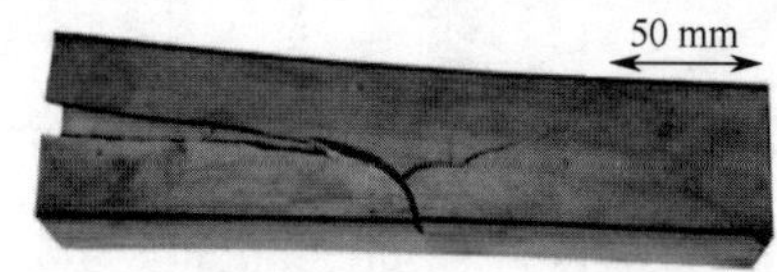

(c) Incoloy 908合金随Nb_3Sn热处理发生脆裂[30]

图 4-39　Incoloy 908 合金的温度热膨胀及热处理发生脆裂

MP35N 是一种钴（Co）基高温合金，具有较高的低温强度，但其低温塑性一般。

Inconel X-750 是以γ''相［Ni_3(Al、Ti、Nb)］进行时效强化的镍基高温合金，在 980 ℃以下具有良好的耐腐蚀和抗氧化性能，同时具有良好的成形性能和焊接性能。此外，Inconel 706、Incoloy 903 等也可用于低温。

4.6　钛和钛合金

钛有两种同质异晶体，在 882 ℃以下为具有密排六方结构的 α 相，882 ℃以上为具有体心立方结构的 β 相。

钛合金是以钛基体为基础加入其他元素组成的合金。钛及钛合金具有密度小（约 4.5 g/cm^3）、比强度高、耐腐蚀等一系列性能，广泛用于航空航天、能源、化学、医疗等领域。由于兼具无磁、低热膨胀系数、低热导、低弹性模量等特性，钛及钛合金在低温领域具有重要应用。

4.6.1　传统钛合金和高性能钛合金

钛合金材料分为传统钛合金材料和高性能钛合金材料两类，即传统钛合金和高性能钛合金。传统钛合金包括商业纯钛以及 α 相、β 相和 α+β 相钛合金。高性能钛合金是指 TiAl 和 Ti_3Al 基合金，主要用于高温领域。传统钛合金和高性能钛合金的基本性能如表 4-14 所示。本节主要介绍传统钛合金材料。

表 4-14　传统钛合金和高性能钛合金基本性能

合金类型	ρ/(g · cm^{-3})	E/GPa	A/%	K_{Ic}/(MPa · m$^{1/2}$)	蠕变极限温度/K	氧化极限温度/K
传统钛合金						
Ti-合金	4.5	110	10～25	35～60	873	873
高性能钛合金						
Ti_3Al	4.3	145	2～10	25	1073	923
TiAl	3.8	176	1～4	25	1223	1173

4.6.2　传统钛合金低温性能

4.6.2.1　传统钛合金的合金元素

商业纯钛含有少量的杂质元素如 N、H、O 和 Fe。商业纯钛具有 α 相结构，其强度随 O 和 Fe 元素的增加而增加。

工业用钛合金的主要合金元素有 Al、Sn、Zr、V、Mo、Mn、Fe、Cr、Cu 和 Si 等。如图 4-40 所示，这些合金元素根据对相变温度的影响可分为三类：

（1）Al、C、O、N 等稳定 α 相和提高相转变温度的元素。其中，Al 是钛合金主要合金元素，对提高合金的常温和高温强度以及弹性模量有明显效果。

（2）Mo、Nb、V、Cr、Mn、Cu 等稳定 β 相和降低相变温度的元素。此类元素又可分为同晶型和共析型两种，前者如 Mo、Nb 和 V，后者如 Cr、Mn 和 Cu。

（3）对相变温度影响不大的中性元素。此类元素主要包括 Zr 和 Sn 等。

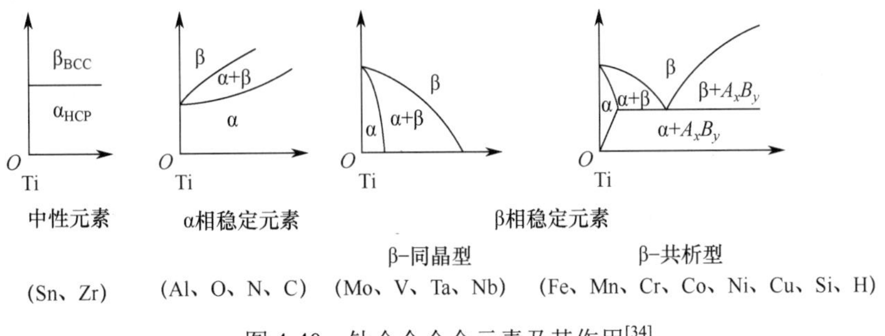

图 4-40　钛合金合金元素及其作用[34]

按照各种合金元素与钛形成的二元相图，可归纳为四类[35]：

（1）钛与合金元素在固态发生包析反应，形成一种或几种金属化合物，此类二元系有 Ti-Al、Ti-Sn、Ti-Ga、Ti-B、Ti-C、Ti-N 和 Ti-O 等，其中前三种的 α 相固溶体区较宽，对研发热强钛合金有重要意义。

（2）钛与合金元素形成的 β 相是连续固溶体，α 相是有限固溶体，这种二元系有四种，即 Ti-V、Ti-Nb、Ti-Ta 和 Ti-Mo。由于 V、Nb、Ta 和 Mo 都是体心立方结构，所以只能与具有相同晶型的 β-Ti 形成连续固溶体，而与具有密排六方结构的 α-Ti 形成有限固溶体。这里的元素也是 β 相稳定元素，能降低相变温度，缩小 α 相区，扩大 β 相区。

（3）钛与合金元素发生共析反应，形成某些化合物。这类二元系较多，如 Ti-Cr、Ti-Mn、Ti-Fe、Ti-Co、Ti-Ni、Ti-Cu、Ti-Si、Ti-Bi 和 Ti-W 等。根据 β 相共析转变温度的快慢或难易，这类元素还可以分为活性和非活性的共析型 β 相稳定元素两类。前者包括如 Cu、Si、H 等非过渡族元素，共析分解速度快，在一般冷却条件下室温得不到 β 相，但具有时效硬化能力。后者如 Fe、Mn、Cr 等过渡族元素，共析转变速度极慢，在通常冷却条件下，β 相来不及分解，在室温下只能得到 α+β 相组织。

（4）钛与元素形成的 α 相和 β 相都是连续固溶体，这类二元系只有两种，即 Ti-Zr 和 Ti-Hf。Zr、Hf 和 Ti 是同族元素，具有相似的外层电子构造，相同的点阵类型和相近的原子。Zr 能强化 α 相，已得到广泛应用。

O、N、C 和 H 是钛合金的主要杂质。O 和 N 在 α 相中有较大的溶解度，对钛合金有显著强化效果，却使塑性下降。通常规定钛中 O 和 N 的质量百分数分别在 0.2%和 0.05%以下。H 在 α 相中溶解度很小，钛合金中溶解过多的氢会产生氢化物，使钛合金变脆。通常钛合金中 H 的质量百分数控制在 0.015%以下。氢在钛中的溶解是可逆的，可以用真空退火除去。

为提高钛合金塑性和韧性，可以通过控制钛合金中的 O、N、C 和 H 间隙元素。超低间隙元素钛及钛合金是指间隙元素 O、N、C 和 H 含量特别低的钛合金，要求 O、N、C 和 H 的质量百分数分别不大于 0.13%、0.03%、0.08%和 0.015%。超低间隙元素钛合金标识上一般在牌号后加 ELI（Extra-Low-Interstitials，超低间隙）。对 Ti-6Al-4V，当进一步降低间隙元素后被称为超超低间隙，用符号 SpELI 表示，如表 4-15 所示。ELI 钛合金一般使用退火处理态。

表 4-15　正常、ELI 和 SpELI Ti-6Al-4V 标称化学成分[36]　　单位：wt.%

合　金	Al	V	Fe	O	N	H	C
正常	6.34	4.23	0.199	0.135	0.0071	0.0053	0.011
ELI	6.23	4.25	0.200	0.104	0.0035	0.0032	0.011
SpELI	5.97	4.12	0.028	0.054	0.0019	0.0055	0.024

4.6.2.2　传统钛合金的分类及性能

对于钛合金，根据纯钛中加入 β 相稳定元素的多少以及退火后的组织，可以把钛合金分为 α 相钛合金、近 α 相钛合金（β 相质量百分数不大于 5%）、α+β 相（β 相质量百分数为 10%～20%）钛合金、近 β 相钛合金和 β 相钛合金。在国标体系中，TA、TB 和 TC 分别为 α 相钛合金、β 相钛合金和 α+β 相钛合金。

α 相钛合金高温性能好，组织稳定，焊接性能好，是耐热钛合金的主要组成部分。α 相钛合金常温强度低，塑性不高。α+β 相钛合金可进行热处理强化，常温强度高，中等温度的耐热性能优良，但其组织不稳定，焊接性能差。β 相钛合金塑性加工性能好，当合金浓度适当时，通过热处理可获得高常温力学性能，它是重要的高强度钛合金。β 相钛合金和 α+β 相钛合金热处理后室温屈服强度可达 1100 MPa 以上。β 相钛合金组织不够稳定，冶炼工艺复杂。

当前应用最多的是 α+β 相钛合金，其次是 α 相钛合金，β 相钛合金应用较少。

1．α 相钛合金

α 相钛合金的合金元素是 α 相稳定元素 Al 和中性元素 Sn，主要起固溶强化的作用。

α 相钛合金的杂质是 O 和 N，虽有间隙强化作用，但对塑性不利。一些 α 相钛合金还含有少量的其他元素，因此 α 相钛合金还可以细分为全 α 相钛合金、近 α 相钛合金和时效硬化型 α 相钛合金（如 Ti-Cu 合金）。

Al 在 α 相中固溶度很大，但当质量含量大于 6%时，会出现与 α 相共格的有序相 $α_2$（Ti_3Al）。$α_2$ 相是六方晶体结构，存在范围很宽，Al 质量百分数在 6%～25%之间都存在。$α_2$ 相是硬而脆的中间相，通过沉淀硬化实现增强效果，但对 α 相钛合金的塑性和韧性不利。O 和 Sn 可以稳定 $α_2$ 相。因此，α 相钛合金的 Al 含量一般不超过 6%。引入少量 Ga 能改善 $α_2$ 相的塑性。Al 在 500 ℃以下能显著提高合金的耐热性，但当工作温度大于此温度时，合金的耐热性显著降低，因此 α 相钛合金的使用温度不超过 500 ℃。当 Al 质量百分数高于 25%时，会出现 γ 相（TiAl）。

在 Ti-Al 合金中引入少量 Sn，在不降低塑性的条件下，可提高合金的高温和低温强度，如 Ti-6Al-4V（TC4）。Sn 在 α 相和 β 相中都有较高的固溶度，能进一步固溶强化 α 相。只有当 Sn 的质量百分数大于 18.5%时才出现 Ti_3Sn 化合物，因此添加 2.5%Sn 的 Ti-5Al-2.5Sn（TA7）仍是 α 相钛合金。Ti-5Al-2.5Sn 是使用最多的一种 α 相钛合金。Ti-5Al-2.5Sn 作为单相钛合金，具有高热稳定性和良好抗蠕变性，但通常要求在 α 相/β 相转变温度以下塑性加工，以防止晶粒长大。此外，密排六方结构的塑性变形能力低，应变硬化率高，变形率受到限制。

α 相钛及钛合金还可以通过间隙原子（如 O）实现固溶强化。

α 相钛合金不能通过热处理强化，通常在退火或热轧状态下使用。

2. α+β 相钛合金

α+β 相钛合金一般含有质量百分数为 4%～6%的 β 相稳定元素，从而使 α 和 β 两个相都具有较多数量。α+β 相钛合金通过抑制 β 相在冷却时的转变，控制 β 相只在随后的时效析出，产生强化。

α+β 相钛合金既加入 α 相稳定元素，又加入 β 相稳定元素，使 α 相和 β 相同时得到强化。为改善合金的成形性和热处理强化能力，必须有足够数量的 β 相，因此此类钛合金的性能主要由 β 相稳定元素决定。α+β 相钛合金的 α 相稳定元素主要是 Al，质量百分数一般在 7%以下，以避免生成 $α_2$ 相。为进一步强化 α 相，有时引入少量中性元素 Sn 和 Zr。α+β 相钛合金的 β 相稳定元素通常选稳定性能较低的 β 相固溶体型元素 Mo 和 V，辅以少量非活性共析型元素 Mn 和 Cr 或微量活性共析型元素 Si。

α+β 相钛合金成形性的改善和强度提高是靠牺牲焊接性和抗蠕变性能实现的。除了少数特殊耐热 α+β 相钛合金，此类材料的稳定工作温度不能超过 400 ℃。

α+β 相钛合金的力学性能变化范围较宽。α+β 相钛合金可以在退火态或淬火时效态使用，可以在 α+β 相区或 β 相区进行热加工。

α+β 相钛合金主要包括下列几个合金系列：Ti-Al-Mn 系、Ti-Al-V 系、Ti-Al-Cr 系和 Ti-Al-Mo 系。

目前，国内外应用最为广泛的 α+β 相钛合金是 Ti-Al-V 系的 Ti-6Al-4V。

3. *β* 相钛合金

β 相钛合金的主要特点是加入了大量 β 相稳定元素。如单独加入 Mo 或 V，加入量需要很多，如 Mo 的质量百分数大于 12%，V 的质量百分数大于 20%，才能得到稳定的 β 相组织。Mo 和 V 都是难熔金属元素。Mo 在熔炼时还易偏析，生成 Mo 的夹杂物而影响性能。因此，大多数 β 相钛合金都是同时加入与 β 相具有相同晶体结构的稳定元素和非活性共析型 β 相稳定元素。

Al 是 α 相稳定元素，主要溶解在 α 相中，而 β 相钛合金的时效硬化正是靠 β 相中析出 α 弥散相。因此，β 相钛合金加入 Al，除了可以提高耐热性，还能保证热处理后得到高强度的材料。

β 相钛合金的 β 相可以残留到室温，是不稳定（亚稳态）的，随后时效析出 α 相，实现第二相强化。因此这类钛合金主要通过时效硬化实现。在制备过程中，其具有良好的工艺性和成形性能，经热处理后又可以得到很高的强度，其强度优于 α+β 相钛合金，同时其韧性也优于 α+β 相钛合金。但如果控制不当，β 相钛合金可产生严重脆性。

β 相钛合金抗拉强度可达到 2000 MPa，但受低断裂韧性的限制。解决韧性问题要求析出的 α 相颗粒均匀细小。由于 α 相倾向于优先在 β 相晶界析出，细化 β 相晶粒可以推迟 α 相优先析出。可以通过低温时效、二次时效和控制位错结构的方式实现。

β 相钛合金是发展高强度钛合金潜力最大的合金。此外，一些特殊用途的低模量钛合金通常也选 β 相钛合金[37]。

空冷或水冷在室温下能得到全 β 相组织，通过时效处理可大幅提高强度。β 相钛合金的另一个特点是在淬火状态下能够冷成形，然后进行时效处理。由于 β 相的浓度高，马氏体相变发生温度低于室温，其淬透性高，大型工件也能完全淬透。β 相钛合金的缺点是，β 相稳定元素浓度高，密度提高，易于偏析，性能波动大。此外，β 相稳定元素多是稀有金属，价格高，组织性能不稳定，工作温度不能高于 200 ℃。目前，常应用的加工 β 相钛合金仅有 TB2 钛合金。

4.6.2.3 传统钛合金的相变

纯钛 β-α 相转变是体心立方结构向密排六方结构的转变。

钛合金由于合金系、成分和热处理条件不同，还可能发生一系列复杂的相变[35]。

1. 马氏体相变

β 相稳定型钛合金自 β 相区淬火，会发生无扩散的马氏体相变，生成过饱和 α′ 相固溶体。如果合金浓度高，马氏体转变开始发生温度点降低至室温以下，β 相将被冻结到室温。这种 β 相称为残留 β 相或过冷 β 相，一般用 β_r 表示，常称为 β_r 相。当合金的 β 相稳定元素含量少，转变阻力小，β 相可由体心立方结构直接转变为密排六方结构，这种马氏体称为“六方马氏体”，用 α′ 表示，常称为 α′ 相。反之，当合金的 β 相稳定元素含量高，转变阻力大，不能直接转变为密排六方结构，只能转变为体心斜方结构，这种马氏体称为“斜方马氏体”，用 α″ 表示，常称为 α″ 相。

马氏体的形态与合金的浓度和马氏体转变开始发生温度高低有关。六方马氏体有两种形态，合金元素含量低且马氏体转变开始发生温度高时，形成板条状马氏体，板条状马氏体中含有大量位错，但基本没有孪晶。反正，合金元素含量高，马氏体转变开始发生温度降低，形成针状或锯齿状马氏体。这类马氏体中除含有较高的位错密度和层错外，还含有大量的孪晶，因此是孪晶马氏体。对于斜方马氏体，由于其合金含量元素更高，马氏体转变开始发生温度更低，马氏体更细，可以看到更密集的孪晶。

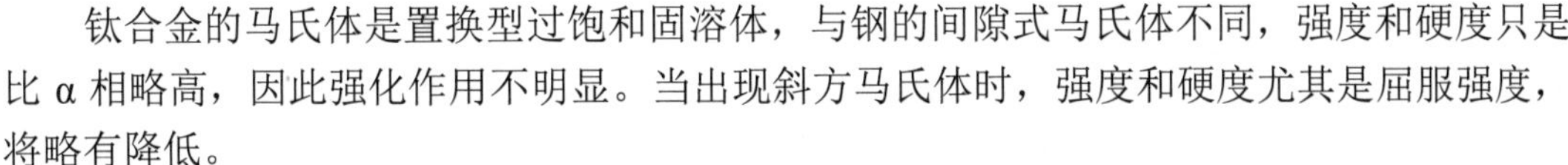

钛合金的马氏体是置换型过饱和固溶体，与钢的间隙式马氏体不同，强度和硬度只是比 α 相略高，因此强化作用不明显。当出现斜方马氏体时，强度和硬度尤其是屈服强度，将略有降低。

不稳定的 β_r 相在应力或应变作用下能转变马氏体，称之为应力诱发马氏体，其屈服强度很低，但具有高应变硬化率和塑性，有利于均匀拉伸成形操作。

2. ω 相变

β 相稳定型钛合金淬火时除形成 α′相和 β_r 相外，还能形成 ω 相。ω 相是六方晶体结构，与 β 相共生，并有共格关系。

ω 相的形貌与合金元素的原子半径相关，原子半径与 Ti 相差较小的合金，其 ω 相为椭圆形，半径相差较大时则为立方体形。

当 β 相浓度远超某临界浓度时，淬火不出现 ω 相。但温度在 200～500 ℃回火时，β_r 相可以转变为 ω 相，称为回火 ω 相或时效 ω 相，用 ω_a 表示，常称为 ω_a 相。ω_a 相的形核是无扩散过程的，但长大要靠原子扩散，是 β 相到 α 相转变的过渡相。ω_a 相的形成是由于不稳定的过冷 β_r 相在回火过程中发生了溶质原子偏聚，形成溶质原子富集区和贫化区。

ω 相硬且脆，虽能显著提高强度、硬度和弹性模量，但导致塑性急剧降低。当 ω 相的体积百分数超过 80%时，合金完全失去塑性；当 ω 相的体积百分数在 50%左右时，合金会有较好的强度和塑性的配合。ω 相是钛合金的有害组织，在淬火或回火时都要避开其形成区间。Al 元素能抑制 ω 相的形成，因此大多数钛合金都含有 Al，故回火 ω_a 相一般很少出现或体积分数很小。

3. 亚稳相分解

钛合金淬火形成的 α′、α″、ω 和 β_r 相都是不稳定的，在回火时即发生分解。这些相的分解过程较为复杂，但分解的最终产物都是平衡的 α+β 相。

综上，钛合金的相变可分为两类：

（1）淬火相变，即 β 到 α′、α″、ω、β_r;

（2）回火相变，即（α′、α″、β_r）到（$\beta+\omega_a+\alpha$），最终到（α+β）。

4.6.2.4　传统钛合金的低温应用

在航天及应用超导研究的驱动下，国内外对低温使用钛合金开展了广泛研究。

一般地，α 相钛合金和近 α 相钛合金的韧脆转变温度普遍很低，因此在低温也有很好的塑性。目前国内外使用的几种低温钛合金基本属于 α 相钛合金和近 α 相钛合金。这些钛合金的低温韧性比较好，能用于液氢、液氦温区，如液体氢氧火箭发动机储氢容器、氢泵叶轮等结构材料。α 相钛合金价格较贵，应用并不广泛。α+β 相钛合金，一般主要相为 α 相，β 相分量很小。α+β 相钛合金低温性能处于 α 相钛合金和 β 相钛合金中间，也可选择地用于低温，如 Ti-6Al-4V。β 相钛合金的韧脆转变温度较高，因此低温下较脆，不能用于液氢、液氦温区。目前，应用于低温的钛及钛合金主要包括工业纯钛、Ti-6Al-4V 和 Ti-5Al-2.5Sn 等。

制约钛合金低温应用的主要问题在低温环境下其断后伸长率和韧性大幅下降。因此，降低低温脆性，提高在低温条件下的韧塑性成为低温钛合金研究的关键问题。研究发现，通过降低 O、C、H 等间隙元素含量以及降低 Al 元素含量两种方法可有效提高钛合金低温性能。

随着温度降低，传统钛合金的屈服强度增加，如图 4-41（a）所示。钛合金弹性模量也随温度降低而增加，如图 4-41（b）所示。Ti-6Al-4V 和 Ti-5Al-2.5Sn 的泊松比随温度的变化如图 4-41（c）所示。随温度降低，商业纯钛和钛合金塑性降低。

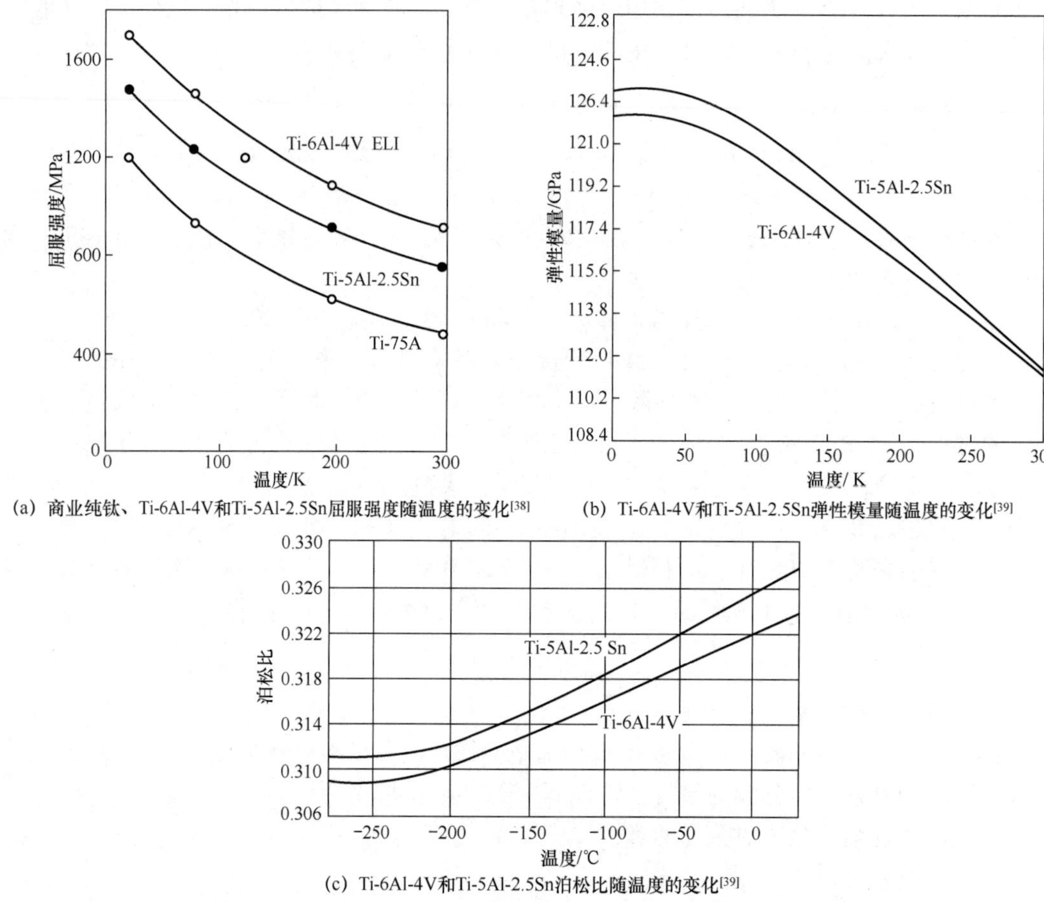

（a）商业纯钛、Ti-6Al-4V和Ti-5Al-2.5Sn屈服强度随温度的变化[38]

（b）Ti-6Al-4V和Ti-5Al-2.5Sn弹性模量随温度的变化[39]

（c）Ti-6Al-4V和Ti-5Al-2.5Sn泊松比随温度的变化[39]

图 4-41　商业纯钛 Ti-6Al-4V 和 Ti-5Al-2.5Sn 钛合金屈服强度、弹性模量和泊松比随温度的变化

具有密排六方结构的钛及钛合金临界分切应力随温度变化对杂质敏感。因此，O、C、N 等间隙元素的增加会显著降低钛合金在低温下的断裂韧度和延展性。超低间隙（ELI）钛合金的断裂韧度显著高于普通钛合金的断裂韧度。Ti-6Al-4V 的断裂韧度随温度的变化如图 4-42（a）所示。间隙元素含量对 Ti-6Al-4V 以及商业纯钛和 Ti-5Al-2.5Sn 冲击性能的影响分别如图 4-42（b）和 4-42（c）所示。

ELI 钛合金在一定程度上提高了韧性，但脆性断裂仍是其主要失效模式。与 Ti-6Al-4V 相比，Ti-5Al-2.5Sn 通常具有较高的断裂韧度。然而，也有研究发现 Ti-5Al-2.5Sn 材料在 4 K 温度下断裂韧度 K_{Ic} 低于 50 MPa · m$^{1/2}$，这可能与材料的成分、处理状态和加工工艺密切相关。

目前，各个国家对低温钛合金的使用温度的规定有不同要求，如日本工业标准（JIS）规定工业纯钛的最低允许使用温度为 77 K。美国规定 Ti-5Al-2.5Sn ELI 和 Ti-6Al-4V ELI 的最低允许使用温度分别为 18 K 和 78 K。苏联曾规定工业纯钛和 Ti-5Al-2.5Sn ELI 的最低使用允许温度分别为 4 K 和 20 K，而 OT4-1、BT3-1 和 BT6C 最低使用温度为 77 K。

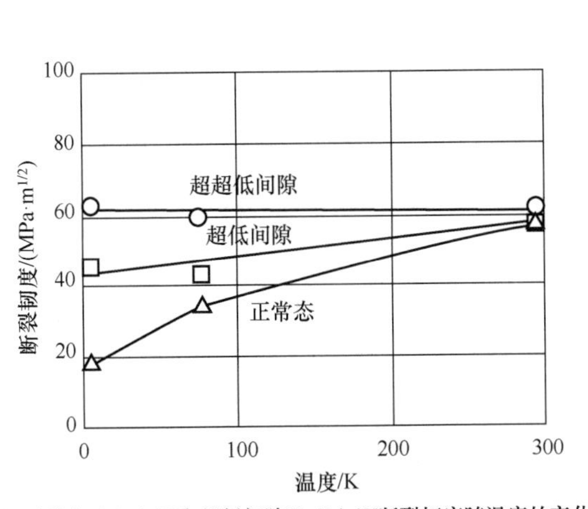

(a) 正常态Ti-6Al-4V和超低间隙Ti-6Al-4V断裂韧度随温度的变化[36]

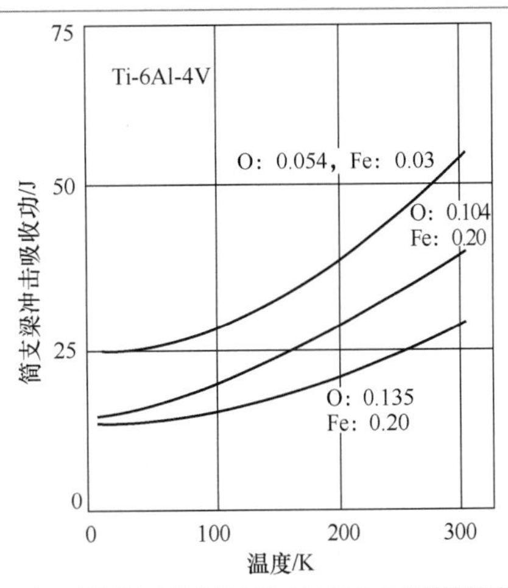

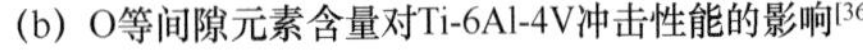
(b) O等间隙元素含量对Ti-6Al-4V冲击性能的影响[36]

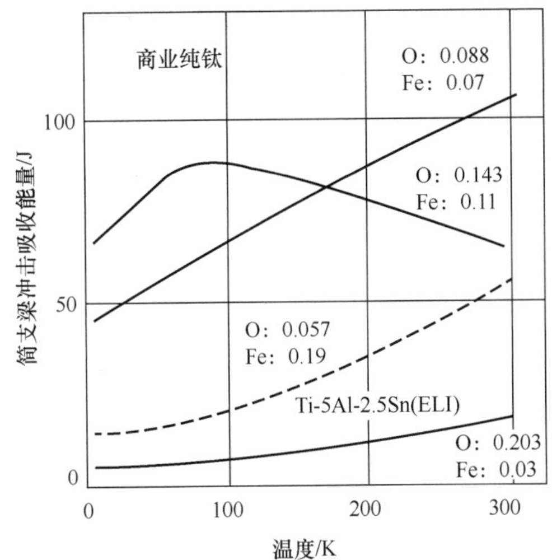

(c) O等间隙元素含量对纯钛和Ti-5Al-2.5Sn简支梁冲击性能的影响[40]

图 4-42　间隙元素含量对 Ti-6Al-4V 和 Ti-5Al-2.5Sn 低温力学性能的影响

曾经，苏联在低温钛合金的研制及应用居世界领先水平。早期研制的 OT4、BT5-1KT 和 IIT-3BKT 等已应用于航天领域的液体火箭燃料仓、低温液体贮箱及液氢输送泵叶轮等。苏联还研制了适用温度可达−200 ℃的 BT6 钛合金模锻架和承载托架等[42]。美国研究了 Ti-5Al-2.5Sn ELI 和 Ti-6Al-4V ELI，并用于阿波罗计划中火箭的液氢容器、导管和高压气瓶材料。美国还研制了 Ti-8Al-11Mo-1V 以及 Ti-6Al-3Nb-2Zr 等低温钛合金。19 世纪 80 年代，日本采用 Ti-5Al-2.5Sn ELI 和 Ti-6Al-4V ELI 制作了 30 MVA 超导发电机转子和超导磁悬浮列车的低温结构件。日本还研制了 LT700（Ti-3Al-5Sn-1Mo-0.2Si）钛合金，并用其制作液氢涡轮泵。我国西北有色金属研究院研制了 Ti-2Al-2.5Zr、Ti-3Al-2.5Zr、CT20（Ti-Al-Zr-Mo 系，近 α 相）等系列低温钛合金。

钛合金无磁性，磁化率比奥氏体不锈钢低几个数量级，可用于加工强场测试架支撑结构和夹具等。钛合金与典型奥氏体不锈钢的性能对比如表 4-16 所示。

表 4-16　钛合金与典型奥氏体不锈钢性能对比[40]

性　质	钛　合　金	奥氏体不锈钢
$R_{p0.2}$/MPa（4 K）	大于 1400	300～800
$K_{Ic}(J)$/(MPa · $m^{1/2}$)（4 K）	40～100	>200
E/GPa（293 K）	113	193
密度/(kg/m^3)（293 K）	4.46×10^3	8.03×10^3
电阻率/(Ω · m)（293 K）	150×10^{-8}	$(70～75)\times10^{-8}$
c/(J/(g · m))（273～373 K）	0.543	0.502
$\Delta L/L$/%（4～293 K）	0.15	0.30
λ/(W/(m · K))（293 K）	8.0	15.0
λ/(W/(m · K))（77 K）	4.0	8.0
λ/(W/(m · K))（4 K）	0.4	0.3
磁导率 μ（293 K）	1.0005	大于 1.003

4.7　铝和铝合金

4.7.1　铝合金分类

铝的合金元素主要包括 Cu、Zn、Mg、Si、Mg、Li 及稀土元素等。这些合金元素在固态铝中的溶解度一般都是有限的。因此，铝合金的组织中除形成铝基固溶体外，还会有第二相。以铝为基的二元合金大都按共晶相图结晶，如图 4-43 所示。不同元素在铝中形成固溶体的极限溶解度也不同，固溶度随温度变化以及合金共晶点的位置也有不同。根据成分和加工工艺的不同，铝合金可分为变形铝合金和铸造铝合金两种。由图 4-43 可知，成分在 *B* 点左侧的合金，当加热到固溶线以上时，可得到均匀的单相固溶体 α，由于其塑性好，适宜于压力加工，故称之为变形铝合金。常用的变形铝合金中，合金元素的质量百分数一般小于 5%。在一些高强度变形铝合金中，合金元素的质量百分数可高达 8%～14%。变形铝可将合金熔融成锭子再通过挤压加工或轧制、模锻等方式制成半成品，随后通过机械加工制备所需形态。

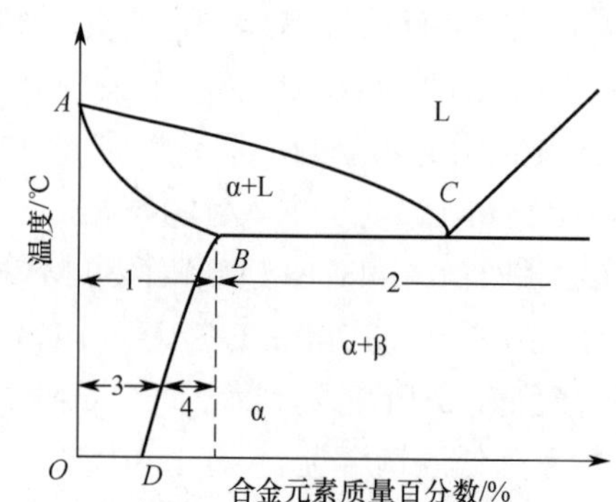

1－变形铝合金；2－铸造铝合金；3－不能热处理强化的铝合金；4－能热处理强化的铝合金

图 4-43　铝合金分类示意图[35]

铸造铝合金直接使用铸态。一般来说共晶成分的合金具有优良的铸造性能。在实际应用中，需要铸件具有足够的力学性能。因此，铸造铝合金的成分只是合金元素的含量比变形铝合金高一些，其合金元素质量百分数一般在 8%～25%。变形铝合金的性能一般优于铸造铝合金。

4.7.1.1　变形铝合金

我国变形铝合金牌号命名规则按 GB/T 16474－2011 执行。美国变形铝合金牌号用 1※※※～9※※※表示，其主要合金元素如表 4-17 及图 4-44 所示。

表 4-17　变形铝牌号及主要合金元素

牌　　号	主要合金元素	特点及用途
1※※※	大于 99%铝	中等应变硬化
2※※※	Cu（多数含 Mg）	可热处理强化，高强度
3※※※	Mn	应变硬化
4※※※	Si	部分可热处理强化
5※※※	Mg	应变硬化
6※※※	Mg 和 Si	可热处理强化
7※※※	Zn（多数含 Mg 和 Cu）	可热处理强化
8※※※	其他，如 Li、Fe、Ni	
9※※※	预留	

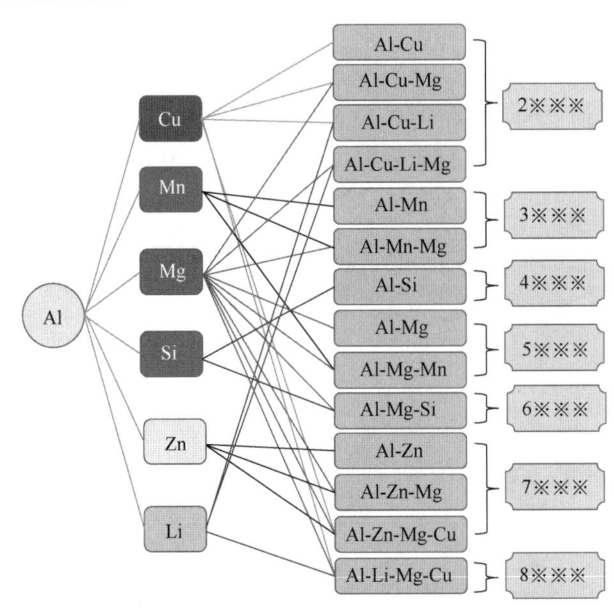

图 4-44　变形铝合金主要合金元素及合金系

变形铝合金又可分为两类：

（1）不能通过热处理强化的铝合金，即合金元素的含量小于图 4-43 中的 *D* 点成分的合金。这类铝合金具有良好的抗蚀性能，因此也常用作防锈铝。

（2）能通过热处理强化的铝合金，即合金元素处于 *B* 点和 *D* 点之间的合金。这类铝合金金可通过热处理显著提高力学性能，主要有硬铝、超硬铝和锻铝。

可热处理强化铝合金包括 2※※※系、6※※※系和 7※※※系。

铝合金的强化机理包括固溶强化、细晶强化、加工硬化、第二相（沉淀）强化和弥散强化等。固溶强化包括替位和间隙原子强化，例如 Mn 元素通过替位固溶强化。铝合金固溶元素还包括 Si 和 Mg。Mn、Mg 和 Zn 等元素在铝中不同温度下的溶解度如图 4-45 所示。细晶强化遵守霍尔–佩奇关系。加工硬化源于塑性变形提高位错密度而提高强度，但一般会导致材料的延性降低。弥散强化是指在铝合金中均匀引入硬质颗粒的一种强化方式。第二相（沉淀）强化也称奥罗万强化。

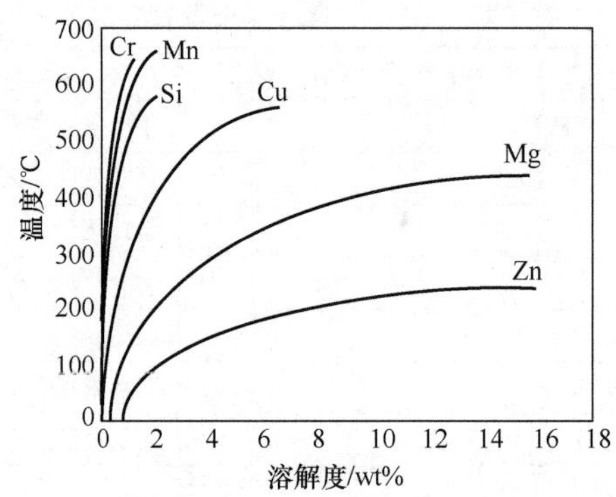

图 4-45 Mn、Mg、Zn 等元素在铝中不同温度下的溶解度[43]

铝合金有时还可分为 3 类，如图 4-46 所示，即时效硬化（沉淀硬化）型、铸造型和加工硬化型。时效硬化型包括 Al-Cu、Al-Cu-Mg、Al-Mg-Si、Al-Zn-Mg 和 Al-Zn-Mg-Cu 合金。铸造型铝合金主要包括 Al-Si 和 Al-Si-Cu 合金。加工硬化型铝合金包括 Al-Mg 和 Al-Mn 合金。时效硬化型铝合金通过固溶和热处理形成沉淀相，如 2000 系、6000 系和 7000 系。铸造铝合金也通过热处理形成沉淀相，如 2※※.※系和 3※※.※系。加工硬化型铝合金不能通过热处理强化，而是通过塑性加工提高位错密度而强化。

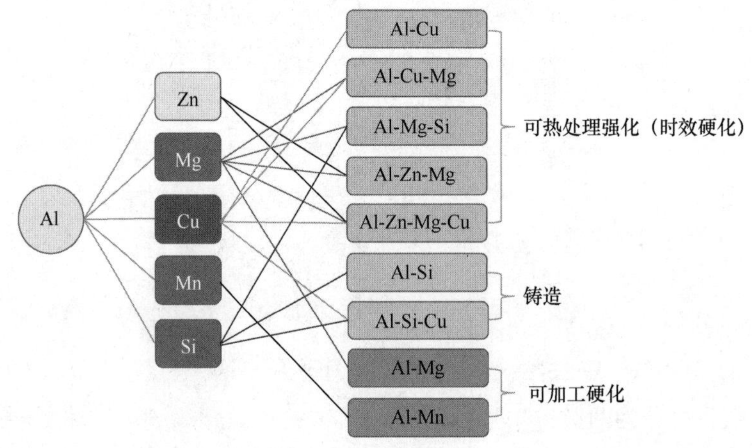

图 4-46 铝合金分类及主要合金元素的作用

铝合金的热处理强化与钢的淬火工艺操作基本类似，但强化机理有本质不同。铝合金淬火加热时，也是由 α 相固溶体加固溶相转变为单相的 α 相固溶体。当淬火时，铝合金得到单相的过饱和 α 相固溶体，但不和钢一样发生同素异构转变。因此，铝合金的淬火处理也称为固溶处理，由于硬而脆的第二相消失，所以塑性有所提高。过饱和的 α 相固溶体虽有强化作用，但强化作用是有限的，所以铝合金固溶处理后强度和硬度提高并不明显，但塑性有显著提高。铝合金经固溶处理后，可获得过饱和固溶体。在随后的室温放置或低温加热保温时，第二相从过饱和固溶体中析出，引起强度、硬度以及物理和化学性能的明显变化，这一过程被称为时效。室温放置过程中使合金产生强化的效应，被称为自然时效。低温加热过程中使合金产生强化的效应，被称为人工时效。综上，铝合金的热处理强化实际上包括了固溶处理与时效处理两部分。

以 Al-Cu 二元合金为例[35]，其合金状态如图 4-47 所示，在 548℃共晶温度的极限质量溶解度为 5.6%，而 200 ℃时的极限质量溶解度小于 0.5%。在 *B* 和 *D* 之间的 Al-Cu 合金室温时的平衡相组织为 $\alpha+Al_2Cu$，加热到固溶线 *BD* 以上时，第二相 Al_2Cu 完全溶入 α 相固溶体中，在淬火后可得到 Cu 在 Al 中的过饱和固溶体。

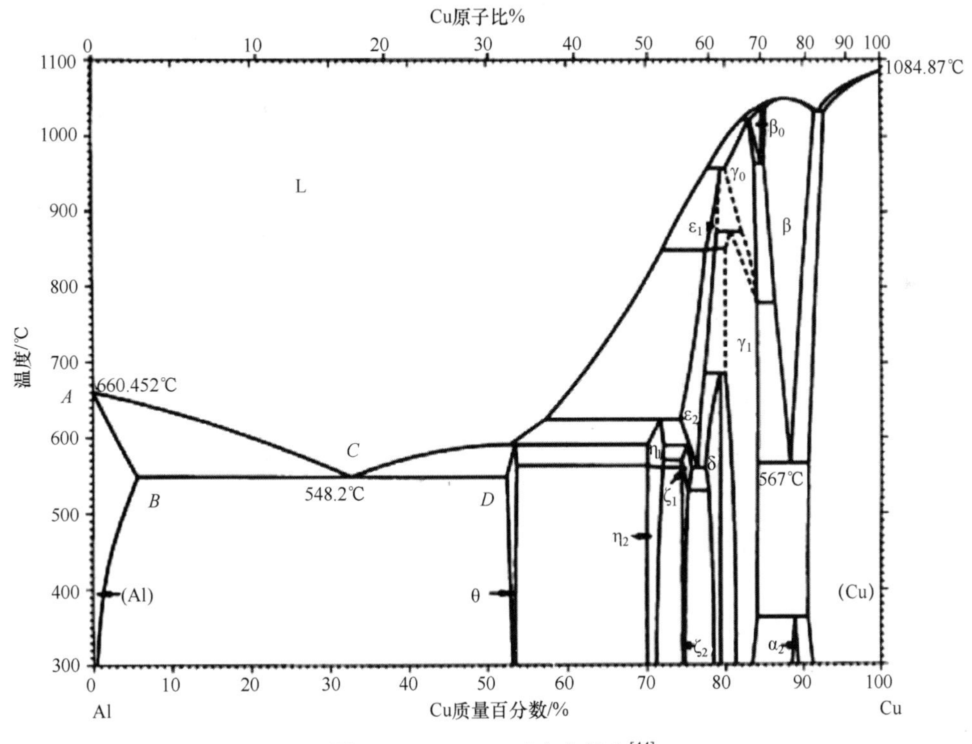

图 4-47　Al-Cu 二元合金状态[44]

在 Al-Cu 过饱和固溶体脱溶分解的过程中，产生一系列介稳相。在自然时效过程中，首先在基体中产生 Cu 原子的富集区，常称为 G.P.区，其时效过程示意图如图 4-48 所示。G.P.区晶体结构与基体 α 相相同，但铜原子尺寸小而使 G.P.区点阵产生弹性收缩，与周围基体形成很大的共格应变区，引起点阵的畸变，阻碍位错的运动，从而提高合金的强度和硬度。G.P.区只有几个原子层厚，呈盘状，室温下直径约 5 nm，超过 200 ℃就不再出现 G.P.区。

当 Al-Cu 合金在较高温度下时效时，G.P.区尺寸急剧长大，区内铜原子进行有序化，

形成 θ″ 相。θ″ 相与基体仍保持完全共格。θ″ 相具有正方点阵，点阵常数 $a = b = 0.404$ nm，$c = 0.768$ nm。θ″ 相比 G.P.区周围的畸变更大，且随 θ″ 相长大共格畸变区进一步扩大，其对位错运动的阻碍作用进一步增加，因此时效强化作用更为明显。

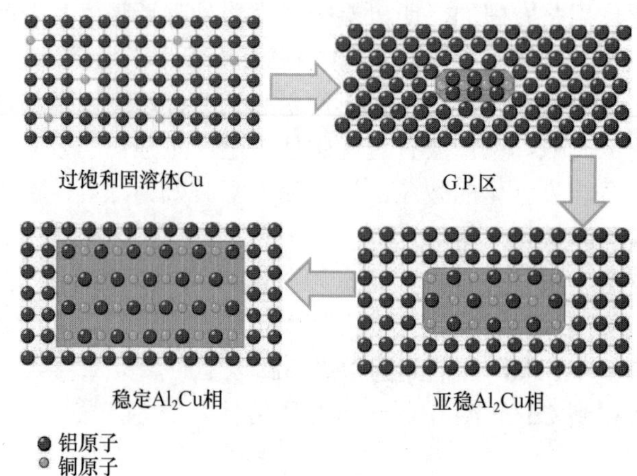

图 4-48　Al-Cu 合金时效过程示意图

随时效过程的进一步发展，θ″ 相将转变为 θ′ 过渡相。θ′ 相也具有正方点阵，点阵常数 $a = b = 0.571$ nm，$c = 0.580$ nm，成分接近 Al_2Cu。与 θ″ 相相比，θ′ 相点阵常数发生较大变化，因此其与基体的共格关系开始破坏，即由完全共格转变为局部共格。因此，θ′ 相周围基体的共格畸变减弱，对位错运动的阻碍作用减小，合金的强度和硬度开始降低，处于过时效阶段。

继续时效，过渡相 θ′ 从基体固溶体中完全脱溶，形成与基体有明显界面的、独立的 Al_2Cu 稳定相，称之为 θ 相。θ 相仍具有正方点阵，点阵常数 $a = b = 0.607$ nm，$c = 0.487$ nm。θ 相与基体完全失去共格关系，共格畸变也消失，导致合金的强度和硬度进一步下降。

综上，Al-Cu 合金系时效过程的过渡阶段包括：

（1）形成铜原子富集区，即 G.P.区；

（2）G.P.区有序化，形成 θ″ 相；

（3）形成过渡相 θ′；

（4）形成稳定析出相 θ。

上述 Al-Cu 二元合金的时效原理和一般规律，对其他 Al 合金也是适用的。其他几种变形铝合金时效形成的稳定析出相如表 4-18 所示。需要注意的是，合金的种类不同，时效过程中形成的 G.P.区、过渡相以及最后析出的稳定相各不相同，从而时效强化的效果也不相同。Al-Mg-Si、Al-Cu-Mg 和 Al-Zn -Mg 合金系时效过程的过渡阶段和稳定析出相如表 4-19 所示。

表 4-18　变形铝合金沉淀相

变形铝合金	合　金　系	稳定析出相
2※※※	Al-Cu	Al_2Cu(θ)
2※※※	Al-Cu-Mg	Al_3CuMg(S)
6※※※	Al-Mg-Si	Mg_2Si(β)

（续表）

变形铝合金	合 金 系	稳定析出相
7※※※	Al-Zn-Mg	$MgZn_2$(M)
8※※※	Al-Li-Cu	Al_2Cu、Al_2CuLi
8※※※	Al-Li-Cu-Mg	Al_2Cu、Al_2CuLi、Al_2CuMg

表 4-19 几种铝合金系时效过程的过渡阶段和稳定析出相[35]

合 金 系	时效过程的过渡阶段	稳定析出相
Al-Mg-Si	① 形成 Cu、Si 原子富集区——G.P.区（柱状）	$Mg_2Si(\beta)$
	② 形成有序的 β′ 相	
Al-Cu-Mg	① 形成 Cu、Mg 原子富集区——G.P.区（柱状）	Al_3CuMg(S)
	② 形成过渡相 S′	
Al-Zn-Mg	① 形成 Cu、Zn 原子富集区——G.P.区（球状）	$MgZn_2$(M)
	② 形成过渡相 M′	

下面介绍影响铝合金时效强化的主要因素。

（1）时效温度：当时效时间一定，存在某一时效温度，材料的强度和硬度最大化。此温度称最佳时效温度，并与合金系有关，一般为 0.5～0.6 倍熔点温度。

（2）时效时间：如前讨论，G.P.区形成后硬度上升，然后达到稳定。而长时间时效后，G.P.区溶解，θ″ 相形成使硬度重新上升。当 θ″ 溶解并形成 θ′ 相时，硬度开始下降。θ′ 相后期时效已过，开始软化。综上，当时效温度一定，为获得最大的时效强化效果，存在一个最佳时效时间。为此，对高强铝合金通常采用分级时效，即分两步时效：首先在 G.P.区溶解下的较低温度进行，得到弥散的 G.P.区；随后在较高温度下时效。这些弥散的 G.P.区成为脱溶的非均匀形核位置。与较高温度的下一次时效相比，分级时效可获得更弥散的时效相的分布。采用分级时效处理的铝合金，断裂韧度更高，还能改善耐蚀性能。

（3）淬火工艺：实验表明，淬火温度越高，淬火冷却速度越快，淬火中间转移时间越短，获得的固溶体过饱和程度越高，时效强化效果越大。

变形铝合金的热处理的主要方式有退火、淬火和时效。退火可分为铸锭的均匀化退火、热加工毛坯的预先退火、冷轧铝材的中间退火、半成品出厂前的退火和生产制品的低温退火。淬火的目的是获得过饱和固溶体，从而使时效后获得较高的力学性能。变形铝合金允许的淬火温度范围较窄，这与钢不同。

由于变形铝合金强烈依赖合金状态，所以一般在牌号后加合金处理状态。变形铝合金状态用大写英文字母加数字表示，如 F 代表自由加工状态，适用于在成型过程中，对加工硬化和热处理条件无特殊要求的产品，该状态的力学性能不做规定；O 代表退火状态，适用于经完全退火获得最低强度的加工产品；H 代表加工硬化状态，适用于通过加工硬化提高强度的产品；W 代表固溶热处理状态，是一种不稳定状态，仅适用经固溶热处理后室温下自然时效的合金；T 代表热处理状态，适用于热处理后，经过或不经过加工硬化达到稳定状态的产品，T 后必须附带一位或多位阿拉伯数字[45]。

在室温下变形铝合金的抗拉强度如表 4-20 所示。

表 4-20 变形铝合金室温抗拉强度

变形铝合金	主合金元素及范围/wt.%	抗拉强度/MPa
1※※※	Al 质量含量大于 99%	70～180
2※※※	(1～2.5)Cu+Mg	170～310
2※※※	(3～6)Cu+Mg	380～520
3※※※	Mn+Mg	140～280
4※※※	Si	100～350
5※※※	(1～2.5)Mg	140～280
5※※※	(3～6)Mg+Mn	280～380
6※※※	Mg+Si	150～380
7※※※	Zn+Mg	380～520
7※※※	Zn+Mg+Cu	520～620
8※※※	Li+Cu+Mg	280～560

4.7.1.2 铸造铝合金

铸造铝合金应具有较高的流动性，较小的收缩性，热裂、缩孔和疏松倾向小等良好的铸造性能。成分处于共晶点的合金具有最佳的铸造性能。然而，此时合金组织中会出现大量硬而脆的化合物，导致合金的塑性急剧降低，脆性急剧增加。因此，实际使用的铸造合金并非都是共晶合金，与变形铝合金相比，只是铸造合金的合金元素更高一些。

在国标体系中，铸造铝合金的牌号用“ZL”加三位数表示。第一位数字是合金的系列，1 表示 Al-Si 系合金，2 是 Al-Cu 系合金，3 是 Al-Mg 系合金，4 是 Al-Zn 系合金。第二位和第三位数字是合金的顺序号。美国铸造铝合金牌号用 1※※. ※～9※※. ※表示，各系主要合金元素如表 4-21 所示。

表 4-21 铸造铝牌号及主要合金元素

1※※. ※	99%铝	6※※. ※	Mg+Si
2※※. ※	Cu（多数含 Mg）	7※※. ※	Zn
3※※. ※	Si，加 Cu 和/或 Mg	8※※. ※	Sn
4※※. ※	Si	9※※. ※	其他元素
5※※. ※	Mg		

多数铸造铝合金都能采用热处理强化。由于铸造铝合金具有形状复杂、组织偏大、偏析严重等特点，其热处理与变形铝合金的不同。

4.7.2 铝合金低温性能

铝及铝合金具有面心立方结构，因此无低温韧脆转变，低温下仍能保持强度、塑性和韧性。多数变形铝都可以用于低温领域。

目前应用于低温领域较多的铝合金包括 Mg 质量百分数在 2.5%～6.0%的 5※※.※系，Mg 质量百分数在 0.6%～1%和 Si 质量百分数在 0.6%～1.0%的 6※※.※系和 Cu 质量百分数在 4.0%～6.5%之间的 2※※.※系变形铝。应用比较多的牌号包括 5083（Al-4.5Mg）、6061（Al-1.0Mg-0.6Si）和 2219（Al-6Cu）、2014（Al-4.4Cu）、2195 等。对铝合金 5083，具有可焊接性，低温领域主要使用退火态，即 5083-O。对于 6061，具有中等低温强度和韧性，以及多种形式的产品和热处理状态。对于 2219，低温高强度可通过热处理后沉淀强化实现，如 2219-T87 和 2219-T851。此外，纯铝 1100 和 3003 具有优异可成形性，也广泛应用于低温领域，且 3003 特别适合于钎焊。高强度铝合金 2014-T651、2021-T851、2195、2219-T87 和 2419 可用于火箭推进剂贮箱。

4.7.2.1　铝合金低温力学性能

随着温度降低，铝合金屈服强度和抗拉强度上升，一些铝合金屈服强度随温度降低的变化如图 4-49 所示。

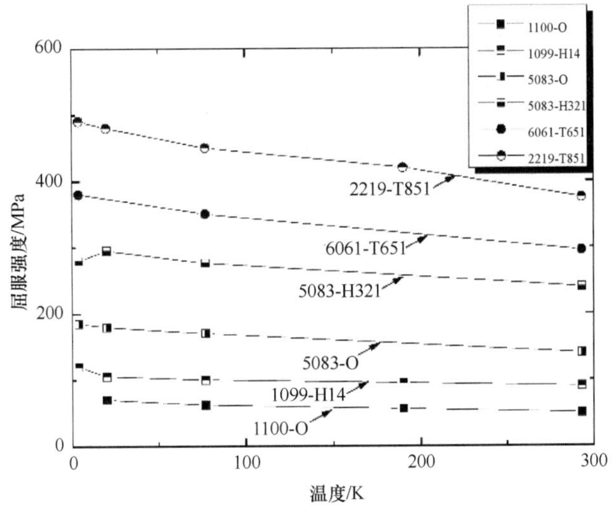

图 4-49　几种变形铝合金屈服强度随温度的变化[38]

随温度降低，多数铝合金塑性变化不大。但 7※※.※系铝合金 4 K 断面收缩率较室温下的 50%左右。

变形铝合金在液氦温度下屈服强度和断后伸长率如图 4-50 所示。一些变形铝合金材料的室温及低温拉伸性能可参考文献[38]和[47]。

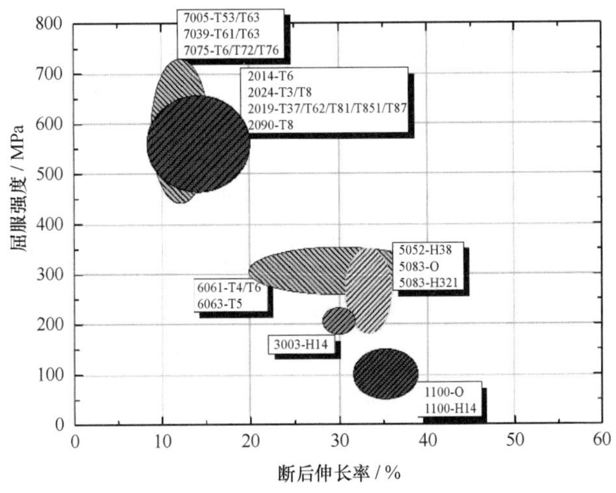

图 4-50　变形铝合金液氦温度下屈服强度和断后伸长率[46]

与奥氏体不锈钢等面心立方结构金属类似，铝合金断裂韧度随温度降低变化不大。由于平面应变断裂韧度测试成本较高且操作困难，早期曾采用缺口强度比（缺口抗拉强度 NTS 与屈服强度 YS 之比）评价铝合金 4 K 韧性。NTS/YS 大于 1 表明材料具有维持塑性变形的能力，以及在存在强应力集中时阻止裂纹形成的能力，即具有较高断裂韧度。多数铝合金缺口屈服强度比随温度变化不大，即低温断裂韧度与室温断裂韧度变化不大。铝合金 5083 和 6061 的低温（77 K 和 4 K）缺口强度比大于 1.6。高强度铝合金 2219-T851 和 7005-T5351 低温缺口强度比大于 1.4。对于高强度 2014-T651 和 2024-T851 以及除 7005 外的 7000 系铝合金，缺口强度比较低，一般在 1.0～1.25 之间，低温下甚至达到 0.4。

评价断裂韧度的定量方法是测量其平面应变断裂韧度，一些铝合金的低温（77 K）平面应变断裂韧度与屈服强度关系如图 4-51 所示。国际上开展了大量厚板铝合金 5083 材料平面应变断裂韧度测试。研究表明 200 mm 厚板的 5083 铝合金液氮温区平面应变断裂韧度在 44～66 MPa · $m^{1/2}$ 之间，且依赖于板轧制方向。另外也有研究采用 J 积分研究了铝合金 5083 在 111 K 温度下平面应变断裂韧度，转化为 K_{Ic} 值在 42～63 MPa · $m^{1/2}$ 之间，同样与板轧制方向有关。还有一些研究表明铝合金 5083 的断裂韧度和屈服强度的厚度方向一致。

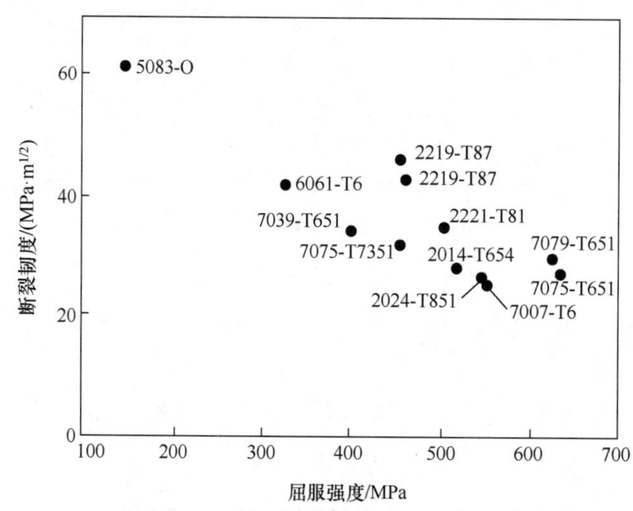

图 4-51　几种铝合金的低温（77 K）平面应变断裂韧度与屈服强度关系[26]

铝合金在 20 K 及 4 K 温度下的平面应变断裂韧度数据较少，几种变形铝合金在不同温度下的平面应变断裂韧度与屈服强度如图 4-52 所示。

铝合金在低温恒载荷控制模式下的疲劳强度随温度降低而增加。例如，铝合金 5083 液氮温区 20 万次循环对应疲劳强度为 317 MPa，而在室温下仅为 276 MPa。2219-T851 和 2014-T6 高强度铝合金低温应变控制模式的疲劳也表现出相同的趋势。

随温度降低，多数铝合金的疲劳裂纹扩展速率（da/dN）变小。相对奥氏体不锈钢、钛合金等，铝合金的疲劳裂纹扩展门槛值较低，如 2024-T4、2121-T4 和 Al-3%Mg 在室温下门槛值在 1.8～3.4 MPa · $m^{1/2}$ 之间，液氮温区门槛值在 3.0～6.0 MPa · $m^{1/2}$ 之间[48]。

铝合金中的 3※※※系、5※※※系和 6※※※系合金在低温下强度不高，有高的韧性，导热性能也好，故可用作低温设备中的传热部件材料。但它们的焊接性能不够好，接头强度降低较多而延性降低了 50%。除 7※※※系，多数铝合金具有良好焊接性，可选用传统焊接方法如电弧焊和气体保护电弧焊。对 5083 铝合金，焊接接头力学性能甚至达到母材性能。对于沉淀硬化的高强度铝合金，焊接接头性能较低。一些铝合金在不同温度下的焊接接头系数（焊缝强度与母材强度之比值）如图 4-53 所示。近年来，同种或异种铝合金搅拌摩擦焊取得重要进展，但焊接接头低温力学性能研究较为匮乏。

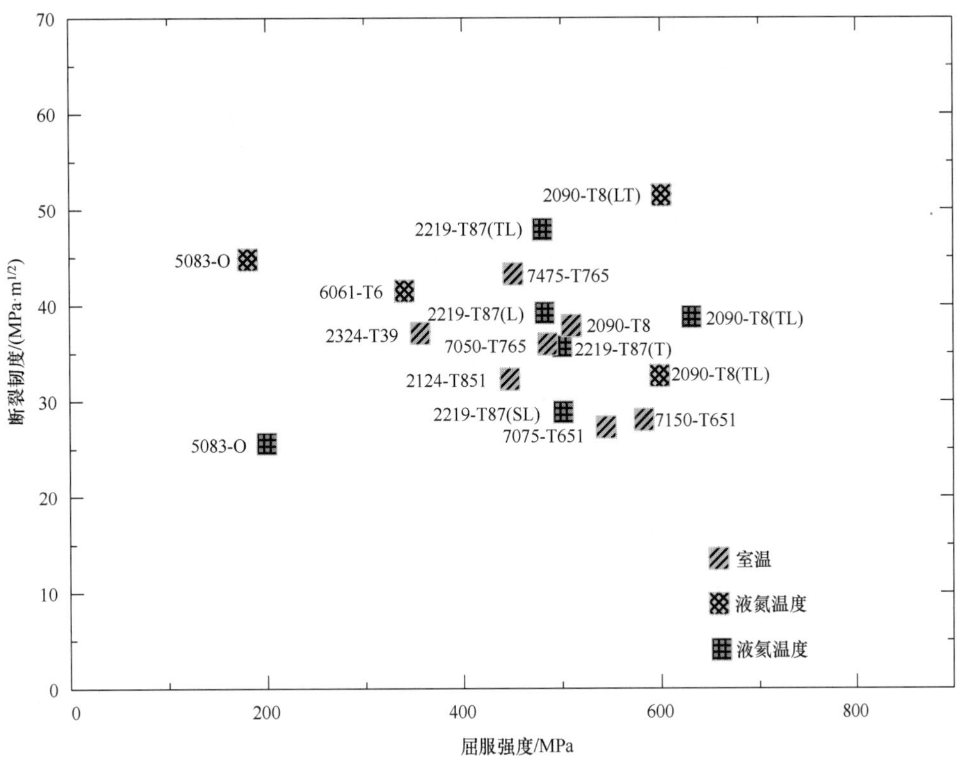

图 4-52　变形铝合金在室温、液氮及液氦温度下平面应变断裂韧度与屈服强度

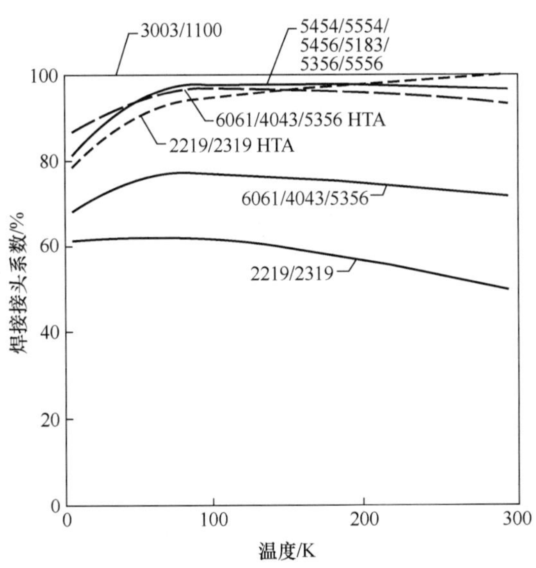

图 4-53　一些铝合金在不同温度下的焊接接头系数[38]

4.7.2.2 铝合金低温物理性能

纯铝的热导及电导较高，可用作低温传导。铝及铝合金不同温度下的电阻率如图 4-54 所示。纯度 99.9999%（6N）的铝剩余电阻与 RRR 之比可达 13 000，在 6 K 温度下热导率可达 4000 W/(m · K)[49]。

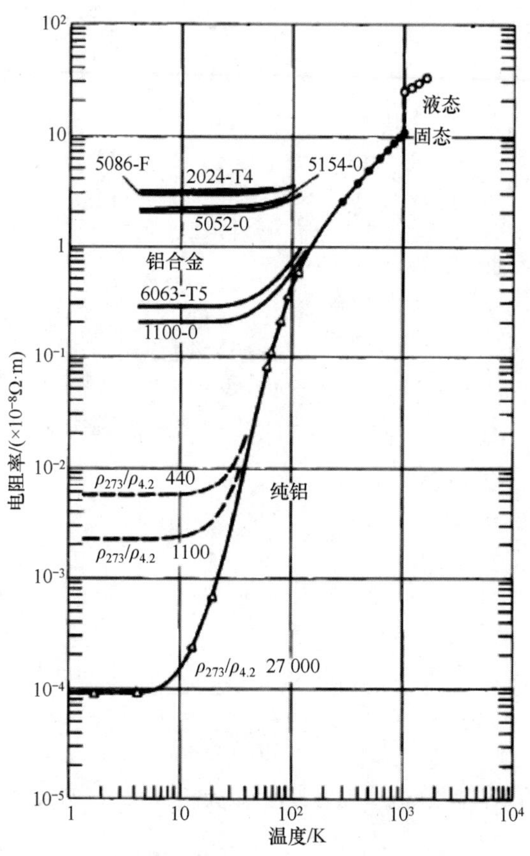

图 4-54 铝及铝合金不同温度下电阻率[50]

2219、5083 和 6061 铝合金的低温物理性质如表 4-22 所示。

表 4-22 2219、5083 和 6061 铝合金的低温物理性质[38]

合　金	温度/K	密度/(kg/m³)	弹性模量/GPa	剪切模量/GPa	泊松比	热导率/(W(m · K))	线胀系数/K^{-1}	比热/J/(kg · K)	电阻率/(μΩ · m)
2219	295	2830	77.4	29.1	0.330	120	23×10^{-6}	900	5.7×10^{-2}
	77	—	85.1	32.3	0.319	56	18.1×10^{-6}	340	—
	4	—	85.7	32.5	0.318	3	14.1×10^{-6}	0.28	2.9×10^{-2}
5083	295	2660	71.5	26.8	0.333	120	23×10^{-6}	900	5.66×10^{-2}
	77	—	80.2	30.4	0.320	55	18.1×10^{-6}	340	3.32×10^{-2}
	4	—	80.9	30.7	0.318	3.3	14.1×10^{-6}	0.28	3.03×10^{-2}
6061	295	2700	70.1	26.4	0.338	—	23×10^{-6}	900	3.94×10^{-2}
	77	—	77.2	29.1	0.328	—	18.1×10^{-6}	340	1.66×10^{-2}
	4	—	77.7	29.2	0.327	—	14.1×10^{-6}	0.28	1.38×10^{-2}

4.8 铜和铜合金

4.8.1 铜合金分类

铜和铜合金是人类历史上使用最早的金属材料之一。纯铜强度低，性能不能满足工业发展的需要，为此发展了多种铜合金。

我国生产的变形铜合金按化学成分主要分为紫铜、黄铜、青铜和白铜四类。

紫铜即工业纯铜（Cu 的质量百分数大于 99.5%）。工业纯铜的表面常带有玫瑰紫色的氧化膜，故又称为紫铜。我国紫铜牌号以“T”开头，主要包括纯铜 T1、T2 和 T3，无氧铜 TU0、TU1 和 TU2，磷脱氧铜 TP1 和 TP2。

黄铜是以 Zn 为主要合金元素的铜合金。Cu-Zn 二元合金称为普通黄铜。工业上使用的黄铜的 Zn 质量百分数在 50%以下。Cu-Zn 二元合金基础上加入一种或多种其他合金元素的黄铜称为特殊黄铜。我国普通黄铜的牌号用“H”后加 Cu 质量百分数表示。黄铜按生产工艺可分为压力黄铜和铸造黄铜。特殊黄铜的牌号用“H”加主添加元素的化学符号再加 Cu 的质量百分数表示，如 HMn58-2 表示 58%Cu、2%Mn 的特殊黄铜。铸造黄铜的牌号用“Z”加铜的化学符号和主添加元素的化学符号及质量百分数表示，如 ZCuZn38 表示 Zn 质量百分数为 38%的铸造黄铜。

青铜是人类历史上最早应用的一种合金。青铜最早指 Cu-Sn 合金。现在，工业上应用的大量的含 Al、Si、Be、Mn 和 Pb 的铜基合金，也称为青铜。为区别，通常把 Cu-Sn 合金称为锡青铜或普通青铜，其他称为无锡青铜或特殊青铜。我国青铜牌号的表示方法是“Q”加第一主加元素的化学符号及质量百分数，再加其他合金元素的质量百分数，如 QAl5 表示含质量百分数为 5%的铝青铜。铸造青铜的牌号用“Z”加铜的化学符号加主添加元素的化学符号及质量百分数，如 ZCuPb30 表示 Pb 的质量百分数为 30%的铸造铅青铜。

锡青铜具有较高的强度、硬度和耐磨性。抗拉强度随 Sn 含量增加而升高。当 Sn 质量百分数大于 6%后，塑性伸长率开始迅速降低。当 Sn 质量百分数大于 20%时，因组织中出现大量 δ 相，合金变脆，强度也降低。因此，工业用锡青铜的 Sn 质量百分数一般在 3%～14%之间。Sn 质量百分数在 7%～8%的合金，有较高的塑性和强度，适用于塑性加工。Sn 质量百分数大于 10%的合金，塑性较低，适用于铸造。锡青铜是青铜法制造 Nb_3Sn 超导材料的基体之一。

白铜是以 Ni 为主要合金元素的铜合金。一些白铜中还含有 Zn、Al、Fe 和 Mn 等元素。白铜具有优异的耐蚀性。我国白铜牌号以“B”开头。

也可以将铜和铜合金分为 9 类，分别为含铜质量百分数最小 99.3%的铜，合金质量百分数小于 5%的高铜合金，黄铜（铜锌合金，锌质量百分数最大 40%），磷青铜（铜锡合金，锡质量百分数最大 10%，磷质量百分数 0.2%），铝青铜（铝质量百分数最大 10%），硅青铜（硅质量百分数最大 3%），铜镍合金（镍质量百分数最大 30%），德银（铜锌镍合金，锌质量百分数最大 27%，镍质量百分数最大 18%），特种合金铜（通过添加特定合金元素以寻求特别性能）。

与铝类似，铜按加工方法可分为变形铜和铸造铜两类，后者直接使用铸态，前者是将合金熔融成锭子再通过挤压加工或轧制、模锻等方式制成半成品，随后通过机械加工制备成所需形态。

下面介绍铜和铜合金的主要处理状态。

（1）冷变形，指在再结晶温度以下通过机械变形得到应变硬化的铜合金。

（2）应变硬化，通过永久冷变形实现增强、提高硬度和降低延性。

（3）残余应力释放，指不引发再结晶前提下热处理实现应力释放，或不引起显著尺寸变化前提下机械处理实现应力释放。

（4）拉应力释放，指通过热处理对冷拔铜合金进行应力释放而不影响抗拉强度和微结构。

（5）退火，指为改变性质和晶粒结构而进行的热处理，如当对冷变形单相铜合金热处理时，可通过再结晶和晶粒长大实现软化等性能改变。

（6）热加工，在再结晶温度以上进行的加工。

（7）淬火硬化，指在 β 相化温度以上热处理后淬火以生成马氏体结构强化。

（8）回火，指对经淬火强化的铜合金热处理以提高延性。

（9）有序强化，指在再结晶温度以下对冷变形铜合金进行热处理以通过有序化提高屈服强度。

（10）时效强化，指对经固溶热处理的铜合金进行热处理以通过沉淀析出实现硬化、强化和提高传导性等。

（11）固溶热处理+时效强化，指对铜合金进行固溶热处理后，通过加热到一定温度，使在高温固溶的合金元素以某种形式析出，形成弥散分布的硬质质点，对位错切割造成阻力而使强度增加并提高传导性。

4.8.2 铜合金低温性能

与铝类似，铜的热导及电导较高，在低温下主要用作传导材料。

4.8.2.1 铜合金低温力学性能

与铝合金一样，铜合金多为面心立方结构，因此力学性能特别是塑性和韧性随温度降低变化不大。铜合金的增强方式主要包括固溶强化、加工硬化和晶粒细化。Sn、Be、Ni 和 Zn 等元素固溶原子含量对 Cu 室温屈服强度的影响如图 4-55 所示。Ni 和 Zn 与 Cu 原子大小相差较小，易形成置换固溶体，其强化效果劣于 Sn 和 Be 形成的间隙固溶体。Cu-Be 二元合金也可以通过热处理实现沉淀硬化，其基本过程与 Al-Cu 二元合金时效热处理类似，即形成 Be 原子富集区，即盘状 G.P.区；G.P.区有序化，形成过渡相 γ′；形成稳定析出相 γ（CuBe）[52]。

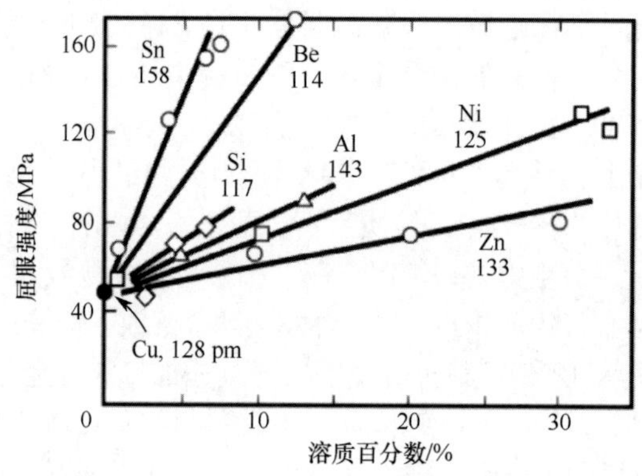

图 4-55 Sn、Be、Si、Al、Ni 和 Zn 元素固溶原子分数对 Cu 室温屈服强度的影响（元素原子尺寸单位为 pm，1pm=10^{-12} m）[53]

一些铜合金屈服和抗拉强度随温度变化如图 4-56 所示。铜及铜镍合金弹性模量随温度变化如图 4-57 所示。

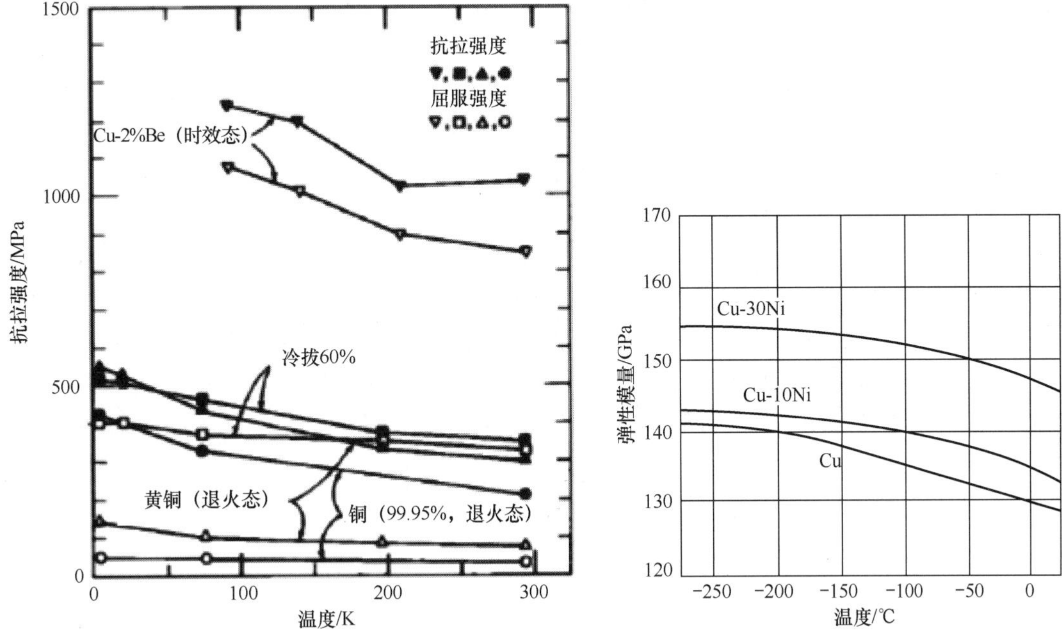

图 4-56　铜合金屈服强度和抗拉强度随温度变化[38]　　图 4-57　铜及铜镍合金弹性模量随温度变化[38]

铜及铜合金一般具有高导热和导电性（一般用材料的电导来衡量），合金元素的加入一般是为了平衡力学强度和传导性能，典型铜合金材料的室温抗拉强度和导电性如图 4-58 所示。在室温下纯铜的抗拉强度在 450 MPa 左右，商业青铜的抗拉强度为 500 MPa。而铍质量百分数为 2%的铍铜经淬火时效处理后具有较高的屈服强度和抗拉强度，性能超过钛合金和中等强度钢。铍铜又称铍青铜，可分为两类，铍质量百分数在 0.2%～0.6%之间的铍青铜具有较高的热导和电导，而铍质量百分数在 1.6%～2.0%之间的铍青铜具有高强度。铍铜具有很高的硬度、弹性极限、耐磨性、无磁，还具有良好的耐蚀性、导热性以及受冲击时不产生火花，广泛用于重要的弹性元件等，在低温下也有应用。铍青铜冶炼时具有吸入毒性，但成品接触毒性不大。

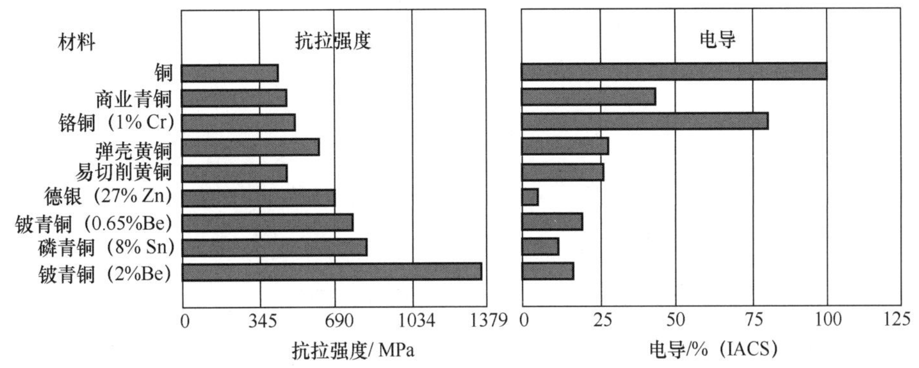

图 4-58　典型铜合金材料的室温抗拉强度和电导[51]

4.8.2.2 铜合金低温热物性

高电导和高热导是铜及铜合金突出的特点。电导标度一般选用相对国际退火铜标准（IACS）的百分数确定，其体积电阻率为 0.017241 μΩ · m（20 ℃）。按此标度，目前工业级纯度很高的铜（99.999%）的电阻为 103% ICAS。铜的电导率随温度变化显著，可从−240 ℃的电导 800% IACS 降至 425 ℃的 38% IACS。晶粒大小、冷变形等对铜及铜合金电导率也有影响。合金元素也对铜的电导率有重要影响。由于电导是自由电子的输运性质，杂质元素的引入对自由电子的输运有重要影响。纯铜中元素的引入会降低电导率，其中氧元素易与杂质元素生成氧化物，对电导率负面影响很大。

普通铜的剩余电阻率 RRR 一般在 5～150 之间，无氧高导铜（OFHC）的剩余电阻率 RRR 一般在 100～200 之间，而高纯铜的剩余电阻率 RRR 一般在 200～5000 之间。纯度 99.99999%（7N）的铜的剩余电阻率 RRR 可高达 10000，低温热导率超过 70000 W/(m · K)[54]。

铜和铜合金还是优异的导热材料。热导率与电导率的关系可由维德曼−弗兰兹关系确定，即热导正比于电导与绝对温度的乘积。一些铜及铜合金热导率随温度变化如图 4-59 所示。

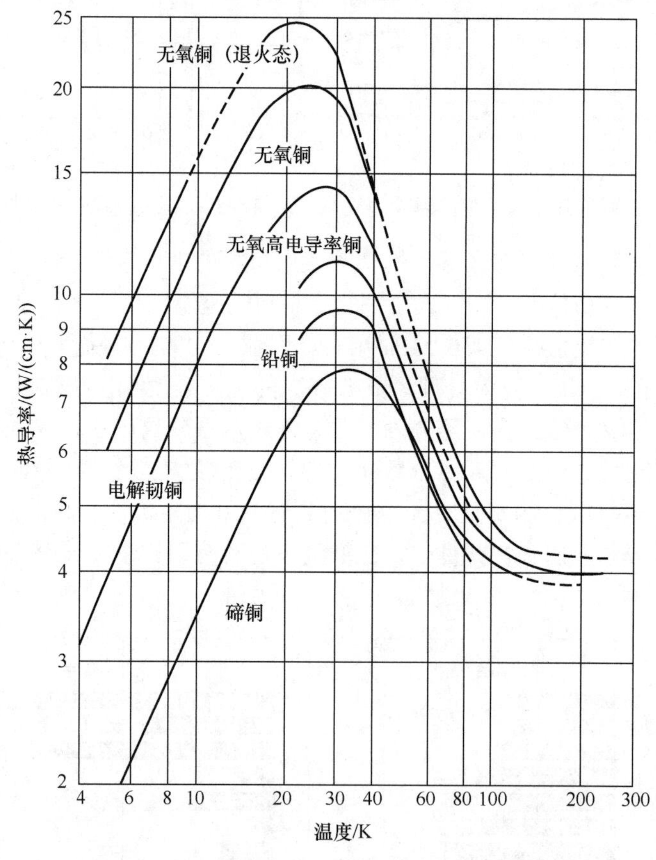

图 4-59　铜及铜合金热导率随温度的变化曲线[55]

铜及铜合金的高电导和高热导特性使其广泛应用于电工器材、热交换器和管道。铜还用作超导材料 Nb-Ti、Nb_3Sn 的稳定材料，主要利用铜的高电导和高热导性能。低温领域，铜及铜合金还用于低温杜瓦、传输管线、热交换器和低温阀门等。

4.9 本章小结

通过本章的学习应掌握 Fe-Ni-Cr 和 Fe-Mn-Cr 钢的低温马氏体相变发生的因素及其对低温工程设计的影响，以及金属材料低温“锯齿”形不连续流变现象及其特征、氢脆及多种金属材料的氢脆特征。还应掌握钢、高温合金、钛合金、铝合金及铜合金等低温材料的相关特性并应用于低温工程设计。

复习思考题 4

4-1 概述 Ni 含量对镍钢低温韧脆转变温度的影响。

4-2 归纳 Fe-Ni-Cr 系奥氏体不锈钢低温马氏体相变的诱发因素。

4-3 阐述金属材料低温“锯齿”形流变现象与 PLC 效应的异同之处。

本章参考文献

[1] EICHELMAN G H, HULL F C. The effect of composition on the temperature of spontaneous transformation lf austenite to martensite in 18-8 type stainless steel [J]. Transactions of the American Society for Metals, 1953. 45: 77.

[2] MARECHAL D. Linkage between mechanical properties and phase transformations in a 301LN austenitic stainless steel [R]. The University of British Columbia, 2011.

[3] REED R P, HORIUCHI T. Austenitic Steels at Low Temperatures [M]. New York: Springer, 1983.

[4] FERNANZEZ-PISON P, RODRIGUEZ-MARTINEZ J A, GARCIA-TABARES E, et al. Flow and fracture of austenitic stainless steels at cryogenic temperatures [J]. Engineering Fracture Mechanics, 2021: 108042.

[5] MORRIS J W, HWANG S K. Fe-Mn alloys for cryogenic use: a brief survey of current research [C]. Advances in Cryogenic Engineering, 1978. 24: 91.

[6] OGATA T, ISHIKAWA K. Time-dependent deformation of austenitic stainless steels at cryogenic temperatures [J]. Cryogenics, 1986. 26: 365.

[7] SHIBATA K. Effects of high magnetic field on structural metallic materials at cryogenic temperatures and related phenomena [J]. Journal of Cryogenic and Superconductivity Society of Japan, 1991. 26: 247.

[8] RODRIGUEZ P, VENKADESAN S. Serrated Plastic flow revisited [J]. Solid State Phenomena. 1995, 42-43: 257.

[9] PUSTOVALOV V V. Serrated deformation of metals and alloys at low temperatures [J]. Low Temperature Physics, 2008, 34: 683.

[10] FUJII H, OHMIYA S, SHIBATA K, et al. Effect of specimen diameter on tensile properties of austenitic stainless steels in liquid hydrogen and gaseous helium at 20K [C]. in International Cryogenic Materials Conference, 2005, Keystone, CO.

[11] SKOCZEN B T. Compensation systems for low temperature applications [M]. Berlin Heidelberg New York:

Springer, 2004.

[12] SKOCZEN B T, BIELSKI J, SGOBBA S, et al. Constitutive model of discontinuous plastic flow at cryogenic temperatures [J]. International Journal of Plasticity, 2010, 26: 1659.

[13] CHANDLER W T, WALTER R J. Hydrogen Embrittlement Testing[M]. ASTM STP543,1974.

[14] LEE J A. Hydrogen embrittlement[R]. NASA/TM-2016-218602, 2016.

[15] EDESKUTY F J, STEWART W F. Safety in the handling of cryogenic fluids [M]. New York: Springer, 1996.

[16] FARRAR J C M. The alloy tree: a guide to low-alloy steels, stainless steels and nickel-based alloys [M]. Boca Raton: CRC Press, 2007.

[17] SYN C K, JIN S, MORRIS J W. Cryogenic fracture toughness of 9Ni steel enhanced through grain refinement [J]. Metallurgical Transactions A, 1976, 7: 1827.

[18] TIMMERHAUS K D, REED R P. Cryogenic engineering-fifty years of progress [M]. New York: Springer, 2007.

[19] SHA W, GUO Z. Maraging steels-modelling of microstructure, properties and applications [M]. Cambridge: Woodhead Publishing, 2010.

[20] DAVIS J R. ASM Specialty handbook: nickel cobalt and their alloys [M]. Ohio: ASM International, 2000.

[21] TOBLER R L, REED R P, SCHRAMM R E. Cryogenic tensile, fatigue, and fracture parameters for a solution-annealed 18 percent nickel maraging-steel [M]. Journal of Engineering Materials and Technology-Transactions of the ASME, 1978, 100: 189.

[22] DEARDO A J. Niobium in modern steels [J]. International Materials Reviews, 2003, 48: 371.

[23] REED R P. Nitrogen in austenitic stainless steels [J]. JOM, 1989, 41: 16.

[24] MCGUIRE M F. Stainless steels for design engineers [M]. Ohio: ASM International, 2008.

[25] MORRIS J W, DALDER E N C. Cryogenic structural materials for superconducting magnets [J]. JOM, 1985, 37: 24.

[26] PFEILER W. Alloy Physics-A comprehensive reference [M]. Weinheim: Wiley-VCH, 2007.

[27] PATEL S, DEBARBADILLO J, CORYELL S. Superalloy 718: Evolution of the alloy from high to low temperature applications [C] in Proceedings of the 9th International Symposium on superalloy 718 & Derivativies: energy, aerospace, and industrial applications, 2018.

[28] ONO Y, YURI T, SUMIYOSHI H, et al. High-Cycle Fatigue Properties at Cryogenic Temperatures in INCONEL 718 Nickel-based Superalloy [J]. Materials Transactions, 2004, 45: 342.

[29] HAMADA K, TAKAHASHI Y, SUWA T. Mechanical characteristics of conduits for the ITER central solenoid conductor [J]. Teion Kogaku, 2019, 54: 437.

[30] CAMPBELL D J, AKIYAMA T, BARNSLEY R, et al. Innovations in Technology and Science R&D for ITER [J]. Journal of Fusion Energy, 2019, 38: 11.

[31] HWANG I S, BALLINGER R G, MORRA M M, et al. Mechanical properties of Incoloy 908 an update [C]. in 9th International Cryogenic Materials Conf/Cryogenic Engineering Conf, 1991. Univ Alabama Huntsville, Huntsville, Al.

[32] TOPLOSKY V J, HAN K. Mechanical properties of cold-rolled and aged MP35N alloys for cryogenic magnet applications [C]. in Joint Conference on Transactions of the Cryogenic Engineering Conference (CEC)/International Cryogenic Materials Conference (ICMC), 2011. Spokane, WA.

[33] DONACHIE M J, DONACHIE S J. Superalloys-A technical guide [M]. 2nd ed. Ohio: ASM International, 2002.

[34] LEYENS C, PETERS M. Titanium and titanium alloys: fundamentals and applications [M]. Weinheim: Wiley-VCH, 2003.

[35] 戴起勋. 金属材料学 [M]. 北京: 化学工业出版社, 2005.

[36] NAGAI K, YURI T, OGATA T, et al. Cryogenic Mechanical Properties of Ti-6Al-4V Alloys with Three Levels of Oxygen Content [J]. ISIJ International, 1991, 31: 882.

[37] LIANG S X. Review of the Design of Titanium Alloys with Low Elastic Modulus as Implant Materials [J]. Advanced Engineering Materials, 2020, 22(11): 2000555.

[38] REED R P, CLARK A F. Materials at Low Temperatures [M]. Ohio: American Society for Metals,1983.

[39] NAIMON E R, WESTON W F, LEDBETTER H M. Elastic properties of two titanium alloys at low temperatures [J]. Cryogenics, 1974, 14: 246.

[40] NAGAI K, YURI K, ISHIKAWA I, et al. Titanium and its alloys for cryogenic structural materials [J]. Teion Kogaku, 1987, 22: 347.

[41] NAGAI K, ISHIKAWA K, MIZOGUCHI T, et al. Strength and fracture toughness of Ti5Al2.5Sn ELI alloy at cryogenic temperatures [J]. Cryogenics, 1986, 26: 19.

[42] MOISEYEV V N. Titanium alloys: Russian aircraft and aerospace application [M]. Boca Raton: Taylor & Francis, 2006.

[43] DAVIS J R. ASM specialty handbook: Aluminum and Aluminum alloys [M]. Ohio: ASM International, 1993.

[44] ASM handbook Vol. 3: Alloy Phase Diagrams [M]. Ohio: ASM International, 1992.

[45] KAUFMAN J G. Introduction to aluminum alloys and tempers [M]. Ohio: ASM International, 2000.

[46] KAUFMAN J G. Properties of aluminum alloys: fatigue data and the effects of temperature, product form and processing [M]. Ohio: ASM International, 2008.

[47] KAUFMAN J G. Properties of Aluminum Alloys: Tensile, Creep, and Fatigue Data at high and low temperatures [M]. Ohio: ASM International, 1999.

[48] LIAW P K, LOGSDON W A. Fatigue crack growth threshold at cryogenic temperatures-a review [J]. Engineering Fracture Mechanics, 1985, 22: 585.

[49] TOMARU T, HOSHIKAWA H, TABUCHI H, et al. Conduction cooling using ultra-pure fine metal wire I-pure aluminum[J]. TEION KOGAKU, 2011, 46: 415.

[50] HATCH J E. Aluminum: Properties and Physical Metallurgy [M]. Ohio: ASM International, 1984.

[51] DAVIS J R. ASM Specialty handbook-copper and copper alloys [M]. Ohio: ASM International, 2001.

[52] PORTER D A, EASTERLING K E, SHERIF M Y. Phase transformations in metals and alloys [M]. 3rd ed. Boca Raton: CRC Press, 2009.

[53] DOWLING N E, KAMPE S L, KRAL M V. Mechanical behavior of materials [M]. New York: Pearson, 2019.

[54] SHINTOMI T, TOMARU T, YAJIMA K. Conduction cooling using ultra-pure fine metal wire Ⅱ-Pure Copper [J]. Journal of Cryogenic and Superconductivity Society of Japan, 2011, 46: 421.

[55] POWELL R L, RODER H M, ROGERS W M. Low-Temperature Thermal Conductivity of Some Commercial Coppers [M]. Journal of Applied Physics, 1957, 28: 1282.

05 第5章 非金属材料

高分子、陶瓷及树脂基复合材料等非金属材料在低温工程中有重要的应用。本章主要讲述非金属材料及其低温性能，首先介绍高分子材料，简述常用热固性树脂及低温性能等；然后介绍陶瓷材料，简述工程陶瓷材料及性能；最后介绍纤维增强聚合物基复合材料，简述常用玻璃纤维和碳纤维增强树脂基复合材料及其低温性能。

5.1 高分子材料

高分子材料的突出特征是具有高分子量。高分子材料的分子量通常在1000以上，有的甚至高达数十万、数百万。高分子材料有天然和人工合成两类。天然高分子化合物包括松香、纤维素、蛋白质和天然橡胶等。人工合成高分子材料主要有塑料、合成橡胶及合成纤维等。在晶体学上，多数高分子是非晶的，只有液晶高分子等少数材料具有晶体结构。

5.1.1 塑料

塑料是以合成树脂为主要成分的高分子有机化合物。工程塑料能在一定的条件下可塑成一定形状，并在使用时保持固定的形状。在适当的温度（与玻璃化温度 T_g 相关）和压力下，可用注射、挤压、浇铸、吹塑、喷涂、焊接以及机械切削等方法进行加工，制成各种几何形状的制品。

合成塑料是塑料的主要成分，其质量含量约占塑料的40%～100%，对其性能起着决定性的作用。合成塑料在常温下呈固体或黏稠液体，但受热时软化或呈熔融状态，它可以把塑料中其他物质黏结起来，所以也称之为黏料。除合成树脂外，塑料中还有各种添加剂，包括起增强作用的填充剂（或填料），提高合成塑料可塑性与柔软性的增塑剂，防老化的稳定剂，以及热固性树脂成型过程中使其由受热可塑的线性结构转变为体型的热稳定结构的固化剂（又称硬化剂）。此外，有些合成塑料还包括特殊功能的添加剂，如润滑剂、着色剂、发泡剂、消泡剂和阻燃剂等。

塑料种类繁多，按应用范围可分为通用塑料、工程塑料和特殊塑料。通用塑料指产量大、用途广的一类塑料，如聚乙烯、聚氯乙烯、聚丙烯、聚苯乙烯和酚醛塑料等。通用塑料用于制造一般普通的机械零件和日常生活用品。

工程塑料是指在工程技术中用作结构材料的塑料。工程塑料具有较高的机械强度，有些还具有耐高温、耐腐蚀和耐辐照等特殊性能。工程塑料主要包括聚酰胺、ABS、聚甲醛、

聚碳酸酯、聚砜、聚四氟乙烯、聚甲基丙烯酸甲酯（有机玻璃）和环氧树脂等。

特殊塑料指具有特殊功能的塑料，如导电塑料、感光塑料。

塑料还可以按在加热和冷却时所表现的性质分为热塑性塑料和热固性塑料。

热塑性塑料分子具有线型结构，通常用聚合反应支撑。热塑性塑料在加热时软化并熔融成为可流动的黏稠液体，冷却后成型并保持既得形状。热塑性塑料可反复熔融和成型，而化学结构基本不变，性能也能保持不发生显著变化。典型的热塑性塑料有聚乙烯、聚酰胺、聚甲基丙烯酸甲酯、聚四氟乙烯、聚砜、聚氯醚、聚苯醚、聚碳酸酯、聚醚醚酮等。

热固性塑料分子结构是体型结构，通常通过缩聚反应制成。热固性塑料固化前在常温或受热后软化，分子呈线型结构。固化后变成既不熔融也不溶解的体型结构，形状固定不变。当温度进一步升高，分子链断裂，制品分解破坏。常用热固性塑料有酚醛塑料（电木）、氨基塑料、环氧树脂、聚酰亚胺（少数聚酰亚胺为热塑性塑料）、有机硅塑料等。热固性塑料通常具有较低的韧性。

塑料成型方法主要有：

（1）注射成型（或注塑成型），将塑料原料在注射机料筒内加热熔化，通过推杆或螺杆向前推压至喷嘴，迅速注入封闭模具内，冷却后即得塑料制品。注射成型主要用于热塑性塑料，但也可以用于热固性塑料。

（2）挤出成型（或挤塑成型），塑料原料在挤出机内受热熔化的同时通过螺杆向前推压至机头，通过不同形状和结构的口模连续挤出，获得不同形状的型材及异型材。挤出成型主要用于热塑性塑料。

（3）吹塑成型，指熔融态的塑料坯通过挤出机或注塑机挤出后，置于模具内，用压缩空气将坯料吹胀，使其紧贴模内壁成型而获得中空制品。

（4）浇铸成型，在液态树脂中加入固化剂，然后浇入模具型腔中，在常压或低压和常温或加热条件下固化成型。

（5）模压成型，将塑料原料放入成型模具中加热熔化，通过压力机对模具加压，使塑料充满整个型腔，同时发生交联反应而固化，脱膜后即得压塑制品。模压成型主要用于热固性塑料，适用于形状复杂或带有复杂嵌件的制品。

5.1.2　橡胶

橡胶可分为天然橡胶和合成橡胶两类。合成橡胶是通过将低分子物质通过合成反应制成具有类似橡胶性质的高分子化合物，如氯丁橡胶、丁苯橡胶、硅橡胶和氟橡胶等。

橡胶的组成包括：生胶，即未经硫化的橡胶；橡胶配合剂，即为了提高和改善橡胶制品的各种性能而加入的物质，如硫化剂、促进剂、防老化剂、软化剂、填充剂、发泡剂和着色剂等。

橡胶具有极高的弹性、优良的伸缩性和积储能量的能力。橡胶是常用的弹性材料、密封材料、减震材料以及传动材料。橡胶还具有良好的耐磨性、隔音性和阻尼特性。此外，未硫化橡胶还能与某些树脂掺和改性，与其他材料如金属、纤维等结合而成为兼有二者特点的复合材料。

橡胶的高弹性与其特殊的分子结构有关。橡胶的分子链较长，呈线型结构，有较大的柔顺性。通常情况下，橡胶分子卷曲呈线团状。当受外力拉伸时，分子链伸直；而当外力去除后，分子恢复卷曲状。这就是橡胶具有高弹性的原因。通常这种线型结构主要存在于未硫化的橡胶中。所谓硫化就是在橡胶（亦称生胶）中加入硫化剂和其他配合剂，使线型结构的橡胶分子交联呈网状结构。硫化后的橡胶具有既不溶解也不熔融的性质，机械性能也有提高，还改变了橡胶因温度升高而变软发黏的缺点。在此意义上，橡胶只有硫化后才能使用。硫化与未硫化橡胶拉伸应力–应变曲线如图 5-1 所示。

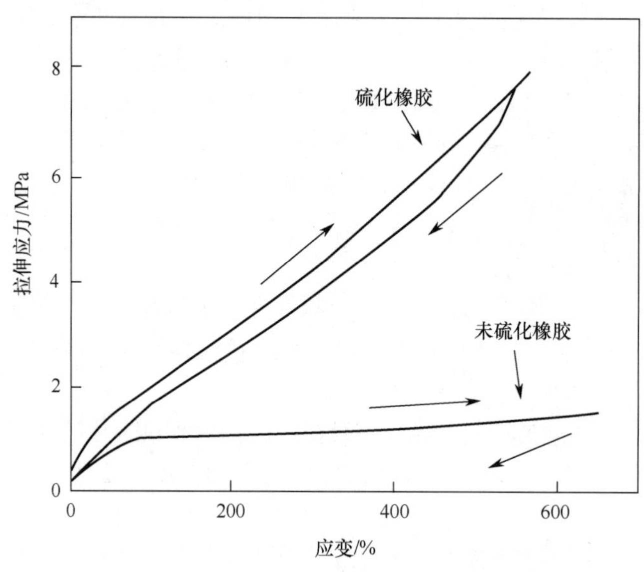

图 5-1　硫化与未硫化橡胶拉伸应力–应变曲线[1]

5.1.3　高分子材料低温性能及应用

高分子材料还具有黏弹性(或粘弹性)，这使其性能介于理想弹性体和理想黏性体之间。对理想弹性体，受力后平衡形变可瞬时达到且应变正比于应力，可认为形变与时间无关。对理想黏性体，其受力后形变随时间线性发展，应变速率正比于应力。高分子材料的黏弹性与分子弛豫过程相关。

玻璃化温度 T_g 是指高分子材料由玻璃态转变为高弹态所对应的温度。玻璃化温度是非晶态高分子材料的固有性质，其大小与分子链的柔性成反比关系。多数非晶态高分子材料的玻璃化温度 T_g 高于 120 K(一般在 150～250 K 之间)，只有极个别材料的玻璃化温度低达 30 K。一些工程塑料的玻璃化温度 T_g 和熔点 T_m 如表 5-1 所示。

表 5-1　一些工程塑料玻璃化温度 T_g 和熔点 T_m[1]

材　　料	玻璃化温度 T_g/℃	熔点 T_m/℃
聚氯乙烯（PVC）	87	212
聚碳酸酯（PC）	150	265
低密度聚乙烯（LDPE）	−110	115
高密度聚乙烯（HDPE）	−90	137
聚丙烯（PP）	−10	176

（续表）

材　料	玻璃化温度 T_g/℃	熔点 T_m/℃
尼龙 6（Nylon 6）	50	215
聚醚醚酮（PEEK）	143	334
聚芳香酰胺（Aramid）	375	640
硅橡胶	−123	−54
顺式聚异戊二烯	−73	28
氯丁橡胶	−50	80

高分子材料化学键包括分子间较弱的范德瓦耳斯键和氢键，以及分子内共价键。高分子的化学键特性决定了其室温及低温的刚度、强度和韧塑性等都远低于金属材料。高分子材料室温拉伸应力–应变曲线类型如图 5-2 所示。对橡胶弹性体材料，拉伸应变非常大，但强度较低。对一些热固性塑料，强度较高，但断裂应变非常低。另外还有一部分高分子材料具有应变硬化现象以及“后屈服”行为。

当温度降低后，高分子材料黏弹性效应减弱。在温度 30 K 以下，随温度降低，高分子材料抗拉强度显著增加。典型非晶态高分子材料在不同温度下拉伸应力–应变曲线如图 5-3 所示，其中 T_f 为高分子材料黏流温度。除聚四氟乙烯、热塑性聚醚醚酮（PEEK）等少数高分子材料外，多数在低温下变脆且塑性显著降低。在液氦温度下，多数高分子材料的断裂应变不足 2%。PEEK 在液氦温度下断裂应变高达 4%。高分子材料的弹性模量 E 随温度降低缓慢增加，其变化行为如图 5-4 所示。在液氦温度下，高分子材料的弹性模量 E 一般在 6～10 GPa 之间，剪切模量 G 一般在 2～3 GPa 之间。在液氦温度下，多数环氧树脂的断裂韧度为 1.2～1.4 $\text{MPa}\cdot\text{m}^{1/2}$，而高密度聚乙烯（HDPE）的断裂韧度达 7 $\text{MPa}\cdot\text{m}^{1/2}$。

高分子材料的低温热导率随温度降低而降低，且通常低于金属材料同温度热导率。几种高分子材料低温热导率如表 5-2 所示。

对于低温比热，其随温度降低而降低，但在 100 K 以下，多数高分子的比热及变化趋势基本一致。其原因见本书第 4 章。四种环氧树脂低温比热的变化如图 5-5 所示。几种高分子材料低温比热如表 5-3 所示。

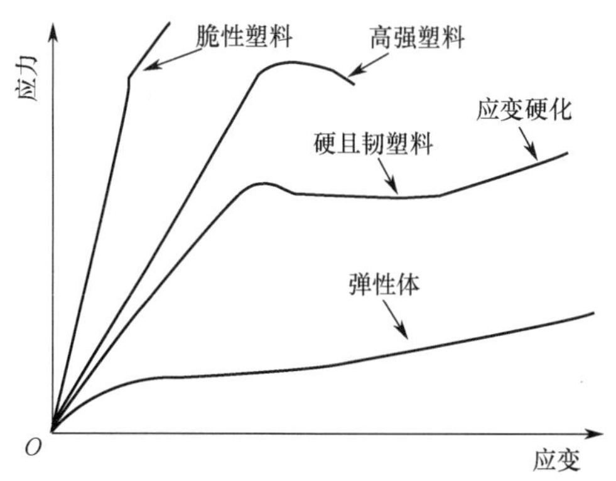

图 5-2　高分材料室温拉伸应力–应变曲线类型[2]

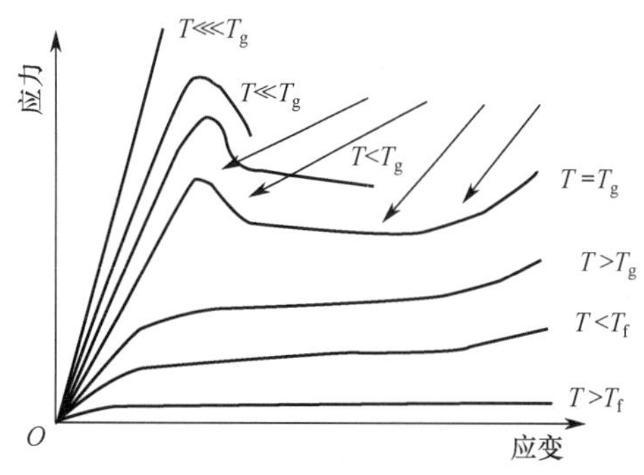

图 5-3　典型非晶态高分子材料在不同温度下拉伸应力–应变曲线[3]

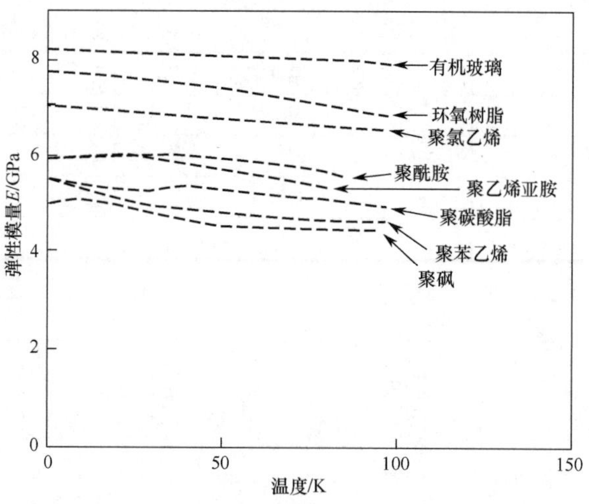

图 5-4　一些高分子材料弹性模量 E 随温度变化[6]

表 5-2　几种高分子材料低温热导率[4]　　单位：W/（m · K）

材　料	4 K	10 K	20 K	30 K	77 K	100 K	150 K	200 K	300 K
聚酰亚胺	0.023	0.051	0.11	0.20	0.52	0.50	0.80	1.1	1.7
尼龙 66	0.012	0.039	0.070	0.2	0.29	0.32	0.34	0.34	0.34
高密度聚乙烯	0.029	0.090	—	—	0.41	0.45	—	—	0.4
有机玻璃	0.033	0.060	—	—	—	0.16	0.17	0.18	0.2
聚四氟乙烯	0.046	0.10	0.14	0.17	0.23	0.24	0.26	0.26	0.27

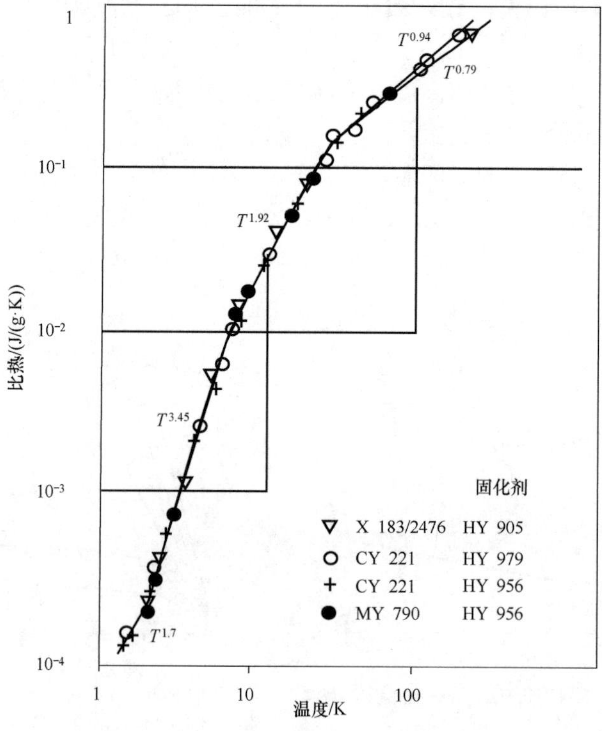

图 5-5　四种环氧树脂低温比热的变化[6]

表 5-3　几种高分子材料低温比热[5]　　单位：J/（g · K）

材　料	25 K	50 K	75 K	100 K	150 K	200 K	293 K
环氧树脂	0.13	0.27	0.39	0.48	—	1.0	1.3
尼龙 6	—	—	0.47	—	0.81	1.01	1.5
聚四氟乙烯	0.10	0.21	0.29	0.39	0.56	0.72	1.0

对多数高分子材料，当温度低于 40 K 时，热扩散率变得非常大。这是由于随温度降低热导率降低的程度远低于比热降低的程度。环氧树脂和高密度聚乙烯热扩散率随温度变化如图 5-6 所示。

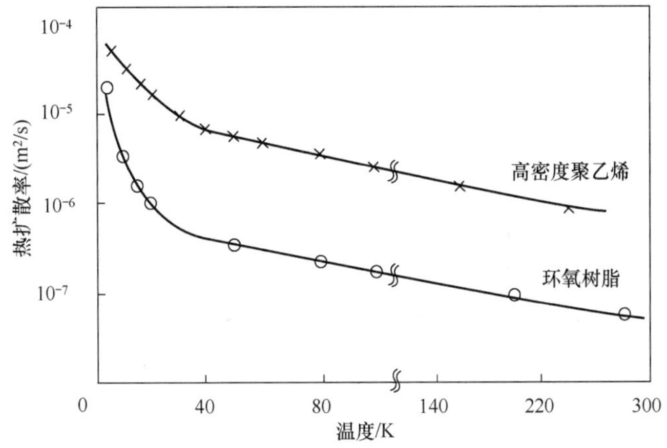

图 5-6　环氧树脂和高密度聚乙烯热扩散率随温度变化[6]

此外，对非晶态高分子材料，在低温下损耗因子 $\tan\delta$ 也趋于一致，且在液氦温度至 15 K 温区有 $\tan\delta \approx 10^{-3}$。

与金属材料等相比，高分子材料低温热膨胀系数较大。多数高分子材料室温–液氦温区收缩达 1%～2%。几种典型的高分子材料室温–液氦温度收缩率如表 5-4 所示。

表 5-4　几种典型的高分子材料室温–液氦温度收缩率及平均线膨胀系数[4, 5]

材　料	$\Delta L/L$/%							α/K^{-1}
	4 K	40 K	80 K	100 K	150 K	200 K	250 K	293 K
聚酰胺-酰亚胺	0.448	0.434	0.387	0.358	0.279	0.191	—	24×10^{-6}
聚四氟乙烯	2.14	2.06	1.93	1.85	1.60	1.25	—	200×10^{-6}
有机玻璃	1.22	1.16	1.059	0.99	0.82	0.59	0.305	75×10^{-6}
尼龙	1.389	1.352	1.256	1.172	0.946	0.673	0.339	80×10^{-6}
聚酰亚胺	0.44	0.44	0.43	0.41	0.36	0.29	0.16	46×10^{-6}

高分子材料的一个重要特性是具有优良的电绝缘性能。对多数高分子材料来说，室温电阻率 ρ 在 10^{12}～$10^{13}\ \Omega\cdot\mathrm{m}$ 之间，在低温下电阻率还有增加。对于介电常数，其受温度影响较大，其主要原因是在低温下分子运动被冻结。多数高分子材料的介电常数介于 2～15 之间。电击穿强度也受温度的影响较大。在低温下，环氧树脂的电击穿强度大于 50 MV/m，而聚酰亚胺的甚至高于 100 MV/m。

多数高分子材料耐中子及 γ 射线等辐照能力较差，且受温度影响较大。在低温下，分子运动冻结，因此辐照损伤较在室温下更为严重。高分子材料耐辐照性能与分子结构相关。对环氧树脂，高交联度体系［如双酚 A 型（DGEBA）］耐辐照能力优于低交联度体系［如双酚 F 型（DGEBF）］。对双酚 A 型环氧树脂，50 MGy 剂量伽马射线辐照会导致其力学性能降低 25%，而对双酚 F 型环氧树脂，1 MGy 剂量伽马射线辐照就会达到同样效果。另外，高交联度环氧树脂工艺性差、断裂应变低。在有些应用中常与耐辐照性能更好但成本较高的氰酸酯混合使用，以平衡耐辐照性能和成本。

橡胶及聚四氟乙烯常用于低温密封材料，聚四氟乙烯还常用作低温润滑结构。环氧树脂、聚氨酯等可用作低温胶黏剂材料。高分子泡沫材料由于具有低热导率和低密度而被广泛用于低温绝热领域。此外，工程塑料的一个重要用途是纤维增强复合材料的树脂基体。这些复合材料在低温介质储存、超导磁体绝缘等领域具有重要应用。

5.1.4 环氧树脂

环氧树脂在低温领域有重要的应用。多种环氧树脂胶黏剂可用于液氦温区，如 Stycast、Araldite、M610 以及国内 DW-3 等。环氧树脂的另一个重要应用是作为碳纤维以及玻璃纤维增强复合材料的基体使用，这些复合材料已广泛应用于低温介质贮箱、大型超导磁体绝缘等领域。

环氧树脂固化物的特殊交联结构使其具有脆性特征，随温度降低脆性更加明显。环氧树脂的低韧性是限制其在低温领域使用的关键因素，因此增韧是环氧树脂研究的一个重要研究内容。

Ritchie 归纳指出，材料的增韧可分为外增韧和内增韧两类。其分类依据主要在于增韧方法机理对裂纹扩展的响应特性。在裂纹形成过程中，在裂纹尖端微结构中通过改变裂纹方向、形成微孔等增韧途径为内增韧，而裂纹形成后通过桥接等增加裂纹扩展阻力的途径为外增韧。外增韧的作用是屏蔽裂纹形成驱动力对裂纹尖端的应力场。

早期环氧树脂的改性方法主要是橡胶弹性体改性环氧树脂，如采用液态端基丁腈通过形成第二相实现增韧，此方法为一种外增韧方式。弹性体增韧环氧树脂效果显著，且能应用于低温领域。弹性体改性环氧树脂体系的不足之处在于弹性模量 E 以及玻璃化温度降低。

20 世纪 80 年代，将高模量和耐热性优良的热塑性树脂用来改性环氧树脂。热塑性树脂改性环氧树脂通过形成与环氧基体互锁的共连续相或颗粒第二相提高韧性，因此增韧方法可为内增韧或外增韧。热塑性树脂改性环氧树脂的不足之处主要在于，热塑性树脂溶解性和流动性差导致体系的工艺性困难。

液晶聚合物中含有大量刚性介晶单元和一定量的柔性间隔段，因此也可用来改性环氧树脂。研究发现，液晶聚合物能显著提高环氧树脂的冲击韧性，且没有降低其弹性模量和玻璃化温度。其改性的主要机理在于在裂纹尖端产生剪切滑移带和银纹，从而改善体系的韧性。目前，关于液晶聚合物改性环氧树脂低温性能的研究较少。

环氧树脂互穿网络聚合物也是环氧树脂增韧的一种方法，典型体系包括环氧/聚氨酯、环氧/聚丙烯酸酯、环氧/酚醛和环氧/聚苯硫醚体系。互穿网络是由两种或两种以上的交联网状聚合物相互贯穿、缠结形成的共混聚合物。互穿网络增韧为内增韧。互穿网络增韧有广泛应用和发展前景，但其在低温领域的应用有待研究。

核–壳聚合物是指由一种或两种以上单体通过乳液聚合而获得的一类聚合物，其核为橡胶弹性体，而壳为具有较高玻璃化温度的塑料材料。增韧机理包括核层橡胶粒子空穴化调控的剪切以及银纹产生，因此包括内增韧和外增韧。目前，核–壳聚合物增韧环氧树脂应用尚待开发和研究。

刚性微纳米颗粒增韧环氧树脂也受到广泛重视。其增韧机理在于粒子在裂纹尖端对裂纹扩展的偏转和银纹形成，即为外增韧方式。纳米材料增韧环氧树脂效果与多个因素相关，如颗粒尺寸、分散性、界面甚至温度等，使用时需要优化。此外，还常在环氧树脂中引入功能性微纳米材料以改善特定性能，如引入高导热材料提高复合材料导热性能等。

5.1.5　低温结构胶黏剂

低温结构胶黏剂是指能在低温环境适用的胶黏剂。低温结构胶黏剂的工作环境苛刻，因此与常规胶黏剂存在一定区别，如要求较宽温度范围内保持一定强度（20～373 K 剪切强度大于 6.89 MPa）、优良抗热震和热疲劳性能等。此外，在特殊情况下还需要胶黏剂具有合适的黏度、适用期（特定温度下保持黏度在一定范围内的时间）、韧性、耐腐蚀性、耐磨性和抗疲劳性能等，有时还要求良好的真空密封性和光学性能等。

目前，常用低温结构胶黏剂按基体材料主要分为环氧树脂胶黏剂、聚氨酯胶黏剂和其他类型胶黏剂。

环氧树脂及改性环氧树脂胶黏剂具有黏接强度高、化学稳定性好、耐腐蚀、固化收缩率低等特点。环氧树脂固化后交联密度高，呈三维网状结构，因此难以通过胶层结构变形来缓解应力集中，即存在质脆、剥离强度低、耐冲击性差、易开裂等不足。针对上述不足，开发了多种增韧改性环氧树脂胶黏剂，主要有：聚醚胺、改性芳香胺等柔性固化剂增韧环氧，多官能团环氧树脂、端环氧基聚氨酯等增韧环氧，橡胶弹性体、尼龙以及微纳颗粒填充改性环氧等树脂。

改性环氧树脂低温结构胶黏剂特点如表 5-5 所示。

表 5-5　改性环氧树脂低温结构胶黏剂特点

项　目	改性环氧树脂种类			
	尼龙改性环氧	酚醛改性环氧	聚酰胺改性环氧	填充改性环氧
适用温度	20～353 K	20～353 K	20～353 K	20～450 K
优点	低温高剪切强度	性能均匀、中等价格	可室温固化、易操作、价格低	适用于多种材料、易操作
不足	低温中等剥离强度、不能用于高温、价格高	低剥离强度、低冲击阻力	低剥离强度、不能用于高温	（多数）极低剥离强度
产品	支撑膜或无支撑膜	支撑膜	双组分液体，或糊状	单或双组分液体或糊状
应用领域	各种形式结构黏接	大面积金属–金属黏接、三明治结构黏接	一般用途	一般用途

聚氨酯及改性聚氨酯胶黏剂含有异氰酸酯基（–NCO）、氨基甲酸酯基（–NHCOO）以及长柔性链段，因此具有良好的柔韧性、抗冲击性、耐振动疲劳性以及高剥离强度等特性，

也是优良的低温胶黏剂。此外，聚氨酯胶黏剂在液氢温区仍具有较高的剥离强度，且黏接强度随温度的下降反而升高，如图 5-6 所示，不会出现一般高分子材料在低温下呈现的变脆现象。

有机硅胶黏剂也能用于低温至 260 ℃的温度范围，且具有良好的耐高低温性能、耐湿和电化学性能优良等特性。然而，有机硅胶黏剂黏接强度较低，金属-金属剪切强度一般在 1～4 MPa 范围内，因此不能用于低温结构胶黏剂。聚芳杂环类胶黏剂，如聚酰亚胺、聚喹喔啉、聚苯并咪唑等，具有特殊的分子链结构，因此具有优良的耐高低温性能，可在液氢至 260 ℃的温度范围长期使用。然而，这些胶黏剂需要在高温下（约 300 ℃）进行缩聚固化，且在固化过程中会释放低分子物质，而且价格昂贵，因此较少使用。

近年来，特殊功能的低温胶黏剂，如高导热、高导电、耐辐照等，也日益受到重视。

5.2 陶瓷材料

5.2.1 陶瓷材料及基本性能

陶瓷是陶器和瓷器的总称。在材料领域，陶瓷泛指硅酸盐材料，包括玻璃、水泥、耐火材料、陶瓷等。为适应航天、能源、电子等新技术的要求，在传统的硅酸盐材料的基础上，以无机非金属物质为原料，经粉碎、配制、成型和高温烧结制得大量新型无机材料，如功能陶瓷、特种玻璃、特种涂层等，也常称之为陶瓷材料。

陶瓷材料可以根据不同的方法分类。按应用可分为工程陶瓷和功能陶瓷两类。按原料来源分类，陶瓷材料可分为普通陶瓷（传统陶瓷）和特种陶瓷（现代陶瓷）。普通陶瓷是以天然硅酸盐（黏土、高岭土、长石、石英等）为原料，经粉碎、成型和烧结等过程制成，主要用于日用品、建筑材料以及输电工业等。特种陶瓷是采用纯度较高的人工化合物（氧化物、氮化物、碳化物、硼化物、硅化物、氟化物及特种盐类等）为原料，采用类似的加工工艺制成的新型陶瓷，主要用于化工、冶金、机械、电子、能源和新技术领域。按化学组成分类，陶瓷材料可分为氧化物陶瓷、氮化物陶瓷、碳化物陶瓷，以及几种元素化合物复合的陶瓷（如氧氮化硅铝陶瓷等）。

陶瓷材料的突出性能包括高模量、高硬度和耐高温等。陶瓷材料在室温下塑性较小，在外力作用下不发生塑性变形即发生脆性断裂。此外，由于多数陶瓷材料内部含有较多气孔等微观缺陷，因此其抗拉强度并不高。然而，由于承受压应力时微观缺陷扩展不同，因此陶瓷材料的抗压强度较高。例如，铸铁等金属材料室温抗拉强度与抗压强度比值约为 1/3，而陶瓷材料则可达 1/10。

陶瓷材料的化学组织结构非常稳定。陶瓷材料可在高达 1000 ℃的高温下保持稳定而不被氧化。此外，陶瓷材料对酸、碱、盐及熔融有色金属等腐蚀也有较强的抵抗能力。

陶瓷材料还是工程上常用的耐高温材料，可在 1000 ℃以上保持其室温下强度，且具有强抗高温蠕变能力。因此，陶瓷材料可用作燃烧室喷嘴、火箭及导弹的雷达保护罩等。然而，陶瓷材料的抗冷热冲击能量较差，即较差的抗热震性能，当温度急剧变化时容易开裂。

多数陶瓷材料具有良好的电绝缘性能。此外，陶瓷材料热导率及线膨胀系数较低。

5.2.2　常用工程陶瓷材料

常用工程陶瓷材料为普通陶瓷。普通陶瓷，即黏土类陶瓷，是由黏土、长石、石英等为原料，经配制、烧结而成。普通陶瓷质地坚硬，具有良好的电绝缘性能、耐腐蚀性和工艺性，可耐 1200 ℃高温，还具有成本低廉等优势。普通陶瓷除用作日用陶瓷外还广泛用于工业上绝缘电瓷以及耐酸碱要求不高的化学瓷。此外，普通陶瓷还用于要求较低的结构零件用材料。

1．氧化铝陶瓷

氧化铝陶瓷是以 Al_2O_3 为主要成分的陶瓷，其中 Al_2O_3 质量百分数在 45%以上。根据瓷坯中主晶相的不同，可分为刚玉瓷、刚玉-莫来石瓷和莫来石瓷等。有时还按 Al_2O_3 的含量分为 75 瓷、95 瓷和 99 瓷等，75 瓷属于刚玉-莫来石瓷，95 瓷和 99 瓷属于刚玉瓷。刚玉瓷的主晶相是 $\alpha\text{-}Al_2O_3$ 的刚玉晶体，属菱形晶系，含玻璃相和气相极少，硬度高，机械强度是普通陶瓷的 3～6 倍，耐高温且具有良好的耐蚀性能和介电性能。但刚玉瓷脆性大，抗冲击和抗热震性差。氧化铝陶瓷广泛用于高温试验的坩埚、内燃机火花塞、金属拉丝模和切削铸铁和淬火钢的刀具等。高纯 Al_2O_3 陶瓷的室温基本性能如表 5-6 所示。

表 5-6　高纯 Al_2O_3 陶瓷的室温基本性能[7]

性能名称	值及范围	性能名称	值及范围
热膨胀系数	$7.5\times10^{-6}\sim8.5\times10^{-6}\ K^{-1}$	热膨胀系数	$7.5\times10^{-6}\sim8.5\times10^{-6}\ K^{-1}$
压缩强度	1000～2800 MPa	比热	880 J/(kg · K)
抗拉强度	140～170 MPa	弹性模量	350～400 GPa
弯曲强度	280～420 MPa	剪切模量	140～160 GPa
抗磨损强度	550～600 MPa	体模量	210～250 GPa
断裂韧度	$3\sim4\ MPa\cdot m^{1/2}$	介电常数	9.8@1 MHz
热导率	30～40 W/(m · K)	体积电阻率	大于 $10^{14}\ \Omega\cdot cm$

2．氮化硅陶瓷

氮化硅陶瓷的主要生产工艺有两种，即反应烧结法和热压烧结法。反应烧结法是将硅粉制成生坯，置于氮气炉中，在 1200 ℃的温度下进行预氮化，使坯体有一定强度，而后在机床上进行切削加工以得到一定的尺寸形状，随后放入炉中在 1400 ℃温度下进行 20～35 h 的氮化处理，硅氮变成氮化硅，最后得到尺寸精确的氮化硅陶瓷。反应烧结氮化硅可获得精度较高、形状复杂的制品。反应烧结氮化硅陶瓷常用于制作耐磨、耐蚀、耐高温、绝缘零件，如热电偶套管和高温轴承。热压烧结法以 Si_3N_4 粉体为原料，加入少量添加剂如氧化镁等以促进烧结和提高密度，随后将原料装入石墨制成的模具里，在 20～30 MPa 的压力下加热至 1700 ℃成型烧结，从而得到致密的氮化硅陶瓷制品。氮化硅晶体结构属六方晶系。其化学稳定性好，硬度高，摩擦系数小且具有自润滑性，还具有优异的电绝缘性能。此外，氮化硅陶瓷具有突出的抗热震性能，这是其他陶瓷所不具备的。热压烧结氮化硅陶瓷气孔少，组织致密，强度高。热压烧结氮化硅陶瓷可用于制作燃气轮机转子叶片及转子发动机刮片、切削刀具等。氮化硅陶瓷的基本性能如表 5-7 所示。

表 5-7 氮化硅陶瓷的基本性能[7]

性 质	反应烧结法	热压烧结法
抗弯强度/MPa 4PB@25 ℃	150～350	500～1000
断裂韧度/(MPa · $m^{1/2}$) @25 ℃	1.5～3	5～8
断裂能/(J/m^2)	4～10	约 60
弹性模量/GPa @25 ℃	120～220	300～330
热导率/(W/(m · K)) @25 ℃	4～30	15～50
抗热震阻力 R/K	220～580	300～780
热震断裂韧度/(W/m)	500～10 000	7000～32 000
热膨胀系数/K^{-1}	3.2×10^{-6}	3.2×10^{-6}

3. 碳化硅陶瓷

碳化硅陶瓷是将石英、碳和木屑装入电弧炉在 1900～2000 ℃的高温下反应而制成。碳化硅和氮化硅一样是键能高而稳定的共价键晶体。碳化硅陶瓷成型方法也和氮化硅一样，有反应烧结法和热压烧结法两种。碳化硅晶体主要有两种晶型，即高温稳定的 α-SiC（六方晶系）和低温稳定的 β-SiC（等轴晶系）。碳化硅陶瓷的突出特点是在高温时强度高。热压烧结的碳化硅陶瓷是目前高温强度最高的陶瓷。碳化硅陶瓷热导率高，耐磨性、耐腐蚀性和抗蠕变性能都较好。碳化硅陶瓷主要用于制作要求高温、高强度的结构零件，要求热传导能力高的零件，以及耐磨、抗蚀零件，如火箭尾喷管的喷嘴、热交换器的材料、核燃料的包封材料和各种泵的密封圈等。碳化硅陶瓷材料的基本性能如表 5-8 所示。

表 5-8 碳化硅陶瓷的基本性能[7]

性 质	DSSiC*	SSiC*	HPSiC*	HIPSiC*	HIPSSiC*	RBSiC*	SiSiC*
$\alpha/(10^{-6}\ K^{-1})$@ 20～1000 ℃	4.4	4.9	5.8	4.9	4.9	4.9	4.3
κ/(W/(m · K))@ 20 ℃	150	110	130	120	120	30	160
κ/(W/(m · K)) @ 1000 ℃	—	50	45	50	45	23	50
弯曲强度/MPa @ 20 ℃	480	410	650	650	540	120	400
弯曲强度/MPa @ 1000 ℃	—	410	650	530	460	140	—
韦布尔模量 @20 ℃	—	7～10	7～10	11～14	11～14	7～10	10
K_{Ic}/(MPa · $m^{1/2}$) @ 20 ℃	4～5	4.6	4.0	4.7	4.7	—	4.7
E/GPa @ 20 ℃	410	410	450	450	450	230	410
泊松比 @ 20 ℃	—	0.14	0.16	0.16	0.16	0.16	0.24

*SSiC: 无压烧结 SiC。HPSiC: 热压 SiC。HIPSiC: 热等静压 SiC。HIPSSiC: 热等静压烧结 SiC。RBSiC: 反应烧结 SiC。SiSiC: 硅渗透 SiC。

4. 氮化硼（BN）陶瓷

氮化硼陶瓷是将硼砂和尿素通过氮的等离子气体加热制成 BN 粉末，然后采用冷压法或热压法制成。氮化硼晶体属六方晶系，结构与石墨类似。六方晶系 BN 具有良好的耐热性和高温介电强度，是理想的高温绝缘材料和散热材料。氮化硼陶瓷还具有良好的化学稳定性和自润滑性。六方晶系 BN 在高温高压及催化作用下转变为立方晶系 BN。立方晶系 BN 晶格结构牢固，其硬度与金刚石相近，是优良的耐磨材料。氮化硼陶瓷常用于半导体元件散热绝缘、冶金用高温容器和管道、高温轴承、玻璃制品的成型模具等。立方晶系 BN

目前只用于磨料和金属切削刀具。高压型 BN 为立方晶系，可用于磨料和金属切削刀具。碳化硼陶瓷材料的基本性能如表 5-9 所示。

表 5-9 氮化硼陶瓷的基本性能[7]

性 质	HPBN(6wt.%B_2O_3)		HPBN(1.7wt.%B_2O_3)		HIPBN(0.1wt.%B_2O_3)
抗弯强度/MPa @ 25 ℃	*a*: 115	*b*: 50	*a*: 95	*b*: 70	60
抗弯强度/MPa @ 1000 ℃	*a*: 20	*b*: 10	*a*: 35	*b*: 20	45
E/GPa @ 25 ℃	*a*: 68	*b*: 44	*a*: 71	*b*: 35	32
k/(W/(m · K))@ 25 ℃	*a*: 55	*b*: 50	*a*: 48	*b*: 43	50
k/(W/(m · K))@ 1000 ℃	*a*: 28	*b*: 24	*a*: 28	*b*: 24	20
$\alpha/(10^{-6}\ K^{-1})$@ 20～1000 ℃	*a*: 1.1	*b*: 8.6	*a*: 1.0	*b*: 8.4	4.4
介电常数 @ 25 ℃	4.6		4.0		5.4

5. 氧化锆陶瓷

氧化锆（ZrO_2）有三种晶体结构，即立方结构（c 相）、四方结构（t 相）和单斜结构（m 相）。氧化锆陶瓷热导率小，化学稳定性好，耐蚀性高，可用于高温绝缘材料、耐火材料，如熔炼 Pt 和 Rh 等金属的坩埚、喷嘴、阀芯、密封器件等。氧化锆陶瓷硬度高，可用于制造切削刀具、模具等。此外，氧化锆陶瓷还具有气体敏感特性，可做气敏元件。在氧化锆陶瓷中加入适量的 MgO、Y_2O_3、CaO、CaO_2 等氧化物后，可以显著提高其韧性和强度。通过此途径形成的陶瓷称为氧化锆增韧陶瓷，如含 MgO 的 Mg-PSZ，含 Y_2O_3 的 Y-TZP 和 TZP-Al_2O_3 复合陶瓷。PSZ 为部分稳定氧化锆，TZP 为四方多晶氧化锆。氧化锆增韧陶瓷可用来制造发动机的气缸内衬、推杆、连杆、活塞帽、阀座、凸轮、轴承等。氧化锆陶瓷体系符号及意义如表 5-10 所示。

表 5-10 氧化锆陶瓷体系符号及意义[8]

符 号	意 义
DZC	弥散 ZrO_2 陶瓷，ZrO_2 分散在陶瓷基体中作增韧剂
MPZ	单斜多晶 ZrO_2 团聚体分散到陶瓷基体中实现微裂纹增韧效果
PSZ	部分稳定 ZrO_2，一般是包含 t-ZrO_2 沉淀的 c-ZrO_2
Ca-PSZ 或 CaO-PSZ	Ca 阳离子掺杂 PSZ，一般是 CaO 含量为 7.5～8.7 mol%的 CaO-PSZ，其商业化产品主要是 CaO 含量为 8.4 mol%的 CaO-PSZ
Mg-PSZ 或 MgO-PSZ	Mg 阳离子掺杂 PSZ，一般是 MgO 或 Mg_2CO_3 含量为 8.5～10 mol%的 MgO-ZrO_2，其商业化产品主要是 MgO 含量为 9.4 mol%的 MgO-PSZ
TTA	相变增韧的 Al_2O_3
TTC	相变增韧的陶瓷，通过在陶瓷基体中添加以单相或颗粒/沉淀形式的 ZrO_2 成分，基体可为 ZrO_2 或非 ZrO_2 材料
TTZ	相变增韧的 ZrO_2（或 TZC，增韧的 ZrO_2 陶瓷），ZrO_2 基陶瓷族，包括 PSZ 系和 TZP 系
TZP	四方多晶 ZrO_2，在室温下为稳定单晶四方(t)结构的 ZrO_2 陶瓷，其中两个主要的体系为 CeO_2-TZP（或记为 Ce-TZP）和 Y_2O_3-TZP（Y-TZP）。有时在缩写前加数字表示稳定剂的摩尔百分数
Y-TZP	Y 阳离子掺杂的多晶 ZrO_2，一般 Y_2O_3 摩尔百分数为 2%～3%（记为 2～3 Y-TZP）
ZTA	ZrO_2 增韧 Al_2O_3
ZTC	ZrO_2 增韧陶瓷

6．氧化镁、氧化钙、氧化铍陶瓷

氧化镁、氧化钙陶瓷抗金属碱性熔渣腐蚀性好，但热稳定性差。氧化镁陶瓷高温易挥发。氧化钙陶瓷易水化。这两种陶瓷可用于制造坩埚、热电偶保护套、炉衬材料等。氧化铍陶瓷具有优良的导热性和热稳定性，还具有较高高温发射率，但机械强度不高。氧化铍陶瓷可用作真空陶瓷、高频电炉的坩埚、有高温绝缘要求的电子元件和核用陶瓷等。

7．氮化铝陶瓷

氮化铝陶瓷主要用于半导体基板材料，坩埚、保护管等耐热材料，以及在树脂基体中高导热填料、红外与雷达的透过材料等。氮化铝陶瓷材料的基本性能如表 5-11 所示。

表 5-11　氮化铝陶瓷的基本性能[7]

性　　质	烧结氮化铝		热压烧结氮化铝	
	AlN	AlN+Y_2O_3	AlN	AlN+Y_2O_3
孔隙率/%	10～20	0	2	0
断裂强度/MPa	10～30	45～65	30～40	50～90
体模量/GPa	—	310	351	279
k/(W/(m · K))	—	—	150	270
$\alpha/(10^{-6}\ K^{-1})$	5.7	—	5.6	4.9

8．莫来石陶瓷

莫来石陶瓷是主相为莫来石的陶瓷总称。莫来石陶瓷具有较高的高温强度和良好的抗蠕变能力，还具有较低的热导率。高纯莫来石陶瓷韧性较低，不适合作为高温结构材料，可用作 1000 ℃以上高温氧化气氛下的长喷嘴、炉管和热电偶套管等。为提高莫来石陶瓷的韧性，常加入 ZrO_2，形成氧化锆增韧莫来石陶瓷（ZTM），或加入 SiC 颗粒、晶须形成复相陶瓷。ZTM 具有较高的强度和韧性，可作为刀具材料和绝热发动机的某些零部件。莫来石陶瓷材料的基本性能如表 5-12 所示。

表 5-12　莫来石陶瓷的基本性能[9]

性　　质	值
$\alpha/(10^{-6}\ K^{-1})$@ 20～1400 ℃	4.5
断裂强度/MPa @ 20 ℃	约 200
$K_{Ic}/(MPa \cdot m^{1/2})$@ 20 ℃	约 2.5
κ/(W/(m · K))@ 20 ℃	6.98
κ/(W/(m · K))@ 1400 ℃	3.49

9．SiALON 陶瓷

SiALON 陶瓷是在 Si_3N_4 中添加 Al_2O_3、MgO、Y_2O_3 等氧化物形成的一种新型陶瓷。SiALON 陶瓷具有较高的强度、优异的化学稳定性和耐磨性能。此外，SiALON 陶瓷还具有较好的抗冷热冲击性能。SiALON 陶瓷主要用于切削刀具、金属挤压模内衬等。SiALON 陶瓷材料的基本性能如表 5-13 所示。

表 5-13　SiALON 陶瓷的基本性能[7]

性　质	SiALON					Si_3N_4
	HCN-10	HCH-40	HSN-65	Syalon101	Syalon050	
抗弯强度/MPa	880	830	1050	—	—	600
K_{Ic}/(MPa · $m^{1/2}$)	7.5	6	—	7.7	6.5	5.9
E/GPa	290	330	—	288	300	300
抗热震阻力 ΔT/K	710	400	—	900	600	大于 800
α/(10^{-6} K^{-1})	3	3.1	3	3	3.2	3
κ/(W/(m · K))	17	25	65	21	20	大于 80

10. 金属陶瓷

金属陶瓷是以金属氧化物（Al_2O_3、ZrO_2 等）或金属碳化物为主体，加入适量金属粉末，随后通过粉末冶金制得的具有金属性质的陶瓷总称。典型的金属陶瓷是硬质合金。

5.2.3 陶瓷材料低温性能

对陶瓷材料，在低温应用中主要关注其抗压性能、热导率、介电常数、耐电击穿性能和疲劳性能等。

陶瓷材料的室温及低温性能概括如下：

（1）陶瓷材料抗压强度极高，Al_2O_3 陶瓷具有很高的室温抗压强度，可达 4500 MPa。

（2）陶瓷材料的抗拉性能远低于其抗压性能，且抗拉性能受温度影响较大，多数陶瓷材料抗拉强度随温度降低而降低，这与缺陷、位错等引起的应力集中相关。

（3）陶瓷材料弹性模量较高，碳化钨具有很高的室温弹性模量，达 720 GPa。多数陶瓷材料室温弹性模量在 200～400 GPa 之间。此外，陶瓷材料的弹性模量与其致密度和晶粒尺寸密切相关，如对致密度 100%的 Al_2O_3 陶瓷，其室温弹性模量为 410 GPa，而致密度为 88%的 Al_2O_3 陶瓷材料的弹性模量仅为 250 GPa 左右。

（4）多数陶瓷材料室温断裂韧度 K_{Ic} 在 2～8 MPa · $m^{1/2}$ 之间，临界弹性能 G_{Ic} 在 0.02～0.05 kJ/m^2 之间。玻璃材料的断裂韧度比陶瓷材料还要低一个数量级。然而普通钢材断裂韧度 K_{Ic} 在 70～150 MPa · $m^{1/2}$ 之间，临界弹性能 G_{Ic} 在 6～12 kJ/m^2 之间。

（5）多数陶瓷材料热导率较低，在 3～100 W/(m · K)之间，SiC 陶瓷具有较高的热导率，在室温下可达 20～200 W/(m · K)。

（6）陶瓷材料的比热相对较高，AlN、Al_2O_3 和 SiC 等陶瓷材料室温比热可达 0.7～1.0 J/(g · K)。ZrO_2 陶瓷的室温比热约为 0.45 J/(g · K)。陶瓷材料比热也随温度降低而降低，从 300 K 降至 77 K 时其比热降低幅度达一个数量级。

（7）陶瓷材料和玻璃的热膨胀系数 α 都较低，陶瓷材料在室温下 α 一般为 0～0.5×10^{-6} K^{-1}，玻璃在室温下 α 一般为 0～5×10^{-6} K^{-1}。

（8）对电绝缘性能，陶瓷材料具有低电阻率、低介电常数和高电击穿强度等。不同陶瓷材料的电阻率差别较大，可达 20 个数量级。最大的 Al_2O_3 陶瓷材料在室温下电阻率可达 10^{12} Ω · m，且随温度降低而增大；而 SiC 陶瓷在室温下电阻率与金属材料类似，在 0.001～

1 Ω · m 之间。在室温下 Al_2O_3 陶瓷材料的介电损耗因子 $\tan\delta_e$ 在 10^{-4}～10^{-5} 之间，且随温度降低而降低。陶瓷材料的电击穿强度较高，一般在 40～110 kV/mm 之间。多数陶瓷材料室温介电常数在 3～10 之间，且随温度降低而降低。$BaTiO_3$ 陶瓷材料介电常数高达 10000。

5.2.4 陶瓷材料增韧

5.2.4.1 陶瓷材料增韧的一般方法

陶瓷材料是由离子键和共价键晶粒构成的多晶材料，其抵抗裂纹萌生和扩展的能力较小，缺乏金属材料具有的塑性变形能力。陶瓷材料是典型的脆性材料，其脆性本质限制了其在工程领域的应用。增韧是对陶瓷材料进行研究的重要任务之一。

陶瓷材料增韧有多种途径，按对裂纹萌生以及扩展的作用可分为三类，即裂纹偏转或迂回、裂纹区屏蔽和接触屏蔽。如图 5-7（a）所示，通过使裂纹偏转或迂回消耗能量，从而阻止裂纹直线扩展和损伤积累来实现增韧。另外通过裂纹区屏蔽来吸收能量，阻止裂纹进一步扩展，如图 5-7（b）所示。裂纹区屏蔽主要包括裂纹区相变增韧或裂纹区形成银纹增韧两种方式。接触屏蔽如图 5-7（c）所示，包括晶粒锯齿摩擦（或断裂面滑移引起裂纹闭合）和芯丝（或纤维）桥接方式。这些都是典型的外增韧方式。

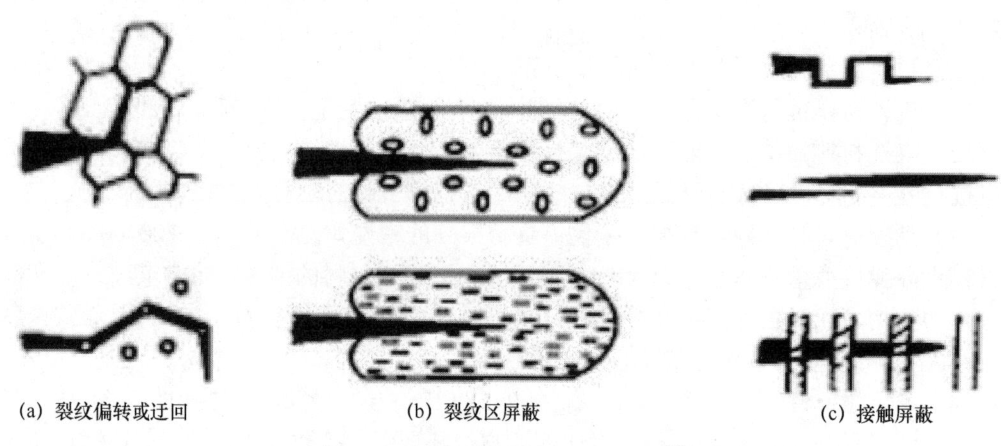

(a) 裂纹偏转或迂回　(b) 裂纹区屏蔽　(c) 接触屏蔽

图 5-7　陶瓷材料增韧方法示意图[10]

5.2.4.2 不同类型工程陶瓷增韧方法简介

碳化物陶瓷，最早出现的韧化 SiC 材料是颗粒增强 SiC 陶瓷，产品已用于电火花机床中。其他碳化物复合材料还有 SiC 化学气相沉积纤维增强结构、碳/碳化硅混合材料和碳/碳复合材料、碳化钛颗粒增强 SiC、BeO/SiC 复合材料等。

碳化物和硼化物陶瓷，SiC 纤维和晶须增强 Si_3N_4 陶瓷材料可以显著提高其断裂韧度。此外，引入 CeO_2、BN 等还可以改善其抗热震性能。ZrO_2 颗粒也可用来增强 SiC 陶瓷材料。

氧化物陶瓷，主要是增韧 Al_2O_3 和 ZrO_2 陶瓷材料，如 SiC 晶须和 SiC 纤维增韧 Al_2O_3 陶瓷基复合材料，ZrO_2 增韧 Al_2O_3 陶瓷基复合材料；增韧 ZrO_2 有多晶四方相氧化锆陶瓷（TZP），是在基体中加入适量稳定剂 CaO、Y_2O_3 等形成的材料；部分稳定 ZrO_2 陶瓷（PSZ），是 ZrO_2 颗粒相变增韧陶瓷材料。

5.2.4.3　ZrO_2陶瓷材料相变增韧

ZrO_2是目前最有希望用于低温工程领域的陶瓷材料。因此ZrO_2陶瓷材料的增韧备受关注。

ZrO_2陶瓷材料在 1200 ℃左右存在四方相（如 t-ZrO_2）与单斜相（如 m-ZrO_2）之间的可逆相变。相变导致体积变化 3%～5%，从而引起ZrO_2陶瓷开裂、强度降低甚至断裂。1975 年，Garvie 将 CaO 作为稳定剂制备了部分稳定的氧化锆陶瓷（Ca-PSZ），首次利用ZrO_2马氏体相变增韧效应提高了材料的韧性和强度。此后，科研人员开发了一系列马氏体相变增韧ZrO_2陶瓷材料。

ZrO_2存在 3 种不同的晶型，即单斜晶系（如 m-ZrO_2）、四方晶系（如 t-ZrO_2）和立方晶系（如 c-ZrO_2），如图 5-8 所示。晶型间转化为

$$\text{m-ZrO}_2 \overset{1170℃}{\Longleftrightarrow} \text{t-ZrO}_2 \overset{2370℃}{\Longleftrightarrow} \text{c-ZrO}_2 \overset{2715℃}{\Longleftrightarrow} \text{液体} \tag{5-1}$$

转变温度分别为 1170 ℃、2370 ℃和 2715 ℃。当ZrO_2从高温冷却到室温时，要经历 c→t→m 的同质异构转变。其中 t→m 的相变产生 3%～5%的体积膨胀。加热至 1170 ℃时，m→t 相变则发生收缩；而在冷却时，由 t-ZrO_2转变为 m-ZrO_2，体积膨胀，且这种收缩与膨胀并不在同一温度，前者约为 1200 ℃，后者约为 1000 ℃。这就是马氏体相变。

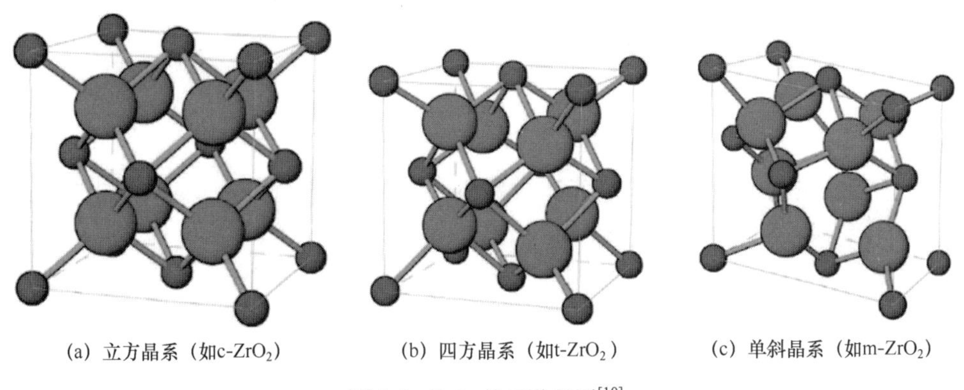

(a) 立方晶系（如c-ZrO_2）　(b) 四方晶系（如t-ZrO_2）　(c) 单斜晶系（如m-ZrO_2）

图 5-8　ZrO_2的三种晶型[10]

由于较纯的ZrO_2在常温下不存在四方相（t-ZrO_2），因此力学和抗热震性能都比较差，不能用作结构材料。有两种方法可将立方相或四方相氧化锆保持至室温。一种方法是降低ZrO_2晶粒尺寸，高温相的表面能低于低温相的表面能，因此晶粒足够小时可在室温下存在。由计算可知，四方相在室温下的临界晶粒尺寸为 30 nm 左右。由于陶瓷烧结过程不可避免造成晶粒长大，因此将晶粒控制在 30 nm 左右较难实现。另一种方法是在ZrO_2中固溶其他氧化物，固溶的第二相氧化物可增大阳离子平均半径，使阴、阳离子的半径比更接近稳定八配位要求。根据ZrO_2的晶体结构，第二相氧化物应为立方结构，阳离子半径须大于锆离子半径，且碱性不能太强。为此，CaO、MgO、Y_2O_3和CeO_2等都可作为ZrO_2的稳定剂。

当ZrO_2中加入上述稳定剂后，四方相的ZrO_2能在室温下保持稳定。另外一个重要特性是，能够在应力诱导下发生马氏体相变。

相变增韧是指利用部分稳定ZrO_2存在于陶瓷基体中时，在一定温度范围内可发生由四方相（如 t-ZrO_2）向单斜相（如 m-ZrO_2）的马氏体相变，并伴有 3%～5%的体积变化，通

过微裂纹机制以及应力诱发相变机制实现增韧和增强。

微裂纹机制与相变过程中的体积膨胀密切相关。在烧结体冷却过程中 t-ZrO_2 向 m-ZrO_2 转变，并伴随一定的体积膨胀，导致在陶瓷基体中产生应力，应力作用下产生微裂纹（银纹）。这些微裂纹在材料受力过程中可使主裂纹尖端的应力场发生变化，使主裂纹发生偏转、分岔或迂回。此过程会吸收部分能量并阻止主裂纹持续扩展，从而提高材料的强度和韧度。

应力诱导相变机制主要针对部分稳定 ZrO_2 及四方相 ZrO_2 多晶体，如 Mg-PSZ、Y-TZP 等，这些体系中的四方相 ZrO_2 由于稳定剂 MgO、Y_2O_3 的作用，可在室温下亚稳定化，即其自发马氏体相变温度在 0 ℃以下，部分甚至低于液氮温度。对此类材料，在室温下诱发马氏体相变需要外界应力作用。应力诱发马氏体相变也会实现增强增韧作用，如图 5-9 所示。

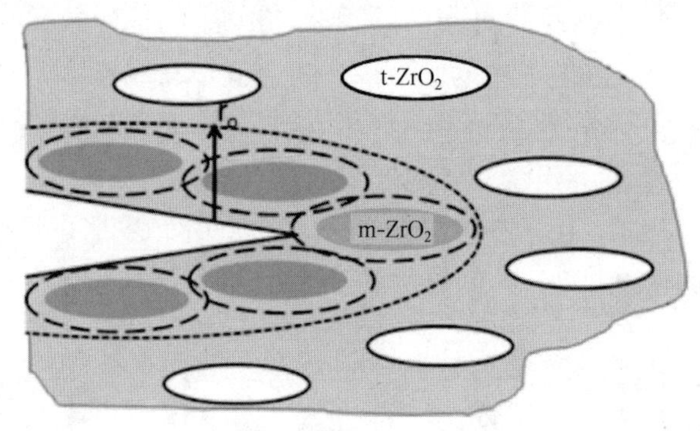

图 5-9　应力诱发马氏体相变[7]

相变增韧的主要不足之处在于增韧效果随温度升高而急剧下降。因此一般单纯依靠相变增韧的方法主要适用于低温领域。

相变增韧具有以下特征：相变为无热相变；相变伴随热滞现象，即相变发生在一定温度范围内；相变过程有 3%～5%的体积变化和 1%～7%的剪切应变；相变为无扩散相变；相变温度受晶粒尺寸影响，尺寸越小相变温度越低；添加稳定剂可以抑制相变；相变受外力作用影响。热力学计算表明，在不小于 3700 MPa 的应力下，四方晶系可以维持到室温。

裂纹偏转、微裂纹和相变增韧对提高 ZrO_2 陶瓷断裂韧度的影响程度不同，如表 5-14 所示。

表 5-14　裂纹偏转、微裂纹和相变增韧对提高 ZrO_2 陶瓷断裂韧度的贡献[8]

增 韧 方 式	对提高断裂韧度贡献 ΔK_c/(MPa · $m^{1/2}$)
裂纹偏转	2～4
微裂纹	2～6
相变	约 15

5.2.5　陶瓷基复合材料

陶瓷基复合材料是指通过相变及颗粒、纤维、晶须等第二相增韧的多相材料，有时还称多相复合陶瓷或复相陶瓷。陶瓷基复合材料是 20 世纪 80 年代逐渐发展起来的新型陶瓷材料。因其具有优于基体陶瓷材料的耐高温、耐磨、抗高温蠕变等一系列优点，陶瓷基复合材料越来越受到重视。陶瓷基复合材料还是备受重视的新型耐高温复合材料。

陶瓷基复合材料包括纤维增韧陶瓷基复合材料、晶须增韧陶瓷基复合材料、异相颗粒弥散强化复相陶瓷、原位生长陶瓷复合材料、梯度功能复合陶瓷材料和纳米陶瓷复合材料等。

对陶瓷基复合材料，要求基体材料具有较高的耐高温性能，与增韧第二相如纤维或晶须之间具有良好的相容性，同时还应考虑复合材料的成型工艺性能。目前常用的基体材料体系有玻璃–陶瓷、氧化物陶瓷和非氧化物陶瓷材料。其中氧化物陶瓷包括 MgO、Al_2O_3、SiO_2、ZrO_2 和莫来石陶瓷等。氧化物陶瓷基体复合材料不适合于高应力和高温环境。非氧化物陶瓷如 Si_3N_4、SiC 等具有较高的强度、模量和抗热震性，以及优异的高温力学性能，可用作陶瓷基复合材料基体。

陶瓷基复合材料最早使用的纤维增强体是耐高温金属纤维 W、Mo、Ta 等，用于增韧 Si_3N_4、莫来石、Al_2O_3 和 Ta_2O_5 陶瓷等。这类陶瓷基复合材料室温性能优良，但在高温下易发生氧化。随着高模量高强度碳纤维、氧化铝纤维和抗高温氧化性能良好的有机前驱体制成的 Nicalon 碳化硅纤维等的出现，以及性能优异且低成本 SiC 晶须的商业化生产，极大促进了陶瓷基复合材料的发展。通过在陶瓷中引入纤维可以显著提高其断裂韧度、抗热震性和抗冲击性能等。

目前，用于陶瓷基复合材料的纤维主要包括 Al_2O_3 系列、SiC 系列、Si_3N_4 系列和碳纤维等。另外，复相纤维如 BN、TiC、B_4C 等也可用于陶瓷基复合材料。

陶瓷晶须是具有一定长径比的陶瓷单晶。晶须的突出特点是缺陷很少，因此其力学性能优异，具有极高的强度。目前，用于陶瓷基复合材料的晶须主要有 SiC 晶须、Si_3N_4 晶须、Al_2O_3 晶须等。相应的基体材料包括 ZrO_2、Si_3N_4、SiO_2、Al_2O_3 和莫来石等。晶须增韧陶瓷基复合材料性能不随温度升高而降低。

颗粒增韧陶瓷基复合材料具有工艺相对简单的特点，但其增韧效果一般劣于纤维及晶须等具有较大长径比材料的第二相增韧效果。非相变第二相颗粒增韧陶瓷基复合材料的增韧机理，主要通过颗粒使陶瓷基体和颗粒间产生弹性模量和热膨胀失配，实现强化和增韧的目的。目前常用的颗粒材料包括氮化物和碳化物。颗粒增韧陶瓷基复合材料有时也采用具有延性的金属粒子。延性金属颗粒增韧陶瓷基复合材料的增韧机理为金属的塑性变形或裂纹偏转。此外，高比表面积的纳米颗粒材料也可用来增强陶瓷基复合材料。纳米相在陶瓷基复合材料中以两种形式存在，一种是分布在基体陶瓷晶粒之间的晶间纳米相，另一种是嵌入基体晶粒内部。两种结构共同作用产生了两个显著的效应，即穿晶断裂和多重界面，从而对材料的力学性能起着重要的影响。纳米增韧陶瓷基复合材料的增韧机理主要包括细化理论、穿晶理论和钉扎理论等。

陶瓷及陶瓷基复合材料具有重要应用价值，其优异的高温性能使其在航空航天领域备受关注。在低温领域，陶瓷基复合材料的应用相对较少，但其在大型制冷机（如透平发动机结构材料）、高场超导磁体绝缘等领域的潜在应用已引起关注。

5.3 纤维增强聚合物基复合材料

复合材料是由两种或两种以上在物理和化学上性质不同的材料结合而成的一种多相固体材料。复合材料具有单个成分材料无法比拟的综合性能。复合材料是多相体系，一般分为两个基本组成相，其中一个为连续相，称之为基体相，主要起黏结和固体作用；另一个相是分散相，称之为增强相，主要起承受载荷的作用。增强相常选用较基体相具有高强度、高模量和脆性大的材料，而基体相常选用低强度、低模量和高韧性的材料。

复合材料的主要特点包括高比强度、高比模量、优良抗疲劳性能和优良减震性能等。

复合材料按不同的分类标准可分为很多类，例如：按结构特点可分为纤维复合材料、层叠复合材料、细粒复合材料和骨架复合材料等；按性能分类可分为结构复合材料和功能复合材料；按基体材料可分为树脂基复合材料、金属基复合材料和陶瓷基复合材料等。

由于复合材料一般是由增强材料和基体组成的，通常将增强材料名称放在前，基体材料名称放在后，然后加“复合材料”构成。例如，玻璃纤维（增强）树脂（基）复合材料，碳纤维（增强）树脂（基）复合材料。玻璃纤维增强工程塑料复合材料也被称为玻璃钢。

本节主要介绍玻璃纤维和碳纤维增强树脂基复合材料。纤维增强树脂基复合材料是以纤维（连续长纤维或短纤维）或纤维制品（布、带、毡等）为增强材料，以合成树脂为基体制成。玻璃纤维增强树脂基复合材料在大型超导磁体绝缘及支撑结构中有重要应用，而碳纤维增强树脂基复合材料可用于运载火箭低温燃料贮箱等领域。

5.3.1 纤维及纤维制品

纤维根据材料来源可分为合成纤维和天然纤维，如图 5-10 所示。纤维按所用材料纤维类型可分为玻璃纤维、碳纤维、石墨纤维、硼纤维和植物纤维等。

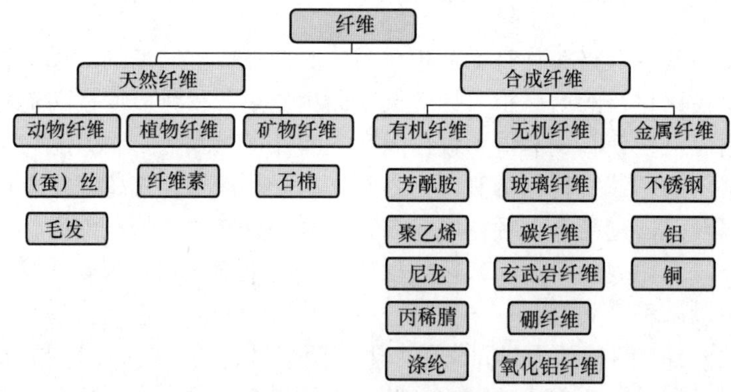

图 5-10 纤维材料分类

纤维制品包括多种形式，最简单的是连续长纤维和短切纤维。纤维制品还包括二维纺织结构以及三维编织结构等。常见的纤维二维结构如图 5-11 所示。

5.3.1.1 无机纤维

无机纤维属于高性能纤维的一类，包括连续长纤维以及其他以晶须形式出现的无机化合物等。根据其原料来源，无机纤维主要分为两类：一类以无机物为原料，经不同成纤工艺制造而成的纤维，如玻璃纤维、玄武岩纤维、硼纤维、石英玻璃纤维、硅酸铝纤维等；另一类是从基本化工原料出发，通过合成工艺及不同的纺丝方法纺制而成的超细无机纤维，亦称合成无机纤维，如碳纤维、氧化铝纤维、碳化硅纤维、氮化硼纤维等。本节介绍几类低温领域常用无机纤维。

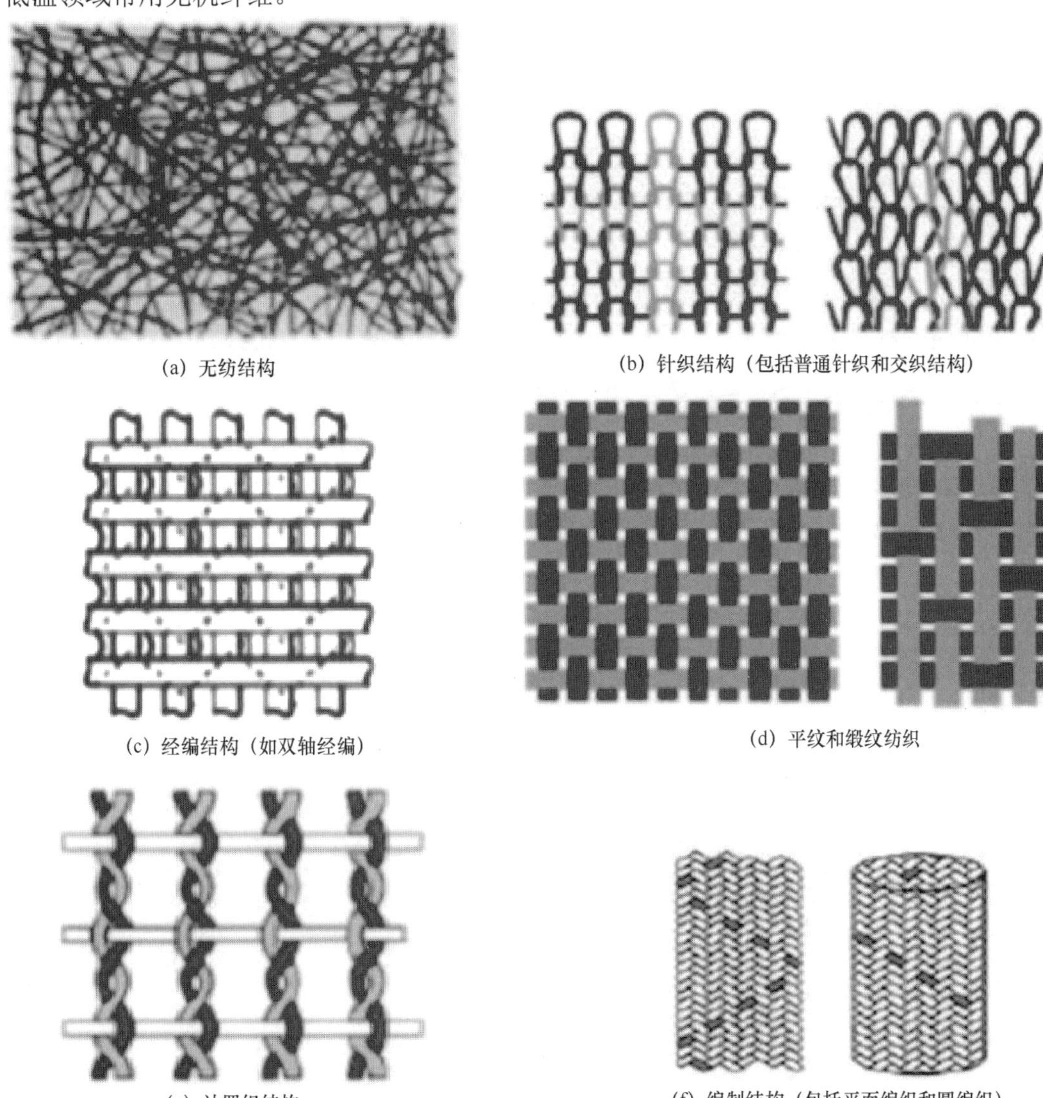
(a) 无纺结构　(b) 针织结构（包括普通针织和交织结构）　(c) 经编结构（如双轴经编）　(d) 平纹和缎纹纺织　(e) 沙罗织结构　(f) 编制结构（包括平面编织和圆编织）

图 5-11　纤维二维结构示意图[11]

1. 玻璃纤维

1938 年，第一个玻璃纤维生产厂商 Owens Corning 问世，这是现代玻璃纤维工业的开端。由于其具有优异的电绝缘性能，因此早期玻璃纤维被命名为 E 玻璃纤维（electric glass）。早期的玻璃纤维生产过程中产生大量硫化物及氮化物。随着工艺改进，玻璃纤维生产过程产生的有害气体逐渐减少。另外，对高强度玻璃纤维的需求也促进了生产工艺的变革。一系列玻璃纤维，如 S 玻璃纤维、E-CR 玻璃纤维和无 B 玻璃纤维等先后获得应用。

玻璃纤维是由熔化的玻璃液体以极快的速率控制形成细丝状纤维，直径一般为 5～9 μm。玻璃是脆性材料，但玻璃纤维质地柔软，其强度和韧性都远高于玻璃。通常纤维直径越小强度越高，这与纤维中缺陷数目有关。不同牌号的玻璃纤维平均直径如表 5-15 所示。普通玻璃纤维单丝抗拉强度在 1～2.5 GPa 之间，弹性模量 E 约为 70 GPa，密度在 2.5～2.7 g/cm^3 之间。

表 5-15　玻璃纤维牌号与平均直径[12]

芯 丝 牌 号	平均直径 d_{av}/μm	芯 丝 牌 号	平均直径 d_{av}/μm
D	5.33	K	14.19
E	7.32	M	15.86
G	9.50	N	17.38
H	10.67	T	23.52
J	11.75		

E 玻璃纤维的主要成分是铝硼硅酸盐，碱性氧化物（Na_2O）的质量百分数小于 1%。多数 E 玻璃纤维含有少量氟化物。E 玻璃纤维密度为 2.62 g/cm^3，其折射率为 1.562。在 E 玻璃纤维的基础上先后发展了一系列通过成分微调实现性能调控的产品，如无 B、无碱（Alkali Resistant，AR）玻璃纤维等，如图 5-12（a）所示。玻璃纤维主要性能如表 5-16 和表 5-17 所示。E 玻璃纤维是一般用途的玻璃纤维材料，产量较大，价格较低。E-CR 玻璃纤维相对 E 玻璃纤维具有更好的电绝缘性能和耐酸腐蚀性能。C 玻璃纤维具有突出的耐酸腐蚀性。AR 玻璃纤维具有突出的耐碱性。D 玻璃纤维具有优良的介电性能。R 玻璃纤维具有较高的模量。S 玻璃纤维具有高强度和高模量，但价格很高。几种玻璃纤维的发展历史如图 5-12（b）所示。

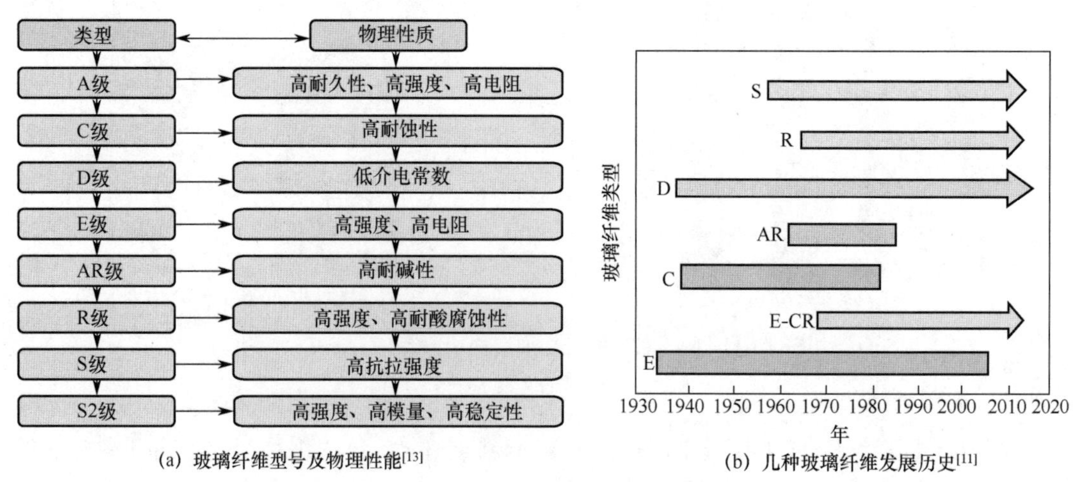

(a) 玻璃纤维型号及物理性能[13]　　(b) 几种玻璃纤维发展历史[11]

图 5-12　玻璃纤维分类及发展历程

表 5-16　典型玻璃纤维性能[12]

纤　维	α	比热	介电常数	介电强度	体积电阻	折射率 n	R_m	E	A
	10^{-6} K^{-1}	J/(g·K)	RT&1 MHz	kV/mm	log10/(Ω·cm)	—	GPa	GPa	%
含 B E 玻璃纤维	4.9～6.0	0.802	5.86～6.6	103	22.7～28.6	1.547	3.1～3.8	76～78	4.5～4.9
无 B E 玻璃纤维	6.0	—	7.0	102	28.1	1.560	3.1～3.8	80～81	4.6
E-CR 玻璃纤维	5.9	—	—	—	—	1.576	3.1～3.8	80～81	4.5～4.9
D 玻璃纤维	3.1	0.732	3.56～3.62	—	—	1.47	2.41	—	—
S 玻璃纤维	2.9	0.736	4.53～4.6	130	—	1.523	4.38～4.59	88～91	5.4～5.8
二氧化硅/石英	0.54	—	3.78	—	—	1.459	3.4	69	5

表 5-17　玻璃纤维物理性能[13]

类　型	R_m/GPa	E/GPa	A/%	α/(10^{-6} K^{-1})	泊松比	n	ρ/(g/cm^3)
E 玻璃纤维	3.445	72.3	4.8	5.4	0.2	1.558	2.58
C 玻璃纤维	3.310	68.9	4.8	6.3	—	1.533	2.52
S2 玻璃纤维	4.890	86.9	5.7	1.6	0.22	1.521	2.46
A 玻璃纤维	3.310	68.9	4.8	7.3	—	1.538	2.44
D 玻璃纤维	2.415	51.7	4.6	2.5	—	1.465	2.11～2.14
R 玻璃纤维	4.135	85.5	4.8	3.3	—	1.546	2.54
E-GR 玻璃纤维	3.445	80.3	4.8	5.9	—	1.579	2.72
AR 玻璃纤维	3.241	73.1	4.4	6.5	—	1.562	2.70

通过氮取代氧化物中的部分氧等途径可得到高强度、高模量玻璃纤维，其抗拉强度可达 5～7 GPa。

Silica 石英玻璃纤维可适用于 1200～1400 ℃高温。

玻璃纤维制品主要包括短切原丝、直接纱、合股无捻粗纱和纤维垫等，如图 5-13 所示。短切原丝包括干短切原丝、半湿短切原丝和直接短切原丝。短切原丝主要用于模塑挤出纤维增强热塑性塑料复合材料等。直拉粗纱是纤维单根股线或纤维束，可用于纺织、缠绕等。

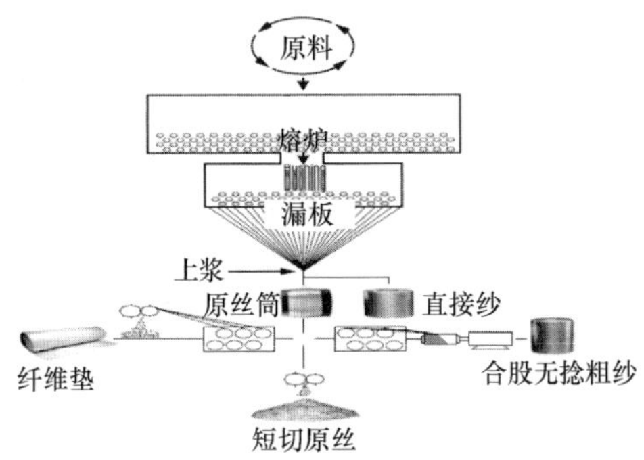

图 5-13　玻璃纤维制品制造[12]

商业化玻璃纤维制品表面含有多种保护及功能化成分，如成膜剂、偶联剂、润滑剂、表面活性剂、乳化剂、抗静电剂、抗氧化剂、增塑剂和抗生物剂等。使用时应注意玻璃纤维的表面化学制剂。不同成膜剂与塑料基体相容性如表 5-18 所示。不同偶联剂与塑料基体相容性如表 5-19 所示。

表 5-18　纤维成膜剂与塑料基体相容性[12]

成　膜　剂	相容塑料基体
聚乙酸乙烯酯	不饱和聚酯、环氧、乙烯基酯
聚氨酯	聚酰胺、聚酯、聚碳酸酯
聚酯	不饱和聚酯、乙烯基酯、环氧
环氧	不饱和聚酯、乙烯基酯、环氧、聚酯
改性聚丙烯	聚丙烯

表 5-19　偶联剂与塑料基体相容性[12]

偶　联　剂	偶联剂组成	相容塑料基体
氨基硅烷	3-氨丙基三乙氧基硅烷	聚酰胺、聚碳酸酯、聚丙烯、环氧、聚酯
甲基丙烯酸硅烷	甲基丙烯酸丙酯三甲氧基硅烷	不饱和聚酯、乙烯酯
乙烯基硅烷	乙烯基三乙氧基硅烷	不饱和聚酯、乙烯酯
环氧硅烷	3-缩水甘油基氧基丙基三甲氧基硅烷	环氧、聚酯、聚碳酸酯

2．碳纤维

碳纤维也是常用高强度、高模量、高性能的纤维材料。碳纤维是由片状石墨微晶等有机纤维沿纤维轴向方向堆砌而成的，经碳化及石墨化处理而得到的微晶石墨材料。

按力学性能分类，碳纤维可分为超高模量（UHM）、高模量（HM）、超高强度（UHS）和高强度（HS）四类。按用途分类，碳纤维可分为两类，即 24 k（1 k=1000 根纤维）以下的宇航级小丝束碳纤维和 48 k 以上的工业级大丝束碳纤维。按原材料分类，碳纤维可分为黏胶基碳纤维、聚丙烯腈（PAN）碳纤维、沥青碳纤维和人造丝碳纤维。

日本碳纤维协会提出按力学性能将碳纤维分为超高模量（UHM）、高模量（HM）、中等模量（IM）、低模量（LM）和高强度（HT）几类，如表 5-20 所示。注意中等模量碳纤维和高强度碳纤维会有重叠，即这些碳纤维既属于 IM 类型又属于 HT 类型。

表 5-20　日本碳纤维分类

类　　型	符　　号	特　　征
超高模量	UHM	$E>600$ GPa，$R_m>2.5$ GPa
高模量	HM	350 GPa $<E<$ 600 GPa，$R_m>2.5$ GPa（$R_m/E<1\%$）
中等模量	IM	280 GPa $<E<$ 350 GPa，$R_m>3.5$ GPa（$R_m/E>1\%$）
低模量	LM	$E<200$ GPa，$R_m>3.5$ GPa，各向同性
高强度	HT	200 GPa $<E<$ 280 GPa，$R_m>2.5$ GPa（R_m/E:1.5%～2%）

1950 年，美国开始研制黏胶基碳纤维。1959 年，美国 UCC 公司开始生产低模量黏胶基碳纤维“Thornel-25”。1959 年，日本科研人员 Shindo 发明了 PAN 基碳纤维。1962 年，日本碳公司开始生产低模量 PAN 基碳纤维。1965 年，美国 UCC 公司开始生产高模量 PAN 基碳纤维。1971 年，日本东丽公司（Toray）开始工业规模生产 PAN 基碳纤维 T300，同年

东丽公司开始生产石墨基高模量碳纤维 M40。1984 年，东丽公司研制成功高强度中等模量碳纤维 T800，随后于 1986 年研制成功高强度中等模量碳纤维 T1000，于 1989 年研制成功高模量中强度沥青基碳纤维 M60J，于 1992 年研制成功弹性模量高达 690 GPa 的高模量中强度沥青基碳纤维 M70J。高模量碳纤维制造工艺复杂，通常模量越高价格也越高。目前，结构复合材料使用的碳纤维大多数是 PAN 碳纤维。

碳纤维的主要性能：高强度，抗拉强度 R_m 在 3.5 GPa 以上；高模量，弹性模量 E 在 230 GPa 以上；低密度，其密度为铝的一半左右；耐超高温，非氧化气氛下可在 2000 ℃时使用，在 3000 ℃高温下不熔融软化；耐低温，可在低温条件下使用；耐腐蚀性好；热膨胀系数小甚至为负，沥青原料高模量碳纤维热膨胀系数为-1.45×10^{-6} K^{-1}，PAN 原料高模量碳纤维热膨胀系数也为-1.45×10^{-6} K^{-1} 左右；热导率高，沥青原料高模量碳纤维热导率可达 185～640 W/（m · K），PAN 基高模量碳纤维热导率为 70 W/（m · K）左右，PAN 原料高强度碳纤维、沥青原料低模量碳纤维以及纱热导率在 15～46 W/（m · K）之间；抗热震能力强；耐中子辐照；导电性能好，电阻率为 5～17×10^{-6} Ω · m。碳纤维的不足之处主要是：纤维轴向剪切模量较低（约 35 GPa），断裂延伸率较小，耐冲击性能较差，后加工较为困难等。

目前，世界上大丝束碳纤维生产商主要有美国的 Akzo-Fortafil（阿克苏–福塔菲尔）、Zoltek（卓尔泰克）、Aldila（阿尔迪拉），德国的 SGL（爱斯奇爱尔）、日本的 Toray（东丽）等公司。东丽公司的 PAN 基碳纤维高强度 T 系列和沥青基碳纤维高模量 M 系列抗拉强度与弹性模量如图 5-14（a）所示。美国 Hexcel 公司生产的 IM 系列纤维也是 PAN 碳纤维。商业化碳纤维力学性能如表 5-21 所示。

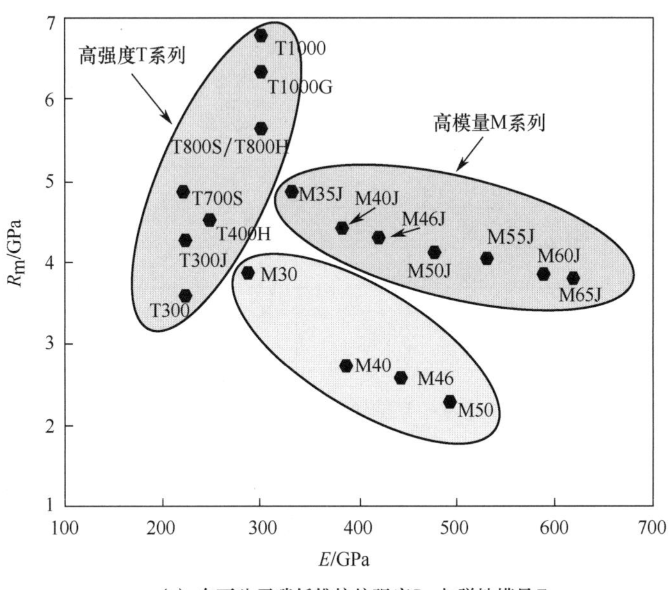

（a）东丽公司碳纤维抗拉强度R_m与弹性模量E

图 5-14 东丽碳纤维及典型 PAN 基碳纤维和沥青基碳纤维强度和模量

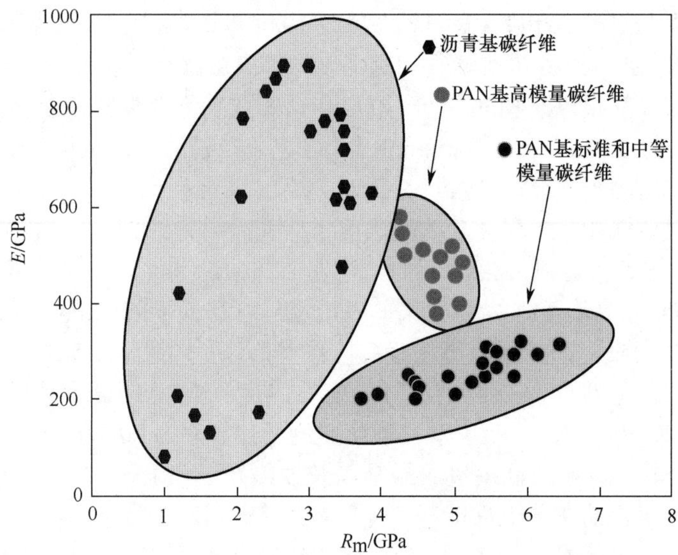

(b) PAN基碳纤维和沥青基碳纤维力学性能[15]

图 5-14 东丽碳纤维及典型 PAN 基碳纤维和沥青基碳纤维强度和模量（续）

表 5-21 商业化碳纤维力学性能[14]

生 产 商	牌 号	芯丝数/k	直径/μm	ρ/(g/cm^3)	R_m/GPa	E/GPa
Toray	T300	6	7	1.76	3.53	230
	T700 S	12	7	1.80	4.90	230
	T800 HB	6	5	1.81	5.49	294
	T1000 G	6	5	1.80	7.06	294
	M60J	6	5	1.94	3.92	588
Toho Tenax	HTA5131	3	7	1.77	3.95	238
	HTS5631	12	7	1.77	4.30	238
	STS 5631	24	7	1.79	4.00	240
	UMS 2731	24	4.8	1.78	4.56	395
	UMS 3536	12	4.7	1.81	4.50	435
SGL	Sigrafil C	50	7	1.80	3.80～4.00	230

碳纤维工业化产品主要是 PAN 基和沥青基两种碳纤维。PAN 基碳纤维和沥青基碳纤维主要性能对比如表 5-22 所示。PAN 基碳纤维与沥青基碳纤维基本力学性能如图 5-14（b）所示。注意，PAN 基碳纤维具有各向异性，表 5-22 为其轴向力学性能，而其径向（横向）力学性能劣于轴向性能。沥青基和 PAN 基碳纤维各向异性如图 5-15 所示，其中，E_{UHM} > 500 GPa，E_{HM} > 300 GPa，E_{IM} > 200 GPa，$R_{m(HT)}$ > 4 GPa。表 5-23 为通过单丝测量得到的碳纤维力学性能。

碳纤维也有与玻璃纤维类似的多种制品。一些商用的碳纤维表面也有保护或功能性化学制剂。利用等离子体等处理碳纤维可以改善纤维与树脂基体的界面结合性能。

表 5-22　碳纤维轴向力学性能[16]

种　类	R_m/GPa	E/GPa	A/%
PAN 基碳纤维	2.5～7.0	250～400	0.6～2.5
Pitch 基碳纤维	1.5～3.5	200～800	0.3～0.9
Rayon 基碳纤维	约 1.0	约 50	约 2.5

表 5-23　高模量和高强度碳纤维不同方向力学性能[17]

性　能	方　向	高模量碳纤维（HM）	高强度碳纤维（HS）
E/GPa	轴向	379	228
	横向	27.6	27.6
G/GPa	轴向	26.2	26.2
泊松比	轴向	0.5	0.5
	横向	0.28	0.28

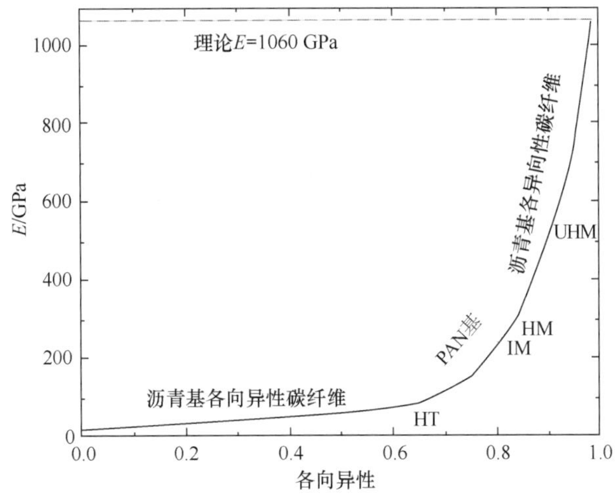

图 5-15　沥青基和 PAN 基碳纤维各向异性[18]

3. 玄武岩（Basalt）纤维

玄武岩的主要成分是 SiO_2（约 52.8%）、Al_2O_3（17.5%）、Fe_2O_3（10.3%）、CaO（8.59%）、MgO（4.63%），以及少量的 FeO、TiO_2、K_2O 和 Na_2O 等。玄武岩纤维一般可分为普通玄武岩纤维、超细玄武岩纤维和连续玄武岩纤维（CBF）。天然玄武岩矿石原料在 1450～1500 ℃熔融后，通过铂铑合金拉丝漏板制成连续玄武岩纤维。20 世纪 60 年代，苏联最早开发了 CBF，随后于 1985 年实现了工业化生产。2003 年，美国建立了年产 1000 吨 CBF 的生产工厂。

玄武岩纤维具有突出的力学性能，耐高温，耐酸碱，吸湿性低，还具有优异的电绝缘性能，优异的绝热隔音性能，以及良好的透波性能。玄武岩纤维使用温度可高达 650 ℃。玄武岩纤维也可在低温下使用。CBF 的基本性能如表 5-24 所示。

表 5-24　CBF 基本性能[12, 19]

α@RT/(10^{-6} K^{-1})	κ@RT/(W/(m·K))	直径/μm	ρ/(g/cm^3)	R_m/GPa	E/GPa	A/%
8.0	0.031～0.038	6～21	2.6～2.8	3.00～4.84	79.3～93.1	3.1～6.0

4．硼（B）纤维

1963 年，美国空军材料研究所最早制成了可用于复合材料的硼（B）纤维。1966 年，美国 Textron System 公司（原名 AVCO 公司）开始商业化生产 B 纤维。B 纤维通常是在钨丝或者碳纤维芯丝上通过化学气相沉积法制备的复合纤维材料。其制备过程决定了 B 纤维具有相对较大的直径，一般在 100～200 μm 之间。B 纤维具有高强度（约 3.6 GPa）、高模量（约 400 GPa）和相对较低密度（约 2.5g/cm^3）等特点。此外，B 纤维还具有较高的压缩强度（约 6.9 MPa）。B 纤维不仅可用于聚合物基复合材料，还可用于金属（如铝、镁等）基复合材料。

5．氧化铝纤维

氧化铝纤维的研发始于 20 世纪 70 年代。1972 年，英国 ICI 公司率先制造了商品名为 Saffil 的氧化铝短纤维，其使用温度可达 1200～1600 ℃，且抗热震性优良。1974 年，美国 3M 公司研发了商品名为 Nextel^{TM} 312 的连续氧化铝纤维。1975 年，杜邦（DuPont）公司开始生产商品名为 FP、Al_2O_3 质量百分数为 99.9%的多晶纤维。后来 DuPont 公司又开发了改进型产品 PRD166。此外，日本 Sumitomo 公司也研制了商品名为 Altex 的氧化铝纤维。氧化铝纤维的性能如表 5-25 所示。

表 5-25　氧化铝纤维基本性能[20]

纤维名称或牌号	生产商	直径/μm	ρ/(g/cm^3)	R_m/GPa	E/GPa	比强度/GPa	比模量/GPa
Fiber FP: α-Al_2O_3 纱	DuPont	20	3.9	>1.4	380	>360	97
PRD166: Al_2O_3-ZrO_2 纱	DuPont	20	4.2	>2.07	380	492	90
Saffil RF: 5%SiO_2/Al_2O_3 短纤维	ICI	1～5	3.3	2.0	300	600	90
Saffil HA: 5%SiO_2/Al_2O_3 短纤维	ICI	1～5	3.4	1.5	>300	440	>90
Safimax	SD	3.0	3.3	2.0	300	606	90
5%SiO_2/Al_2O_3	ICI						
Semicontinuous	LD	3.5	2.0	2.0	200	1000	100
Sumika 15%SiO_2/Al_2O_3 短纤维	Sumitomo	17	3.2	1.5	200	470	62
Fiberfrax 50%SiO_2/Al_2O_3 短纤维	Carborundum	1～7	2.73	1.0	105	360	38
Nextel: 312（24%SiO_2/14%B_2O_3-Al_2O_3）	3M	11	2.7	1.72	152	640	56
Nextel: 440（24%SiO_2/14%B_2O_3-Al_2O_3）	3M	11	3.1	1.72	220	550	71

5.3.1.2　有机纤维

有机纤维是指纤维材质为有机物的纤维。目前已发展了多种有机纤维，主要包括芳纶纤维、超高分子量聚乙烯（UHMWPE）纤维、PBO 纤维、PIPD 纤维等。有机高性能纤维中发展最快的是高强度、高模量纤维，其次是耐热纤维、阻燃纤维和耐强腐蚀纤维等。

1．芳纶纤维

芳纶纤维包括全芳香族聚酰胺纤维和杂环芳香族聚酰胺纤维两大类。目前，全芳香族聚酰胺纤维已实现工业化生产。根据酰胺键与苯环上 C 原子相连接的位置不同，全芳香族聚酰胺纤维又可分为对位芳纶（PPTA）和间位芳纶（MPDI）两种。

芳纶纤维具有高强度、高模量、低密度等特点。芳纶纤维是综合性能优良、产量非常大和应用非常广的高性能有机纤维。

芳纶纤维产品中主要是对位芳纶（PPTA），如美国杜邦（DuPont）的 Kevlar 纤维，日本 Teijin 的 Technora 纤维、荷兰 AkzoNobel 的 Twaron 纤维，以及俄罗斯的 Terlon 纤维等。间位芳纶（MPDI）纤维有 Nomex、Conex、Fenelon 等品牌。Kevlar 纤维主要的型号是 Kevlar 29、Kevlar 49 和 Kevlar 149，其中 Kevlar 29 具有低模量、高韧性特征，其弹性模量 E 可达 83 GPa；Kevlar 49 为中等模量品牌，弹性模量 E 可达 130 GPa；而 Kevlar 149 为高模量品牌，弹性模量 E 为 185 GPa。Kevlar 纤维束包含 134 至 10000 根纤维芯丝。商业芳纶纤维性能如表 5-26 所示。

表 5-26　商业芳纶纤维性能[12]

生　产　商	牌　　号	材　　料	ρ/(g/cm^3)	R_m/GPa	E/GPa	A/%
DuPont	Kevlar-29	PPTA	1.44	2.9	71	3.6
	Kevlar-49	PPTA	1.44	3.0	112	2.4
	Nomex 430	MDPI	1.38	0.59	11.5	31
	Twaron std	PPTA	1.44	2.9	70	3.6
	Twaron HM	PPTA	1.45	2.9	110	2.5
AkzoNobel	Technora std	ODA/PPTA	1.39	3.4	72	4.6
Teijin	Teijinconex std	MDPI	1.38	0.61～0.68	7.9～9.8	35～45
Teijin	Teijinconex HT	MDPI	1.38	0.73～0.86	11.6～12.1	20～30

芳纶纤维可使用温度范围为−200～200 ℃，实际使用时较少超过 150 ℃。除强酸和强碱外，芳纶纤维耐腐蚀性能优良。芳纶纤维还具有较强的吸水性，如 Kevlar 49 吸水性可达 4%，而 Kevlar 149 吸水性可达 1.5%。芳纶纤维吸水后性能变化不明显。在中等温度下芳纶纤维会发生短时蠕变，但其长时间的蠕变性能可忽略。芳纶纤维耐紫外辐照性能较差。

2．超高分子量聚乙烯（UHMWPE）纤维

超高分子量聚乙烯纤维是将超高分子量聚乙烯树脂溶解在高挥发性的十氢萘溶剂中，形成质量百分数小于 10%的稀释液或悬浊液，随后经喷丝板挤出后冷却，溶剂汽化逸出，得到干态凝胶原丝，最后经高倍拉伸得到的高性能纤维。1979 年，荷兰 DSM 获得 UHMWPE 纤维制造专利。1991 年，DSM 建立了 Dyneema 生产线，开始生产 SK 系列 UHMWPE 纤维。此外，英国 Leeds 大学还发明了利用熔融纺丝法制备 UHMWPE 纤维技术。意大利 Sina Fiber 利用该技术制备了 Tensor 系列 UHMWPE 纤维。美国 Allied Signal 利用 DSM 溶液纺丝技术，生产了 Spectra 系列 UHMWPE 纤维。日本东洋纺（Toyobo）与 DSM 合资生产 Dyneema SK 系列 UHMWPE 纤维。日本三井石化开发了牌号为 Tekmilon 的 UHMWPE 纤维。

UHMWPE 纤维具有超高强度、高模量特性。UHMWPE 纤维还具有高冲击强度特性。UHMWPE 纤维密度为 0.97 g/cm^3。UHMWPE 纤维还具有耐腐蚀、比能量吸收高、低介电常数、高电磁波透射率、低摩擦系数和抗切割性能好等特征。UHMWPE 纤维性能如表 5-27 所示。

表 5-27 UHMWPE 纤维性能[18]

生 产 商	牌 号	ρ/(g/cm^3)	R_m/GPa	E/GPa	A/%
Toyobo	Dyneema SK 60	0.97	2.7	89	3.5
	Dyneema SK 75	0.97	3.0	95	3.6
	Dyneema SK 76	0.97	3.6	116	3.8
Allied Signal	Spectra 900	0.97	2.34～2.61	75～79	3.6
	Spectra 1000	0.97	2.91～3.25	97～113	2.9～3.4
	Spectra 2000	0.97	3.25～3.51	116～124	2.9

由于其低熔点，UHMWPE 纤维适用温度低于 95 ℃。UHMWPE 纤维也可用于−150 ℃以上的低温环境中。在中等温度下，UHMWPE 纤维易发生蠕变。

3. PBO 纤维

聚对苯撑苯并二噁唑（PBO）是由苯杂环组成的刚性共轭体系，是含芳香杂环的苯氮聚合物中性能最为优异的一种化合物。PBO 材料研究始于 20 世纪 60 年代。美国空军材料实验室委托斯坦福 SRI 实验室设计耐高温高性能聚合物材料时应运而生。1991 年，Dow 化学和日本东洋纺（Toyobo）公司合作开发 PBO 纤维。1998 年，日本 Toyobo 公司最先实现了工业化生产 PBO 纤维，牌号为“Zylon”。

PBO 纤维具有较高的强度和模量，极好的耐氧化性、耐湿性和耐放射性，且绝缘性和热稳定性优良。PBO 纤维热分解温度高达 650 ℃，高温工作温度可达 300～500 ℃。PBO 是目前热稳定性较好的有机纤维。Zylon AS 和 Zylon HM 在 300 ℃空气中 100 h 后强度保持率分别为 48%和 42%，在 500 ℃下强度仍能保持 40%。高模量的 PBO 纤维在 400 ℃下仍能保持 75%的模量。此外，PBO 的极限氧指数为 68，在有机纤维中是非常高的。PBO 纤维在 750 ℃燃烧时产生的 CO、HCN 等有毒气体的量很少。PBO 纤维的基本力学性能如表 5-28 所示。与芳纶纤维类似，PBO 纤维也具有各向同性特征。

表 5-28 PBO 纤维的基本力学性能[18]

牌 号	ρ/(g/cm^3)	R_m/GPa	E/GPa	A/%	吸水性/%	分解温度/℃	极限氧指数
Zylon AS	1.54	5.80	180	3.5	2	650	68
Zylon HM	1.56	5.80	270	2.5	0.6	650	68

高模量 PBO 纤维在 50%断裂载荷下 100 h 的形变不超过 0.03%，蠕变值是相同条件下对位芳纶的 2 倍。PBO 纤维具有负热膨胀系数。吸水对 PBO 纤维性能影响极小。除浓硫酸、甲基磺酸、氯磺酸等强酸外，PBO 纤维耐酸碱腐蚀性较好。

PBO 纤维的不足之处主要有：抗压性能较差，仅为 0.2～0.4 GPa；剪切模量 G 较低，约 2.0 GPa；抗紫外辐照性能较差；此外，由于表面光滑且呈惰性，PBO 纤维与树脂界面结合性较差。

4. PIPD 纤维

由于 PBO 材料分子链上缺少极性基团，分子间只有较弱的范德瓦耳斯力，因此其剪切

模量 G 和压缩强度极低。为此，荷兰 AkzoNobel 研发了聚［2,5-二羟基-1,4-苯撑吡啶并二咪唑］（PIPD）纤维，商品名为 M5。PIPD 分子链上存在大量的-OH 基和-NH-基，因此容易在分子间和分子内形成强作用氢键。PIPD 不仅具有优异的拉伸性能，而且其压缩性能也是有机纤维中非常强的。PIPD 纤维的抗拉强度和弹性模量分别高达 5 GPa 和 330 GPa，且其压缩强度达 1.7 GPa，已接近碳纤维的压缩强度值。PIPD 纤维剪切模量 G 约为 6 GPa。PIPD 纤维基本性能如表 5-29 所示。

表 5-29 PIPD 纤维基本性能[18]

牌 号	ρ/(g/cm^3)	R_m/GPa	E/GPa	A/%	吸水性/%	分解温度/℃	极限氧指数
M5	1.7	3.5～4.5	330	2.5	4.5	500	>50

PIPD 纤维与环氧树脂、乙烯基树脂和不饱和树脂等黏结性较好。PIPD 纤维还具有良好的耐热、阻燃性能，以及优异的耐紫外辐照性能等。

典型商业化高强度纤维商品基本性能对比如表 5-30 所示。一些纤维的比强度（强度与密度之比，单位与长度单位相同）和比模量如图 5-16 所示，在这个图中，1 英寸=2.54 厘米，IM6 为中等模量碳纤维，AS4 为高强度碳纤维，Thomel P-100 为超高模量石墨基碳纤维。典型高性能纤维性能与价格对比如图 5-17 所示。

表 5-30 典型商业化高强度纤维商品基本性能对比[21]

纤 维 类 型	R_m/GPa	E/GPa	A/%	ρ/(g/cm^3)	α/(10^{-6} K^{-1})	直径/μm
玻璃纤维						
E 玻璃纤维	3.448	68.9	4.7	2.58	4.9～6.0	5～20
S2 玻璃纤维	4.482	86.9	5.6	2.48	2.9	5～10
石英纤维	3.379	69.0	5.0	2.15	0.5	9
有机纤维						
Kevlar 29	3.620	82.7	4.0	1.44	−2.0	12
Kevlar 49	3.792	131.0	2.8	1.44	−2.0	12
Kevlar 149	3.448	186.2	2.0	1.47	−2.0	12
Spectra 1000	3.103	172.4	0.7	0.97	—	27
PAN 基碳纤维						
SM	3.448～4.827	220.6～241.3	1.5～2.2	1.80	− 0.4	6～8
IM	4.137～6.206	275.8～296.5	1.3～2.0	1.80	− 0.6	5～6
HM	4.137～5.516	344.8～448.2	0.7～1.0	1.90	− 0.75	5～8
沥青基碳纤维						
LM	1.379～3.103	172.4～241.3	0.9	1.90	—	11
HM	1.896～2.758	379.2～620.6	0.5	2.00	− 0.9	11
UHM	2.413	689.5～965.3	0.3	2.20	−1.6	10

5.3.1.3 二维纺织结构

二维纺织结构主要由 0°和 90°方向的纤维束（纱线）交织得到，如图 5-18 所示，即常见的正交纺织结构。有时也有通过纤维丝束成45°夹角得到的斜织结构。正交纺织结构是通过在织布机上两个互相垂直的纱线交织得到。在纺织时，经纱平行于纱线卷绕方向，而纬纱垂直于经纱，如图5-19所示。由于纺织过程中受力不同，因此二维纺织布经向和纬向性能稍有差异。通常经纱和纬纱采用同种材料，但也有混合纺织，即经纱和纬纱采用不同材料。二维纺织结构可以依据经纱和纬纱编织形式分类，如图5-20所示。平纹结构织物较为简单。由于具有较高的经纱和纬纱交织密度，平纹结构织物面内剪切性能较好。这种结构的不足之处主要在于编织过程中易损伤经纱和纬纱强度，以及复合材料制备过程中树脂浸渍较为困难。高性能纤维布常采用平纹结构和缎纹结构。平纹结构和缎纹结构的主要优势和不足如图5-21所示。

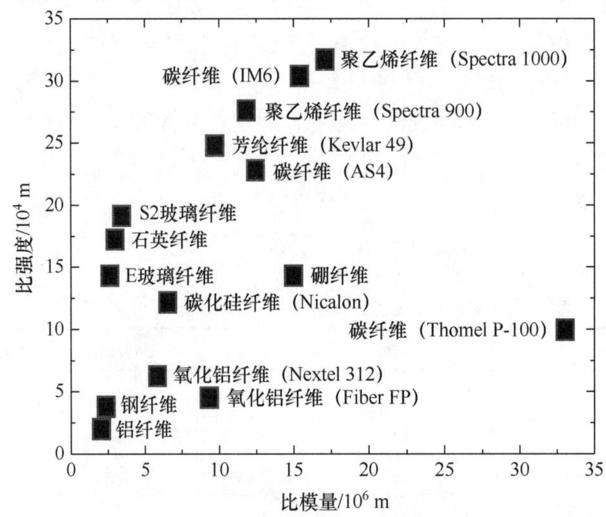

图5-16　一些纤维的比强度与比模量[21]

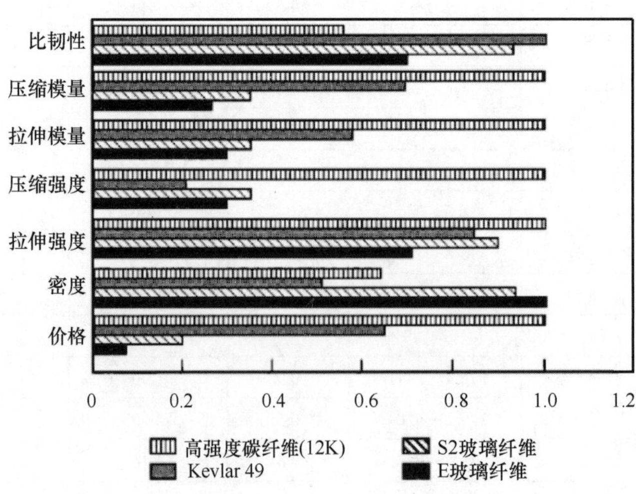

图5-17　典型高性能纤维基本性能与价格对比[21]

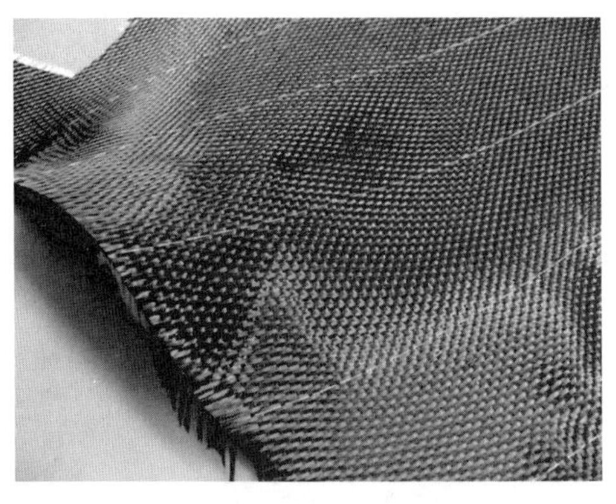

图 5-18　碳纤维二维纺织布[21]

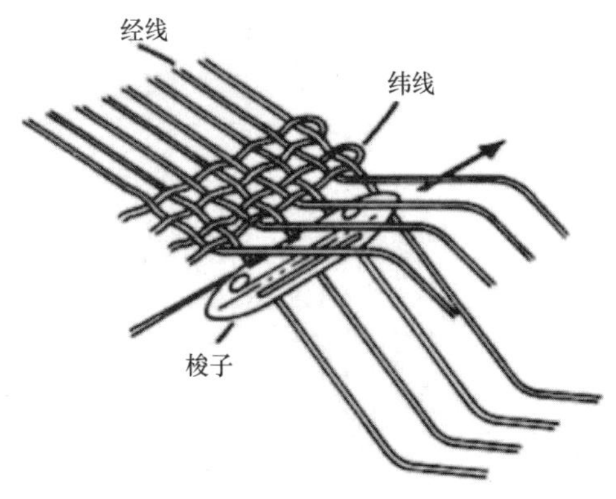

图 5-19　二维纺织结构制造过程示意图[21]

商业纺织品常带有经纱标志物，如在黑色的碳纤维纺织布中常有间隔 50 mm 的黄色芳纶纤维经纱标志物。经纱标志物有利于复合材料制备过程中方向的确定，如图 5-22 所示。

对于纤维制品，目前对其低温性能研究较少，低温物性数据也较少。

5.3.1.4　纤维制品表面处理

碳纤维界面光滑且具有疏水性，纤维束中单根芯丝易断裂损坏，且与聚合物基体相容性较差。如前所述，商业玻璃纤维和碳纤维通常带有保护以及提高与相应聚合物基体结合

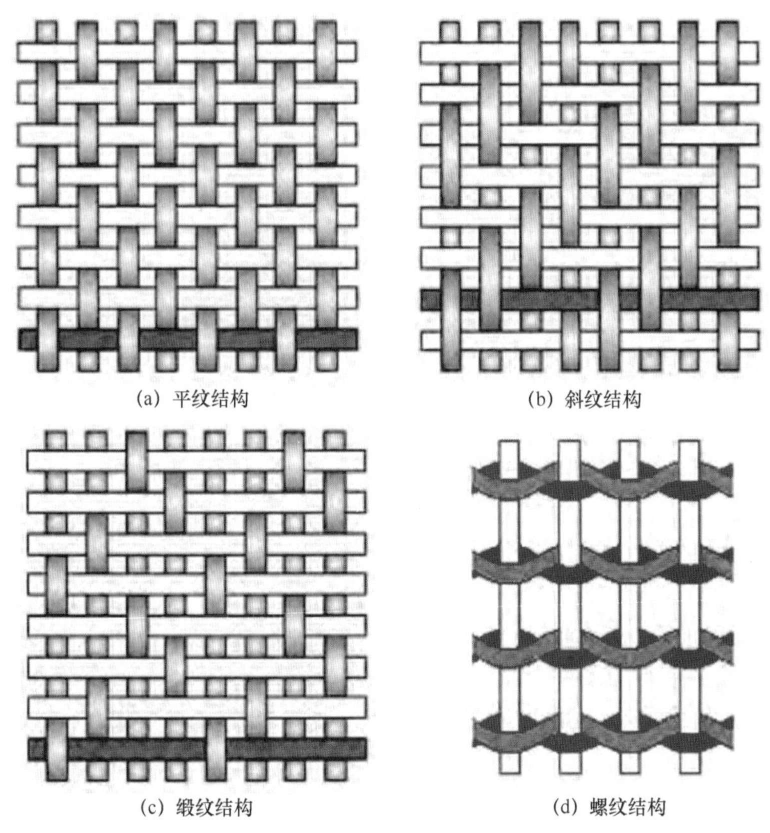

图 5-20　典型二维纺织结构示意图[21]

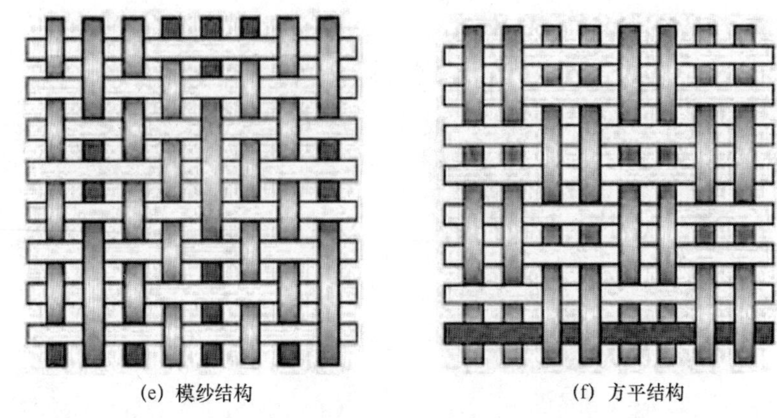

图 5-20 典型二维纺织结构示意图[21]（续）

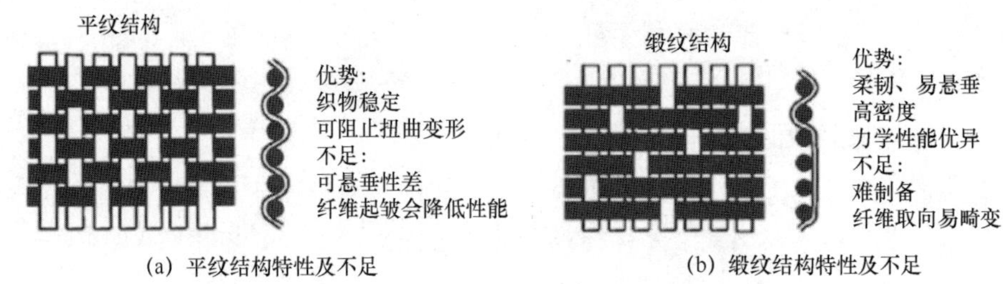

图 5-21 平纹结构和缎纹结构的特性及不足[21]

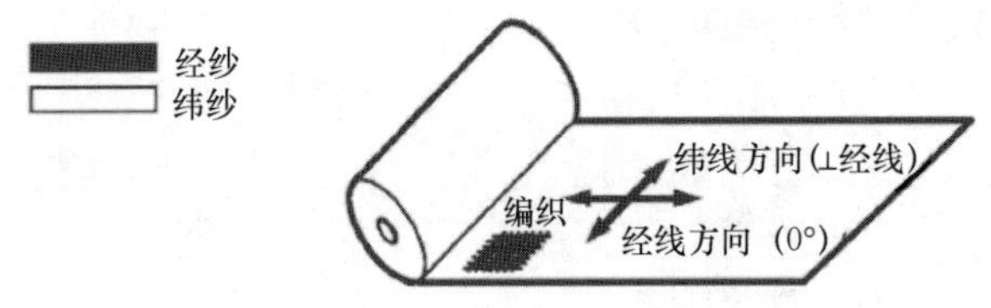

图 5-22 二维纺织布产品经向和纬向示意图[21]

性能的化学成分。这种纤维表面形成功能性化学成分的过程称为纤维上浆。通常在纤维制成以后上浆，以保护纤维、后续操作以及增强纤维与聚合物基体的界面结合性能。

对于其他商业化纤维材料，多数没有经过上浆处理。为提高纤维制品与聚合物基体的界面相容性，通常选择一种或多种表面处理方法。

纤维制品常用的表面处理方法包括物理法和化学法两类。物理法可以改变纤维表面结构（如粗糙度），但不会改变纤维表面的化学结构。物理法主要包括等离子体法、臭氧法、紫外辐照法和热处理等。化学法利用化学试剂改变纤维表面以改善增强体与聚合物界面的结合。化学法包括碱处理法、氧化处理法和接枝共聚法等。另外，还有一种重要的化学法是，使用偶联剂增强纤维与聚合物界面结合性能。偶联剂分子结构中存在至少两种性质不同的基团，其中一种基团可与聚合物材料发生化学反应或有较好的相容性，另一种基团可与纤维形成化学键。偶联剂可以提高纤维与聚合物界面的黏合性，显著改善和提高复合材料的性能。偶联剂有多种类型，如硅烷偶联剂、酞酸酯偶联剂、有机铬偶联剂、铝酸锆偶

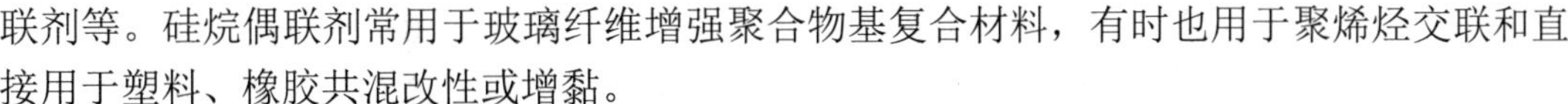

联剂等。硅烷偶联剂常用于玻璃纤维增强聚合物基复合材料，有时也用于聚烯烃交联和直接用于塑料、橡胶共混改性或增黏。

5.3.1.5　预浸渍纤维制品

预浸渍纤维制品主要包括预浸渍连续纤维和预浸渍二维纤维制品，如图 5-23 所示。预浸渍纤维制品中含有一定量的半固态树脂材料，使用时加热即可使树脂固化。因此一般要求在储存温度下树脂体系不发生凝胶和固化反应。预浸渍纤维制品通常采用不与树脂反应的有机材料包装并低温保存和运输。

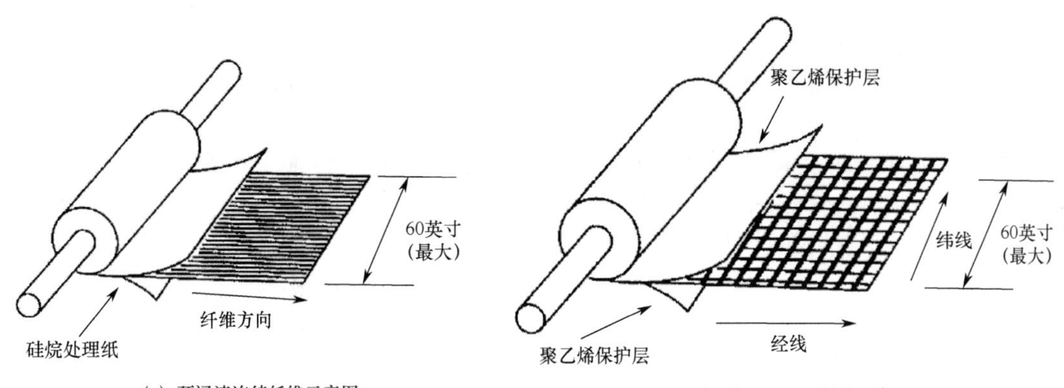

(a) 预浸渍连续纤维示意图　　(b) 预浸渍二维纤维制品示意图

图 5-23　预浸渍纤维制品示意图[21]

影响预浸渍纤维制品质量的主要因素包括：基体树脂的均匀性和稳定性；纤维结构稳定，纤维彼此平行，无歪纱和纱束重叠；预浸渍带表面平整，厚度一致，表面无缝隙及其他缺陷等。此外，树脂基体加热后流动性、黏着性和凝胶时间等也应符合使用要求。

预浸渍纤维制品常用于航空航天等需要高性能结构材料的领域。常见商业的预浸渍及二维纺织结构如表 5-30 所示。

表 5-30　常见商业预浸渍及二维纺织结构[21]

纺织结构	纤维类型	结构（经纱×纬纱）/（纱/英寸）	面密度/(g/m^2)	预浸渍固化层厚/mm
Style 120	E玻璃纤维	60×58	107	0.127
Style 7791	E玻璃纤维	57×54	303	0.254
Style 120	Kevlar 49	34×34	61	0.102
Style 285	Kevlar 49	17×17	17	0.254
8 线束缎纹	3 K 碳纤维	24×23	370	0.356
5 线束缎纹	6 K 碳纤维	11×11	370	0.356
5 线束缎纹	1 K 碳纤维	24×24	125	0.127
平纹	3 K 碳纤维	11×11	193	0.178

5.3.2　纤维增强树脂基复合材料制备方法

确定纤维和树脂体系后，成型固化工艺是决定复合材料性能的重要因素。成型固化工艺包括两个连续过程，即成型和固化。成型是将纤维制品或预浸渍纤维制品根据产品的要求制成一定的形状。固化是使已成特定形状的叠层预浸渍纤维制品或无预浸渍纤维制品浸渍树脂体系后，在特定的温度、时间和压力等因素下使树脂固化，特定形状得以固定并能达到预定的性能要求。

纤维增强树脂基复合材料成型方法需要根据产品的外形、结构和使用要求等，结合材料的工艺性来确定。自 20 世纪 40 年代聚合物基复合材料开始研究与应用，随着聚合物基复合材料工业迅速发展，新的高效方法不断出现。目前已在生产中广泛采用的成型方法有：手糊法、模压成型法、连续缠绕成型法、树脂传递模塑成型法、真空辅助树脂传递模塑成型法与真空压力浸渍成型法等。

5.3.2.1 手糊法

手糊法是纤维增强聚合物基复合材料中最早采用的方法，也是最简单的纤维增强树脂基复合材料成型方法。其过程主要包括先在模具上涂刷树脂，然后在其上铺贴一层按要求剪裁好的纤维制品，用刷子、压辊或刮刀压挤纤维织物，使其均匀浸胶并排除气泡后再次涂刷树脂和依次铺设纤维制品，并反复上述过程直至达到所需厚度为止。最后，在一定压力下或无压力下固化成型并脱模得到复合材料制品。

手糊法对原材料有一定要求。对树脂基体，要求树脂体系能在室温下凝胶、固化，且在固化过程中无低分子物产生。树脂体系能配制成合适黏度（一般要求在 0.2～0.5 Pa · s 之间）的胶液。目前手糊法常用树脂体系主要有不饱和聚酯树脂和环氧树脂等。在航空结构制品方面手糊法开始使用湿热性能和断裂韧度优良的双马来酰亚胺树脂以及耐高温、耐辐照和电性能优良的聚酰亚胺等高性能树脂。为获得优良复合材料性能，制品需要在较高压力和温度下固化成型。对于纤维制品，目前手糊法主要用于玻璃纤维及制品，以及少量碳纤维和芳纶纤维等。此外，手糊法制备复合材料还需要使用脱模剂，以方便制品与模具分离。脱模剂的功能是使制品顺利地从模具上取下来，同时保证制品表面质量和模具安好无损。脱模剂可分为外脱模剂和内脱模剂两类。手糊法制备复合材料常采用外脱模剂，包括：薄膜型脱模剂（如聚酯薄膜）、聚乙烯薄膜、玻璃纸、混合溶液型脱模剂（如聚乙烯醇等），以及蜡型脱模剂。为了得到良好的脱模效果和理想的制品，通常同时使用几种脱模剂。

手糊法制备聚合物基复合材料的主要优点包括：产品不受尺寸和形状限制，因此特别适宜尺寸大、批量小、形状复杂的复合材料制品的生产；设备简单，前期投入少；工艺简单；易于满足产品设计要求，可在产品不同部位任意增补；制品树脂含量较高，耐腐蚀性好。其不足之处主要在于：生产效率相对较低；制品质量可控性差，性能不稳定；制品力学性能较差。

5.3.2.2 模压成型法

模压成型法是一种对热固性和热塑性树脂都适用的纤维增强聚合物基复合材料制造方法。其主要过程包括将模塑料或颗粒状树脂与短纤维制品的混合物放入敞开的金属对模中，随后关闭模具并加热使其熔化。在压力作用下，混合物充满模腔并形成与腔体形状相同的制品，随后经热固性树脂加热固化或热塑性树脂冷却硬化，然后脱模得到复合材料制品。模压成型法也使用脱模剂，且通常同时使用外脱模剂和内脱模剂。内脱模剂作为模压料成分之一混入模压料中。

模压成型法具有较高的生产效率，以及制品尺寸准确，表面光洁，多数结构复杂制品可一次成型，无须有损制品性能的二次加工，制品外观及尺寸的重复性好，且容易实现机械化和自动化加工等优点。模压成型的主要不足之处在于，需要模具设计及制造，压机及模具等前期投资高，复合材料制品尺寸受模具规格限制，因此一般只适合制造批量大的中、小型复合材料制品。

模压成型已成为复合材料的重要成型方法，在纤维增强树脂基复合材料制备中所占比例仅次于手糊法。模压成型制品主要用作结构件、连接件、防护件以及电气绝缘等。由于质量较可靠，模压成型制品还用于兵器、飞机、导弹和卫星等的零部件方面的制造。

5.3.2.3　连续缠绕成型法

连续缠绕成型法是将浸渍树脂胶液的连续纤维或其他纤维制品按照一定的规律缠绕到芯模上，然后固化脱模成为纤维增强聚合物基复合材料。

连续缠绕成型法制作复合材料制品时有两种不同的方式，即干法缠绕和湿法缠绕。干法缠绕是，选用预浸渍纤维制品，在缠绕机上经加热软化至黏流态后，缠绕到芯模上。湿法缠绕是，将纤维制品浸渍树脂胶液后，直接缠绕到芯模上，因此对树脂胶液有一定要求。

连续缠绕成型法采用的增强材料大多是玻璃纤维，有时也采用碳纤维以及芳纶纤维等。树脂胶液由树脂和各种助剂组成。依据制品适用环境和用途不同，选用树脂基体的种类也不同。对常压、常温使用的内压容器，一般采用双酚 A 型环氧树脂。高温使用的容器则常采用酚醛型环氧树脂或芳香族环氧树脂。在低温环境下使用的容器需采用耐低温的环氧树脂基体，如双酚 F 环氧树脂等。普通管道和贮罐则多采用不饱和聚酯树脂。航空、航天领域使用的制品则采用具有耐湿热和优良断裂韧性的双马来酰亚胺树脂。

连续缠绕成型法特别适于制作承受一定内压的中空型容器，如固体火箭发动机壳体、压力容器、大型贮罐，以及各种管材等。近年来还发展了异形缠绕技术，可实现复杂横截面形状的回转体或断面为矩形、方形和不规则形状容器的成型。

机械控制式缠绕机、数字程序控制式缠绕机以及计算机控制式纤维缠绕机等都可用于复合材料连续缠绕成型法。

下面介绍影响连续缠绕成型法的 2 个关键因素。

芯模：为了获得一定形状和结构尺寸的纤维缠绕制品，必须采用一个外形与最终制品内腔形状尺寸一致的模型。芯模需要在制品固化后脱出而不能损伤复合材料制品。常用的芯模材料主要有石膏、铝、钢、低熔点金属、低熔点盐、木材、水泥、石蜡、聚乙烯醇、塑料等。芯模可以是实心或空心整体式芯模、组合装备式芯模、石膏隔板组合式芯模，以及管道芯模等多种形式。

缠绕规律：连续纤维缠绕是由导线头（或称缠绕嘴）和芯模的相对运行实现的。在缠绕时需满足纤维无重叠和离缝，均匀连续布满芯模表面；纤维在芯模表面位置稳定，不打滑。连续纤维缠绕成型需要确定制品的结构尺寸与线型、导线头与芯模相对运动之间的定量关系，关键是缠绕线型。缠绕线型可分为环向缠绕、纵向缠绕、螺旋缠绕、球形缠绕、锥形缠绕和定长管非测地线稳定缠绕等。

连续缠绕成型法制备的复合材料制品的主要特点：纤维按预定要求排列的规整度和精度高；力学性能可设计，即通过改变纤维排布方式和数量，可实现等强度设计并能在较大程度上发挥增强纤维抗张强度优异的特点；结构合理；复合材料比强度和比模量高；质量比较稳定；生产效率较高。不足之处主要为前期设备投资费用较高。

5.3.2.4 树脂传递模塑成型法（RTM）

树脂传递模塑成型法是液体模塑成型技术的一种。RTM 的主要过程包括在模具内铺置纤维制品，随后采用低压（通常小于 0.4 MPa）将树脂体系注入模具使其浸透纤维制品。树脂固化完成后从模具取出即得到预设形状的纤维增强聚合物基复合材料制品。

下面介绍 RTM 成型工艺路线。

（1）纤维制品预成型系统：其主要方法包括手工铺层、编织法、针织法、热成型连续纤维毡、定向纤维预成型毡。

（2）树脂系统：RTM 为液态复合材料成型工艺过程，要求树脂系统具有较低的黏度（0.15～1.5 Pa · s），对纤维制品浸润性好，便于在型腔内顺利均匀地通过，充分浸渍纤维，快速充满整个腔体；树脂固化放热峰低（小于 180℃）以免损伤模具；树脂凝胶和固化时间短；树脂固化及收缩率小，以保证产品尺寸精度；树脂体系不含溶剂，固化时无低分子挥发物，且适宜添加填料，能消除树脂内自身的气泡。

（3）成型工艺：一是准备模具和清理模具。二是涂布胶衣和胶衣固化，使胶衣膜厚为 400～600 μm。要求胶衣没有气泡，表面平整无凹凸。三是将纤维制品或预成型件放于模具内，使其成为与最终成品形状相似的坯料。四是合模和夹紧模具。五是注射树脂，树脂注入闭合模具后在压力和毛细管现象的作用下浸润纤维制品并排出腔中空气。在注射复杂外形结构时，注射点选择尤为重要。合适的注射点有利于减少气体在角位置的滞留。

RTM 的优点主要包括：成型效率高，特别适于生产需求量在中等规模的复合材料制品；闭模操作工作环境好，苯乙烯等挥发物量小；可以采用纤维制品预成型技术，也可以采用纤维制品预铺放，因此可以任意方向增强，制品强度高，且正反面都无纤维暴露；采用低压注射工艺，有利于制备各种尺寸、复杂外形的整体构件；设备基本投资相对不高，能源消耗少，研制周期短。

RTM 的不足之处主要在于：对树脂体系性能要求较高，如低黏度、凝胶和固化时间短、固化收缩小、挥发物少；模具设计与制造以及纤维制品在模具中的铺放技术要求较高，模具应具有耐压和耐温性能，且要求与复合材料制品的热膨胀系数接近，模具的注射孔和排气孔位置的选择对树脂体系的流动和浸润至关重要。纤维制品或预制体放置到模具中时需避免褶皱和局部纤维拥挤，预制体边缘与模具内表面需吻合。树脂渗透率是 RTM 工艺过程的关键参数，不同结构、不同纤维制品以及不同树脂体系的渗透率主要依靠实验测定，且实时监测较为困难。

5.3.2.5 真空辅助树脂传递模塑成型法（VARTM）与真空压力浸渍（VPI）成型法

真空辅助树脂传递模塑成型法是由树脂传递模塑成型法发展而来。VARTM 与 RTM 的主要不同之处在于，VARTM 中纤维制品或预制品处于负压（真空），树脂体系被吸入模腔并浸渍纤维制品，随后进行固化和脱模。这有利于消除 RTM 工艺过程中可能存在的边角难以浸润树脂的难题。

与 RTM 不同，VARTM 工艺对树脂体系不加压，这也使得 VARTM 工艺较难适用于高纤维体积百分数（大于 70%）复合材料制品。为此，发展了对树脂胶液加压的改进型 VARTM，有时也称为真空压力浸渍（VPI），加压压力一般达 0.3 MPa 甚至更高。此外，

VPI 工艺要求腔体初始压力更低，通常小于 10^2 Pa，而 VARTM 工艺一般要求初始腔体内压小于 2×10^3 Pa。

VPI 是目前大型超导磁体绝缘结构成型采用的主要方法。磁约束核聚变、高能粒子加速器等超导磁体常采用 VPI 工艺制造绝缘系统。

5.3.3 纤维增强树脂基复合材料低温性能及应用

几种连续纤维增强环氧树脂基复合材料室温力学性能如表 5-32 和图 5-24 所示。应注意除一些特殊承载结构，较少使用连续纤维增强树脂基复合材料。此外，复合材料的力学性能与纤维、树脂基体、纤维–基体界面结合以及复合材料制造过程等因素有密切关系，因此这些数据只具有比较意义。

表 5-32 几种连续纤维增强环氧树脂基复合材料室温力学性能[21]

项 目	E玻璃纤维/环氧树脂	芳纶纤维/环氧树脂	高强度碳纤维/环氧树脂	高模量碳纤维/环氧树脂
密度/(g/cm^3)	2.1	1.38	1.58	1.64
泊松比	0.28	0.34	0.25	0.27
R_m(0°)/GPa	1.172	1.310	2.000	2.399
E(0°)/GPa	52.4	82.7	130.3	170.3
R_m(90°)/MPa	35.0	35.0	80.0	80.0
E(90°)/GPa	8.0	8.0	9.0	9.0
抗压强度(0°)/GPa	0.903	0.250	1.303	1.600
压缩模量(0°)/GPa	42.0	75.2	115.1	150.3
面内剪切强度/MPa	60.0	45.0	92.4	95.2
面内剪切模量/GPa	4.0	2.1	4.4	4.4
层间剪切强度/MPa	75.2	60.0	92.4	90.3

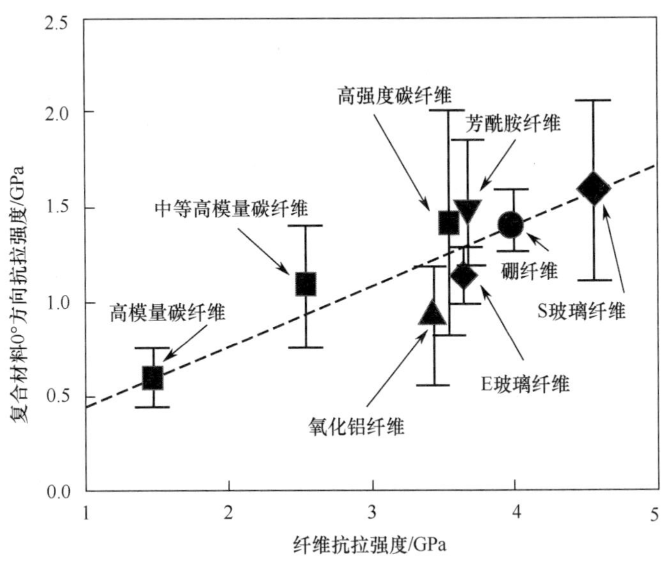

图 5-24 室温下纤维抗拉强度与连续纤维增强聚合物基复合材料 0° 方向抗拉强度关系[22]

与芳纶纤维、碳纤维等高性能纤维相比，玻璃纤维具有价格优势。玻璃纤维是最常用的纤维增强聚合物基复合材料增强体。玻璃纤维增强树脂基复合材料的主要不足之处在于较低的模量。此外，玻璃纤维复合材料密度较其他复合材料稍大。在力学性能上，玻璃纤维复合材料的疲劳性能低于芳纶纤维以及碳纤维复合材料。

对高模量纤维增强聚合基复合材料拉伸承载失效时弹性应变在 0.5%～1.0%之间，对玻璃纤维增强聚合物基复合材料拉伸失效应变一般在 2%～5%之间。

湿度等环境因素对复合材料界面影响较大，因此会引起复合材料性能显著衰减。连续玻璃纤维缠绕环氧树脂复合材料室温力学性能如表 5-33 所示。高强度 S 玻璃纤维增强环氧树脂基复合材料与 E 玻璃纤维复合材料性能对比如表 5-34 所示。玻璃纤维、碳纤维以及芳纶纤维增强环氧树脂基复合材料室温疲劳性能如图 5-25 所示。

表 5-33　连续玻璃纤维缠绕环氧树脂基复合材料室温力学性能[21]

材　料	R_m/MPa	E/GPa	弯曲强度/GPa	抗压强度/GPa
质量百分数为 30%～80%玻纤粗纱环氧树脂，任意角度	275.8～551.6	20.7～41.4	275.8～551.6	310.3～482.7

表 5-34　S 和 E 玻璃纤维增强环氧树脂复合材料室温基本力学性能[21]

项　目	E玻璃纤维/环氧树脂	S玻璃纤维/环氧树脂
泊松比	0.28	0.28
R_m(0°)/GPa	1.172	1.620
E(0°)/GPa	52.4	59.3
R_m(90°)/MPa	40.0	40.0
E(90°)/GPa	12.0	16.0
抗压强度(0°)/GPa	0.621	0.690
面内剪切强度/MPa	69.7	80.0
面内剪切模量/GPa	5.5	7.6
层间剪切强度/MPa	70.3	80.0

G-10 玻璃钢是根据美国电气制造商协会 LI-1 规范要求的一类玻璃纤维增强环氧树脂基复合材料。G-10 玻璃钢还符合 BS EN 60893-3-2-EPGC201 标准要求。G-10 玻璃钢可采用不同的玻纤制品以及环氧树脂基体，通常采用 E 玻璃纤维平纹布和非阻燃环氧树脂。G-10 玻璃钢为浅绿色材料。当采用阻燃环氧树脂体系时，对应牌号 G-10/FR4。G-10 玻璃钢的升级版为 G-11 玻璃钢。G-10 玻璃钢主要用于室温（<120 ℃），而 G-11 可用于更高温度（约 165 ℃）。适用于低温领域的玻璃钢对应牌号 G-10 CR 和 G-11 CR。G-10 玻璃钢复合材料制造过程中采用了高压技术（约 7 MPa），因此复合材料中空隙较少且玻璃纤维含量相对较高（55～65 vol.%）。

G-10 CR 和 G-11 CR 玻璃钢在低温领域中常用作电绝缘及结构支撑材料。G-10CR 和 G-11CR 玻璃钢的室温及低温力学、电和热性能如表 5-35 所示。G-10 玻璃钢也是各向异性材料，如图 5-26 所示。

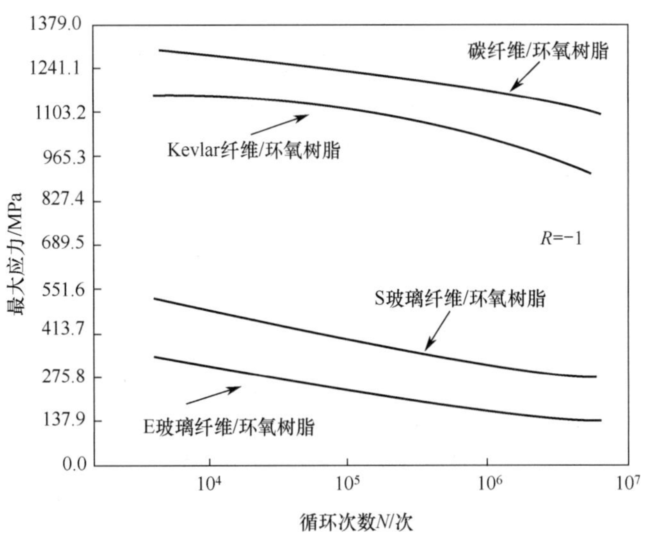

图 5-25　玻璃纤维、碳纤维以及芳纶纤维增强环氧树脂基复合材料室温疲劳性能[21]

表 5-35　G-10 CR 和 G-11 CR 玻璃钢室温及低温性能

材　料	性　质	室温及低温性能	文献
G-10 CR	泊松比	径向：0.15（295 K），0.19（76 K），0.211（4 K） 纬向：0.144（295K），0.183（76 K），0.21（4 K）	[21]
	E/GPa	径向：28（295 K），33.7（76 K），35.9（4 K） 纬向：22.4（295 K），27（76 K），29.1（4 K）	
	R_m/MPa	径向：415（295 K），825（76 K），862（4 K） 纬向：257（295 K），459（76 K），496（4 K）	
	A/%	径向：1.75（295K），3.43（76 K），3.67（4 K） 纬向：1.55（295 K），2.53（76 K），2.7（4 K）	
	抗压强度/MPa	径向：375（295 K），834（76 K），862（4 K） 纬向：283（295 K），557（76 K），598（4 K） 垂直方向：420（295 K），693（76 K），749（4 K）	
	层间剪切强度/MPa	径向：60.1（295 K），131（76 K） 纬向：45.2（295 K），93.4（76K），105（4 K）	
	剪切强度/MPa	径向：42.3（295 K），61.3（76 K），72.6（4 K） 纬向：72.9（76 K），78.8（4 K）	
G-11 CR	泊松比	径向：0.157（295 K），0.223（76 K），0.212（4 K） 纬向：0.146（295 K），0.214（76 K），0.215（4 K）	
	E/GPa	径向：32（295 K），37.3（76 K），39.4（4 K） 纬向：25.5（295 K），31.1（76 K），32.9（4 K）	
	R_m/MPa	径向：469（295 K），827（76 K），872（4 K） 纬向：329（295 K），580（76 K），553（4 K）	

（续表）

材　料	性　质	室温及低温性能	文献
G-11 CR	*A*/%	径向：1.82（295 K），3.21（76 K），3.47（4 K） 纬向：1.73（295 K），2.85（76 K），2.67（4 K）	[21]
	抗压强度/MPa	径向：396（295 K），804（76 K），730（4 K） 纬向：315（295 K），594（76 K），632（4 K） 垂直方向：461（295 K），799（76 K），776（4 K）	
	层间剪切强度/MPa	径向：71.9（295 K），120（76 K） 纬向：44.9（295 K），92（76 K），89.3（4 K）	
	剪切强度/MPa	径向：40.6（295 K），56.5（76 K），56.2（4 K） 纬向：56.6（76 K），57（4 K）	
G-10 CR	体积电阻率/（Ω · m）	8.9×10^{13}（295 K），9.3×10^{12}（295 K），1.5×10^{15}（77K），4.0×10^{15}（4 K）	[24]
	击穿电压/（kV/mm）	48.4（295 K），48.4（4 K）	
G-10 CR	（Δ*L*/*L*）/%	径向：0.241%（4～293 K） 垂直方向：0.706%（4～293 K）	[25]
G-11 CR	（Δ*L*/*L*）/%	径向：0.205%（4～293 K） 垂直方向：0.608%（4～293 K）	
G-10 CR	*k*/(W/(m · K))	径向：0.072～0.073（4 K），0.11～0.14（10 K），0.16～0.20（20 K），0.22～0.27（40 K），0.28～0.39（77 K），0.31～0.45（100 K），0.37～0.57（150 K），0.45～0.67（200 K），0.60～0.86（295 K）	[4]
G-10	*c*/(J/(g · K))	0.002（4 K），0.064（25 K），0.149（50 K），0.232　（75 K）0.317（100 K），0.489（150 K），0.664　（200K），0.977　（293 K）	[4]

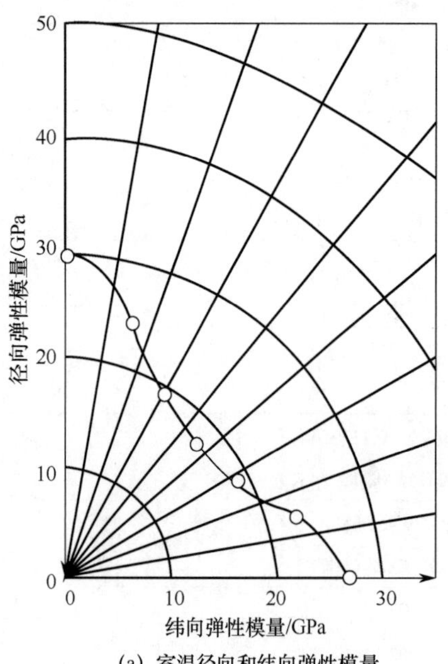

(a) 室温径向和纬向弹性模量

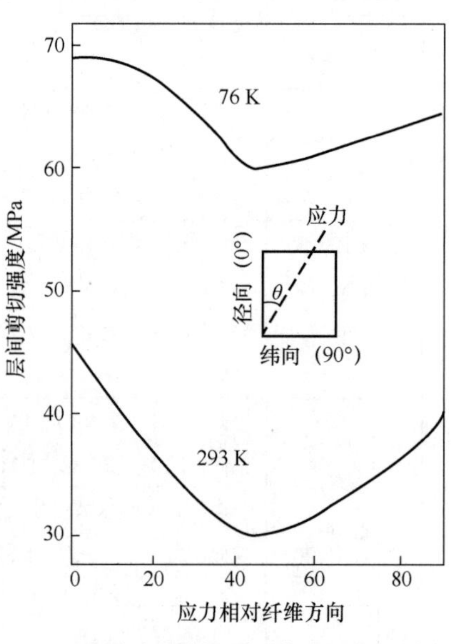

(b) 室内和液氮温度层间剪切强度各向异性

图 5-26　G-10 CR 玻璃钢各向异性[24]

碳纤维增强树脂基复合材料的低温应用主要是用作低温液体贮箱结构材料。与传统的金属材料低温液体贮箱相比，碳纤维复合材料具有高比强度优势。据计算，碳纤维复合材料低温液体贮箱相对于传统的 2219 和 2195 铝合金贮箱质量可分别减少 40%和 30%左右。20 世纪 90 年代起，NASA 就已经在运载火箭液体燃料贮箱制造中使用了高性能碳纤维增强树脂基复合材料。除航天领域外，氢能源领域也在积极发展低温高压氢储存技术，碳纤维增强树脂基复合材料是主要候选材料。除低温力学及热性能外，用于低温液体贮箱时还应考虑碳纤维增强聚合物基复合材料的漏气率等性能。连续碳纤维增强树脂基复合材料室温及低温性能如表 5-36、图 5-27 和图 5-28（a）所示。碳纤维复合材料等比强度和比模量如图 5-28（b）所示。

表 5-36　连续碳纤维增强聚合物基复合材料室温及低温力学性能[22]

复合材料	温　度	性　能
T300/5208	293 K	ρ：1.6 g/cm^3 R_m：1.45 GPa E：138～181 GPa 抗压强度：1.45 GPa 压缩模量：138～181 GPa
T300/环氧树脂	77 K	R_m：2.2 GPa E：140 GPa
M40A/环氧树脂	77 K	R_m：1.3 GPa E：240 GPa
GY-70/环氧树脂 纤维: 65vol.%	295 K	R_m：0.73 GPa E：323 GPa 抗压强度：0.43 GPa 压缩模量：368 GPa
T300/环氧树脂	77 K	R_m：2.2 GPa E：140 GPa
	77 K	R_m：0.72 GPa E：328 GPa 抗压强度：0.64 GPa
	4 K	R_m：0.72 GPa E：326 GPa 抗压强度：0.69 GPa
MM/环氧树脂	295 K	R_m：1.19 GPa E：186 GPa 抗压强度：0.81 GPa
	77 K	R_m：1.13 GPa E：192 GPa 抗压强度：0.88 GPa
	4 K	R_m：1.19 GPa E：186 GPa 抗压强度：0.80 GPa

复合材料	温　度	性　能
HS/环氧树脂	295 K	R_m：0.73 GPa E：323 GPa 抗压强度：0.43 GPa 压缩模量：368 GPa
	76 K	R_m：1.21 GPa E：100 GPa 抗压强度：0.75 GPa
	4 K	R_m：1.30 GPa E：110 GPa 抗压强度：0.75 GPa
T300/(CY221-HY979)	295 K	R_m：1.7 GPa E：132 GPa
	77 K	R_m：2.0 GPa E：141 GPa
T300/5208	295 K	抗压强度：1.57 GPa 压缩模量：142 GPa
T300(59vol.%)/5208	295 K	R_m：1.50 GPa E：131 GPa 抗压强度：1.45 GPa 压缩模量：131 GPa
T300/5208	295 K	抗压强度：1.57 GPa 压缩模量：142 GPa
T300,T700/4901, 5208, BP907	295 K	R_m：1.62～2.2 GPa E：140 GPa 抗压强度：0.6～1.6 GPa 压缩模量：110～140 GPa
T300(60vol.%)/环氧树脂	4 K	R_m：2.0 GPa E：140 GPa 抗压强度：0.8～1.3 GPa

（续表）

复合材料	温度	性能
M40A(60vol.%)/环氧树脂	4 K	R_m：1.5 GPa E：240 GPa
中等模量碳纤维胶带/环氧树脂	295 K	ρ：1.6 g/cm^3 R_m：2.76 GPa E：165 GPa 抗压强度：1.38 GPa 压缩模量：145 GPa
T300(60vol.%)/M10&CY221-HY979	295 K	R_m：1.68 GPa E：138 GPa
	77 K	R_m：2.21 GPa E：150 GPa
M40A(60vol.%)/CY221-HY979	295 K	R_m：1.42 GPa E：226 GPa
M40A(60vol.%)/CY209-HY972	77 K	R_m：1.25 GPa E：240 GPa
T300/环氧树脂	77 K	R_m：1.79 GPa E：159 GPa
M40JB/环氧树脂	77 K	R_m：2.10 GPa E：229 GPa
HS(T300, AS-4)	295 K	R_m：1.46 GPa E：133 GPa 抗压强度：1.28 GPa 压缩模量：130 GPa
	77～4 K	R_m：1.88 GPa E：145 GPa 抗压强度：0.75 GPa
中等模量 (HM-S)	295 K	R_m：1.07 GPa E：185 GPa 抗压强度：0.70 GPa 压缩模量：167 GPa
	77～4 K	R_m：1.23 GPa E：191 GPa 抗压强度：0.82 GPa 压缩模量：179 GPa
高模量 (GY-70)	295 K	R_m：0.62 GPa E：296 GPa 抗压强度：0.51 GPa 压缩模量：258 GPa
	77～4 K	R_m：0.69 GPa E：327 GPa 抗压强度：0.66 GPa

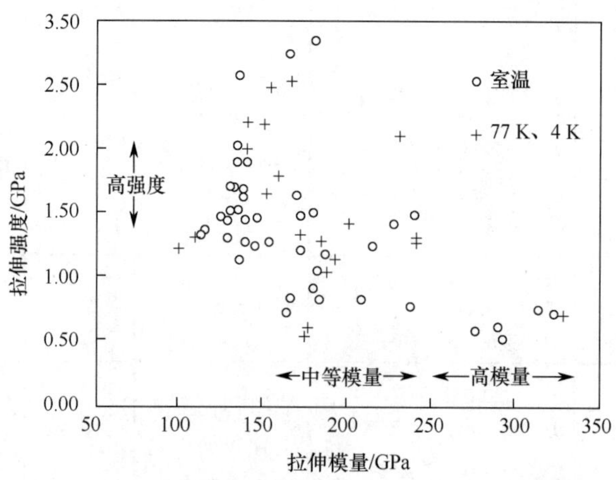

(a) 连续碳纤维增强聚合物基复合材料室温及低温拉伸性能

图 5-27　连续碳纤维增强聚合物基复合材料室温及低温拉伸和压缩性能[22]

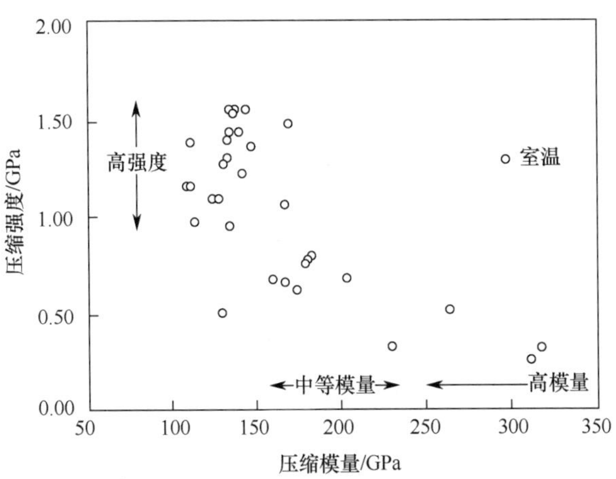

(b) 连续碳纤维增强聚合物基复合材料室温压缩性能

图 5-27 连续碳纤维增强聚合物基复合材料室温及低温拉伸和压缩性能[22]（续）

5.3.3.3 低温对纤维增强树脂基复合材料的性能影响

如前所述，纤维增强聚合物基复合材料主承载相为纤维材料，聚合物基体主要起固定、保护纤维以及应力传递作用。此外，纤维与聚合物界面对复合材料的性能也有重要影响。对于纤维体积百分数为 60%的 1 cm^3 复合材料，其包含的纤维芯丝数超过 300 万根纤维，纤维与基体接触界面高达 0.34 m^2。在要求复合材料漏气率的领域，界面微裂纹导致的泄漏失效常早于结构失效。另外，纤维增强聚合物基体更易发生剪切应力导致的分层失效。分层失效与树脂基体中的缺陷（如微孔等）、聚合物基体的微裂纹以及纤维与基体的界面都有关系。

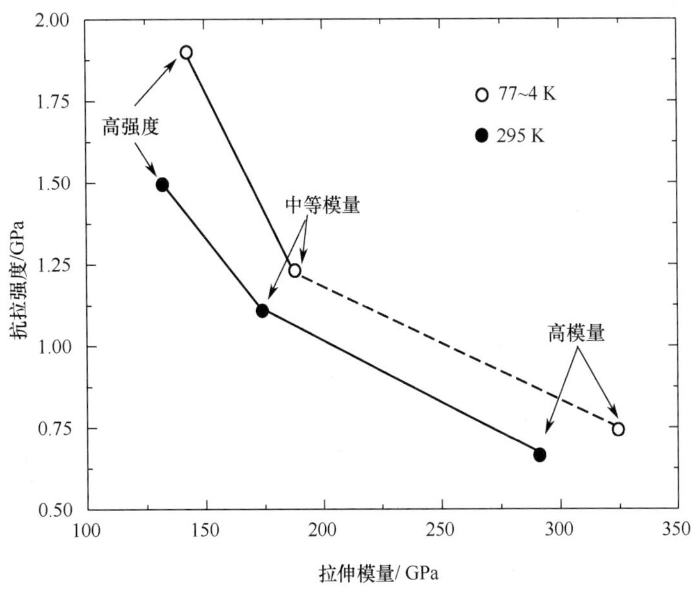

(a) 高强度、中等模量和高模量碳纤维增强聚合物基复合材料室温及低温抗拉强度和拉伸模量[22]

图 5-28 碳纤维/环氧复合材料室温及低温抗拉性能及几种类型复合材料比强度和比模量

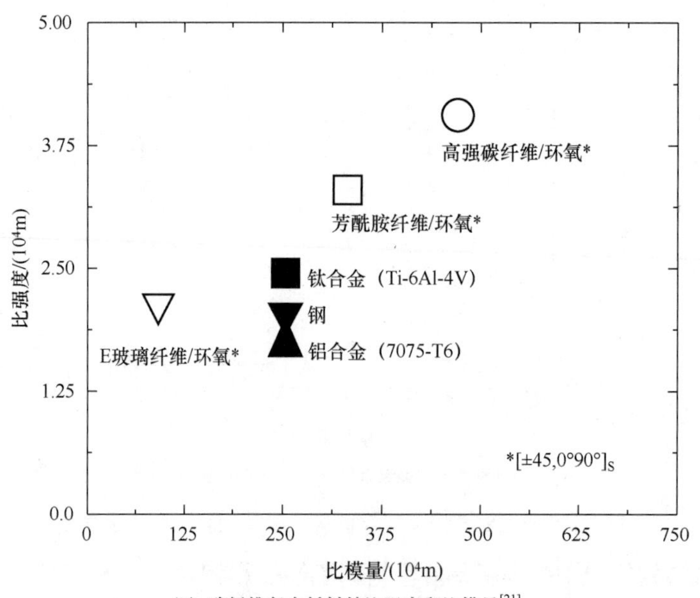

(b) 碳纤维复合材料等比强度和比模量[21]

图 5-28　碳纤维/环氧复合材料室温及低温抗拉性能及几种类型复合材料比强度和比模量（续）

低温对纤维、基体以及界面都有影响。此外，低温和应变速率都会影响复合材料纤维–基体应力间传递。这些因素使得低温下复合材料失效模式不同于室温下模式。

另外，树脂基体固化以及复合材料从室温到低温、低温到室温的工作温度循环都会产生残余应力。一些热固性树脂经历室温–低温循环后就会产生微裂纹甚至宏观裂纹。对于连续纤维增强聚合物基复合材料，其纤维长度方向的残余应力为

$$\sigma_{re} = (V_f E_f E_m)(\alpha_f - \alpha_m)(T - T_0) / (V_f E_f + V_m E_m) \tag{5-2}$$

式中，σ_{re} 为残余应力，V_f 和 E_f 分别为纤维体积百分数和纤维弹性模量，V_m 和 E_m 分别为基体体积百分数和基体模量，α_f 和 α_m 分别为纤维和基体的平均线膨胀系数，T 为绝对温度。由此估算典型纤维增强聚合物基复合材料由室温降至−180 ℃时，残余应力 σ_{re} 高达 83 MPa。由于树脂基体的热膨胀系数通常远大于纤维的，所以残余应力对基体为拉应力，而对纤维为压应力。因此，应用于低温环境的复合材料应特别注意聚合物基体的选择。

低温对树脂基体、纤维–基体界面等因素都有影响，这使得低温对不同复合材料力学性能影响规律也有不同。连续纤维增强树脂基复合材料 0° 方向抗拉强度随温度的变化趋势如图 5-29（a）所示。对硼纤维增强聚合物复合材料，抗拉强度随温度降低单调增加。对中、高模量碳纤维增强树脂基复合材料，抗拉强度随温度降低略有增加，但 77～4 K 温区内变化不大。对 E 玻璃纤维、S 玻璃纤维、高强碳纤维以及芳纶纤维增强聚合物基复合材料，抗拉强度随温度先增加后降低。连续纤维增强树脂基复合材料 0° 方向拉伸模量随温度的变化趋势如图 5-29（b）所示。

典型纤维增强聚合物复合材料室温及低温疲劳强度（10^6 疲劳循环次数）如图 5-30 所示。在室温及低温下，纤维增强聚合物基复合材料疲劳性能与材料的拉伸模量都相关。对弹性模量高于 130 GPa 的复合材料，疲劳强度接近常数。在低温下，对拉伸弹性模量低于 130 GPa 的复合材料，疲劳强度与复合材料拉伸模量依赖关系更加明显。Hartwig 等研究发

现这与低温下聚合物基体模量显著增加有关。这些研究还表明脆性及韧性聚合物基体对复合材料低温疲劳性能影响并不显著，而在室温下一些脆性环氧基体复合材料会得到更高的低温疲劳强度。

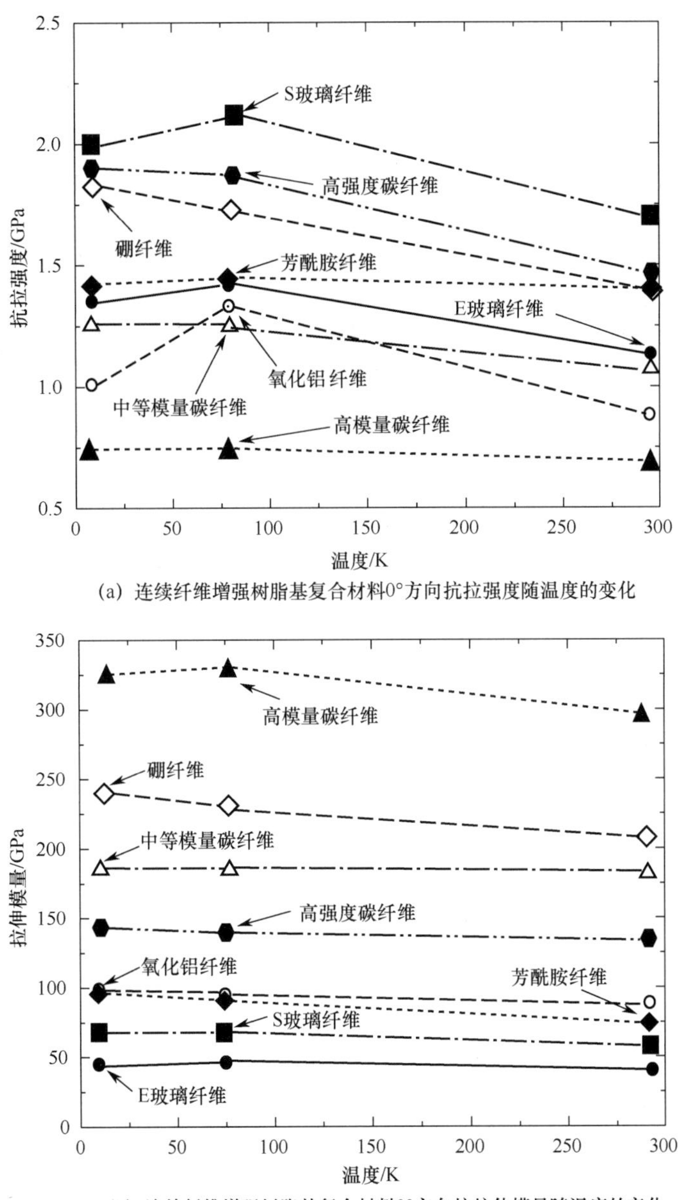

(a) 连续纤维增强树脂基复合材料0°方向抗拉强度随温度的变化

(b) 连续纤维增强树脂基复合材料0°方向抗拉伸模量随温度的变化

图 5-29 连续纤维增强聚合物基复合材料抗拉强度和拉伸模量随温度变化趋势[22]

如前所述，在低温–室温温区，碳纤维和芳纶纤维具有零甚至负热膨胀系数。芳纶纤维室温至 4 K 温区收缩率为 0.09%。室温至 4 K 温区碳纤维收缩率与纤维类型相关性不大，但碳纤维模量越大，其轴向收缩率越小。室温至 4 K 温区芳纶纤维和碳纤维径向也有收缩。对玻璃纤维，室温至 4 K 温区收缩率为 0.12%左右，而同温区硼纤维收缩率仅为 0.05%左右。

相同温区内，S 玻璃纤维收缩率略大于 E 玻璃纤维。对聚合物基体，多数环氧树脂室温至 4 K 温区内收缩率在 0.85%～1.2%之间。纤维增强聚合物基复合材料 0°方向 4 K 至室温的热膨胀如图 5-31 所示。如前所述，室温至 4 K 降温过程中纤维与基体残余应力与二者膨胀系数差值有关，在此意义上玻璃纤维比碳纤维等更具有优势。对芳纶纤维和碳纤维，室温至低温温区材料轴向具有反常热膨胀行为，即其热膨胀系数为负。然而，相同温区变化时其横向热应变与树脂基体一致，高达 1.5%，高于多数环氧树脂，这也会引起复合材料纤维–基体界面失效。

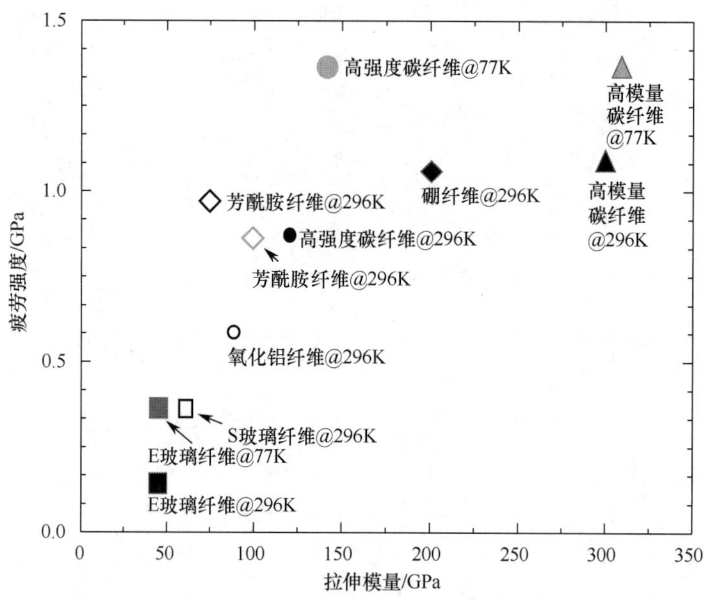

图 5-30 纤维增强聚合物复合材料室温及低温疲劳强度（10^6 疲劳循环次数）[22]

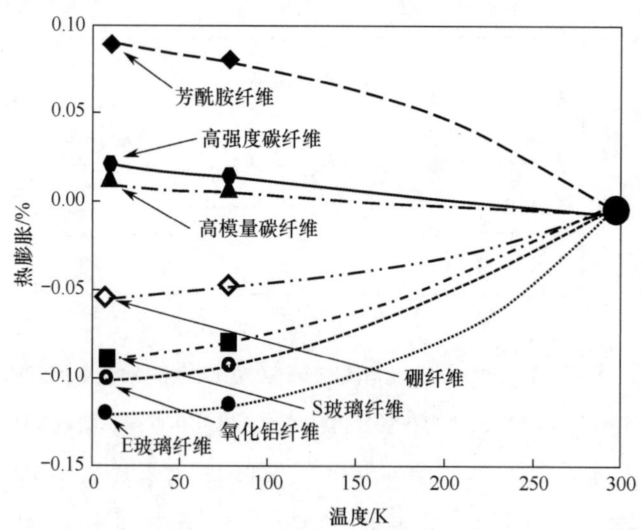

图 5-31 纤维增强聚合物基复合材料 0°方向 4 K 至室温的热膨胀[22]

连续纤维增强聚合物基复合材料 0° 方向室温至 4 K 的热导率如图 5-32 所示。注意在富聚合物基体的方向，其低温热导率变化主要与基体相关。层压板复合材料室温富树脂方向的热导率一般为 0° 方向热导率的 50%左右；在温度 77 K 左右，热导率变为 30%左右。E 玻璃纤维增强不同类型的环氧树脂基复合材料的低温比热如表 5-37 所示。

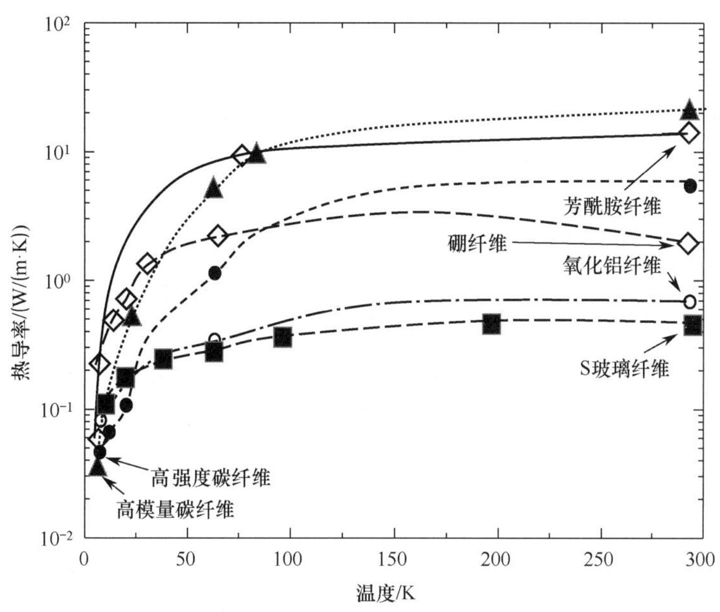

图 5-32　连续纤维增强聚合物基复合材料 0° 方向室温至 4K 的热导率[22]

表 5-37　E 玻璃纤维增强不同类型的环氧树脂基复合材料的低温比热[22]

c/(J/(g · K))		
4 K	**77 K**	**295 K**
—	0.22	0.90
约 0.01	0.52	1.04
—	0.15	0.74
0.002	0.19	0.82
参　考　值		
0.002	0.20	0.85

5.4　本章小结

通过本章的学习需了解高分子材料和工程陶瓷材料的基本特征，掌握玻璃纤维和碳纤维增强树脂基复合材料的力学和热学性能，以及低温环境下随温度变化的一般规律。

复习思考题 5

5-1　简述玻璃纤维或碳纤维增强树脂基复合材料的特性及低温应用。

5-2　参考相关文献，查找 G-10 CR 玻璃钢的低温力学以及热导率、收缩率和比热，并与金属材料相关性能进行比较。

本章参考文献

[1] DOWLING N E, KAMPE S L, KRAL M V. Mechanical behavior of materials [M]. New York: Pearson, 2019.

[2] GONZALEZ-VELAZQUEZ J L. Mechanical behavior and fracture of engineering materials [M]. Cham: Springer, 2020.

[3] WIGLEY D A. Mechanical properties of materials at low temperature [M]. New York: Plenum Press, 1971.

[4] VENTURA G, PERFETTI M. Thermal properties of solids at room and cryogenic temperatures [M]. Dordrecht Heidelberg New York London: Springer, 2019.

[5] VENTURA G, RISEGARI L. The art of cryogenics: low temperature experimenal techniques [M]. Burlington: Elsevier, 2008.

[6] HARTWIG G. Polymer properties at room and cryogenic temperatures [M]. New York: Springer, 1994.

[7] HEIMANN R B. Classic and advanced ceramics: from fundamentals to applications [M]. Weinheim: Wiley-VCH, 2010.

[8] HANNINK R H J, KELLY P M, MUDDLE B C. Transformation toughening in zirconia-containing ceramics [M]. Journal of the American Ceramic Society, 2000, 83: 461.

[9] SCHEIDER H, SCHREUER J, HILDMANN B. Structure and properties of mullite-A review [J]. Journal of the European Ceramic Society, 2008, 28: 329.

[10] STEINBRECH R W. Toughening mechanisms for ceramic materials [C]. in Symp on the Strengthening of Ceramic Materials, 1991. Univ Hamburg Harburg, Hamburg, Germany.

[11] LI H, RICHARDS C, WATSON J. High-Performance Glass Fiber Development for Composite Applications [J]. International Journal of Applied Glass Science, 2014, 5: 65.

[12] SEYDIBEYOGLU M O, MOHANTY A K, MISRA M. Fiber technology for fiber-reinforced composites [M]. Cambridge: Woodhead Publishing, 2017.

[13] SATHISHKUMAR T P, SATHEESHKUMAR S, NAVEEN J. Glass fiber-reinforced polymer composites - a review [J]. Journal of Reinforced Plastics and Composites, 2014, 33: 1258.

[14] KRENKEL W. Ceramic matrix composites-fiber reinforced ceramics and their applications [M]. Weinheim: Wiley-VCH, 2008.

[15] NEWCOMB B A. Processing, structure, and properties of carbon fibers [J]. Composites Part A, 2016, 91: 262.

[16] CHAND S. Review Carbon fibers for composites [J]. Journal of Materials Science, 2000, 35: 1303.

[17] PARK S J. Carbon fibers [M]. 2nd ed. Singapore: Springer, 2018.

[18] FRANK E, HERMANUTZ F, BUCHMEISER M R. Carbon fibers precursors, manufacturing, and properties [J], Macromolecular Materials and Engineering, 2012, 297: 493.

[19] JAMSHAID H, MISHRA R. A green material from rock: basalt fiber-a review [J]. Journal of the Textile Institute, 2016, 107: 923.

[20] COOKE T F. Inorganic fibers-a literature review [J]. Journal of the American Ceramic Society, 1991, 74: 2959.

[21] CAMPBELL F C. Structural composite materials [M]. Ohio: ASM International, 2010.

[22] REED R P, GOLDA M. Cryogenic properties of unidirectional composites [J]. Cryogenics, 1994, 34: 909.

[23] KASEN M B, MACDONALD G R, BEEKMAN D H, et al. Mechanical, Electrical, and Thermal Characterization of G-10Cr and G-11Cr Glass-Cloth/Epoxy Laminates Between Room Temperature and 4 K [C], in Advances in Cryogenic Engineering Materials: Volume 26, A.F. Clark and R.P. Reed, Editors, 1980, Springer US: Boston, MA. 235.

[24] REE R P, CLARK A F. Materials at Low Temperatures [M]. Ohio: American Society for Metals,1983.

[25] CLARK A F, FUJII G, RANNEY M A. The thermal expansion of several materials for superconducting magnets [J]. IEEE Transactions on Magnetics, 1981, 17: 2316.

06 第 6 章 实用超导材料

本章首先简要介绍超导电性，然后介绍 Nb-Ti、Nb_3Sn、MgB_2、BSCCO（包括 Bi-2212 和 Bi-2223）和 REBCO 共 6 种目前已实用的超导材料，最后介绍超导磁体。

6.1 超导电性简介

6.1.1 零电阻现象

多数晶态金属和合金的电阻率随温度降低而降低。这些材料的导电载流子（电子）的运动可用平面波描述。理想的金属晶体具有完整的周期性晶格排列，平面波可以自由通过而不受散射，因此电子的运动将是无阻的。由于实际晶体中具有位错、缺陷、杂质、应力等晶格不完整性以及热振动引起的晶格偏离平衡位置，电子运动受散射而产生电阻。晶格热振动直接与温度相关。温度越低，晶格热振动越弱，对电子散射也越弱，从而电阻越小。如果只考虑晶格热振动，在某种近似的基础上，可以从布洛赫定理（Bloch's theorem）推导出电阻率 $\rho_L(T)$，即

$$\rho_L(T)=\frac{AT^5}{M\theta_D^6}\int_0^{\theta_D/T}\frac{x^5}{(e^x-1)(1-e^{-x})}dx \tag{6-1}$$

式中，A 为金属的特征常数，θ_D 为德拜温度，M 为金属原子质量。当 $T\gg\theta_D$ 时，得到电阻率 $\rho_L(T)$正比于 T（这与实验结果一致）；当 $T\ll\theta_D$ 时，得到电阻率 $\rho_L(T)$正比于 T^5。1904 年，杜瓦（Devar）预测当温度接近绝对零度时，晶格运动冻结，电子不再受到晶格散射，电阻趋于零，如图 6-1 中的曲线 1 所示。图 6-1 中的曲线 1 正是式（6-1）的理论曲线。此曲线较好地符合 T>20 K 以上的实验数据。

当温度继续降低时，由式（6-1）可知，$\rho_L(T)$ 以 T^5 规律趋于 0。杜瓦的推断只是考虑晶格热振动随温度降低而减小，当 $T\to0$ 时，晶格的振动趋于停止，因此 $\rho_L(T)$ 趋于 0。然而，这并没有考虑晶格不完整性因素。晶格不完整性因素对电子的散射即使温度在绝对零度也存在。因此，材料在接近绝对零度时还应有一个电阻，称为剩余电阻。在低温下，剩余电阻与温度关系不大。1864 年，马西森（Matthiessen）预测随温度趋近于绝对零度，电阻趋于剩余电阻这一恒定值，如图 6-1 中曲线 2 所示。

1902 年，开尔文（Kelvin）预测低温下导电电子被“冻结”在晶格上，以致载流自由电子数快速减少，因而随温度降低，电阻率反而迅速升高并趋于无穷大，如图 6-1 中曲线 3 所示。

在上述背景下，昂内斯（Onnes）研究了高纯金属 Pt 和 Au 的低温电阻。发现这些材料

的低温电阻与图 6-1 中的曲线 2 的行为类似，即存在一个剩余电阻，且其值与材料的纯度相关。因此昂内斯认为，在更低的低温下，高纯度的 Pt 或 Au 应具有一个极小的剩余电阻。

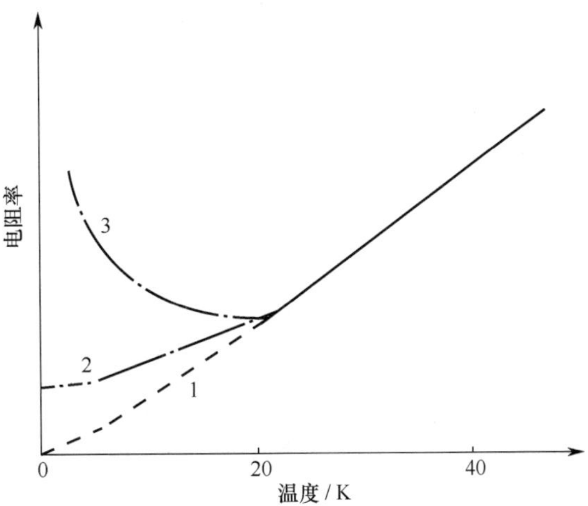

图 6-1　金属和合金电阻率随温度变化的可能形式[1]

1908 年，昂内斯将当时最后一个已知气体氦液化，得到 4.2 K 温度，随后开始研究材料在这个温区的电阻率。金属汞（Hg）在常温下是液体，且易于纯化，是几乎没有杂质和缺陷的完美金属。昂内斯测量了汞在 4.2 K 温区的电阻，于 1911 年发现其电阻在温度 4.2 K 附近突然跳跃式下降到超出仪器测量的范围，如图 6-2 所示。突变前后，电阻值变化超过 10^4 倍。昂内斯声称他发现了物质的一个新状态，并称之为超导态。

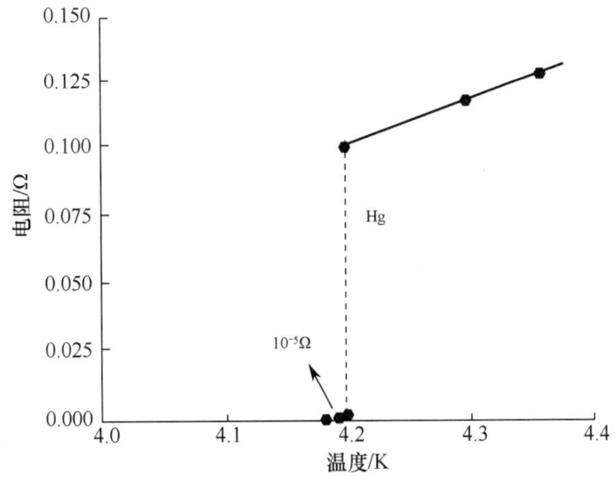

图 6-2　昂内斯观测到的 Hg 的电阻随温度变化，电阻从 0.1 Ω 跳跃至仪器测量极限（10^{-5} Ω）以下[1]

由于任何仪器的灵敏度都是有限的，因此实验只能确定超导态电阻的上限，而不能严格地直接证明其为零。为此，先后发展了几种实验观察方法。一种典型方法是持续电流法，是将超导体做成一个闭合环或其他形式的闭合回路，通过研究电流随时间变化，得到如下关系：

$$I(t) = I(0)\mathrm{e}^{-\frac{R}{L}t} \tag{6-2}$$

式中，$I(0)$为初始电流，R为超导体电阻，L为回路电感，$I(t)$为$t(t>0)$时刻回路电流。1957年，科研人员在超导Pb做成的环中证实，电流在持续两年半的时间内未发生变化，从而得到超导Pb电阻率的上限为$10^{-21}\ \Omega\cdot m$。近年来，利用超导重力仪的观测表明，超导体电阻率小于$10^{-28}\ \Omega\cdot m$。正常金属迄今能达到的、最低的低温电阻率为$10^{-14}\sim10^{-15}\ \Omega\cdot m$。

6.1.2 临界温度及临界磁场强度

定义电阻突然消失的温度为超导体的临界温度T_c。临界温度T_c是材料常数，同一种材料在相同条件下具有严格的确定值。如何提高材料的临界温度T_c以及寻求新的高T_c材料，一直是超导研究的热点之一。表6-1列出了元素超导体及其临界温度T_c。表6-2列出了部分化合物超导体及其临界温度。还有一些元素及化合物在高压下出现了超导现象。这些材料的临界温度普遍不高，最高的为Nb_3Ge，为23.2 K。2001年，金属间化合物MgB_2被发现在40 K以下出现超导电性。然而一些元素如Cu、Ag、Fe、Na等直至被冷却到迄今能达到的极限温度仍未表现出超导特性。

表6-1 元素超导体及其临界温度T_c[1-2]

元　素	T_c/K	$H_c(0)/(10^{-4}\ T)$	晶体结构	德拜温度θ_D/K
α-Ti	0.49	56	密排六方	426
Al	1.174	99	面心立方	428
β-Sn	3.72	309	四方	260
α-Hg	4.15	412	菱方	90
Pb	7.201	803	面心立方	105
Nb	9.26	1950	体心立方	275

表6-2 部分化合物超导体及其临界温度T_c[1-2]

化合物	T_c/K	化合物	T_c/K
Nb_3Sn	18.05	V_3Ga	16.5
Nb_3Ge	23.2	V_3Si	17.1
Nb_3Al	18.7	$Pb_1Mo_{5.1}S_6$	14.4
NbN	16.0	Ti_2CO	3.44
$(SN)_x$聚合物	0.26	La_3In	10.4

1986年，IBM公司苏黎世研究实验室的柏诺兹（Bednorz）和缪勒（Muller）发现La-Ba-Cu-O氧化物中可能存在高温超导电性。这将超导体从金属、合金和化合物扩展到氧化物陶瓷。随后发现Y-Ba-Cu-O陶瓷的超导体临界温度T_c达90 K。主要的超导体临界温度T_c及发现时间如图6-3所示。各类超导材料及最高临界温度T_c可参考文献[3]。

实际上，材料由正常态到超导态的过渡，即电阻下降到零的过程，是在一个有限的温度间隔内完成的，这个温度间隔称之为转变宽度ΔT_c。ΔT_c的大小取决于超导体的纯度、晶体的完整性及超导体内部的应力状态等因素。实验发现，对高纯、单晶及无应力的理想超导体，其转变宽度$\Delta T_c\leqslant10^{-3}$ K。因此，对理想超导体的临界温度T_c定义在突降处，

误差小于 10^{-3} K；而对于非理想超导体，通常把样品电阻降至 $R_n/2$ 处的温度定义为临界温度 T_c，R_n 为正常−超导转变发生之前样品的正常态电阻。注意，测量电流的大小对正常超导转变有非常大的影响，在确定临界温度 T_c 时应使测量电流趋于零。对于高温超导体，临界温度一般指零电阻温度 T_{c0}。

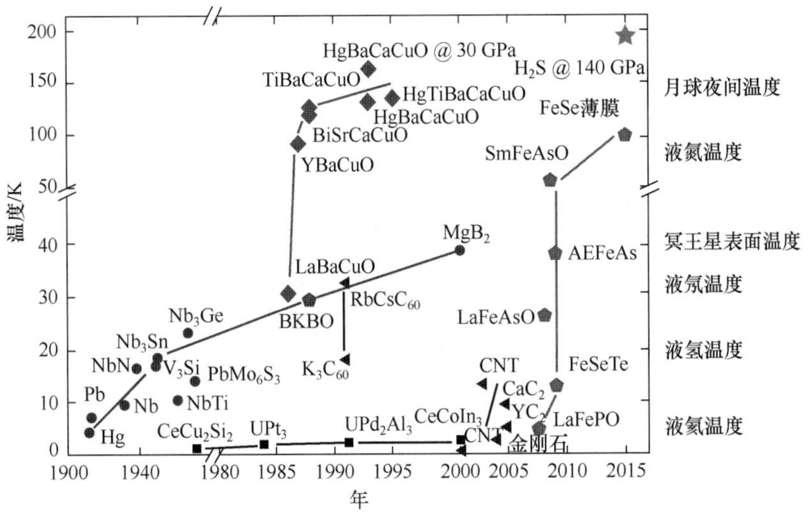

图 6-3 典型超导体临界温度 T_c 及发现时间[4]

实验发现，处于磁场中的超导体会转变为正常态。假如把磁场平行地加到一根细长的理想超导棒上，在一定的磁场强度且测量电流很小的情况下，超导棒的电阻突然恢复。使超导体电阻恢复的磁场值称为临界磁场强度 H_c。在 $T<T_c$ 的不同温度下，$H_c(T)$是不同的，但 $H_c(0)$是材料常数。对于存在杂质和应力等的实际超导体，不同超导体有不同的临界磁场强度 H_c，超导态和正常态的转变将在一个很宽的磁场内完成。类似于 T_c 的定义，通常把 $R=R_n/2$ 时的相应磁场称为临界磁场强度 H_c。

对于合金、化合物以及高温超导体，其临界磁场强度转变很宽，定义临界磁场强度的方法也有很多。除了取 $R=R_n/2$ 定义 H_c，也有取 $90\%R_n$ 或 $10\%R_n$ 定义 H_c 的，还有将 R-H 转变正常态直线部分的延线与转变主体部分（或 $R=R_n/2$ 的切线）延线的交点相应的磁场作为 H_c 的。对于高温超导体，情况更为复杂。这是由于高温超导体在磁场中存在 R-T 展宽效应。在利用上述几种定义时，须考虑此效应。

临界磁场强度 H_c 是超导体的一个重要特性，在大多数情况下，H_c 与热力学温度 T 之间的关系较好地遵循抛物线近似关系，即

$$H_c=H_c(0)\left[1-\left(\frac{T}{T_c}\right)^2\right] \tag{6-3}$$

$$h_c=1-t^2 \tag{6-4}$$

式中：h_c 是约化磁场，且 $h_c=H_c/H_c(0)$；t 是约化温度，且 $t=T/T_c$。元素超导体在 0 K 温度时的临界磁场强度 $H_c(0)$如表 6-1 所示。

1916 年，Silsbee 提出，存在一个临界电流 I_c，使超导体产生的磁场（自场）达到临界磁场强度 H_c，从而其从超导态转变到正常态。因此，对超导体，存在三个临界参数，即临界温度 T_c、临界磁场强度 H_c 和临界电流 I_c，如图 6-4 所示。只有当三个参数都满足条件时超导体才处于超导态。

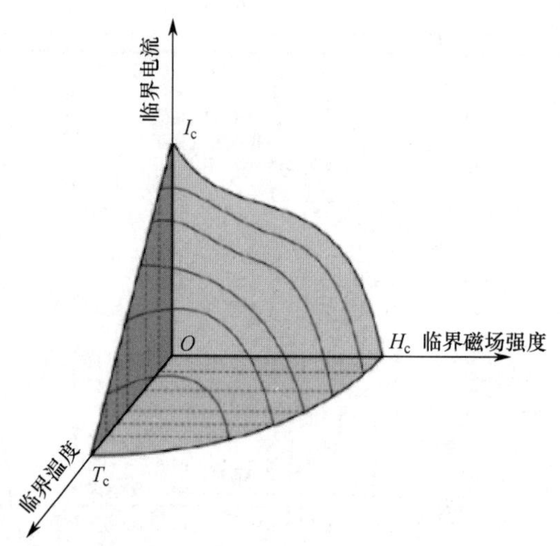

图 6-4　超导体临界温度 T_c、临界磁场强度 H_c 和临界电流 I_c 关系[3]

6.1.3　超导体的磁性

对于理想导体（电阻率 $\rho=0$），由经典电磁学理论可知，导体内的磁场不随外磁场变化而变化，且保持不变。其物理意义为：理想导体内电场强度为零，所以当外磁场改变时，由楞次定律（Lenz's law）可知，在导体表面会产生感应电流，以抵消外磁场的变化。由于感生电流密度不受到电场作用，同时金属又是零电阻，所以此电流不消失，永远保持理想导体内的磁通不变。此外，由经典电磁学理论还可证明，理想导体的磁性与外加磁场的历史相关。

对于超导体，迈斯纳（Meissner）和奥森费尔德（Ochsenfeld）于 1933 年发现：超导体内磁感应强度始终为零，且与外加磁场历史无关。即使超导体处于外加磁场中，也永远没有内部磁场，它与外加磁场的历史无关，此效应称之为迈斯纳效应。

迈斯纳效应的实验观察可通过测量超导体周围的磁场分布、磁感应，以及测量超导体与磁场机械力的作用实现，其中一种测量超导体与磁场机械力作用的方法是磁悬浮。由于超导体是排磁的，所以可以利用超导体与磁体之间机械力的作用来检验迈斯纳效应。超导体磁悬浮实验说明超导体的磁导率 $\mu=0$。当材料处于正常态时，$\mu=1$，因此外磁体磁通线在其周围对称分布。当材料发生超导转变后，$\mu=0$，它不允许磁通线进入。因此，磁体下空间的磁通被压缩，以致磁体上、下磁通密度不同，下部的磁力克服了导体的重力使之悬浮。这也是目前超导磁悬浮技术的理论基础。

注意，$\rho=0$ 和 $B=0$ 是超导体的两个相互独立而又紧密联系的基本特征。单纯的 $\rho=0$ 不能保证有迈斯纳效应，而 $B=0$ 必须要求 $\rho=0$。这是由于 $\rho=0$ 是存在迈斯纳效应的必要条件，为了保证超导体内 $B=0$，必须有一个无阻（$\rho=0$）的表面电流以屏蔽超导体内部，这个屏蔽外磁场的电流也叫迈斯纳电流。此外，$\rho = 0$ 要求超导体内 $E = 0$。单纯的 $B = 0$ 只保证超导体内没有感应电场，但不能保证任何情况下 $E = 0$ 成立。

6.1.4　第 I 类和第 II 类超导体

对超导体磁化曲线研究发现，超导体可分为两类。磁化曲线如图 6-5（a）和图 6-5（b）所示的超导体分别称为第 I 类和第 II 类超导体。对第 I 类超导体，当外磁场达到临界磁场强度时，随即发生超导态–正常态的转变。第 I 类超导体早期也称作软超导体，由于其临界磁场强度 H_c 较低，因此无法用于超导磁体的线圈材料。第 II 类超导体在整个曲线以下都表现为超导态。对第 II 类超导体，分别定义了上临界磁场强度 H_{c2} 和下临界磁场强度 H_{c1}。

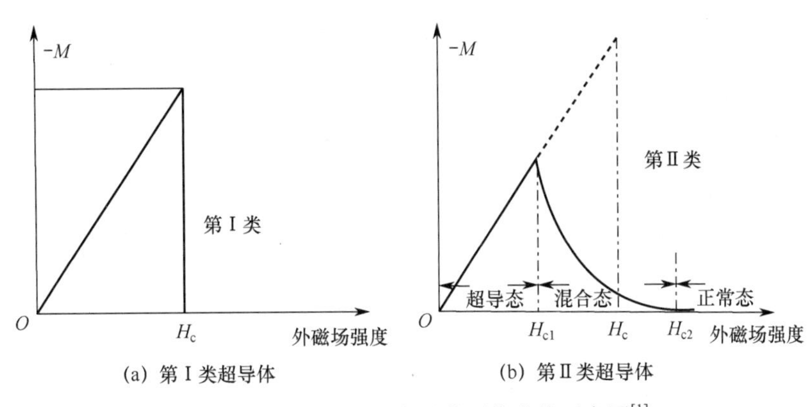

（a）第 I 类超导体　　（b）第 II 类超导体

图 6-5　第 I 类和第 II 超导体磁化曲线示意图[1]

当外磁场强度在 H_{c1} 之下时，超导体为完全抗磁体，如图 6-6（a）所示。当外磁场强度在 H_{c1} 和 H_{c2} 之间时，超导体磁通密度不为零，即具有不完全迈斯纳效应，如图 6-6（b）所示。H_{c2} 值可以是从超导转变的热力学算出的临界磁场强度 H_c 值的 100 倍或更高。在 H_{c1} 和 H_{c2} 之间的区间内，磁通线贯穿超导体，此时超导体处于混合态或涡旋态。硬超导体是指经过机械处理引入磁滞或磁通钉扎的第 II 类超导体，可以用于制造超导磁体。

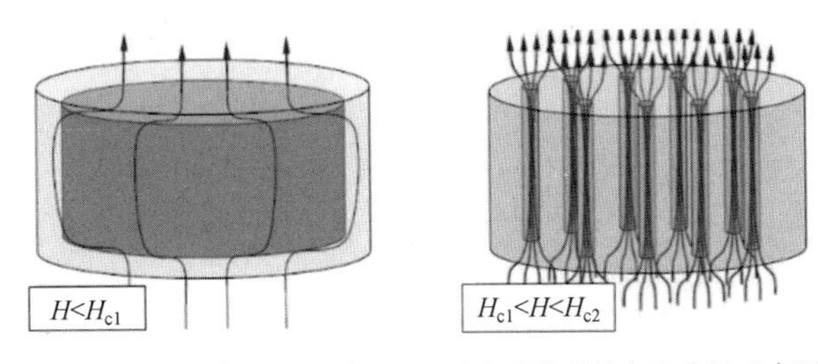

（a）当外磁场强度在 H_{c1} 之下时，超导体为完全抗磁体　　（b）当外磁场在 H_{c1} 和 H_{c2} 之间时，超导体磁通密度不为零

图 6-6　完全抗磁体和混合态示意图

典型第 I 类和第 II 类超导体如表 6-3 所示。某些第 I 类超导体可通过掺入适量的合金元素转变为第 II 类超导体。

表 6-3 典型第 I 类和第 II 类超导体[6-7]

超导体		T_c/K	$\mu_0H_c(0)$/mT	$\mu_0H_{c1}(0)$/mT	$\mu_0H_{c2}(0)$/T
第 I 类	α-Hg	4.15	41	—	—
	Pb	7.20	80	—	—
第 II 类	Nb	9.25	199	174	0.404
	Nb-Ti	9.8	—	—	—
	NbN	16.8	—	—	—
	Nb_3Sn	18.3	530	—	29
	Nb_3Al	18.6	—	—	33
	Nb_3Ge	23.2	—	—	38
	V_3Ga	16.5	630	—	27
	V_3Si	16.9	610	—	25
	MgB_2	39	660	—	—
	$YBa_2Cu_3O_7$	93	1270	—	—
	$(Bi,Pb)_2Sr_2Ca_2Cu_3Ox$	110	—	—	—
	$Tl_2Ba_2Ca_2Cu_3Ox$	127	—	—	—
	$HgBa_2CaCu_2Ox$	128	700	—	—
	$HgBa_2Ca_2Cu_3Ox$	138	820	—	—

第 I 类和第 II 超导体对直流电流和交流电流的响应也不同，如图 6-7 所示。对第 I 类超导体，无论直流还是交流电流仅通过超导体表面（约等于伦敦穿透深度），且无焦耳热（Joule heat）产生。对第 II 类超导体，直流电流可通过局部为正常态的超导体，也无焦耳热产生。然而，当交流电流通过第 II 类超导体时，会产生焦耳热。也就是说，处于混合态的超导体对交流电流有电阻及能量消耗，这是第 II 类超导体损耗的主要因素之一。

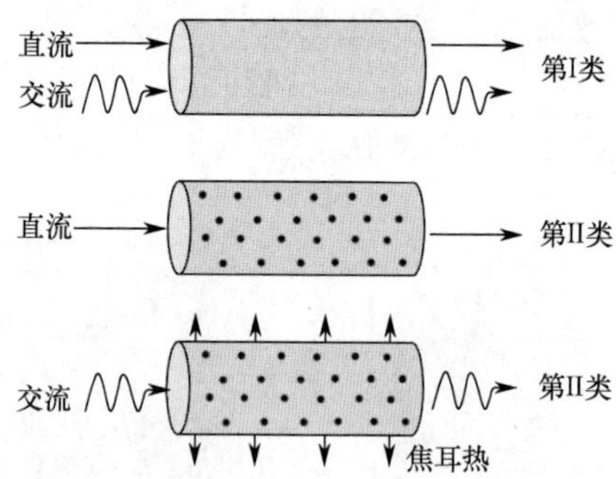

图 6-7 第 I 类和第 II 类超导体对直流电流和交流电流的响应[5]

超导体的正常态与超导态之间的转变是可逆的，即在热力学意义上这是可逆的。借助热力学分析正常态与超导态的转变，得到临界磁场强度 H_c 与热力学温度 T 的关系曲线，并由此来表示正常态与超导态之间熵差的表达式。对具有完全迈斯纳效应的第 I 类超导体，超导体内部 $B=0$。实际上，临界磁场强度 H_c 是绝对零度下超导态与正常态之间能量差的一个定量量度。对具有不完全迈斯纳效应的第 II 类超导体，临界磁场强度 H_c 是指与稳定能相联系的热力学临界场。

6.1.5 伦敦方程和穿透深度

对于电阻为零的理想金属，由麦克斯韦（Maxwell）经典电磁学理论可知，随着逐渐透入理想导体内部，磁感应强度随时间变化呈指数衰减，也就是说磁感应强度的变化不能穿透到距离表面很远的地方。所以在理想导体内部足够深处，磁感应强度的值是一个不随时间变化的常数。显然此结果不能适用于超导体。对于超导体内部，由迈斯纳效应，其磁感应强度 $\boldsymbol{B}$ 为零。

1935 年，伦敦兄弟（F. London 和 H. London）提出唯象方程，即伦敦方程：

$$\frac{\partial \boldsymbol{J}_{\mathrm{s}}}{\partial t}=\frac{n_{\mathrm{s}}e^2}{m}\boldsymbol{E} \tag{6-5}$$

$$\boldsymbol{B}=-\frac{m}{n_{\mathrm{s}}e^2}\nabla\times\boldsymbol{J}_{\mathrm{s}} \tag{6-6}$$

式中，$\boldsymbol{J}_{\mathrm{s}}$ 为超导电流密度，n_{s} 为超导电子对密度，m 为超导电子质量，e 为超导电子电荷量，$\boldsymbol{E}$ 为电场强度。伦敦第一方程式（6-5）描述了超导体的零电阻性质，伦敦第二方程式（6-6）描述了超导体的抗磁性。注意，伦敦方程是依据超导体的实验结果建立的，其正确性只能通过由其推论出的超导电磁行为与实验观察结果的一致性来证明。但伦敦方程不是由超导体的基本性质推论而来的，因此不能解释超导电性的产生。

伦敦方程预言了超导体表面的磁感应强度非常迅速地呈指数衰减，如图 6-8（a）所示。定义伦敦穿透深度 λ_{L} 为

$$\lambda_{\mathrm{L}}=\left(\frac{m}{\mu_0 n_{\mathrm{s}}e^2}\right)^{\frac{1}{2}} \tag{6-7}$$

式中，$\lambda_{\mathrm{L}}\approx 10^{-8}\,\mathrm{m}$。超导体表面的磁感应强度在穿透深度 λ_{L} 处下降到表面的 $1/e$。伦敦方程还预言了任何电流都在穿透深度 λ_{L} 内贴近表面流动。对于超导薄膜，其厚度可能比穿透深度 λ_{L} 小，此时外磁场将均匀穿透薄膜，即薄膜中的迈斯纳效应可能是不完全的。当 $T\to T_{\mathrm{c}}$ 时，穿透深度 $\lambda_{\mathrm{L}}\to\infty$，这与实验观测结果一致。

穿透深度 λ_{L} 可通过实验测量，但发现实验测量值一般在 20～100 nm 范围内，远大于计算值。此外，实验观测还发现穿透深度 λ_{L} 具有各向异性。

伦敦方程不能代替麦克斯韦方程（Maxwell's equation），它只是对麦克斯韦方程的补充，麦克斯韦方程仍然适用于描述所有电流和电流产生的磁场。

由于伦敦方程存在一些不足，皮帕德（Pippard）修正了伦敦理论，并在此基础上提出了相干长度 ζ 概念，如图 6-8（b）所示。除了穿透深度 λ_{L}，相干长度 ζ 是描述超导电性的另外一个独立的，且具有同等重要性的量度。相干长度 ζ 是描述下述距离的一个量度：在随空间变化的磁场中，在相干长度 ζ 距离内能隙参数不能急剧变化。超导材料的相干长度 ζ 一般在 1～1000 nm 间。注意皮帕德理论和伦敦理论都是弱场理论，即认为超导电子对密度仅是温度 T 的函数，而和空间无关。

1950 年，金茨堡（Ginzburg）和朗道（Landau）在朗道二级相变理论基础上提出了超导电性的唯象理论，即金茨堡–朗道理论。随后，阿布里科索夫（Abrikosov）得到金茨堡–朗道

相干长度 ζ_{GL}，并得到决定界面能正、负的金茨堡–朗道参量 κ。对第Ⅰ类超导体，具有正表面能，$\kappa<1/\sqrt{2}$；对第Ⅱ类超导体，具有负表面能，$\kappa>1/\sqrt{2}$。当 $\kappa=1/\sqrt{2}$，表面能为零。

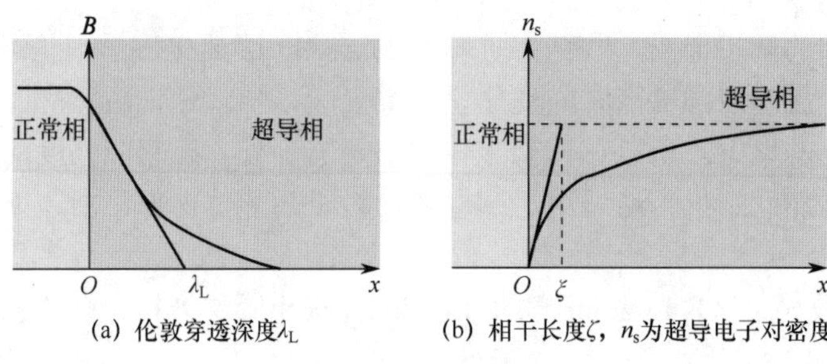

(a) 伦敦穿透深度λ_L　(b) 相干长度ζ，n_s为超导电子对密度

图 6-8　伦敦穿透深度和相干长度

6.1.6　超导电性的 BCS 理论

1957 年，巴丁（Bardeen）、库珀（Cooper）和施里弗（Schrieffer）建立了超导电性的 BCS 理论。填满的费米海（Fermi sea）是无相互作用的电子构成的费米气体（Fermi gas）的基态。此基态允许有任意小的激发，即能够将费米面（Fermi surface）上的一个电子提高到刚好超出费米面而形成激发态。BCS 理论表明，当电子之间存在合适的相互吸引作用时，新的基态就是超导的，它同最低的激发态之间被一个有限的能量 E_g 分隔开。BCS 态的主要特点是单粒子轨道成对地被占据，即如果有一个具有波矢 $\boldsymbol{k}$ 和自旋向上的轨道被占据，则具有波矢$-\boldsymbol{k}$ 和自旋向下的轨道态也被占据。如果 $\boldsymbol{k}\uparrow$是空的，则$-\boldsymbol{k}\downarrow$也是空的。这些电子对被称为库珀对（Cooper pair），其自旋为零并具有玻色子（Boson）的许多特征。

基于 BCS 理论可推出：

（1）电子之间的一种相互吸引作用能导致一个基态的存在，它与激发态之间由一个能隙分开。临界场、热学性质和大多数电磁性质都是由能隙所引起的。

（2）电子–晶格–电子的相互作用导致一个能隙，它与实验观测值数量级相同。这种间接的相互作用产生过程为：一个电子与晶格相互作用使晶格发生形变，另外一个电子感受到经过形变的晶格并自行调整以降低其能量。这样另外一个电子可通过晶格形变与前一个电子发生相互作用。

（3）基于 BCS 理论可以得到穿透深度和相干长度，还可以得出在空间缓慢变化的磁场的伦敦方程，并由此得出迈斯纳效应。

（4）一种元素或合金转变温度的判据涉及费米能级（Fermi level）上电子轨道的密度 $D(\epsilon_F)$和电子–晶格相互吸引作用 U；而 U 可以用电阻率来估计，因为在室温时电阻率就是电子与声子相互作用的一种量度。若 $UD(\epsilon_F)\ll 1$，BCS 理论给出：

$$T_c = 1.14\theta_D e^{-\frac{1}{UD(\epsilon_F)}} \tag{6-8}$$

式中，θ_D 为德拜温度，U 是相互吸引作用，ϵ_F 表示费米面电子。由此得出一个有趣的矛盾表现，即一种金属在室温下具有的电阻率越高，其相互吸引作用 U 就越大，在冷却时它就有更大可能变成超导体。

（5）穿过超导环的磁通是量子化的，电荷的有效单位是 2e 而不是 e，这是由于 BCS 基态涉及的是电子对。所以磁通量子化用电子对电荷 2e 是这一理论的一个推论。

超导电性的 BCS 理论具有广泛的应用，包括从处于凝聚相的 ^{3}He 原子到第 I 类超导体和第 II 类超导体等。

6.1.7　超导环内磁通量子化

如图 6-9（a）所示，选定一个通过超导材料内部远离表面的闭合积分回路 C。由迈斯纳效应可知，超导体内部磁感应强度 $\boldsymbol{B}$ 和电流密度 $\boldsymbol{J}$ 都为零。穿过环的磁通是来自外源的磁通 Φ_{ext} 和环表面超导电流产生的磁通 Φ_{sc} 的总和，即 $\Phi = \Phi_{ext}+\Phi_{sc}$。可以证明，通过超导环的总磁通 Φ 只可能取量子化的数值，即磁通量子 $2\pi\hbar c/q$ 的整倍数。其中，$\hbar$ 为量子力学符号，即普朗克常数（Planck constant）。注意 $q = -2e$ 这是根据实验得出的，即为一个电子对的电荷。磁通量子化是长程量子效应的一个例证。在此效应内，超导态的相干性分布于环或螺线管的尺度。

磁通 Φ 是量子化的。通常对来自外源的磁通没有量子化条件的限制，因此为了让 Φ 取量子化的数值，Φ_{sc} 必须适当地进行调整。

对超导薄膜，磁通量子化不成立。

根据实验，$q = -2e$，因此超导体内磁通量子是 $\Phi_0 = 2\pi\hbar c/q \approx 2.0678\times10^{-15}\ \mathrm{T}\cdot\mathrm{m}^2$（Wb），上述磁通的单位称作磁通量子。超导体内磁通量子现象已通过磁光成像等方法获得，如图 6-9（b）所示。

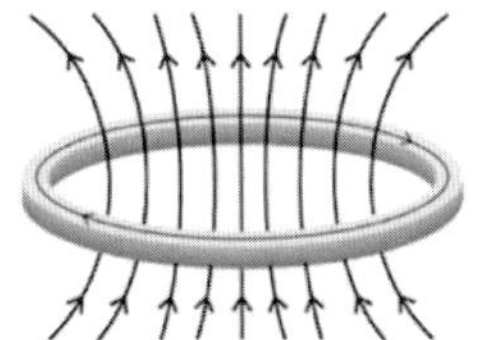

（a）穿过超导环内部的闭合积分回路 C

（b）超导体磁通量子化磁光成像

图 6-9　穿过超导环的闭合积分回路和超导磁体量子化磁光成像

6.1.8　混合态

混合态是指外磁场均匀穿过正常区，而且磁场也将或多或少穿透进周围的超导材料中。混合态或涡旋态一词描述贯穿整个块体样品的涡旋形式的超导环形电流。在混合态下，正常区同超导区之间没有化学上的或晶体学上的差别。因为外磁场穿透进入超导材料，使表面能为负，所以混合态是稳定的。在一定的磁场强度范围内（H_{c1} 和 H_{c2} 之间），保持稳定的混合态是第 II 类超导体的特征，也是第 II 类超导体用于超导磁体制造的基础。

处于混合态的超导体由于热激活能量（涨落效应）促使磁通线脱离原钉扎中心而跳跃到另一钉扎中心，这种磁通线的缓慢流动称为磁通蠕动。磁通蠕动的速度与激活能和温度等因素有关。磁通蠕动导致能量损耗，而能量损耗又导致局部温度升高。局部温度升高导致该处钉扎效应降低，钉扎效应降低又导致磁通进一步运动。此循环可使原来少量缓慢的磁通蠕动引起大量的、迅速的磁通运动，这种现象称为磁通跳跃。磁通跳跃引起的温度上升可能会使局部温度超过临界温度 T_c，使超导体转入正常态。对第 II 类超导体，磁通线是在有磁场时出现的磁力线束。当超导体中通过电流时，磁通线受到洛伦兹力（Lorentz force）

作用会发生定向运动，如图 6-10 所示。变化的磁场产生电场（d$\boldsymbol{B}$/dt−V），在其正常钉扎中心及其周围释放热量（V×I）并导致局部温度上升。

磁通钉扎可阻止磁通跳跃。磁通钉扎是指超导体量子磁通线被各种缺陷、晶界或其他各种势阱所束缚的状态，如图 6-11 所示。实际超导材料中总有缺陷，或人为制造的缺陷。实际超导体还常采用特殊设计等造成磁通钉扎中心。磁通钉扎对超导体强电应用非常重要。超导体的临界电流密度 J_c 是超导体在给定磁场和温度下磁通钉扎力大于洛伦兹力的临界电流值。

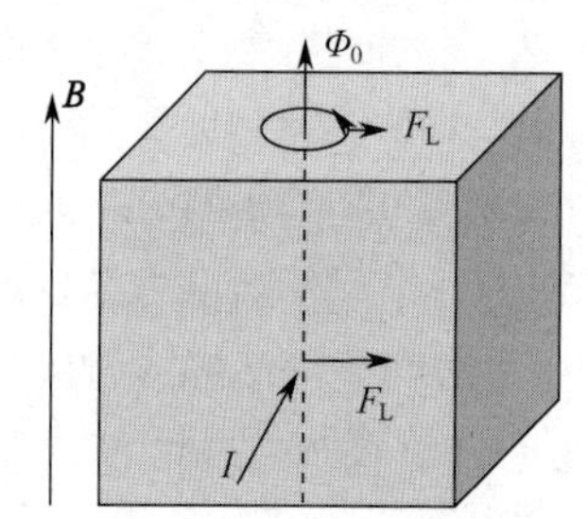

图 6-10　当超导体中通过电流时磁通线受到洛伦兹力作用[3]

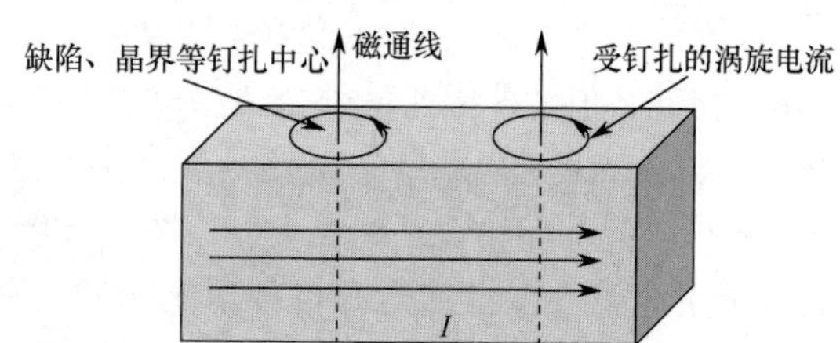

图 6-11　磁通钉扎示意图[7]

6.2　实用超导材料

目前，已经发现成千上万种超导材料。然而，获得实用的超导材料却寥寥无几，这是各种因素综合的结果，如表 6-4 所示。

表 6-4　超导体及实用超导体

判　据	数　量	原　理
超导电性	约 10^4	物理
T_c>10 K, H_c>10 T	约 10^2	物理
J_c>100 A/mm^2@5T	约 10^1	冶金
磁体级超导体	约 10^0	冶金

实用超导材料都为“脏”或“不整洁”超导体，即具有强磁通钉扎中心的超导体。如图 6-12 所示，尽管“干净”超导体和“脏”超导体的临界电流密度在上临界磁场强度 H_{c2} 处都趋于零，但在 H_{c1} 至 H_{c2} 区域，“脏”超导体具有更高的载流能力。

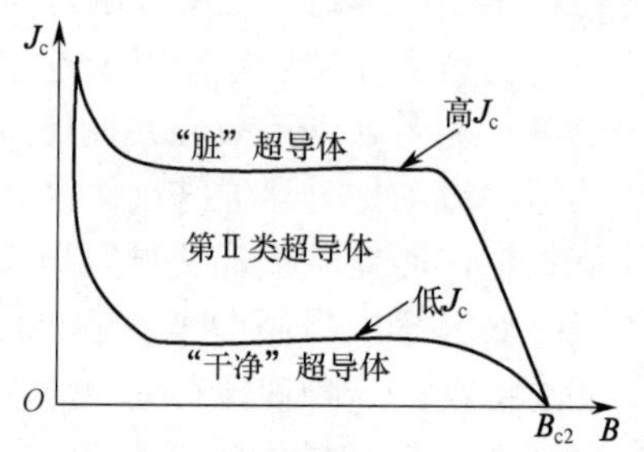

图 6-12　考虑磁通钉扎，第Ⅱ类超导体临界电流密度随磁场强度的变化[3]

目前，实用超导材料包括 Nb-Ti、Nb_3Sn、MgB_2、Bi-2212、Bi-2223 和 REBCO。

本书介绍的实用超导材料主要是单芯或多芯复合超导线/带及 2 代高温超导带材，不涉及超导薄膜和块体。

特别说明，在本书后面内容中，只考虑量的大小变化，不考虑方向变化，因此，矢量/向量以一般变量对待，即字体用斜体而不用黑斜体。

多芯复合超导线由超导芯丝和起稳定作用的基体（Cu、Ag）构成。超导芯丝直径一般在微米级，芯丝数量可达数千甚至上万。如图 6-13（a）和 6-13（b）所示，考虑具有相同超导体面积的单根芯丝（单一大直径芯丝）和铜基体中 N 根细芯丝，则有 $a_L^2 = Na_S^2$。单根芯丝体积放热和铜基体中多芯丝的体积放热分别为

$$Q_L \approx \frac{8\Delta B}{3\pi} J_c a_L \tag{6-9}$$

$$Q_S \approx \frac{8\Delta B}{3\pi} J_c a_S \tag{6-10}$$

单位为 J/m^3，因此有

$$\frac{Q_S}{Q_L} = \frac{a_S}{a_L} = \frac{1}{\sqrt{N}} \tag{6-11}$$

对 $N = 100$，则有 $Q_S = Q_L/10$。当采用相同横截面积（具有相同载流能力）时，多芯丝结构超导体积放热更小。此外，芯丝直径降低还有利于超导体和铜基体热交换。因此，这种多芯结构有利于阻止磁通跳跃和磁化引起的磁场畸变从而稳定超导体。由绝热条件得到板状超导体超导稳定的条件为

$$a \leqslant \sqrt{\frac{3\gamma c(\theta_c - \theta_0)}{\mu_0 J_c^2}} \tag{6-12}$$

式中，a 为板的半厚度，γ 为超导体密度（kg/m^3），c 为超导体比热（J/kg），θ_c 为临界温度，J_c 为超导体的临界电流密度（单位为 A/m^2）。对 Nb-Ti 超导体，由式（6-12）可得到有效超导芯丝直径 d_{eff} 需小于 50 μm。实际 Nb-Ti 超导芯丝直径通常在 7～50 μm 之间。

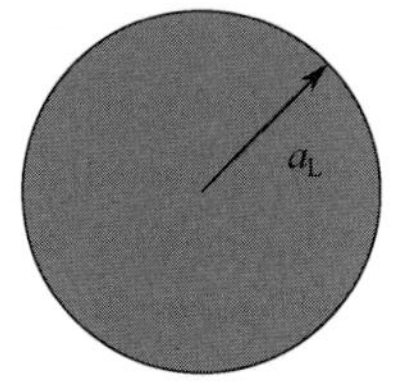

(a) 单一大直径芯丝

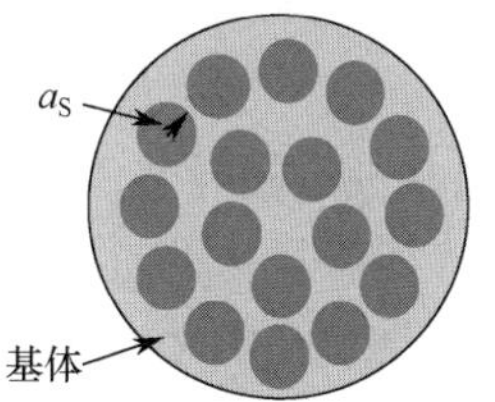

(b) 铜基体中N(N»1)根细芯丝

图 6-13　单根芯丝与基体中多芯丝示意图

当多芯结构处于时变磁场时，芯丝间会形成电流环路。如果芯丝为直线结构，如图 6-14 (a) 所示，则环路电流较大，因此会造成较大的交流损耗。而通过芯丝间形成扭结构，如图 6-14（b）所示，可降低环路电流。此外，如超导股线磁耦合，则有效芯丝电流环路较大并引起磁通跳跃。为此，超导芯丝需形成周期扭结构。超导芯丝扭距通常是复合超导线径的 20～30 倍，即 12～30 mm，如图 6-14（c）所示。扭结构可以降低芯丝间耦合，从而降低交流损耗。

当外磁场保持恒定且未发生磁通跳跃时，芯丝内会产生持久电流。此电流会导致磁场畸变，其幅度与芯丝载流、芯丝直径相关。为此，一些大科学装置用到的股线的超导芯丝直径都经过计算和优化，如大型强子对撞机（Large Hadron Collider，LHC）用 Nb-Ti 股线芯丝直径为 6～7 μm，高亮度（High Luminosity，HL）-LHC Nb_3Sn 股线芯丝直径为 50 μm。

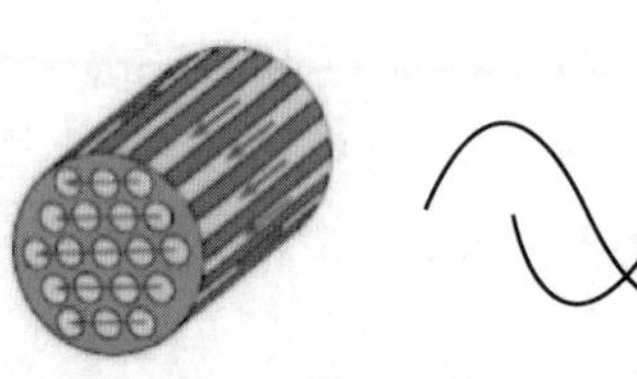

(a) 多个直线结构超导芯丝处于时变磁场时形成电流环路

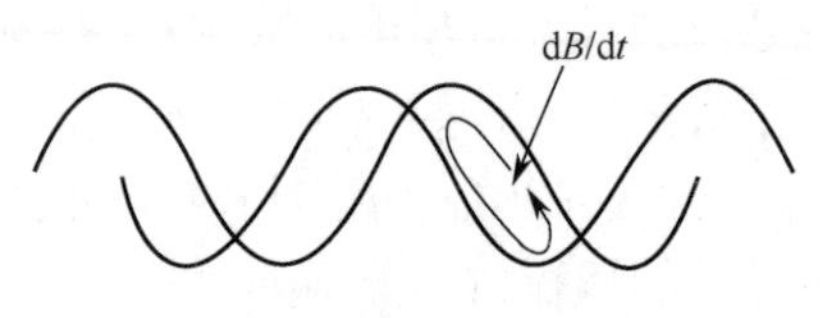

(b) 具有扭结构的超导芯丝处于时变磁场

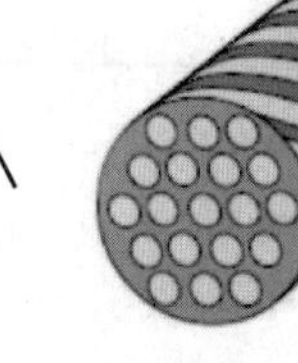

(c) 超导芯丝扭结构示意图

图 6-14　超导芯丝形成闭合回路示意图

多芯复合超导体基体的作用主要是失超时保护超导体和降低磁通跳跃以提高稳定性。铜是常用的基体材料。有时也采用铝基体。对第一代高温超导铋锶钙铜氧（BSCCO），常选用银（Ag）作为基体材料。

多芯复合超导体的电流密度称为工程电流密度 J_E，其为电流与芯丝和基体面积和之比，即

$$J_E = \frac{I}{A} = J_c \times \lambda_{su} \tag{6-13}$$

式中，λ_{su} 为结构单元中超导填充因子。超导股线中超导填充因子 λ_{sw}：

$$\lambda_{sw} = \frac{1}{1+R} \tag{6-14}$$

式中，R 为基体与超导之比，如铜超比。对 Nb-Ti、Nb_3Sn 和 Bi-2212，基体与超导之比 R 一般分别在 1.2～3.0、2.0～4.0 和 3.0～4.0 之间，因此超导股线中超导填充因子 λ_{sw} 分别在 0.45～0.25、0.33～0.2 和 0.25～0.2 之间。实际结构单元中超导股线外还有绝缘结构、冷却通道和结构增强体等，而超导股线在结构单元中的比例 λ_{wu} 通常为 0.7～0.8。因此实际超导体在结构单元中的比例为

$$\lambda_{su} = \lambda_{sw} \times \lambda_{wu} \tag{6-15}$$

综上，工程电流密度 J_E 通常仅为超导体临界电流密度 J_c 的 0.15～0.3 之间。

复合超导体通电后会产生磁场，即自场。自场也会导致磁通跳跃。基于绝热条件，复合超导体股线的最大直径应满足一定条件，此条件与超导临界电流密度 J_c、复合超导体设计运行电流 I 与临界电流 I_c 之比（I/I_c）有关。为此，复合超导体股线直径通常低于 2 mm，如国际热核实验堆（ITER）纵向场（TF）线圈用的 Nb_3Sn/Cu 超导股线的直径为 0.82 mm。

6.2.1　Nb-Ti 合金超导体

Nb-Ti 合金体系的超导电性是 Hulm 和 Blaugher 于 1959 年研究未填满 d 壳层电子的 IV-VII 族金属时发现的。他们发现原子比 50/50 的 Nb-Ti 合金的临界温度 T_c 为 9 K。1962 年，Berlincourt 和 Hake 研究表明 Nb-Ti 合金超导材料的上临界磁场强度 H_{c2} 能达到 14.5 T。这打破了当时超导材料的纪录，因此有望用于高场和高载流应用领域。这也是当前一些文

献认为 Nb-Ti 超导材料是于 1962 年发现的原因。这些研究还表明通过合适的冶金和机械加工过程可极大提高 Nb-Ti 合金的载流能力。经塑性变形的 Nb-Ti 合金在 4.2 K 及 10 T 背场下临界电流密度 J_c 甚至达到 10^4 A/cm^2。当时的研究还表明 Nb-Ti 超导材料可用于 10 T 强磁场超导磁体制造。这优于当时主流超导材料 Nb-Zr 合金。

Nb-Zr 合金可用于 6～7 T 超导磁体制造。大概在 1961 年，Nb-Zr 超导材料是 Nb-Ti 超导材料强有力的竞争。当时，用 Nb-Zr 超导材料制造的 6 T 超导磁体已用于多个实验室。1965 年，第一台使用 Nb-Ti 超导材料 9.2 T 混合磁体建成，其外层采用了铜覆层的 Nb-Zr（25at.%）超导线，而内层采用了铜覆层的 Nb-Ti（56at.%）超导线。直到 1967 年，Nb-Ti 超导材料被确定为强磁场超导磁体用超导材料，而 Nb-Zr 超导材料则逐渐淡出。到 20 世纪 70 年代早期，在超导磁体领域，Nb-Ti 已完全取代了 Nb-Zr。

磁通跳跃导致早期使用 Nb-Ti 制造的超导磁体极不稳定。铜稳定的多芯 Nb-Ti/Cu 复合超导股线及缆的发明进一步确立了其在制造高至 10 T 超导磁体的地位。Nb-Ti 合金超导材料具有价低、有延展性及高性能等特性。目前，Nb-Ti 多芯复合超导材料已广泛应用于科研、高能粒子加速器，以及磁约束核聚变超导磁体制造。

Nb-Ti 超导材料基本参数见表 6-5。

表 6-5　Nb-Ti 超导材料基本参数[8]

参数名称	典型值	参数名称	典型值
晶体结构	体心立方	穿透深度 λ/nm	60
临界温度 T_c/K	9.6	能隙 Δ/meV	1.1～1.4
上临界磁场强度 H_{c2}(0 K)/T	16	密度 ρ/(g/cm^3)	6.0
上临界磁场强度 H_{c2}(4 K)/T	12	体积比热 c(4.2 K)/(mJ/cm^3)	5.6
相干长度 ζ/nm	4		

6.2.1.1　Nb-Ti 合金相图

Nb-Ti 合金相图如图 6-15 所示。Nb-Ti 合金相包括 α 相（密排六方），β 相（体心立方），和 α+β 相。实用的 Nb-Ti 超导合金为单相 β 型固溶体，具有优异的冷、热加工性能。由于 Nb 和 Ti 的原子体积差仅约为 2%，因而二者可形成一种晶格参数约为 0.3285 nm 的 β 型体心立方结构。Nb-Ti 合金的这种 β 相在 882 ℃以上是稳定的，此温度以下会出现另外一种同样稳定的富 Ti α 相。α 相为密排六方结构，其中 Nb 的原子百分数为 1%～2%。目前，Nb 质量百分数 44%～53%的 Nb-Ti 合金是常用的超导材料，对应 Ti 的质量百分数为 47%～56%。此范围内 α 相仅在 570～600 ℃以下才是稳定的。在时效热处理过程中，它们主要沉积在 β 相的晶界上并起到有效的磁通钉扎中心的作用。注意对 α 相和 β 相共存区，相边界不稳定，且主要与间隙氧原子相关。间隙氧原子能显著增强 α 相沉淀，但当氧浓度超过 2000 ppm 时，材料延展性变差。对 α+β 相热处理会导致亚稳态的 ω 相沉淀。ω 相可充当钉扎中心并提高临界电流密度，但会显著提高加工硬化速率因而导致制造难度增加。因此对 Nb-Ti 合金，通常需要避免 ω 相出现。

Nb-Ti 合金中 α 相和 β 相比例与初始材料以及冷却速率密切相关。然而，如果初始材料中 Nb 含量超过 50at.%，则 β 相含量与冷却速率无关。这可能与低温下 α 相沉淀在 β 相以及 α+β 相边界生成缓慢有关。此外，Nb 含量在 20 at.%～50at.%区时，α 相沉淀可通过淬

火抑制以保持 β 相。然而，当 Nb 含量进一步降低，低温下 α 相会增加。两个常用 Nb-Ti 超导合金分别为 53wt.%Nb-47wt.%Ti 和 44wt.%Nb-56wt.%Ti。53wt.%Nb-47wt.%Ti 超导材料的上临界磁场强度 H_{c2} 可达 11.7 T，但临界温度 T_c 从低 Ti 含量时的 9.68 K 降至 9 K。

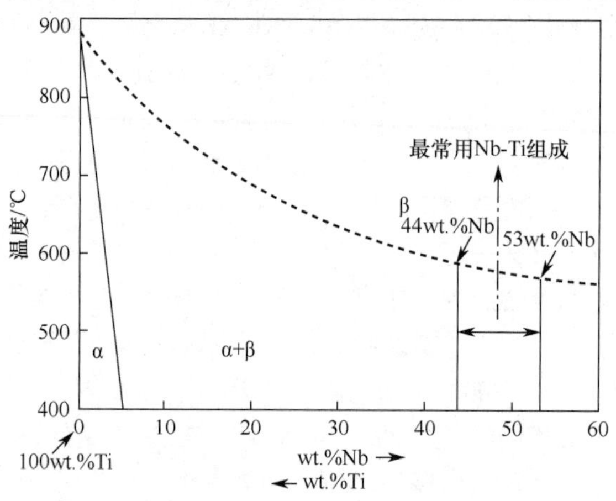

图 6-15 Nb-Ti 合金相图[3]

6.2.1.2 Nb-Ti/Cu 多芯复合超导线

传统方法制备 Nb-Ti/Cu 多芯复合超导线是从 Nb-Ti 合金熔炼开始的。低杂质含量、高均匀性的 Nb-Ti 合金是制备高质量 Nb-Ti/Cu 多芯超导线的前提。Nb-Ti 合金铸锭通常采用自耗电弧炉、电子束炉或等离子炉等设备进行熔炼。由于 Ti 合金的固溶相界宽以及高熔点 Nb 的存在，Nb-Ti 合金锭坯通常需要至少 3 次真空熔炼以避免微观和宏观成分的不均匀，消除 Nb 不熔块，并降低气体间隙元素含量，以确保合金均匀且控制 Ti 和 Nb 元素质量百分数波动都小于 1%。为进一步提高 Nb-Ti 合金的微观均匀性，需要将 Nb-Ti 合金铸锭进行高温均匀退火。在退火过程中，需注意温度过高会引起晶粒明显增大。Nb-Ti/Cu 多芯超导线的制备过程如图 6-16（a）所示。ITER PF 线圈用的一种 Nb-Ti 超异股线的横截面如图 6-16（b）所示。

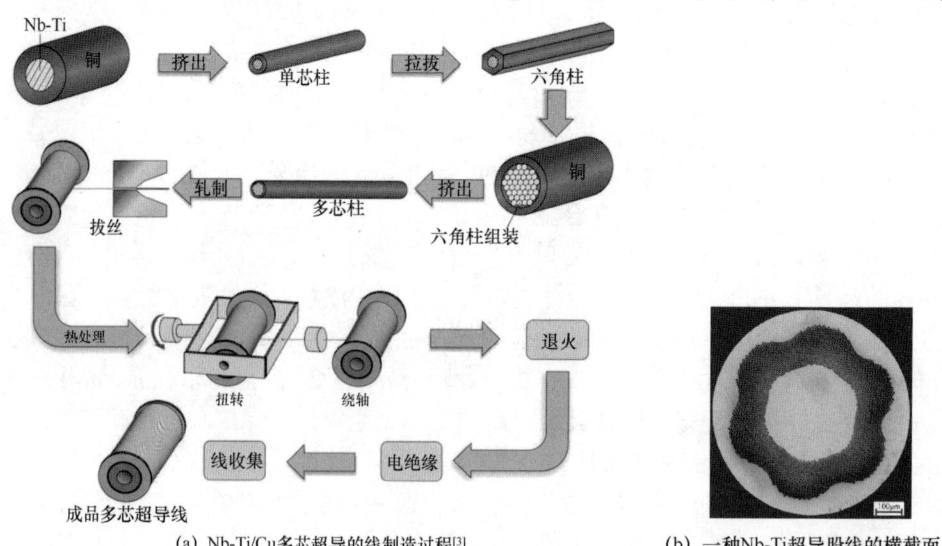

(a) Nb-Ti/Cu多芯超导的线制造过程[3]　　(b) 一种Nb-Ti超导股线的横截面

图 6-16 Nb-Ti/Cu 多芯超导线的制备过程及一种 Nb-Ti/Cu 超导股线的横截面

对于高均匀 Nb-Ti 棒，除要求成分均匀外，还要求机械性能均匀，即要求具有优良塑性、较低硬度及加工硬化率、无硬颗粒夹杂和晶粒尺寸小且均匀等。冷加工一般要在 β 相区进行，以充分发挥其优异的加工塑性。另外，还要求有足够大的总冷加工率。在加工之后进行时效热处理，使之在 β 相内析出第二相，从而使位错胞及第二相形成强钉扎中心，以提高临界电流密度。综上，传统工艺 Nb-Ti/Cu 多芯超导材料的钉扎中心是在时效热处理过程中，在约 390 ℃下处理 100 h 从 Nb-Ti 基体中析出的，并在随后的减径过程中形成有一定形状和尺寸的 α-Ti，如图 6-17（a）所示。α-Ti 对 Nb-Ti 超导临界电流密度 J_c 的影响如图 6-17（b）所示。

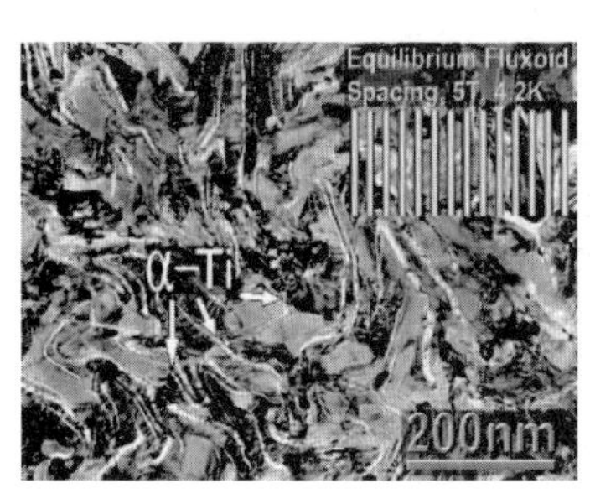

(a) Nb-Ti的微观结构

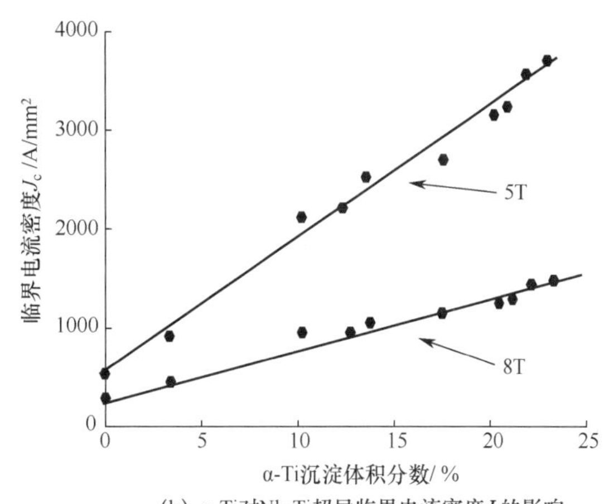

(b) α-Ti对Nb-Ti超导临界电流密度J_c的影响

图 6-17　α-Ti 在 Nb-Ti 中的微观结构及其对临界电流密度的影响

磁体钉扎的另外一种重要途径是人工钉扎中心工艺。利用此工艺，Nb-Ti/Cu 超导线材中的钉扎中心可以是 α-Ti、Nb、Ni、NbTa 合金、Ni/Cu 复合体等非超导相。这些钉扎中心是由加工开始时加入复合体的纯 Ti、纯 Nb、纯 Ni、Ni/Cu 复合体等形成的。减径过程中这些非超导相的尺寸不断减小，最终达到纳米级，形貌变为条带状，成为有效的第二相磁通钉扎中心。此外，位错也可以充当 Nb-Ti 超导材料的磁通钉扎中心。

6.2.1.3　影响 Nb-Ti 超导体 T_c、H_{c2} 和 J_c 的因素

影响 Nb-Ti 超导材料临界温度 T_c 和上临界磁场强度 H_{c2} 的主要因素是合金成分，而后续热处理及冷加工对 T_c 和 H_{c2} 影响较小。Ti 质量含量对二者的影响如图 6-18（a）所示。当 Ti 质量含量增加时，临界温度 T_c 先增加后降低，而上临界磁场强度 H_{c2} 亦呈现相同趋势。应注意，二者极值对应的 Ti 元素的含量不同。

对于临界电流密度 J_c，其主要影响因素是 Nb-Ti 合金的微观结构。通常可通过优化 Nb-Ti/Cu 超导线制备过程中的热机械工艺提高临界电流密度 J_c。冷变形可以增加充当钉扎中心的位错，因此也可以提高临界电流密度 J_c。冷变形、热处理以及二者协同对 Nb-Ti 超导体临界电流密度 J_c 的影响如图 6-18（b）所示。

Nb-Ti 超导体 H_{c2} 和 T_c 间有：

$$H_{c2}(T)=H_{c2}(0)\left[1-\left(\frac{T}{T_c}\right)^{1.7}\right] \tag{6-16}$$

$$T_c(H) = T_c(0)\left(1-\left(\frac{H}{H_{c2}(0)}\right)\right)^{0.59} \tag{6-17}$$

如测得 $T_c = 9.2$ K，$H_{c2}(0) = 14.5$ T，则可得 $H_{c2}(4.2\text{ K}) = 10.7$ T，$T_c(5\text{ T}) = 7.16$ K。

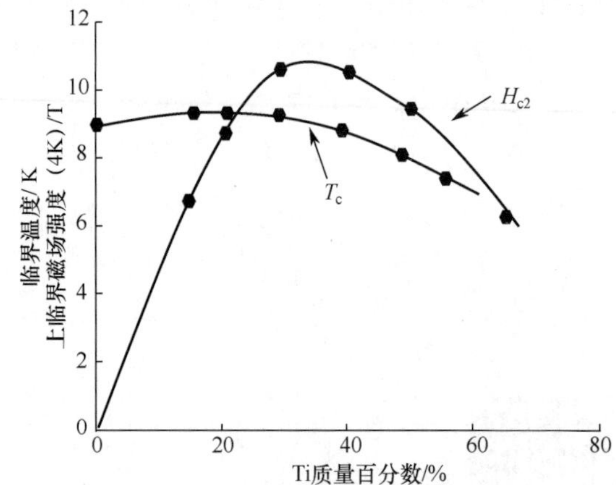

(a) Ti质量百分数对Nb-Ti超导材料临界温度T_c和4 K温度上临界磁场强度H_{c2}的影响[9]

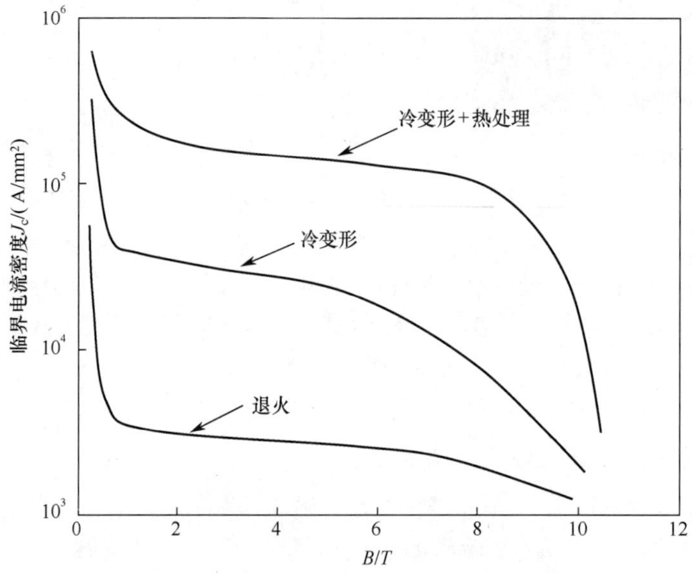

(b) 冷变形和热处理对Nb-Ti超导临界电流密度J_c的影响

图 6-18 Ti 质量含量、冷变形、热处理对 Nb-Ti 超导线临界电流密度的影响

6.2.1.4 Nb-Ti 合金应用

目前，Nb-Ti 超导线广泛用于制造 9 T 以下的超导磁体以及更高场强超导磁体的背景磁体。Nb-Ti 超导线还用于加速器超导磁体、磁约束核聚变磁体以及超导磁悬浮列车等。此外，全球每年有 1000 台以上使用 Nb-Ti 超导材料的 MRI 投入工作。

一些大科学装置使用了 Nb-Ti 超导材料，如 LIN-B（1976 年，Baseball）、T-7（1978 年，TF）、MFTF-B（1985 年，全部线圈）、LHD（1998 年，Helical，PF）、EAST（TF，PF，CS）、KSTAR（PF）和 W-7X（Stellarator，Planar，PF）等。

6.2.2 Nb_3Sn

1954 年，Matthias 等发现了 Nb_3Sn 材料的超导电性。1953 年，Hardy 和 Hulm 率先发现了第一个具有 A-15（或称 β-W）晶体结构的超导材料 V_3Si。随后，一系列具有此结构的材料的超导电性被发现，其中包括 Nb_3Sn 和高温超导发现前临界温度 T_c 最高的 Nb_3Ge。典型 A-15 晶体结构的超导材料及临界性能如表 6-6 所示。

表 6-6　A-15 晶体结构的超导材料及临界性能[1]

化 合 物	临界温度 T_c/K	上临界磁场强度 H_{c2}(0 K)/T	上临界磁场强度 H_{c2}(4.2 K)/T	发 现 时 间
V_3Ge	6.0	—	—	—
V_3Ga	14.2～14.6	23	22.0	—
V_3Si	17.1	23	22.5	1953 年
Nb_3Sn	18.3	27.9	22.5	1954 年
Nb_3Ge	23.2	38	37.0	—
Nb_3Al	18.9	32	29.5	1958 年

这些具有 A-15 晶体结构的超导材料中，只有 Nb_3Sn 获得了大量应用，成为重要的实用超导材料。Nb_3Sn 与 V_3Ga、Nb_3Al 超导材料性能对比如表 6-7 所示。本节主要介绍 Nb_3Sn 超导材料。Nb_3Sn 超导材料基本性能如表 6-8 所示。Nb_3Sn 超导材料的主要发展历程如表 6-9 所示。

表 6-7　Nb_3Sn 与 V_3Ga、Nb_3Al 超导材料性能对比

材 料 名 称	性 能 对 比
V_3Ga	其 T_c 和 H_{c2} 性能劣于 Nb_3Sn
	其 J_c 性能优于 Nb_3Sn
	其成相温度低（500 ℃/500 h）
	其较 Nb_3Sn 更脆
Nb_3Al	制备困难
	不能通过类似青铜法路线制备
	块材需 1500 ℃热处理，导致晶粒长大及富 Al 相形成
	可用于制备多芯复合超导体

表 6-8　Nb_3Sn 基本参数[10]

参 数 名 称	典 型 值	参 数 名 称	典 型 值
晶体结构	A_3B(A-15 或 β-W)	上临界磁场强度 H_{c2}(4 K)/T	22
晶格常数 a/nm	0.5293	热力学临界磁场强度 H_c/T	0.52
临界温度 T_c/K	18.3	下临界磁场强度 H_{c1}(0 K)/T	0.038
马氏体转变开始温度 T_m/K	43	相干长度 ζ/nm	3.6
索末菲常数 γ/(mJ/K^{2}Mol)	13.7	穿透深度 λ/nm	124
德拜温度 Θ_D/K	234	能隙 Δ/meV	3.4
上临界磁场强度 H_{c2}(0 K)/T	25	密度 ρ/(g/cm^3)	7.8

表 6-9　Nb_3Sn 超导材料主要发展历程

阶　段	事　件	时　间	阶　段	事　件	时　间
1	发现超导电性	1950s 早期	4	多芯/扭结构，I_c>100 A	1970s 早期
2	提高 J_c	1960s 早期	5	长线，约 1 km	1970s 中期
3	基体稳定	1960s 中期	6	磁体级	1970s 晚期

1961 年，Kunzler 等人发现 Nb_3Sn 超导材料在 8.8 T 背场、4.2 K 温度下，临界电流密度 J_c 高达 10^5 A/cm^2。这表明 Nb_3Sn 超导材料可用于高场磁体领域。随后的一系列研究证明了 Nb_3Sn 超导材料的实用性。目前，Nb_3Sn 是 10 T 以上超导磁体制造的首选超导材料，已用于加速器磁体、聚变磁体和科学研究的高场磁体的制造。

6.2.2.1　Nb_3Sn 相图及结构

对具有体心立方结构的金属 Nb，临界温度 $T_c = 9.26$ K，且为第Ⅱ类超导体。当 Nb 与 Sn 形成合金时，会形成 $Nb_{1-\beta}Nb_\beta$（$0.18 \leqslant \beta \leqslant 0.25$）或 Nb_6Sn_5 相和 $NbSn_2$ 相，如图 6-19 所示。Sn 在 Nb 中低浓度固溶（$\beta<0.05$）会逐渐降低 Nb 的临界温度 T_c 至 4 K（$\beta = 0.05$）。Nb_6Sn_5 相的临界温度 $T_c<2.8$ K，$NbSn_2$ 相临界温度 $T_c<2.68$ K。上述两种相在热力学上比 Nb_3Sn 更稳定，因此会阻止 A-15 相生成，从而降低超导性能。通常在 930 ℃以下会出现 Nb_6Sn_5 相和 $NbSn_2$ 相，可通过快速冷却方法阻止上述两种相生成。

实用 Nb-Sn 二元超导材料对应 β 在 0.18～0.25 之间。由图 6-19 可知，实用 Nb-Sn 二元超导材料可在 930 ℃以上的 Nb-Sn 熔体以及在低温下 Nb 与 Nb_6Sn_5 或 $NbSn_2$ 固态反应形成。低温固态反应会导致 Nb-Sn 体系中富 Sn 金属间化合物形成。$Nb_{1-\beta}Nb_\beta(0.18 \leqslant \beta \leqslant 0.25)$金属间化合物的临界温度 T_c 在 6～18 K 之间。此外，当 $0.245 \leqslant \beta \leqslant 0.252$ 时，$Nb_{1-\beta}Nb_\beta$ 在低温 $T_m = 43$ K 发生马氏体相变，即从 A-15 晶体结构转变为四方结构，相应晶格参数 $c/a = 1.0026$ 转变为 1.0042。A-15 晶体结构示意图如 6-20 所示。

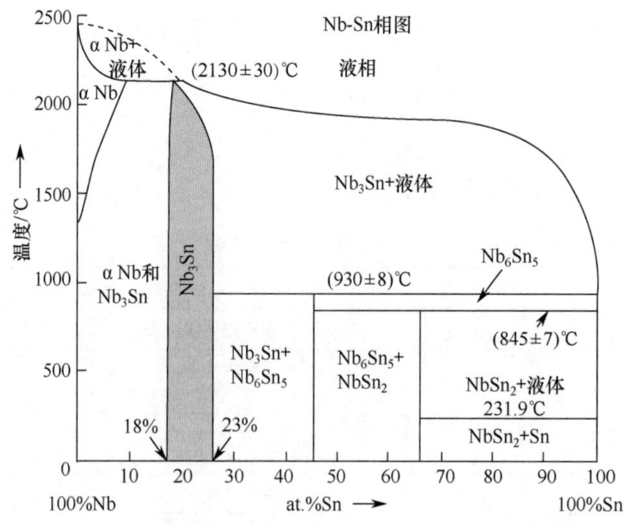

图 6-19　Nb-Sn 二元合金相图[3]

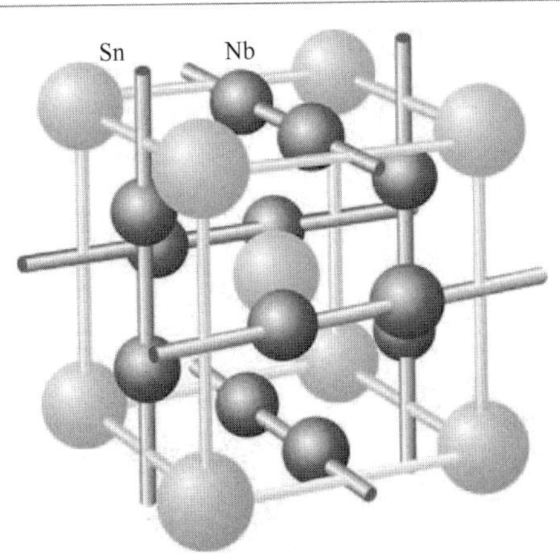

图 6-20　Nb_3Sn 晶体结构[10]示意图

6.2.2.2　Nb_3Sn/Cu 多芯复合超导股线

Nb_3Sn/Cu 多芯复合超导股线有多种制备方法，主要有青铜法、内锡（IT）法、卷绕（MJR）法和粉末套管（PIT）法等。

1．青铜法

青铜法最早是由 Kaufman 和 Pickett 于 1970 年发展的。青铜法采用含锡（13～16）wt.% 的青铜锭为基体。首先在青铜锭上钻预定数量的孔，随后将 Nb 棒挤入孔中。Nb-CuSn 复合结构随后经挤压、卷绕、锻造、牵引等过程。通常还需要将多个复合结构与高纯铜一起组装以获得包括数千个芯丝的超导体。高纯铜用于稳定超导材料，有时还使用阻隔层以降低交流损耗。青铜法 Nb_3Sn 超导股线制备过程如图 6-21 所示。青铜法 Nb_3Sn/Cu 复合超导股线横截面示意图如图 6-22（a）所示。由于青铜具有加工硬化特性，制造过程中需要多次热处理。青铜中的 Sn 扩散与 Nb 反应生成 Nb_3Sn 也需要长时间的热处理。

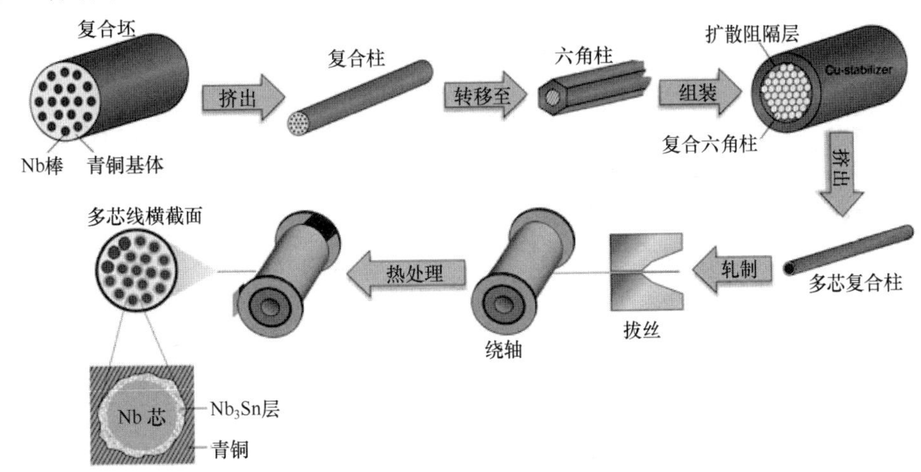

图 6-21　青铜法制备 Nb_3Sn/Cu 复合超导体过程示意图[3]

由于金属间化合物 Nb_3Sn 较脆，变形极易造成内部芯丝机械断裂，破坏超导性能。因此使用 Nb_3Sn/Cu 多芯复合超导体制备磁体时多采用绕制后反应热处理（Wind & React）过程。如制造时无大的变形，也可采用反应热处理后绕制（React & Wind）过程。反应热处

理过程对 Nb_3Sn/Cu 复合超导体载流性能影响显著。单根芯丝微观结构如图 6-22（b）所示。热处理温度过低或时间不足，易导致 Nb_3Sn 反应不完全。热处理温度过高或时间过长，易导致 Nb_3Sn 晶粒长大。二者都会损害载流能力。

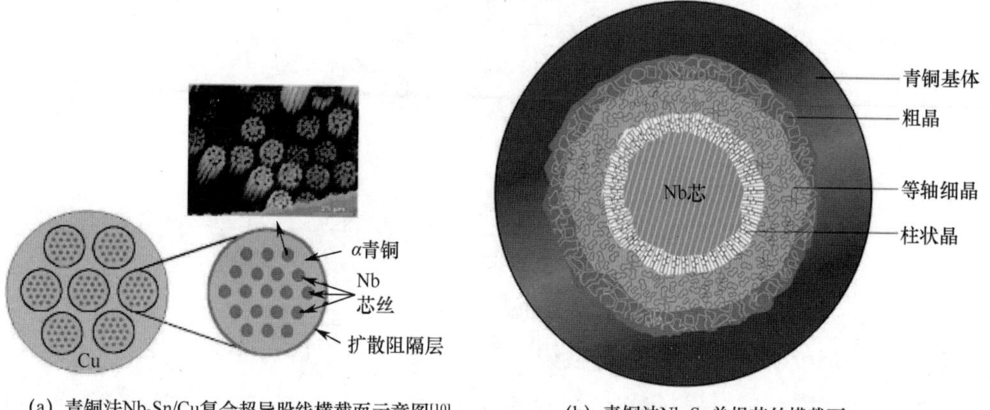

(a) 青铜法 Nb_3Sn/Cu复合超导股线横截面示意图[10]　　(b) 青铜法 Nb_3Sn 单根芯丝横截面

图 6-22　青铜法 Nb_3Sn/Cu 股线及单根芯丝横截面

青铜法制备 Nb_3Sn/Cu 复合超导体可获得极细 Nb_3Sn 芯丝（不大于 5 μm），这有利于降低交流损耗。然而，青铜的加工硬化增加了制造难度，通常直径每缩减 50%就需要退火热处理。此外，青铜中 Sn 含量相对不足会导致超长反应热处理时间以及 Nb_3Sn 质量含量较低（小于 25 wt.%），从而导致载流能力相对较小。当前，青铜法制备的 Nb_3Sn/Cu 复合超导线在 4.2 K 及 12 T 下临界电流密度 J_c 已超过 1000 A/mm^2。青铜法 Nb_3Sn/Cu 复合超导线已成功用于核磁共振（NMR）超导磁体（不大于 23.5 T）的制造。

2. 内锡法

内锡法以中心富 Sn 棒材为 Sn 源向外扩散，与外围 Nb 反应生成 Nb_3Sn。按具体工艺又可分为普通内锡法和 RRP[Restack-Rod (or Rod-Restack) Process，RRP]法。

普通内锡法首先在铜中钻预定数量的孔，中心孔中挤入 Sn 棒，而周围孔中挤入 Nb 棒。复合结构随后经挤压、卷绕、锻造、牵引等过程。通常还需要将多个复合结构与高纯铜一起组装以获得多芯超导体，高纯铜用于稳定超导材料。还使用阻隔层以降低交流损耗。此种内锡法制备 Nb_3Sn/Cu 复合超导体过程如图 6-23 所示。阻隔层常采用 Nb、Ta 或 Nb/Ta。阻隔层可分为分散式和单一式，分别如图 6-24（a）和图 6-24（b）所示。

RRP 法有时称为重组装棒法，其基本过程如下：首先，制备具有预定 Cu/Nb 面积比的单芯 Cu-Nb 六方棒材。随后，将预定数目的 Cu-Nb 单芯棒组装在具有 Nb 或其他阻隔层及中心 Cu 区的 Cu 包裹内形成多芯 CuNb 包裹。然后，进行真空电子束焊接、热等静压以及热挤压加工获得 Cu-Nb 多芯棒。挤压后的 Cu-Nb 复合棒除去中心 Cu 获得 Cu-Nb 复合管，再将 Sn 或 Cu-Sn 合金棒组装于复合管内加工获得亚组元。最后，将预定数量的亚组元及 Cu 芯棒组装于 Cu 管内形成最终坯料，并加工至直径为毫米级股线。利用此法可得到具有高载流能力的 Nb_3Sn/Cu 复合超导体。目前，RRP 法制备的 Nb_3Sn/Cu 复合超导线在 4.2 K 及 12 T 下临界电流密度 J_c 已超过 3000 A/mm^2。内锡法 Nb_3Sn/Cu 复合超导线可用于制造高场超导磁体。

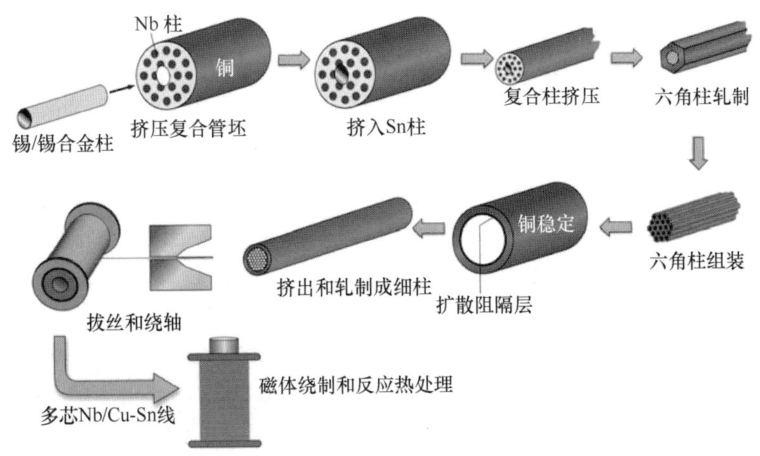

图 6-23　内锡法制备 Nb_3Sn/Cu 复合超导体过程[3]

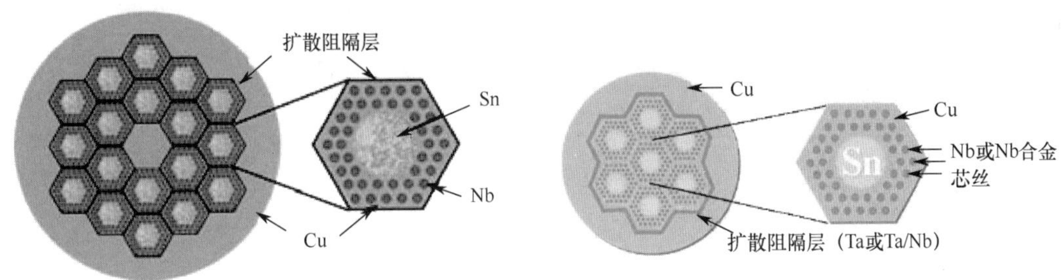

(a) 内锡法Nb_3Sn/Cu复合超导体横截面[10]，具有分散式阻隔层　　(b) 单一式阻隔层

图 6-24　内锡法 Nb_3Sn/Cu 复合超导体分散式和单一阻隔层

内锡法制备 Nb_3Sn/Cu 复合超导线加工过程不需要热处理，且 Sn 源充足，载流能力大。不足之处在于由于 Sn 充足，导致扩散过程中 Nb_3Sn 芯丝搭接，从而造成有效芯丝直径在 70～200 μm 之间，这对降低交流损耗不利。另外，Sn 扩散时由于 Kirkendall 效应造成孔洞，如图 6-25（a）所示。孔洞易成为应力集中点，并导致近邻 Nb_3Sn 芯丝更易发生机械断裂，如图 6-25（b）所示。此外，内锡法 Sn 源充足，少量未反应的 Sn 低温下会转变为灰锡。白锡-灰锡转变体积增大 20%左右，这对 Nb_3Sn/Cu 复合超导体的性能也会有一定影响。

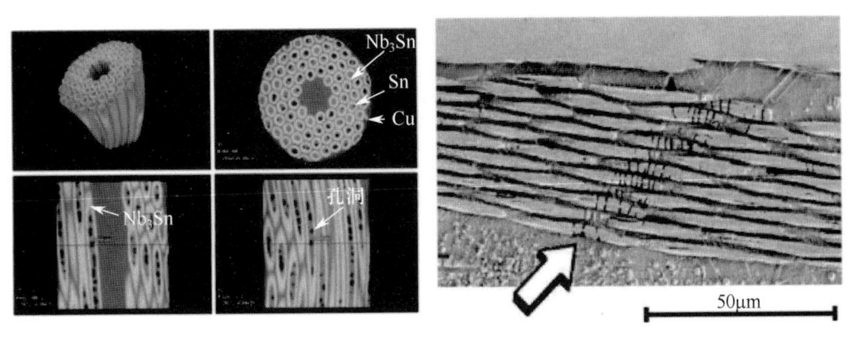

(a) Sn扩散造成孔洞　　(b) 芯丝机械断裂

图 6-25　内锡法 Nb_3Sn/Cu 复合超导股线 Sn 扩散形成孔洞和芯丝机械断裂

3. 卷绕法

卷绕（Modified Jelly Roll，MJR）法有时也归为内锡法。MJR 法主要步骤：首先，用 Sn 合金箔、Cu 箔和 Nb 箔卷绕在 Cu 棒上。其次，将卷绕组合体装入 Cu 管中得到 Cu-Nb-Sn 复合棒，如图 6-26 所示。然后，将 Cu-Nb-Sn 复合棒挤压得到坯料并经拉拔加工得到六方 Cu-Nb-Sn 亚组元。接着，将预定数目的 Cu-Nb-Sn 亚组元装入 Cu 管中组装得到最终坯料。最后，将最终坯料经拉伸得到 Nb_3Sn/Cu 前驱体线材。MJR 法 Nb_3Sn/Cu 复合超导体横截面示意图如图 6-27 所示。当前，MJR 法制备的 Nb_3Sn/Cu 复合超导线在 4.2 K 及 12 T 下临界电流密度 J_c 已超过 1500 A/mm^2。

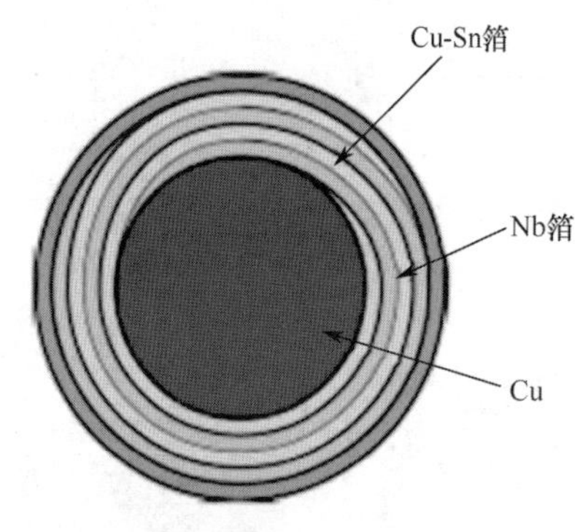

图 6-26　MJR 法示意图[7]

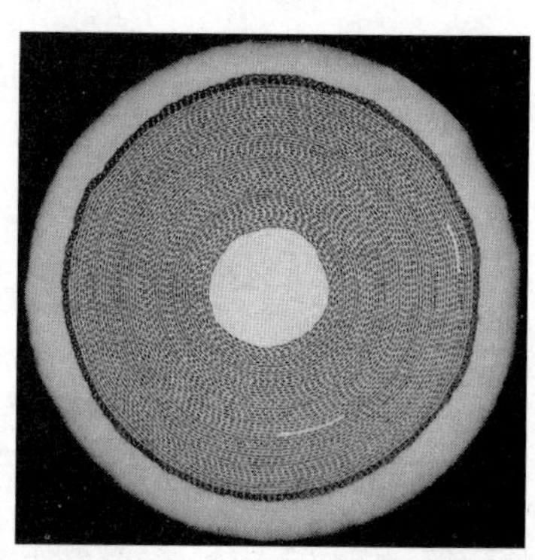

图 6-27　MJR 法 Nb_3Sn/Cu 复合超导体横截面示意图

4. 粉末套管法

粉末套管（Powder In Tube，PIT）法主要过程：将 $NbSn_2$ 粉末装入 Nb 管形成单芯棒，随后将预定数目的单芯棒组装在 Cu 包裹内得到最终坯料，坯料经加工得到 Nb_3Sn 前驱体股线。PIT 法 Nb_3Sn/Cu 复合超导体横截面示意图如图 6-28 所示。粉末套管法也可提供充足的 Sn 源，且芯丝直径可小于 50 μm。此外，由于内部粉末反应强度很小，使材料的预压应力远小于其他方法。粉末套管法还避免了芯丝搭接，且可降低热处理时间至 50 小时左右。粉末装管法主要缺点是工艺成本高，批量化生产难度大。当前，粉末套管法制备的 Nb_3Sn/Cu 复合超导线在 4.2 K 及 12 T 下临界电流密度 J_c 已超过 2300 A/mm^2。粉末套管法 Nb_3Sn/Cu 复合超导线已用于加速器超导磁体的制造。

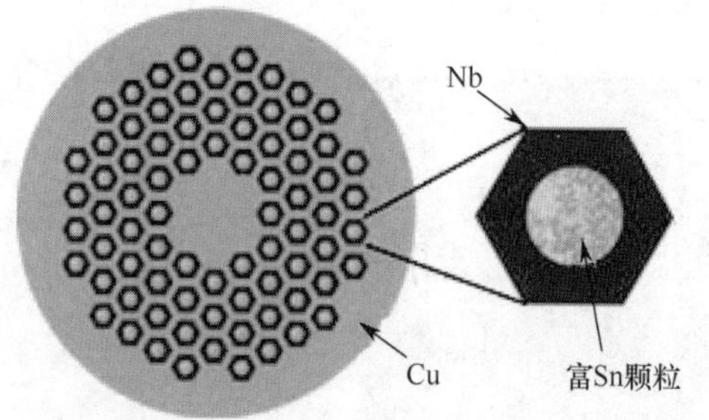

图 6-28　PIT 法 Nb_3Sn/Cu 复合超导体横截面示意图[10]

综上，上述几种方法制备的 Nb_3Sn/Cu 复合超导线的性能有所不同，青铜法由于 Sn 源不足，其临界电流密度较低，而内锡法、卷绕法和粉末装管法 Sn 源充足。内锡法、卷线法和粉末套管法制备的 Nb_3Sn/Cu 复合超导线的临界电流密度 J_c 及进展如图 6-29 所示。

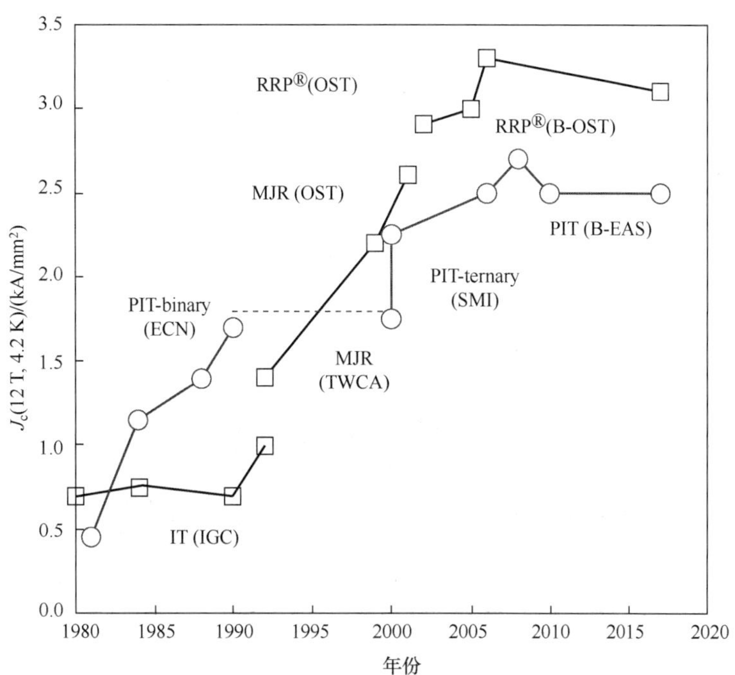

图 6-29 内锡法、卷绕法和粉末套管法 Nb_3Sn/Cu 复合超导股线临界电流密度 J_c 及进展[11]

6.2.2.3 影响 Nb_3Sn 超导体 T_c、H_{c2} 和 J_c 的因素

通过固态反应制备的 Nb_3Sn 不可避免存在成分梯度，而材料成分对 Nb_3Sn 的临界温度 T_c 和上临界磁场强度 H_{c2} 有重要影响。

Sn 含量对临界温度 T_c 和上临界磁场强度 H_{c2} 的影响分别如图 6-30（a）和图 6-30（b）所示。

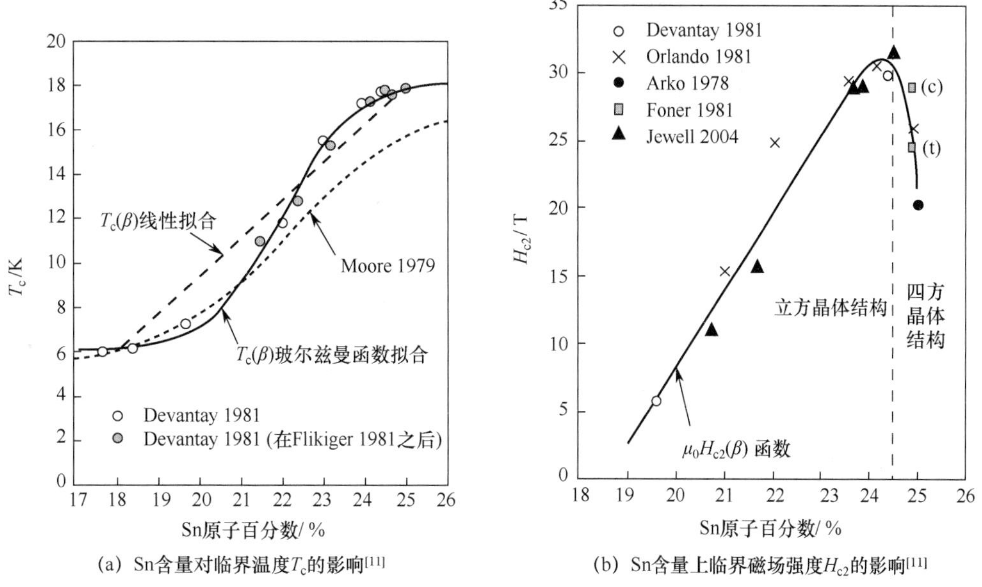

(a) Sn含量对临界温度T_c的影响[11]　　(b) Sn含量上临界磁场强度H_{c2}的影响[11]

图 6-30 Sn 含量对 Nb_3Sn/Cu 复合超导体临界温度和上临界场的影响

影响 Nb_3Sn 超导材料临界电流密度 J_c 的因素较多。在低磁场下，Nb_3Sn 的临界电流密度

J_c主要由晶界磁通钉扎决定。在高磁场应用时，Nb_3Sn的临界电流密度J_c主要由上临界磁场强度H_{c2}决定。

具有 A-15 结构超导材料的主要磁通钉扎中心是晶界。因此获得均匀的细晶是提高Nb_3Sn临界电流密度J_c的主要途径，理想的晶粒大小在 30～300 nm 之间。图 6-31（a）为单根Nb_3Sn芯丝及晶粒照片。图 6-31（b）和图 6-31（c）分别给出了两种内锡法Nb_3Sn超导材料的微观结构。此外，通过 Ti、Ta 等元素掺杂也能提高Nb_3Sn临界电流密度J_c，其主要机理是形成晶界沉淀或替位缺陷形成钉扎中心。Ti、Ta 等元素还能提高Nb_3Sn的上临界磁场强度H_{c2}，如二元Nb_3Sn超导材料上临界磁场强度H_{c2}为 25 T 左右，而经掺杂后H_{c2}可达 30 T。为此，商业Nb_3Sn超导材料一般为 1.5at.% Ti 或 3at.%Ta 掺杂。

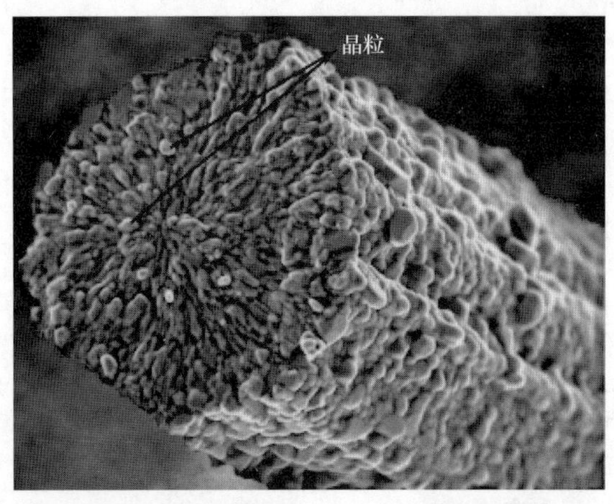

(a) 单根Nb_3Sn芯丝及晶粒

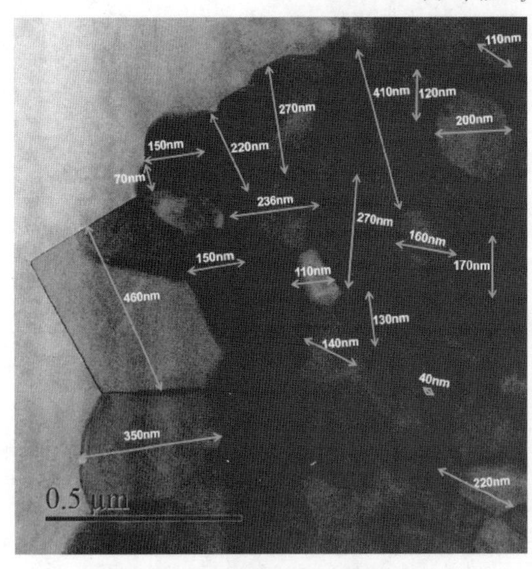

(b) WST普通内锡法Nb_3Sn线微观结构

(c) OST RRP Nb_3Sn线微观结构

图 6-31　Nb_3Sn芯丝及两种内锡法Nb_3Sn超导材料的微观结构

6.2.2.4　Nb_3Sn应变特性

在固态反应制备Nb_3Sn超导体时需要长时间高温热处理（如 680 ℃/200 h）。由于Nb_3Sn

材料与基体材料 Cu 的收缩率不同，热处理温度降至室温时会使 Nb_3Sn 材料产生压应变，其值为 0.25%左右。当复合超导体从室温降至超导运行温度时，由于基体及铠甲材料的收缩率远高于 Nb_3Sn 同温区的收缩率，Nb_3Sn 还会发生压应变。此外，当磁体运行时，洛伦兹力也会使超导材料发生复杂应变。

内禀应变对 A-15 结构超导材料的上临界磁场强度 H_{c2} 和临界电流密度 J_c 都有影响，如图 6-32 所示。Nb-Ti 超导材料应变对载流性能的影响如图 6-33 所示。不同磁场强度下外加应变对 Nb_3Sn 超导材料载流性能的影响如图 6-34 所示。

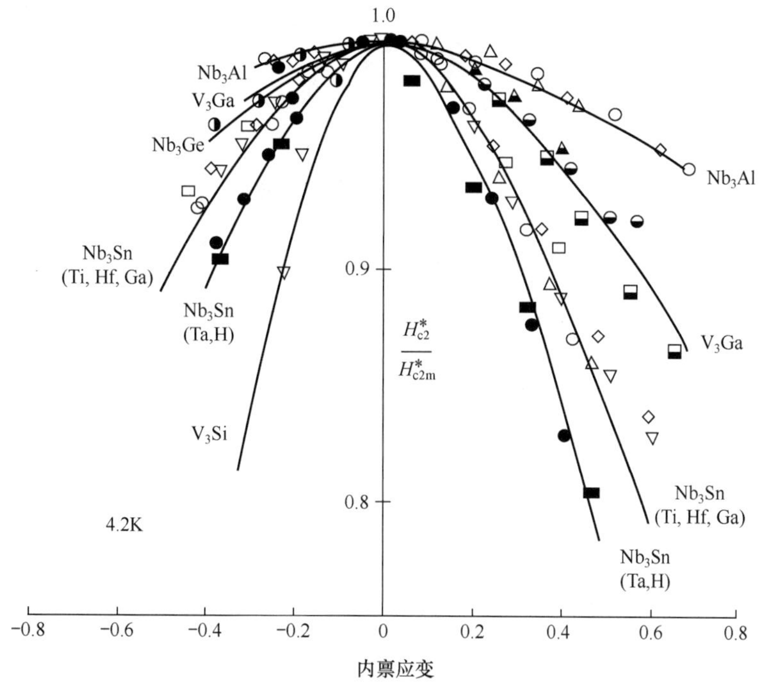

图 6-32　内禀应变对 A-15 结构超导材料 H_{c2} 影响[12]

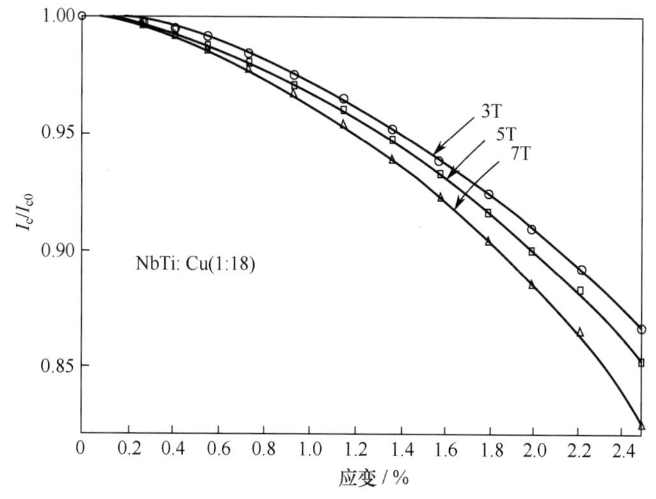

图 6-33　Nb-Ti 超导材料应变对载流性能的影响[13]

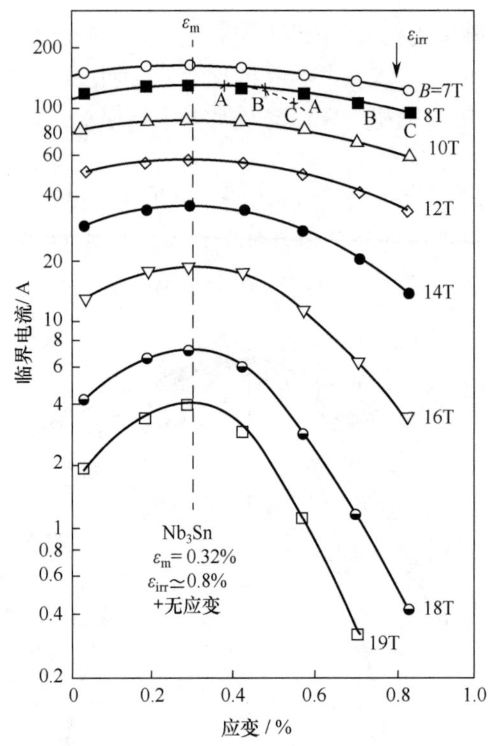

图 6-34 不同磁场强度下外加应变对 Nb_3Sn 超导材料载流性能的影响[14]

应变对不同超导材料的超导电性的影响也有不同，例如 Nb_3Al 的临界电流密度的应变敏感性远低于 Nb_3Sn 的，如图 6-35 所示。Nb_3Al 超导材料制备工艺复杂，目前尚未商业化生产。

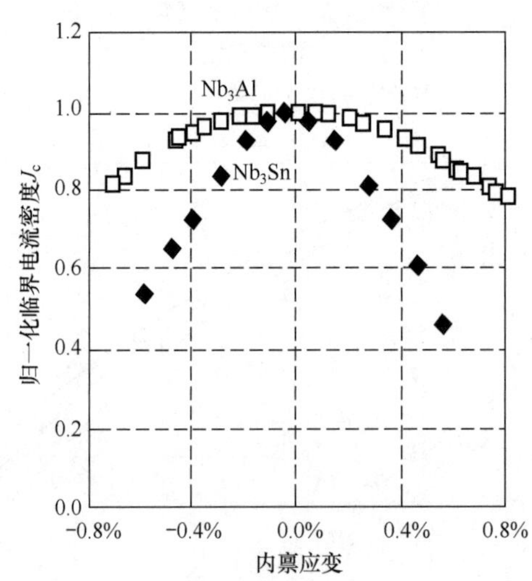

图 6-35 内禀应变对 Nb_3Al 和 Nb_3Sn 的临界电流密度 J_c 的影响[15]

6.2.2.5 Nb_3Sn 应用简介

Nb_3Sn 的上临界磁场强度 H_{c2} 远高于 Nb-Ti 的，这在高磁场超导磁体制造中具有优势。

Nb_3Sn 与 Nb-Ti 超导临界性能对比如图 6-36 所示。在磁约束核聚变、高能物理等领域的驱动下，对 Nb_3Sn 的研究至今方兴未艾。与 Nb-Ti 不同，对 Nb_3Sn 的研究不仅侧重于提高材料性能，还更多地侧重于设计和使用方面。

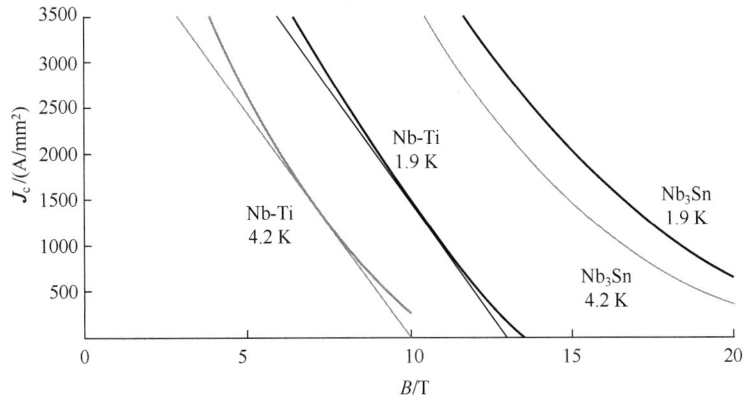

图 6-36　Nb_3Sn 与 Nb-Ti 超导临界性能对比

Nb_3Sn 超导材料的主要不足之处在于其较脆和较高的价格。为此，使用 Nb_3Sn 需经过可靠设计、优化和可靠制造。超导磁体 Nb_3Sn 的使用量与设计磁体的磁感应强度密切相关。如全部使用 Nb_3Sn，磁感应强度为 20 T 的磁体所需 Nb_3Sn 的量是 12 T 磁体的 5 倍以上。

目前，利用 Nb_3Sn 制作的小口径核磁共振（Nuclear Magnetic Resonance，NMR）磁体的磁感应强度已达 23.5 T（1 GHz）。然而，对于大口径加速器可用二极或四极磁体，由于空间有限、洛伦兹力以及稳定等因素，磁场受限于 13 T 至 15 T 之间。磁约束核聚变领域也存在此类问题。为此，当前研究的一个重要内容是提高临界电流密度 J_c。此外，应注意在青铜法中 Nb_3Sn 的临界电流密度 J_c 较低，不适合制造高磁场超导磁体。内锡法和 PIT 法 Nb_3Sn 的复合超导体的交流损耗较大，但其临界电流密度较大，可满足加速器磁体的制造，如 LHC 升级项目，J_c>1500 A/mm^2@4.2 K&15 T。

一些大规模使用 Nb_3Sn 超导体的实例如表 6-10 所示。

表 6-10　大规模使用 Nb_3Sn 超导体实例

序　　号	国家/机构	主 要 特 征	建 成 时 间	用量/吨
1	苏联	T-15，9.3 T	1987 年	15
2	法国	ITER TF 模型线圈，9.5 T	1998 年	约 30
3	韩国	KSTAR，TF，7.2 T	2015 年	23.5
4	日本	JT-60SA，CS，8.9 T	2019 年	11.5
5	ITER	CS，13 T；TF，11.8 T	2025 年	大于 650

6.2.3　MgB_2

金属间化合物 MgB_2 的结构在 1953 年就为人所知。MgB_2 成本低廉，一直用作置换反应的常用试剂。Akimitsu 与其合作者于 2001 年发现了 MgB_2 的超导电性。这使冷落了近 30 年的简单化合物超导体研究重新升温。MgB_2 超导体临界温度 T_c 较高，晶体结构简单，原材料成本低廉且长线制备较容易。MgB_2 尤其适用于制冷机工作温度在 15～20 K 之间、较低磁场（1～3 T）条件下的磁体制造及其他相关应用。

MgB_2 可归为高温超导材料（T_c>25 K），但其超导电性可用传统的 BCS 理论解释。

MgB_2 金属间化合物质脆且硬（硬度 H_v 约为 1500）。MgB_2 在使用时也会有反应后缠绕和缠绕后反应两种路线。

MgB_2 超导体电性基本参数如表 6-11 所示。

表 6-11　MgB_2 超导体电性基本参数[8]

参数名称	典型值
晶体结构	P6/mmm 六方晶体结构
晶格常数	a = 0.3086 nm
	c = 0.35213 nm
临界温度 T_c	39 K
上临界磁场强度 H_{c2}（0 K）	15～20（ab）T
	3（c）T
上临界磁场强度 H_{c2}（4 K）	15（ab）T
相干长度 ζ	10（ab）nm
	2（c）nm
穿透深度 λ	110（ab）nm
	280（c）nm
能隙 Δ	1.8～7.5 meV
德拜温度 θ_D	750～800 K

6.2.3.1　MgB_2 晶体结构及相图

MgB_2 是一种简单的二元化合物，属六方晶系，AB_2 型简单六方晶体结构，理论密度 2.55 g/cm^3。MgB_2 晶体结构与石墨类似，含有类似的 B 层，在两个 B 原子层之间有一个六方密堆积的 Mg 层。Mg 原子处于 B 原子形成的六角形中心，如图 6-37 所示。MgB_2 晶体中 B 原子的面间距明显大于原子间距，从而使 c 轴线膨胀系数大于 a 轴。

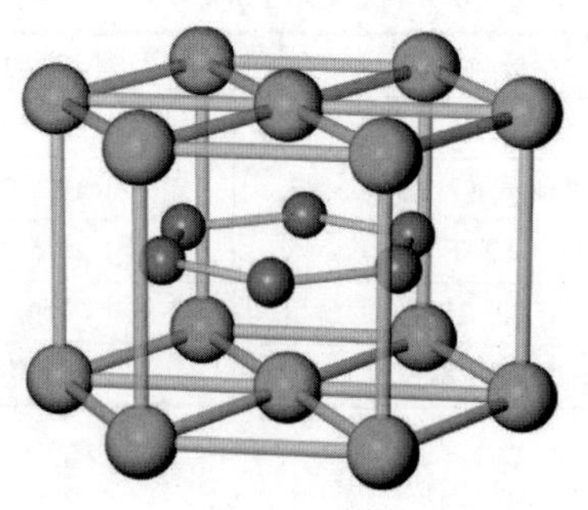

图 6-37　MgB_2 晶体结构（大球为 Mg，小球为 B）[16]

与 Nb-Ti 合金及 Nb_3Sn 不同，MgB_2 还具有双能带结构。MgB_2 超导材料具有各向异性特性，具体如表 6-11 和图 6-38 所示。

MgB_2相图如图6-39所示。20世纪50年代，MgB_2制备主要通过Mg和B单质之间的900 ℃的气固相反应。MgB_2超导电性被发现以后，除最初的固相反应，还发展了粉末套管（PIT）法和应用于超导机理研究的MgB_2薄膜制备和单晶的制备技术等。

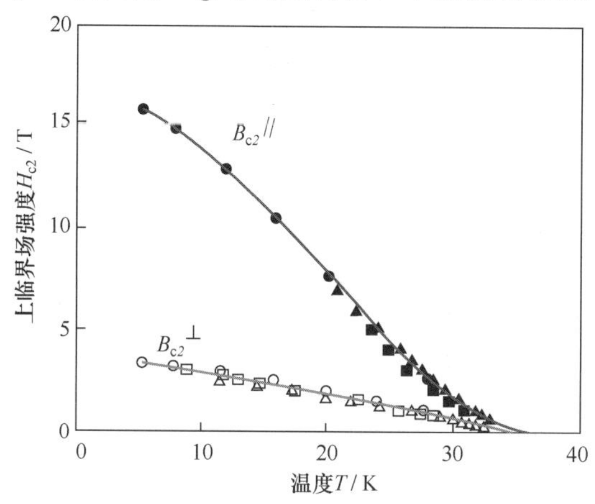

图6-38 MgB_2上临界磁场强度H_{c2}随温度的变化趋势[17]

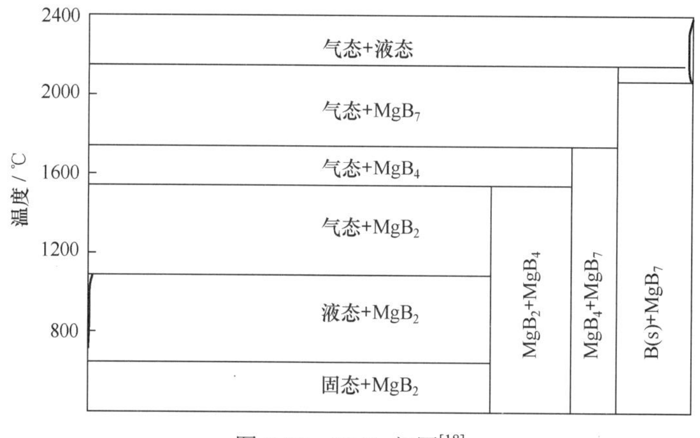

图6-39 MgB_2相图[18]

6.2.3.2 MgB_2超导线/带材制备

MgB_2超导线/带材制备方法主要包括粉末套管法、连续粉末套管成型法和中心镁扩散法。

1. 粉末套管（PIT）法

粉末套管法工艺流程相对简单，如图6-40所示，目前已成为MgB_2线带材的主要制备技术之一。按前驱粉体的不同，可分为原位法粉末套管（in-situ PIT）法和先位法粉末套管（ex-situ PIT）法。原位粉末套管法将Mg粉、B粉和掺杂粉末按预定比例混合研磨后装入金属包套管，随后经拉拔和轧制等加工制成前驱体线/带材，最后进行反应热处理。原位粉末套管法具有工艺流程简单，易引入掺杂元素等特点。先位法粉末套管法直接将反应成相后的MgB_2粉末装入金属包套管，随后通过拉拔工艺制备MgB_2超导线/带材。先位法粉末套管法工艺流程也较简单，且有利于获得致密而均匀的超导芯。为消除加工过程中形成的缺陷和改善晶粒的连接性，先位法粉末套管法通常采用最终热处理以提高载流性能。

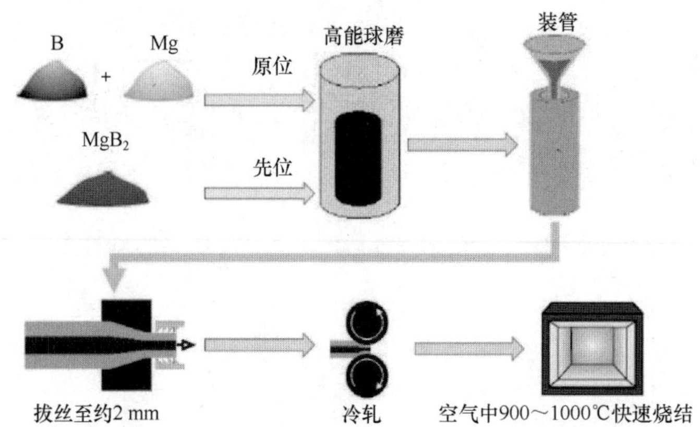

图 6-40 PIT 法制备 MgB_2 线/带材过程

2. 连续粉末套管成型（CTFF）法

连续粉末套管成型（Continuous Tube Forming Filling，CTFF）法制备 MgB_2 线/带材主要过程是先将 Mg 粉和 B 粉置于金属带上，通过连续包覆焊管的方法制备成线/带材，最后在 Ar 气氛的保护下进行反应热处理。反应热处理温度范围为 700～800 ℃。CTFF 法制备的 MgB_2 超导线/带材采用 Nb 作为阻隔层，和铜镍合金作为稳定材料。连续粉末套管成型法加工设备较为复杂，成本相对较高。

连续粉末套管成型法制备 MgB_2 线/带材流程如图 6-41 所示。

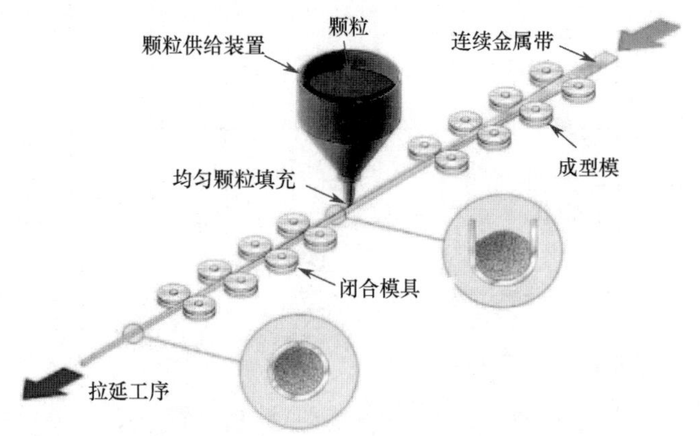

图 6-41 CTFF 法制备 MgB_2 线/带材流程[19]

3. 中心镁扩散（IMD）法

中心镁扩散（Internal Mg-Diffusion，IMD）法是在金属包套管的中心位置放一根 Mg 棒，并将 B 粉及掺杂粉末混合填充到金属包套内，然后进行轧制、拉拔等加工得到前驱体线/带材，随后进行反应热处理，使 Mg 熔化后扩散到周围的 B 粉中形成 MgB_2 超导相。热处理温度通常在 Mg 的熔点附近，即 640～645 ℃。

中心镁扩散法制备 MgB_2 线/带材示意图如 6-42 所示。

6.2.3.3 影响 MgB_2 超导体 T_c、H_{c2} 和 J_c 的因素

与 Nb-Ti 及 Nb_3Sn 超导材料不同，MgB_2 超导材料的超导电性与 Mg 及 B 原子或质量百

分数关联较小。MgB_2 超导材料的超导电性调控主要通过元素掺杂实现，掺杂元素主要包括 Ti、Al 和 C 或含碳化合物如 SiC 等。碳元素掺杂对 MgB_2 超导体的临界温度 T_c 和上临界磁场强度 H_{c2} 的影响如图 6-43 所示。不同路线制备的 MgB_2 超导线临界电流密度 J_c 如图 6-44 所示。

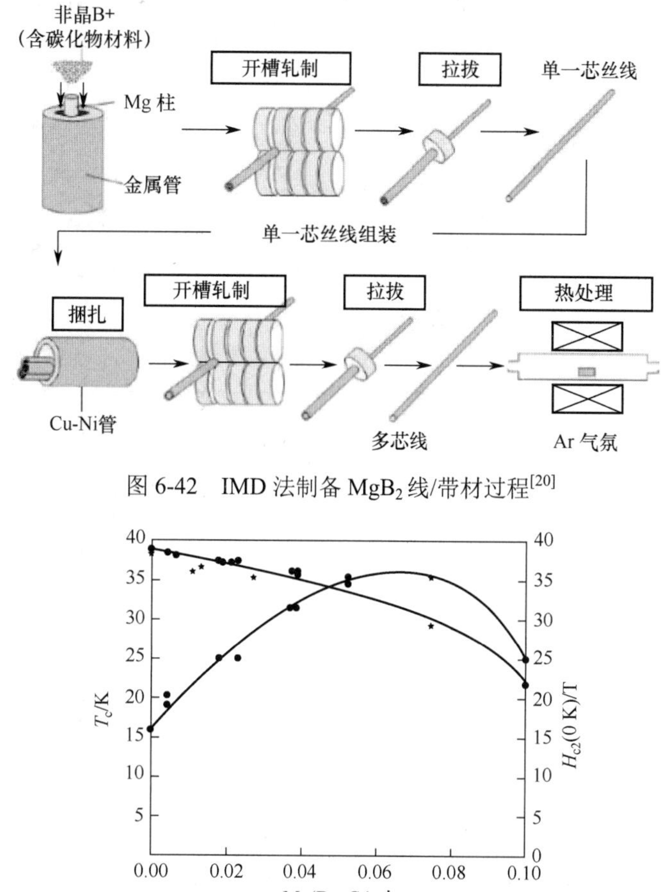

图 6-42　IMD 法制备 MgB_2 线/带材过程[20]

图 6-43　C 对 MgB_2 超导体临界温度 T_c 和上临界磁场强度 H_{c2} 的影响[21]

MgB_2、Nb-Ti、Nb_3Sn 超导材料的上临界磁场强度 H_{c2} 随温度的变化如图 6-45 所示。可见，在 4 K 温区，MgB_2 性能劣于 Nb-Ti 和 Nb_3Sn。然而，在 20～30 K，MgB_2 性能则优于 Nb-Ti 和 Nb_3Sn。

6.2.3.4　MgB_2的应用

MgB_2 超导材料主要适用于运行在 4.2 K～25 K 之间的超导磁体。与 Nb-Ti 和 Nb_3Sn 超导材料相比，MgB_2 热稳定性较差。当运行于 4.2 K 时，MgB_2 超导线可用于接近 10 T 的磁场；当运行于 20 K 时，MgB_2 超导线可用于接近 4 T 的磁场。

MgB_2 超导材料已成功应用于低磁场磁共振成像（Magnetic Resonance Imaging，MRI）以及输电系统。自 2006 年第一台基于 MgB_2 超导材料的 0.5 T MRI 问世，到 2016 年已有多达 28 台类似的 MRI 用于医疗系统。在电力输运领域，欧洲核子中心制造了百米级 MgB_2 超导输电系统（13 kA，10 K），使用了超过 1000 km 的 MgB_2 超导线。此外，俄罗斯开发了利

用液氢冷却的 MgB_2 超导电流引线。欧洲正开发使用 MgB_2 超导材料的 10 MW 级风力发电机。

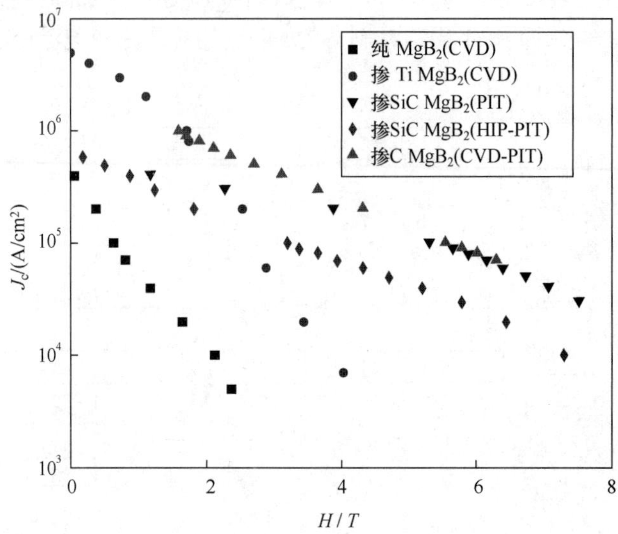

图 6-44　不同路线制备的 MgB_2 超导线临界电流密度 J_c[21]

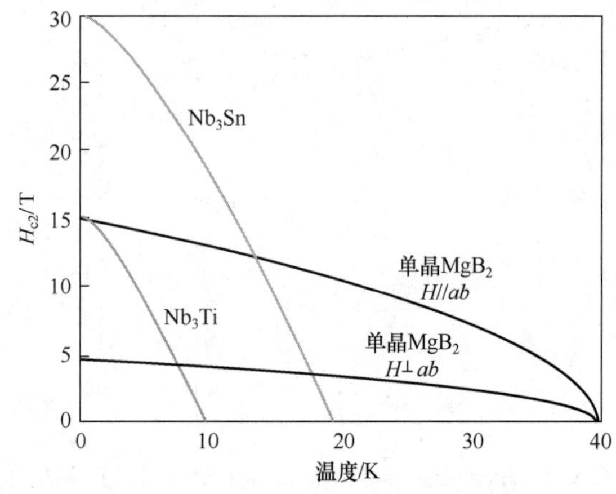

图 6-45　MgB_2、Nb-Ti、Nb_3Sn 超导材料的上临界磁场强度 H_{c2} 随温度的变化

6.2.4　铜氧化物超导体

1986 年 Bednorz 和 Muller 发现了 La-Ba-Cu-O［$(LaBa)_2CuO_4$］氧化物超导体，其临界温度 T_c 高达 35 K。此前，临界温度 T_c 最高的是 1974 年发现的具有 A-15 结构的 Nb_3Ge（$T_c = 23.2$ K）。这将超导体从金属、合金和化合物扩展到氧化物陶瓷。随后朱经武等人和赵忠贤等人各自独立地做出 Y-Ba-Cu-O 陶瓷超导体，其临界温度 T_c 达 90 K。1987 年 1 月，发现了临界温度 $T_c = 93$K 的 $YBa_2Cu_3O_{7-x}$（RE123）。1987 年 12 月，发现了临界温度 $T_c = 110$ K 的 Bi-Sr-Ca-Cu-O（Bi-2223）。1988 年 1 月，发现了临界温度 $T_c = 125$ K 的 Tl-Ba-Ca-Cu-O（Tl-2223）。1993 年，发现了临界温度 $T_c = 133$ K 的 Hg-Ba-Ca-Cu-O（Hg-1223）。铜氧化物（Cuprate）高温超导体的发现掀起了全世界的超导热，至今方兴未艾。

铜氧化物超导体具有如下典型特征：

（1）铜氧化物高温超导体都是 ABO_3 钙钛矿型结构派生出来的，可称之为有缺陷的钙钛矿型化合物。钙钛矿型化合物的组分可通过部分替代而在很宽的范围内发生变化，即在一定的组分范围内，可以生成多种保持钙钛矿型基本结构的新型化合物。铜氧化物高温超导体结构中存在氧缺位和 A 晶位阳离子缺位的情况。

（2）铜氧化物超导体都具有层状晶体结构，晶体原胞均由单层或多层 CuO_2 面和一些插入层组成。CuO_2 层为导电层，对超导电性和正常态输运性质起关键作用。插入层为结构上不完整的载流子库层，或者化学成分不单纯，通过元素化学取代，替代阳离子或改变氧含量，为 CuO_2 面提供载流子。铜氧化物超导体中 Cu 具有混合价态，包括从 Cu^{2+}氧化至 Cu^{3+}。

（3）铜氧化物超导体霍尔系数（Hall coefficient）为正，即载流子为空穴。唯一例外的铜氧化物超导体是 $Nd_{2-x}Ce_xCuO_4$，其为电子型超导体。此外，平行晶体结构 ab 面的磁场对应的霍尔系数远小于平行晶体结构 c 面的磁场对应的霍尔系数。

（4）铜氧化物超导体正常态输运性质具有强各向异性特征。如对 YBCO，ab 面电阻率（ρ_{ab}）与温度呈线性关系，而 c 轴电阻率（ρ_c）与材料中氧相关。对氧不足的超导体，$\rho_c \propto 1/T$，即具有半导体特征，而对氧富的超导体，$\rho_c \propto T$。在室温下，$(\rho_c/\rho_{ab}) \sim 30$。其他铜氧化物超导体也具有类似特征。

（5）所有铜氧化物超导体都是第Ⅱ类超导体，且其下临界磁场强度 H_{c1} 和上临界磁场强度 H_{c2} 都具有强各向异性特征。如对 YBCO，$H_{c2}(\perp)$约为 120 T，而 $H_{c2}(/\!/)$约为 510 T。

（6）铜氧化物超导体的相干长度和穿透深度也都具有强各向异性特征。如对 YBCO，ζ_{ab} 为 2～3 nm，而 ζ_c 为 0.2～0.3 nm。

（7）铜氧化物超导体基本不存在各向同性特征。

（8）电子对垂直 ab 面隧穿所需能量 $2\Delta(0)/(k_B T_c)$小于平行 ab 面隧穿所需能量。电子对垂直 ab 面隧穿所需能量为 3.8～4 meV，而电子对平行 ab 面隧穿所需能量为 5.8～6.0 meV。

（9）铜氧化物超导体超导相低温比热贡献主要有三项，即

$$c = \alpha T^{-2} + \gamma T + \beta T^3 \tag{6-18}$$

式中：第一项 αT^{-2} 为肖特基比热，源于超导体中磁杂质；第二项 γT 为线性项，类似金属中电子贡献，与超导体中杂质相关；第三项 βT^3 为晶格贡献项。

（10）当稀土元素 RE 替代 $YBa_2Cu_3O_7$ 中的钇（Y），临界温度 T_c 几乎不变且多数输运性质不受影响。然而，$REBa_2Cu_3O_7$ 化合物的低温比热与 $YBa_2Cu_3O_7$ 化合物的低温比热差别极大。当 $T>T_c$，前者的比热仅为后者的 2%以内。这与顺磁离子间相互作用以及顺磁离子与晶场相互作用有关。这还表明 $REBa_2Cu_3O_7$ 化合物中超导和磁可共存。

（11）传统 BCS 理论不能解释铜氧化物超导体的超导电性。针对铜氧化物超导体，目前已发展了多种理论，如安德森（Anderson）提出的 RVB 模型、自旋口袋模型和双极子模型等，但都不能充分解释其正常态和超导态性质。

铜氧化物高温超导体临界温度 T_c 较高，普遍高于液氮温度，因此可以摆脱昂贵的液氦并极大地降低了制冷成本。高温超导还具有高上临界磁场强度 H_{c2}（多数在 100 T 以上）及高临界电流密度 J_c。因此，高温超导一经发现就引起了科研和工程人员的极大兴趣。

目前，实用化的铜氧化物高温超导材料有两类，即铋系高温超导材料（如 BSCCO）和 REBCO 高温超导材料。基于 Bi-2212、Bi-2223 粉末套装和拉丝工艺制备的高温超导线/带材称为第一代高温超导材料（1G HTS），而基于薄膜外延和双轴织构技术发展起来的 REBCO 涂层导体称为第二代高温超导带材（2G HTS）。

铜氧化物高温超导材料也有一些固有不足，如强各向异性、晶界弱连接、缺乏磁通钉扎中心和制备成本高等。

本部分主要介绍 BSCCO 和 REBCO 超导材料。

6.2.4.1 BSCCO

1987 年，Mechel 等人发现了临界温度 T_c 在 7 K～22 K 之间的 Bi-Sr-Cu-O 系材料的超导电性。1988 年，Maeda 等人发现 Bi-Sr-Cu-O 系材料中引入 Ca 后临界温度 T_c 可高达 85 K 至 110 K。$Bi_4Sr_3Ca_3Cu_4O_{16}$ 的临界温度 T_c 为 85 K。

Bi-Sr-Ca-Cu-O（缩写为 BSCCO）铜氧化物高温超导材料化学式可写为 $Bi_2Sr_2Ca_{n-1}Cu_nO_{2n+4}$，$n = 1,2,3$，通常分别简称为 2201（$n = 1$）、2212（$n = 2$）和 2223（$n = 3$）。2201、2212 和 2223 三种相都具有超导性能，但各自临界温度 T_c 不同。2201、2212 和 2223 相都具有四方晶体结构。$Bi_2Sr_2Ca_{n-1}Cu_nO_{2n+4}$ 中 n 值代表晶体结构中 CuO_2 面的数量。实验发现，n 值越大，临界温度 T_c 越高。此外，用 Pb 部分替代 Bi，如$(Bi_{0.85}Pb_{0.15})_2Sr_2Ca_2Cu_3O_{10}$，也具有相同临界温度 T_c 且更稳定，此超导材料也可记为 2223 或(Bi,Pb)-2223。本部分主要讨论 Bi-2212 和 Bi-2223，其基本性能如表 6-12 所示。

表 6-12　Bi-2212 和 Bi-2223 基本性能[8]

性　能	Bi-2212	Bi-2223
临界温度 T_c/K	94	110
上临界磁场强度 H_{c2} (0K)/T	>60（ab）	>40（ab）
	>250（c）	>250（c）
相干长度 ζ/nm	2（ab）	2.9（ab）
	0.1（c）	0.1（c）
穿透深度 λ/nm	200～300（ab）	150（ab）
	>15 000（c）	>1000（c）
能隙 Δ/meV	15～25（ab 方向最大值）	25～35（ab 方向最大值）

定义超导材料各向异性因子 $\gamma(\equiv H_{c2}^{ab}(0)/H_{c2}^{c}(0)$ 或 $H_{c2}^{\max}(0)/H_{c2}^{\min}(0))$以表征超导材料各向异性效应的强弱[24-25]。通常高温超导材料的各向异性效应远大于低温超导材料的各向异性效应，即高温超导材料的各向异性因子远大于低温超导材料。

各向异性会对多晶超导材料载流能力产生重要影响。对 YBCO（见本书 6.2.4.2 节），通常要求晶粒取向差别角小于 5°，因此有时也称准单晶。对实用超导材料，晶粒取向对其载流性能的影响并不相同，通常 YBCO 最明显（如图 6-46 所示），BSCCO 次之（如图 6-47 所示）。MgB_2 各向异性特性较弱，而 Nb_3Sn 和 Nb-Ti 可认为是各向同性的。对各向异性超导材料，尤其是高温超导材料 BSCCO 和 YBCO，晶粒必须取向排列（织构化）才能克服晶粒之间的弱连接而承载超导电流。织构化通常可通过加工过程中的轧制实现。对 Bi-2223，晶粒取向差别角要求小于 15°。

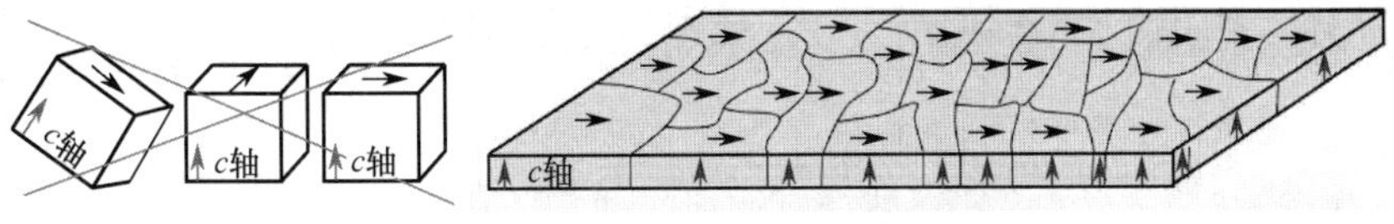

图 6-46　YBCO 高温超导材料织构示意图[27]

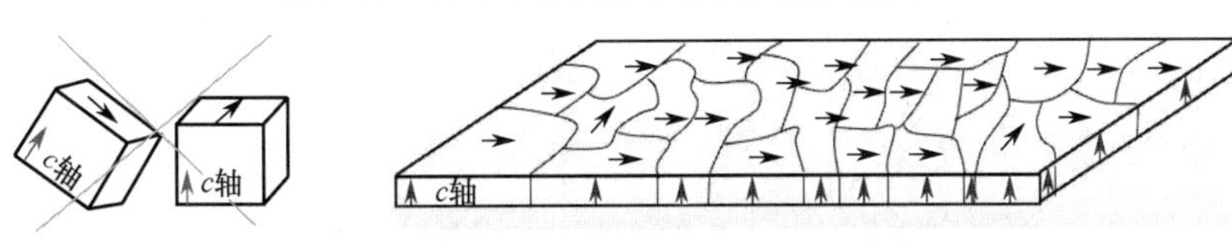

图 6-47　BSCCO 高温超导材料织构示意图[27]

铋系高温超导薄膜材料可通过脉冲激光沉积（PLD）、电子束/热蒸镀、溅射、分子束外延等物理方法和化学气相沉积（CVD）、金属有机化合物化学气相沉积（MOCVD）等化学方法制备。

对铋系超导体，Bi-2223 只能通过轧制才能实现织构化，因此其只能做成带材。对 Bi-2212，可以通过轧制实现织构化，从而做成带材。Bi-2212 还可通过在低于 Ag 熔点下的熔化热处理实现织构化，这使得 Bi-2212 既可以做成带材也可以做成线材。与 Bi-2212 不同，Bi-2223 是亚稳态的相，熔化时会分解。由于 Bi-2223 熔化后不能像 Bi-2212 一样重新织构化，因此不能通过熔化热处理制备超导材料。Bi-2212 是目前唯一可制成圆线材的铜氧化物高温超导材料，这使其在高磁场超导磁体等应用领域具有不可比拟的优势。

Bi-2223 和 YBCO 在温度为 30～50 K 及高磁场下仍具有高载流能力。在温度为 77 K 时，Bi-2223 和 YBCO 在自场下仍具有高载流能力。对 Bi-2212，实际应用主要限于 20 K 温度以下。在温度为 4.2 K 时，Bi-2212、Bi-2223 和 YBCO 在 10～30 T 背场下仍具有高载流能力。实用超导材料上临界磁场强度 H_{c2} 及不可逆临界场与温度的关系如图 6-48 所示。因其高临界温度 T_c、高上临界磁场强度 H_{c2} 和高临界电流密度 J_c，BSCCO 和 YBCO 高温超导材料已广泛应用于强电领域。

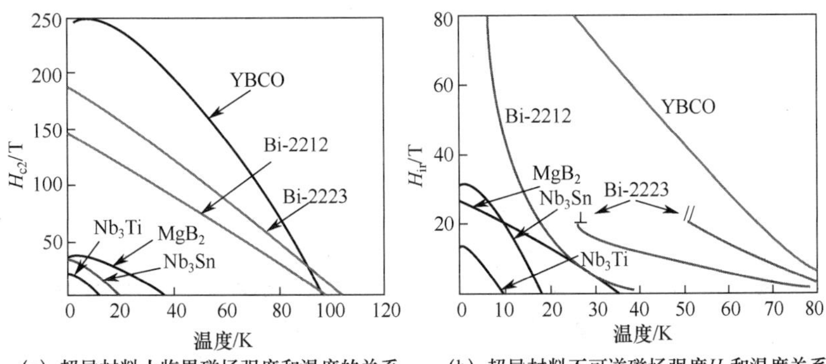

（a）超导材料上临界磁场强度和温度的关系　（b）超导材料不可逆磁场强度 H_{ir} 和温度关系

图 6-48　几种超导材料上临界磁场和不可逆临界磁场与温度之间的关系

BSCCO 成相较复杂，Bi_2O_3-SrO-CaO-CuO 系材料在 850 ℃时的相图如图 6-49 所示。BSCCO 成相过程需要在高温下与氧反应，而氧原子在高温下可自由通过金属 Ag 且不与之反应，因此 BSCCO 高温超导材料需要以 Ag 为基体。Ag 还具有高热导率和高电导率。与低温超导材料常用的 Cu 基体一样，Ag 还充当超导材料稳定体。

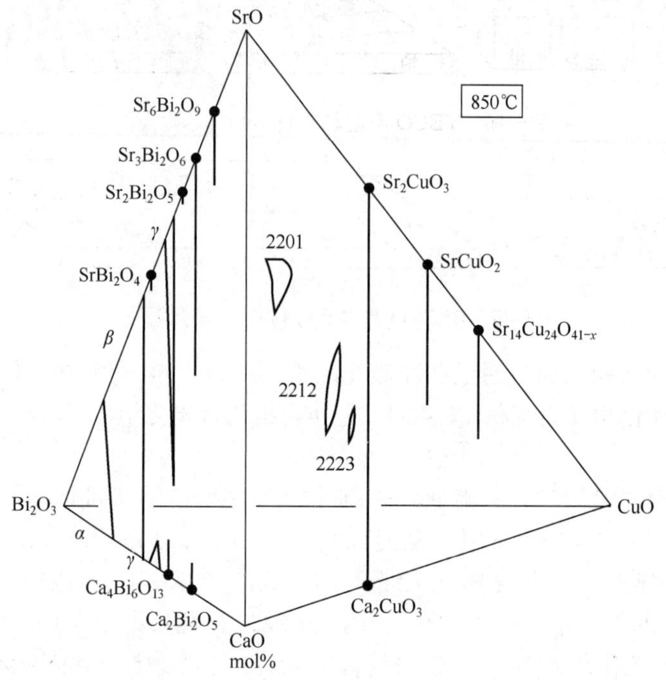

图 6-49　Bi_2O_3-SrO-CaO-CuO 系材料在 850 ºC 时的相图（2201、2212 和 2223 相）[28]

Bi-2212 超导带材制备方法主要是浸涂法（Dip Coating Process，DCP），如图 4-50（a）所示，而 Bi-2212 线材制备方法主要是粉末装管法（PIT）。浸涂法采用化学方法在 Ag 基带两面涂上多层 Bi-2212 前驱体，随后经过后续热处理去除图层中的有机物，经组装和加工得到前驱体带材，带材热处理使 Bi-2212 晶粒织构化。带材横截面示意图如图 4-50（b）所示。PIT 法首先将预定配备的前驱体粉末填充到纯银管中，随后经拉拔加工及组装最终得到多芯前驱体股线(或带)，最后前驱体股线经部分熔化热处理或反应热处理，如图 6-51 所示。Bi-2212 股线横截面如图 6-52 所示。Bi-2223 带材主要通过 PIT 方法制备，其横截面示意图如图 6-53 所示。为提高超导体致密度以提高载流性能，常采用加压热处理（其商品名为 DI-BSCCO），如图 6-54 所示。

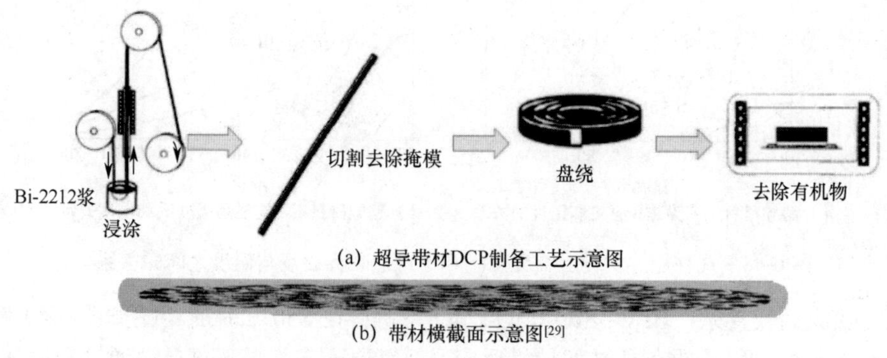

(a) 超导带材DCP制备工艺示意图

(b) 带材横截面示意图[29]

图 6-50　Bi-2212 超导带材 DCP 制备工艺及带材横截面

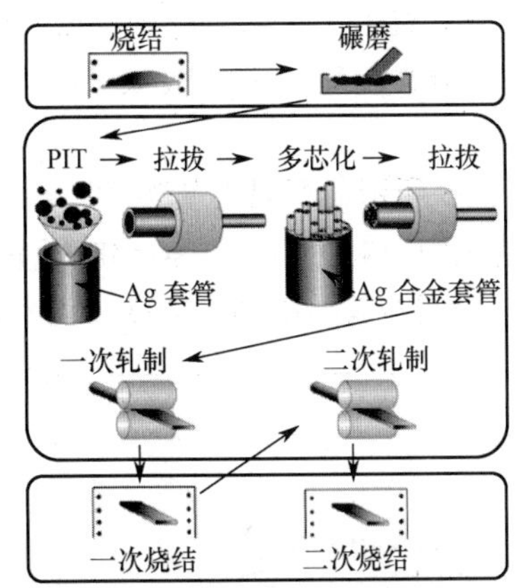

图 6-51 Bi-2212/Bi-2223 超导线材制备工艺

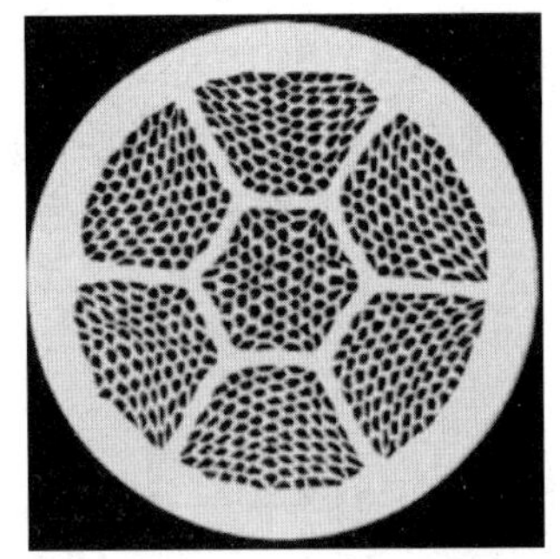

图 6-52 Bi-2212 股线横截面[30]

图 6-53 Bi-2223 带材横截面示意图

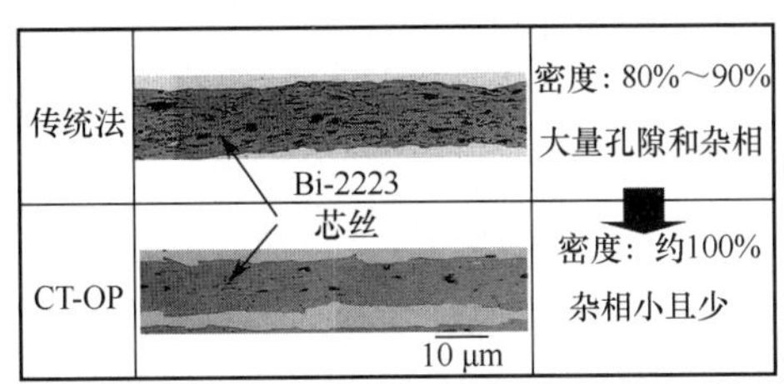

图 6-54 传统及加压热处理 BSCCO 微结构[30]

1991 年，粉末装管法开始用于 Bi-2212 线/带材制备，其性能可满足在温度为 20 K 和磁场强度为 20 T 的高磁场磁体的设计需要。随后，Showa（日本）、OST（美国）、IGC（美国）和 Alcatel/Nexans（法国）开始 Bi-2212 商业化生产。在温度 4.2 K 和磁感应强度 12 T 下，2212 临界电流密度 J_c 在 10^6 A/mm^2 左右。2011 年后，研究发现热处理过程中的气泡形成将导致的疏松而非晶粒取向差别才是影响 Bi-2212 载流能力的关键因素。此外，热处理过程中的气泡形成还是导致银基体破裂和超导材料泄漏的关键因素。随后，高压热处理（10 MPa O_2）工艺被用于粉末装管法制备 Bi-2212 线/带材。随后发现此工艺可提高 Bi-2212 临界电流密度 J_c 一个数量级以上。冷等静压以及孔型轧制等也可用来提高 Bi-2212 致密度。此外，通过优化前驱体粉末纯度和均匀度等也可提高 Bi-2212 致密度。浸涂法也能获得高载流能力 Bi-2212 超导线/带材，但由于一系列原因没有商业化。由于实用较少，目前只有 OST 提供商业化 Bi-2212 线/带材。商业化 Bi-2212 线材临界电流密度 J_c 可达 2.0×10^3 A/mm^2@4.2 K&10 T 和 1.8×10^3 A/mm^2@4.2 K&20 T[31]。

20 世纪 90 年代，Sumitomo（日本）、Vacuumschmelze（德国）和 AMSC（美国）已开始商业化 Bi-2223 带材生产。随后，Intermagnetics General（美国）、Trithor GmbH（德国）、Nordic Superconductor Technologies（丹麦），以及我国的英纳超导开始了 Bi-2223 商业化生产。这与 Bi-2223 带材在输电、限流器等领域的潜在市场有关。2005 年，Sumitomo 引入高压处理技术，进一步提高 Bi-2223 的致密度和晶粒连接性，其带材在温度 77 K 和自场下电流超过 200 A 甚至 250 A。目前，商业化铋系高温超导材料主要是(Bi,Pb)-2223 带材，其银基体中含有 30%～40%的 Bi-2223 相超导材料，其一般性能见文献[31]。之后，由于 YBCO 带材的商业化，Bi-2223 带材市场逐渐缩减。

Bi-2212 和 Bi-2223 超导线/带材应变特性如图 6-55 所示。不同工艺路线制备的材料应变特性也有不同。Ag 基体材料低温下强度一般，许用应力一般在 100～180 MPa 之间。当采用金属（如 Inconel 601）加强时，需考虑高温长时间热处理对其性能的影响以及相容性等因素。

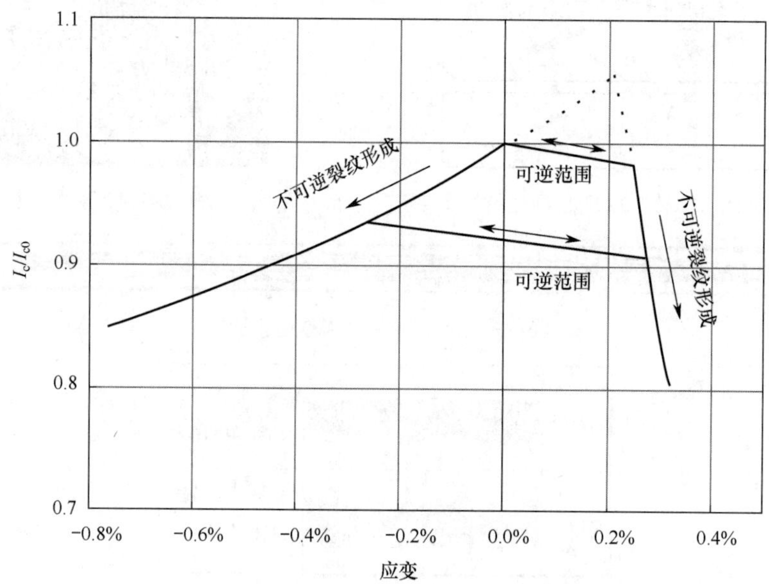

(a) Bi-2212和Bi-2223超导线/带材应变特性

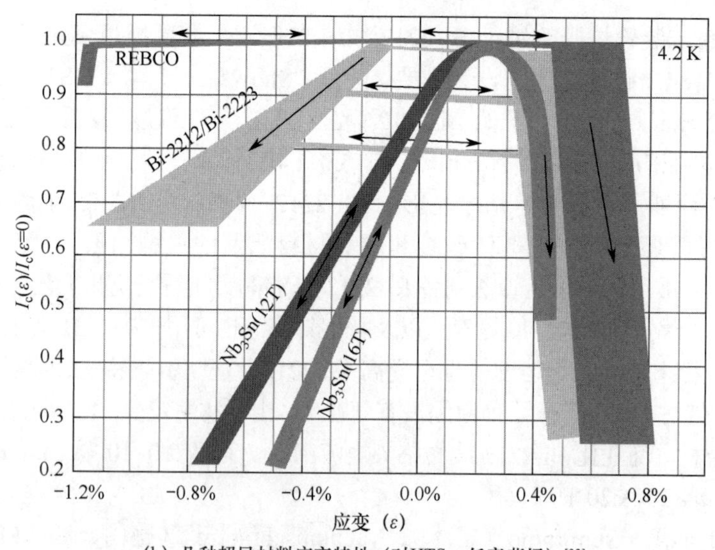

(b) 几种超导材料应变特性（对HTS，任意背场）[32]

图 6-55 Nb_3Sn、BSCCO 和 YBCO 超导材料应变特性示意图

Bi-2212 是目前唯一能得到多芯圆线的高温超导材料。由于采用了 Ag 基体，BSCCO 超导材料热稳定性优良。在温度 4.2 K 和 B>18 T 下，Bi-2212 在圆超导股线中具有相对较

高的临界电流密度 J_c。Bi-2212 有望用于 20 T 以上高磁场领域。Bi-2212 的主要不足之处有：原材料成本较高（如银基体）、气泡、泄漏和力学性能较差等。

6.2.4.2 REBCO（或 ReBCO）

除钇（Y）元素外，钐（Sm）以及钆（Gd）等稀土元素也用于制备第二代高温超导材料。由稀土（Rare Earth，RE）、钡（Ba）、铜（Cu）、氧（O）元素组成的第二代高温超导材料统写为 REBCO 或 ReBCO（RE = Y, Sm, Gd, Eu, Ho, Er, Lu, La, Nd…）。

YBCO 晶体结构如图 6-56 所示。YBCO 中氧含量对临界温度 T_c 的影响如图 6-57 所示。$YBa_2Cu_3O_{7-x}$ 基本参数如表 6-13 所示。

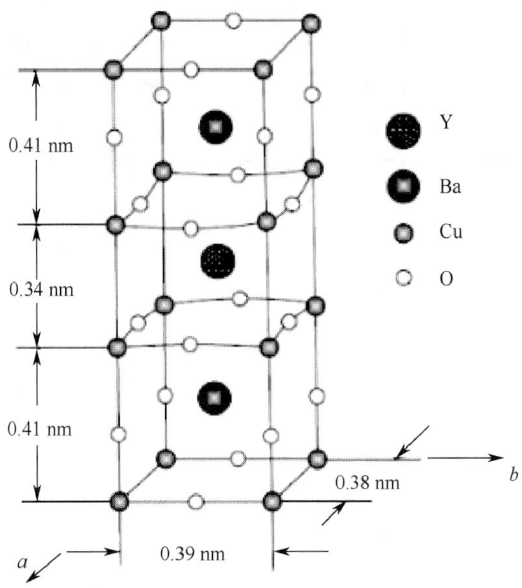

图 6-56 YBCO 晶体结构[33]

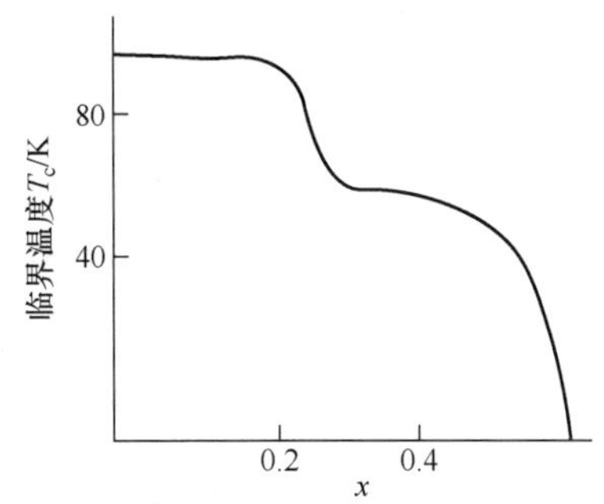

图 6-57 $YBa_2Cu_3O_{7-x}$ 超导体临界温度 T_c 与 O 化学计量 x 之间的关系[33]

表 6-13 $YBa_2Cu_3O_{7-x}$ 基本参数[8, 21]

晶格参数/nm	$a = 0.3823$
	$b = 0.3887$
	$c = 1.168$
临界温度 T_c/K	92

（续表）

上临界磁场强度 H_{c2}（0 K）/T	>240（*ab*）
	>110（*c*）
相干长度 ζ/nm	150（*ab*）
	800（*c*）
穿透深度 λ/nm	1.6（*ab*）
	0.3（*c*）
能隙 Δ/meV	15～25（*ab*）

与 BSCCO 相比，REBCO 超导材料自发现至商业化经历了相对较长的过程。1987 年，粉末装管法（PIT）也曾用于制备 YBCO 超导体。然而，由于晶界弱连接导致 YBCO 超导体临界电流密度 J_c 非常低。如 6.2.4.1 节所述，对 YBCO 超导材料，织构化要求更高。1990 年，在单晶上外延生长的 YBCO 临界电流密度达 5 MA/m^2。1991 年，利用脉冲激光制备了高质量 YBCO 薄膜。直到 1999 年，才能制备 1m 的 YBCO 带材。2003 年，AMSC 率先制备了长度超过 10 m 的 YBCO 超导带材。

第 1 代高温超导体采用多芯结构，超导材料占比较高。第 2 代高温超导体中超导材料为单一层，且占比很小，如图 6-58 所示。在结构上和采用基体材料的不同导致二者力学性能也不相同，如图 6-59 所示。

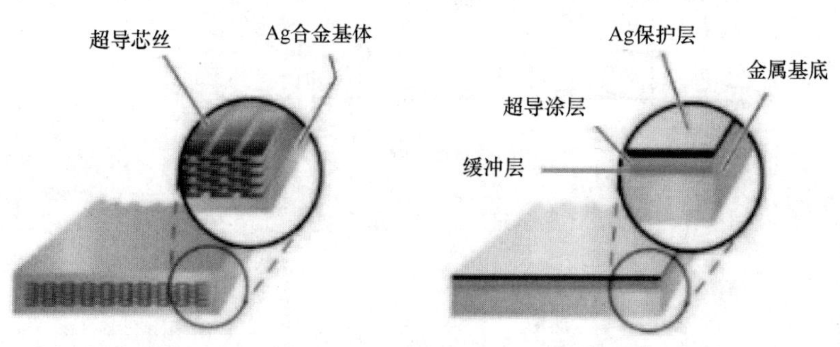

图 6-58　第 1 代和第 2 代高温超导体结构对比[34]

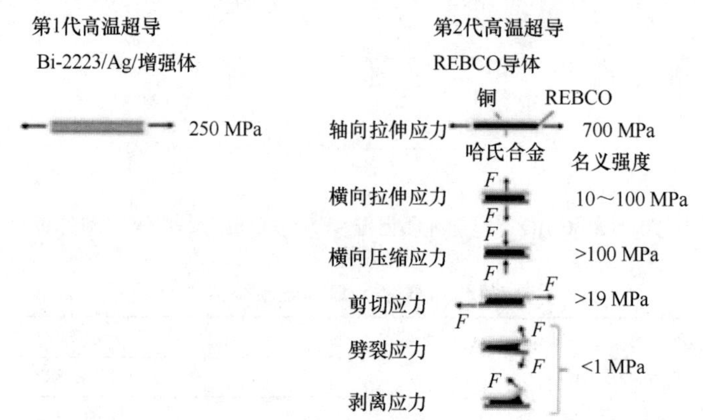

图 6-59　第 1 代和第 2 代高温超导带材力学性能对比

如前所述，YBCO晶粒必须织构化才能克服晶粒之间的弱连接而承载超导电流，如图6-60所示。

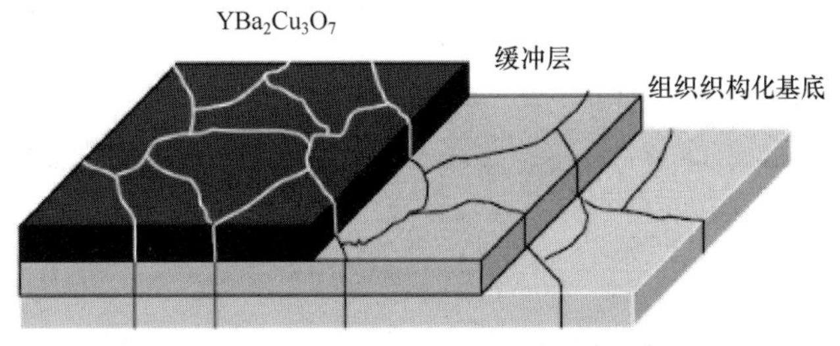

图6-60 YBCO晶粒织构化

第2代高温超导体（2G HTS）的制备方法主要用薄膜涂敷技术，因此又称制备的材料为涂层导体。

按结构的不同，2G HTS带材分为4种：

（1）轧制辅助双轴织构基带（RABiTS），通过对面心立方金属的机械轧制和热处理获得织构，随后外延生长隔离层和超导层，如图6-61（a）所示。

（2）离子束辅助沉积（IBAD），通过在非织构的金属基底上采用二次离子枪使氧化物超导薄膜取向生长，或者倾斜基底沉积工艺，采用基底与氧化物超导体倾斜一定角度从而获得织构，如图6-61（b）所示。

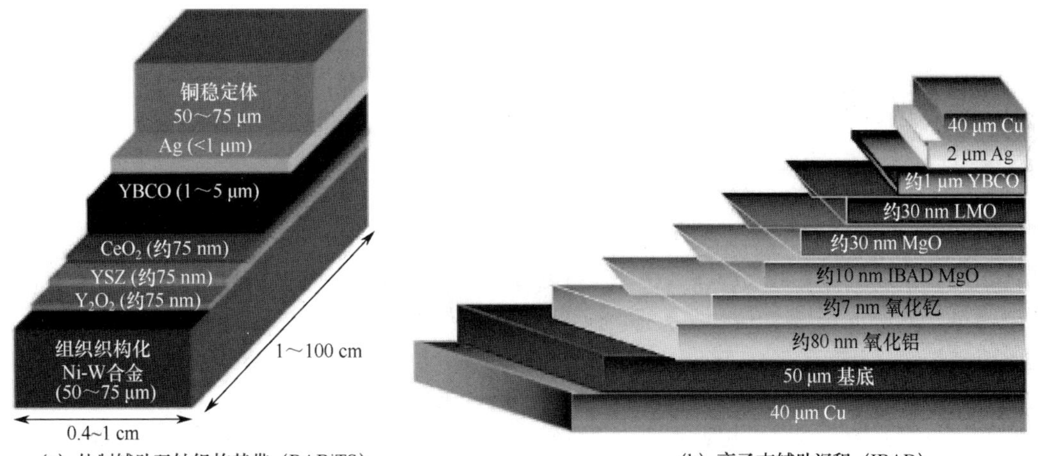

(a) 轧制辅助双轴织构基带（RABiTS） (b) 离子束辅助沉积（IBAD）

图6-61 轧制辅助双轴织构基带法和离子束辅助沉积法2G HTS结构

（3）液相外延生长（LPE），利用过冷的过饱和液态形成超导相。

（4）热磁工艺（TM），采用热磁辅助工艺在非织构的基底上形成高织构的氧化物超导层。REBCO高温超导薄膜的制备方法包括物理方法和化学方法，如脉冲激光沉积（PLD）、离子束辅助沉积（IBAD）、溅射、化学气相沉积（CVD）、金属有机物沉积（MOD）、金属有机化合物化学气相沉积（MOCVD）、热蒸发、溶胶-凝胶法、喷涂层、浸涂和液相工艺等。第2代高温超导材料制备过程如图6-62所示。

目前，国内的上海超导、上创超导和苏州新材料研究所等单位，采用不同的技术路线，都能制备实用REBCO。

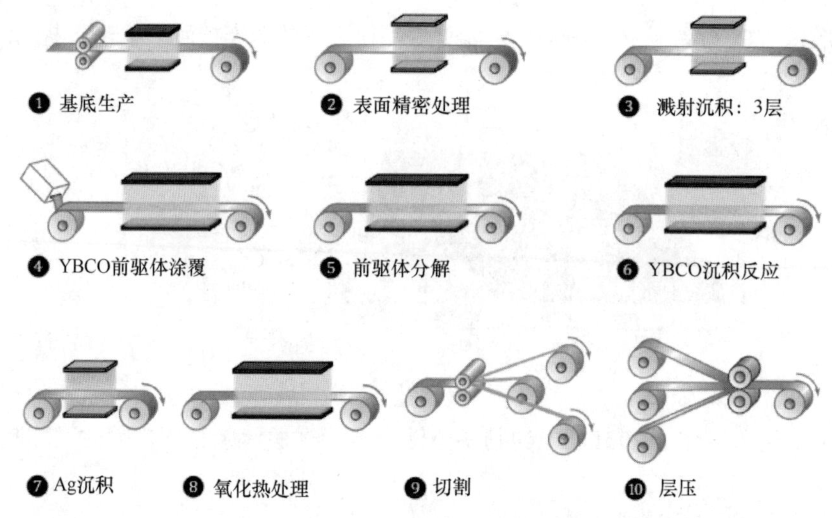

图 6-62　第 2 代高温超导材料制备过程[34]

与 1G HTS 相比，2G HTS 使用贵金属 Ag 非常少，因此节省了原材料成本。2G HTS 在制备工艺上也有 1G HTS 不可比拟的优势，例如宽度可调等。与 1G HTS 相比，在高磁场及高温下 2G HTS 具有更高的载流能力。此外，2G HTS 的载流能力（约 3 MA/cm^2）还具有远高于 1G HTS 的载流能力（约 50 kA/cm^2）。这些特征使 2G HTS 率先应用于电力输运、超导限流器、超导变压器等方面[34]。

6.3　超导磁体简介

超导材料能无损耗承载大电流，因此自被发现伊始就被考虑用于制造磁体。1912 年，昂内斯用 Pb 丝绕制了第一个超导磁体，如图 6-63（a）所示。由于 Pb 的上临界磁场强度 H_{c2} 较低，实验并未成功。1913 年，昂内斯提出建造磁感应强度高达 10 T 的超导磁体。然而，直到 20 世纪 50 年代初，具有较高上临界磁场强度 H_{c2} 的第Ⅱ类超导材料被发现，随后超导磁体研制才被重新提上日程。1954 年，Yntima 成功制作了世界上第一个超导磁体，由 4296 匝 Nb 丝（d = 0.05 mm）外缠绕 183 匝 Cu 丝构成。Yntima 通过采用 Nb 丝缠绕在铁芯上获得了 0.7 T 的磁感应强度，如图 6-63（b）所示[3]。此项研究还发现经冷变形的 Nb 能承载更大的电流，这也是早期发现超导体中的缺陷能充当磁通钉扎中心从而提高临界电流密度 J_c 的实例。

1961 年，Bell 实验室的 Kunzler 等人的研究表明，Nb_3Sn 超导材料能制造 10 T 以上的高场超导磁体。1964 年，Coffey 等人制作了磁感应强度高达 9.2 T 的超导磁体，采用了 3 层结构，外两层采用了 Nb-Zr 超导材料，提供 5 T 磁场，内层采用 Nb-Ti 超导材料。20 世纪 60 年代，由于采用了 Sn 扩散或 CVD 在 Hastelloy 合金基带上生长 Nb_3Sn 的超导体，磁通跳跃导致超导磁体极不稳定。到 20 世纪 70 年代，以稳定的 Cu 为材料的多芯 Nb_3Sn 和 Nb-Ti 复合超导体的出现，使稳定、高场超导磁体制造成为可能。随后，采用多层（Nb-Ti/Nb_3Sn）结构的高场超导磁体（>20 T）实现了商业化。随着实用高温超导材料的出现，更高磁场（>22 T）的超导磁体也已商业化。近年，美国强磁场中心采用多层

Nb-Ti\Nb_3Sn\YBCO 结构制作了磁场高达 32 T 的超导磁体。国内，中国科学院电工研究所也研制了类似的高场磁体。

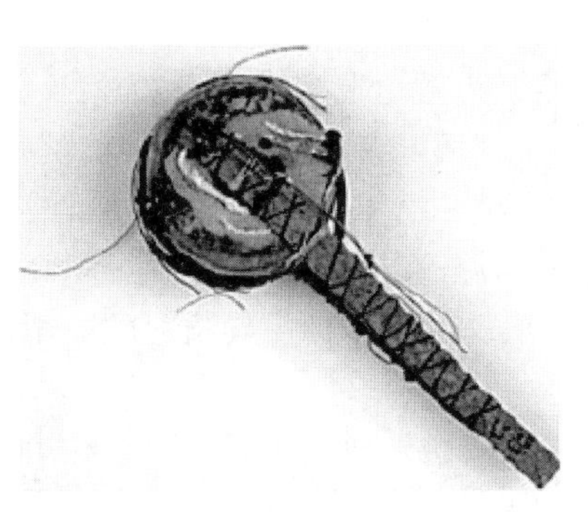

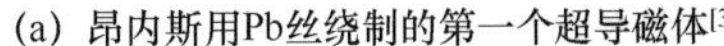

(a) 昂内斯用Pb丝绕制的第一个超导磁体[3]

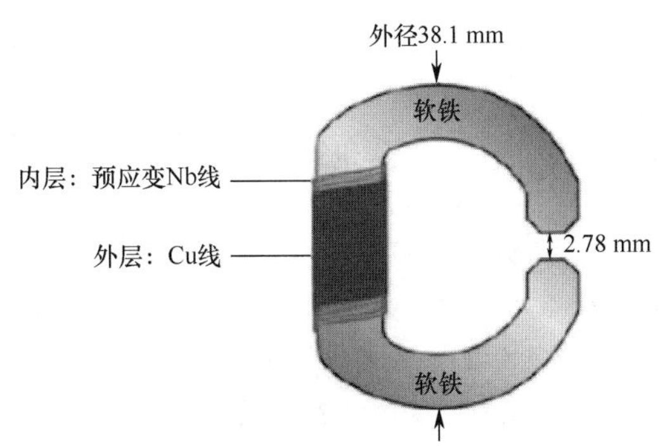

(b) Yntima成功制作的第一个超导磁体[3]

图 6-63　早期超导磁体示意图

6.3.1　超导磁体的应用

超导磁体在基础科学、高能粒子加速器及探测器、磁约束聚变反应装置、医学成像、磁悬浮轨道交通和磁分离等领域都有广泛应用。

6.3.1.1　科研用强磁场磁体

原子核自旋、核外电子自旋及轨道运动都会与磁场发生相互作用。强磁场可用来开展基础科学研究。自 1960 年美国麻省理工学院（MIT）建成世界上第一个强磁场实验室（FBNML），欧洲、日本和中国都先后建立了多个强磁场实验室。

产生强磁场的装置主要分为三类，即电阻式磁体、超导磁体，以及由二者组合的混合磁体。1965 年，牛津大学的 Wood 和 MIT 的 Montgomery 首次提出混合磁体概念，即通过在水冷电阻磁体外围组装超导线圈制造磁体。2000 年，美国佛罗里达州立大学国立强磁场中心（NHMFL）的混合磁体产生了高达 45 T 的稳态磁场，其内水冷磁体产生 31 T，外超导磁体产生 14 T。2016 年，中国科学院强磁场科学中心的混合磁体产生了高达 40 T 的稳态磁场，其内水冷磁体产生 30 T，外超导磁体产生 10 T。随后，混合磁体磁场进一步提高至 45 T 以上，在世界 5 大稳态强磁场中位居第二。

除了稳态强磁场外，各国还建立了脉冲强磁场科学装置。这类装置的磁感应强度可以远高于稳态磁体的，如我国武汉建立的脉冲强磁场装置最高磁感应强度可达 94.8 T，位居世界第三。

6.3.1.2　磁悬浮

磁悬浮技术应用主要包括磁悬浮轨道交通和磁悬浮轴承飞轮储能。

磁悬浮轨道交通技术依赖车体与轨道之间的电磁力而非机械接触力平衡车体重力，因此可以消除接触摩擦磨损。当辅以推进和侧向导航系统后即可实现高速运行。

磁悬浮技术主要有电磁悬浮、电动悬浮和混合电磁悬浮三种，如图 6-64 所示。

电磁悬浮是靠安装在车体上的电磁铁与磁性轨道之间的电磁吸引力实现悬浮的，可静止悬浮。电磁悬浮主要分为悬浮和导航一体式以及悬浮和导航分离式，如图 6-64（a）所示。

德国 TR 系列高速电磁悬浮列车即采用此技术，目前最高试验速度达 505 km/h。国内上海高速磁浮示范线采用此类技术，最高运行速度 430 km/h。

电动悬浮靠列车运动式车载磁体磁力线切割轨道线圈（或感应板）产生感应电流，二者之间相互作用产生磁升力，如图 6-64（b）所示。磁升力随速度增加而增大。当列车达到一定速度时磁升力可平衡车体，实现悬浮。以超导磁体为车载的超导电动悬浮具有更多的优势。日本山梨、宫崎两条试验线均采用了超导电动悬浮技术，超导磁体采用了液氦冷却的 Nb-Ti 超导材料。2007 年，日本还开展了采用 Bi 系高温超导替代 Nb-Ti 超导材料的超导电动悬浮技术，实现了 553 km/h 的试验速度。2015 年，采用 Nb-Ti 超导材料的山梨试验线上实现了 603 km/h 的高速载人运行。

电磁悬浮使用电磁体，耗能较高。为此，使用部分永磁体替代电磁悬浮系统中的电磁体，从而发展了混合电磁悬浮技术，如图 6-64（c）所示。

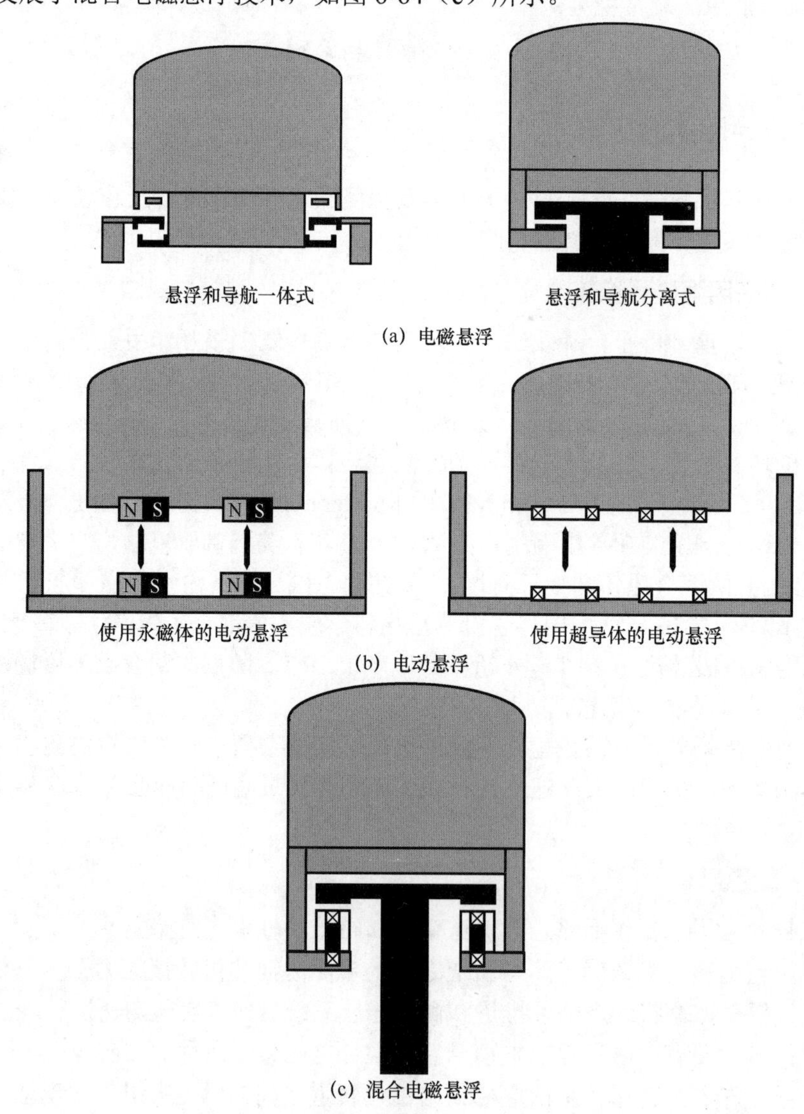

图 6-64 电磁、电动和混合电磁悬浮示意图[37]

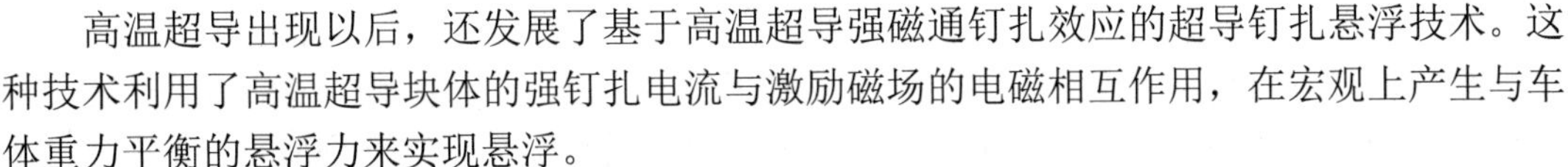

高温超导出现以后，还发展了基于高温超导强磁通钉扎效应的超导钉扎悬浮技术。这种技术利用了高温超导块体的强钉扎电流与激励磁场的电磁相互作用，在宏观上产生与车体重力平衡的悬浮力来实现悬浮。

6.3.1.3　储能系统

超导磁体还用于磁悬浮轴承飞轮储能系统。磁悬浮轴承是利用电磁相互作用使高速转子悬浮的高性能轴承。当超导体处于超导态时，具有抗磁性和磁通钉扎特性。利用抗磁性可实现悬浮功能，而磁通钉扎性则可提供钉扎力，使转子稳定旋转。相对于机械轴承，超导磁悬浮轴承具有机械磨损小、能耗低、噪声小、寿命长以及无油污染等优点。高速磁悬浮轴承可用于储能。1997 年，美国开发了超导磁悬浮轴承储能系统，其定子采用超导材料，飞轮质量达 164 kg，最高转速可达 25 000 r/min，储能达 5 kW · h。德国开发了高温超导飞轮储能系统，储能也达 5 kW · h。韩国开发了储能达 10 kW · h 的超导飞轮储能系统。

6.3.1.4　磁分离

磁分离是利用磁力进行物质分离的技术。目前的磁分离装置主要包括两种类型：一种是利用磁力有选择性地使流动粒子流中磁性颗粒偏转从而实现分离目的，即所谓开梯度磁分离技术。开梯度磁分离技术常采用磁鼓装置，如图 6-65（a）所示。另外一种是利用高磁场梯度将待选颗粒吸附在所采用的磁化介质上，即所谓的高梯度磁分离技术。高梯度磁分离技术常采用 Kolm-Marston 型分离器，如图 6-65（b）所示。相对于永磁体和电磁体，超导磁体应用于磁分离具有明显的优势。超导磁分离已经用于贫矿富集、稀有金属及贵金属提纯、高岭土提纯、煤脱硫、污水处理等领域。

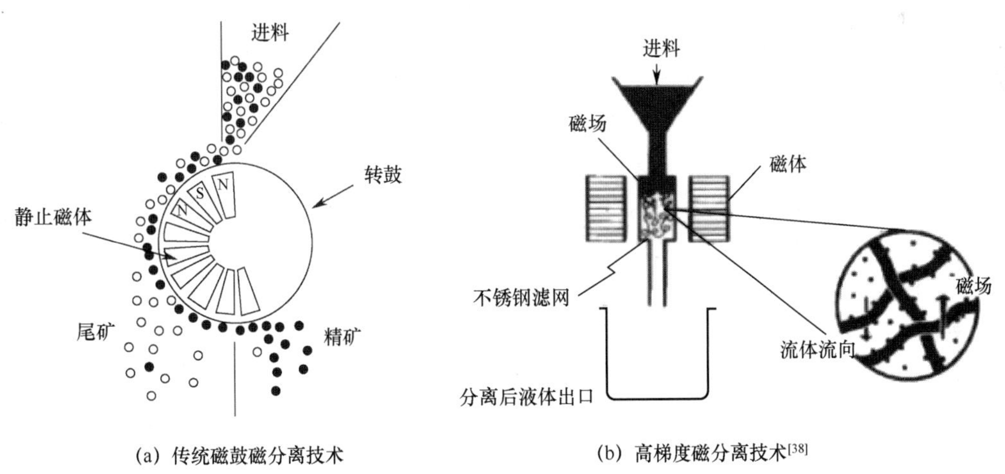

(a) 传统磁鼓磁分离技术　　(b) 高梯度磁分离技术[38]

图 6-65　传统磁分离和高梯度磁分离

美国 Eriez 公司开发了磁感应强度为 3 T、处理量为 10 t/h 的高岭土磁分离机。美国、日本等还开发了利用高温超导材料制造的超导磁分离装置。中国科学院理化技术研究所开发了超导磁分离污水处理设备并实现了商业化。

6.3.1.5　核磁共振技术

核磁共振（NMR）技术的应用主要包括核磁共振成像（MRI）和核磁共振波谱（Magnetic

Resonance Spectroscopy，MRS）。

原子核具有自旋运动。根据量子力学理论可知，一些原子核具有非零的自旋核磁矩，如质子数和中子数都为奇数的原子核，自旋量子数 I 为整数，而质子数和中子数有一个为奇数，另外一个为偶数的原子核，自旋量子数 I 为半整数。当原子核中质子数和中子数都为偶数时，其自旋量子数 I 为零。通常情况下，物质中的原子核自旋磁矩取向杂乱无章，因此总原子核自旋磁矩矢量和为零。当原子处于外加均匀磁场 H_0 中时，由于磁力作用原子核自旋磁矩将沿外场方向或反方向取向，此时物质宏观体积内原子核自旋磁矩矢量和不再为零。除了自旋，原子核还绕外磁场进动，即拉莫尔进动（Larmor precession），其进动频率 $f_0=\gamma H_0$，其中 γ 为磁旋比，如图 6-66 所示。对于质子，磁旋比为 42.58 MHz/T；而对于 ^{13}P 和 ^{13}C，则磁旋比分别为 17.25 MHz/T 和 10.71 MHz/T。

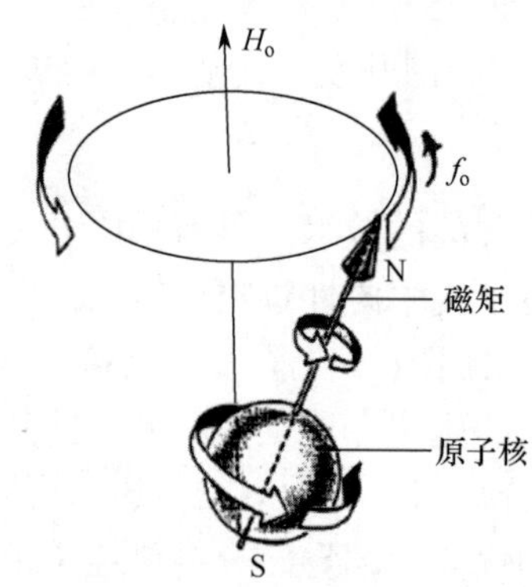

图 6-66　原子核自旋与拉莫尔进动示意图

若沿外磁场方向施加射频电磁波，满足射频频率等于原子核的进动频率，且射频电磁波能量的变化与原子核自旋同步（满足相位条件），则原子核在进动的同时能吸收电磁波的能量（产生了核磁共振现象）。当核磁共振发生后，原子核在外磁场中的能量增加，自旋核磁矩与外磁场方向夹角增大，原子核跃迁到较高能级。宏观上表现为自旋核磁矩与外场夹角不再为零。当撤掉射频电磁波后，原子核能量释放，原子核自旋磁矩就向外磁场方向或反方向偏转，此过程称为弛豫过程。此变化过程中，在垂直外磁场方向设置一射频信号接收线圈，通过测量线圈内产生的感生电动势变化，就能反映原子核的上述过程。

1946 年，Purcell 和 Bloch 分别发现了上述核磁共振现象。1950 年，美国瓦里安（Varian）公司生产了第一台商业化核磁共振仪。目前，NMR 已广泛用于物质结构研究。当前 NMR 普遍使用的磁体具有标准孔径为 54～89 mm，磁感应强度为 2.35～23.1 T，对应频率为 200～1000 MHz。2019 年，布鲁克（Bruker）开发了 1.2 GHz NMR（28.2 T）。

NMR 对超导磁体要求极高，如要求直径 30 mm 的球形范围内磁场均匀度小于 1×10^{-7}。核磁共振技术对超导磁体的时间稳定性也有较高的要求，对固体 NMR 和 MRI，要求时间稳定性小于每小时 1×10^{-7}；对液体 NMR，则要求时间稳定性小于每小时 1×10^{-8}。

当前，高磁场 NMR 超导磁体主要采用 Nb_3Sn 超导材料。此外，实用高温超导材料也可用于 NMR，950～1000 MHz NMR 已商业化。由于极大提高了共振谱线的分辨率，因此可用于分析和确定蛋白质以及其他高分子材料的结构。目前，1 GHz 以下的 NMR 磁体主要使用低温超导材料，而 1 GHz 以上的 NMR 磁体使用低温超导材料和高温超导材料；完成或在建的 1 GHz 以上 NMR 共有 4 个，即 NIMS、Bruker BioSpin、NHMFL 和 MIT/FBML。此外，世界范围内还在积极开发 1.3 GHz NMR 系统以用于新型药物和遗传变异的研究。NMR 发展及采用超导材料类型如图 6-67 所示。

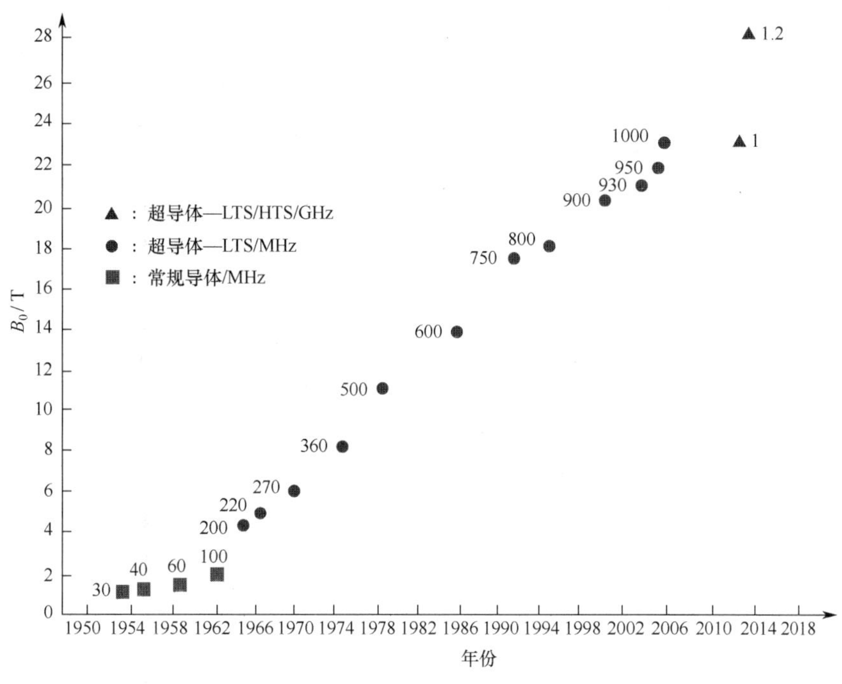

图 6-67 NMR 发展及采用超导材料类型

1973 年，Lauterber 利用核磁共振技术首次获得了自旋核密度成像。1974 年，Hoult 对生物体标本进行了 ^{31}P 波谱测定。1980 年，首台用于临床诊断的核磁共振成像设备投入使用。目前，MRI 已广泛用于医学诊断和研究。对于医用 MRI 磁体，不仅要求较大的室温孔径且磁场均匀度在 450 mm DSV 内小于 1×10^{-5}。当前，磁感应强度 1.5～3.0 T 的 MRI 已经普及医学商用。磁感应强度 7 T 以上的 MRI 也已经投入使用。磁感应强度 9.4 T MRI 仅美国、德国等少数国家拥有，主要用于动物及人神经与代谢医学研究。2020 年，欧洲建造了磁感应强度 11.75 T MRI（ISEULT/INUMAC），其室温孔径 900 mm，将用于人脑神经科学研究[39]。磁感应强度 11.75 T MRI 超导磁体采用了超流氦冷却的 Nb-Ti 超导材料。此外，中国、德国和韩国都已开始开展磁感应强度 14.1 T MRI 的相关研究。

6.3.1.6 高能加速器和对撞机

高能加速器是指通过加速电子、质子等粒子，发生核反应以研究物质内部结构的装置。在加速器中，为使粒子在固定的轨道上运动，需施加主导磁场以引导粒子运动。超导磁体相对常规永磁或电磁体能产生更高的磁场，因此能有效降低加速环半径，降低电能消耗和运行成本。

加速器磁体按功能主要分为二极和四极磁体两种。二级磁体功能在于使粒子偏转，除了要求产生一定的磁场强度，还要求束流孔内磁场高均匀度（10^{-4}）。四极磁体功能在于对粒子束聚焦，要求在束流孔径产生量级达 10^1～10^2 T/m 的磁场梯度。在加速器环上通常分布数千至上万个二极和四极磁体。为稳定粒子束流，还需要高阶磁体，如六极磁体、八极磁体等。此外，为产生高亮度同步辐射光源或自由电子激光，还需要波荡器磁体和扭摆器（Wiggler）磁体。

世界上第一台超导加速器是美国费米实验室的太伏质子加速器（Tevatron），其能量达 0.9 TeV（1 TeV $=10^{12}$ eV）。在周长 6.28 km 的环上安装了 774 个超导二极磁体和 216 个超导四极磁体。二极磁体长 6.3 m，中心磁感应强度 4.5 T。冷却超导磁体所需液氦由一台 5000 L/h 氦液化器供应。该系统完成于 1983 年，1985 年正式运行。

1984 年，德国开始建造质子–电子对撞机（HERA），其质子环二极和四极磁体全部采用超导磁体。质子环能量达 0.82 TeV。在 6.3 km 的质子环上安装了 422 个长 9 m 的二极磁体和 224 个四极磁体。二极磁体中心磁感应强度 4.65 T。四极磁体在ϕ50 mm 的束流孔内磁感应强度梯度为 90.18 T/m。超导磁体总储能达 344 MJ。HERA 已于 1990 年完成。

2008 年，LHC 建成，能量高达 7 TeV。LHC 在长 27 km 的环上安装有 1700 多个主超导磁体（含 1276 个二极磁体和 425 个四极磁体）和 8000 个校正超导磁体。超导磁体采用了超流氦冷却的 Nb-Ti 超导材料，使用了 400 吨 Nb-Ti 锭。这些磁体的制造为超导磁体的量产积累了丰富经验。LHC 超导磁体总储能达 15 GJ（含探测器超导磁体储能 4.5 GJ）。LHC 还大量使用了Bi系高温超导材料用于电流引线，其中1180个13 kA 电流引线使用了Bi-2223超导带材[40]。LHC 计划于 2020 年左右开始亮度升级（HL-LHC），二极磁体和四极磁体磁感应强度须达到 11～13 T 范围。2030 年左右开始能量升级（HE-LHC），二极磁体和四极磁体磁感应强度应达到 16～20 T 范围[41]。为此，CERN 开展了大量 Nb_3Sn 高磁场性能相关研究。2013 年，CERN 还启动了未来环形对撞机（FCC-hh，FCC-ee）计划，质子能量将达 100 TeV，周长 100 km，二极磁体中心磁感应强度 16 T。其中二极磁体磁感应强度如能达到 20 T，则周长可减至 80 km 左右。这对超导材料高磁场特性提出了更高要求。

6.3.1.7 粒子探测器

探测器需要有一个大口径的磁体以在其内部的空间产生强磁场。1969，美国阿贡国家实验室就为其气泡室建造了一个直径数米、中心磁感应强度达 1.8 T 的超导磁体。CERN 的 DELPHI 探测器超导磁体线圈内径 5.2 m、中心磁感应强度达 1.2 T。DELPHI 探测器采用了铝稳定的 Nb-Ti 超导线。目前世界上已有数十台此类超导磁体探测器，口径都达数米、储能在 10～100 MJ 量级。这些超导磁体探测器都是螺线管式。

LHC 的探测器包括 ATLAS、CMS、LHCb 和 ALICE。ATLAS 是其中最大的超导磁体探测器，总长超过 40 m，直径超过 20 m，质量超过 7000 吨。CMS 较小，但它是一个高储能（约 2.7 GJ）螺线管超导磁体，储能仅次于目前在建的 ITER 装置。

6.3.1.8 磁约束核聚变装置

目前研究的可控核聚变方式主要有惯性约束核聚变和磁约束核聚变两种。

惯性约束核聚变（Inertial Confinement Fusion，ICF）是利用高功率激光或粒子束轰击热核燃料（氘氚）微型靶丸。由于惯性，在极短的时间内靶丸表面在高功率激光或粒子束作用下发生电离和消融而形成包围靶心的高温等离子体。等离子体膨胀向外爆炸的反作用力会产生极大的向心聚爆的压力（1×10^{10} atm）。在此压力下，氘氚等离子体被压缩到极高的密度和温度，达到聚变反应所需要的条件——劳森判据（Lawson Criterion），从而引发核聚变反应并释放巨大能量。

我国著名科学家王淦昌独立地提出用激光打靶实现核聚变的设想，是激光惯性约束磁约束核聚变理论和研究的创始人之一。目前已有多个惯性约束核聚变研究装置，如美国的国家点火装置（NIF）、法国兆焦激光装置（LMJ）、日本 GIKKO Ⅻ等。这些装置大多使用高功率激光轰击热核燃料。

磁约束核聚变（Magnetic Confinement Fusion，MCF）依靠强磁场将低密度高温等离子体约束足够长时间以使氘氚等离子体达到聚变反应所需的条件。磁约束核聚变是目前最有希望实现可控热核聚变的方式。

磁约束热核聚变装置有多种设计，如托卡马克（Tokamak）、仿星器（Stellarator）、磁镜等。目前最受关注的磁约束核聚变装置是苏联科学家于 20 世纪 50 年代发明的托卡马克型，其结构如图 6-68（a）所示，其次是仿星器型。仿星器型磁约束核聚变装置结构复杂，制造非常困难。仿星器磁约束核聚变实验装置如日本的 LHD 和德国的 W7-X，分别如图 6-68（b）和 6-68（c）所示。

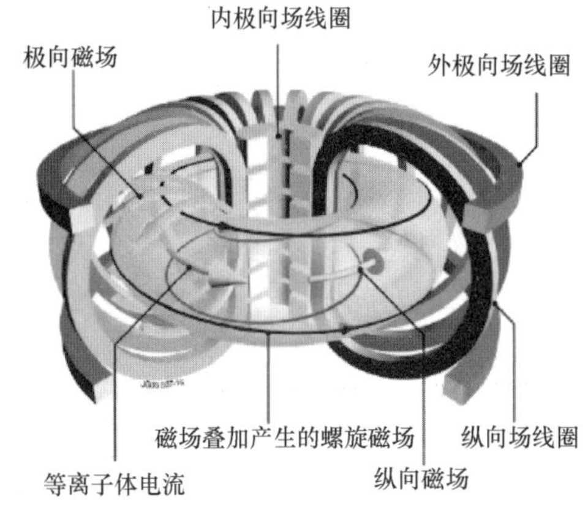

(a) 磁约束核聚变（托卡马克型）示意图

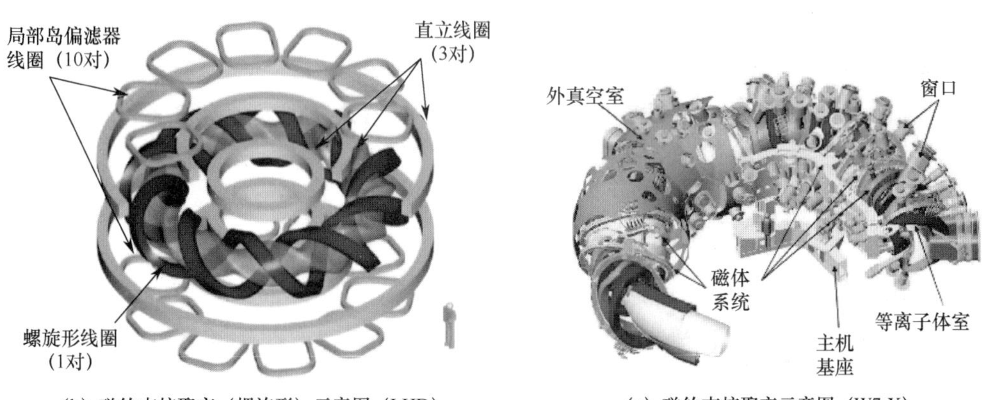

(b) 磁约束核聚变（螺旋形）示意图（LHD）　(c) 磁约束核聚变示意图（W7-X）

图 6-68　几种典型的磁约束核聚变装置结构

对磁约束核聚变，磁感应强度越高越有利于聚变反应。超导磁体相对传统永磁或电磁体具有无与伦比的优势。磁约束热核聚变装置对超导体的要求如图 6-69 所示。

目前多个托卡马克型装置使用了超导磁体，如苏联（俄罗斯）T-7 和 T-15、法国 Tore

Supera 等。中国的 EAST 是第一个全超导托卡马克装置，超导磁体采用了 Nb-Ti 超导材料。韩国的 KSTAR 也是全超导托卡马克装置，超导磁体使用了 Nb_3Sn 和 Nb-Ti 超导材料。日本的 JT-60SA 是 JT-60 的升级版，也是全超导托卡马克装置。

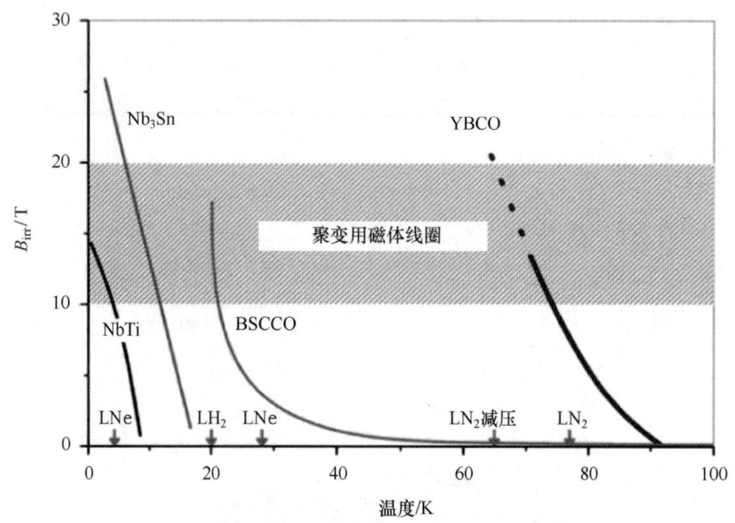

图 6-69　磁约束热核聚变装置对超导体要求示意图

目前在建的国际热核实验堆（ITER）也是全超导托卡马克装置。ITER 是国际科研合作项目，由欧盟、美国、中国、日本、韩国和印度共同承担，建造地址在法国南部的卡达拉舍。ITER 聚变功率达 500 MW。ITER 磁体系统总重上万吨，总储能 51 GJ，使用了 650 余吨 Nb_3Sn 和 200 余吨 Nb-Ti 超导股线。

各国的磁约束核聚变发展路线都基于实验装置、示范装置和商业堆过程。当前，欧盟、日本、韩国等都在积极进行示范装置的设计。示范装置聚变功率普遍将达 1 GW 以上。我国已经开始了中国聚变工程实验堆（CFETR）的工程设计。下一代磁约束聚变装置都会使用超导磁体，且要求磁感应强度 15 T 甚至更高。为此，国内外正开展高性能超导体的研究。这些研究主要包括高磁场 Nb_3Sn 和高温超导材料。高温超导材料可使磁体工作温度提升至 20 K，这极大地提高了磁体运行温度裕度（2 K 左右），而对 ITER TF，其为 0.7 K。此外，还能极大降低制冷成本。比如 ITER，其 4.2 K 制冷量高达 75 kW，应用电功率超过 25 MW。

6.3.2　小型超导磁体设计简介

6.3.2.1　超导材料选择

超导材料选择是磁体设计需要首先解决的问题。一般需要综合考虑超导材料性能、价格、制造工艺成本以及冷却方式等因素。

表 6-14 列出了不同稳态磁场超导磁体特征。

表 6-14　不同稳态磁场超导磁体特征

磁感应强度	冷 却 方 式	超 导 材 料
9 T 级	液氦（4.2 K）或传导冷却	Nb-Ti
12 T 级	超流氦（2.2 K）	Nb-Ti

（续表）

磁感应强度	冷 却 方 式	超 导 材 料
20 T 级	液氦（4.2 K）	外层线圈：Nb-Ti 内层线圈：Nb_3Sn
32 T 级	液氦（4.2 K）	外层线圈：Nb_3Sn 内层线圈：HTS
40 T 级	液氦（4.2 K）	外层线圈：Nb_3Sn 内层线圈：水冷常规磁体线圈

进行超导磁体设计时，还需考虑以下因素：

（1）冷却介质及方式，主要包括低温制冷剂（如液氦、液氖、液氮）浸泡冷却、制冷剂迫流冷却、制冷机传导冷却等。几种超导磁体冷却方式示意图如图 6-70 所示。对聚变等大型高磁场超导磁体，由于高辐射热及交流损耗，常采用套管电缆导体（CICC）及迫流冷却，如图 6-71 所示。

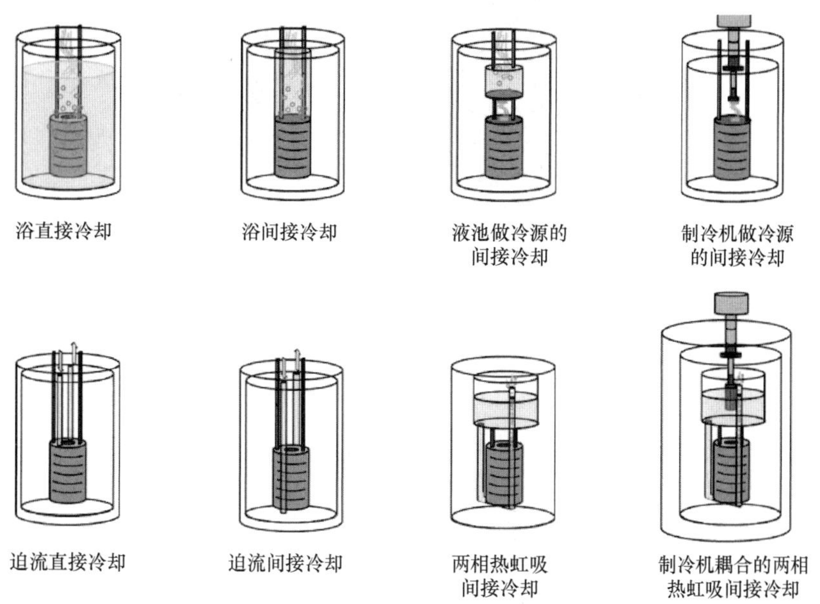

图 6-70　几种超导磁体冷却方式

图 6-71　内冷 CICC 示意图

（2）对 Nb_3Sn 超导磁体，需考虑“缠绕后反应”工艺对绝缘系统以及 CC 铠甲结构材料的影响。

（3）超导材料与结构支撑和绝缘系统热膨胀系数失配导致室温至磁体运行温度的降温过程产生热应力的因素。

（4）洛伦兹力影响，对螺线管线圈产生的环向应力。

（5）超导材料的应变效应。

（6）绝缘系统及工艺。

（7）失超因素分析，冷却不充分、电流过大、电流增加速率过高等因素都会引起失超。超导磁体储能较大（可达 MJ 甚至 GJ 级），失超时极易损坏超导线圈等部件，如图 6-72 所示。超导磁体需要设计可靠的失超探测及保护系统。

图 6-72　失超引起加速器磁体线圈损坏

6.3.2.2　螺线管超导磁体

最常用的实验室磁体是中心螺线管磁体，可以由单一同轴螺线管磁体线圈或分列式螺线管磁体线圈组成，分别如图 6-73（a）和图 6-73（b）所示。对于分列式螺线管磁体，应特别注意线圈之间的相互作用力并以此设计可靠的结构支撑。对使用单一电源的分列式螺线管磁体，电流引线接头电阻应尽量小（$<10^{-8}$ Ω）。对 Nb-Ti 和 Nb_3Sn 超导材料，通常选用 Cu 稳定的多芯复合超导股线。多芯结构有利于阻止超导磁通跳跃以及交流损耗。对低损耗磁体，可选用单芯复合超导线。单芯复合超导线还有利于降低接头电阻（可达 10^{-14} Ω 或更低）。

有时，还需要设计特别功能的线圈以补偿或提高磁场均匀度，如补偿螺线管磁体线圈［如图 6-73（c）所示］、匀场线圈、消场线圈等。

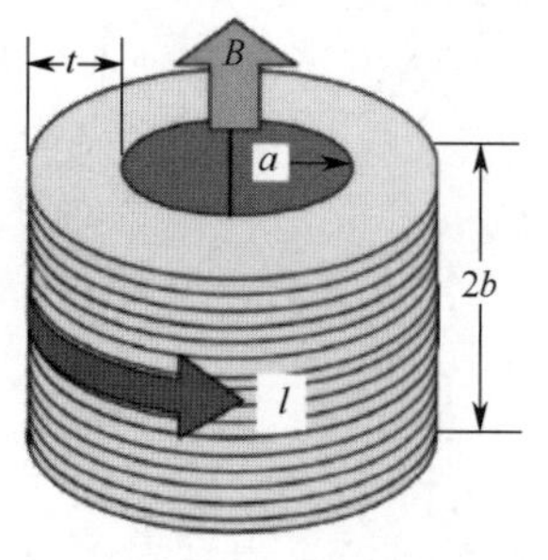

(a) 简单螺线管磁体线圈

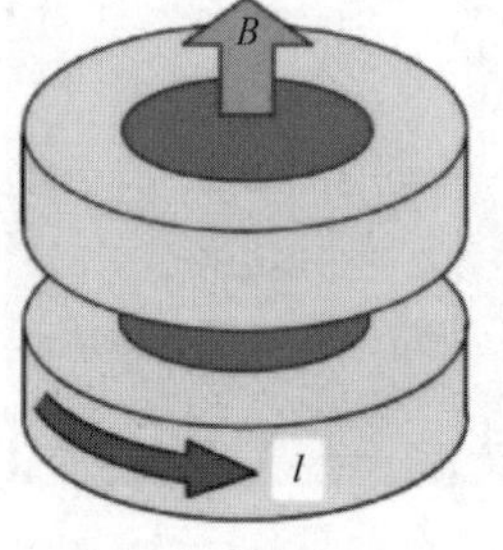

(b) 分列式螺线管磁体线圈

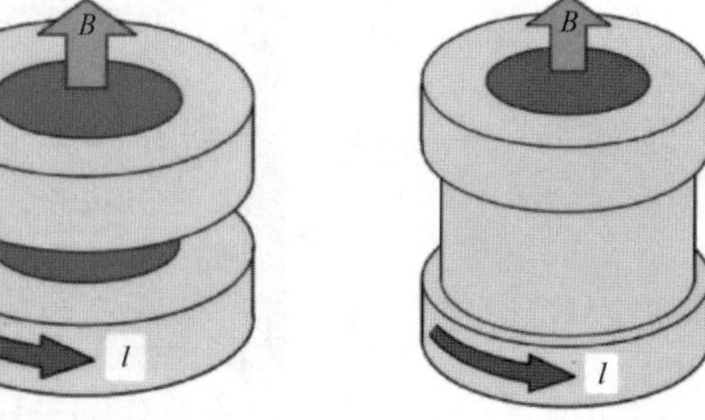

(c) 带补偿的螺线管磁体线圈[8]

图 6-73　螺线管线圈示意图

如前所述，超导材料性能主要包括临界温度 T_c、临界电流密度 J_c 以及上临界磁场强度 H_{c2} 三个参数。满足一定条件才能保证超导材料处于超导态。然而，为保证磁体可靠，磁体实际运行时超导材料远低于上述临界状态，即需要充分满足运行裕度以确保稳定。如图 6-74 所示，运行裕度设计的一般原则包括：

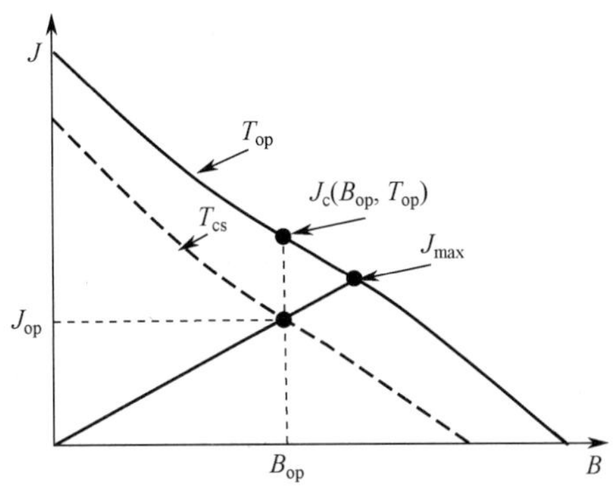

图 6-74　磁体设计曲线[42]，中心磁感应强度 B_{center} 与运行温度 T_{op} 关系

（1）电流裕度 i，即运行电流密度 J_{op} 与临界电流密度 J_c 之比，$i = J_{op}/J_c(B_{op}, T_{op})$。

（2）磁体加载线 l 裕度，即运行电流 J_{op} 与临界电流 J_{max} 之比，临界电流 J_{max} 为磁体加载线 l 与临界电流面的交点，$J_{max} \equiv J_c(tJ_{max}, T_{op})$。

（3）温度裕度 ΔT，即运行温度 T_{op} 与分流温度 T_{cs} 之差，分流温度 T_{cs} 通过在磁体运行磁感应强度以及电流下测试得到，$\Delta T = T_{cs}(J_{op}, B_{op}) - T_{op}$。分流温度是当运行电流密度等于临界电流或者 $J_{op} = J_c(B_{op}, T_{cs})$ 时对应的温度。

设计时通常选 $i\approx0.5$，$l\approx0.8$，$\Delta T>0.5$ K。

Nb-Ti、Nb_3Sn、MgB_2、Bi-2212/Bi-2223 和 YBCO 磁体设计中心磁感应强度 B_{center} 与运行温度 T_{op} 的关系分别如图 6-75（a）～图 6-75（e）所示。

有时还采用能量裕度衡量超导磁体的稳定性，能量裕度定义为：使超导材料转变为正常态所需的能量。能量裕度与磁体系统热沉积的时间和空间相关。因此，设计时能量裕度值应大于磁体运行时各系统所产生能量并考虑时间特性。由于“低温热岛”效应（在低温下由于材料热导变小、比热变小导致的微小热量引起局部温度迅速升高），当磁体运行时电磁力导致的导体微小移动、绝缘材料开裂等产生的热量都足以引起超导材料发生转变。

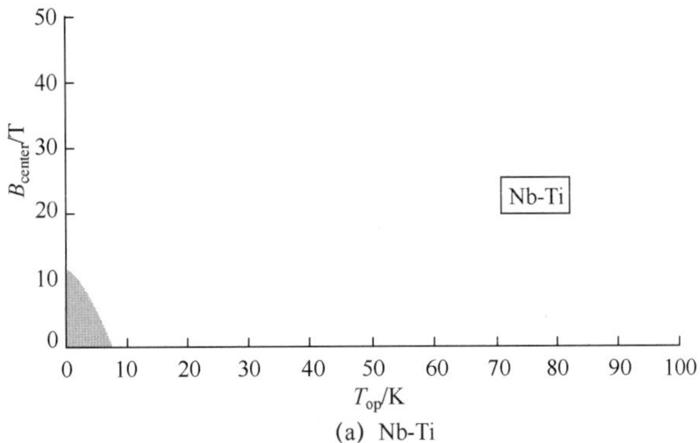

(a) Nb-Ti

图 6-75　不同超导材料磁体设计中心磁感应强度 B_{center} 与运行温度 T_{op} 的关系

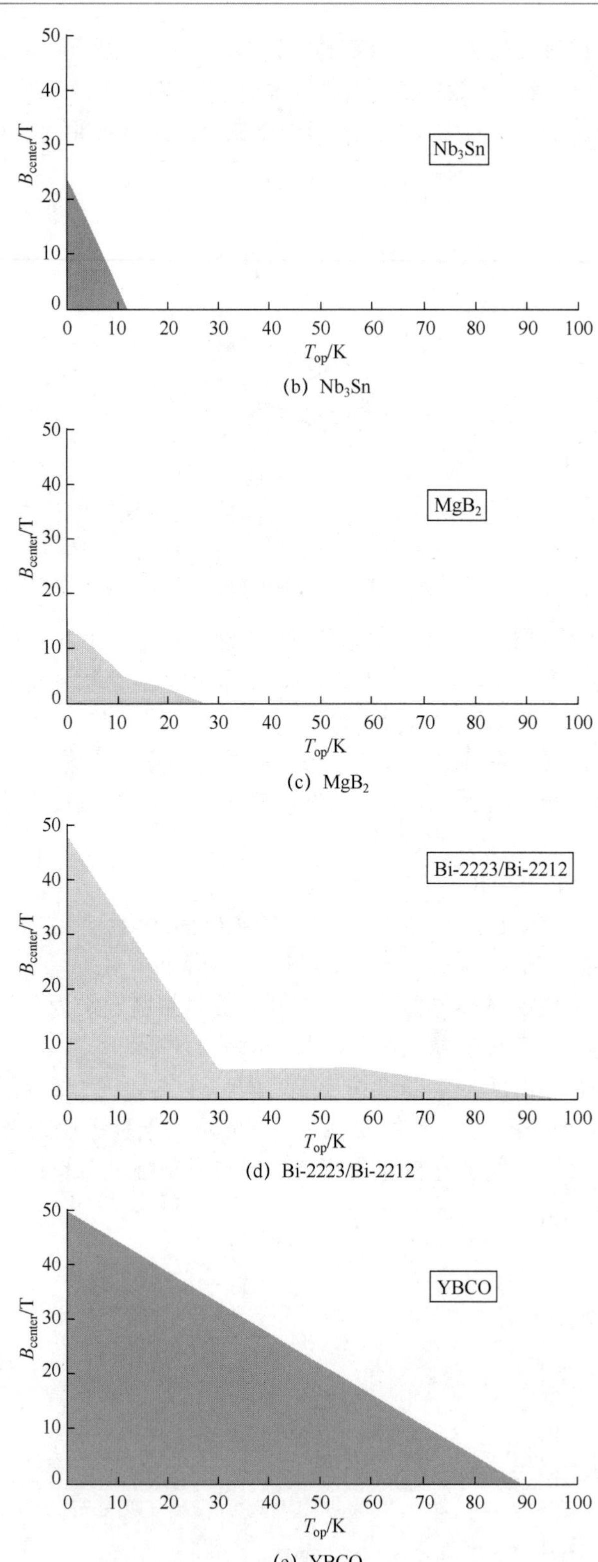

(b) Nb_3Sn

(c) MgB_2

(d) Bi-2223/Bi-2212

(e) YBCO

图 6-75　不同超导材料磁体设计中心磁感应强度 B_{center} 与运行温度 T_{op} 的关系（续）

考虑如图6-76所示的一螺线管线圈，线圈内径 $2a_1$，线圈外径 $2a_2$，电流 I，中心磁感应强度 B_0，最大磁感应强度 B_M。最大磁感应强度 B_M 出现在线圈内侧中心。对于无限长螺线管，中心磁感应强度为

$$B_0 = J\lambda a_1 F(\alpha,\beta) \tag{6-19}$$

式中，B_0 是中心轴向磁感应强度，J 是导体电流密度，λ 为几何因子（螺线管线圈纵切面上导体面积与线圈面积之比，通常为0.7～0.9，与绝缘结构相关），$\alpha = a_2/a_1$，$\beta = 2l/2a_1 = l/a_1$，$F(\alpha,\beta)$ 为场因子、形状因子或Fabry参数，且有

$$F(\alpha,\beta) = \mu_0\beta\ln\left[\frac{\alpha+(\alpha^2+\beta^2)^{\frac{1}{2}}}{1+(1+\beta^2)^{\frac{1}{2}}}\right] \tag{6-20}$$

磁体设计时首先依据所需工作孔径（室温或低温）确定线圈内径 $2a_1$。结合所需中心磁感应强度 B_0，依据前述原则并结合超导材料 I_c–B 曲线确定电流密度 J。依据绝缘系统设计确定几何因子 λ，对于简单绝缘结构，通常在0.7至0.9之间。由此可确定 $F(\alpha,\beta)$。注意，对同一 $F(\alpha,\beta)$ 值，对应多个 α 和 β 的组合，如图6-77所示。有时依据最小体积原则确定 α 和 β 值。然而，这种选择常常导致短、粗线圈结构，这不利于磁场均匀性且耗费导体材料。为获得均匀磁场，一般选用较高 β 值。

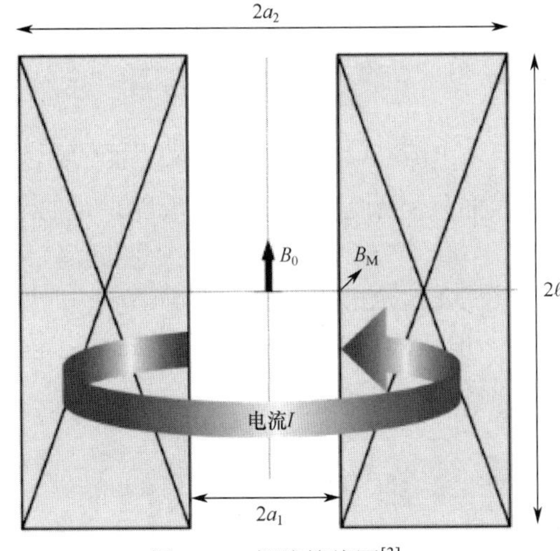

图6-76 螺线管线圈[3]

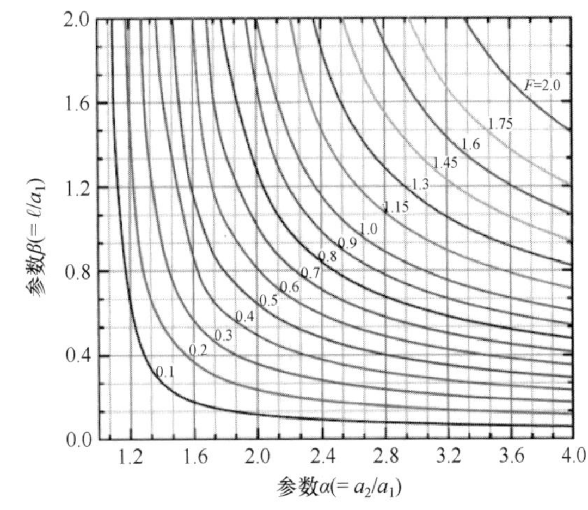

图6-77 $F(\alpha,\beta)$ 函数[3]

6.3.2.3 稳定

在实际应用中，超导体内磁通跳跃、超导体移动、绝缘材料开裂等都会产生热量并使局部温度升至临界温度 T_c 以上，从而使线圈从超导态转变为正常态。如不加以控制，局部失超会迅速传播并导致宏观大范围失超。随后会导致电流降低，然而，电流的变化会产生电势，其值为 $L\times(dI/dt)$，L 为系统的电感。电流衰减产生的焦耳热功率为 I^2R。超导体局部失超时，相应区域从零电阻的超导态变为电阻为有限值的正常态。这种超导材料局部由超导态到正常态的转变会在整个线圈迅速传播，导致磁体失超。失超传播速度与超导材料相关，低温超导材料失超传播速度高于高温超导材料。

引起失超的主要因素如表6-15所示。

表 6-15　引起超导磁体失超的因素[7]

类　型	原　因
机械因素：洛伦兹力、热应力	导体移动
	结构变形
	绝缘基体开裂
	绝缘结构脱离
电磁作用：随时间变化的电流/磁场	电流变化
	磁场变化
	磁通运动
	磁通跳跃
热因素	通过引线的传导热
	冷却堵塞
核辐射	聚变磁体中子辐照
	加速器磁体粒子簇射

1．低温稳定

导体失超后电流会转入铜基体，如图 6-78（a）～图 6-78（d）所示。电流通过有电阻的铜导体会产生焦耳热。如果铜基体具有高热导且与冷却环境具有良好的热接触，产生的热量不会对周围导体产生影响，因而可以避免失超。低温稳定有效性需满足：

$$\alpha_s = \frac{I^2 \eta l}{AqS} \leqslant 1 \tag{6-21}$$

式中，α_s 称为低温稳定系数，η 为导体电阻（$\Omega \cdot m$），I 为电流（A），A 为导体横截面积（m^2），l 为考察区长度，S 为考察区导体与低温环境接触的表面积（m^2），q 为冷却环境能带走的最大热流密度。对液氦核沸腾传热，q 约为 4000 $W/m^2 = 0.4\ W/cm^2$。低温稳定主要与基体分流和冷却环境热交换能力有关。为此，在 Nb-Ti/Cu 及 Nb_3Sn/Cu 多芯复合超导体制造时需选用高 RRR 的铜基体。此外，相对于液氦浸泡冷却，迫流式冷却方式更有利于低温稳定。

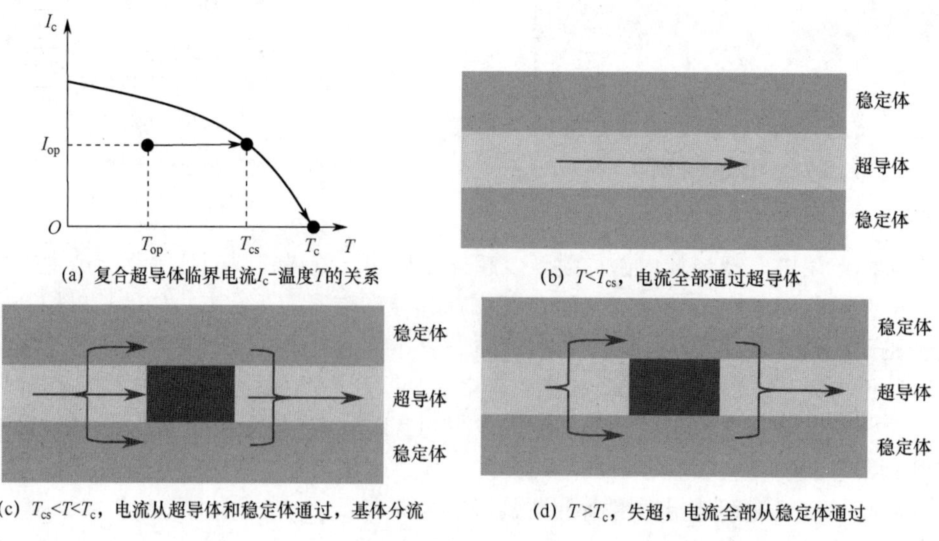

(a) 复合超导体临界电流I_c–温度T的关系

(b) $T<T_{cs}$，电流全部通过超导体

(c) $T_{cs}<T<T_c$，电流从超导体和稳定体通过，基体分流

(d) $T>T_c$，失超，电流全部从稳定体通过

图 6-78　不同温度下超导股线电流分布情况

2. 绝热稳定

绝热稳定是指利用多芯超导线降低磁通跳跃引发的热量。通常直径不足 1 mm 的 Nb-Ti/Cu 和 Nb_3Sn/Cu 多芯复合超导体中通常含有数千甚至上万根超导芯丝。对圆柱形超导芯丝，绝热稳定判据为

$$dJ_s < \pi\left(\frac{\rho_m c_p T_0}{\mu_0}\right)^{\frac{1}{2}} \tag{6-22}$$

式中，d 为芯丝直径，单位为 m；J_s 为芯丝电流密度，单位为 A/m^2；ρ_m 为密度，单位为 kg/m^3；c_p 为超导芯丝比热，单位为 J/（kg · K）；μ_0 为真空磁导率；T_0 为

$$T_0 = -J_s\left(\frac{\partial J_s}{\partial T}\right)_B \tag{6-23}$$

通常，$\rho_m c_p$ 约 1000 J/m^3K，如芯丝直径为 10 μm，$T_0 = 10$ K，则有 $J_s<3\times10^4\ A/m^2$。

当磁场变化时，邻近芯丝中会产生感应电流回路（交流损耗的一种形式）。为降低此电流，芯丝间需进行编织或扭转。通常一个临界长度 l_c 内需最少 4 个扭距，临界长度 l_c 为

$$l_c = \left(2J_s d\eta / \left(\frac{dB}{dt}\right)\right)^{\frac{1}{2}} \tag{6-24}$$

式中，η 为基体电阻率，单位为 Ω · m；dB/dt 为磁感应强度增加速率，单位为 T/s。

相对低温稳定，绝热稳定更容许高电流密度。此外，绝热稳定容许磁感应强度快速变化。

引起超导体失超的交流损耗和各种微扰因素及其能量密度和发生时间尺度如图 6-79 所示。对于高温超导导体，交流损耗通常更大。低温超导磁体（LTS）和高温超导磁体（HTS）的能量裕度如表 6-16 所示。对比可见，低温超导更易失超，而直流高温超导磁体更加稳定。

表 6-16　LTS 和 HTS 能量裕度[43]

线圈超导材料类型	T_{op}/K	ΔT/K	能量裕度/(mJ/cm^3)
低温超导磁体	2.3	0.5	0.2
	4.2	0.5	0.5
高温超导磁体	4.2	1.0	1.2
	4.2	20	300
	10	15	700
	30	10	3700
	70	5	8400

超导体的热稳定与导体热量产生与外冷却的平衡密切相关。当微扰引起超导体温度超过分流温度 T_{cs} 并达到某一峰值后，冷却因素使超导体温度降低。如微扰因素继续产生热量且强于冷却，则发生热失控并导致失超。如微扰因素产生的热量弱于冷却，则超导体温度持续降低并恢复降至分流温度 T_{cs} 以下，如图 6-80 所示。

6.3.2.4　损耗

如前所述，实用超导体都是第Ⅱ类超导材料。实际工况中的超导材料通常处于混合态。当励磁及电流变化时超导体中会产生一定的电场并导致损耗。在多数情况下，内部电场分

布源于垂直于超导体的交变磁场，因此导致的损耗也被称为横向电场损耗。此外，当交流电流通过超导体时，产生的损耗被称为交流电流损耗。这两类损耗的产生机理都与交变磁场有关，统称交流损耗。

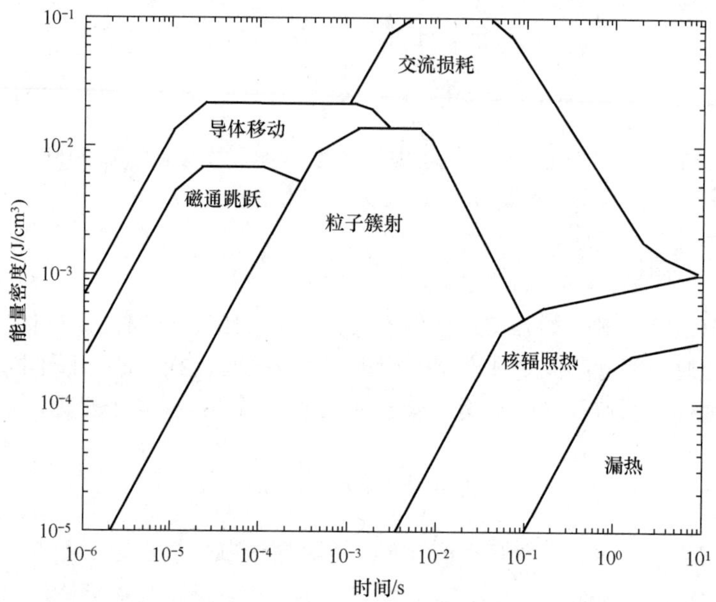

图 6-79　低温超导磁体各种失超因素对应的能量密度及发生时间[5]

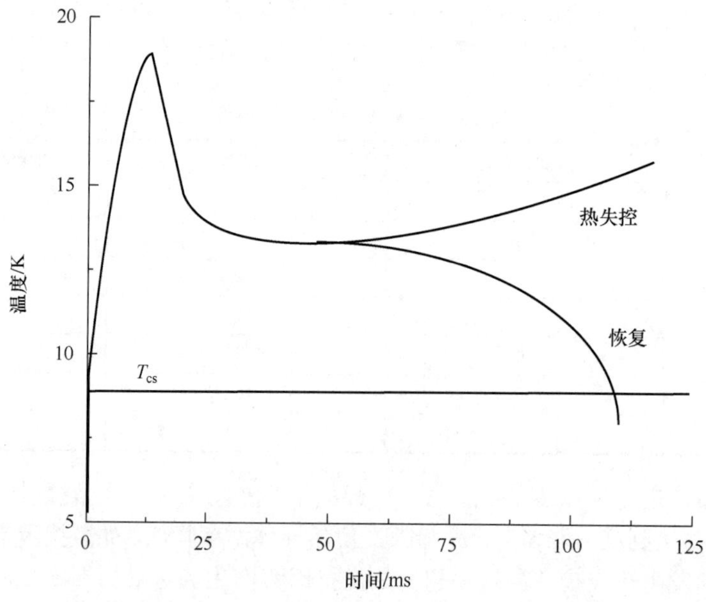

图 6-80　当微扰引起超导体温度超过分流温度 T_{cs} 后温度随时间的变化

考虑处于外磁场中的第Ⅱ类超导体。由于磁体处于混合态，部分磁通线穿过超导体。当外磁场变化时，磁通线与内部磁场都会随之改变。根据麦克斯韦方程，超导体内部磁场变化会产生感应电场 E。此感应电场会在导体中引起屏蔽电流，如图 6-81（a）所示。屏蔽电流方向如图 6-81（b）所示。同样根据麦克斯韦方程，屏蔽电流会决定超导体中的磁场分布，同时还会产生能量损耗，而能量损耗将以热量形式释放并由冷却系统带走。

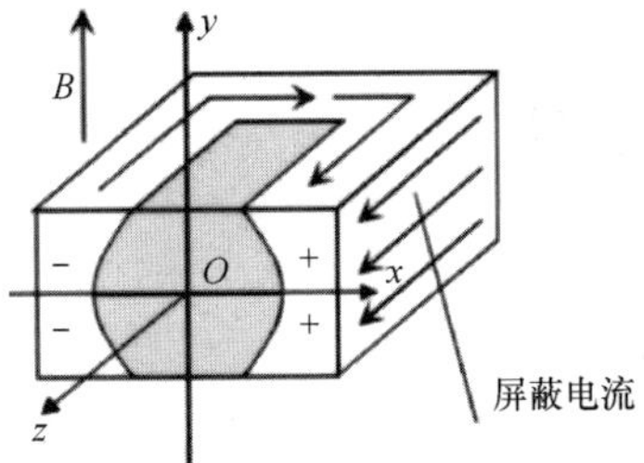

(a) 屏蔽电流产生示意图

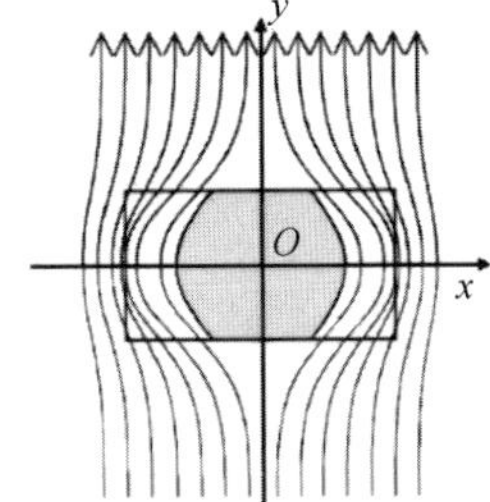

(b) 屏蔽电流分布示意图

图 6-81　磁场中的第Ⅱ类超导体中屏蔽电流及分布

对正常导体，变化的外磁场会感生涡流。同样，变化的外场也会在复合超导体中产生感应电流，但与前者有所不同。考虑一块有两个超导芯丝（灰色区域）的复合超导体，外磁场垂直于复合超导体，变化的外磁场会产生感应电场，电场导致电流产生并通过超导芯丝形成回路，如图 6-82（a）和图 6-82（b）所示。在超导芯丝内，电流不会损耗。然而，当回路电流通过基体时会发生损耗，此电流大于涡流。此损耗也被称为耦合电流损耗。

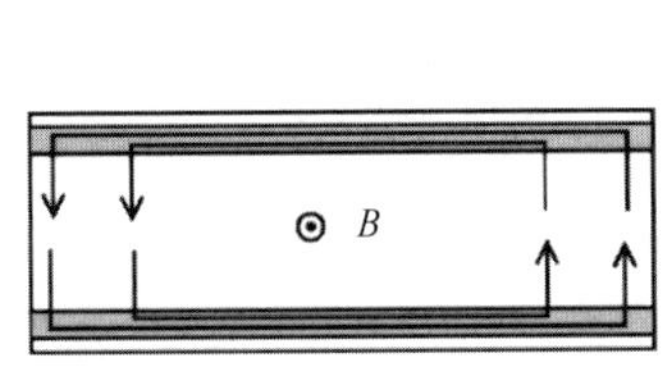

(a) 邻近超导芯丝形成耦合电流回路

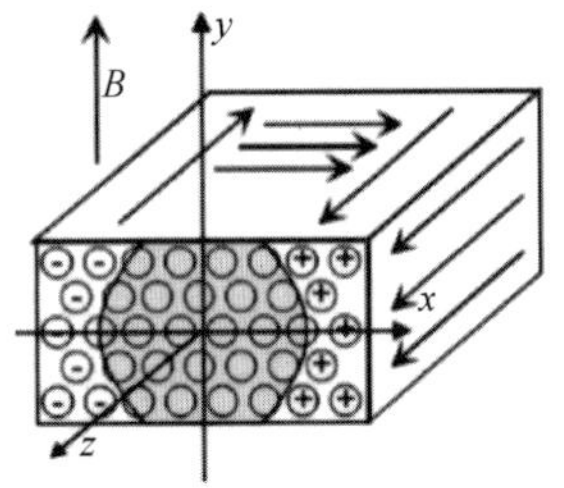

(b) 耦合电流回路分布示意图

图 6-82　多芯复合超导体中产生耦合电流损耗

超导体中通过的电流也会产生磁场，即自场。当通过的电流变化时，磁场也会变化。变化的自场同样也会引起损耗。此外，磁滞损耗也是实用超导体交流损耗的一个因素[3]。

6.3.2.5　失超保护

目前常用的失超保护回路有两种，即电阻式失超保护回路和二极管–电阻式失超保护回路。

电阻式失超保护回路示意图如图 6-83 所示。磁体回路中并联接入一低阻值电阻 R_D。应选用时间常数小（$\tau = L/R_D$, L 为电感）的卸能电阻 R_D，当发生失超时能有效降低感应电压（$L\times dI_0/dt$，I_0 为磁体发生失超时的电流）。当失超发生时，超导电源探测到负载电压变化并迅速切断。磁体储能作用在卸能电阻 R_D 上，电流衰减为

$$I = I_0 e^{-\frac{R_D}{L}t} = I_0 e^{-\frac{1}{\tau}t} \tag{6-25}$$

卸能电阻 R_D 的选取需结合磁体允许的温度裕度以及感应电压。电阻式失超保护回路是最简单且低成本的失超保护方式。其不足之处在于磁场励磁及退磁过程中电流变化会产生感应电流作用在电阻上并产生热量。如电阻 R_D 和磁体线圈都在低温环境中，将会对低温系统增加负担。

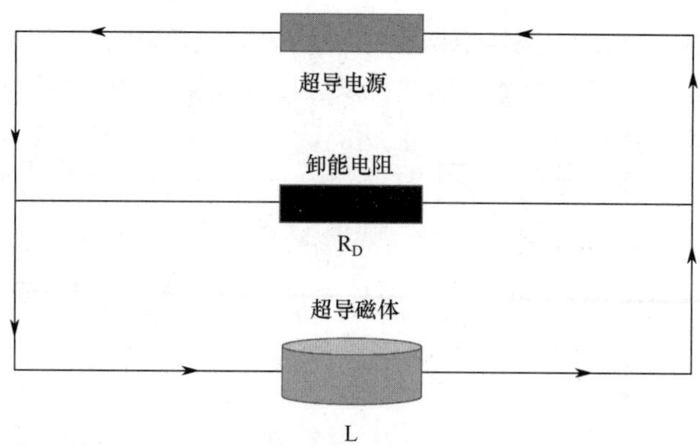

图 6-83　电阻式失超保护回路示意图

二极管-电阻式失超保护回路示意图如图 6-84 所示。选取合适的二极管组合，使励磁或退磁时电流产生的感应电压不能使电流流经电阻。当磁体失超时，产生的感应电压使二极管导通，电流通过卸能电阻并发生如前所述过程。

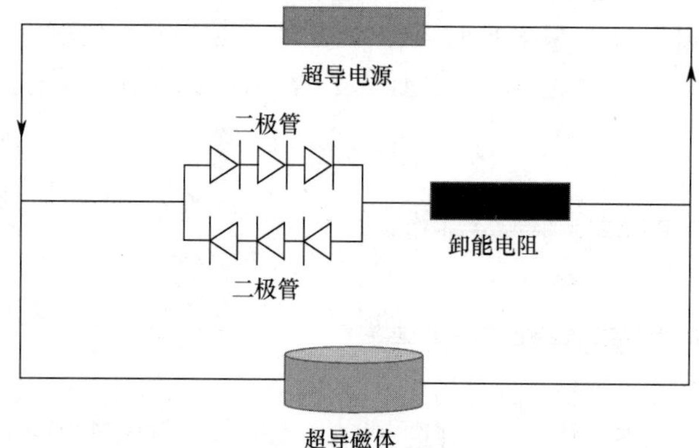

图 6-84　二极管-电阻式失超保护回路示意图

对于高储能大型超导磁体，失超保护系统更为复杂，电阻通常外置以减轻低温系统负担。对于 NMR 以及 MRI 等超导磁体，回路中除失超保护部分外，还常设计有持续电流开关以获得高磁场稳定性，如图 6-85 所示。通过增加持续电流开关，超导磁体稳定性可达每小时 1×10^{-5} 甚至 1×10^{-7}。

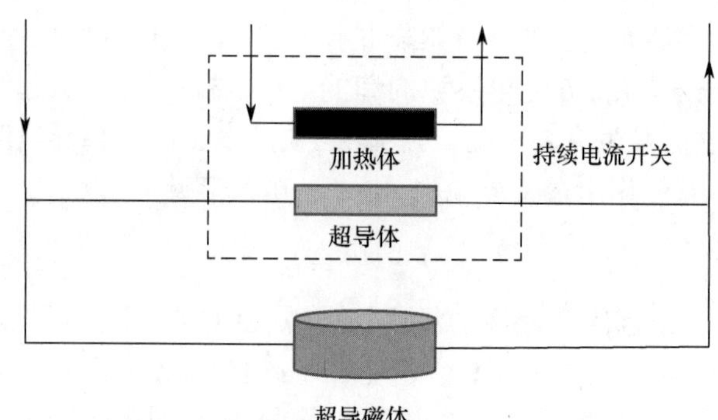

图 6-85　带持续电流开关的超导磁体示意图

6.3.2.6　磁体“锻炼”

超导磁体的“锻炼”效应是指超导磁体在第一次充电时不能达到它的最大工作电流，必须经多次充电和常态转变的“锻炼”，才能逐步提高工作电流，最后获得最大电流值和磁场，如图 6-86 所示。超导磁体的“锻炼”效应与超导材料、线圈结构、绝缘系统和冷却系统等因素相关。

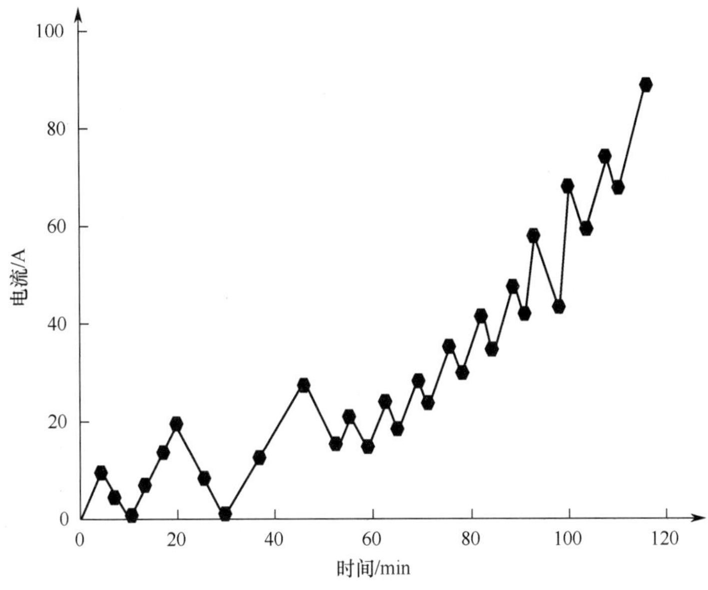

图 6-86　超导磁体“锻炼”示意图[3]

6.4　本章小结

通过本章的学习应掌握 Nb-Ti、Nb_3Sn、MgB_2、Bi-2223、Bi-2212 和 REBCO 共 6 种实用超导材料的超导股线、带材的超导临界温度和临界磁场强度等特性，还应了解超导磁体的主要应用，以及实验室用超导磁体设计需考虑的相关因素。

复习思考题 6

6-1　概述Ⅰ类和Ⅱ类超导体的基本特性。

6-2　归纳 6 种实用超导体的临界温度和上临界磁场强度特性，概述其材料特性及制造方法。

6-3　概述引起超导体失超的因素以及超导体稳定方法。

本章参考文献

[1]　KLEINER R, BUCKEL W. Superconductivity-an introduction [M]. Weinheim: Wiley-VCH, 2009.

[2] 张裕恒. 超导物理 [M]. 三版. 合肥: 中国科学技术大学出版社, 2009.

[3] SHARMA R G. Superconductivity-basics and applications to magnets [M]. 2nd ed. Cham: Springer, 2021.

[4] VALENTE-FELICIANO A M. Superconducting RF materials other than bulk niobium: a review [J]. Superconductor Science & Technology, 2016: 29.

[5] IWASA Y. Case studies in superconducting magnets: Design and operational issues [M]. 2nd ed. New York: Springer, 2009.

[6] MATSUCHITA T. Flux pinning in superconductors [M]. 2nd ed. Heidelberg New York Dordrecht London: Springer, 2014.

[7] DOLAN T J. Magnetic fusion technology [M]. London Heidelberg New York Dordrecht: Springer, 2013.

[8] SEIDEL P. Applied superconductivity handbook on devices and applications [M]. Weinheim: Wiley-VCH, 2015.

[9] OSAMURA K. Composite superconductor [M]. Boca Raton: CRC Press, 1994.

[10] GODEKE A. Performance boundaries in Nb_3Sn superconductors [R]. University of Twente, 2005.

[11] SCHOERLING D, ZLOBIN A V. Nb_3Sn accelerator magnet: designs, technologies and performance [M]. Cham: Springer, 2019.

[12] EKIN J W. Strain Effects in Superconducting Compounds [C]. in Advances in Cryogenic Engineering Materials: Volume 30, A.F. Clark and R.P. Reed, Editors, 1984, Springer US: Boston, MA. 823.

[13] EKIN J W. Mechanical Properties and Strain Effects in Superconductors [C]. in Superconductor Materials Science: Metallurgy, Fabrication, and Applications. S. Foner and B.B. Schwartz, Editors, 1981, Springer US: Boston, MA. 455.

[14] EKIN J W. Experimental techniques: Cryostat design, material properties and superconductor critical-current testing [M]. New York: Oxford University Press, 2006.

[15] YAMADA Y, NAOKI A, KENICHI T, et al. Development of Nb_3Al/Cu Multifilamentary Superconductors [C]. in Advances in Cryogenic Engineering Materials: Volume 40, Part A. R P Reed, et al., Editors, 1994, Springer US: Boston, MA. 907.

[16] LARBALESTIER D, GUREVICH A, FELDMANN D M, et al. High-T_c superconducting materials for electric power applications [J]. Nature, 2001, 414(6861): 368.

[17] LYARD L, SAMUELY P, SZABO P, et al. Anisotropy of the upper critical field and critical current in single crystal MgB_2 [J]. Physical Review B, 2002: 66.

[18] LIU Z K, SCHLOM D G, LI Q, et al. Thermodynamics of the Mg-B system: Implications for the deposition of MgB_2 thin films [J]. Applied Physics Letters, 2001, 78(23): 3678.

[19] LI G Z. Connectivity, doping, and anisotropy in highly dense magnesium diboride (MgB_2) [R]. The Ohio State University, 2015.

[20] FLUKIGER R. MgB_2 superconducting wires: Basics and applications [M]. Singapore: World Scientific, 2016.

[21] BHATTACHARYA R N, PARANTHAMAN M P. High temperature superconductors [M]. Weinheim: Wiley-VCH, 2010.

[22] PLAKIDA N. High-Temperature Cuprate Superconductors: Experiments, Theory, and Applications [M]. Heidelberg Dordrecht London New York: Springer, 2010.

[23] MAJEWSKI P. BiSrCaCuO high-T_c superconductors [J]. Advanced Materials, 1994, 6: 460.

[24] ROGALLA H, KES P H. 100 years of superconductivity [M]. Boca Raton: Taylor & Francis, 2011.

[25] BUDKO S L, KOGAN V G, CANFIELD P C. Determination of superconducting anisotropy from magnetization data on random powders as applied to $LuNi_2B_2C$, YNi_2B_2C, and MgB_2 [J]. Physical Review B, 2001: 64.

[26] IVANOV Z G, NILSSON P A, WINKLER D, et al. Properties of artificial grain-boundary weak links growth on Y-ZrO_2 bicrystals [J]. Superconductor Science & Technology, 1991, 4: 439.

[27] FIETZ W H, HELLER R, SCHLACHTER S I, et al. Application of high temperature superconductors for fusion [J]. Fusion Engineering and Design, 2011, 86: 1365.

[28] POOLE JR C P. Handbook of superconductivity [M]. Orlando: Academic Press, 1999.

[29] TOMITA N, ARAI M, YANAGISAWA E, et al. Fabrication and properties of superconducting magnets using $Bi_2Sr_2CaCu_2O_x$/Ag tapes [J]. Cryogenics, 1996, 36: 485.

[30] REY C. Superconductors in the power grid: materials and applications [M]. Cambridge: Woodhead Publishing, 2015.

[31] NARLIKAR A V. Superconductors [M]. New York: Oxford University Press, 2014.

[32] UGLIETTI D. A review of commercial high temperature superconducting materials for large magnets: from wires and tapes to cables and conductors [J]. Superconductor Science & Technology, 2019: 32.

[33] SAXENA A K. High-temperature superconductors [J]. Berlin Heidelberg New York: Springer, 2010.

[34] MALOZEOFF A P. Second-Generation High-Temperature Superconductor Wires for the Electric Power Grid [J]. Annual Review of Materials Research, 2012, 42: 373.

[35] 蔡传兵, 池长鑫, 李敏娟, 等. 强磁场用第二代高温超导带材研究进展与挑战 [J]. 科学通报, 2019, 64: 827.

[36] BATTESTI R, BEARD J, BOESER S, et al. High magnetic fields for fundamental physics [J]. Physics Reports, 2018, 765: 1.

[37] LEE H W, KIM K C, LEE J. Review of maglev train technologies [J]. IEEE Transactions on Magnetics, 2006, 42: 1917.

[38] OBERTEUF J. Magnetic Separation-Review of Principles, Devices, and Applications [J]. IEEE Transactions on Magnetics, 1974, 10: 223.

[39] QUETTIER L, AUBERT G, BELORGEY J, et al. Commissioning Completion of the Iseult Whole Body 11.7 T MRI System [J]. IEEE Transactions on Applied Superconductivity, 2020: 30.

[40] ROSSI L. The large hadron collider and the role of superconductivity in one of the largest scientific enterprises [J]. IEEE Transactions on Applied Superconductivity, 2007, 17: 1005.

[41] BOTTURA L, DE RIJK G, ROSSI L, et al. Advanced Accelerator Magnets for Upgrading the LHC [J]. IEEE Transactions on Applied Superconductivity, 2012: 22.

[42] ROSSI L, BOTTURA L. Superconducting magnets for particle accelerators [J]. Review of Accelerator Science and Technology, 2012, 5: 51.

[43] IWASA Y. Stability and protection of superconducting magnets-A discussion [J]. IEEE Transactions on Applied Superconductivity, 2005, 15: 1615.

07 第7章 材料低温力学性能测量方法

在低温系统设计时，必须选用合适的材料来满足要求，这需要获得材料实际服役条件下的性能数据，并作为设计的依据。在合成和制备新材料或制订新工艺时，对材料性能进行比较是筛选和确定最优方案的重要事项之一。在低温系统发生故障和失效时，需要分析材料在服役条件下发生的性能变化，从而寻求解决和改进的途径。材料的宏观性能与微观结构之间有密切的联系，而材料性能测量通常为材料在理论与实践之间的纽带。

从基础理论研究到生产实践，材料性能测量都具有重要意义。根据材料性能测量结果解决重大科技问题的情况屡见不鲜。材料性能测量还推动和促进某些学科的发展，如基于导弹固体燃料发动机壳体、大型舰船、压力容器等断裂事故的测量分析，直接导致了断裂力学的创立和发展。

材料性能测量范围较广，如化学性能、物理性能、力学性能、腐蚀性能等等。本章介绍材料低温力学性能的测量方法。

7.1 低温环境和测量设备

低温力学测量需要对被测量试样提供低温环境。在低温环境下试样被施加相应的载荷，通过变形传感器等测量设备获得试样的变形参量和载荷-变形关系，从而得到相应低温条件下材料的力学性能。

7.1.1 低温环境

低温环境是指为试样及工装提供所需的稳定温度环境。

根据试样冷却方式，低温环境分为采用池冷或气态低温介质通过直接接触试样及工装的直接冷却［如图7-1（a）所示］和采用制冷剂或制冷机通过热传导间接冷却［分别如图7-1（b）和图7-1（c）所示］两种。一些采用制冷机传导冷却的系统通常还采用氦气辅助冷却。

利用在常压下液氮、液氦等低温流体的液池可提供固定温度的低温环境。对液氮、液氦等低温流体减压可得到低于其常压沸点的温度，但在力学测量中较少使用。利用液氮、液氦或其他制冷剂得到中间温度，一般有两种方法。一种方法是喷淋法，通过控制喷速喷出雾状制冷剂实现所需的中间温度。另一种方法是把试样和工装提至液池的液面以上，利用蒸发的冷气流梯度或辅以电加热器控制获得所需温度。这两种方式都可以实现试样所需的环境温度，但应注意与浸泡在液池中的界面传热方式不同，通常不能及时冷却测量过程中试样的发热，试样实际温度不可控。

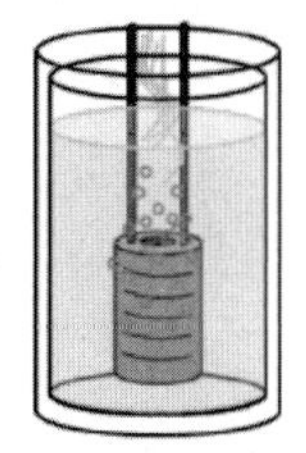

(a) 低温液体直接冷却

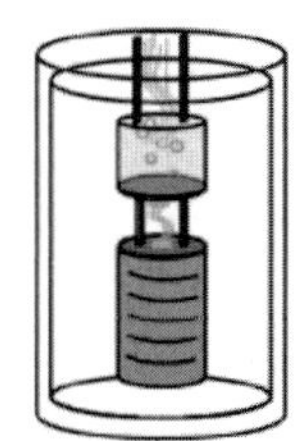

(b) 低温液体传导间接冷却

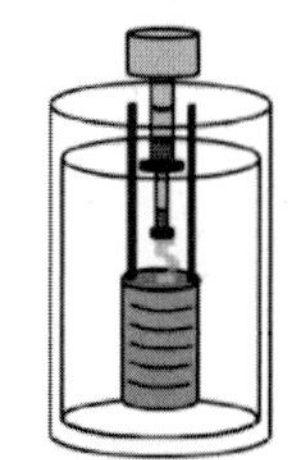

(c) 制冷机传导间接冷却

图 7-1　常用试样冷却方式

在低温下，为减少沿拉杆的漏热，拉杆长度通常需要大幅度增加，且直径越小越好。然而，这对测量系统的刚度有不利影响。目前，力学测量用低温恒温器的发展趋势是，低温液体消耗低，只用单一冷源能就能得到稳定且足够长时间的中间温度，而且操作方便，能进行多试样、多功能的测量。

7.1.2　应变速率

材料的力学性能与变形应变速率密切相关。按应变速率不同，可分为蠕变及应力松弛应变速率（10^{-8}～10^{-4} s^{-1}）、准静态应变速率（10^{-4}～10^{-1} s^{-1}）、中等应变速率（10^{-1}～10 s^{-1}）、高应变速率（10～10^{5} s^{-1}）和超高应变速率（10^{5}～10^{8} s^{-1}），如图 7-2 所示。在室温下，蠕变及应力松弛和准静态应变速率变形通常认为是等温过程，而中等应变速率及以上则是绝热过程。在低温下，由于材料低温比热、热扩散率和热导变化，以及材料与环境换热的变化，应变速率效应会更加明显，准静态应变速率通常不能认为是等温过程，这也是金属材料低温下“锯齿”形应力–应变曲线形成的原因之一。在蠕变、应力松弛、准静态以及中等应变速率下，材料的惯性效应不明显，而在高应变速率及超高应变速率下则不同。使用横梁控制的常规电

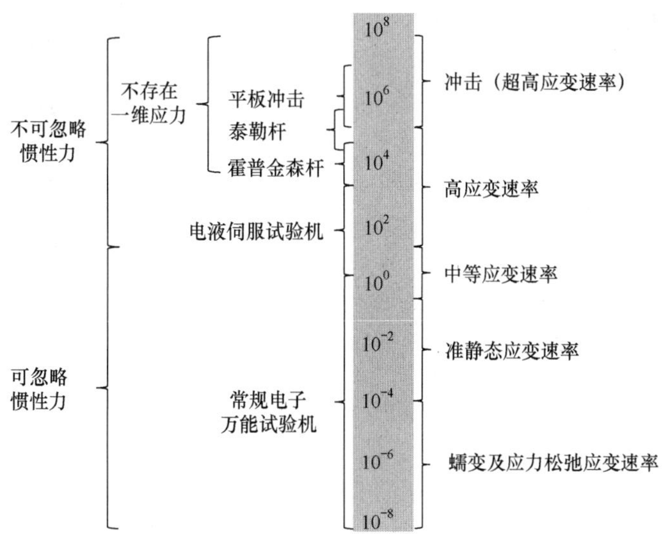

图 7-2　材料的力学性能与变形应变速率、对应试验方式和响应特性[1]

子万能试验机可实现的应变小于 10 s^{-1}。电液伺服试验机可实现的应变速率在 1～10^3 s^{-1} 之间，而冲击试验应变速率可达 10^3 s^{-1} 以上。本节主要讲述在室温及低温环境下，金属材料、高分子材料、陶瓷材料和聚合物基复合材料的准静态拉伸、压缩、弯曲、剪切和扭转性能测量。

7.1.3 试验机

电子万能试验机和电液伺服试验机等都可用来开展金属材料拉伸试验。相对而言，电子万能试验机具有更高的灵活性以及位移控制精度。电子万能试验机一般包括丝杠、传感器以及控制系统等部分。其主要原理是利用伺服电机控制丝杠使横梁上下移动，以对试样进行拉伸或循环拉伸并通过试验机上的传感器、引伸计等记录载荷和横梁位移、试样局部变形，如图 7-3（a）所示。电液伺服试验机利用液压油驱动活塞移动，以对试样进行加载和卸载等，如图 7-3（b）所示。电子万能试验机操作方便，控制精度高，但其受传动系统和伺服电机惯性影响，因而不能实现动态加载，通常适合 0.1～1 Hz 以下的低频率循环加载。电液伺服试验机能实现大载荷加载，而且由于利用电液伺服阀作动器可以把载荷直接作用在试样上。由于减少了传动环节，电液伺服试验机可实现约 50 Hz 的加载频率。

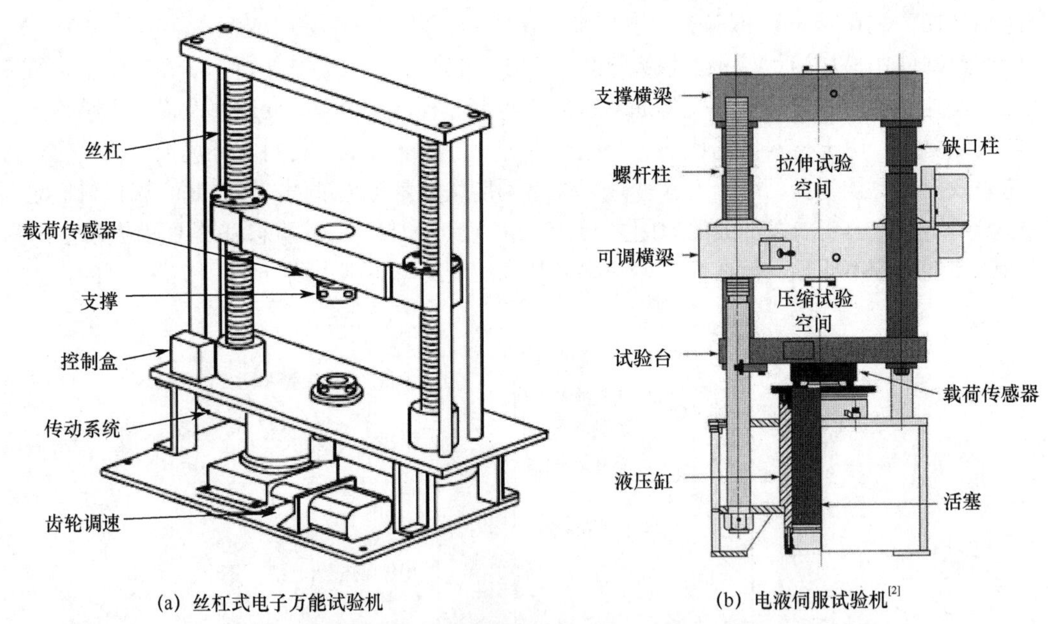

(a) 丝杠式电子万能试验机　　(b) 电液伺服试验机[2]

图 7-3　丝杠式电子万能试验机和电液伺服试验机示意图

对电子万能试验机，一般要求加力和卸力平稳、无冲击和颤动。一般研究用的电子万能试验机测力示值误差在 0.2%至全量程范围内误差允许为 ±0.5%（0.5 级），工业用试验机测力示值误差允许为 ±1%（1 级）；试验保持时间不小于 30 s，且在此时间内载荷示值变化范围小于 0.4%。此外，对试验机系统和加载系统的刚度以及加载链同轴度也有相关的要求。

如果试验机丝杠及加载链刚度无限大，且缝隙可忽略，则通过横梁移动记录的位移全部发生在试样上。然而，在实际情况下加载链总是具有一定柔度，因此通过横梁移动记录的位移包括加载链弹性变形和试样变形两部分。在低温下，出于减少漏热等考虑，加载链会人为加长，还会减小截面积，导致刚度降低。此时，如采用试验机记录的载荷-横梁位移曲线计算拉伸模量、屈服强度等会引起较大的偏离。

7.1.4　变形测量和电子引伸计

线性可变差动变压器（Linear Variable Differential Transformer，LVDT，有时简称直线位移传感器）可用于测量试样变形，如图 7-4（a）所示。LVDT 主要包括一个初级线圈 A、两个次级线圈 B、铁芯、线性骨架和外壳等部分，如图 7-4（b）所示。其工作原理为：当铁芯处于中间位置时，两个线圈产生的感应电动势相等，对外总输出为零；当铁芯偏离中心位置向一侧移动，两个次级线圈产生的感生电动势不等，有电压输出，其大小与铁芯偏离中心的位移成正比关系，如图 7-4（c）所示。当前线性可变差动变压器用于室温环境，不能用于低温和高温。

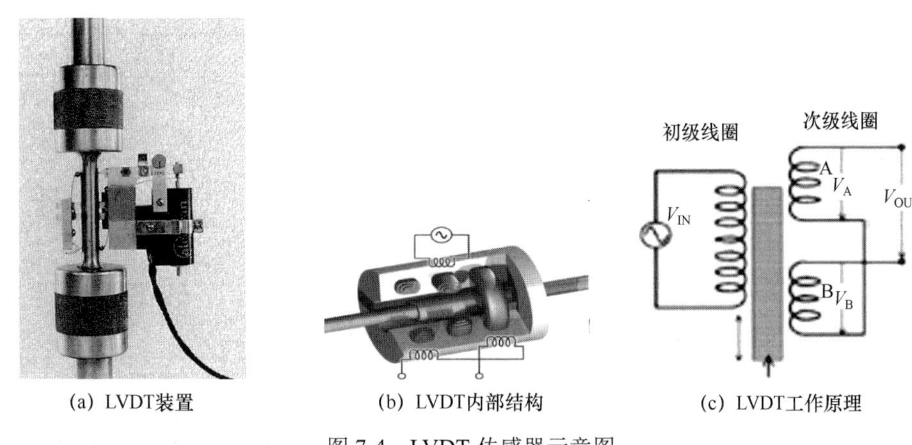

(a) LVDT装置　(b) LVDT内部结构　(c) LVDT工作原理

图 7-4　LVDT 传感器示意图

引伸计也广泛用于测量试验变形。按工作原理引伸计主要可分为光学（或视频）引伸计和电子引伸计。光学引伸计可用于试样非接触变形测量。近年来迅速发展的数字图像关联（DIC）技术，通过追踪和分析物体表面的散斑图像，可实现变形过程中物体表面的相对位移和变形，实现全场、动态应变等复杂信息的测量。

电子引伸计又可分为电阻应变片式和容式电子引伸计。相对而言，容式电子引伸计具有更高的精度，但较复杂。电阻应变片式电子引伸计具有结构简单、可靠性高等特点。电阻应变片式电子引伸计由电阻应变片和测量支架构成。电阻应变片利用金属合金在弹性范围内拉伸或压缩变形时电阻变化来测量应变。采用电阻应变片的电子引伸计利用惠斯通电桥原理测量变形。测量支架常选用低弹性模量、高屈服强度的钛合金（如 Ti-6Al-4V）和铍青铜（如 Cu-2%Be）等材料。测量支架有时还选用奥氏体不锈钢材料。电阻应变片式电子引伸计示意图及电路图分别如图 7-5（a）和 7-5（b）所示。选用合适的低温应变片、低温胶黏剂、测量支架制备的电子引伸计可用于低温变形测量。

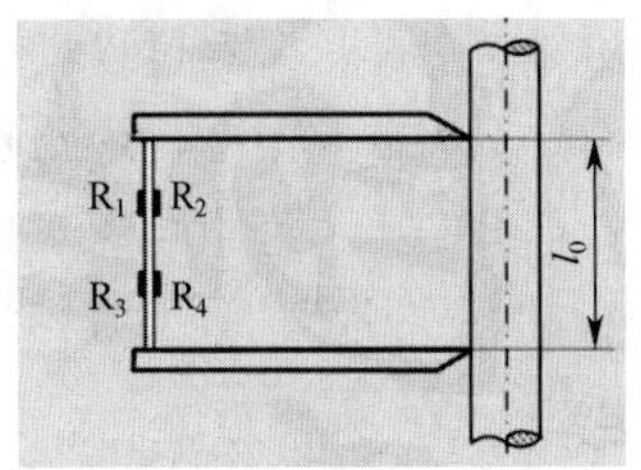

(a) 电阻应变片式电子引伸计示意图

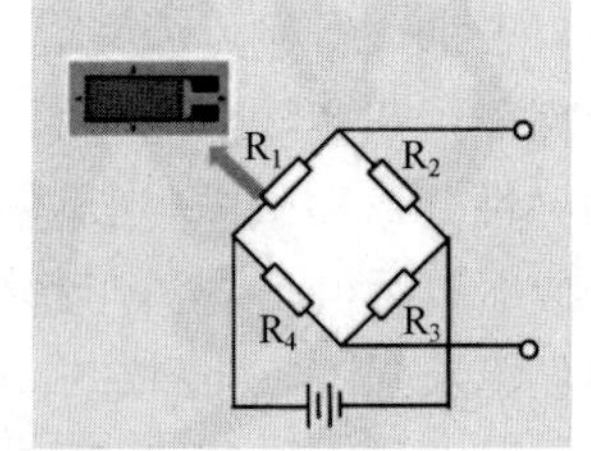

(b) 电阻应变片式电子引伸计线路图

图 7-5 电阻应变片式电子引伸计

按测量精度，引伸计可分为 4 级（ISO）或 5 级（ASTM），分别如表 7-1 和表 7-2 所示。研究及检测测量通常要求引伸计满足 0.5 级（ISO）或 B-2（ASTM）以上。注意，对于标距较小的引伸计（如 25 mm），极难满足 ASTM 要求的 A 级。对于引伸计标距的选取，应参考标准执行。此外，还应注意引伸计的行程，目前多数引伸计行程为−5%～+10%。对塑性较好的材料，如奥氏体不锈钢，应力−应变测量应选用行程达+100%的电子引伸计。

表 7-1 ISO 9513 标准电子引伸计分级表

等级	相对标距最大允许误差/%	精度		误差	
		百分数/%	绝对值/μm	相对值/%	绝对值/μm
0.2	±0.2	0.1	0.2	±0.2	±0.6
0.5	±0.5	0.25	0.5	±0.5	±1.5
1	±1.0	0.5	1.0	±1.0	±3.0
2	±2.0	1.0	2.0	±2.0	±6.0

表 7-2 ASTM E 83 标准电子引伸计分级表

等级	相对标距最大允许误差/%	精度		误差	
		定值/(m/m)	示值/%	定值/(m/m)	相对/%
A	±0.1	0.00001	0.05	±0.00002	±0.1
B-1	±0.25	0.00005	0.25	±0.0001	±0.5
B-2	±0.5	0.0001	0.25	±0.0002	±0.5
C	±1	0.0005	0.5	±0.001	±1
D	±1	0.005	0.5	±0.01	±1
E	±1	0.05	0.5	±0.1	±1

7.1.5 反向结构和多试样工装

在加装低温系统后，一部分加载链及夹具需置于低温环境内。为此，加载链及夹具选材时应特别注意低温相容性。

为了低温系统的设计及制造考虑，多数低温力学支撑及加载链部分常做成反向结构，如图 7-6（a）所示。相对于传统的拉伸结构，如图 7-6（b）所示，反向结构具有简单灵活、低温系统漏热少等特点。然而，反向结构对力学支撑结构和加载链设计及加工精度有较高要求，因此极易造成同轴度不能满足要求。为此，一些低温力学支撑系统设计了对中调节结构，如图 7-6（c）所示。目前，一些新试验机系统也带有对中调节结构。对于采用长、反向加载的低温力学支撑系统，同轴度是影响低温测量的一个重要因素。此外，对于带反向器的结构，如图 7-6（a）所示，其试样空间通常采用 3 根或 4 根支柱在上下两个法兰上等角度布置。设计时应考虑压杆不稳定性因素（见本书第 2 章），一般不能采用 2 根支柱。

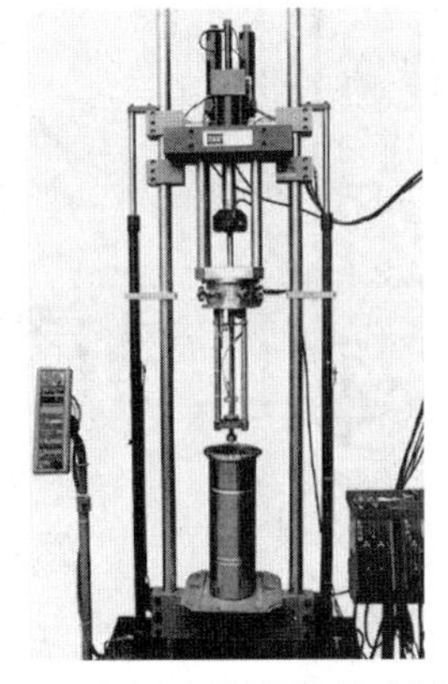

(a) 采用反向的低温加载系统[2]

(b) 一般拉伸结构的低温系统

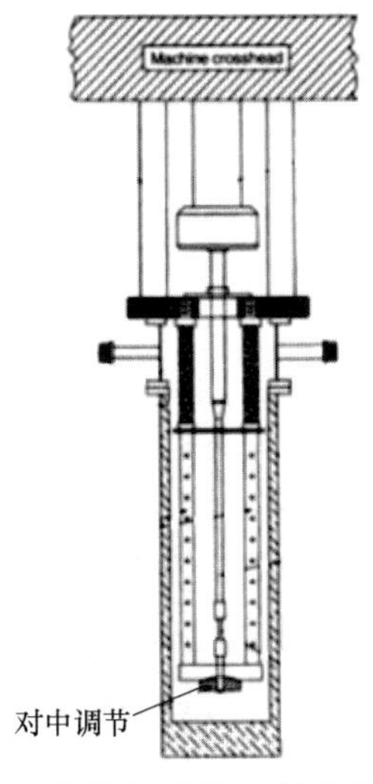

(c) 带对中调节的反向加载系统

图 7-6　常用低温加载系统示意图

多试样工装在更换试样时不需要打开低温装置，既缩短了时间又节省了低温液体和电能。为此，发展了多种多试样测量系统。一次可开展多个试样的拉伸力学性能测量，主要包括链式、鼓式和并联式等形式。对于链式多试样系统，如图 7-7 所示，较难放置多个引伸计，且通常需要试样较短小以控制总横梁行程。这通常会造成试样规格不满足相关标准要求。由于链式多试样系统试样的尺寸效应，试验数据在一定程度上只能作为设计的参考，因此目前已较少使用。图 7-8 给出了一种鼓式多试样系统，测量时通过转动实现多试样依次测试。对于并联式多试样系统，如图 7-9（a）和图 7-9（b）所示，可安装多个引伸计，因此目前常有采用。这些多试样系统通常都存在同轴度的问题。

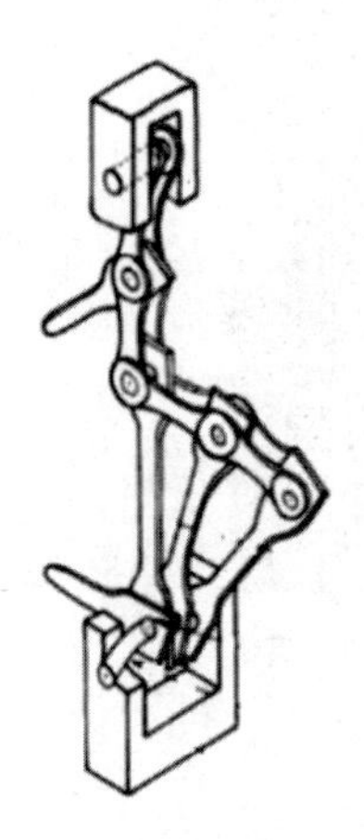

图 7-7　链式多试样系统示意图[3]

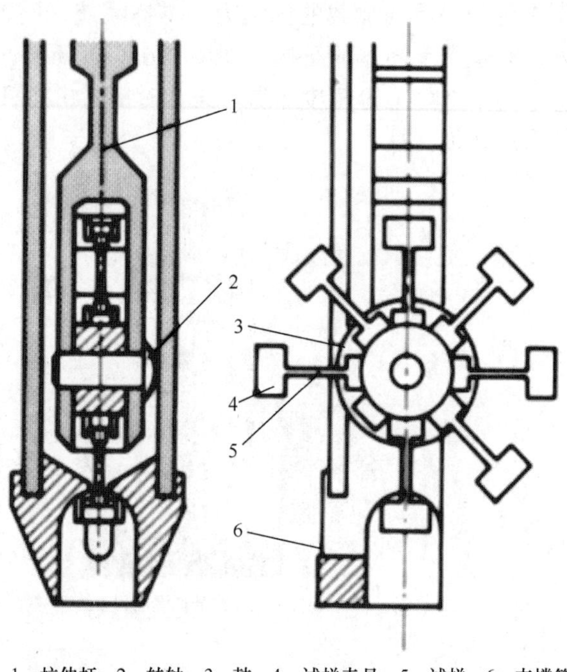

1—拉伸杆；2—转轴；3—鼓；4—试样夹具；5—试样；6—支撑管

图 7-8　鼓式多试样系统[4]

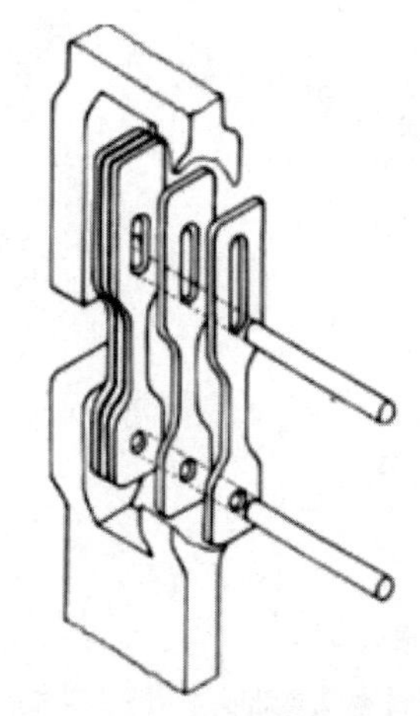

(a) 并联式多试样系统（一）[3]

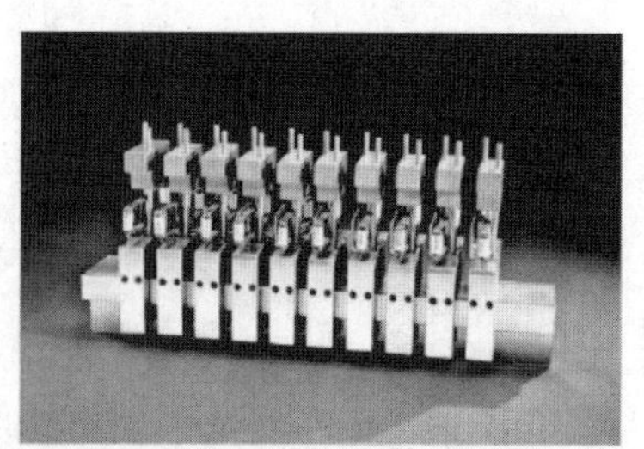

(b) 并联式多试样系统（二）[5]

图 7-9　两种并联式多试样系统

除拉伸性能测量，低温压缩和断裂韧度测量等也发展了一些多试样测量系统。图 7-10 给出了一种采用紧凑拉伸试样的断裂韧度多试样测量系统。

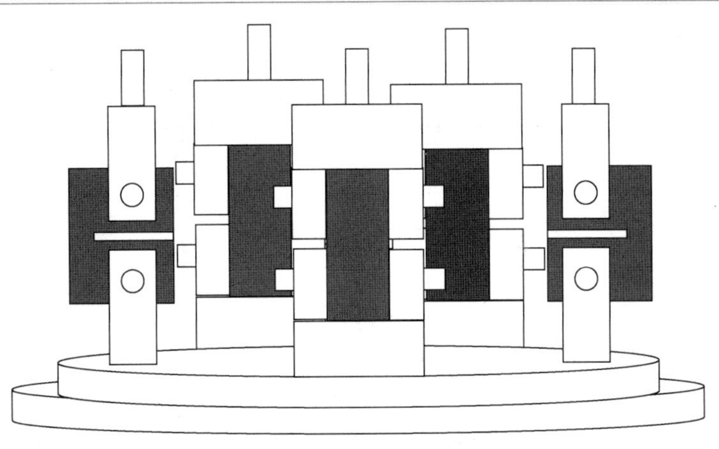

图 7-10　断裂韧度多试样测量系统[6]

7.2　准静态拉伸、压缩、弯曲、剪切和扭转性能测量

7.2.1　准静态拉伸性能测量

准静态拉伸性能测量是测定材料轴向条件下强度和变形的一种测量方法。拉伸测量可在室温、高温和低温下进行，以获取材料特定环境下的相关性能。拉伸性能测量是比较简单的测量方法，然而也是最典型、最重要和应用最为广泛的测量。无论是新材料研究，还是合理使用现有材料或材料改性处理等，都常用拉伸性能进行评定。

对金属材料，通过拉伸性能测量可得到弹性、塑性、强度和硬化指数等多个性能指标。金属材料的屈服强度（$R_{p0.2}$）、抗拉强度（R_m）、断后伸长率（A）和断面收缩率（Z）是金属材料拉伸最为重要的性能指标，不仅是工程应用中结构静强度设计的主要依据，还是评定和选用金属材料及加工工艺的重要参数。

高分子材料、陶瓷材料以及树脂基复合材料，通常没有明显的屈服行为，因此其拉伸性能测量方法与金属材料的也有不同。

7.2.1.1　金属材料拉伸性能测量

金属材料室温拉伸性能测量一般用圆柱或板条试样。在高温环境拉伸时为便于固定引伸计，试样上常带有突起。此外，金属薄板（带）及管材、线材的拉伸试样通常需另择标准。圆柱或板条试样通常包括三个部分，即工作部分、过渡部分和夹持部分，如图 7-11 所示。拉伸试验对试样尺寸和加工精度均有一定要求，具体需参考相应标准。对于过渡部分，需尽量缓和，对于脆性材料，过渡部分圆弧半径尽量大，以防止测量时断裂于过渡部分。过渡弧的大小选择与应力集中对待测材料的影响有关。通常，对一般拉伸试样，过渡弧半径 r 应不小于中间平行段直径，而对拉拉疲劳试样，则应不小于 2 倍。

试样标距 L_0［可小于工作长度（或平行段长度）］以及工作部分横截面 S_0 的选取对断后伸长率的测量和计算有显著影响。目前常用的比例试样有两种，即长试样 $L_0 = 11.3\times S_0^{1/2}$（比例长试样）和短试样 $L_0 = 5.65\times S_0^{1/2}$（比例短试样）。测量报告中应注明试样尺寸。

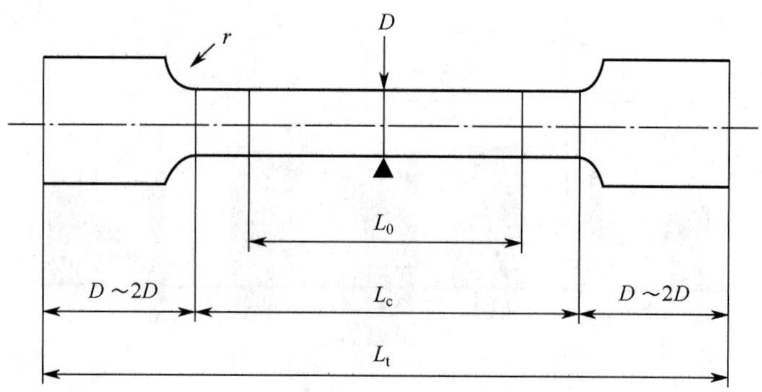

图 7-11　圆棒形试样规格

对塑性较好的金属材料，试样拉断后标距内工作长度的绝对伸长由两部分组成，即均匀伸长和缩颈处的集中伸长。均匀伸长与试样原标距 L_0 成正比（βL_0），而集中伸长与试样工作长度原横截面积 S_0 的平方根成正比（$\gamma S_0^{1/2}$），其中 β 和 γ 是材料常数。由此可得到试样的断后伸长率 $A=\beta+\gamma\times S_0^{1/2}/L_0$。可见材料的断后伸长率除与材料有关，还与测量试样规格有关，即随 $S_0^{1/2}/L_0$ 减小而减少。因此，当 S_0 一定时，L_0 越长，A 越小；反之，当 L_0 越短，A 越大。由此还可见，比例长试样和比例短试样会得到不同的断后伸长率。比例短试样得到的断后伸长率大于比例长试样得到的断后伸长率，通常前者是后者的 1.2～1.5 倍。采用比例短试样主要是为节省材料、加工以及测量成本。

对于同一材料的同种状态，理论上其断后伸长率应在测量不确定度范围内一致。由上述讨论可知，采用不同规格的试样测得的断后伸长率并不一致。为得到一致的断后伸长率，不同试样的尺寸需满足 $S_0^{1/2}/L_0$ 为常数的条件。

对于圆形试样，比例长试样的标距 L_0 约为 10 倍直径（$L_0=10\times D$），而比例短试样的标距约为 5 倍直径（$L_0=5\times D$）。当断后伸长率采用 δ（A）标识时，δ_5（A_5）和 δ_{10}（A_{10}）分别为采用比例短试样和比例长试样获得的值。

标距长度 L_0 与原始横截面积 S_0 之比不满足比例常数 11.3 或 5.65 的试样都是非比例试样。常用于原材料和加工不满足比例试样要求时使用。对非比例试样，在报告中需特别注明。按前述讨论，由非比例试样得到的断后伸长率不能与 δ_5（A_5）和 δ_{10}（A_{10}）进行比较。

除标距与工作部分横截面之比外，圆形拉伸试样还应满足如下要求，即平行段长度 L_e 应不小于 L_0+D。对仲裁试验，需 $L_e=L_0+2D$。对于试样同轴度以及表面粗糙度等可参考相应标准。

需根据试样形状选取夹具，如图 7-12 所示。由于夹具常处于与试样测量一致的环境，因此设计、选材及制造时应慎重选择。在低温下，对于一般要求的拉伸试验，夹具材料通常选用奥氏体不锈钢 304。对于夹具硬度和强度要求较高的试验，可选用马氏体不锈钢 4130 或高温合金 718 等。对于夹具–试验机系统的同轴度要求，应参考选用标准。试样、夹具和安装等都有可能造成同轴度偏离，如图 7-13 所示。

1．拉伸测量表征参数

通过拉伸试验可以得到材料的主要性能参数如表 7-3 所示。

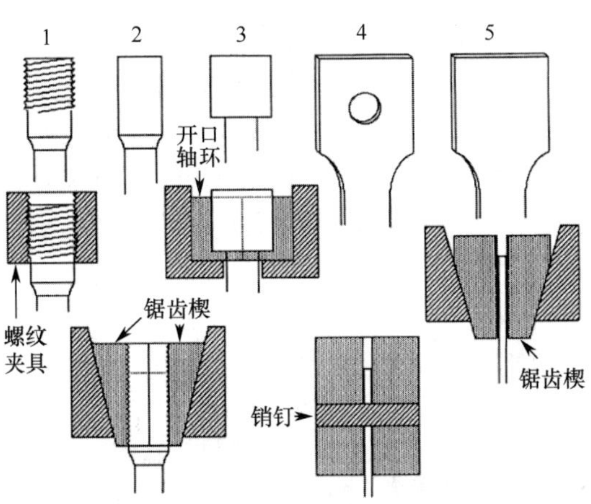

图 7-12　不同拉伸试样夹持部分以及夹具[2]

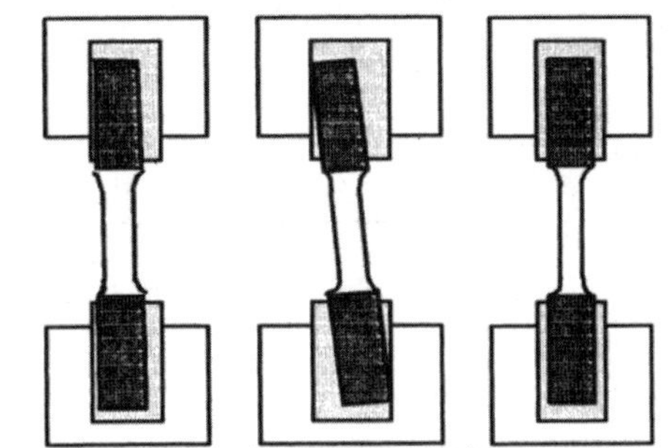

图 7-13　试样、夹具和安装等因素可能造成同轴度偏离[2]

表 7-3　通过拉伸试验得到的主要性能参数[7]

分　类	工 程 性 能	真应力-应变特性
弹性性能	弹性模量 E	
	泊松比 v	
强度性能	比例极限	真断裂强度
	规定非比例塑性强度 $R_{p0.2}$	形变强化系数 K
	抗拉强度 R_m	
	工程断裂强度	
塑性性能	断后伸长率	真断裂应变
	断面收缩率	
能量性能	拉伸韧度	真拉伸韧度
	弹性能	
应变硬化性能	应变硬化率	应变硬化指数 n

2. 工程应力-应变曲线和真应力-应变曲线

典型金属材料室温拉伸工程应力-应变曲线如图 7-14 所示。曲线主要包括弹性变形区、塑性变形区和颈缩区三部分。弹性变形区也称比例伸长阶段，此阶段载荷与变形成正比，卸载路线与加载路线完全一致。塑性变形区包括屈服阶段和强化阶段。屈服阶段载荷不增加或者增加很小，甚至在降低的情况下产生较大变形。屈服阶段变形是不能恢复的，卸载路线与加载路线不一致。强化阶段载荷随变形增加而增加。强化阶段产生的变形是弹塑性变形，且其塑性变形是均匀的。这种随塑性变形增大、变形抗力不断增加的现象称为形变硬化。强化阶段的加载和卸载路线不一致。对颈缩阶段，当载荷达到最大值（对应抗拉强度 R_m）以后，随着变形增加，载荷下降，产生大量不均匀变形，且集中在颈缩区。此阶段加载和卸载路线也不一致。

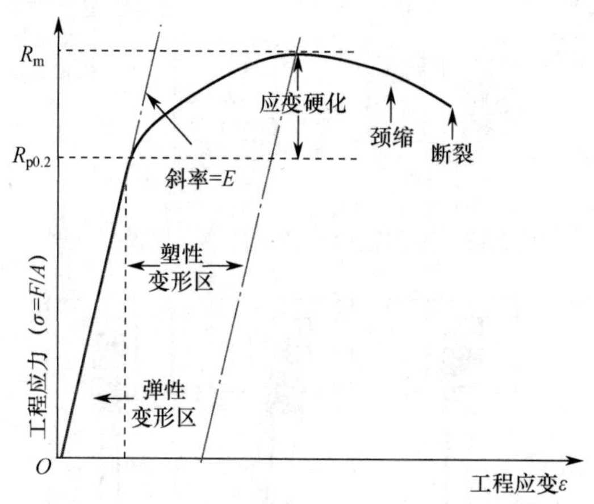

图 7-14　典型金属材料室温拉伸工程应力–应变曲线

利用工程应力–应变曲线可以计算得到的性能参数主要包括：弹性模量 E、泊松比、比例极限、规定非比例塑性强度 $R_{p0.2}$（屈服强度）、抗拉强度 R_m、断裂强度、断后伸长率 A、断面收缩率 Z、弹性能（弹性比功）、拉伸韧度和应变硬化率。各参数具体计算方法可参考相关标准。

应变硬化率定义为抗拉强度 R_m 与屈服强度 $R_{p0.2}$ 之比值。应变硬化率大于 1.4 的材料称为高应变硬化率材料，低于 1.2 的材料称为低应变硬化率材料。注意应变硬化率不同于随后介绍的应变硬化指数 n。应变硬化指数介于 0 到 1 之间。

在弹性变形阶段，材料的体积是变化的。在屈服发生以后的塑性变形阶段，可认为材料的体积保持不变。这是在后面内容中讨论真应力–应变计算时的前提。

在拉伸过程中，试样原始截面积 S_0 是逐渐变小的。真应力 σ_{true} 是瞬时载荷 F 除以瞬时截面积 S 的值，即

$$\sigma_{true} = \frac{F}{S} \tag{7-1}$$

而实际的相对伸长，即真应变 ε_{true}，应该是瞬时伸长 dL 与瞬时长度 L 的积分值，即

$$\varepsilon_{true} = \int_{L_0}^{L} \frac{dL}{L} = \ln\frac{L}{L_0} \tag{7-2}$$

假定在拉伸过程中体积不变且变形均匀（塑性变形开始至颈缩发生前），则有

$$\sigma_{true} = \frac{F}{S_0}(\varepsilon_{eng} + 1) = \sigma_{eng}(\varepsilon_{eng} + 1) \tag{7-3}$$

和

$$\varepsilon_{true} = \ln(\varepsilon_{eng} + 1) \tag{7-4}$$

注意，在最大载荷之后，即开始发生颈缩之后，真应力不能用式（7-3）计算，而应通过测量实时截面积 S 获得，而真应变也不能用式（7-4）计算。此时，真应变应基于实时截面积 S。对圆棒，如实时直径为 D，则有

$$\varepsilon_{true} = \ln\frac{S_0}{S} = 2\ln\frac{D_0}{D} \tag{7-5}$$

注意，当应变较小（弹性阶段）时，因有 $\varepsilon_{eng} \to 0$，式（7-4）级数展开有 $\varepsilon_{true} = \varepsilon_{eng} - \frac{\varepsilon_{eng}^2}{2} + \frac{\varepsilon_{eng}^3}{3} - \frac{\varepsilon_{eng}^4}{4} + \cdots$，则有 $\varepsilon_{true} \to \varepsilon_{eng}$，即真应变与工程应变一致。典型金属材料工程应力–应变与真应力–应变曲线如图 7-15 所示。真应力–应变曲线上颈缩后曲线斜率通常趋于一常数，表示变形强化趋势稳定。有时最后一段还发生上翘现象，是由于颈缩发生到一定程度后因产生三轴压力而不利于变形引起的。此外，材料颈缩前的变形是在单轴应力条件下进行的。颈缩开始后，此区域的应力状态由单轴应力变为三轴应力，故其单轴应力有所减小，因此需对图 7-15 中的真应力–应变曲线予以修正。

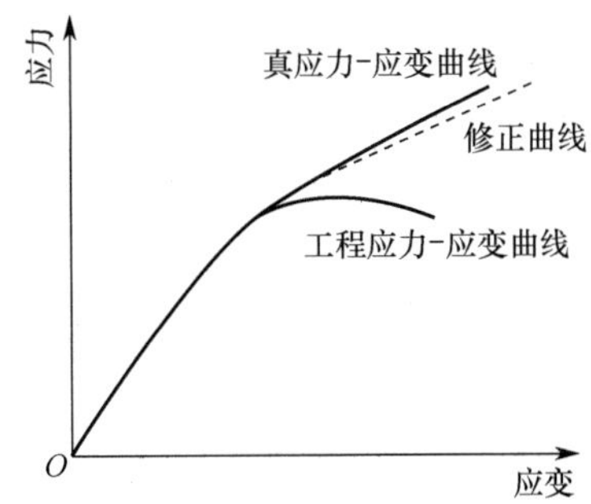

图 7-15　典型金属材料室温真应力–应变曲线[8]

考虑最大载荷对应的真应力。设最大载荷时真应力为 σ_{ut}，真应变为 ε_{ut}，试样截面积为 S_u，抗拉强度 $R_m = F_{max}/S_0$，且有 $\sigma_{ut} = F_{max}/S_u$。由此得到 $\sigma_{ut} = R_m\times(S_0/S_u)$和

$$\sigma_{ut} = R_m e^{\varepsilon_{ut}} \tag{7-6}$$

真断裂应力为断裂时载荷除以断裂时对应截面积。注意颈缩发生后对应区域不再是单纯轴向应力，还会出现复杂的应力三轴性行为。

真断裂应变为

$$\varepsilon_{tf} = \ln\frac{S_0}{S_f} \tag{7-7}$$

式中，S_f 为断裂时试样横截面积。

拉伸韧度为工程应力–应变曲线包围的面积。真拉伸韧度为真应力–应变曲线包围的面积。

在均匀塑性变形区（屈服至颈缩开始前），多数金属材料的真应力 σ_{true} 和真应变 ε_{true} 之

间有 Hollomom 关系：

$$\sigma_{\text{true}} = K\varepsilon_{\text{true}}^{n} \tag{7-8}$$

式中，K 是形变强化系数，n 是形变（应变）硬化指数，表征均匀变形阶段金属的变形强化能力，即抵抗形变的能力。在处理时可对式（7-8）取对数，得到如图 7-16 所示的曲线。如前所述，材料应变硬化指数在 0～1 之间，$n = 0$ 时，材料为理想塑性体；$n = 1$ 时，材料为理想弹性体，如图 7-17 所示。多数材料的应变硬化指数 n 在 0.10～0.50 之间。如碳钢和低合金钢的应变硬化指数在 0.45～0.55 之间，而铝合金的则在 0.15～0.25 之间。钢具有较大的应变硬化指数，即 0.55，使其抗拉强度可为屈服强度的 2 倍。

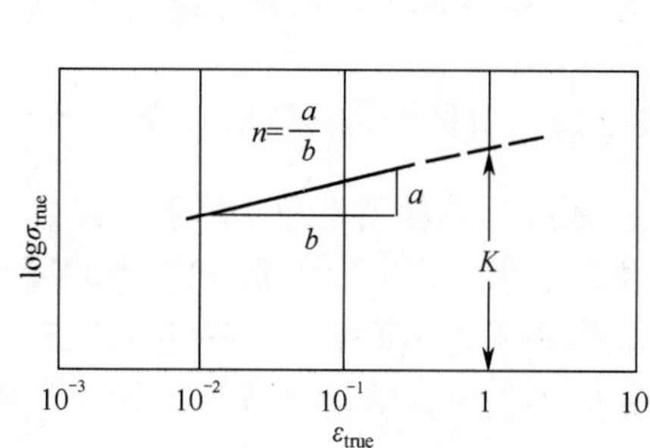

图 7-16 均匀塑性变形区真应力–应变关系[2]

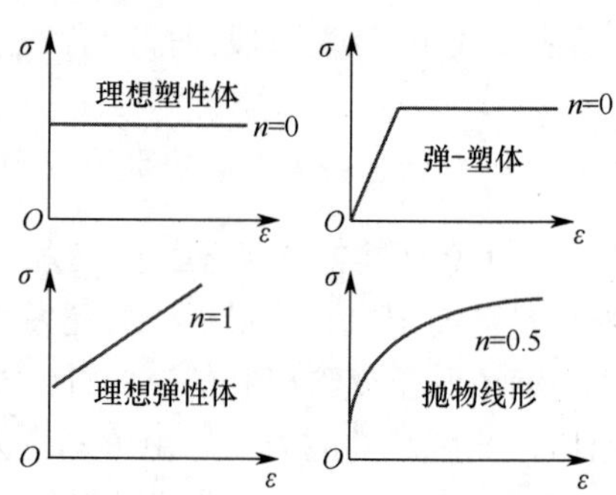

图 7-17 理想弹性体和理想塑性体

利用单轴拉伸试验测量应变硬化指数 n 的一般步骤包括测量工程应力–应变曲线，选取均匀塑性变形区并计算得到真应力–应变曲线，取对数并进行线性回归分析，计算 n 等过程，具体可参考 ASTM E 646 等标准。

应变硬化指数 n 具有重要科研及工程意义。在工程上，金属的形变硬化与塑性变形之间的良好配合才保证了金属材料变形分布一致，利于冷加工；形变强化使金属制品在工作中具有适当的抗偶然过载能力，保证了机器的安全运行；形变强化还是金属材料重要的强化手段之一；形变强化还会降低塑性，有利于切削加工等。

试验设备或方法能提供的应变速率范围如表 7-4 所示。应变速率增加会增大流变应力，改变材料的性能，如图 7-18 所示。随温度增加，应变速率对强度的影响也增加。应变速率对屈服强度和流变应力的影响大于其对抗拉强度的影响。

表 7-4 试验设备或方法的应变速率范围[2]

应变速率范围/s^{-1}	测 量 方 法	应变速率范围/s^{-1}	测 量 方 法
10^{-8}～10^{-5}	蠕变、应力松弛测量	10^{2} ～10^{4}	冲击
10^{-5}～10^{-1}	液压或丝杠控制拉伸测量	10^{4} ～10^{8}	超高速冲击
10^{-1}～10^{2}	动态拉伸、压缩		

如丝杠式电子万能试验机横梁位移速率为 $v = \mathrm{d}L/\mathrm{d}t$，则工程应变速率为

$$\dot{\varepsilon}_{\text{eng}} = \frac{v}{L_0} \tag{7-9}$$

L_0 为标距。真应变速率为

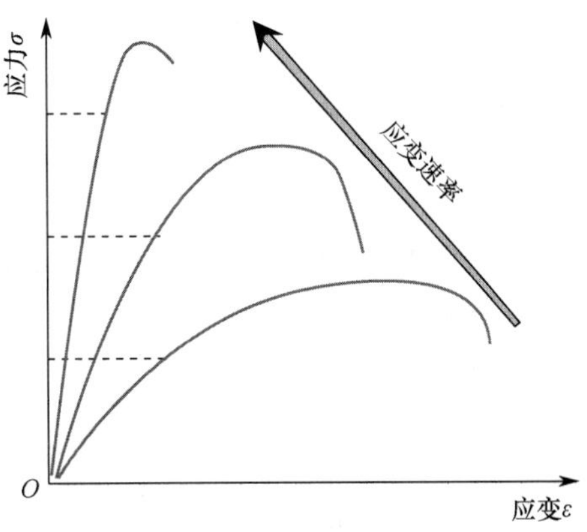

图 7-18 应变速率对材料性能的影响

$$\dot{\varepsilon}_{\text{true}} = \frac{v}{L} \tag{7-10}$$

可见，对恒横梁位移速率测量，真应变速率会随试样伸长或颈缩而逐渐变小。因此，当需要开展真应变速率控制测量时，需要实时监测试样伸长和横截面，并将得到的值与试验机系统闭环。直观上，恒真应变速率测量时横梁位移速率会随试样伸长和颈缩而增加。真应变速率和工程应变速率间有

$$\dot{\varepsilon}_{\text{true}} = \frac{\dot{\varepsilon}_{\text{eng}}}{1+\varepsilon_{\text{eng}}} \tag{7-11}$$

同时，应考虑应变速率对流变应力的影响。当测量温度 T 和应变 ε 不变时，有

$$\sigma = c(\dot{\varepsilon})^m \tag{7-12}$$

式中，m 是应变速率敏感因子，c 是应变硬化系数。通常可以通过 $\log\sigma$–$\log\dot{\varepsilon}$ 曲线求得上述参数。更精确的方法是采用变化应变速率法，如图 7-19 所示，应变速率敏感因子 m 为

$$m = \frac{\log(\sigma_2/\sigma_1)}{\log(\dot{\varepsilon}_2/\dot{\varepsilon}_1)} \tag{7-13}$$

在室温下，金属材料应变速率敏感因子 m 通常小于 0.1。m 随温度增加而增加，在热加工温度 $T/T_m>0.5$ 时，m 值在 0.1～0.2 之间。高分子材料的应变速率敏感因子 m 较大，一些高分子材料室温下应变速率敏感因子 $m>1$。

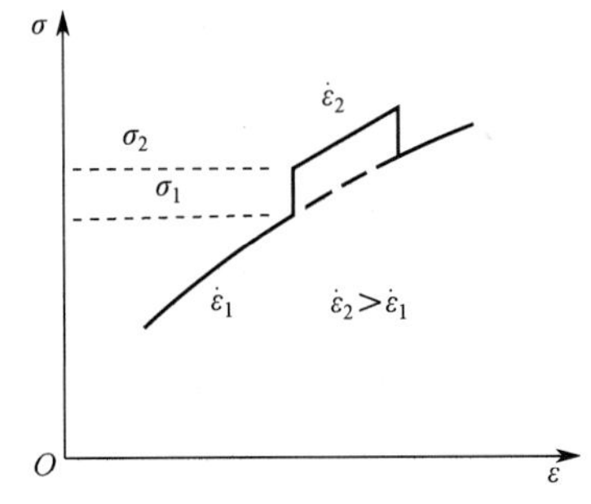

图 7-19 变化应变速率法测定应变敏感因子 m[2]

考虑温度对流变应力的影响。通常，温度对金属材料的位错结构及移动产生影响，从而影响流变应力。当应变 ε 和真应变速率 $\dot{\varepsilon}$ 不变时，有

$$\sigma = c_1 e^{-\frac{Q}{RT}} \tag{7-14}$$

式中，Q 为塑性变形激活能，R 为理想气体常数（$R = 8.314\ \mathrm{J/(mol \cdot K)}$），$T$ 为测量温度（K）。依据式（7-14），$\ln\sigma - 1/T$ 曲线的斜率为$-Q/R$。因此可以确定塑性变形激活能 Q 以及常数 c_1。开展拉伸试验时，通过改变试样温度，利用式（7-14）获得塑性变形激活能 Q，如图 7-20 所示。在恒真应变速率 $\dot{\varepsilon}$ 条件下改变测量温度，相应流变应力也会改变，则有

$$Q = R\ln\frac{\sigma_1}{\sigma_2}\left(\frac{T_1T_2}{T_2 - T_1}\right) \tag{7-15}$$

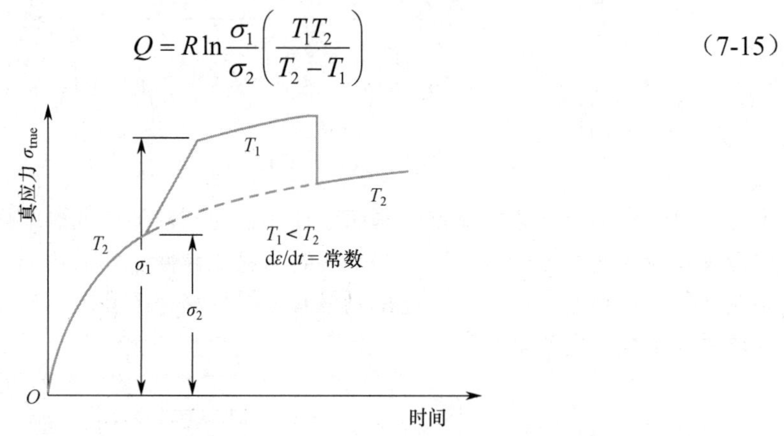

图 7-20　利用温度变化的拉伸试验确定材料塑性变形激活能 Q[9]

考虑低温下应变速率对试样真实温度的影响。在室温下，应变速率在 $10^{-5}\ \mathrm{s}^{-1}$～$10^{-2}\ \mathrm{s}^{-1}$ 之间时，对金属材料流变应力没有明显影响[2]。然而在低温下，特别是在 20 K 温度以下，材料热导和比热都很小，因此测量过程中更容易造成试样绝热升温。如前讨论，这也是金属材料在低温下出现锯齿形流变特性的可能原因。绝热升温幅度与环境温度、热交换、应变速率和材料特性（热导、热扩散、比热）等因素有关。ASTM 以及 ISO 等金属材料液氦温度拉伸试验标准都对应变速率给出了严格限定，要求标称（名义）应变速率小于 $10^{-3}\ \mathrm{s}^{-1}$。应变速率对试样温度的影响可直观反映在应力–应变曲线上。当应变速率较高（如 $8.8\times10^{-3}\ \mathrm{s}^{-1}$）时，应力–应变曲线锯齿间隔增大、幅度减小；当应变速率降为 $10^{-4}\ \mathrm{s}^{-1}$ 左右时，应力–应变曲线锯齿均匀、幅度较大。当应变速率进一步降低时（如小于 $10^{-5}\ \mathrm{s}^{-1}$），锯齿甚至消失，详见本书第 5 章。

在低温下，金属材料载荷–变形曲线的锯齿流变现象表明材料塑性变形的不稳定性，这对试验及结果计算都有一定影响。在试验上，由于载荷–变形的锯齿跳跃，因此不能采用应变速率控制模式。通常采用标称（名义）应变速率和试样标距换算得到的恒横梁位移速率控制。此外，在试验时应特别注意控制环境温度并保持稳定。如图 7-21（a）所示是 316LN 材料液氦温度拉伸应力–应变曲线。当初始环境温度高于液氦温度时，开始部分应力–应变曲线上的锯齿稀疏且幅度变小，如图 7-21（b）所示。对于结果计算，由于锯齿形流变特性，使测量得到的抗拉强度 R_m 较难用于工程设计，所以实际应用中更多采用屈服强度 $R_{p0.2}$。

金属材料拉伸性能测量标准如表 7-5 所示。

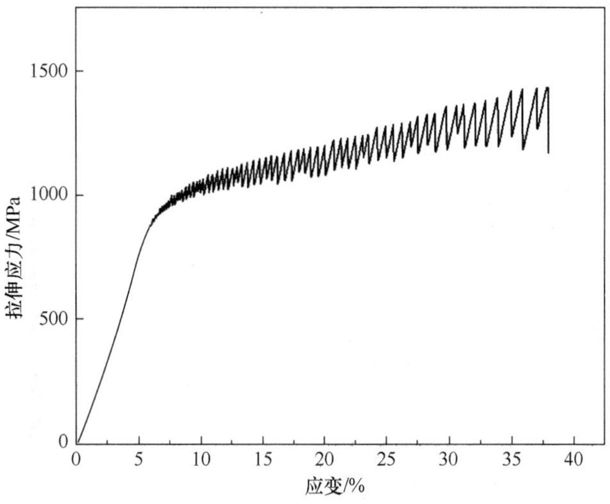

(a) 316LN材料液氦温度拉伸应力-应变曲线

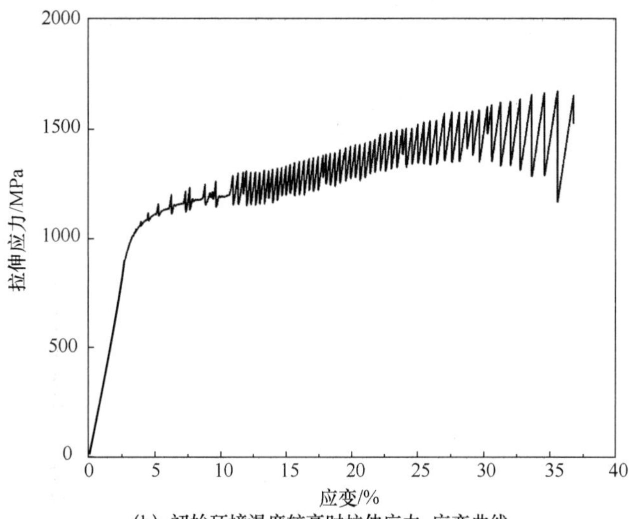

(b) 初始环境温度较高时拉伸应力-应变曲线

图 7-21　温度对 316LN 拉伸应力-应变曲线的影响

表 7-5　金属材料拉伸性能测量标准

体　系	编　号	材　料	性　能	温　度
ASTM	A 370	钢	力学性能一般要求及定义	—
	A 770	钢板	厚度方向拉伸一般要求	—
	A 931	一般材料	线、股线拉伸	—
	B 557	铝、镁合金	拉伸	室温
	E 8	金属材料	拉伸	室温
	E 338	高强金属材料	缺口拉伸	室温
	E 345	金属箔	拉伸	室温
	E 602	金属材料	柱状试样缺口拉伸	室温
	E 740	金属材料	表面裂纹拉伸	室温
	E 1450	金属材料	拉伸	4.2 K

（续表）

体　系	编　号	材　料	性　能	温　度
ISO	6892-1	金属材料	拉伸	室温
	6892-2	金属材料	拉伸	高温
	6892-3	金属材料	拉伸	低温（77 K）
	6892-4	金属材料	拉伸	4.2 K
JIS	B 7721	—	拉伸试验机一般要求	—
	Z 2277	金属材料	拉伸	4.2 K
GB	T 228.1	金属材料	拉伸	室温
	T 228.2	金属材料	拉伸	高温
	T 228.3	金属材料	拉伸	低温（77 K）
	T 228.4	金属材料	拉伸	4.2 K

7.2.1.2　工程塑料拉伸性能测量

工程塑料可分为热塑性和热固性两类。工程塑料的一个重要特性是，具有玻璃化温度 T_g。在此温度以下，材料为非晶态，此温度以上则为黏弹态或橡胶态。

对环氧树脂等工程塑料，试样制备对力学性能测量及结果有重要影响。工程塑料试样加工时易产生微裂纹，这在拉伸性能测量时成为应力集中点，并导致提前断裂。因此，环氧树脂等材料通常选用模具浇铸成型。此外，在低温测量时应选择合适的试样夹持方法以避免试样断在根部甚至夹具内部。这些特点导致测量数据分散性较大。在拉伸测量时，一般要求有效试样最少 5 个，而金属材料一般要求 3 个以上。

影响工程塑料拉伸性能的因素主要有 3 个，即黏弹性、各向异性，以及塑性、颈缩断裂和加工硬化。

（1）黏弹性。由于工程塑料具有黏弹性，因此其应力–应变行为也是时间的函数。对简单的线性黏弹性，有

$$\sum_{n=0}^{\infty} a_n \frac{\partial^n \sigma}{\partial t^n} = \sum_{m=0}^{\infty} b_m \frac{\partial^m \varepsilon}{\partial t^m} \tag{7-16}$$

式中，σ 为应力，ε 为应变，t 为时间，a 和 b 为特征系数。如果只有 $a_0 \neq 0$ 和 $b_0 \neq 0$，则材料为线弹性。如果只有 $a_0 \neq 0$ 和 $b_1 \neq 0$，材料为牛顿（Newton）黏弹性。其他情况下工程塑料的应力–应变是时间的函数。拉伸性能测量以及结果分析时都要考虑工程塑料的黏弹性特征。

（2）各向异性。无论是浇铸体还是从平板上切割加工得到的试样都有各向异性问题。各向异性与树脂的黏弹性密切相关。黏弹性使工程塑料成型冷却时具有各向异性。工程塑料的各向异性使力学测量结果分析更为复杂，表现在拉伸断裂位置以及缺口试样强度的分散。为此，工程塑料拉伸试样需采用哑铃形而非长条形。各向异性还使得测量系统与试样载荷传递方式因素更加重要。对塑性金属材料，试验机可以通过剪切力作用到试样上并容许一定的同轴度偏离。然而，对各向异性的工程塑料材料，通过剪切力作用传递载荷极易导致试样在夹具内断裂。因此，常在哑铃形试样夹持端黏接金属材料来增强。此措施在一定程度上降低了由于剪切力导致的夹具内断裂，但不能降低同轴度的负面影响。

（3）塑性、颈缩断裂和加工硬化。这些特性使工程塑料具有所谓“后屈服”现象，如图 7-22 所示。

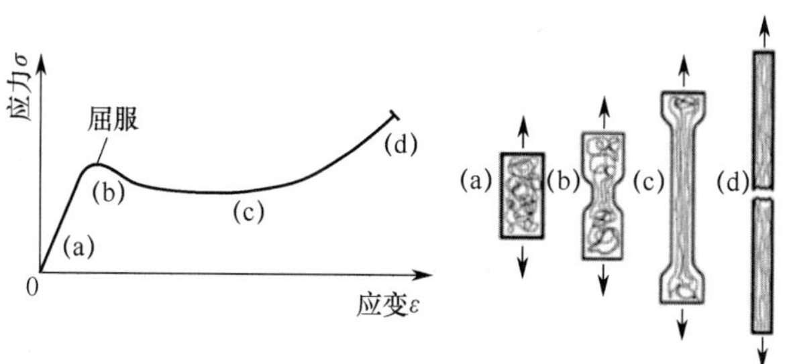

图 7-22 工程塑料“后屈服”现象示意图

黏弹性、各向异性，以及塑性、颈缩断裂和加工硬化因素对工程塑料拉伸性能试验表征及结果分析的影响如表 7-6 所示。

表 7-6 黏弹性、各向异性，以及塑性、颈缩断裂和加工硬化对工程塑料拉伸试验表征及结果分析的影响[2]

特　性	影响范围	影　响
黏弹性	试验表征	试样易断在夹具内及引伸计刀口处
		夹持力随时间变化（易滑动）
	结果分析	载荷-变形随时间变化，应变速率影响较严重
		不同定义的模量
各向异性	试验表征	试样变形模式分散
		试样断裂位置分散
	结果分析	强度及模量值分散，严重偏离预期
塑性、颈缩断裂和加工硬化	试验表征	应变片及引伸计功能受限
		试样在夹具内滑动
		需要全程监控
	结果分析	需考虑“后屈服”变形不均匀因素
		屈服后载荷-变形不能直接转变为应力-应变关系，需另定义应变

工程塑料的上述特性使拉伸试验和测量时应特别注意试样-试验机间载荷传递因素。这些因素的产生原因及导致的结果如表 7-7 所示。

表 7-7 工程塑料拉伸试验中试样-试验机载荷传递系统关键因素[2]

现　象	产生原因	导致结果
同轴度偏离	试样因素（不对称）	非轴向应力
	试样夹持因素	模量测量偏离
	外摩擦力	强度小于预期
试样夹持过度或不足	试样因素	试样在夹具内滑动
	夹具因素	应变、伸长率测量偏离
	试验人员因素	提前断裂
试样不满足要求（表面、对称等）	模具因素	提前断裂
	制造、加工因素	非轴向应力

在低温环境拉伸时，上述对试验和测量结果分析的不利因素依然存在。此外，在低温

下多数工程塑料脆性增加，因此夹持、同轴度等影响更为明显。由于多数工程塑料室温-低温收缩率远大于金属材料同温区收缩率，这也使依靠摩擦力的夹持方式夹持更为困难。这些因素导致低温拉伸性能测量结果更为分散。除聚四氟乙烯等少数材料外，多数工程塑料在低温下拉伸都呈现脆断模式。

工程塑料材料拉伸性能测量标准如表 7-8 所示。

表 7-8　工程塑料材料拉伸性能测量标准

体　系	编　号	材　料	性　能	温　度
ASTM	D 618	工程塑料	试样加工一般要求	—
	D 638	工程塑料	拉伸测量一般要求	室温
	D 882	工程塑料薄膜	拉伸测量一般要求	室温
	D 1708	工程塑料	微拉伸试样拉伸	室温
	D 5083	增强热固性塑料	板条试样拉伸	室温
ISO	291	工程塑料	试样加工一般要求	—
	527-1	工程塑料	拉伸测量一般要求	—
	527-2	工程塑料	模塑和挤塑塑料拉伸	室温
	527-3	工程塑料	薄膜和片材塑料拉伸	室温
	527-4	工程塑料	纤维增强塑料拉伸	室温
GB	T 1040	工程塑料	拉伸	室温

7.2.1.3　陶瓷及陶瓷基复合材料拉伸性能测量

陶瓷材料以共价键或离子键结合，因而具有高强度，但塑性变形能力较差。此外，陶瓷材料对缺陷非常敏感，因此其抗拉强度也有较大分散性。

陶瓷及陶瓷基复合材料拉伸性能测量意义主要包括：

（1）缺陷类型以及位置。多数陶瓷材料包含内部及表面缺陷。表面缺陷与试样加工因素相关，而内部缺陷与陶瓷材料内禀特性以及制造过程相关（如微孔、夹杂物等）。这些缺陷都对陶瓷材料及陶瓷基复合材料拉伸性能尤其是强度有重要的影响。

（2）缺陷类型分离。通常通过断口学方法分析确定材料的缺陷类型及分布。然而，断口学方法通常耗时较长。另外一种方法是，采用数据分析获得模型化强度分布（需结合试验），并与材料本构关系对比，从而确定缺陷类型。尽管存在一定不确定性，但是这种数学处理方法十分有效。

（3）设计强度和尺寸效应。陶瓷及陶瓷基复合材料拉伸性能测量的一个重要意义在于确定设计强度和尺寸效应。20 世纪 40 年代，韦布尔强度分布方法开始用于分析陶瓷材料的尺寸效应。目前，此方法已获得广泛应用。

（4）寿命预测和环境效应。陶瓷及陶瓷基复合材料的表面缺陷对拉伸性能有重要影响。环境对表面缺陷有重要影响，通常会引发应力腐蚀裂纹扩展和延时失效。内部缺陷通常不会导致延时失效。如果内部缺陷与通过环境扩散进入的物质发生相互作用则会导致材料失效。这些因素都会影响陶瓷及陶瓷基材料的使用寿命。

常用的陶瓷及陶瓷基材料拉伸试验方法有 4 类：室温直接拉伸测量方法，高温直接拉伸测量方法，间接拉伸测量方法（三点弯曲、四点弯曲测量）和其他可归为拉伸应力导致失效的测量方法。值得注意的是，由于陶瓷材料的高缺陷敏感性、低塑性，以及高模量致使直接拉伸试验较为困难，因此常采用间接拉伸试验方法。如在弯曲试验测量中，陶瓷材料承受复杂的应力包括拉伸、压缩、剪切和应力梯度等，这不同于拉伸测量时的均匀、单一轴向应力。

陶瓷材料直接拉伸测量采用的试样示意图如图 7-23 所示，一种是哑铃形平板试样，另一种是圆柱形试样。试样可以通过加工或模具成型。注意试样需要有大半径过渡部分以降低连接处应力集中导致的试样无效断裂。此外，设计制造合适的夹具也非常重要。直接拉伸试验的结果分析较简单直接且能反应材料内部及表面缺陷情况。然而，直接拉伸试验也存在不足之处，包括试样体积较大、试样加工复杂、夹具复杂，以及夹持复杂且易引起同轴度问题等。

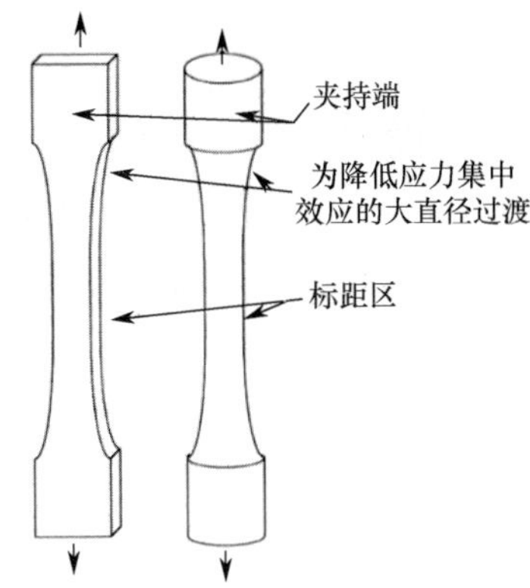

图 7-23 陶瓷材料直接拉伸测量采用的试样示意图[2]

陶瓷材料间接拉伸测量采用的试样如图 7-24 所示。对 θ 形试样，当施加压力时试样中间部分承受拉应力。对桁构梁试样，当实施如图 7-24（b）所示四点弯曲测量时试样下侧承受拉应力。上述两种测量方法的不足之处都在于试样形状复杂并导致加工困难。

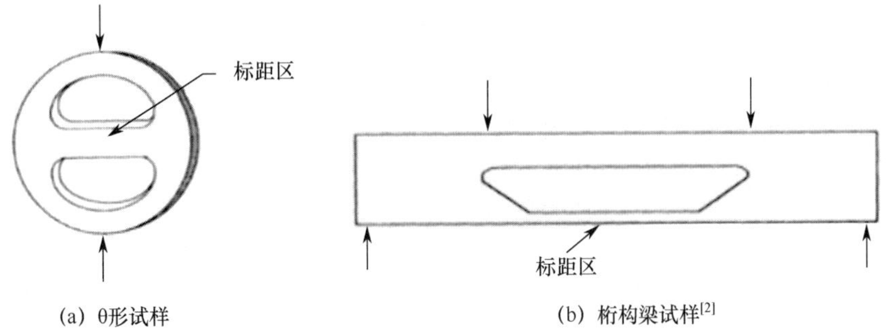

(a) θ形试样　　(b) 桁构梁试样[2]

图 7-24 陶瓷材料间接拉伸测量采用的试样

三点弯曲或四点弯曲是最常用的间接拉伸测量方法，如图 7-25 所示。对三点弯曲或四点弯曲试样，应变测量较为困难。室温及低温下可以采用如图 7-26 所示的方法或者采用引伸计测量应变。

陶瓷及陶瓷基复合材料高温性能优异，因此还常开展高温拉伸性能测量。多数陶瓷及陶瓷基复合材料低温性能一般，较少开展低温性能测量。近年来，由于相变增韧的 Y_2O_3 稳定的四方相 ZrO_2 陶瓷（Y-TZP）在低温领域的潜在应用，对其低温拉伸性能的测量研究逐渐增加。

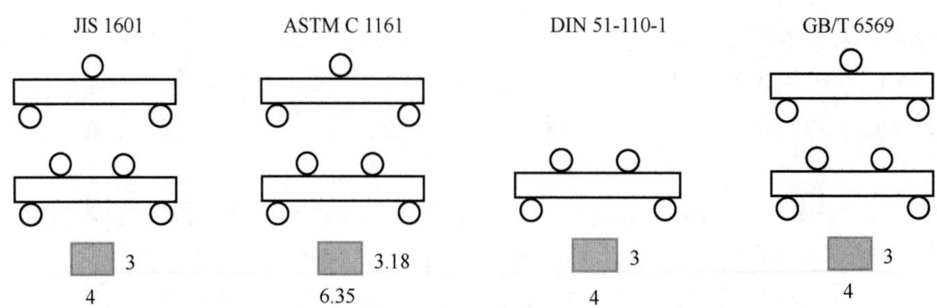

图 7-25　不同国家标准对陶瓷材料三点弯曲或四点弯曲测量试样的规格要求[2]

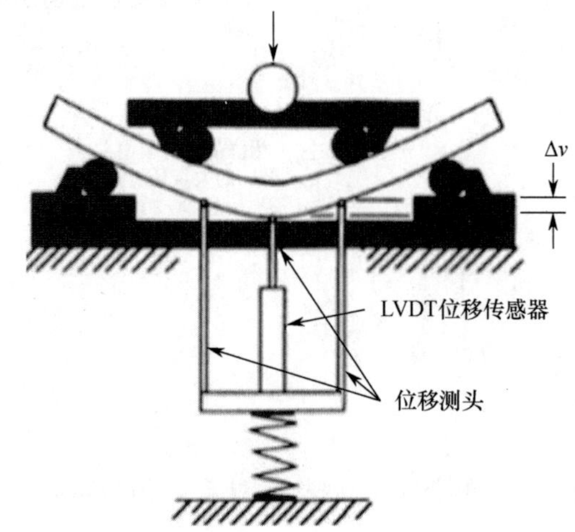

图 7-26　三点弯曲或四点弯曲测量加载方向变形测量[2]

陶瓷及陶瓷基复合材料拉伸性能测量标准如表 7-9 所示。

表 7-9　陶瓷及陶瓷基复合材料拉伸性能测量标准

标准体系	编号	材料	性能	温度
ASTM	C 1273	陶瓷	拉伸强度	室温
	C 1275	连续纤维增强陶瓷	拉伸	室温
	C 1161	陶瓷	弯曲强度	室温
	C 1211	陶瓷	弯曲强度	高温
ISO	14574	陶瓷	拉伸	高温
	14603	连续纤维增强陶瓷	拉伸	室温
	14610	多孔陶瓷	弯曲	室温
	14704	陶瓷	弯曲	室温
	15490	陶瓷	抗拉强度	室温
	15733	陶瓷基复合材料	拉伸	室温
	17138	陶瓷基复合材料	弯曲强度	室温
	17161	陶瓷	单轴拉伸同轴度	室温
	17162	陶瓷	弯曲强度	室温
	17565	陶瓷	弯曲强度	高温

（续表）

标准体系	编　号	材　料	性　能	温　度
ISO	19604	陶瓷	拉伸持久时间	高温
	19630	陶瓷材料增强体	拉伸	室温
	20323	陶瓷基复合材料	拉伸	室温
	20501	陶瓷	韦布尔统计	—
GB	T 23805	精细陶瓷	拉伸强度	室温
	T 31541	精细陶瓷	界面拉伸、剪切黏结强度	室温

7.2.1.4 连续纤维及纤维布增强树脂基复合材料拉伸性能测量

连续纤维及纤维布增强树脂基复合材料的显著特点是各向异性，因此通常需要对复合材料的不同方向开展拉伸力学性能测量。依据复合材料的不同，拉伸力学性能测量又可分为单丝拉伸性能测量、连续纤维束拉伸性能测量和层压板复合材料拉伸性能测量等。

（1）单丝拉伸性能测量。纤维单丝拉伸性能测量示意图如图 7-27 所示。单丝试样需结合统计学要求或从纤维束中随机选择。随后按图 7-27 所示固定在夹持片中心。试验测量时将两端夹持片安装在试验机上，并确保拉伸性能测量时单丝只承受轴向拉应力。注意试样的截面积需要通过光学、质量–密度关系等方法得到。由于单丝承载较小，因此需要选用合适的载荷传感器。测量时还应注意选用合适的应变测量方法和装置。

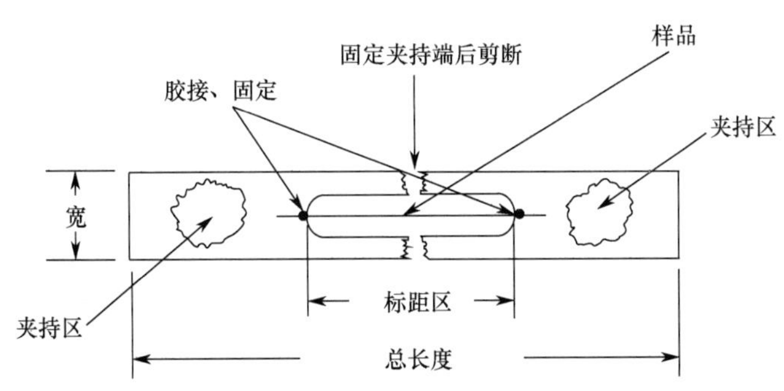

图 7-27　纤维单丝拉伸性能测量示意图（ASTM D 3379）

（2）连续纤维束拉伸性能测量。连续纤维束拉伸性能测量通常采用树脂浸渍或其他方法固定纤维后进行单轴拉伸性能测量。试样制备时应特别注意，应选用合适的树脂使其对纤维束拉伸性能的影响最小。此外，还需要考虑树脂与纤维的相容性以及树脂的量。树脂的断裂应变应远大于纤维的断裂应变。试样制备时还应注意使所有纤维平行分布。试样夹持对纤维束拉伸性能测量十分重要。不可靠的试样夹持会导致试样从夹持端滑出或从夹持端根部断裂而导致无效测量。

对连续纤维束的拉伸性能测量，其应变可采用电子引伸计测量，可得到纤维的拉伸模量 E 等。

连续纤维束拉伸性能测量时试样失效模式如图 7-28 所示。

（3）层压板复合材料拉伸性能测量。层压板复合材料拉伸性能测量可采用多种不同规格的试样进行，其中常用的试样有板条状试样和哑铃形试样两种。

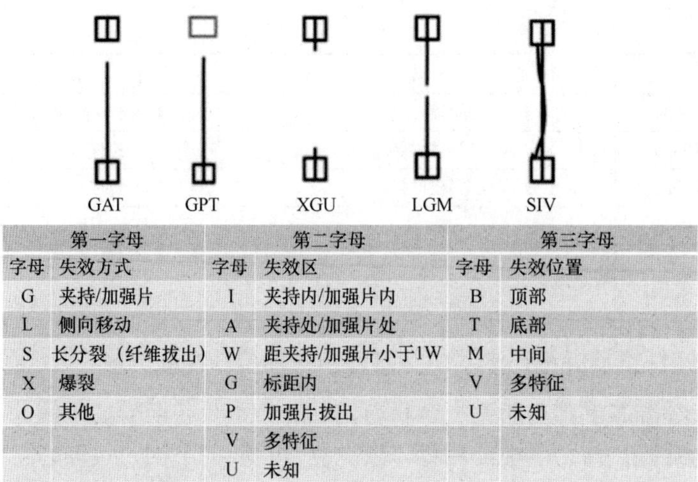

第一字母		第二字母		第三字母	
字母	失效方式	字母	失效区	字母	失效位置
G	夹持/加强片	I	夹持内/加强片内	B	顶部
L	侧向移动	A	夹持处/加强片处	T	底部
S	长分裂（纤维拔出）	W	距夹持/加强片小于1W	M	中间
X	爆裂	G	标距内	V	多特征
O	其他	P	加强片拔出	U	未知
		V	多特征		
		U	未知		

图 7-28　连续纤维束拉伸性能测量时试样失效模式（ASTM D 4018）

板条状拉伸试样示意图如图 7-29 所示。注意两端加强片的形状、材料、尖端角度 θ，以及胶黏剂等因素都会对拉伸测量造成影响。此外，试样加工时还应特别注意避免造成损伤。试样夹持可采用液压、机械以及楔形自缩夹具。对于高强度连续纤维和高强度层压板复合材料，在低温时夹持会十分困难。板条状拉伸试样常见失效模式如图 7-30 所示。

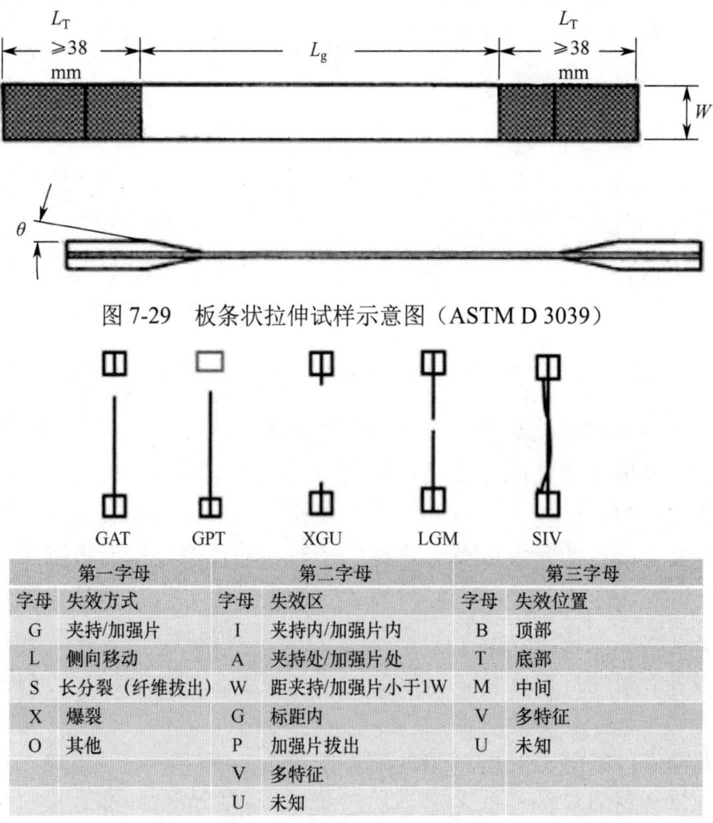

图 7-29　板条状拉伸试样示意图（ASTM D 3039）

第一字母		第二字母		第三字母	
字母	失效方式	字母	失效区	字母	失效位置
G	夹持/加强片	I	夹持内/加强片内	B	顶部
L	侧向移动	A	夹持处/加强片处	T	底部
S	长分裂（纤维拔出）	W	距夹持/加强片小于1W	M	中间
X	爆裂	G	标距内	V	多特征
O	其他	P	加强片拔出	U	未知
		V	多特征		
		U	未知		

图 7-30　板条状拉伸试样常见失效模式（ASTM D 3039）

工程塑料常用哑铃形试样规格可参考 ASTM D 638 标准。上述标准提供了多种试样规格，如图 7-31 所示，试样制备时可自行选择。哑铃形试样较少用于连续纤维增强树脂基复合材料的测量。此外，在试样加工时也应注意避免损伤。尽管目前一些层压板复合材料拉伸试验测量采用 ASTM D 638 推荐的方法，但应注意此方法存在的不足之处，即此标准主要适用于低模量、非增强工程塑料、增强体的体积含量很小的复合材料，以及随机分布的短纤维增强树脂基复合材料，不能用于高性能纤维或纤维布增强树脂基复合材料；在加工时极易损伤试样；试样过渡部分对试样断裂模式和抗拉强度测量有显著影响；测量区试样截面积和体积较小等。

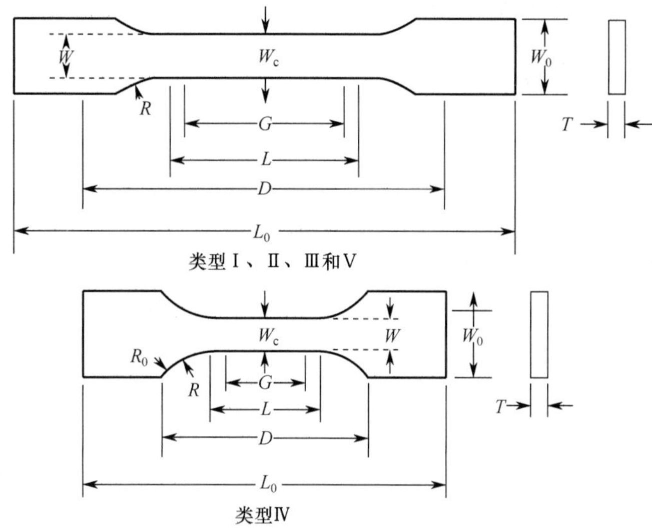

图 7-31　工程塑料常用哑铃形试样示意图（ASTM D 638）

连续纤维增强树脂基复合材料法向应力拉伸测量采用如图 7-32 所示的方法。测量和数据分析方法可参考 ASTM D 6415 标准。

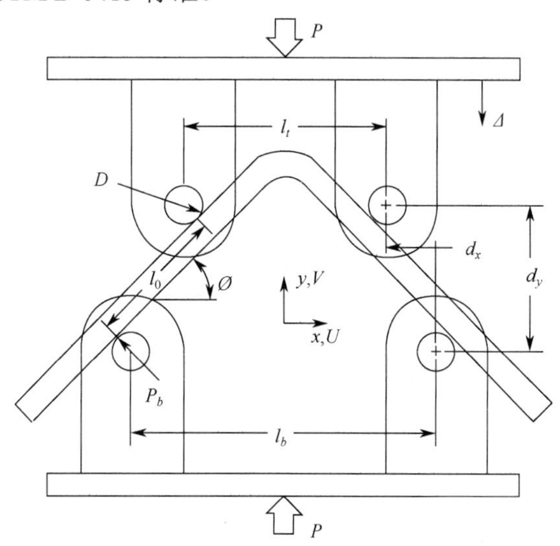

图 7-32　连续纤维增强树脂基复合材料法向应力拉伸测量示意图（ASTM D 6415）

连续纤维增强树脂基复合材料开孔拉伸测量试样示意图如图 7-33（a）所示。均匀结构中微观及宏观孔都会导致应力集中［如图 7-33（b）所示］和结构承载能力降低。开孔拉伸测量旨在评价复合材料结构中开孔对其抗拉性能的影响。复合材料的缺口强度为

$$\sigma_N = \frac{P}{bd} \tag{7-17}$$

式中，P 为最大拉伸载荷，b 和 d 分别为试样的宽度和厚度。模量为

$$E_x = \frac{P_3 - P_1}{0.002bd} \tag{7-18}$$

式中，P_1 和 P_3 分别对应 1000 和 3000 微应变时的载荷。

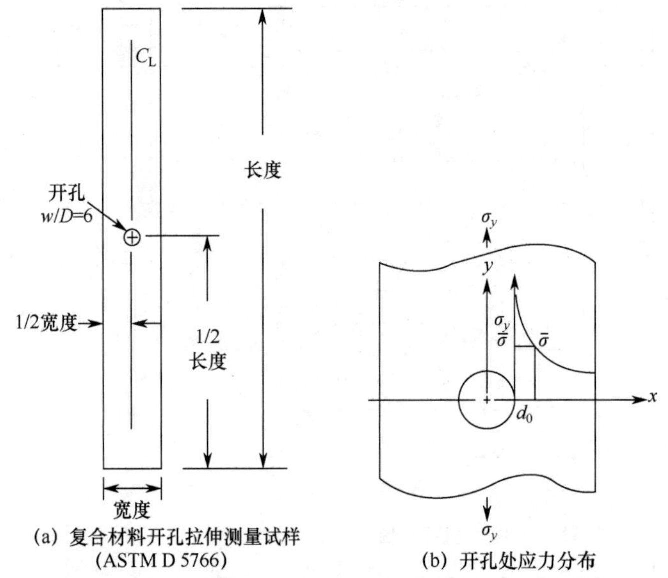

图 7-33　复合材料开孔拉伸测量试样示意图

纤维及纤维增强树脂基复合材料拉伸性能测量标准如表 7-10 所示。注意目前尚无低温拉伸性能测量标准。低温拉伸测量通常采用室温标准推荐的试样和方法，并结合相应低温系统进行。在低温下，由于夹持、断裂模式等因素易造成载荷–变形曲线不连续等，这对分析测量结果产生不利影响。

表 7-10　纤维及纤维增强树脂基复合材料拉伸性能测量标准

体　系	编　号	材　料	性　能	温　度
ASTM	D 3379	纤维单丝	拉伸	室温
	D 4018	纤维束	拉伸	室温
	D 3039	纤维增强树脂基复合材料	拉伸	室温
	D 5766	纤维增强树脂基复合材料	开孔拉伸	室温
	D 6415	纤维增强树脂基复合材料	法向应力拉伸	室温
ISO	527-4	纤维增强树脂基复合材料	拉伸	室温
	527-5	单向纤维增强树脂基复合材料	拉伸	室温
GB	T 1447	纤维增强塑料	拉伸	室温
	T 38534	定向纤维增强聚合物基复合材料	拉伸	4.2 K

7.2.2　压缩性能测量

准静态压缩测量也是测定材料轴向强度和变形的一种测量方法。此外，实际结构中主要承载压应力的材料，需要开展压缩性能测量。相对拉伸性能测量，压缩性能试验测量实施更为简单，且更利于研究脆性材料。压缩测量同样需要在室温、高温或低温下进行，以获取材料特定环境下的性能。

7.2.2.1　金属材料压缩性能测量

压缩试样通常为圆柱或棱柱体。压缩试样应特别注意上下两个接触面间的平行，且与压缩加载方向垂直，否则压缩过程中易出现非轴向应力且发生试样滑出。在试验测量时还常采取特别措施以确保试样仅承受单轴压缩应力，如图 7-34 所示。目前，ASTM 标准推荐了 3 种规格的压缩试样，分别是：

（1）短试样，即直径 1.125 英寸（28.575 mm）、高 1 英寸（1 英寸 = 25.4 mm）柱状试样，长径比为 0.889，主要适用于脆性金属材料；

（2）中等长度试样，即长径比为 3 的圆柱试样，直径常用 1/2 英寸、1 英寸和 1.125 英寸；

（3）长圆柱试样，即长径比为 8 或 10 的圆柱试样，直径常用 0.789 英寸和 1.25 英寸，此类试样主要用于压缩性能研究以及压缩弹性模量测量。

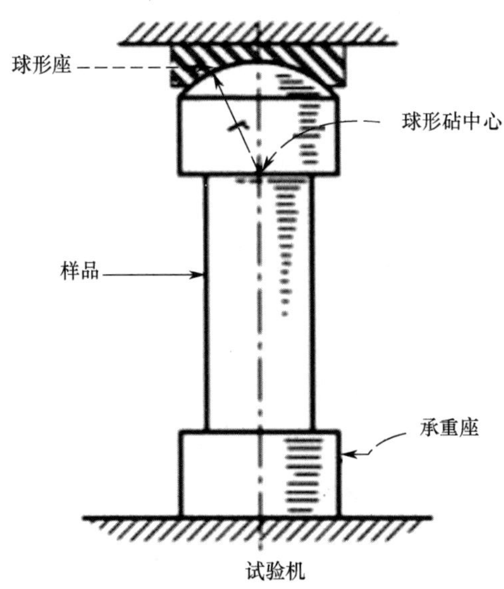

图 7-34　压缩试样及安装示意图（ASTM E 9）

对于金属板轧制方向的压缩试验，通常需要设计相应的夹持系统以避免弯曲应力产生，确保试样仅承受单轴压缩应力。

在线弹性范围内，各向同性金属材料压缩应力–应变与拉伸应力–应变具有几乎相同的趋势，如图 7-35 所示。理论上，压缩弹性模量等于拉伸弹性模量 E。通常压缩弹性应变略大于拉伸弹性应变。压缩试验更有利于测量脆性材料的模量。与拉伸测量相反，弹性范围内压缩导致材料体积增大。

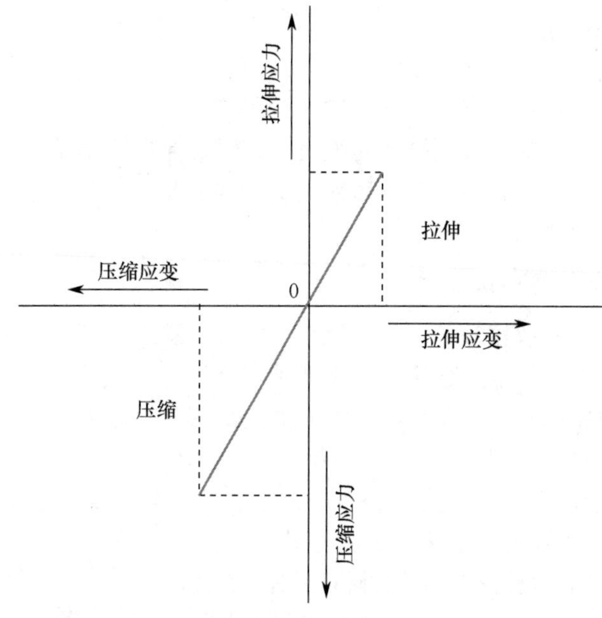

图 7-35 线弹性范围内压缩应力–应变与拉伸应力–应变关系[9]

与拉伸测量不同，压缩测量中不会出现颈缩现象，因此压缩试验中不会出现类似拉伸测量过程中颈缩导致的不稳定现象。这也使压缩塑性大于拉伸塑性。在轴向压缩过程中，材料径向发生膨胀变形。在压缩过程中，材料在径向的扩展会与夹持端产生摩擦力，而摩擦力的产生使试样的局部承受多轴应力，如图 7-36 所示。此外，摩擦力还使压缩过程的试样局部不发生变形，如图 7-37 所示。在试验测量时可以通过润滑措施降低摩擦力效应。

对脆性金属材料，抗压强度与压缩断裂强度相同，且其抗压强度远大于抗拉强度，例如，铸铁的室温抗压强度是抗拉强度的 5 倍。对韧性材料，与脆性材料相比，其压缩塑性变形更大，如图 7-38 所示。这导致无法确定抗压强度等一系列问题。

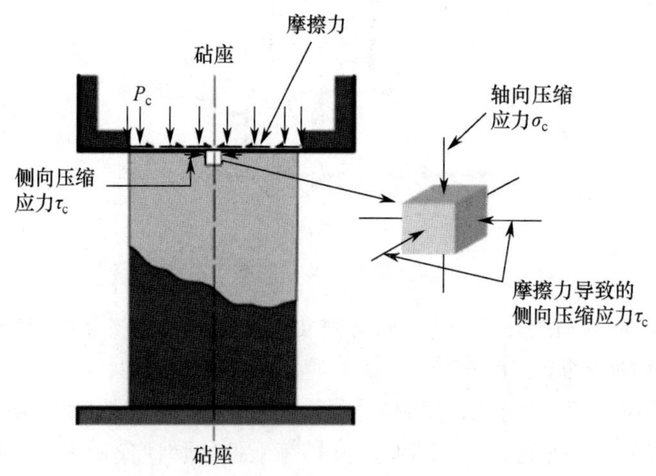

图 7-36 压缩过程中产生摩擦力的示意图[9]

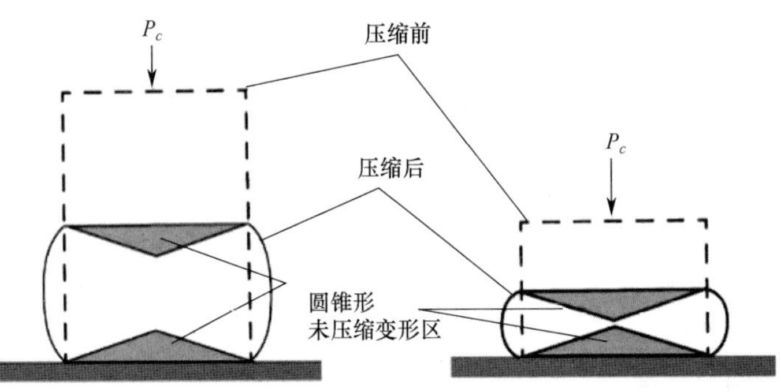

图 7-37　压缩过程中试样存在不发生变形的圆锥形区[9]

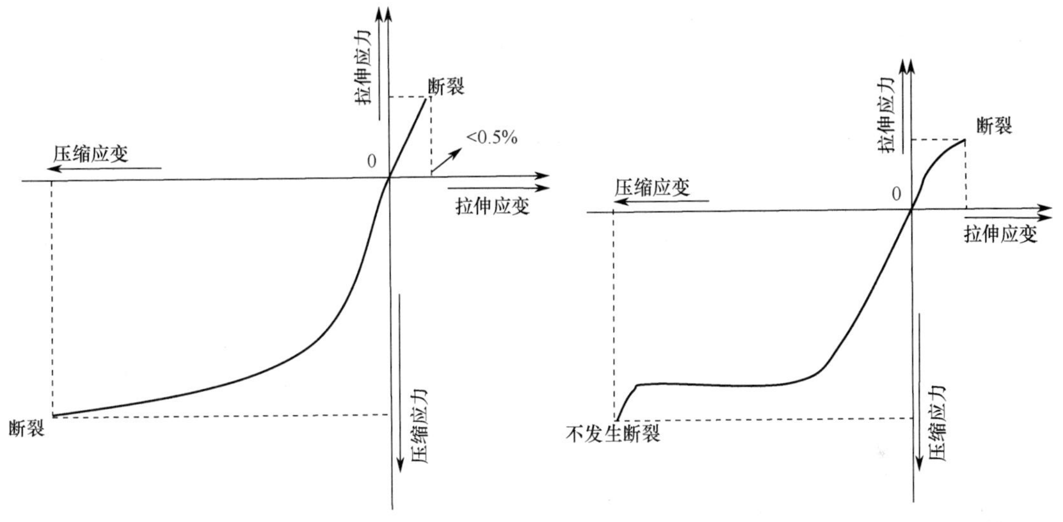

(a) 脆性金属压缩工程应力-应变曲线　　(b) 韧性金属压缩工程应力-应变曲线[9]

图 7-38　脆性金属和韧性金属的压缩工程应力-应变曲线

在压缩测量中，工程应力–应变测量与真应力–应变计算跟拉伸测量类似。但应注意压缩过程中真应力–应变小于工程应力–应变，如图 7-39 所示，这与拉伸测量不同。

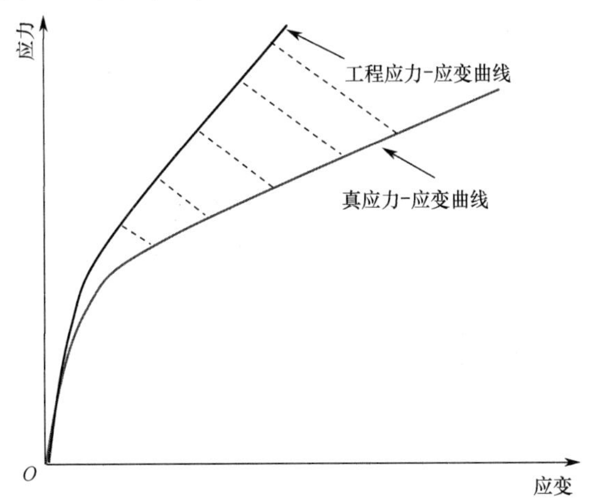

图 7-39　金属材料压缩工程应力–应变曲线与真应力–应变曲线[9]

包辛格效应（Bauschinger effect）是指在金属塑性加工过程中，正向加载引起的塑性应变强化，导致其在随后的反向加载过程中呈现塑性应变软化的现象。当将金属材料先拉伸到塑性变形阶段后卸载至零，再反向加载，即在进行压缩变形时，材料的压缩屈服强度比原始态（未经预先拉伸塑性变形而直接进行压缩）的屈服强度明显偏低。反之亦然。这一现象是包辛格于 1881 年在金属材料的力学性能测量中首先发现的。包辛格效应示意图如图 7-40 所示。然而，在金属单晶中没有发现包辛格效应。因此，一般认为包辛格效应是由多晶材料晶界间残余应力引起的。包辛格效应使材料具有各向异性性质，这也使材料塑性加工过程的力学分析更加复杂。

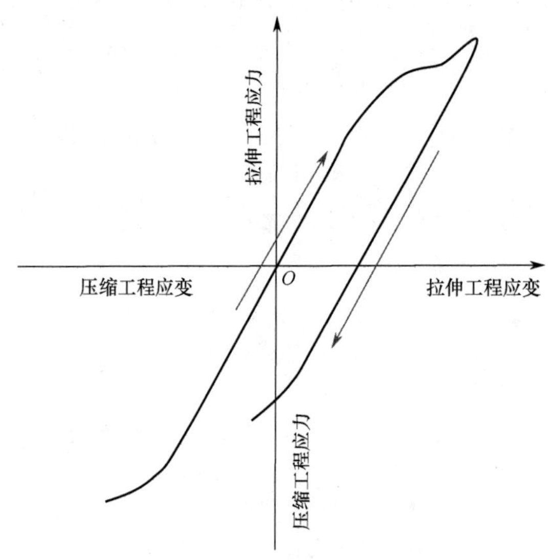

图 7-40　包辛格效应示意图[9]

脆性材料的压缩性能优于其拉伸性能。对脆性材料，常开展压缩性能测量。在实际应用中，脆性材料多用于承载压应力部件。对于韧性材料，为研究其塑性性能，也常开展压缩性能测量。这是由于压缩塑性变形远大于拉伸塑性变形，因此能得到更多信息。此外，压缩性能测量还有以下特点：在压缩性能测量中，不会发生颈缩和颈缩导致的不稳定；在韧性材料压缩试验测量中真应变可达 200%以上，这远大于拉伸试验测量中的 50%左右；对脆性材料，压缩性能测量对试样和夹持要求更为简单。

压缩试验也存在不足之处，主要包括屈曲和桶形变形两个方面。

（1）屈曲。当柱状材料承受压载荷达到一定数值时会发生侧向位移，即压杆不稳定问题。在压应力下，材料发生了侧向位移，称之为屈曲。屈曲发生后材料会发生弯曲并失效，如图 7-41 所示。由于工程材料中存在多种缺陷，即没有完美的直杆，当其承受压应力达到一定数值时就会发生屈曲。屈曲发生的临界压应力值与材料的性质以及边界约束条件相关。曾经，欧拉（Euler）对此现象进行了系统研究，见本书第 2 章。对两端固定如图 7-41 所示的细长杆，欧拉方程给出屈曲发生的临界载荷为

$$P_{\mathrm{cr}}=\frac{\pi^2 E_{\mathrm{c}} I}{L_{0\mathrm{c}}^2} \tag{7-19}$$

式中，P_{cr}为屈曲发生的临界载荷，E_c为材料压缩弹性模量，I为截面惯性矩，L_{0c}为杆长。有时定义 E_cI 为弯曲刚度，其与杆截面积成反比，但与材料的抗压强度无关。这表明对相同弹性模量和相同尺寸的细长杆，屈曲发生的临界载荷相同，与其抗压强度无关。根据式（7-19），还可以得到屈曲发生的临界压应力，即

$$\sigma_{cr} = \frac{\pi^2 E_c}{(L_{0c} / \rho_{0c})^2} \tag{7-20}$$

式中，ρ_{0c}为截面回转半径（$\rho_{0c} = \sqrt{I / L_{0c}} = D_{0c} / 4$），$D_{0c}$为杆直径，$L_{0c}/\rho_{0c}$为表征杆长径比的参数，即杆的可弯曲性。注意式（7-19）和式（7-20）仅适用于压缩弹性变形区。由式（7-19）和式（7-20）还可得到低长径比的杆更稳定，即不易发生屈曲。因此，这跟前面 ASTM E 9 规定的在短试样压缩测量时更稳定是一致的。

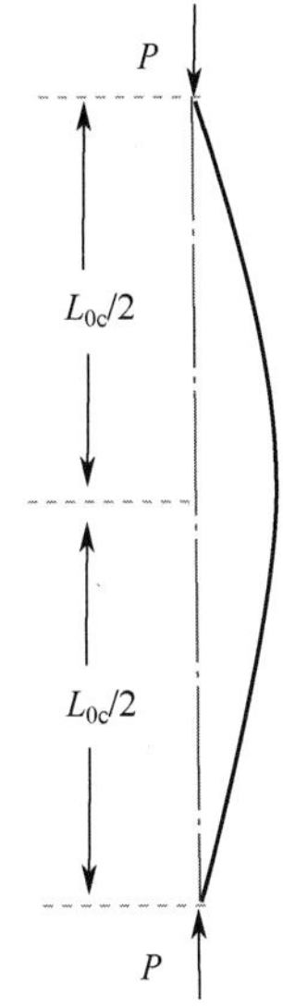

图 7-41　屈曲示意图

（2）桶形变形。如前所述，材料压缩测量时两端因与夹持部分产生摩擦力而难发生侧向自由膨胀。然而，压缩测量时试样中部可自由地侧向膨胀，膨胀量沿轴向上下两端梯度减小，如图 7-42 所示，此现象称为桶形变形。桶形变形使压缩轴向应变以及截面积测量较困难，因此，在测量时需要设法阻止桶形变形的发生。目前主要采用的方法如下：采用大长径比的长试样、试样与夹持端接触部分润滑和采用特殊形状的夹具（如图 7-43 所示圆锥夹具）等。

金属材料压缩失效模式主要包括以下几种：发生侧向位移导致屈曲（弹性不稳定）；压缩应力大于压缩屈服强度，但未达到屈曲发生的临界应力时材料发生滑移等。对脆性金属材料和韧性金属材料，滑移会产生不同的效果。

对韧性金属材料，滑移导致产生桶形变形。当桶形变形达到一定程度时，将导致试样环向产生拉应力。拉应力会导致沿压载荷方向的表面裂纹产生和扩展。

对脆性金属材料，滑移导致原子或分子键断裂从而导致试样断裂。断裂模式可能为剪切断裂甚至碎裂。如果试样与夹持端的摩擦力较小，则可能使试样在端部发生侧向膨胀，从而材料就有可能发生柱状断裂。脆性金属材料压缩断裂模式如图 7-44 所示。

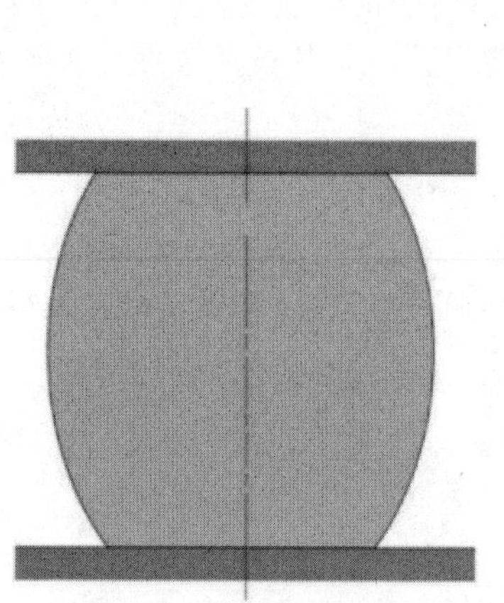

图 7-42　金属压缩桶形膨胀示意图

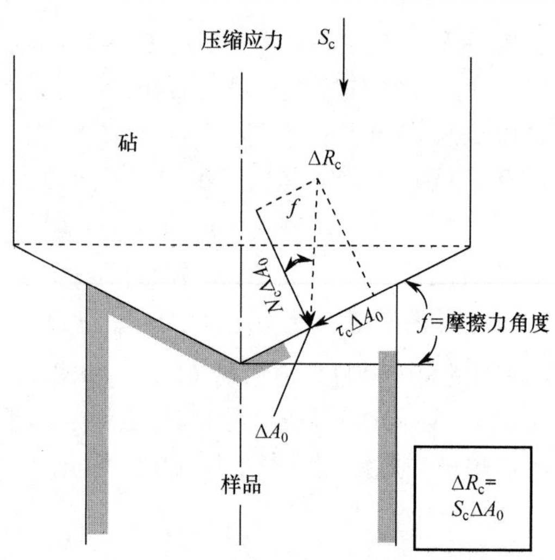

图 7-43　采用圆锥夹具和相应试样以降低摩擦力来阻止桶形变形发生

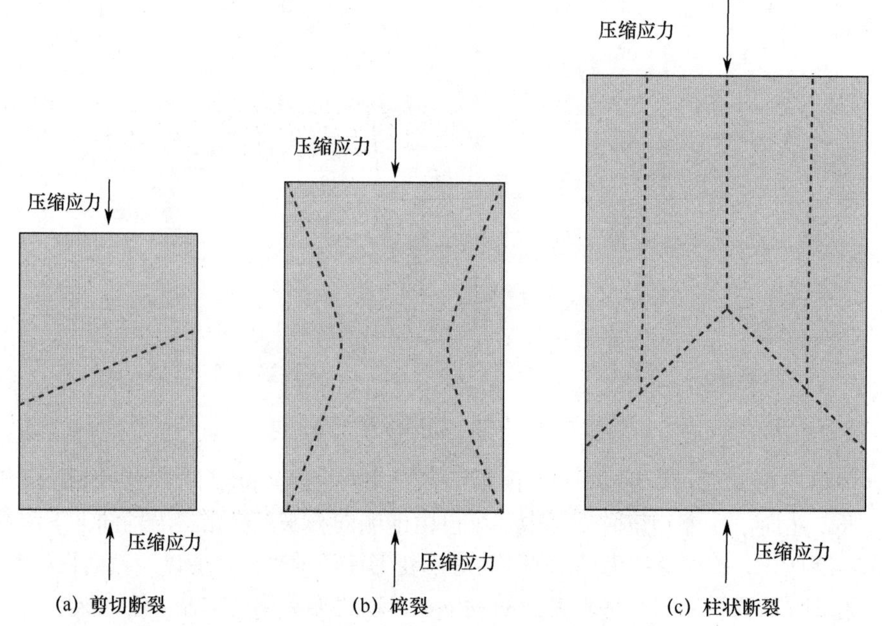

图 7-44　脆性金属材料压缩断裂模式

金属材料压缩性能测量标准如表 7-11 所示。

表 7-11　金属材料压缩性能测量标准

标准体系	编　号	材　料	性　能	温　度
ASTM	E 9	金属	压缩	室温
	E 209	金属	高应变速率压缩	室温
ISO	13314	多孔或泡沫金属	压缩	室温
GB	T 7314	金属	压缩	室温

7.2.2.2　工程塑料压缩性能测量

工程塑料压缩性能测量与金属材料压缩性能测量有很多共同之处，如屈曲等。为此，ASTM 及 ISO 等标准都对试样规格以及试样夹持方法进行了规定。ISO 604 要求试样的长度与截面回转半径之比在 6～10 之间。

工程塑料具有黏弹性及各向异性等特征，这使其压缩性能以及压缩断裂模式与金属材料的亦有所不同。典型工程塑料压缩工程应力–应变曲线如图 7-45 所示。

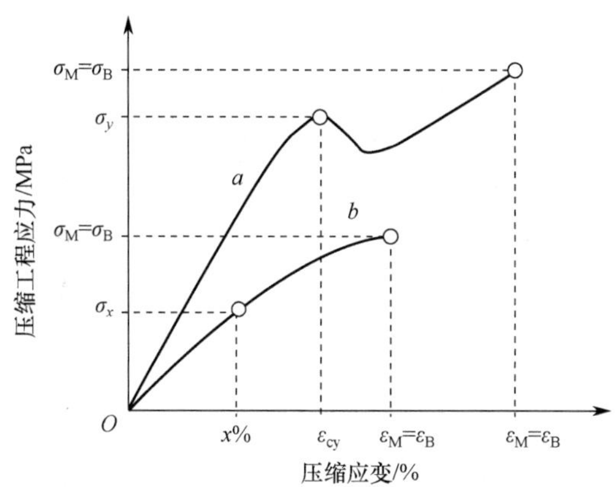

图 7-45　典型韧性（*a*）和脆性（*b*）工程塑料压缩工程应力–应变曲线（ISO 604）

工程塑料压缩性能测量标准如表 7-12 所示。

表 7-12　工程塑料压缩性能测量标准

标准体系	编　号	材　料	温　度
ASTM	E 695	工程塑料	室温
ISO	604	工程塑料	室温
GB	T 1041	工程塑料	室温

7.2.2.3　陶瓷及陶瓷基复合材料压缩性能测量

陶瓷及陶瓷基复合材料具有较高强度、较高刚度和较低塑性。压缩性能测量试样规格及夹持与金属材料等的有所不同。

陶瓷及陶瓷基复合材料压缩性能测量标准如表 7-13 所示。

表 7-13　陶瓷及陶瓷基复合材料压缩性能测量标准

标准体系	编　号	材　料	性　能	温　度
ASTM	C 1424	陶瓷	压缩强度	室温
	C 1358	连续纤维增强陶瓷基复合材料	压缩性能	室温
ISO	18591	陶瓷粉末	压缩强度	室温
	20504	陶瓷	压缩性能	室温
	17162	陶瓷	压缩强度	室温
GB	T 8489	精细陶瓷	压缩强度	室温

7.2.2.4 纤维增强树脂基复合材料压缩性能测量

纤维增强树脂基复合材料具有高度各向异性特征。ASTM 标准规定了 3 种对试样施加压缩载荷的方法，即直接加载（ASTM D 695）、剪切加载（ASTM D 3410）和直接/剪切混合加载（ASTM D 6641），如图 7-46 所示。注意，工程塑料压缩性能测量标准 ASTM D 695 不适用于高强度纤维增强树脂基复合材料。这是由于高强度复合材料的各向异性特性，其横向和层间强度较低，因此沿高强度方向直接加载会导致端部率先破坏或沿高强度方向劈裂。为此，通常对 ASTM D 695 规定的试样和夹持方法进行改进，从而满足直接加载压缩测量要求。

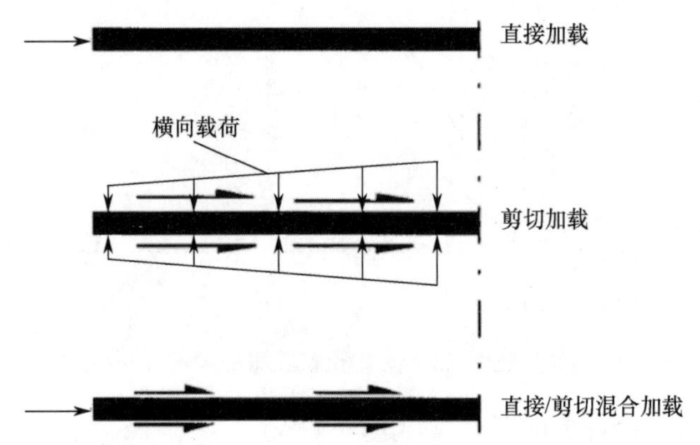

图 7-46 三种压缩载荷加载方式[10]

不同的加载方式对压缩试样、夹持方法和试验测量装置提出了不同的要求。图 7-47（a）和图 7-47（b）分别给出了直接加载采用的试样形状和夹持夹具。图 7-48（a）和图 7-48（b）分别给出了剪切加载采用的试样形状和夹持方法示意图，而图 7-49（a）和图 7-49（b）分别给出了直接/剪切混合加载采用的试样形状和夹持夹具示意图。

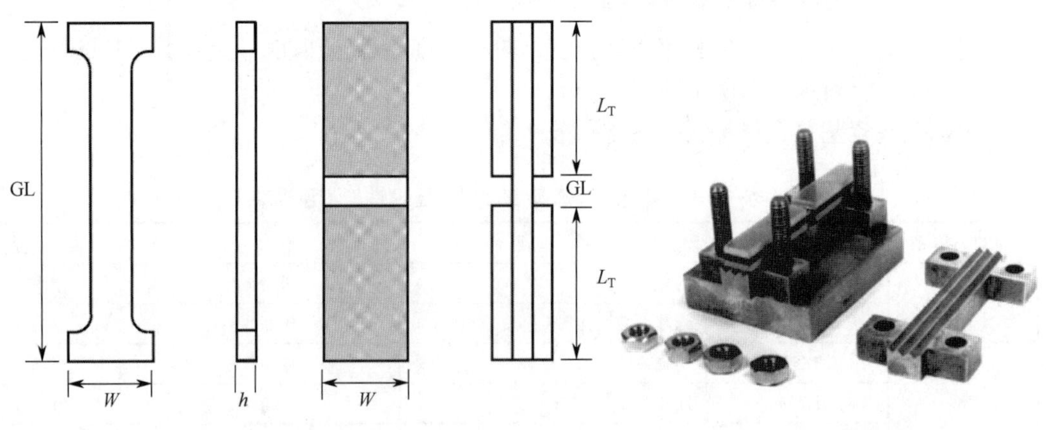

(a) 直接加载试样形状（ASTM D 695）　(b) 直接加载夹持夹具

图 7-47 直接加载采用的试样形状和夹持夹具

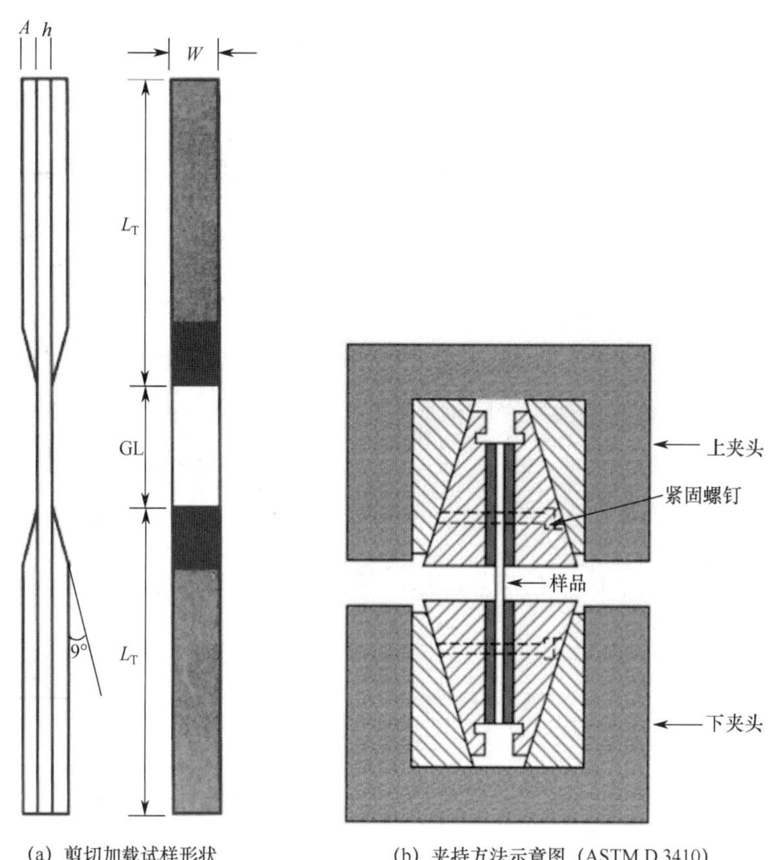

(a) 剪切加载试样形状　　(b) 夹持方法示意图（ASTM D 3410）

图 7-48　剪切加载采用的试样形状和夹持方法

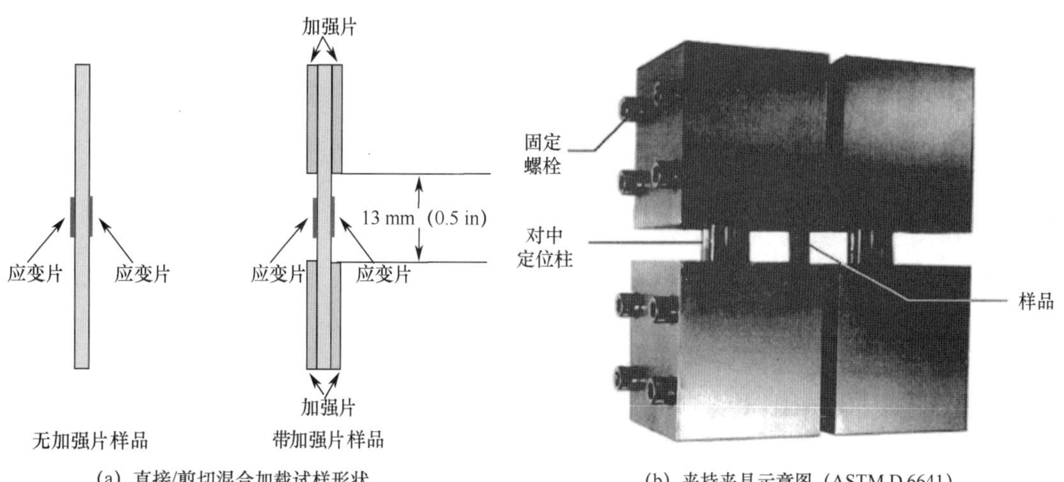

(a) 直接/剪切混合加载试样形状　　(b) 夹持夹具示意图（ASTM D 6641）

图 7-49　直接/剪切混合加载采用的试样形状和夹持夹具

纤维增强树脂基复合材料压缩失效模式有多种，如图 7-50 所示。

纤维增强树脂基复合材料压缩性能测量标准如表 7-14 所示。

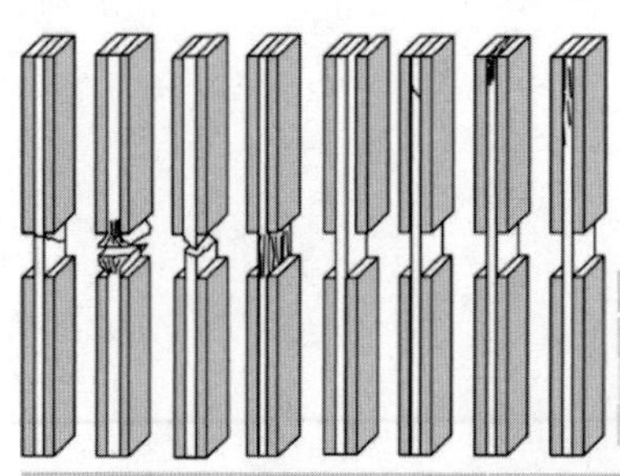

第1字母				第2字母		第3字母	
字母	失效方式	字母	失效方式	字母	失效区	字母	失效位置
A	斜移	K	折曲带	I	夹持(片)内	B	底部
B	丛枝	L	侧移	A	夹持(片)处	T	顶部
C	端部压碎	M	多模式	G	标距内	L	左侧
D	分层	S	长劈裂	M	多区域	R	右侧
E	屈曲	T	横向剪切	T	脱粘	M	中部
H	贯穿厚度	X	爆裂	V	多特征	V	多特征

图 7-50　纤维增强树脂基复合材料压缩失效模式（ASTM E 6641）

表 7-14　树脂基复合材料压缩性能测量标准

体　系	编　号	材　料	性　能	温　度
ASTM	D 695	树脂基复合材料（直接加载）	压缩强度	室温
	D 3410	树脂基复合材料（剪切加载）	压缩性能	室温
	D 6641	树脂基复合材料（混合加载）	压缩性能	室温
ISO	12817	树脂基复合材料	开孔压缩强度	室温
	14126	树脂基复合材料	平面方向压缩	室温
GB	T 5258	纤维增强塑料	面内压缩	室温
	T 3856	单向纤维增强塑料	平板压缩	室温
	T 33614	三维编织物及树脂复合材料	压缩性能	室温

7.2.3　弯曲性能测量

材料力学中凡是以弯曲为主要变形的杆件称为梁。通常情况下，梁内同时存在剪应力与弯矩。因此，在梁的横截面上，将同时存在切应力和拉、压正应力，如图 7-51 所示。在弹性范围内，梁横截面上弯曲正应力为

$$\sigma = \frac{My}{I_z} \tag{7-21}$$

式中，M 为弯矩，y 为离中性轴的距离，I_z 为惯性矩。注意，本节中的力、力矩等按标量对待。在 $y=y_{max}$ 时（横截面上离中性轴最远的各点处），弯曲正应力最大，其值为

$$\sigma_{max} = \frac{My_{max}}{I_z} \tag{7-22}$$

比值 I_z/y_{max} 仅与梁截面的形状和尺寸相关，称为抗弯截面系数，常用 W_z 表示，则其最大弯曲正应力为

$$\sigma_{max} = \frac{M}{W_z} \tag{7-23}$$

在梁弯曲后，横截面形心在垂直于梁轴方向的位移，称为挠度，用 ω 表示。弯曲试验通常测得的是试样跨距中心的挠度，用 $\omega_{L/2}$ 表示，L 为试样跨距。通过弯曲试验得到的 $F-\omega_{L/2}$ 曲线可以确定材料的相关力学性能。弯曲试验常采用矩形或圆柱形试样。测量时将试样放在有一定跨度的支座上，施加一集中载荷（三点弯曲）或两等值载荷（四点弯曲）。试验得到载荷 $F-\omega_{L/2}$ 曲线。

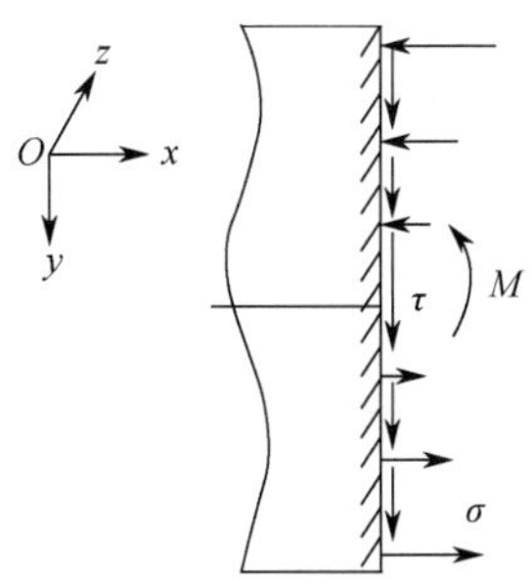

图 7-51 梁的应力图

典型材料的弯曲曲线如图 7-52 所示。对于高塑性材料，如多数金属，弯曲试验不能使试样发生断裂，弯曲曲线最后部分可延伸很长，因此弯曲试验不能测得强度，且实验结果分析也较复杂，故塑性材料的力学性能常用拉伸测定，而不采用弯曲试验。

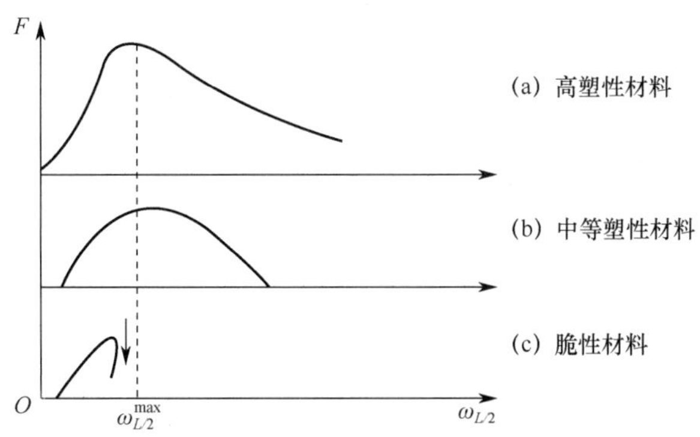

图 7-52 典型材料的弯曲曲线

由 $F-\omega_{L/2}$ 曲线的直线部分可以计算得到弯曲模量 E_b。对矩形试样，弯曲模量 E_b 为

$$E_b = \frac{sL^3}{4bh^3} \tag{7-24}$$

式中，s 为试样曲线直线段的斜率，L 为试样跨距，b 为试样宽度，h 为试样厚度。

对脆性材料，弯曲试验一般只能测得断裂时的抗弯强度 σ_{bb}，即

$$\sigma_{bb} = \frac{M_b}{W} \tag{7-25}$$

式中，M_b 为试样断裂时的弯矩，W 为试样的弯曲截面系数。对圆柱试样，$W = \pi D^3/32$，其中 D 为直径；对矩形试样，$W = bh^2/6$，其中 b 为宽度，h 为厚度。

材料弯曲试验是材料力学性能试验的基本方法之一。弯曲试验可以用于测定脆性和塑性材料的抗弯强度和反映塑性指标的挠度。有时弯曲试验还可用来检查材料的表面质量等。

7.2.3.1 金属材料弯曲测量方法

对塑性较好金属材料，弯曲测量时试样通常不能断裂，即金属延性弯曲测量通常不能得到弯曲强度，而是为了考核特定性能。图 7-53 给出了几种金属材料延性弯曲测量示意图。

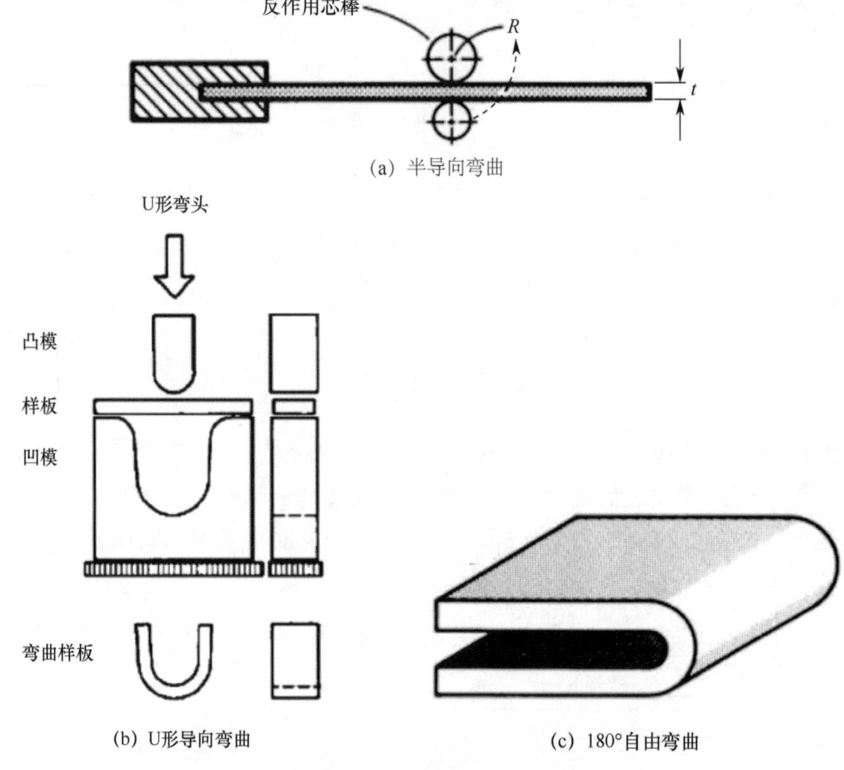

图 7-53 韧性金属材料几种延性弯曲测量示意图

金属材料延性弯曲测量参考标准如表 7-15 所示。

表 7-15 金属材料弯曲性能测量标准

体 系	编 号	材 料	性 能	温 度
ASTM	E 290	金属材料	弯曲	室温
ISO	7438	金属材料	弯曲	室温
GB	T 232	金属材料	弯曲	室温

7.2.3.2 工程塑料弯曲性能测量

工程塑料常用三点弯曲或四点弯曲测量其抗弯性能，得到弯曲屈服强度、抗弯强度和弯曲模量等参数。

材料三点弯曲或四点弯曲测量示意图分别如图 7-54（a）和图 7-54（b）所示。注意对四点弯曲测量，跨距有几种不同的选择，弯曲性能测量有时也用来测量脆性材料的抗拉强度（如陶瓷材料）。对工程塑料、陶瓷材料等，拉伸性能测量需要相对较复杂的夹持系统和试样规格，而弯曲性能测量无论试样还是夹持都较简单。弯曲载荷下梁中心弯曲变形和测量示意图分别如图 7-55（a）和图 7-55（b）所示。

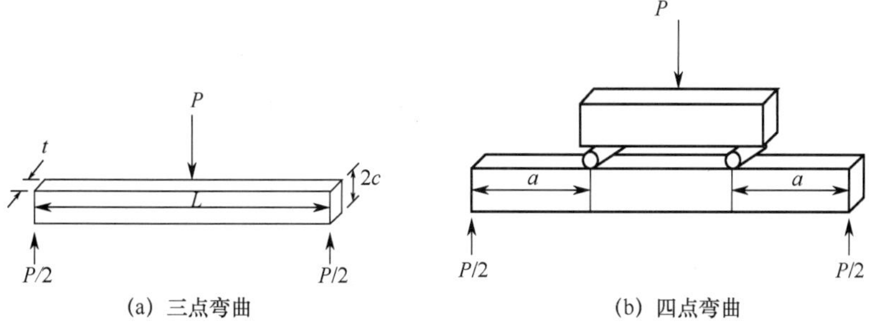

图 7-54　三点弯曲和四点弯曲测量示意图

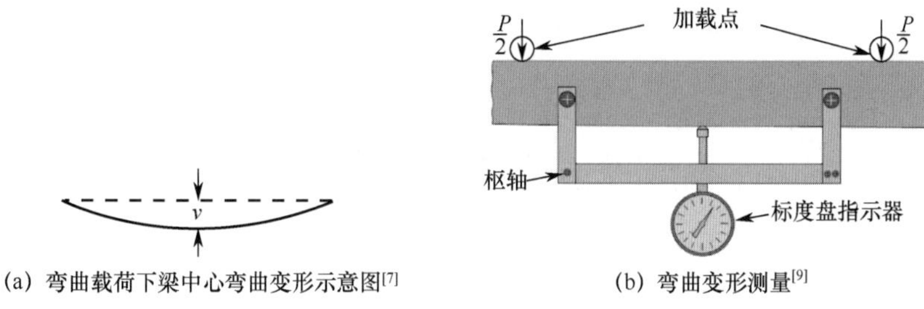

图 7-55　弯曲变形和测量示意图

对如图 7-54（a）所示的三点弯曲（3-Point Bending，3PB）测量，弯曲强度为

$$\sigma_{\mathrm{fb(3PB)}} = \frac{3LP_{\mathrm{f}}}{8tc^2} \tag{7-26}$$

式中，σ_{fb} 为弯曲强度，L 为两支撑点间距（跨距），t 为试样宽度，c 为试样厚度（$2c$）的二分之一，P_{f} 为弯曲断裂时对应的载荷。弯曲模量 E 为

$$E_{\mathrm{3PB}} = \frac{L^3}{32tc^3}\left(\frac{\mathrm{d}P}{\mathrm{d}v}\right) \tag{7-27}$$

式中，$\mathrm{d}P/\mathrm{d}v$ 为弯曲测量弹性区材料载荷–弯曲变形斜率。

对如图 7-54（b）所示的四点弯曲（4-Point Bending，4PB）测量，弯曲强度为

$$\sigma_{\mathrm{fb(4PB)}} = \frac{3aP_{\mathrm{f}}}{4tc^2} \tag{7-28}$$

弯曲模量 E 为

$$E_{\mathrm{4PB}} = \frac{a(3L^2 - 4a^2)}{32tc^3}\left(\frac{\mathrm{d}P}{\mathrm{d}v}\right) \tag{7-29}$$

工程塑料典型弯曲应力–应变曲线如图 7-56 所示，其中，σ_{fM} 为弯曲强度，$\varepsilon_{\mathrm{fM}}$ 为弯曲强度对应的弯曲应变；σ_{fB} 为断裂应力，$\varepsilon_{\mathrm{fB}}$ 为断裂强度对应的弯曲应变，σ_{fC} 为弯曲变形 S_{C} 对应的弯曲应力。对脆性工程塑料，如图 7-56 中曲线 1 所示，弯曲强度和断裂强度相同，弯曲强度对应的弯曲应变与断裂强度对应的弯曲应变相同。对延性工程塑料，如图 7-56 中曲线 2 所示，可以确定弯曲强度和弯曲强度对应的弯曲应变。对于既没有发生断裂又没有达到最大应力的工程材料，如图 7-56 中的曲线 3 所示，弯曲强度通常定义为弯曲应变为试样厚度 1.5 倍时对应的应力。

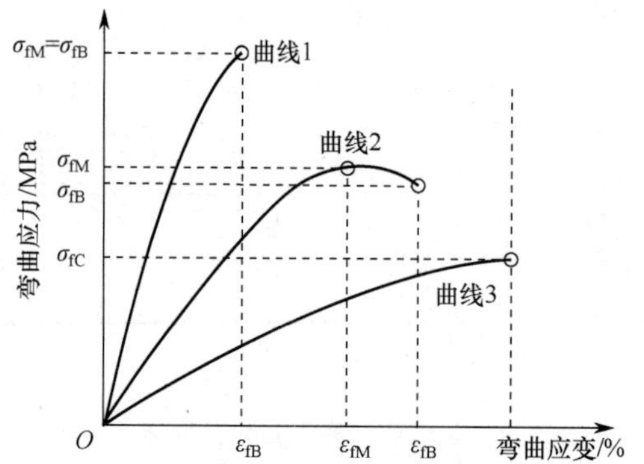

图 7-56　工程塑料典型弯曲应力–应变曲线[11]

工程塑料弯曲性能测量标准如表 7-16 所示。

表 7-16　工程塑料弯曲性能测量标准

体　系	编　号	材　料	性　能	温　度
ASTM	D 6272	增强和非增强工程塑料、电绝缘材料	弯曲（4PB）	室温
	D 690	增强和非增强工程塑料、电绝缘材料	弯曲	室温
	D 747	工程塑料	弯曲模量	室温
ISO	1209-1,2	刚性工程塑料泡沫	弯曲	室温
	178	工程塑料	弯曲	室温
GB	T 9341	工程塑料	弯曲	室温
	T 8812.1,2	硬质泡沫塑料	弯曲	室温

7.2.3.4　纤维增强树脂基复合材料弯曲性能测量

纤维增强树脂基复合材料弯曲性能测量也常采用三点弯曲或四点弯曲测量方法。其相关结果计算与7.2.3.3节基本一致。纤维增强树脂基复合材料在弯曲应力下的失效模式如图7-57所示。

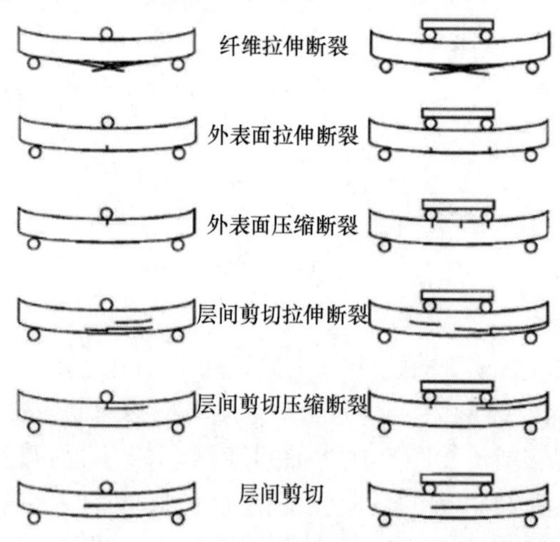

图 7-57　在弯曲应力下纤维增强树脂基复合材料失效模式[10]

三点弯曲或四点弯曲测量还可用于评价层压板复合材料的层间结合特性，可以从实际应用的角度反应层压板复合材料基体与增强体之间，以及增强层之间的结合强弱，即层间剪切强度（Inter-Laminar Shear Strength，ILSS）。层压板复合材料的层间剪切与多个因素相关，目前的测量方法仅能近似表征，因此有时也称之为表观层间剪切强度。层间剪切强度测量方法有短梁剪切（ASTM D 2344）、拉伸剪切和压缩剪切等，剪切性能测量可参见本书 7.2.4 节。短梁剪切是最常用的层间剪切强度测量方法，其常采用三点弯曲测量方法。当跨距与试样厚度之比（$L/2c$）足够小时，剪切应力占主导，试样发生层间剪切破坏，从而得到层间剪切强度。短梁剪切的参考标准为 ASTM D 2344，其规定的跨厚比为 4。如图 7-58 所示，层间剪切强度为

$$\sigma_{\mathrm{ILSS}} = \frac{3P}{8tc} \tag{7-30}$$

式中，P 为试样破坏时最大载荷，t 为试样宽度，c 为试样厚度（$2c$）的二分之一。

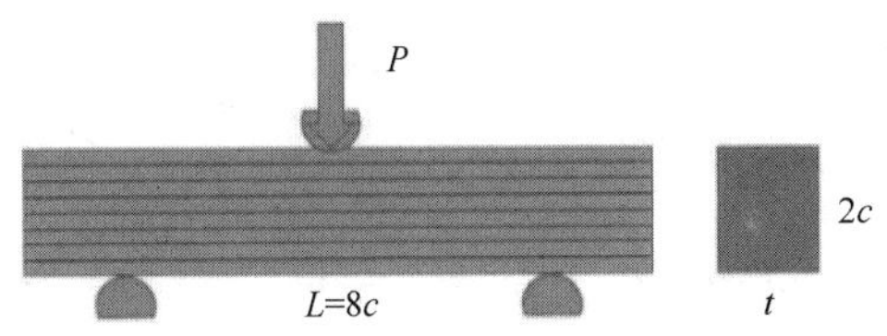

图 7-58　短梁剪切示意图

纤维增强树脂基复合材料弯曲性能测量标准如表 7-17 所示。

表 7-17　纤维增强树脂基复合材料弯曲性能测量标准

体　系	编　号	材　料	性　能	温　度
ASTM	D 7264	纤维增强树脂基复合材料	弯曲	室温
	D 2344	层压板复合材料	层间剪切强度	室温
ISO	14125	纤维增强树脂基复合材料	弯曲	室温
GB	T 1449	纤维增强塑料	弯曲	室温

7.2.4　剪切性能测量

剪切性能测量用于研究材料在纯剪切受力条件下的响应特性和破坏模式。由于工程塑料以及陶瓷材料较少开展剪切性能测量，本部分主要介绍金属材料以及纤维增强树脂基复合材料的剪切性能测量方法。

7.2.4.1　金属材料剪切性能测量

金属材料剪切性能测量具有如下优点：可实现的应变范围大；变形过程中不会出现拉伸测量中的颈缩和压缩测量中的屈曲等不稳定现象；测量过程中应变速率可以保持恒定；方便进行正反向加载，可用于研究材料的随动强化等。

目前，已发展了多种测量金属材料剪切性能的方法。这些方法主要可分为简单应力状态下的剪切测量和复杂应力下的剪切测量两种。

简单应力状态下的剪切测量包括平移式剪切测量方法和旋转式剪切测量方法。

（1）平移式剪切测量方法。ASTM B 831 提供了一种用于铝合金等金属材料剪切性能测量的方法，其采用了平移式剪切测量方法，如图 7-59 所示。平移式剪切测量方法简单灵

活。然而，由于测量过程中会产生反作用力矩，应力较大时会影响测量结果的准确性。

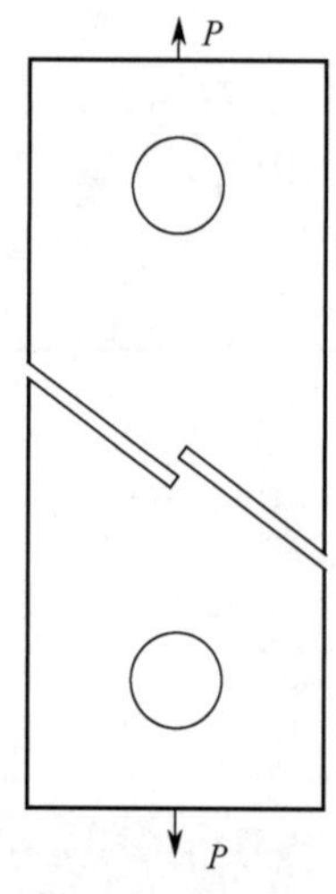

图 7-59　金属材料平移式剪切测量方法示意图（ASTM B 831）

（2）旋转式剪切测量方法。通过旋转扭矩施加载荷，对此部分的描述请参考扭转测量方法部分。

在复杂应力下，剪切测量包括拉伸、剪切复合应力及剪切压缩、拉伸复合应力等测量方法。ASTM B 769 提供了一种用于铝合金及其他金属材料剪切性能的测量方法。金属材料复杂应力剪切测量示意图如图 7-60 所示，试样承受压缩及剪切应力。

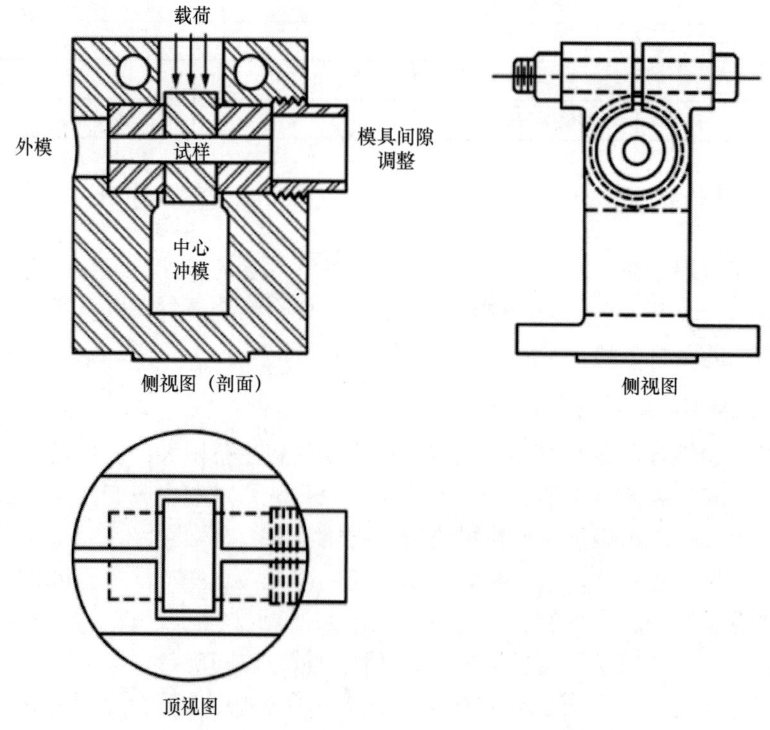

图 7-60　金属材料复杂应力剪切测量示意图

金属材料剪切性能测量方法参考标准如表 7-18 所示。

表 7-18　金属材料剪切性能测量方法

体　系	编　号	材　料	性　能	温　度
ASTM	B 831	铝合金	剪切	室温
	B 769	铝合金	剪切强度	室温
	B 565	铝合金	剪切强度	—
GB	T 6400	金属线材、铆钉	剪切	室温

7.2.4.2　纤维增强树脂基复合材料剪切性能测量

纤维增强树脂基复合材料具有各向异性，其对剪切作用的固有抵抗力较低。特别是在基体材料控制的平面上，剪切作用引起的破坏更大。这些因素也促使发展剪切性能的精确测量方法。

针对纤维增强树脂基复合材料，目前已经发展了多种剪切性能测量方法，主要有：±45° 层压板的单轴拉伸测量方法、偏离轴线 10° 层压板的单轴拉伸测量方法、轨道剪切测量方法、V 形缺口梁剪切测量方法、板扭曲剪切测量方法、薄壁圆管的扭转剪切测量方法和压缩/剪切测量方法，下面分别进行简要介绍。

（1）±45° 层压板的单轴拉伸测量方法。该方法对堆成的±45° 层压板施加单轴拉伸载荷以测量复合材料面内剪切强度和模量等性能。此方法实施过程可参考 ASTM D 3518 和 ISO 14129 标准，试样示意图如图 7-61 所示。当对试样施加单轴拉伸载荷时，在层压板内产生双轴应力状态，由此得到剪切模量和剪切强度。

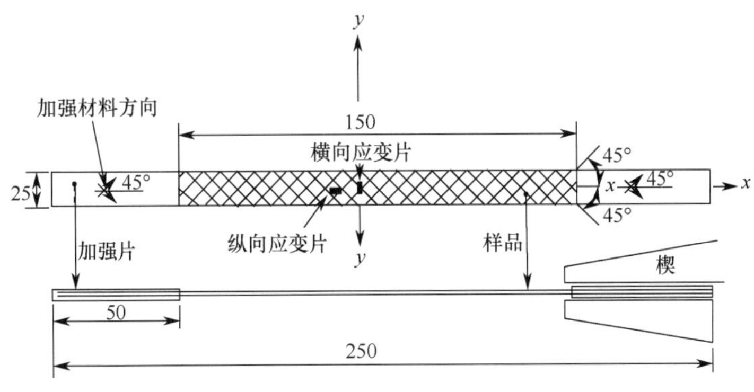

图 7-61　±45° 层压板单轴拉伸试样[10]

（2）偏离轴线 10° 层压板的单轴拉伸测量方法。该方法是用来获得纤维增强树脂基复合材料剪切性能的通用方法。其试样示意图如图 7-62 所示。然后对试样施加拉伸载荷，拉伸方向与纤维取向成 10° 夹角。当受到单轴拉伸载荷作用时，在材料的主坐标系中产生双轴应力状态，由此可以得到剪切模量和剪切强度。

（3）轨道剪切测量方法。该方法通过使用双轨道或者三轨道夹持方法对试样边缘施加剪切载荷以测量面内性能，如图 7-63 所示。具体实施方法可参考 ASTM D 4255 标准。

（4）V 形缺口梁剪切测量方法。该方法最初用于研究金属材料的剪切性能。该测量方法使用双边缺口、边矩形试样，如图 7-64 所示。V 形缺口梁剪切测量可以得到纤维增强树脂基复合材料的多种破坏模式，具体如图 7-65 所示。

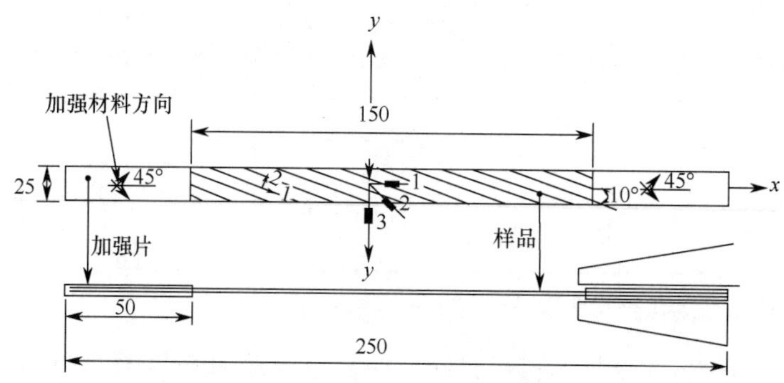

图 7-62　10° 层压板单轴拉伸试样[10]

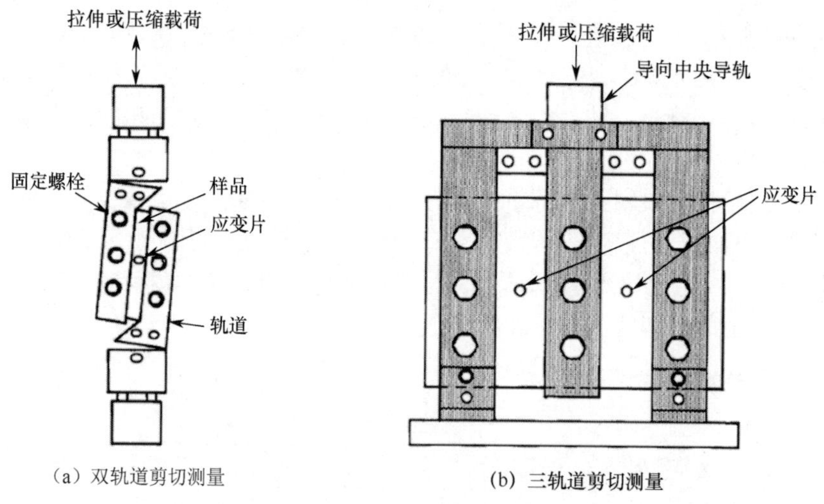

图 7-63　轨道剪切测量方法示意图[10]

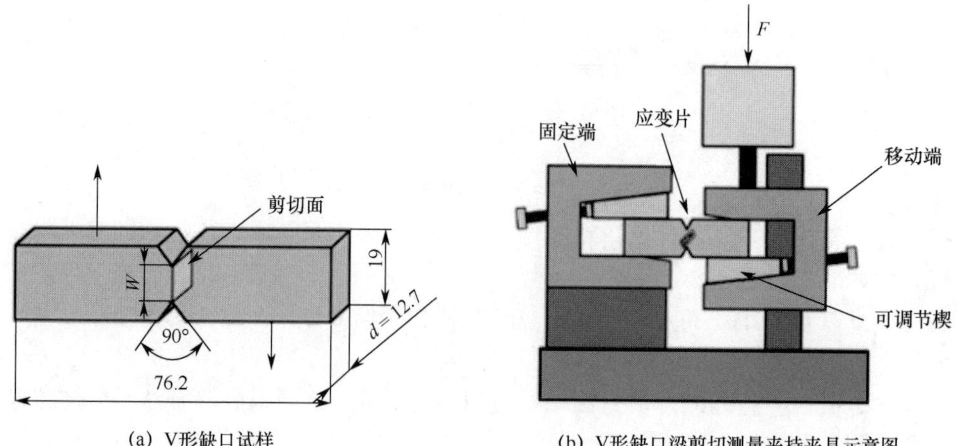

图 7-64　V 形缺口试样及夹持夹具

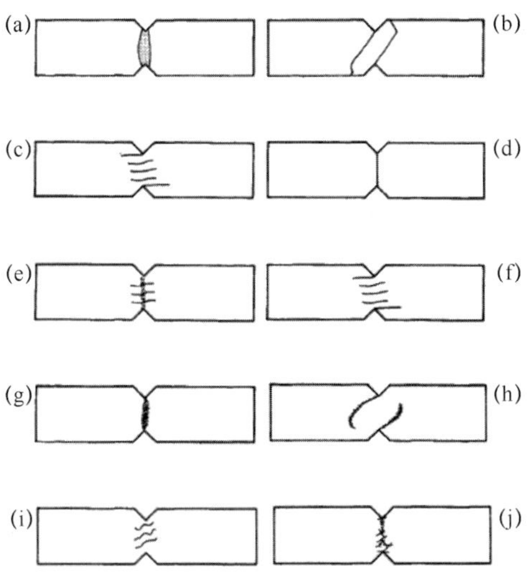

图 7-65　V 形缺口梁剪切破坏模式示意图[10]

（5）板扭曲剪切测量方法。该方法最初用来测定夹板的剪切模量，但不适于测定面内剪切强度。如图 7-66 所示，一个矩形板对角线的两个角受到支撑，在另外一条对角线的两个角上施加恒定载荷。通常要求板长度与厚度的比值大于 35，以便将板上的剪切效应降至最低，此时板内的应力状态接近纯剪切。注意此测量方法不适用于横向各向同性或均匀的材料，即具有 0°/90° 层的多向层压板。对于横向各向同性或均匀的材料，弯曲载荷下的剪切模量不再等于面内剪切模量。

图 7-66　板扭曲剪切测量方法示意图[10]

（6）薄壁圆管的扭转剪切测量方法。该方法通过直接施加剪切载荷给纤维增强树脂基复合材料。测量中，围绕试样的长轴，一个薄壁圆管受到一个周向环绕纯扭转的作用，在管内产生一个接近纯剪切的应力状态，且剪切应力均匀分布在沿试样长度的圆周上。薄壁圆管扭转剪切试样如图 7-67 所示。此外，由于厚度与管的平均半径相比很小（比值小于 0.02），因此可以忽略沿厚度的剪切梯度。

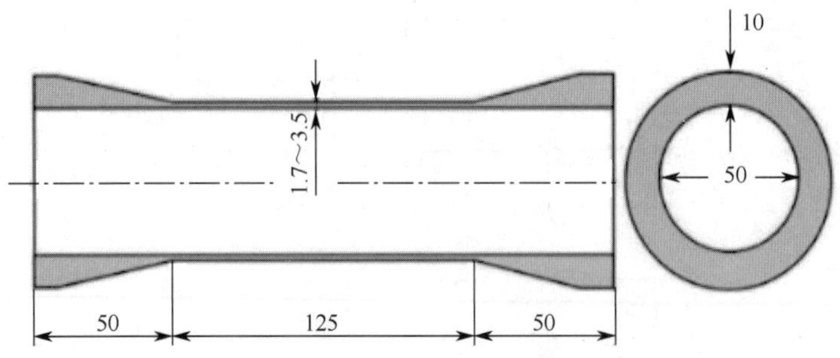

图 7-67　薄壁圆管扭转剪切试样[9]

（7）压缩/剪切测量方法。层压板复合材料在使用时会承受压缩和剪切复合应力，如超导磁体绝缘系统中的玻璃钢。为此，发展了压缩/剪切测量方法，其中比较常用的是 45° 压缩/剪切测量方法，其示意图及测量装置如图 7-68 所示。除了测量复合材料层间性能，45° 压缩/剪切测量还可用于表征复合材料与金属基体结合性能。注意，压缩/剪切强度计算时应对轴向载荷进行分解。

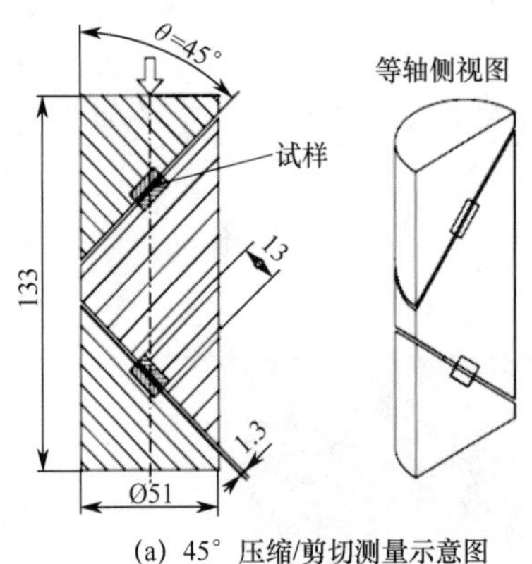

(a) 45° 压缩/剪切测量示意图

(b) 45° 压缩/剪切测量装置

图 7-68　45° 压缩剪切测量

纤维增强树脂基复合材料剪切性能测量标准如表 7-19 所示。

表 7-19　纤维增强树脂基复合材料剪切性能测量标准

体　系	编　号	材　料	方　法	温　度
ASTM	D 3518	纤维增强复合材料	±45° 剪切	室温
	D 4255	纤维增强复合材料	轨道剪切	室温
	D 5379	纤维增强复合材料	V 形缺口梁剪切	室温
	D 3044	纤维增强复合材料	板扭曲剪切	室温
	D 5448	纤维增强复合材料	剪切强度	室温
ISO	14129	纤维增强复合材料	±45° 剪切	室温
	527-5	纤维增强复合材料	±10° 剪切	室温
GB	T 1450.1,2	纤维增强塑料	层间，冲压剪切	室温
	T 3355	纤维增强塑料	纵横剪切	室温

7.2.5　扭转性能测量

各向同性金属材料在扭转作用下承受纯剪切应力，如图 7-69（a）所示。通过扭转测量可以获得材料的剪切模量等性能。对各向同性金属材料，其剪切模量 G 与弹性模量 E 之间与泊松比 υ 有约束关系，因此有时可以通过测量 E 和泊松比 υ 计算得到剪切模量 G。通过扭转等测量方法测量剪切模量 G 是更为直接和可靠的途径。

扭转测量时材料表面受到的切应力最大，如采用薄壁圆管试样，其受力特性如图 7-69（b）所示。

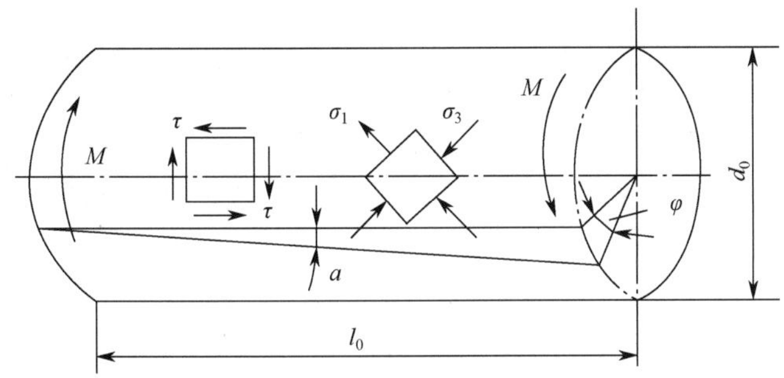

(a) 各向同性金属材料扭转表面应力状态

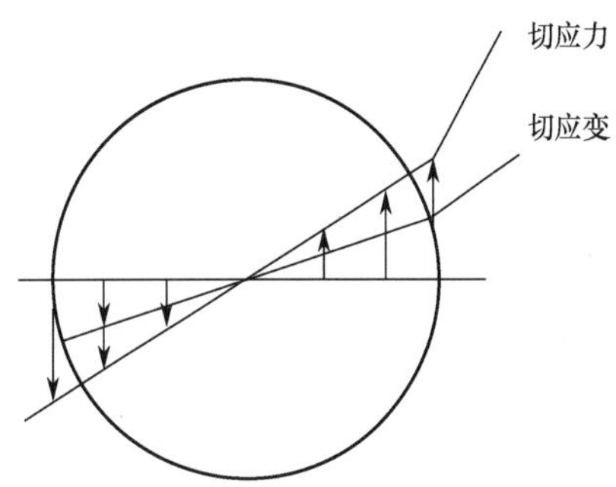

(b) 弹性变形阶段横截面上切应力与切应变分布

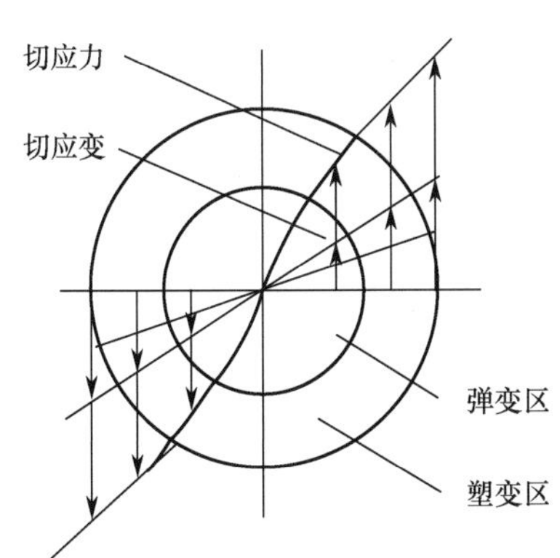

(c) 弹塑性变形阶段横截面上的切应力与切应变分布[12]

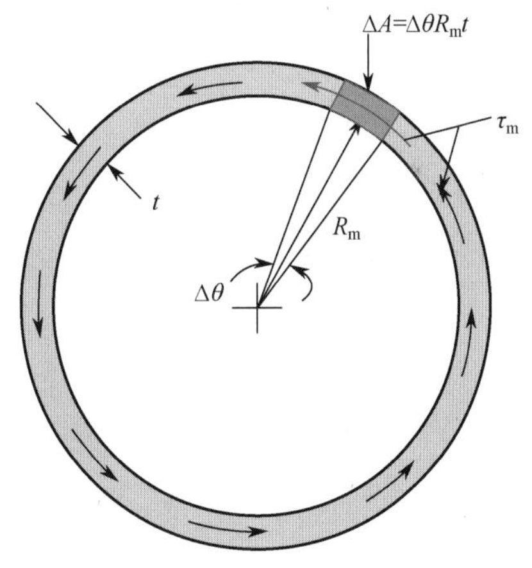

(d) 扭转测量时薄壁圆管受力[9]

图 7-69　金属材料扭转应力分布

对圆杆，弹性范围内表面切应力 τ 的计算公式为

$$\tau = \frac{M}{W} \tag{7-31}$$

式中，τ 为切应力，M 为扭矩（本节按标量对待，其他类似），W 为截面系数。对实心圆杆，$W = \pi d_0^3/16$；对空心圆杆，$W = \pi d_0^3(1-d_i^4/d_0^4)/16$，其中 d_0 为外径，d_i 为内径。因切应力作用而在圆杆表面产生的切应变 γ 为

$$\gamma = \tan\alpha = \frac{\varphi d_0}{2l_0} \times 100\% \tag{7-32}$$

式中，α 为圆杆表面任一平行于轴线的直线因剪切作用而转动的角度，φ 为扭转角，l_0 为杆长度。

扭转试验得到的扭矩 M–扭转角 φ 曲线，即扭转曲线，如图 7-70 所示。扭转曲线与拉伸试验测定的真应力–真应变曲线相似。这是因为在扭转时试样的形状不变，其变形始终是均匀的，即使进入塑性变形阶段，扭矩仍然随变形的增大而增大，直至断裂。通过扭转试验可确定剪切模量 G、扭转比例极限 τ_{p} 等指标，其中剪切模量 G 为

$$G=\frac{\tau}{\gamma}=\frac{32Ml_0}{\pi\varphi d_0} \tag{7-33}$$

扭转比例极限 τ_{p} 为

$$\tau_{\mathrm{p}}=\frac{M_{\mathrm{p}}}{W} \tag{7-34}$$

式中，M_{p} 为扭转曲线开始偏离直线时的扭矩。曲线上某点的切线与纵坐标轴夹角的正切值比直线段与纵坐标夹角的正切值大 50%时所对应的扭矩为 M_{p}，这与拉伸试验时确定比例极限的方法相似。扭转屈服强度 $\tau_{0.3}$ 为

$$\tau_{0.3}=\frac{M_{0.3}}{W} \tag{7-35}$$

式中，$M_{0.3}$ 是残余扭转剪切应变为 0.3%时的扭矩。确定扭转屈服强度时的残余扭转剪切应变取值为 0.3%，是为了和确定拉伸屈服强度时的取残余拉伸应变为 0.2%相当。抗扭强度 τ_{b} 为

$$\tau_{\mathrm{b}}=\frac{M_{\mathrm{b}}}{W} \tag{7-36}$$

式中，M_{b} 为试样断裂前的最大扭矩。需指出，τ_{b} 是用弹性变形状态下的公式计算出的。结合图 7-69（c），此值比真实的抗扭强度大，故称之为条件抗扭强度。考虑塑性变形的影响，应采用塑性状态下的公式计算真实抗扭强度 τ_K，即

$$\tau_K=\frac{4}{\pi d_0^3}\left[3M_K+\theta_K\left(\frac{\mathrm{d}M}{\mathrm{d}\theta}\right)_K\right] \tag{7-37}$$

式中，M_K 为试样断裂前的最大扭矩，θ_K 为试样断裂时单位长度上的相对扭转角，$\theta_K=\mathrm{d}\varphi/\mathrm{d}l$，$\left(\frac{\mathrm{d}M}{\mathrm{d}\theta}\right)_K$ 为 M-θ 曲线上 $M=M_K$ 点的切线斜率 $\tan\alpha$，如图 7-71 所示。当 M-θ 曲线的最后部分与横坐标轴近似平行时，$\left(\frac{\mathrm{d}M}{\mathrm{d}\theta}\right)_K=0$，式（7-37）可简化为

$$\tau_K=\frac{12M_K}{\pi d_0^3} \tag{7-38}$$

真实抗扭强度 τ_K 也可用薄壁圆管试样进行试验直接测出。由于管壁很薄，认为试样横截面上的切应力近似地相等。因此，薄壁圆管试样断裂时的切应力为真实抗扭强度，即

$$\tau_K=\frac{M_K}{2\pi tr^2} \tag{7-39}$$

式中，M_K 为断裂时的扭矩，r 为圆管试样内、外半径的平均值，t 为管壁厚度，$2\pi tr^2$ 为薄壁圆管试样的抗扭截面系数。

扭转时塑性变形可用残余扭转相对切应变 γ_K 表示，可由式（7-40）得到。

$$\gamma_K = \frac{\varphi_K d_0}{2l_0} \times 100\% \qquad (7\text{-}40)$$

式中，φ_K 为试样断裂时标距长度 l_0 上的相对扭转角。扭转切应变是扭转塑性切应变与弹性切应变之和。对于高塑性材料，弹性切应变很小，故由式（7-40）求得的塑性切应变近似地等于总切应变。

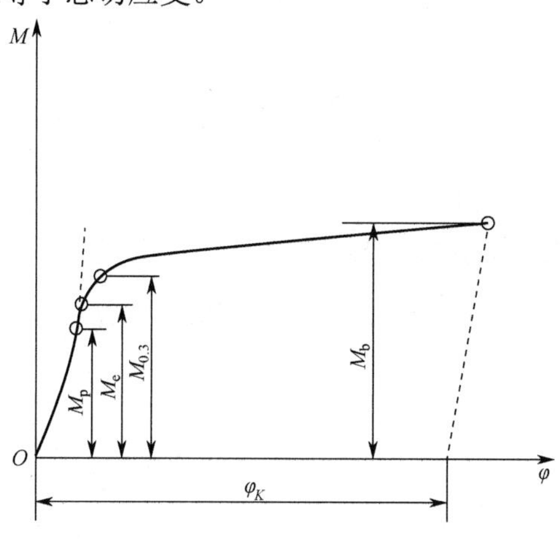

图 7-70　扭矩 M–扭转角 φ 曲线[12]

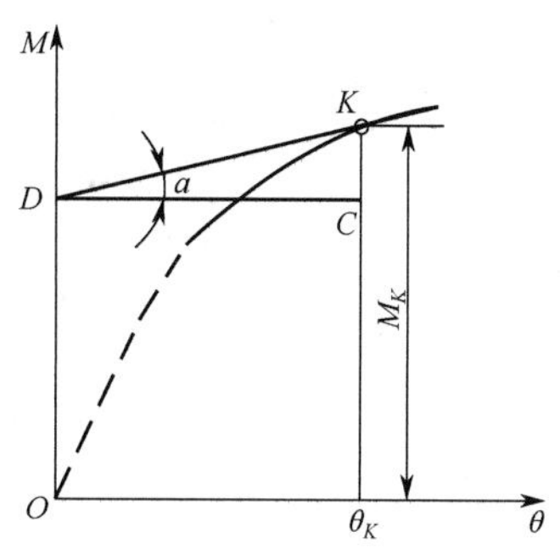

图 7-71　通过 M-θ 曲线求解 $\left(\frac{\mathrm{d}M}{\mathrm{d}\theta}\right)_K$ 的图解法[12]

延性金属材料扭转测量中扭矩（N · m）–扭应变（rad/m）曲线如图 7-72（a）所示，其中扭应变为扭转角 θ 与试样标距 L 之比，扭转角可以通过类似拉伸测量中电子引伸计的测扭计得到。当扭矩达到一个最大值后会降低并伴随表面裂纹产生和扩展。此现象与延性金属材料拉伸应力–应变曲线特性类似。对延性金属薄壁圆管，其扭应力–扭应变曲线如图 7-72（b）所示。曲线还显示了材料具有大量塑性。注意对薄壁延性金属圆管，扭应力–扭应变曲线上不会有下降段。延性金属薄壁圆管扭转扭应力–扭应变曲线与单轴拉伸真应力–应变曲线类似。金属材料扭转测量中的塑性区也发现了包申格效应。

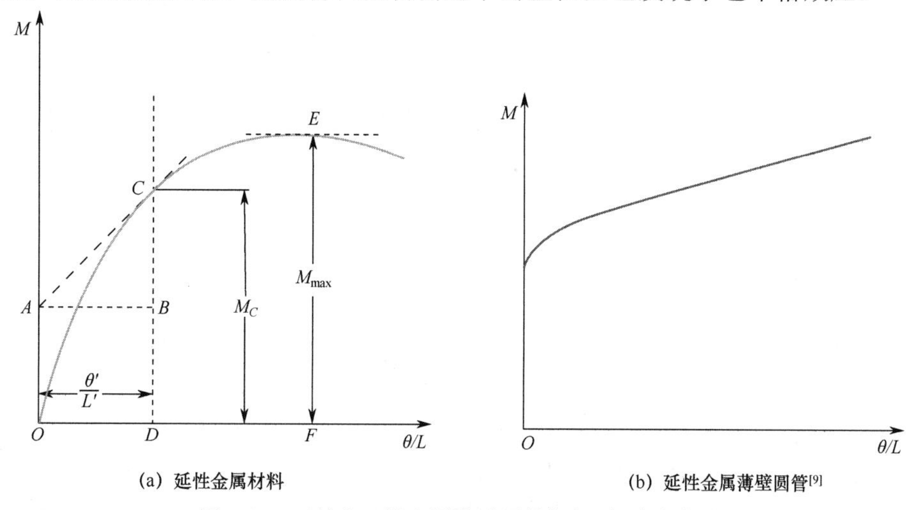

(a) 延性金属材料　　(b) 延性金属薄壁圆管[9]

图 7-72　延性和延性金属薄壁圆管扭矩–扭应变曲线

与拉伸、压缩测量相比，扭转测量具有如下优点：扭转测量得到的扭（剪切）应力-应变更有利于分析延性金属的塑性行为；扭转测量的弹性区阶段，材料的体积不会改变，这与拉伸和压缩测量完全不同；在塑性区，扭转测量不会产生类似拉伸过程的颈缩以及压缩过程的屈曲不稳定因素；扭转测量也能得到大应变范围等。另外，扭转测量也存在不足之处，例如：扭应力-扭应变曲线计算复杂且耗时，不如拉伸、压缩应力-应变曲线计算简单；比例极限等参数计算复杂；延性金属薄壁圆管扭转测量也可能发生屈曲不稳定。

7.3 准静态断裂韧度测量

材料断裂韧度是断裂力学的关键问题之一，其在结构完整性评价中起至关重要的作用。断裂韧度还是新材料研究的重要内容之一。

随着航天、磁约束核聚变、氢能源等领域的飞速发展，工程材料低温断裂韧度测量研究需求大幅增长。当前，室温下准静态断裂韧度测量标准已日趋完善。然而，ASTM、ISO 以及我国国家标准都没有制定工程材料低温断裂韧度测量标准。目前，国际上仅有的低温断裂韧度测量标准为 JIS Z 2284。如前所述，ASTM、ISO、JIS 和我国国家标准已有液氦温度金属材料准静态拉伸测量标准。准静态压缩、弯曲、剪切和扭转等测量可以结合相应的低温环境后采用室温标准进行测量。然而，对于准静态断裂韧度测量，仅仅考虑低温环境和室温标准是远远不够的，还需要考虑裂纹预制环节，即需要考虑裂纹的“历史”效应。目前，一般认为裂纹预制也应在相同的低温环境进行。然而，现有的研究尚不能确定疲劳裂纹预制“历史”（温度、应力强度因子大小、频率等）对低温断裂韧度的影响。

另外，基于断裂韧度的结构完整性的评价较为保守，目前主要应用于航空航天、核聚变实验装置、核反应堆等重要领域。在一般应用领域，主要采用冲击测量方法。冲击测量相对简单且成本低，一直被认为是断裂韧度的一种定性而非定量测量方法。

7.3.1 金属材料准静态断裂韧度测量

如本书第 2 章所述，材料的断裂模式包括 I 型、II 型、III型和混合型，本节主要讨论 I 型断裂韧度的测量方法。

金属材料的准静态断裂韧度测量采用标准试样测定准静态加载条件下的临界应力强度因子 K_{Ic}、弹塑性断裂韧度 J_{Ic}、裂纹尖端张开位移（CTOD）、裂纹尖端张角（CTOA）、K-R 或 J-R（Δa）阻力曲线等断裂力学参量。K_{Ic} 为小范围屈服条件下的启裂韧度，基于线弹性断裂力学理论，目前已经近乎完善。

所有断裂韧度测量试验都涉及有效性判定，涉及试样规格、裂纹预制、测量等过程。此外，断裂韧度计算还需要材料相同测量条件下的弹性性能如弹性模量 E、泊松比 v 及屈服强度 $R_{\mathrm{p0.2}}$ 等性能。

对延性金属材料，K_{Ic} 测量条件较难满足，因此常测量弹塑性断裂韧度 J_{Ic}，随后转换为 K_{Ic}。J_{Ic} 等延性断裂性能测量一方面涉及断裂参量本身的计算，更重要的是还包括加载过程中实时裂纹长度的确定，这也增加了低温断裂韧度测量的困难。传统上，多试样法和单试样法是测量延性断裂韧度最常用的两种方法。由于多试样法存在无法充分反应材料本身分散性因素、试样加工因素和测量成本高等不足，已逐渐被单试样法取代。单试样法实时裂纹长度计算主要包括柔度法、电势法、光学法和载荷分离法等。延性金属材料低温断裂韧度测量主要采用柔度法计算实时裂纹长度的单试样法。

准静态断裂韧度测量的参考标准主要有 ASTM E 1820、ASTM E 339、ISO 12135，以及我国于 2015 年实施的 GB/T 21143。

目前，国内对通过弹塑性断裂韧度 J_{Ic} 转换至 K_{Ic} 并用于工程设计的方法尚存质疑。NIST 等于 20 世纪 70 年代开展了大量的相关研究，结果表明弹塑性断裂韧度 J_{Ic} 更为保守。有研究表明通过 J_{Ic} 转换得到的 $K(J)_{\mathrm{Ic}}$ 值比直接 K_{Ic} 测量得到的值小 20%左右。目前国际低温界已广泛接受弹塑性断裂韧度 J_{Ic}。

断裂韧度测量标准通常提供多种试样规格供选择。由于平面应变断裂韧度–临界应力强度 K_{Ic} 是材料的常数，因此在一定条件下，与加载方式、试样类型无关。理论上，只要试样满足平面应变条件，且测量过程都满足相关判据，用不同类型试样测量得到的断裂韧度 K_{Ic} 应当是一致的。常用的试样有单边裂纹弯曲试样（Single Edge Notched Bending，SEB 或 SENB）（又称三点弯曲试样）、紧凑拉伸试样（Compact Tension，CT）、C 形试样、拱形三点弯曲试样和圆形紧凑拉伸试样，其中三点弯曲试样和紧凑拉伸试样最为常用。从测量角度来看，三点弯曲试样所需的工装较为简单，而紧凑拉伸试样则需要较为复杂的工装，且不同厚度的试样需要不同的夹具相匹配。紧凑拉伸试样较节省材料，对中等强度钢的大试样，这点更为突出。在压力容器中，环向拉应力作用下裂纹沿厚度（径向）扩展最为危险，此时采用 C 形试样和拱形三点弯曲试样，不仅加工方便，而且充分利用了圆管形状，使其容易满足小范围屈服的力学条件，从而能得到有效的断裂韧度。准静态断裂韧度测量宜根据实际构件的特点，选择适宜形状的试样。根据试样的应力强度因子表达式出发，确定临界状态的应力、裂纹长度和载荷值，就能够获得此构件的断裂韧度。

低温领域金属材料断裂韧度测量主要采用紧凑拉伸试样，如 JIS Z 2284 标准就只规定了紧凑拉伸试样。

断裂韧度测量的试样制备需要注意下列因素。

（1）取样方向。金属材料制造过程会导致材料性能的各向异性。图 7-73 和图 7-74 分别给出了轧制板和棒材取样及标注方法。断裂韧度测量设计首先需要确定试样取样方式和方向。很多研究表明 *L-S* 取向的断裂韧度最高，而 *S-L* 取向的断裂韧度最低。在实际构件取样时，试样的裂纹取向应与构件中最危险的裂纹方向一致。如在压力容器中，最危险的是在环向应力作用下沿厚度方向扩展的内外表面裂纹，因此宜取 *C-R* 向（切向–径向）的三点弯曲或拱形三点弯曲试样。

（2）试样规格约束条件。与准静态拉伸、压缩等测量不同，断裂韧度测量需要依据有效性判据（见本节随后部分内容）预估试样规格。试样厚度 B、初始裂纹长度 a 和韧带长度（$W-a$）都应满足一定条件（如平面应变、小范围屈服等）。

（3）准静态拉伸测量。取同炉批料制备 2～3 件常规拉伸试样，测量 $R_{\mathrm{p0.2}}$ 等常规力学性能。注意拉伸试样必须和 K_{Ic} 试样同炉热处理。

（4）试样加工。对试样粗加工和热处理后，还要进行精加工且取样方向满足采用标准的要求。

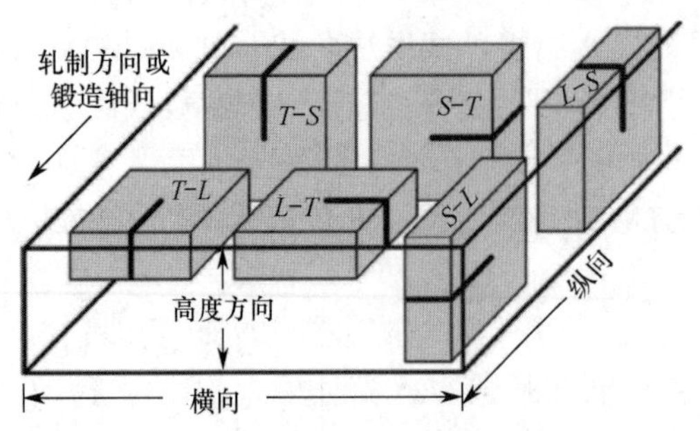

图 7-73　轧制板断裂韧度测量试样取样及标注[13]

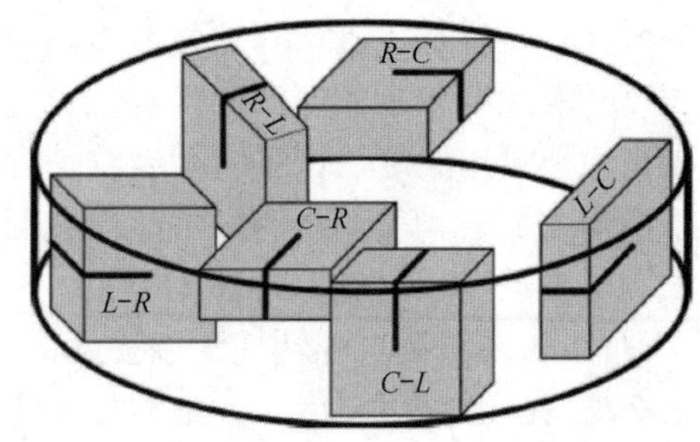

图 7-74　棒材断裂韧度测量试样取样及标注[13]

7.3.1.1　基于线弹性断裂力学的断裂韧度测量方法

基于线弹性断裂力学的断裂韧度测量方法主要有平面应变临界应力强度因子 K_{Ic} 和平面应力临界应力强度因子 K_c、K-R 阻力曲线、表面裂纹断裂韧度 K_{Ie}。

1．平面应变临界应力强度因子 K_{Ic} 测量

临界应力强度因子 K_{Ic} 测量常用的 CT 试样和 SEB 试样以及夹持方法如图 7-75（a）～图 7-75（d）所示。实际上 CT 试样和 SEB 试样存在诸多相似之处，如图 7-75（e）所示。试样尺寸的三个主要参数是裂纹长度 a、试样厚度 B 和试样宽度 W。三个参数具有关联性，多数情况下，$W=2B$，$a/W\approx0.5$。标准建议的试样规格包括 $T/2$、1 T，2 T 和 4 T，其中 T 为以英寸为单位的试样厚度。考虑载荷及有效性等因素，低温断裂韧度试验常采用 1 T 试样，其厚度 B 为 25.4 mm，但通常采用 25 mm；宽度 W 为 50.8 mm 或 50 mm；初始裂纹长度 a 为 25 mm 左右。

裂纹预制是断裂韧度试验测量的关键环节之一。通常采用疲劳试验机对试样施加周期性应力以获得裂纹，如图 7-76 所示。断裂韧度试验测量要求满足两个基本前提。一是预制裂纹半径应远小于准静态测量时裂纹半径；另一个是疲劳裂纹预制时尖端塑性区应远小于准静态测量时尖端塑性区。为此，标准对裂纹预制初始和结束时的应力强度因子 K 都进行了严格限制。ASTM E 399 要求裂纹预制完成时应力强度因子最大值 K_{max} 不能超过临界应力强度因子 K_{Ic} 的 0.6 倍，通常实际操作时应小于此值。

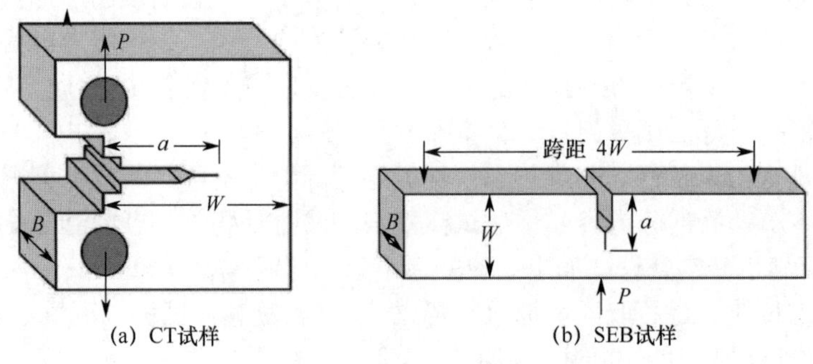

图 7-75　CT、SEB 试样形状、夹持方法及相似性

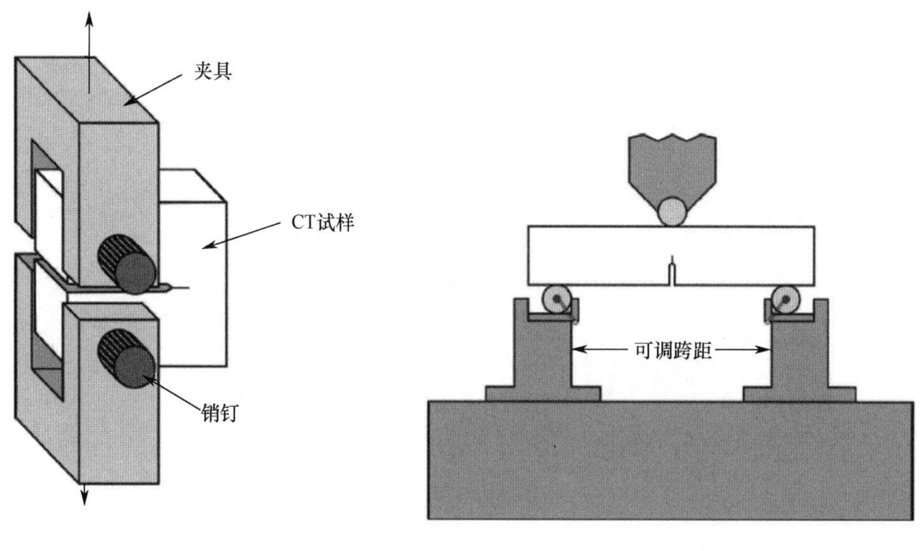

(c) CT试样夹持方法　　　　(d) SEB试样夹持方法

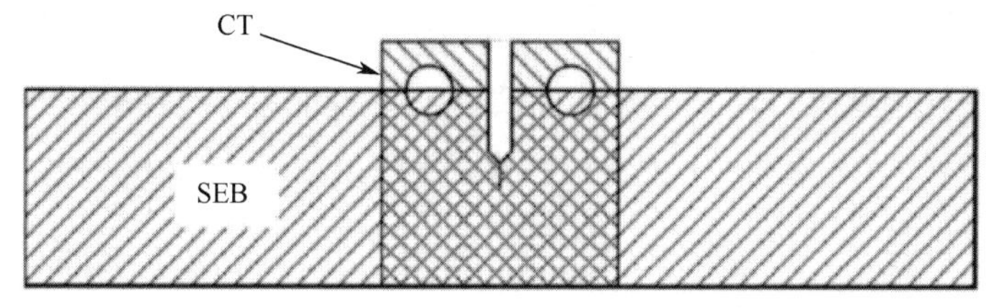

(e) CT试样与SEB试样相似性

图 7-75　CT、SEB 试样形状、夹持方法及相似性（续）

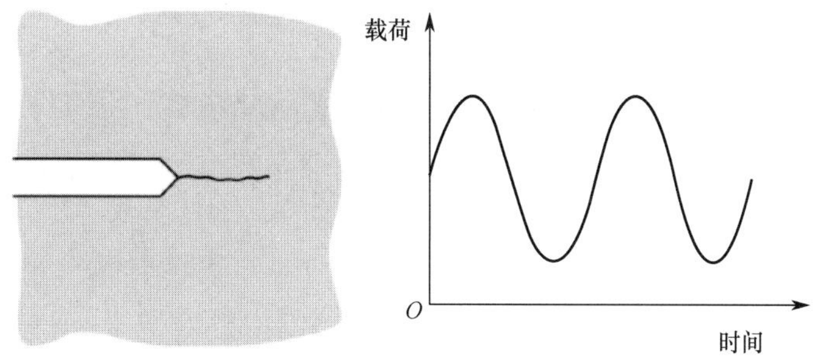

图 7-76　疲劳裂纹预制示意图

断裂韧度测量时还存在裂纹预制环境温度的问题。当裂纹预制试验温度与断裂韧度测量温度不一致时，ASTM E 399 要求疲劳裂纹预制完成时应力强度因子最大值 K_{max} 应小于 $0.6\times(R_{p0.2}(T_f)/R_{p0.2}(T_t))\times K_{Ic}$，其中 T_f 为疲劳裂纹预制温度，T_t 为断裂韧度测量试验温度。

疲劳裂纹长度不少于 2.5%W，且不小于 1.3 mm。ASTM E 399 要求裂纹预制后裂纹长度 a 应在 0.45W 至 0.55W 之间。对 1T CT 试样，裂纹长度 a 应在 24.5～27.5 mm 之间。

疲劳裂纹完成后进行侧槽加工。如图 7-77 所示，要求单侧侧槽的深度为试样厚度的 10%左右，角度为 90°。侧槽加工是为了准静态断裂韧度测量时裂纹严格按 I 型模式扩展，即裂纹直线扩展。对需要往返加载的测量（如 J_{Ic}）或 R 阻力曲线测量，一般需要加工侧槽。侧槽加工是 ASTM E 399 标准的建议选项，这与 JIS Z 2284 不同。

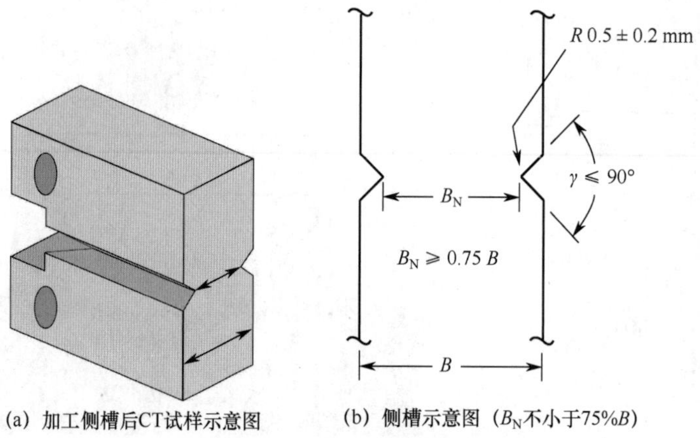

(a) 加工侧槽后CT试样示意图　(b) 侧槽示意图（B_N不小于75%B）

图 7-77　带侧槽 CT 试样及侧槽规格

断裂韧度测量试验如采用引伸计测量试样裂纹嘴张开位移（Crack Mouth Opening Displacement，CMOD），引伸计可安装在加载线位置或外侧，如图 7-78 所示。随后采用标准建议的控制方式开展试验。通常测量得到的载荷-裂纹嘴张开位移曲线是如图 7-79（a）所示曲线的一种。

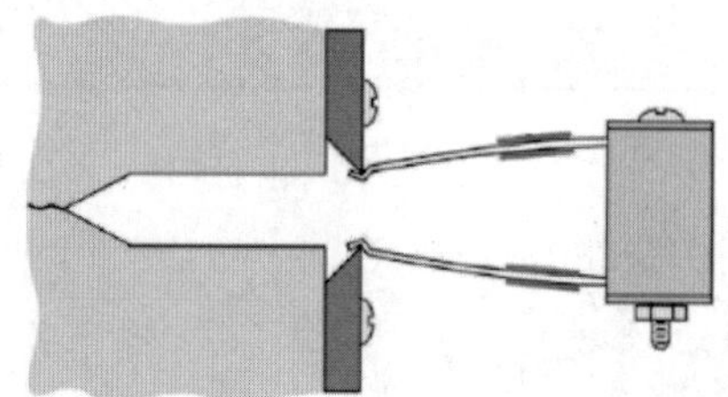

图 7-78　引伸计安装在 CT 试样外侧

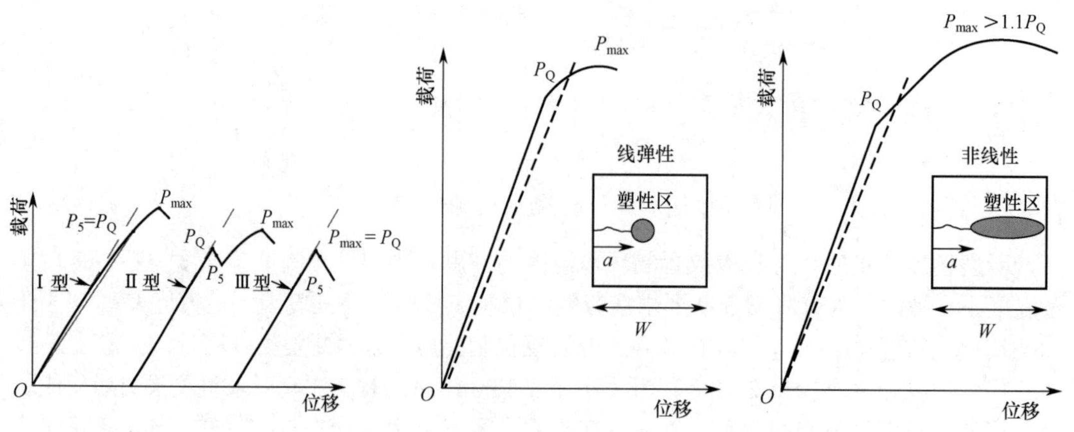

(a) 载荷-裂纹嘴张开位移（CMOD）曲线　(b) 满足线弹性和不满足时载荷-裂纹嘴张开位移曲线

图 7-79　载荷-裂纹嘴张开位移曲线及类型

如图 7-79（a）所示，从原点做直线，使其斜率比试验曲线线性部分的斜率低 5%。直线与试验曲线的交点对应载荷为 P_5。对图 7-79（a）中的 I 型试验曲线，$P_Q = P_5$。对于II型试验曲线，发生不稳定裂纹扩展（“Pop-in”）。对于II型试验曲线，P_Q 为不稳定扩展前最大载荷。对于图 7-79（a）所示的III型试验曲线，也发生了不稳定裂纹扩展且直接导致试样断裂，P_Q 也为不稳定扩展前最大载荷，且 $P_Q = P_{max}$。

随后将试验完成的试样拉开并按标准测量计算裂纹长度 a，随后计算条件断裂韧度 K_Q。对 CT 试样，K_Q 为

$$K_Q = \frac{P_Q}{B\sqrt{W}} f\left(\frac{a}{W}\right) \tag{7-41}$$

或

$$K_Q = \frac{P_Q}{\sqrt{BB_N}\sqrt{W}} f\left(\frac{a}{W}\right) \tag{7-42}$$

式中，B_N 为带侧槽试样的净厚度，$f(a/W)$为

$$f\left(\frac{a}{W} \equiv \alpha\right) = \frac{(2+\alpha)(0.886 + 4.64\alpha - 13.32\alpha^2 + 14.72\alpha^3 - 5.6\alpha^4)}{(1-\alpha)^{3/2}} \tag{7-43}$$

计算时应注意载荷和试样尺寸的单位，K_Q 单位为 $\text{MPa} \cdot \text{m}^{1/2}$。

有效性判据为

$$0.45 \leqslant \frac{a}{W} \leqslant 0.55 \tag{7-44}$$

$$B, W - a \geqslant 2.5\left(\frac{K_Q}{R_{p0.2}}\right)^2 \tag{7-45}$$

$$P_{max} / P_Q \leqslant 1.10 \tag{7-46}$$

注意，对于式（7-45），有些标准中采用有效屈服强度［$\sigma_{eff} = (R_{p0.2}+R_m)/2$］。如果式（7-44）～式（7-46）都满足，测量得到的条件断裂韧度 K_Q 即为临界应力强度因子 K_{Ic}。

对延性金属材料，K_{Ic} 试验判据很难满足，其载荷−裂纹嘴张开位移如图 7-79（b）所示。例如，在液氦温度下屈服强度为 900 MPa，断裂韧度为 300 $\text{MPa} \cdot \text{m}^{1/2}$ 的 316LN 材料，判据给出的韧带长度（$b = W-a$）和厚度 B 达 270 mm，如 $W = 2B$，需要试样厚度也为 270 mm。这在材料和测量上都缺乏可行性。

2. 平面应力临界应力强度因子 K_c 测量

航空航天工业中常使用薄壁结构。要进行断裂力学设计，需掌握相应材料的平面应力临界应力强度因子 K_c 的值。如果这些薄壁结构采用材料的平面应变临界应力强度因子 K_{Ic} 值作为设计依据，往往过于保守。厚度不满足平面应变要求的试样的平面应力临界应力强度因子 K_c 值与试样厚度 B 有关，如图 7-80 所示。

虽然平面应力临界应力强度因子 K_c 的测量方法已经有过多年研究，但是目前仍不十分成熟，迄今提出的方法主要分为直接测量法和间接测量法两类。间接测量法采用较小试样测出裂纹尖端的临界张开位移 δ_c，通过换算得到 K_c，或者用有限宽板拉伸测量测得一些参量进行换算获得。直接测量法采用尺寸较大的试样，目前采用这种方法比较多。接下来介绍直接测量法的基本步骤和原理。

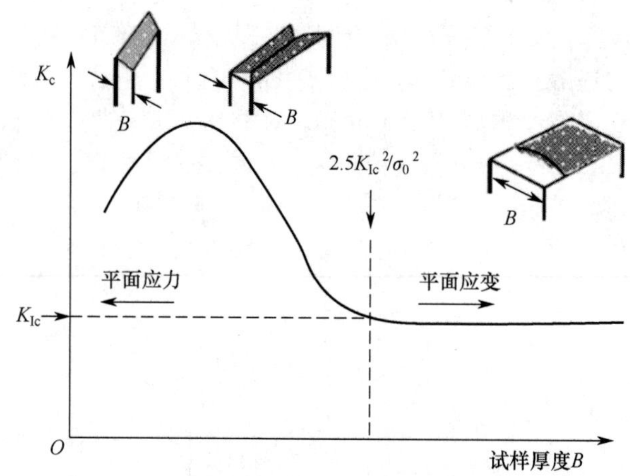

图 7-80 应力强度因子 K_c 值与试样厚度 B 的关系[14]

平面应力临界应力强度因子 K_c 测量常用中心穿透裂纹（CCT）试样、紧凑拉伸试样和裂纹线楔块加载试样，其中 CCT 试样应用最多。

一般情况下，K_c 测量所用的试样尺寸较大。因此，如何选择最小的板宽，而又能确保测得有效的 K_c，成为一个关键的问题。目前，主要使用如下的经验结果，即认为试样最小宽度应为

$$W_{\min} = 27r_y \approx 4.29(K_c / R_{p0.2})^2 \tag{7-47}$$

裂纹尺寸应为

$$2a = \frac{W_{\min}}{3} \approx 1.43(K_c / R_{p0.2})^2 \tag{7-48}$$

要求相应的临界应力（名义应力）为

$$\sigma_c \leqslant \frac{2R_{p0.2}}{3} \tag{7-49}$$

实际上，要求净截面上平均应力不大于 $R_{p0.2}$。

对于试样的初始裂纹长度，为最大限度发挥板宽的作用，应要求 $2a_c/W\approx0.44$。考虑到不同材料从起裂到失稳扩展的裂纹亚临界扩展量较为不同，对 $2a_0/W$ 要求也不同，一般取 $2a_0/W\approx1/3$。对脆性材料，亚临界扩展较少，$2a_0/W$ 可取值为 0.33～0.40；而对韧性材料，亚临界扩展较多，$2a_0/W$ 可取值为 0.25～0.30。为便于测量时掌握，一般 $2a_0/W$ 取值为 0.30～0.35。

如图 7-81 所示，CCT 试样的应力强度因子 K_I 的表达式为

$$K_I = \sigma\sqrt{\pi a} f\left(\frac{2a}{W}, \frac{l}{W}\right) \tag{7-50}$$

式中，σ 为作用在试样上的名义应力，a 为裂纹长度的一半，l 为试样工作长度，W 为试样宽度，修正系数 f 为（$2a/W$）和（l/W）的函数。在线弹性条件下，当裂纹失稳扩展时，可得 CCT 试样的应力强度因子的临界值为

$$K_{Ic} = \sigma_c\sqrt{\pi a_c} f\left(\frac{2a_c}{W}, \frac{l}{W}\right) \tag{7-51}$$

当试样端部采用单销夹头且 $l/W \geqslant 2$ 时，或采用多销夹头且 $l/W \geqslant 1.5$ 时，其修正系数可取 l/W 趋于无穷大时的值而无重大误差（不超过 3%），修正系数可调整为 $f(2a/W)$，式（7-51）调整为

$$K_c = \sigma_c \sqrt{\pi a_c} f\left(\frac{2a_c}{W}\right) \tag{7-52}$$

式中，σ_c 为裂纹开始失稳扩展时作用于试样的名义应力，a_c 为此时相应的裂纹有效长度的一半，即 $a_c = a_0 + r_y + \Delta a$，$a_0$ 为初始裂纹半长，r_y 为一侧塑性区等效扩展长度，Δa 是一侧的裂纹真实扩展长度。

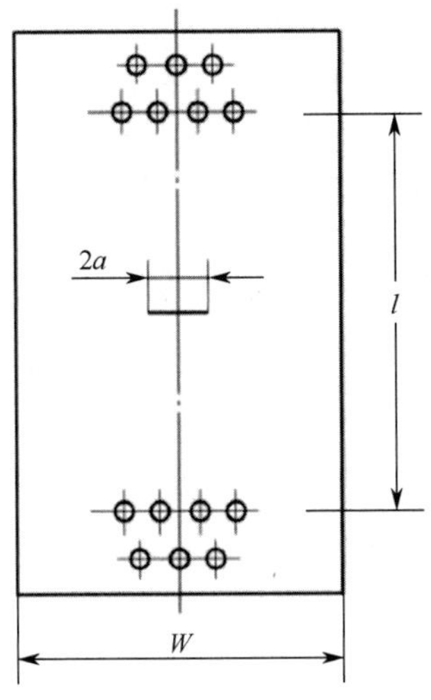

图 7-81　中心穿透裂纹试样示意图[12]

修正系数 $f(2a/W)$ 可取为

$$f_1\left(\frac{2a}{W}\right) = \sqrt{\sec\frac{\pi a}{W}} \qquad \text{当 } 2a/W \leqslant 0.8 \tag{7-53}$$

或

$$f_2\left(\frac{2a}{W}\right) = 1 - 0.1\left(\frac{2a}{W}\right) + \left(\frac{2a}{W}\right)^2 \qquad \text{当 } 2a/W \leqslant 0.6 \tag{7-54}$$

或目前认为最为精确的表达式：

$$f_3\left(\frac{2a}{W}\right) = \left(1 - 0.025\left(\frac{2a}{W}\right)^2 + 0.06\left(\frac{2a}{W}\right)^4\right)\sqrt{\sec\frac{\pi a}{W}} \tag{7-55}$$

平面应力临界应力强度因子 K_c 值的确定方法有多种，常用的包括裂纹扩展阻力曲线法和载荷−位移曲线法。

1）裂纹扩展阻力曲线法（R 曲线法）

R 曲线是材料中裂纹扩展阻力 R 与真实裂纹长度 a 的关系曲线，如图 7-82 所示。R 曲线表征了在裂纹缓慢稳态扩展时，材料中断裂的阻力的发展状况。在裂纹缓慢扩展过程中，材料抵抗裂纹扩展的阻力 R 等于作用的裂纹扩展动力 G（平面应力情况下，$G = K_I^2/E$），即 $R = G$ 一直保持到裂纹扩展达到临界状态。此后，$G>R$，转变为失稳扩展。

在载荷–位移曲线上，如图 7-83 所示，开始直线部分为弹性变形阶段，随后曲线开始出现偏斜，对应裂纹顶端塑性区等效扩展和裂纹真实扩展。当曲线达到水平后，裂纹失稳扩展，直至断裂。因此，裂纹的临界状态为

$$\frac{\mathrm{d}\sigma}{\mathrm{d}V}=0 \tag{7-56}$$

由于 $G=f(\sigma, a)=R$，所以

$$\frac{\partial R}{\partial \sigma}\frac{\mathrm{d}\sigma}{\mathrm{d}V}+\frac{\partial R}{\partial a}\frac{\mathrm{d}a}{\mathrm{d}V}-\frac{\partial G}{\partial \sigma}\frac{\mathrm{d}\sigma}{\mathrm{d}V}-\frac{\partial G}{\partial a}\frac{\mathrm{d}a}{\mathrm{d}V}=0 \tag{7-57}$$

式（7-56）代入式（7-57）得

$$\frac{\partial R}{\partial a}=\frac{\partial G}{\partial a} \qquad 当\ \sigma=\sigma_c \tag{7-58}$$

因此，试样的临界裂纹扩展动力 G 曲线与 R 曲线相切的点 C（如图 7-82 所示）就是裂纹失稳扩展点，对于该点的 G 值就是临界裂纹扩展动力 G_c，从而可求得平面应力临界应力强度因子 K_c。

为绘制 R 曲线，需要测出载荷–位移曲线上任意点 A（如图 7-83 所示）的试样裂纹有效长度 $2a_e=2a_0+2r_y+2\Delta a$。其中，$2a_0$ 为初始裂纹长度，$2r_y$ 为塑性区等效扩展长度，$2\Delta a$ 为裂纹真实扩展长度。在确定 G_c（或 K_c）值时，亦需要测出临界点 C 处的有效裂纹长度 $2a_c$。测量此有效长度常采用柔度法。

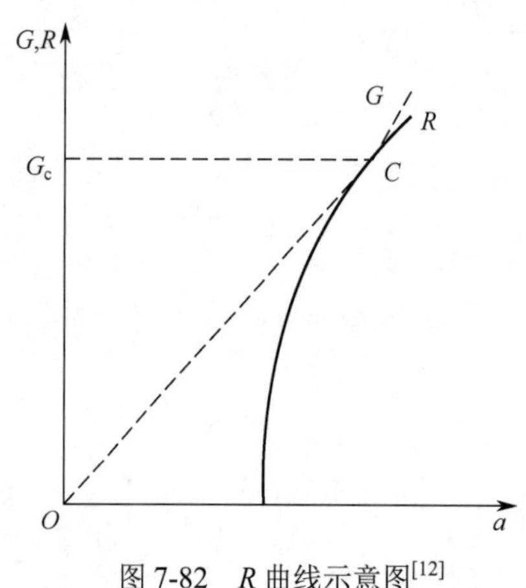

图 7-82　R 曲线示意图[12]

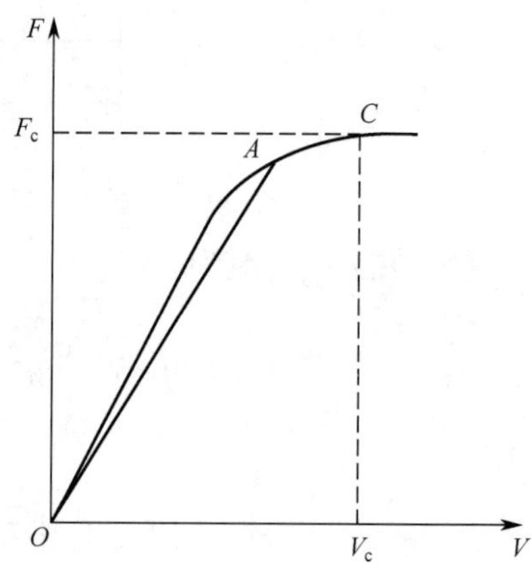

图 7-83　载荷–位移曲线示意图[12]

2）载荷–位移曲线法（F-V 曲线法）

按式（7-53）计算 K_c 值时，需要确定 CCT 试样拉伸时临界点处的裂纹有效长度 $2a_c$ 和相应的临界应力 σ_c。临界点是 CCT 试样缓慢拉伸过程中裂纹失稳扩展的始点，即 F-V 曲线开始转变为水平的点 C。临界点 C 确定后，相应临界点的载荷为临界载荷 F_c，用 F_c 除以试样横截面积 BW（B 为试样厚度，W 为试样宽度），得到临界应力 σ_c。用柔度法求出临界裂纹有效长度 $2a_c$，即可得到平面应力临界应力强度因子 K_c。

3．*K-R* 阻力曲线测量方法

ASTM E 561 标准给出了 K-R 阻力曲线的测量方法。与 K_{Ic} 测量不同，K-R 阻力曲线测量方法对试样的厚度无要求，因此可以用于实际工程结构的断裂韧度测量。

K-R 阻力曲线测量也有单试样法和多试样法。为方便及经济性考虑，常采用单试样法。

ASTM E 561 标准推荐了 2 种试样用于 K-R 阻力曲线测量，分别是紧凑拉伸（CT）试样和中心裂纹拉伸（MT）试样。测量时要求试样韧带区主要为弹性变形，为此要求：

$$W - a_{\mathrm{P}} \geqslant \frac{4}{\pi}\left(\frac{K_R}{R_{\mathrm{p0.2}}}\right)^2 \tag{7-59}$$

式中，a_{P} 为 K_R 对应的裂纹长度。

对于薄板试样通常需要防屈曲设计，如图 7-84 所示。有时还要使用聚四氟乙烯垫片起润滑作用。

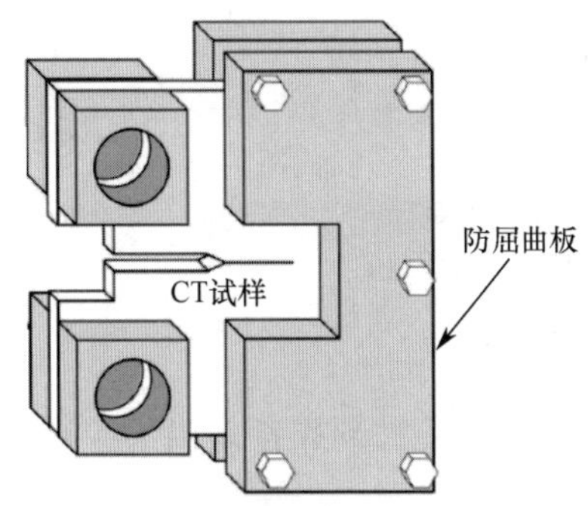

图 7-84　K-R 测量薄板试样防屈曲结构示意图[13]

与临界应力强度因子 K_{Ic} 测量相同，K-R 测量也需要对试样预制裂纹。K-R 测量中裂纹长度测量方法有光学法、卸载柔度法和电势法等。低温测量中常采用引伸计测量裂纹嘴张开位移后利用柔度法计算裂纹长度 a_{P}。

对试样进行反复加载，记录载荷–裂纹嘴张开位移曲线，如图 7-85 所示。随后利用柔度法计算每一卸载对应的裂纹长度 a_{Pi}，并计算应力强度因子 K_{I}。由此得到 K_{I}–a_{Pi} 关系曲线。

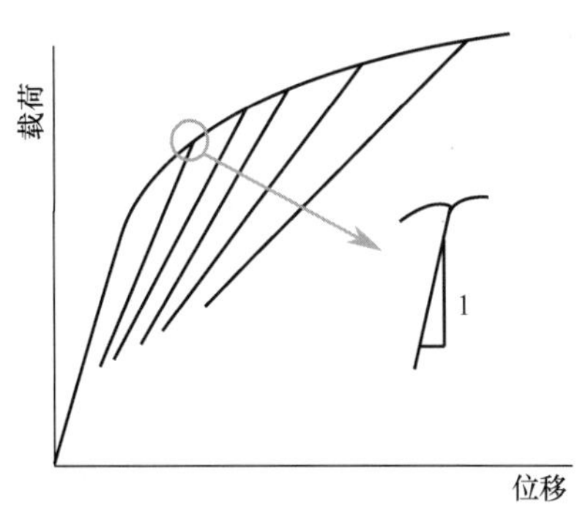

图 7-85　K-R 试验载荷–裂纹嘴张开位移曲线[15]

有时也采用间接法测量 K-R 曲线，即通过单一连续加载而非反复加载获得载荷–裂纹嘴张开位移曲线，如图 7-86 所示。随后从曲线上选取一定数量的点计算 a_{Pi} 和 K_{I}。

注意，对 K-R 曲线测量中卸载线不能延长至原点的情况，如图 7-87 所示，其裂纹长度 a_{Pi} 计算时应在柔度法计算得到的裂纹长度的基础上加上塑性修正，即

$$a_{\mathrm{Pi}}=\frac{1}{2\pi}\left(\frac{K_R}{R_{\mathrm{p}0.2}}\right)^2 \tag{7-60}$$

随后作有效裂纹长度 $a_{\mathrm{eff,i}}$ 与应力强度因子 K_{I} 曲线。

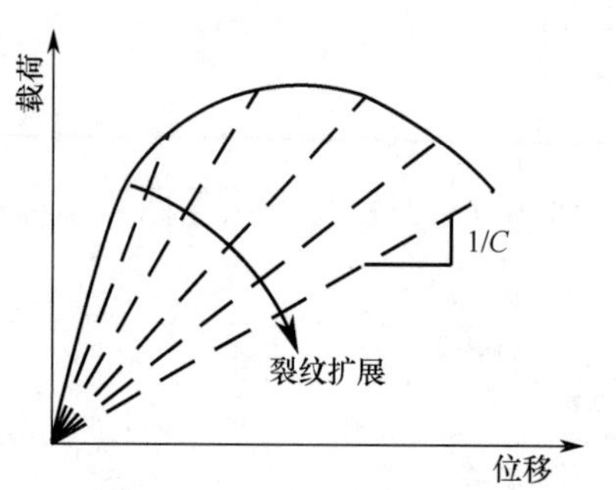

图 7-86　单一加载测量 K-R 曲线的载荷–裂纹嘴张开位移曲线示意图[13]

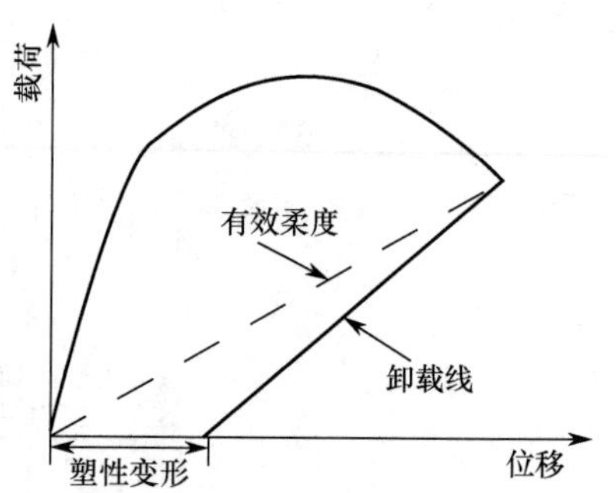

图 7-87　K-R 曲线测量中卸载线不能回到原点的情况[13]

4．表面裂纹断裂韧度 K_{Ie} 测量

在工程实践中，绝大多数情况下脆性断裂都是由不穿透板厚的表面裂纹扩展引起的。如北极星导弹发动机壳体在测量发射时发生的爆炸事故和其后为分析事故进行的高强度钢壳体水压试验时经常发生的破坏，都属于这类表面裂纹扩展引起的低应力脆性断裂。表面裂纹前缘的大部分平行于板宽 W，如图 7-88 所示，从而 z 方向的弹性约束由板宽承担，使裂纹最深边缘处于最危险的平面应变的三轴拉伸应力状态，这就是断裂力学中经常面对的一种平面应变条件下的裂纹扩展。裂纹前缘是断裂过程中的关键区域，其处于三轴拉伸应力状态（即平面应变状态）下，因此裂纹深度和韧带尺寸即使不能满足要求，所得到的临界值 K_{Ie} 仍属于平面应变断裂韧度的范畴，而与用此板材做穿透裂纹测量所得到的平面应力临界应力强度因子 K_{c} 有不同的意义，如图 7-89 所示。

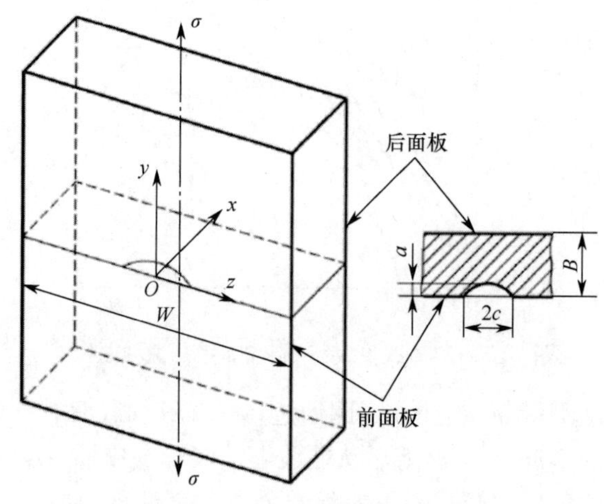

图 7-88　厚度为 B 且有表面裂纹的板[12]

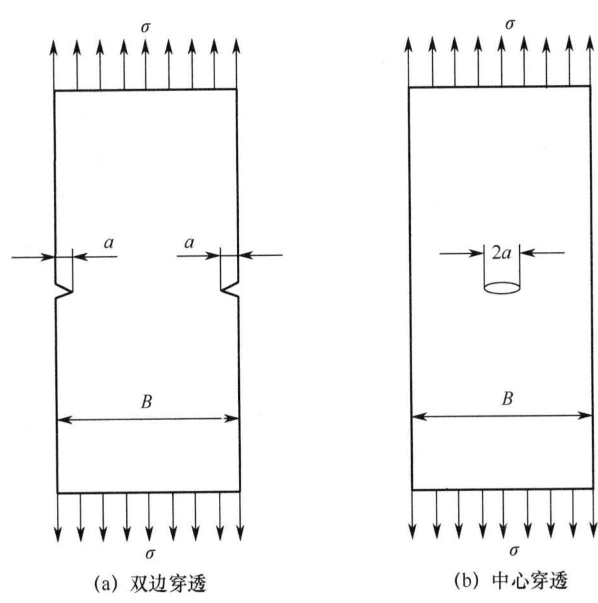

图 7-89　带有双边穿透和中心穿透裂纹的板[12]

由于表面裂纹试样基本上属于平面应变状态类型，断裂前的亚临界扩展通常小到可以忽略不计，故有时可用拉断时的最大载荷计算 K_{Ie}，而无须测量载荷与张开位移曲线。采用表面裂纹测量材料的断裂韧度，目前没有标准的测量方法，且只适用于高强度、在断裂前无明显的裂纹亚临界扩展的板材。

严格地讲，测量 K_{Ie} 试样的尺寸包括板宽、裂纹深度和韧带尺寸应满足平面应变条件和小范围屈服条件的需求。由于表面裂纹试样板宽 W 代替了穿透裂纹试样的厚度 B 的作用，因此板宽较易满足要求。裂纹深度 a 和韧带长度（B-a）如要满足不小于 $2.5(K_{\mathrm{Ie}}/R_{\mathrm{p0.2}})^2$ 的要求，那么将较为困难。应注意，B、a 和 B-a 中只有两个是独立的。结合相关测量结果，推荐下列条件和需求。[12]

1）厚度 B、裂纹深度 a 和韧带尺寸 B-a

对 $a/B<0.5$ 的浅裂纹，为满足平面应变条件，要求 $B\geqslant1.0\times(K_{\mathrm{Ie}}/R_{\mathrm{p0.2}})^2$、$a\geqslant0.5\times(K_{\mathrm{Ie}}/R_{\mathrm{p0.2}})^2$、和 B-$a\geqslant0.5\times(K_{\mathrm{Ie}}/R_{\mathrm{p0.2}})^2$；对 $a/B>0.5$ 的深裂纹，为得到稳定的 K_{Ie} 值，要求 $B\geqslant0.25\times(K_{\mathrm{Ie}}/R_{\mathrm{p0.2}})^2$ 和 B-$a\geqslant0.1\times(K_{\mathrm{Ie}}/R_{\mathrm{p0.2}})^2$。

2）宽度 W 和长度 l

对铝合金，表面裂纹较深时，若宽度不足，裂纹所在的前表面产生弯曲，因此需要较大的宽度，即 $W/(2c)\geqslant4$ 或 $W/(2c)\geqslant5$，如图 7-90 所示；对高强度钢，则常要求 $W/(2c)\geqslant3$，$W/B\geqslant6$；对中高强度钢，要求 $W/(2c)$在 4～5 之间，W/B 在 8～10 之间。

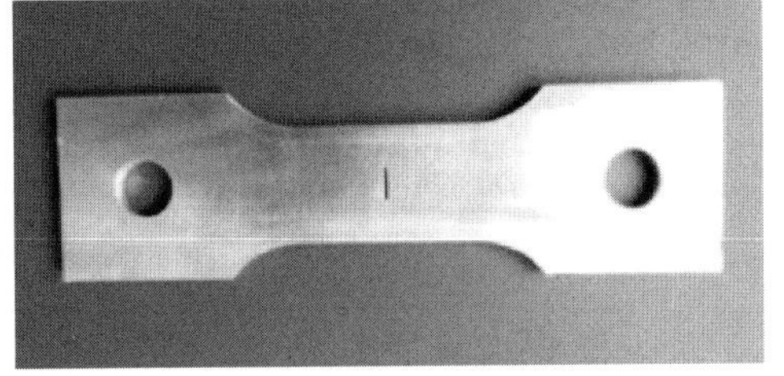

图 7-90　测量 K_{Ie} 的铝合金试样

对于试样的工作长度 l，需考虑加载方式。推荐使用带销钉孔的试样。此种加力方式可使试样受力能够对中，而且内力分布均匀。参考满足内力分布均匀的条件，则工作长度 $l\geqslant2W$。

测量 K_{Ie} 的原理和步骤与 K_{Ic} 的基本类似，因此在此只说明 K_{Ie} 的测量原理，即计算应力强度因子的表达式和确定临界载荷的方法。

对于应力强度因子 K_{I} 的表达式，由于半椭圆裂纹周边的应力分布是一个三维弹性力学问题，且目前仍无精确的解析解，因此常采用一些近似解，其中比较简单的是伊尔文近似解和较为精确又便于应用的 Shah-Kobayashi 近似解。

（1）伊尔文近似解。

考虑无限大的平板内扁平椭圆裂纹在短轴端点处的应力强度因子为

$$K_{\mathrm{I}}=\frac{\sigma\sqrt{\pi a}}{\Phi} \tag{7-61}$$

式中，σ 为无限大的平板两端而且垂直于椭圆裂纹所在平面的拉应力，a 为椭圆半短轴的长度，Φ 为第二类完全椭圆积分，即

$$\Phi=\int_0^{\pi/2}\left(1-\frac{c^2-a^2}{c^2}\sin^2\theta\right)^{1/2}\mathrm{d}\theta \tag{7-62}$$

式中，c 为椭圆半长轴的长度。然后用包含椭圆长轴 z-z 并垂直于 xz 的平面将无限大体切成带有表面裂纹的半无限体。暴露出来的表面称为前表面，再用一个与前表面平行的面将此半无限体切成一薄板，新得的表面称为后表面。这样无限大体内扁平椭圆裂纹问题变成了有限厚板（厚度为 B）的半椭圆问题。这种处理方式使弹性约束减小，裂纹在拉应力作用下易于扩展应力强度因子 K_{I} 值有所增加。伊尔文认为应对应力强度因子 K_{I} 作前后自由表面修正和塑性区修正。简单引用二维问题中有限宽板双边穿透裂纹和有限宽度中心穿透裂纹的尖端应力强度因子 K_{I} 之比估计前后表面总的修正系数 M_{e}，当 a/B 较小时，可得

$$M_{\mathrm{e}}=(1+0.2)^{1/2}\approx 1.1 \tag{7-63}$$

伊尔文考虑到裂纹尖端附近存在的屈服区域的影响，在计算应力强度因子 K_{I} 时采用裂纹有效深度（$a+r_{\mathrm{y}}$）代替原裂纹深度 a。r_{y} 采用平面应变条件下的表达式为

$$r_{\mathrm{y}}=\frac{K_{\mathrm{I}}^2}{4\sqrt{2}\pi\sigma_{\mathrm{s}}^2} \tag{7-64}$$

式（7-64）右侧乘以自由表面修正系数 $M_{\mathrm{e}}=1.1$，以（$a+r_{\mathrm{y}}$）代替 a，得

$$K_{\mathrm{I}}=\frac{1.1\sigma\sqrt{\pi(a+r_{\mathrm{y}})}}{\Phi} \tag{7-65}$$

由此得

$$K_{\mathrm{I}}=M_{\mathrm{e}}M_{\mathrm{p}}\frac{\sigma\sqrt{\pi a}}{\Phi} \tag{7-66}$$

$$M_{\mathrm{p}}=\frac{\Phi}{\sqrt{Q}} \tag{7-67}$$

$$Q=\Phi^2-0.212\frac{\sigma^2}{\sigma_{\mathrm{s}}^2} \tag{7-68}$$

式中，M_{p} 为塑性修正系数，Q 为裂纹形状因子。由于裂纹的存在，横截面减小，有时计算应力 σ 时不用毛面积，而用净面积，此时 σ_{n} 去代替式中的 σ，净截面上的平均应力为

$$\sigma_n = \frac{F}{BW - \pi ac/2} \tag{7-69}$$

（2）Shah-Kobayashi 近似解。

Shah-Kobayashi 对前表面修正系数 M_1 采用下式：

$$M_1 = 1 + 0.12\left(1 - \frac{a}{2c}\right)^2 \tag{7-70}$$

对后表面修正系数 M_2 则采用交替迭代法，逐步逼近表面内部椭圆裂纹的弹性解。如不考虑 M_1 和 M_2 之间的相互作用，则修正系数 M_e 等于前后表面修正系数的乘积 M_1M_2。因此，在椭圆短轴端点的应力强度因子为

$$K_I = \frac{M_e\sigma\sqrt{\pi a}}{\sqrt{Q}} \tag{7-71}$$

此解的理论依据较为充分，能满足自由表面的边界条件，而且 a/B 和 $a/(2c)$的适用范围也较广。

临界载荷的确定。对于强度很高，断裂前无明显裂纹亚临界扩展的板材，可用最大载荷（或断裂载荷）来求得临界应力强度因子 K_{Ie}。对于中等强度材料，断裂前有明显的亚临界扩展，用最大载荷计算临界应力强度因子 K_{Ie} 不再合适。此时，可选用相对裂纹扩展来确定。如裂纹扩展 Δa 等于裂纹尖端屈服区域尺寸 $r_y = (K_{Ie}/R_{p0.2})^2/(4\pi 2^{1/2})$，又对初始裂纹深度 a_0 的要求 $a_0 = (K_{Ie}/R_{p0.2})^2$，则有 $\Delta a/a_0 \approx 10\%$。

由裂纹嘴张开位移 V 换算裂纹扩展量 Δa，应先用不同裂纹深度的试样，根据试验测得 F-V 曲线，绘制无量纲 $WEV/F = EV/\sigma B$（σ 为名义应力，E 是弹性模量）和相对裂纹尺寸（a/B）的标定曲线。利用标定曲线，可将加载过程中裂纹的有效扩展相对增量 $\mathrm{d}a/a_0$ 和相应的张开位移相对增量 $\mathrm{d}V/V$ 联系起来，即 $\mathrm{d}V/V = H\times\mathrm{d}a/a_0$。其中，$H$ 为比例系数，可通过查表获得。在 F-V 曲线中，对应的割线斜率 $F/(V+\mathrm{d}V)$应等于初始斜率 F/V 的 $1/(1+10\%H)$，即割线 OF_Q 的斜率比初始切线 OA 的斜率小 $10\%H$。割线 OF_Q 与曲线的交点 F_Q，其纵坐标就是临界载荷条件值，如图 7-91 所示。

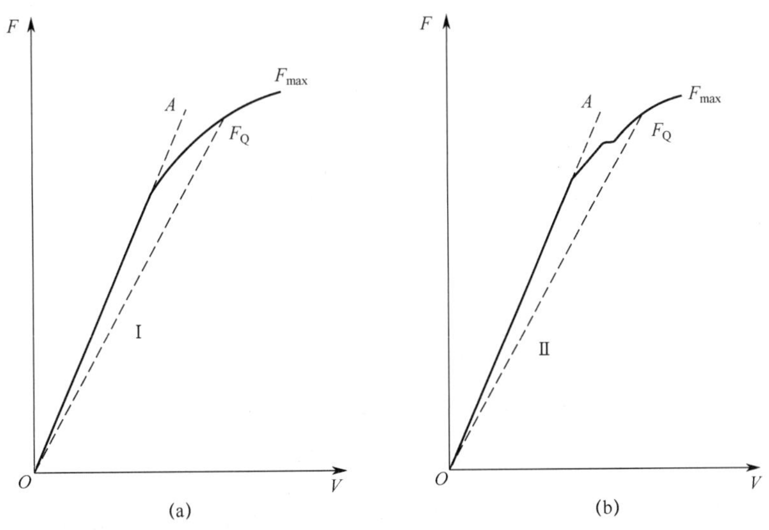

图 7-91　测量 K_{Ie} 的 F-V 曲线及临界载荷条件值的确定

7.3.1.2 弹塑性（延性）断裂韧度测量

1．J 积分断裂韧度及 *J-R* 曲线测量

ASTM E 1820 给出了临界应力强度因子 K_{Ic}、J 积分和 CTOD（δ）断裂韧度方法，其中 K_{Ic} 的测量方法与 ASTM E 399 一致。ISO 12135 给出了 J 积分和 CTOD 断裂韧度的试验方法。这些标准都适用于室温。JIS Z 2284 是目前唯一针对液氦温度的金属材料延性断裂韧度测量的标准。

J 积分断裂韧度 J_{Ic} 测量方法也有两种，即基本方法和 *J-R* 阻力曲线法。基本方法一般采用多试样法，每个试样单调拉伸至设定的裂纹嘴张开位移（CMOD），最后得到 *J-R* 曲线并计算得到 J_{Ic}，如图 7-92（a）所示。*J-R* 阻力曲线法采用单试样反复加载卸载，此方法需要测量或计算得到每一加载对应的裂纹长度。低温下 J_{Ic} 试验常采用单试样法，如图 7-92（b）所示，采用引伸计测量 CMOD 并使用柔度法计算对应裂纹长度。

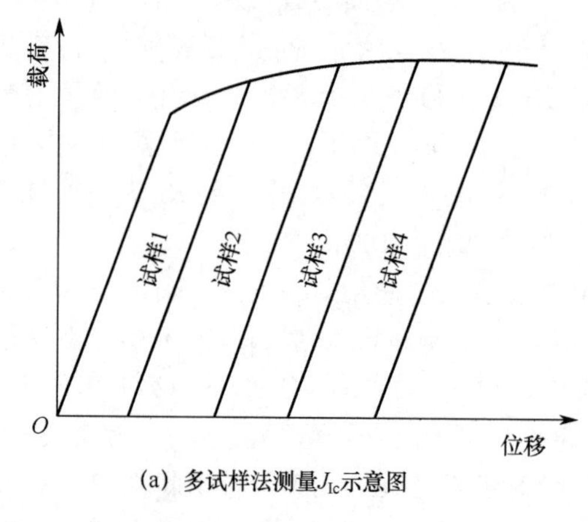

(a) 多试样法测量J_{Ic}示意图

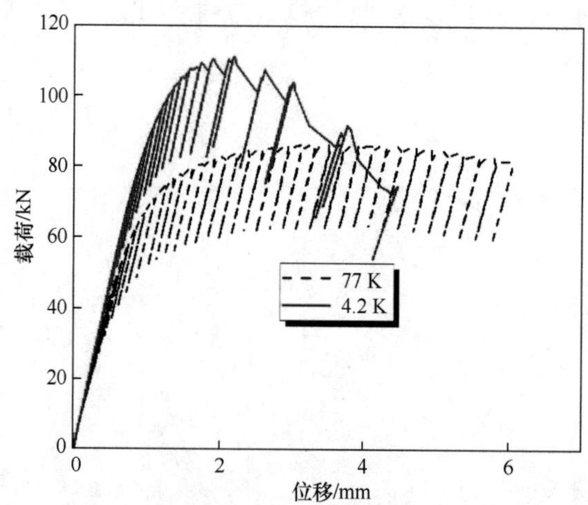

(b) 316LN不锈钢液氮和液氦温度循环加载载荷-裂纹嘴张开位移曲线（单试样法）

图 7-92　单试样和多试样测量 J_{Ic} 示意图及单试样低温测量曲线

ASTM E 1820 以及 ISO 12135 推荐了多种试样，而 JIS Z 2284 只推荐了紧凑拉伸试样。JIS Z 2284 建议的 CT 试样厚度 B 为 25 mm，试样宽 W 为 50 mm。初始裂纹长度 a_0 与试

样宽之比（a_0/W）在 0.5～0.75 之间，推荐 $a_0/W = 0.6$，即 $a_0 = 30$ mm。为测量方便，有时也用 $a_0 = 26.5$ mm。引伸计安装位置应位于加载线上。

对非标准试样，要求 $2 \leqslant W/B \leqslant 4$，且试样厚度 B 和韧带长度 b_0 分别满足

$$B > \frac{25J_{\text{Ic}}}{\sigma_{\text{eff}}} \tag{7-72}$$

和

$$b_0 = W - a_0 > \frac{25J_{\text{Ic}}}{\sigma_{\text{eff}}} \tag{7-73}$$

式中，σ_{eff} 为材料在测量温度下的有效屈服强度［$\sigma_{\text{eff}} \equiv (R_{\text{p0.2}}+R_{\text{m}})/2$］。

对于试样裂纹预制，JIS Z 2284 明确可以在非液氦测量温度及室温下进行。对于在室温或液氮温度下进行的疲劳裂纹预制，要求：

（1）裂纹预制开始时载荷（P_{i}）以及裂纹扩展 0.65 mm 时载荷（P_{f}）分别满足

$$P_{\text{i}} \leqslant \frac{Bb_0^2 \sigma_{\text{eff}}(T_{\text{f}})}{2W + a_0} \tag{7-74}$$

和

$$P_{\text{f}} \leqslant 0.4 \frac{Bb_0^2 \sigma_{\text{eff}}(T_{\text{f}})}{2W + a_0} \tag{7-75}$$

式中，$\sigma_{\text{eff}}(T_{\text{f}})$为材料在疲劳裂纹预制温度下的有效屈服强度。

（2）疲劳裂纹预制裂纹扩展 0.65 mm 时应力强度因子范围（$\Delta K = K_{\max} - K_{\min}$）与预制温度下弹性模量［$E(T_{\text{f}})$］之比满足

$$\frac{\Delta K}{E(T_{\text{f}})} \leqslant 1.58 \times 10^{-4}\,\text{m}^{1/2} \tag{7-76}$$

式中，ΔK 为应力强度因子差值。

（3）疲劳裂纹预制裂纹扩展 0.65 mm 时应力强度因子 $K_{\max}$ 满足：

$$K_{\max} = 0.6\left(\frac{EJ_{\text{Q}}}{1-\upsilon^2}\right)^{1/2} \frac{\sigma_{\text{eff}}(T_{\text{f}})}{\sigma_{\text{eff}}(T_{\text{t}})} \tag{7-77}$$

式中，$\left(\frac{EJ_{\text{Q}}}{1-\upsilon^2}\right)^{1/2}$ 为材料在测量温度时的性能，$\sigma_{\text{eff}}(T_{\text{t}})$ 为材料在测量温度时的有效屈服强度。

裂纹预制时载荷大小对断裂韧度测量结果有一定影响，测量时应严格按相关标准[16]进行。对疲劳裂纹预制，还要求疲劳循环时载荷比 R（$\equiv P_{\min}/P_{\max}$）不超过 0.1。疲劳裂纹扩展长度大于初始裂纹长度 a_0 的 5%或 1.3 mm。

疲劳裂纹完成后要求进行对称侧槽加工。侧槽加工要求与 ASTM E 399 推荐的相同。侧槽加工后试样的有效厚度 B_{e} 为

$$B_{\text{e}} = B - \frac{(B - B_{\text{N}})^2}{B} \tag{7-78}$$

式中，B_{N} 为侧槽加工后试样净厚度。按 JIS Z 2284 标准要求，侧槽总深度应不超过试样厚

度的 20%。有研究表明侧槽总深度应在试样厚度的 12.5%～37.5%之间[17]。

JIS Z 2284 标准要求试样、引伸计以及夹持系统完全浸泡在液氦中并实现热平衡后开始测量。整个测量过程中应通过采用液面计等确保试样、引伸计以及夹持系统完全浸泡在液氦中。

可采用丝杠式电子万能试验机或液压伺服试验机对试样进行加载。JIS Z 2284 标准要求加载到 $0.4\times P_{\mathrm{L}}\left(\equiv\dfrac{Bb_0^2R_{\mathrm{P0.2}}}{2W+a}\right)$ 的时间在 2～10 min 之间。这主要是由于液氦温度下材料的比热和热导都较小，塑性变形产生的热量极易使试样升温。随后在较低的速率下进行循环加载，记录载荷以及裂纹嘴张开位移。图 7-92（b）给出了 316LN（奥氏体不锈钢）液氮和液氦温度循环加载载荷−裂纹嘴张开位移（CMOD）曲线。

循环加载时前三个加载和卸载应控制在 $0.1\times P_{\mathrm{L}}$～$0.4\times P_{\mathrm{L}}$ 之间。随后的加载和卸载应设置载荷大于 $0.4\times P_{\mathrm{L}}$，数目通常大于 8 个。所有的卸载最小载荷应不超过对应卸载时载荷的 50%或者 $0.2\times P_{\mathrm{L}}$ 中的极小值。一般需要多个加载和卸载以准确计算相关参数，随后在加载最大载荷 $P_{\max}$ 逐渐下降后可停止测量。停止测量后随即将载荷降为零，以防止裂纹继续扩展。如图 7-92（b）所示，金属材料液氦温度下出现类似拉伸测量时出现的不稳定塑性变形，即锯齿形载荷−裂纹嘴张开位移曲线（锯齿形流变）。室温和液氮温度下 J 积分断裂韧度测量中未发现此现象。锯齿形流变通常会增加测量难度。

得到如图 7-92（b）所示载荷−裂纹嘴张开位移曲线后，利用柔度法计算每次加载和卸载对应的裂纹长度 a_i 为

$$\begin{aligned}a_i &= f(W,B_{\mathrm{e}},E,C)=Wf(B_{\mathrm{e}},E,C)\\ &=W(1.000196-4.06319U+11.242U^2-106.043U^3+464.335U^4-650.677U^5)\end{aligned} \tag{7-79}$$

式中

$$U=\frac{1}{(B_{\mathrm{e}}EC)^{1/2}+1} \tag{7-80}$$

式中，$C\left(\equiv\left(\dfrac{\Delta v}{\Delta P}\right)_{\mathrm{unloading}}\right)$ 为试样柔度，可以通过卸载曲线上 80%的中间区域计算得到。由此得到每一加载和卸载 a_i 的值，并计算裂纹物理扩展长度 $\Delta a_i = a_i - a_0$。

测量完成后，使用疲劳或着色方法后将试样拉开，随后测量裂纹的实际扩展长度 a_{f}（物理裂纹扩展长度）。注意此步骤与 K_{Ic} 试验中裂纹长度测量相同，但标准规定的计算方法不同。如图 7-93 所示，JIS Z 2284 要求至少等间隔测量 9 个位置的长度计算 a，$a=\dfrac{1}{8}\left\{\dfrac{a_1+a_9}{2}+\sum\limits_{i=2}^{8}a_i\right\}$。注意要求裂纹扩展均匀、疲劳裂纹预制（测量裂纹扩展开始）以及测量结束后 9 个点裂纹长度与裂纹均值差别应在 7%以内。由此得到的物理裂纹扩展长度 a_f 与柔度法计算得到的最后一个裂纹长度 $a_{i=f}$ 差别应在 15%以内，否则为无效测量。此外，最终裂纹扩展厚度方向表面或临近表面与中心处长度差别应小于 $0.02\times W$，否则也为无效测量。

JIS Z 2284 还给出了加载线旋转修正。在低温测量时，当初始裂纹长度小于 $0.56\times W$ 时通常不考虑修正。

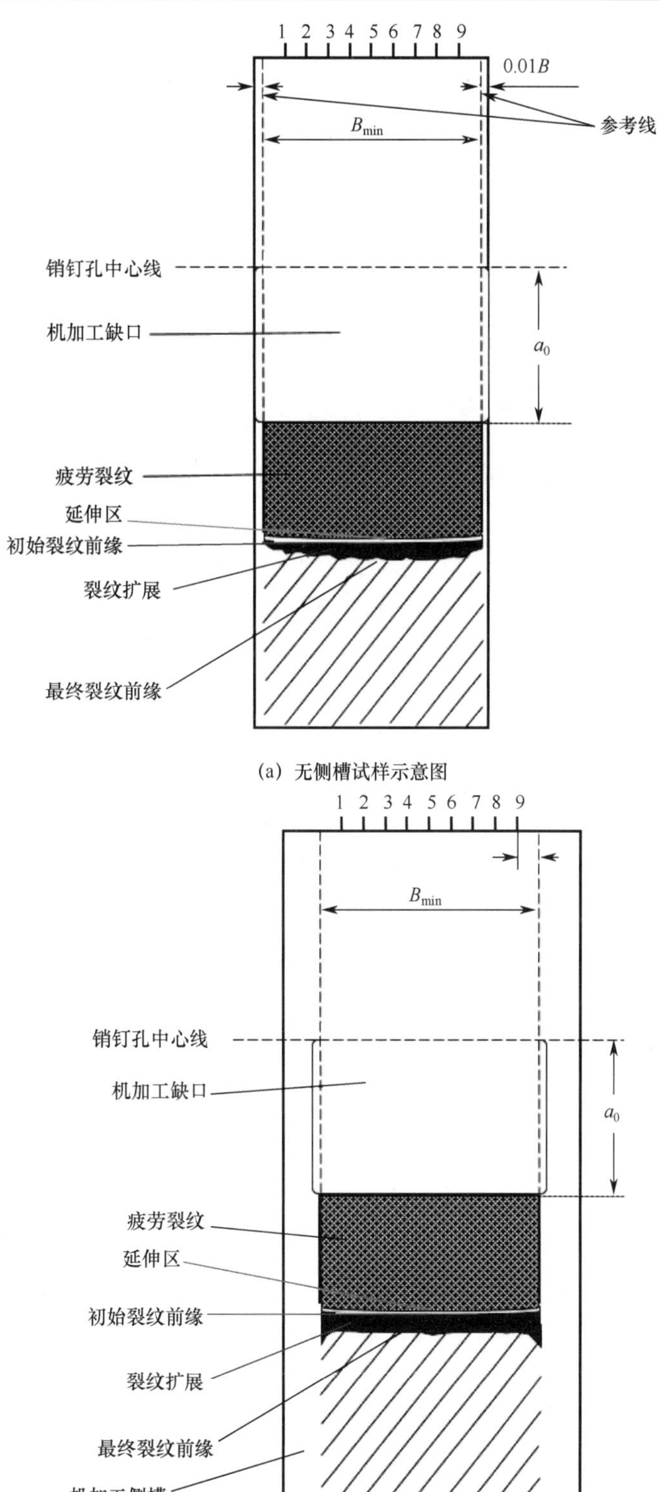

(a) 无侧槽试样示意图

(b) 有侧槽试样示意图

图 7-93 裂纹物理扩展长度测量示意图

对奥氏体不锈钢等具有面心立方结构的金属材料，计算裂纹物理扩展时常遇到“负”扩展问题。即裂纹扩展初始阶段出现后续裂纹扩展量 a_{i+1} 小于初始裂纹 a_i 的情况，如图 7-94 所示。这可能与液氦温度下面心立方结构材料中位错运动机制以及不稳定塑性变形有关[18]。目前，JIS Z 2284 推荐的处理方法是以其中裂纹物理扩展最小值作为零点（$\Delta a=0$）重新计算并确定。

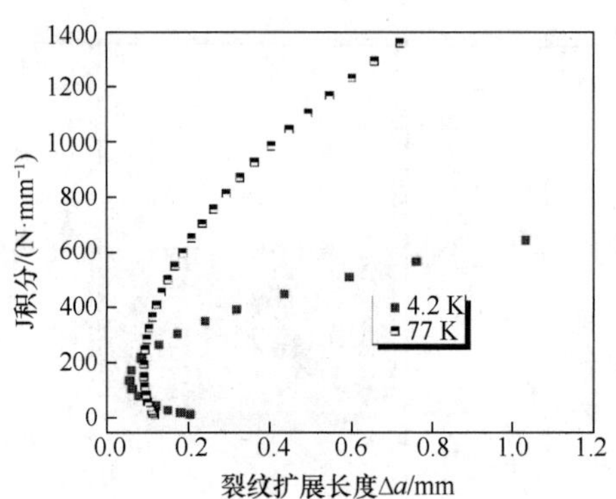

图 7-94　316LN 奥氏体不锈钢液氮和液氦温度 *J-R* 曲线

J 积分包括两部分，即弹性部分 J_{el} 和塑性部分 J_{pl}，有

$$J=J_{\text{el}}+J_{\text{pl}} \tag{7-81}$$

$$J_{\text{el}}=\left[\frac{P_{\text{Q}}}{\sqrt{BB_{\text{N}}}\sqrt{W}}f\left(\frac{a}{W}\right)\right]^2\frac{1-\upsilon^2}{E} \tag{7-82}$$

$$J_{\text{pl}}=\frac{\eta A_{\text{pl},i}}{B_{\text{N}}b_0}=\left[2+0.522\times\frac{b_0}{W}\right]\frac{A_{\text{pl},i}}{B_{\text{N}}b_0} \tag{7-83}$$

式中，$A_{\text{pl},i}$ 为对应第 i 次卸载的曲线面积，如图 7-95 所示。$A_{\text{pl},i}$ 是从初始加载开始计算，而非前一加载。J 积分常用单位为 kJ/m^2 或 N/mm。

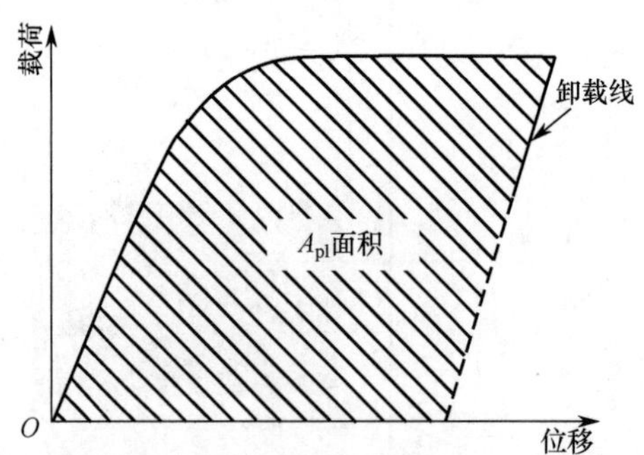

图 7-95　加载卸载曲线面积 $A_{\text{pl},i}$ 示意图

作 J-Δa 曲线，如图 7-96 所示。随后作钝化线：

$$J=2\sigma_{\text{eff}}\Delta a \tag{7-84}$$

平移钝化线至不同物理裂纹扩展量，如 0.15 mm 和 1.5 mm，如图 7-96 所示。JIS Z 2284 要求裂纹物理扩展 Δa 在 0.15 mm 处钝化线的平行线和 1.5 mm 处钝化线的平行线间最少有 4 个

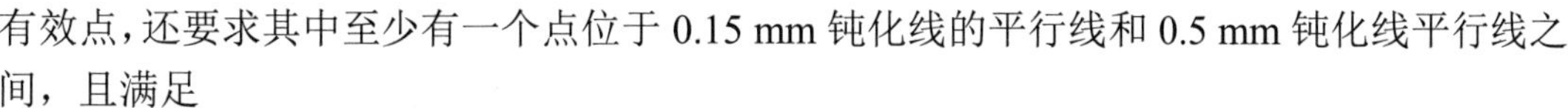

有效点，还要求其中至少有一个点位于 0.15 mm 钝化线的平行线和 0.5 mm 钝化线平行线之间，且满足

$$b_0 > \frac{15J}{\sigma_{\text{eff}}} \tag{7-85}$$

裂纹物理扩展 Δa 在 0.15 mm 钝化平行线和 1.5 mm 钝化平行线之间的有效点按下式拟合：

$$J = C_1(\Delta a)^{C_2} \tag{7-86}$$

或

$$\ln J = \ln C_1 + C_2 \ln(\Delta a) \tag{7-87}$$

此拟合线即为 R 曲线，也称 J-R 曲线。在裂纹物理扩展 0.15 mm、0.2 mm 和 1.5 mm 处作钝化线的平行线，其中 0.2 mm 处钝化线的平行线与 R 曲线的交点值即为条件断裂韧度 J_Q。

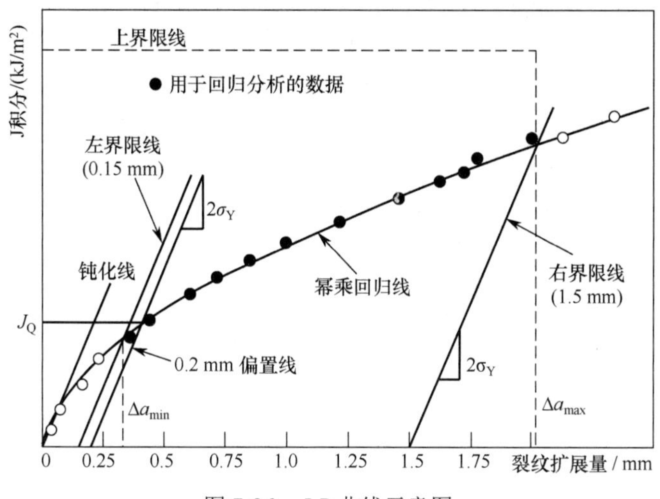

图 7-96　J-R 曲线示意图

J_{Ic} 测量有效性判据为

$$B > \frac{25J_Q}{\sigma_{\text{eff}}} \tag{7-88}$$

$$b_0 = W - a_0 > \frac{25J_Q}{\sigma_{\text{eff}}} \tag{7-89}$$

$$\left(\frac{\mathrm{d}J}{\mathrm{d}a}\right)_{\Delta a_Q} < \sigma_{\text{eff}} \tag{7-90}$$

式（7-90）即为 Δa_Q 处 R 曲线的斜率。当式（7-88）、式（7-89）和式（7-90）且物理裂纹扩展满足前述要求时，条件断裂韧度 J_Q 即为弹塑性平面应变断裂韧度 J_{Ic}。

按断裂力学理论，有效弹塑性平面应变断裂韧度 J_{Ic} 可转换为线弹性断裂韧度 K_{Ic}，即

$$K(J)_{\text{Ic}} = \left[\frac{J_{\text{Ic}}E}{1-\upsilon^2}\right]^{1/2} \tag{7-91}$$

为区分，通过测量得到 J_{Ic} 后转换得到的线弹性断裂韧度，常记作 $K_{\text{Ic}}(J)$或 $K(J)_{\text{Ic}}$。此转换的有效性已通过大量测量验证。如前所述，研究表明低温下通过 J_{Ic} 转换得到的 $K_{\text{Ic}}(J)$更为保守，即 $K_{\text{Ic}}(J)$低于相同温度下直接 K_{Ic} 测量得到的数值。

由式（7-45）、式（7-88）和式（7-91），有

$$\frac{S(K_{\mathrm{Ic}})}{S(J_{\mathrm{Ic}})}=\frac{2.5\times\left(\dfrac{K_{\mathrm{Ic}}}{\sigma_{\mathrm{eff}}}\right)^2}{25\times\dfrac{K_{\mathrm{Ic}}^2}{E\sigma_{\mathrm{eff}}}}=0.1\times\frac{E}{\sigma_{\mathrm{eff}}} \tag{7-92}$$

式中，$S(K_{\mathrm{Ic}})$为K_{Ic}的试样要求，$S(J_{\mathrm{Ic}})$为J_{Ic}的试样要求。对多数金属材料，式（7-92）的值为 20 左右，即 J_{Ic} 试验对试样尺寸要求相比 K_{Ic} 的要宽松得多。如对 JJ1 奥氏体不锈钢，在液氦温度下，σ_{eff} = 1350 MPa，E = 203 GPa，式（7-92）的值为 15。

2．裂纹尖端张开位移（CTOD）（δ）以及 δ-R 阻力曲线测量

1979 年，英国建立了第一个 CTOD（δ）测量标准 BS 5762。1989 年，ASTM E 1290 标准开始实施。2012 年，ASTM E 1290 撤回。ASTM E 1820 中包含了 CTOD 测量方法。此外，BS 5762 推荐的 CTOD 测量方法已被 ISO 12135 和 ISO 15653 标准采纳。ISO 12135 与 ASTM E 1820 类似，包含了适用于金属材料多种准静态断裂韧度的测量方法。ISO 15653 主要针对焊接结构的准静态断裂韧度测量方法。注意 ASTM 和 ISO 推荐的 CTOD 测量方法有所不同，本部分仅介绍基本步骤，具体测量方法请参考相应标准。

标准推荐用于 CTOD 测量的试样又主要有两种，即紧凑拉伸试样和三点弯曲试样。对紧凑拉伸试样，推荐的宽厚比（W/B）为 2，高度与宽度之比（H/W）为 1.2，初始裂纹长度与宽度之比（a_0/W）在 0.45～0.7 之间。对三点弯曲试样，推荐初始裂纹长度与宽度之比（a_0/W）也在 0.45～0.7 之间，跨距与宽度之比（S/W）为 4。

CTOD 测量要求对试样进行疲劳裂纹预制。由于目前使用的 CTOD 的标准都没有推荐低温测量方法，因此建议在室温开展的疲劳裂纹预制可参考 JIS Z 2284 标准。

CTOD 测量可以通过对试样一次单调加载或单试样反复加载进行，前者可以得到 CTOD(δ)，而后者可以得到 δ-R 阻力曲线。δ-R 阻力曲线的测量和计算方法与 J-R 阻力曲线测量方法类似。

CTOD 有多种表达式，下面进行简要介绍。

1）含有 δ_{el} 和 δ_{pl} 的表达式

ISO 标准推荐的 CTOD 测量方法基于“铰链”（hinge）模型推导。低温测量常采用三点弯曲试样，如图 7-97 所示。

与 J 积分值类似，将 δ 分离为弹性部分 δ_{el} 和塑性部分 δ_{pl}。平面应变状态下裂纹尖端的弹性张开位移弹性部分 δ_{el} 为

$$\delta_{\mathrm{el}}=\frac{K_{\mathrm{I}}^{\ 2}(1-\upsilon^2)}{2R_{\mathrm{p0.2}}E} \tag{7-93}$$

式中，K_{I} 为 I 型应力强度因子，E 为弹性模量，υ 为泊松比。平面应力状态下裂纹尖端的弹性张开位移弹性部分 δ_{el} 为

$$\delta_{\mathrm{el}}=\frac{K_{\mathrm{I}}^{\ 2}}{R_{\mathrm{p0.2}}E} \tag{7-94}$$

裂纹尖端的塑性张开位移部分 δ_{pl} 可按刀口间张开位移 V_{p} 来换算，有

$$\delta_{pl} = \frac{r_p(W-a)V_p}{r_p(W-a)+a+z} \tag{7-95}$$

式中，r_p 为值介于 0～1 之间的塑性旋转因子。按 ISO 12135 标准，对三点弯曲试样，r_p 的值为 0.46；对紧凑拉伸试样，r_p 的值为 0.4。z 为引伸计安装偏离试样表面的高度，如图 7-97 所示。当引伸计初始标距为 5 mm 时，测得的 CTOD（δ）常记为 δ_5。

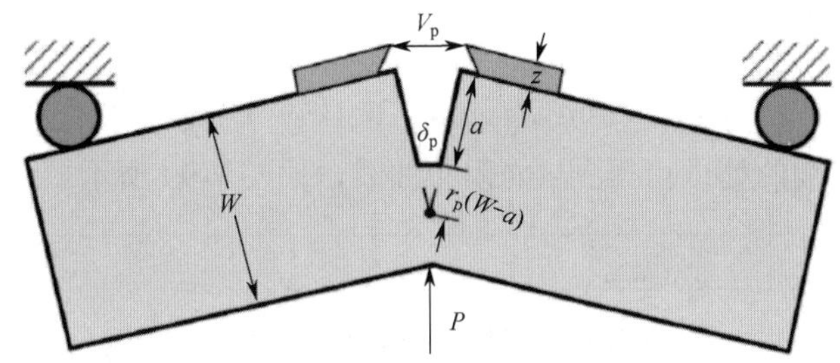

图 7-97　基于"铰链"模型的三点弯曲试样 CTOD 测量示意图

CTOD 采用此定义，使其物理意义更加明确。δ_{el} 是按载荷来计算的，δ_{pl} 不包括裂纹表面弹性变形的影响，求得的 $\delta = \delta_{el}+\delta_{pl}$ 自然不包括表面弹性变形的影响。此外，此定义还使 CTOD 与 K_I 和 J 积分有明确的关系。当试样在线弹性范围内断裂时，则有 $\delta = \delta_{el}+\delta_{pl} = \delta_{el}$，直接和 K_I 相关。一般情况下，CTOD 还与 J 积分等效，这是由于在旋转因子模型中有

$$\delta_{pl} = \frac{4r_p(W-a)}{S}\Delta_P \tag{7-96}$$

式中，S 为跨距，Δ_P 为施力点位移。

典型载荷–裂纹嘴张开位移曲线如图 7-98 所示。图 7-98 中 I 型曲线显示材料存在临界值 δ_c，当载荷达到 P_c 时会发生不稳定裂纹扩展。图 7-98 中 II 型曲线显示材料存在一个 δ_u，当载荷达到 P_b 时开始发生韧性裂纹扩展，当载荷达到 P_u 时发生韧性撕裂，随后会发生不稳定裂纹扩展。高韧性材料如奥氏体不锈钢的载荷–裂纹嘴张开位移如图 7-98 中的III型曲线所示。这类曲线存在一个最大值 P_m，对应一个 δ_m。当载荷达到最大值以后裂纹仍会稳定扩展。注意，对一种材料只能发生其中的一种，不可能同时测得 δ_c、δ_u、δ_m 中的两种或三种。利用这些曲线获得临界载荷 P_c、刀口间的塑性张开位移 V_p 或者塑性施力点位移 Δ_p，就可以获得临界裂纹尖端张开位移值 δ_c。

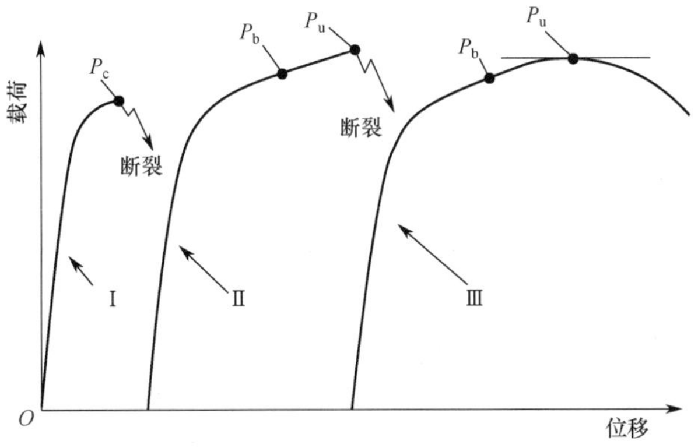

图 7-98　CTOD 测量典型载荷–裂纹嘴张开位移曲线

对 δ-R 阻力曲线测量，需要类似 J-R 曲线测量一样对单一试样循环加载，计算每一加载对应的 δ_i：

$$\delta_i = \frac{K_i^2(1-\upsilon^2)}{2R_{p0.2}E} + \frac{(1-r_p)\Delta a_i + r_p(W-a_0)V_{p,i}}{r_p(W-a_i)+a_i+z} \tag{7-97}$$

式中，a_i 是第 i 个循环加载对应的裂纹扩展，且 $\Delta a_i = a_i - a_0$，K_i 是对应的应力强度因子。ISO 标准还对测量中最大裂纹扩展和最大 δ 进行了限制，即

$$\Delta a_{max} = 0.25(W-a_0) \tag{7-98}$$

$$\delta_{max} = \min\{B/30, a_0/30, (W-a_0)/30\} \tag{7-99}$$

类似 J-R 阻力曲线的处理可得到 δ-R 阻力曲线，如图 7-99 所示。

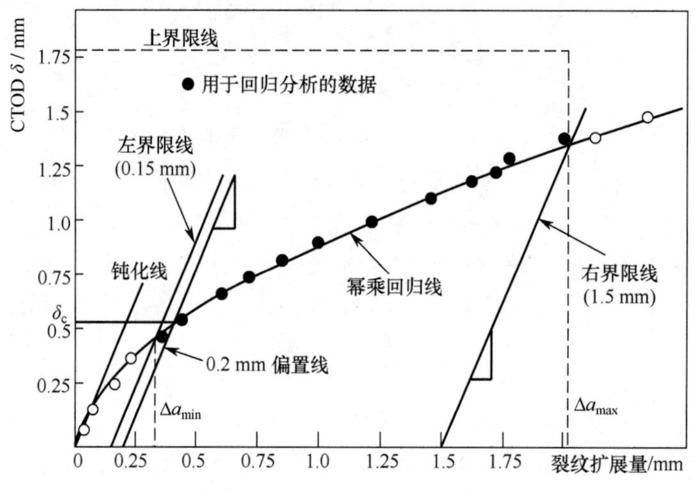

图 7-99　δ-R 阻力曲线示意图

2）韦尔斯表达式

韦尔斯认为 CTOD 应是扣除裂纹表面弹性位移后得到的裂纹尖端张开位移，即当刀口间裂纹嘴张开位移 $V \geqslant 2V'$ 时，裂纹表面的弹性位移 $V' = f(a/W)R_{p0.2}W/E'$。其中，在平面应变状态下，$E' = E/(1-\upsilon^2)$；在平面应力状态下，$E' = E$。

当 $V \geqslant 2V'$ 时，则有

$$\delta = \frac{0.45\times(W-a)}{0.45\times(W-a)+a+z}\times(V-V') \tag{7-100}$$

当 $V < 2V'$ 时，则有

$$\delta = \frac{0.45\times(W-a)}{0.45\times(W-a)+a+z}\times\frac{V^2}{4V'} \tag{7-101}$$

可见，只要测量时测出临界状态时刀口间张开位移 V_c，就可以算出临界裂纹尖端张开位移值 δ_c。

3）含有塑性旋转因子 r 或 r_p 的表达式

考虑如图 7-100 所示三点弯曲试样，裂纹在开裂前，假定韧带已屈服，试样两端绕某一点 O 做刚性转动。O 点的位置由旋转因子 r 确定。设 O 点到原来裂纹端点的距离为 $r(W-a)$，

再设裂纹两侧刀口厚度为 z，则可以利用三角形关系确定 δ 和 V 之间的关系，即有

$$\delta = \frac{r(W-a)}{r(W-a)+a+z} \times V \tag{7-102}$$

可见，如能确定旋转因子 r，利用电子引伸计测出临界状态时刀口间张开位移 V_c，就可以求出裂纹尖端张开位移临界值 δ_c。

旋转因子 r 的确定主要有测量标定法和经验公式法。比如，使用 $r=1/3$，实验发现，当 0.0625 mm<δ<0.625 mm 时，误差较小；而当 δ<0.0625 mm 时，误差较大，应采用更小的 r 值。

4）含有施力点位移 Δ 的表达式

设三点弯曲试样加载跨距为 S，施力点位移为 Δ，如图 7-100 所示。当韧带全面屈服时，根据图 7-100 中几何关系有

$$\delta = \frac{4r(W-a)}{S} \times \Delta \tag{7-103}$$

式（7-102）代入式（7-103），则有

$$\delta = V - \frac{4(a+z)}{S} \times \Delta \tag{7-104}$$

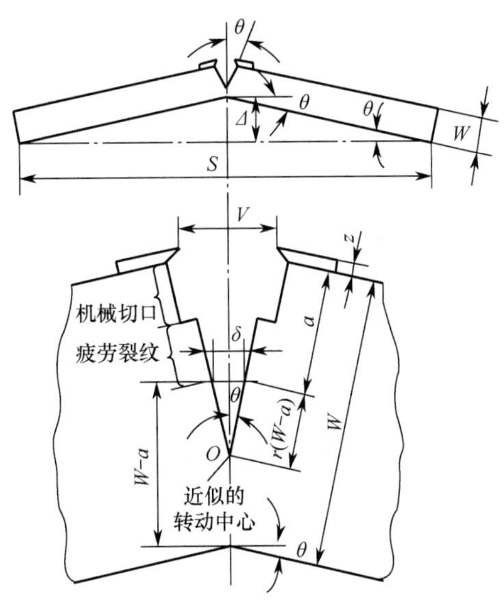

图 7-100 三点弯曲试样弯曲时切口侧面图[12]

3. K_{IVM} 或 K_{IV} 测量方法

V 形缺口（Chevron Notched，CN）试样常用于陶瓷以及其他脆性材料断裂韧度测量。ASTM E 1304 标准给出了采用 V 形缺口试样测量金属材料平面断裂韧度的测量方法。有多种 CN 试样可用于断裂韧度测量，如三点弯曲、四点弯曲。ASTM E 1304 建议的试样为圆柱形，如图 7-101 所示。

与 K_{Ic} 及 J_{Ic} 测量用的试样不同，实现平面应变状态所需的 CN 试样相对较小。此外，CN 试样最为突出的优势是不需要裂纹预制。对陶瓷、环氧树脂等脆性材料，裂纹预制通常

十分困难。此外，脆性材料裂纹扩展不稳定，因此较难获得可用于 K_{Ic} 或 J_{Ic} 计算的载荷-裂纹嘴张开位移曲线。CN 试样的特殊结构有效解决了上述问题。对金属材料，尤其是棒材，疲劳裂纹预制也相对方便，因此 CN 试样也常用于平面应变断裂韧度测量研究。

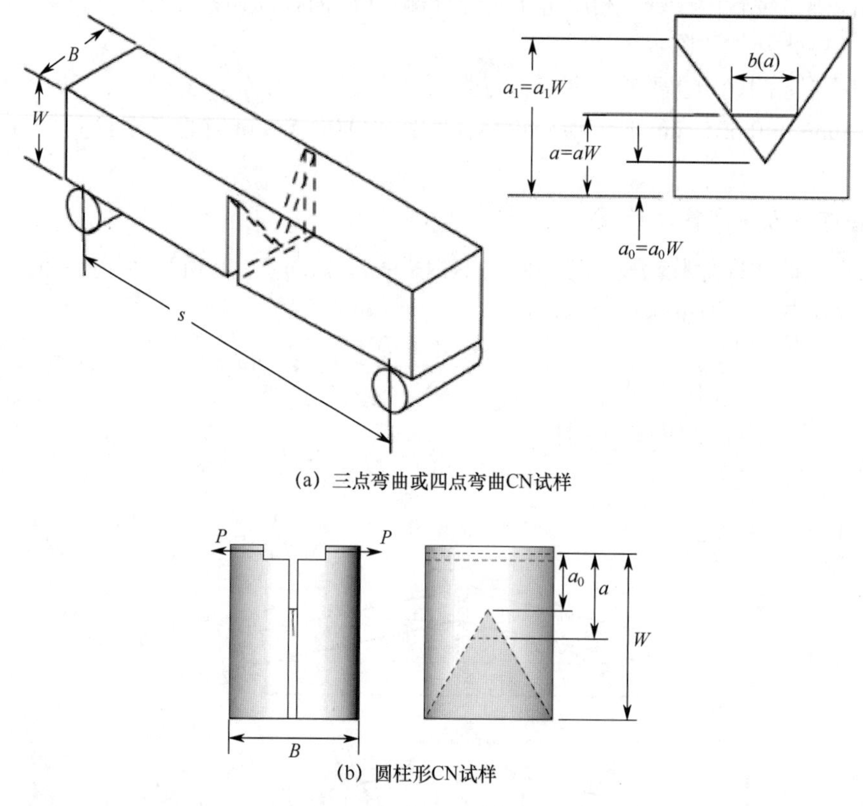

(a) 三点弯曲或四点弯曲CN试样

(b) 圆柱形CN试样

图 7-101　几种 CN 试样示意图

CN 试样与普通试样应力强度因子 K_I 分布如图 7-102 所示。对 CN 试样，裂纹长度为 a_0 时应力强度因子 $K_I(a_0)$接近无限大。当裂纹长度大于 a_1，CN 试样应力强度因子 K_I 与普通试样的完全一致，即 CN 效应消失。在某一特定裂纹长度 a_m，CN 试样应力强度因子 $K_I(a_m)$达到最小值。CN 试样应力强度因子 K_I 的此特性使其特别有利于脆性材料的临界应力强度因子的测量。

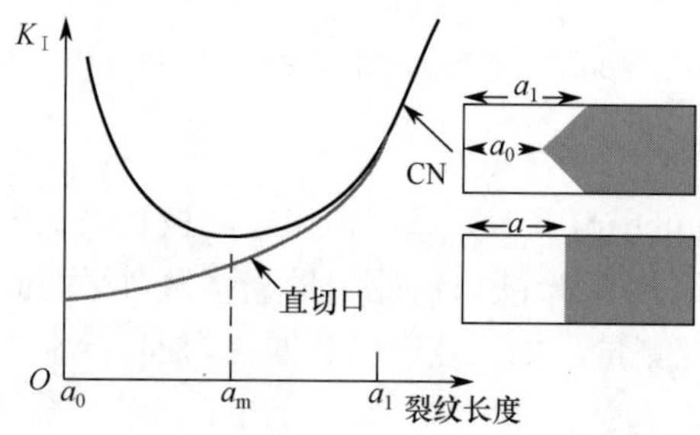

图 7-102　CN 试样与普通试样应力强度因子 K_I 分布示意图

单调加载过程中最大载荷 P_{max} 发生在裂纹扩展至 a_m 时，此时应力强度因子 $K_I(a_m)$最小。

最大载荷对应的断裂韧度 K_{IVM} 为

$$K_{\mathrm{IVM}}=\frac{P_{\max}}{B\sqrt{W}}f\left(\frac{a_{\mathrm{m}}}{W}\right) \tag{7-105}$$

式中，$f\left(\frac{a_{\mathrm{m}}}{W}\right)$为 CN 试样的形状因子。

还有一种测量方法是，在单调加载过程中增加两个卸载过程，载荷 P–加载线裂纹嘴张开位移 v_{L} 如图 7-103 所示。两次加载/卸载都应发生在弹性变形内。注意，利用此试验方法需要对同一类试样单调拉伸至断裂获得完整的载荷–裂纹嘴张开位移曲线，以确定后续试验卸载位置。随后利用此曲线确定如图 7-103 所示的刚度（斜率）m_0。然后确定此刚度 m_0 与裂纹扩展至 a_{m} 及应力强度因子 K_{I} 最小时刚度的比值。从柔度、角度则有 $r_{\mathrm{c}}=C(a_0)/C(a_{\mathrm{m}})<1$。然后作斜率为 m_0r_{c} 的直线，其与加载曲线的交点为载荷 P_{c}，再作斜率为 $0.8\times m_0r_{\mathrm{c}}$ 和 $1.2\times m_0r_{\mathrm{c}}$ 的两条直线，后二者与载荷–裂纹嘴张开位移曲线交点分别为载荷 P_1 和 P_2。P_1 和 P_2 即为后续试验时载荷卸载点。测量中载荷达到 P_1 时卸载至(3%～10%)×P_1，随后继续加载至载荷 P_2，然后卸载至(3%～10%)×P_2，再后继续加载至试样拉开。确定载荷 P_1 和 P_2 的均值 P_{av}，在此载荷作平行于位移轴的平行线（平均力线）。确定两次卸载间裂纹开展位移量 ΔX。延长两次卸载线与位移轴相交，交点间距为 ΔX_0。确定加载过程中最大载荷 $P_{\max}$。条件断裂韧度 K_{QV} 为

$$K_{\mathrm{QV}}=\frac{P_{\mathrm{c}}}{B\sqrt{W}}f\left(\frac{a}{W}\right) \tag{7-106}$$

有效性判据为

$$P_{\max}/P_{\mathrm{c}}\leqslant 1.10 \tag{7-107}$$

$$-0.05<\frac{\Delta X_0}{\Delta X}<0.10 \tag{7-108}$$

$$B>\left(\frac{K_{\mathrm{QV}}}{R_{\mathrm{p0.2}}}\right)^2 \tag{7-109}$$

当式（7-107）、式（7-108）和式（7-109）都满足时，条件断裂韧度 K_{QV} 即为断裂韧度 K_{IV}。

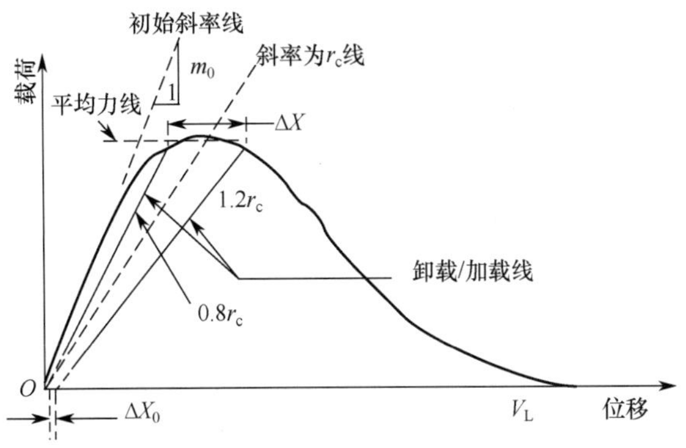

图 7-103　CN 试样单调加载及两次卸载示意图[15]

还有一类材料加载过程中发生不稳定扩展，如图 7-104 所示。通过类似反复加载卸载试验可以确定断裂韧度 K_{IVj}，具体计算方法请参考 ASTM E 1304。

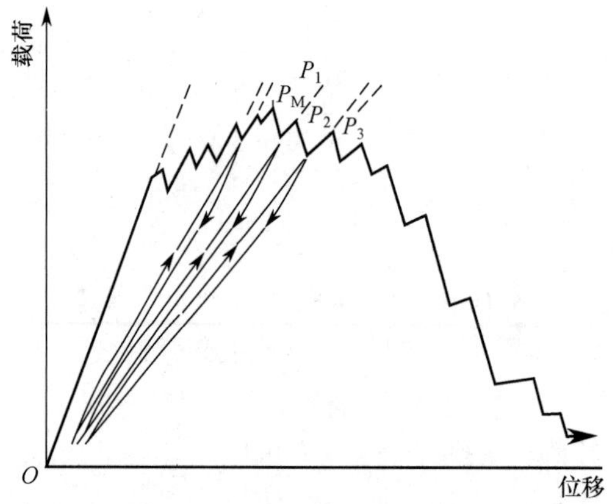

图 7-104　不稳定加载曲线示意图

对 ASTM E 1304 推荐的如图 7-101（b）所示的圆柱形试样，为满足平面应变状态，要求试样分别满足

$$B > \left(\frac{K_{IV}}{R_{p0.2}}\right)^2, 1.25\times\left(\frac{K_{IVj}}{R_{p0.2}}\right)^2, 1.25\times\left(\frac{K_{IVM}}{R_{p0.2}}\right)^2 \tag{7-110}$$

式中，K_{IV}、K_{IVj} 和 K_{IVM} 见前述讨论。

金属材料准静态断裂韧度测量标准如表 7-20 所示。

表 7-20　金属材料准静态断裂韧度测量标准

体　系	编　号	材　料	方　法	温　度
ASTM	E 399	金属	线弹性断裂韧度 K_{Ic}	室温
	E 1820	金属	综合	室温
	E 1304	金属	V 形缺口	室温
	E 561	金属	*K-R* 阻力曲线	室温
	B 645	铝合金	线弹性断裂韧度	室温
	B 646	铝合金	线弹性断裂韧度	室温
JIS	Z 2284	金属	弹塑性断裂韧度 J_{Ic},	4.2 K
ISO	12135	金属	综合	室温
	15653	金属焊接	综合	室温
	22889	金属	低约束断裂韧度	室温
	27306	金属	低约束 CTOD	室温
GB	T 21143	金属	综合	室温

7.3.2　工程塑料断裂韧度测量

用于金属材料准静态断裂韧度测量的测量方法通常可用于工程塑料材料。由于工程塑料的特性，如黏弹性，会导致断裂韧度测量更加复杂，即随时间变化特性。另外，由于多数工程塑料较脆，因此疲劳裂纹预制试验方法与金属材料通常也有所不同。此外，一些工程塑料具有高应变敏感性，这对断裂韧度测量也有影响。

对工程塑料，也可以使用疲劳裂纹预制。由于工程塑料试样疲劳裂纹扩展门槛值相对金属材料较小，因此对疲劳试验机载荷以及控制要求较高。此外，为防止在裂纹处引入过量的残余应力，还需要采用低加载频率等。同时，研究中有时也可以采用锋利刀片制备裂纹。

7.3.2.1　临界应力强度因子 K_{Ic} 测量方法

ASTM D 5045 标准给出了工程塑料准静态线弹性临界应力强度因子 K_{Ic} 测量方法。此方法与 ASTM E 399 标准基本相同，包括试样规格以及有效性判据等方面。ASTM D 5045 与 ASTM E 399 的一个重要不同之处在于材料有效屈服强度的选择。这是由于工程塑料存在与金属材料不同的屈服行为，即所谓“后屈服”现象。后屈服现象表明工程塑料在屈服后先发生应变软化后发生应变硬化现象。对具有后屈服现象的工程塑料，ASTM D 5045 定义有效屈服强度 σ_{eff} 为应变软化前应力极大值。由于工程塑料的流变应力具有高应变敏感性，ASTM D 5045 标准要求在断裂韧度测量时，开始到试样断裂所需的时间与拉伸试验时开始到到达屈服强度 σ_{eff} 的时间相差应在 20%以内。

对工程塑料，断裂韧度试验中载荷–裂纹嘴张开位移曲线的开始部分常偏离线性。线性偏离的原因主要源于两个因素，即稳定裂纹扩展和裂纹尖端屈服（银纹）。为此，在确定初始部分刚度以及 P_Q 值时与 ASTM E 399 也有不同，具体请参考 ASTM D 5045 标准。

7.3.2.2　J 积分断裂韧度

下面介绍工程塑料 J 积分断裂韧度的测量。ASTM D 6068 标准给出了工程塑料材料 *J-R* 阻力曲线测量方法。工程塑料 J 积分断裂韧度测量采用的试样与金属材料的相同。

由于多数工程材料的韧性较一般，不适合采用单试样循环加载、卸载法，因此常采用多试样法。多个相同试样单调加载至不同裂纹嘴张开位移后卸载，记录载荷–裂纹嘴张开位移曲线并测量裂纹张开量，最终得到满足要求的一系列点组成的 J-Δa 曲线。与单试样金属材料常用的柔度法相比，测量不同载荷对应的工程塑料裂纹张开较为困难。对韧性较好的工程塑料，也可以用单试样循环加载法测量 J 积分断裂韧度。如采用柔度法计算每一加载/卸载对应的裂纹长度，需要考虑工程塑料随时间变化特性对柔度的影响，如图 7-105 所示。此外，J 积分断裂韧度也具有高应变速率敏感性。

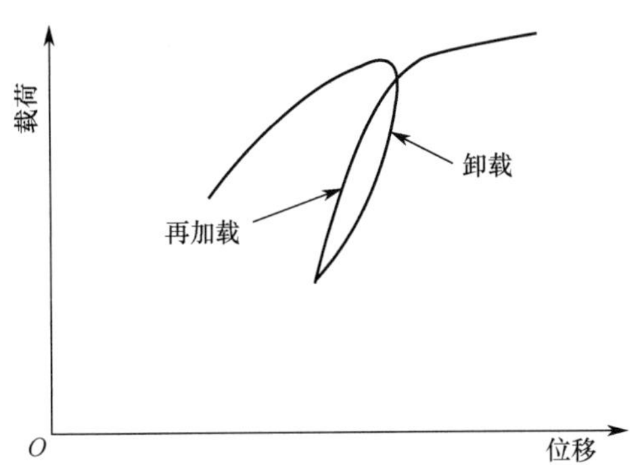

图 7-105　工程塑料 J 积分断裂韧度测量中加载/卸载曲线示意图[13]

工程塑料准静态断裂韧度测量标准如表 7-21 所示。

表 7-21 工程塑料准静态断裂韧度测量标准

体系	编号	材料	方法	温度
ASTM	D 5045	工程塑料	临界应力强度因子 K_{Ic}	室温
	D 6068	工程塑料	J-R 阻力曲线	室温
ISO	13586	工程塑料	临界应力强度因子 K_{Ic}	室温
	29221	工程塑料	止裂韧度	室温

7.3.3 纤维增强树脂基复合材料断裂韧度测量

7.3.3.1 层压板复合材料层间断裂韧度测量

对层压板复合材料，平行于纤维布方向的抗拉强度远大于厚度方向。因此当结构内厚度方向的应力超过其断裂强度时，会首先引发层裂。然而，随后分层的传播却不是仅由厚度方向的强度控制的，而是由复合材料的层间断裂韧度控制的。

层压板复合材料的断裂韧度一般用临界能量释放率 G_c 表示。临界能量释放率是单位面积上发生分层所消耗的能量，其单位为 J/m^2 或 N/m。对金属材料等各向同性材料，主要有三种基本的裂纹扩展方式，即张开型（Ⅰ）、滑开型（Ⅱ）和撕开型（Ⅲ），一般只研究Ⅰ型（模式Ⅰ）断裂韧度。这是由于各向同性材料断裂韧度在模式Ⅰ下最低，因而即使在模式Ⅱ（Ⅱ型）下裂纹受载荷驱动并扩展，也会发生偏移并沿完全Ⅰ型的方向扩展。对具有各向异性特征的纤维增强树脂基复合材料，分层被限制于纤维层之间，因而三种模式甚至混合模式都可能分层扩展。因此，对其断裂韧度的测量除典型的模式Ⅰ外，还包括其他模式。

由断裂力学，断裂韧度常用临界应力强度因子 K_c 表示。对于线弹性各向同性材料，在平面应变情况下，Ⅰ型临界能量释放率 G_{Ic} 与临界应力强度因子 K_{Ic} 间有

$$G_{Ic} = K_{Ic}^2 \times \frac{1-\upsilon^2}{E} \tag{7-111}$$

当 $G_I > G_{Ic}$，会发生分层。

1. Ⅰ型层间断裂韧度测量方法

Ⅰ型层间断裂韧度测量一般选用梁型双悬臂（Double Cantilever Beam，DCB）试样，如图 7-106 所示。试样夹持连接通常采用端部块或者琴式铰链。ASTM 推荐的 DCB 试样长度 L 不应小于 125 mm，宽度在 20～25 mm 之间。

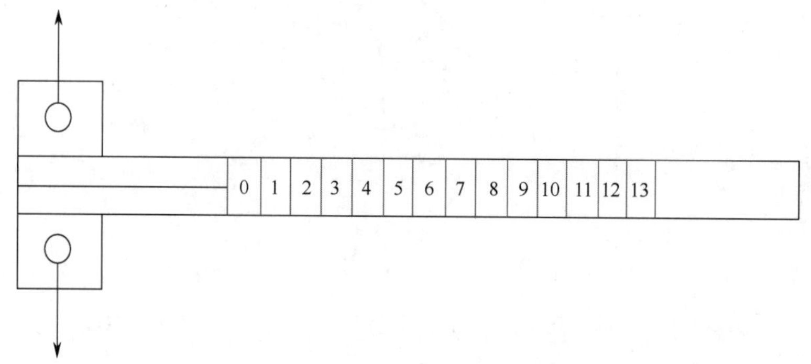

图 7-106 双悬臂试样

对于纤维体积含量为60%左右的碳纤维复合材料，标准推荐的DCB试样厚度为3 mm，而对纤维体积相同的玻璃纤维复合材料，标准推荐的厚度为5 mm。对韧性较高或材料弯曲刚度较低的层压板复合材料，ASTM标准推荐厚度应满足：

$$h \geqslant 8.28 \times \sqrt[3]{\frac{G_{\mathrm{Ic}} a_0^2}{E_{11}}} \tag{7-112}$$

式中，a_0为初始脱层长度，E_{11}为纤维方向的弹性模量。

该要求限制了试样中的开口位移，以使开始的载荷–位移响应是线性的。然而，在随后的分层扩展过程中，与裂纹长度相比位移要大得多，因此在数据处理过程中就应该考虑大的位移效应及其适用的条件。该要求还需要试验前预估材料的临界能量释放率 G_{Ic} 和弹性模量 E_{11}。

试样中的分层是在胶合过程中引入不黏附薄膜来实现。此外，为了实现裂纹尖端效果，薄膜对层的扰动应最小。ASTM标准要求分层薄膜厚度小于13 μm。过厚的薄膜会使其尖端的富树脂区增加，从而影响层间断裂韧度测量。薄膜可使用铝箔、聚四氟乙烯膜或聚酰亚胺膜。对聚酰亚胺薄膜，通常需要用脱模剂预处理。

试验时需要实时测量载荷与分层扩展位移。一部分材料裂纹扩展是稳定的，因此在分层扩展中可以采集到多点数据。另外一部分材料分层扩展不稳定，临界载荷和位移只能在初始分层长度处得到。

由于裂纹张开较大，层压板复合材料裂纹扩展位移通常使用光学法或目测测量。在试验过程中，可以从试样边缘涂上白色水基的打印液，用于直观地检测裂纹尖端，然后用合适的尺度进行标记。ASTM标准要求开始的5 mm长度以1 mm为标尺刻度，随后的20 mm以5 mm为标尺刻度。

由载荷–裂纹长度数据处理后可以依据 ASTM 标准推荐的方法确定Ⅰ型层间断裂韧度 G_{Ic}。

2. Ⅱ型层间断裂韧度测量方法

Ⅱ型层间断裂韧度测量常用如图7-107所示的两种测量和加载方法实施，即端部加载测量和四点（或三点）加载单边切口弯曲测量，具体可参考ASTM D 7905标准。对于Ⅱ型层间断裂韧度测量，研究发现其与试样因素相关性较大，即试样分层嵌片厚度以及预裂纹等因素对断裂韧度结果影响较大。另外一个影响断裂韧度结果的关键因素是，微观尺度上的断裂本质，包括分层前端的斜拉伸微裂纹的发展，最终由于它们之间的韧带断裂而相接。因此目前Ⅱ型层间断裂韧度 G_{IIc} 测量的有效性仍存争议。

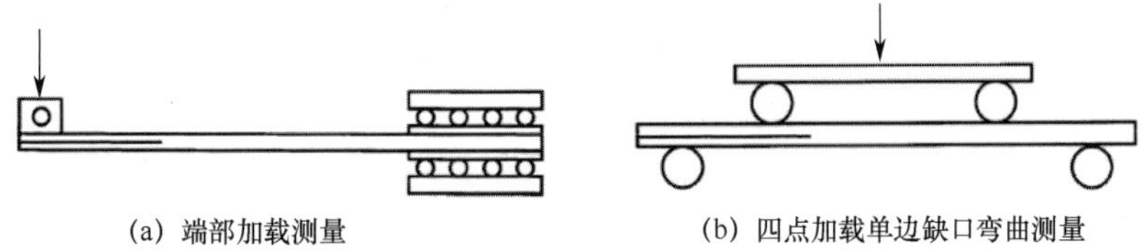

(a) 端部加载测量　　(b) 四点加载单边缺口弯曲测量

图 7-107　Ⅱ型层间断裂韧度测量加载方法

3. Ⅲ型层间断裂韧度测量方法

Ⅲ型层间断裂韧度测量方法尚不如Ⅰ型和Ⅱ型的成熟。这主要是由于试样达到完全Ⅲ

型断裂非常困难。另一个重要原因是Ⅲ型层间断裂韧度数值上大于Ⅰ型和Ⅱ型层间断裂韧度，因此实际材料中的分层扩展主要是由Ⅰ型和Ⅱ型控制。ASTM 目前正在评估边缘扭转测量用于Ⅲ型层间断裂韧度测量试验方法。

4. Ⅰ/Ⅱ混合型层间断裂韧度测量方法

在实际的层压板复合材料中，分层扩展可能不是单一的模式，而是几种模式的组合。目前混合模式层间断裂韧度测量方法主要是Ⅰ/Ⅱ混合型，且已发展了固定比例混合模式测量和混合弯曲模式测量两种方法，如图 7-108 所示。

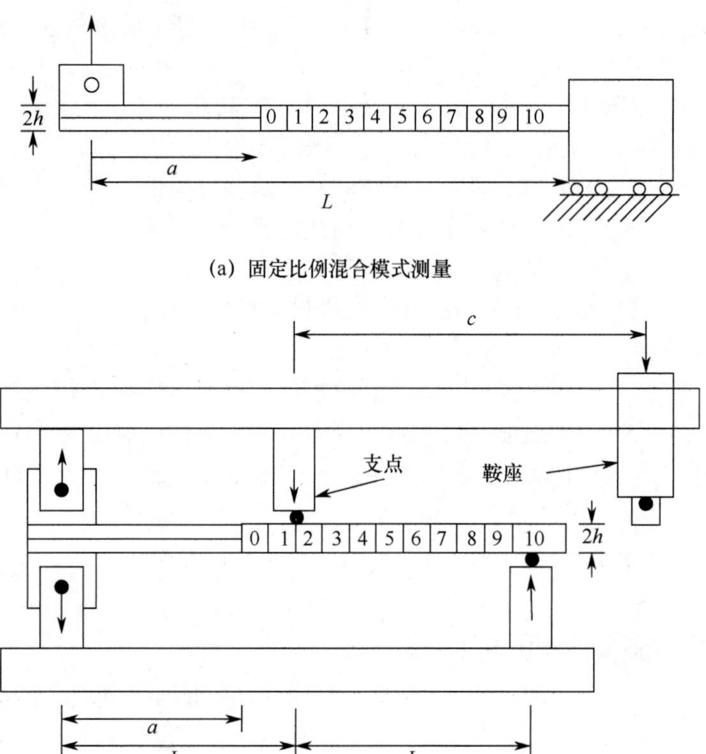

图 7-108 Ⅰ/Ⅱ混合型层间断裂韧度测量方法加载模式

7.3.3.2 层压板复合材料穿层断裂韧度测量方法

在实际应用中，还需要考虑纤维增强树脂基复合材料的穿层断裂韧度。穿层断裂会伴随纤维增强体的断裂，因此穿层断裂韧度一般远大于层间断裂韧度。

由于复合材料的穿层断裂韧度可近似认为是各向同性的，因此目前发展的测量方法主要针对Ⅰ型穿层断裂韧度。此外，穿层断裂韧度测量方法与金属材料线弹性断裂韧度测量方法（ASTM E 399）基本类似，而 ASTM D 1922 标准推荐了单边缺口拉伸试样用于穿层断裂韧度试验测量，如图 7-109 所示。

纤维增强树脂基复合材料准静态断裂韧度测量标准如表 7-22 所示。

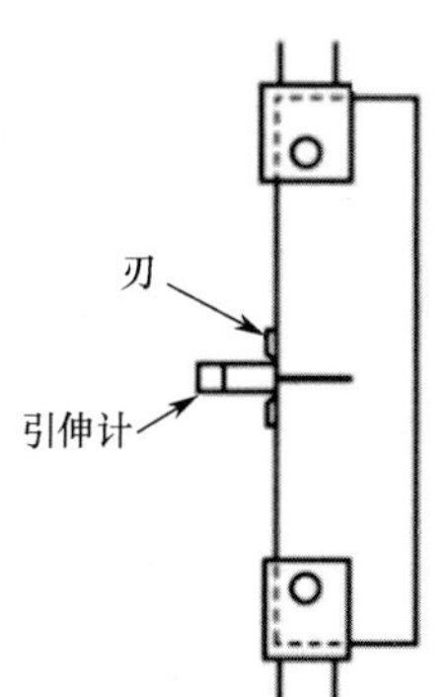

图 7-109　用于纤维增强树脂基复合材料穿层断裂韧度试验测量的单边缺口拉伸试样

表 7-22　纤维增强树脂基复合材料准静态断裂韧度测量标准

体　系	编　号	材　料	方　法	温　度
ASTM	D 5528	纤维增强树脂基复合材料	Ⅰ型层间断裂韧度	室温
	D 6115	纤维增强树脂基复合材料	Ⅰ型疲劳分层裂纹扩展阻力	室温
	D 7905	纤维增强树脂基复合材料	Ⅱ型层间断裂韧度	室温
	D 6671	纤维增强树脂基复合材料	Ⅰ/Ⅱ型层间断裂韧度	室温
ISO	15024	纤维增强树脂基复合材料	Ⅰ型层间断裂韧度	室温
	15114	纤维增强树脂基复合材料	Ⅱ型层间断裂韧度	室温

7.4　低温疲劳力学性能和疲劳裂纹扩展速率测量

7.4.1　低温疲劳力学性能测量

在实际应用中，许多构件需要在变应力的作用下使用。变应力可以是热应力（热疲劳）以及机械应力。测量材料及零部件在变机械应力下的性能即机械疲劳性能是力学性能测量的重要一部分。除非特别说明，疲劳专指机械疲劳。

测量材料及零部件在变化机械应力下的设备即为疲劳试验机。疲劳试验机可以按不同的分类方法分类。以材料或零部件承受的应力状态分类，可以分为旋转弯曲疲劳试验机（纯弯曲和悬臂弯曲）、磨损疲劳试验机、交变单轴拉压疲劳试验机、交变扭转疲劳试验机、拉扭复合疲劳试验机和多轴疲劳试验机等。按照试验机提供动力的原理，疲劳试验机可分为利用曲柄偏心结构提供动力激振的疲劳试验机、利用恒定载荷（离心力或杠杆砝码等）为驱动的疲劳试验机、利用压缩空气为驱动的疲劳试验机、利用电磁为驱动的疲劳试验机、利用电气液压为驱动的疲劳试验机和利用压电陶瓷等电力驱动的疲劳试验机。按加载频率分类，疲劳试验机可分为低频疲劳试验机（频率小于 30 Hz）、中频疲劳试验机（频率在 30～100 Hz 之间）、高频疲劳试验机（频率在 100～300 Hz 之间）和超高频试验机（频率大于 300 Hz）。机械和液压驱动的疲劳试验机一般为低频的，机电驱动的可为低频和中频的，电磁谐振式的可为高频的，气动式和声学式的为超高频的。目前广泛采用的压电陶瓷的超声疲劳试验机频率可达 20 kHz。

以应力模式控制的固定循环次数或以确定应力极限为目的的疲劳试验一般称为应力控制疲劳试验。应力控制疲劳通常是高周疲劳。以固定弹性加塑性应变极限模式控制的疲劳试验称为应变控制疲劳试验。应变控制疲劳通常是低周疲劳。

疲劳寿命 N_f 是指达到疲劳失效判据（如应力、应变等）的实际循环次数。疲劳强度是在指定寿命（循环次数）下使试样失效的应力水平。疲劳极限 σ_e 是应力振幅的极限值，在此值以下，被测量试样能承受无限次（通常定义为 10^7 次或 10^8 次）的应力周期变化。

不同工程材料使用时承受应力类型不同，因此疲劳性能测量方法也有不同。本部分主要介绍金属材料旋转弯曲疲劳和单轴应力疲劳以及纤维增强树脂基复合材料单轴拉拉疲劳试验方法。

7.4.1.1 金属材料旋转弯曲疲劳和单轴应力疲劳试验方法

1．金属材料旋转弯曲疲劳试验方法

旋转弯曲疲劳试验是研究材料承受周期性恒定弯曲力矩下性能的试验方法。历史上 Wöhler 最早研究了车轴的旋转弯曲疲劳性能。后来，Spangenberg 总结了 Wöhler 的研究结果并提出了著名的应力–疲劳寿命（*S-N*）曲线概念，*S-N* 曲线也常称为 Wöhler 曲线。

产生弯矩的载荷恒定不变且不转动，加载方式可以有多种，如一点或两点加载的悬臂，以及四点加载的横梁结构等，如图 7-110（a）～图 7-110（c）所示。此外，还有一类纯弯曲疲劳用曲柄结构（试样不旋转），如图 7-111 所示。

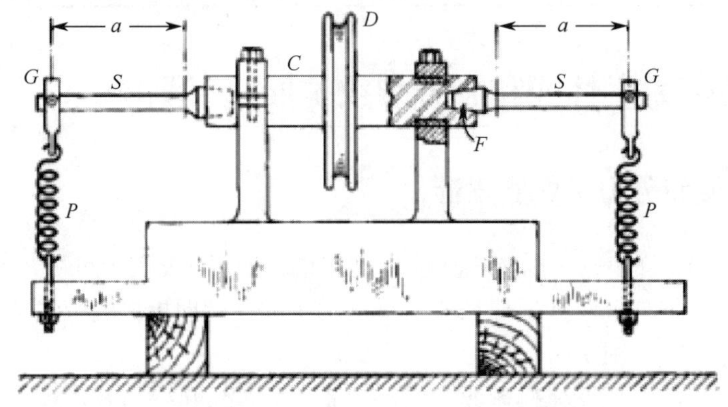

(a) Wöhler研究车轴旋转弯曲疲劳试验所用装置（两点加载悬臂结构）示意图

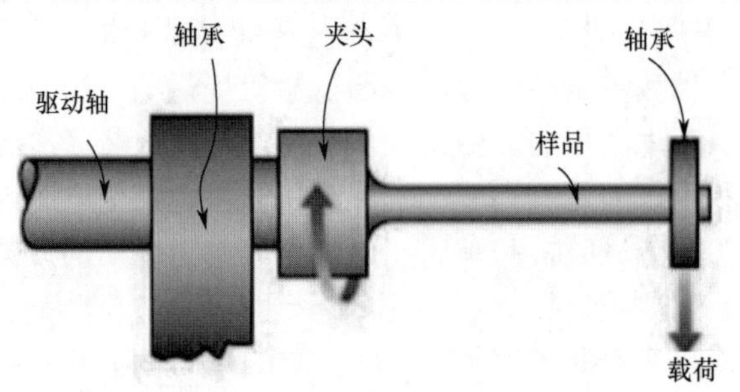

(b) 单点加载旋转弯曲疲劳试验示意图

图 7-110　几种旋转弯曲疲劳试验示意图

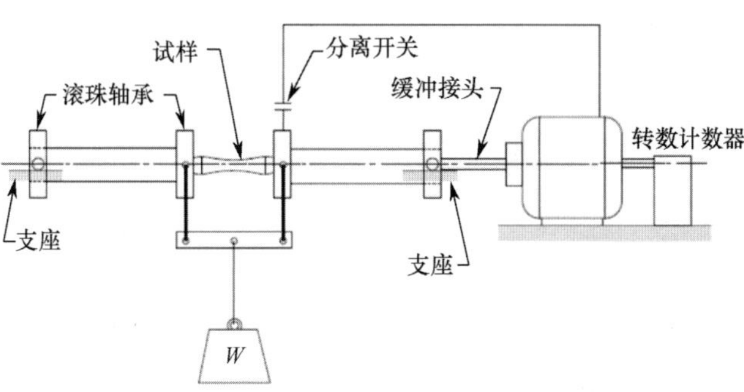

(c) 摩尔（Moore）旋转弯曲疲劳试验示意图

图 7-110　几种旋转弯曲疲劳试验示意图（续）

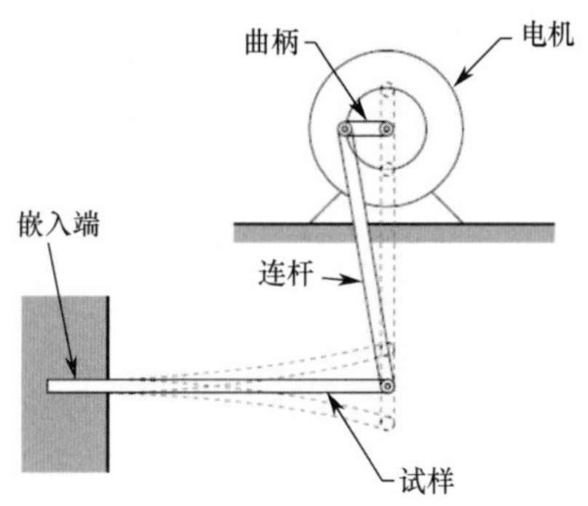

图 7-111　利用曲柄结构加载实施弯曲疲劳试验（试样不转动）

对单点悬臂结构，弯曲力矩 M 以及弯曲应力 σ_b 变化如图 7-112 所示，弯曲应力 σ_b 为

$$\sigma_b = \frac{16F(L-x)}{\pi d^3} \tag{7-113}$$

式中，x 为试样固定端至考察面间的距离。依据式（7-113）可反推得到载荷或加载砝码质量。

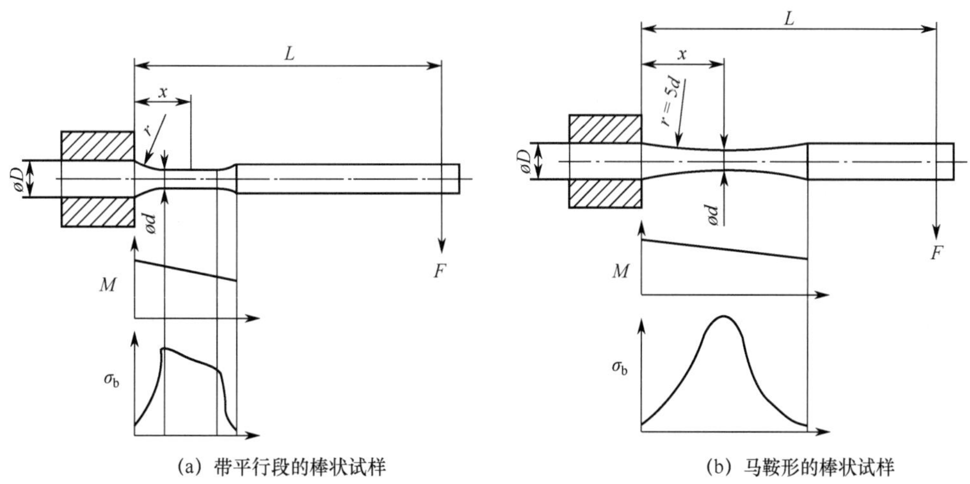

(a) 带平行段的棒状试样　　(b) 马鞍形的棒状试样

图 7-112　单点加载悬臂旋转弯曲疲劳试样

ISO 1143 是金属材料旋转弯曲疲劳试验参考标准之一。目前尚无低温旋转弯曲疲劳试验测量标准。低温下金属材料旋转弯曲疲劳试验将试样放置于低温环境即可。当使用液氮、液氦制冷剂冷却试样时通常需要解决传动装置密封以及低温加载等问题。

2．金属材料单轴应力疲劳试验方法

1）应力控制模式疲劳试验方法及数据分析方法

应力分析法是最早的疲劳分析方法，其可溯源至 19 世纪中期。应力分析法有时也称为应力寿命法或 *S-N* 曲线法。应力控制模式疲劳试验具有以下特征，即材料或结构失效原因是周期性应力且主要发生弹性变形或塑性变形量很小，同时通常为高周疲劳。

应力分析法的前提是通过应力控制疲劳试验获得 *S-N* 曲线。ASTM、ISO 等组织提出了多个基于应力（载荷）控制的疲劳试验方法和数据分析方法。ASTM E 466 推荐了四种用于应力控制疲劳试验的试样，如图 7-113 所示。与准静态拉伸试样相比，疲劳试验试样过渡段半径较大，以防止试样在该区以及其与平行段和夹持段连接部分断裂。对于棒状试样，夹持部分如果采用螺纹应特别注意应力集中的问题，宜采用细螺纹且对尖端进行平滑加工处理。此外，还应特别注意试样表面粗糙度。已有研究表明，试样表面加工缺陷如细微划痕等应力集中点易成为高周疲劳裂纹萌发点。

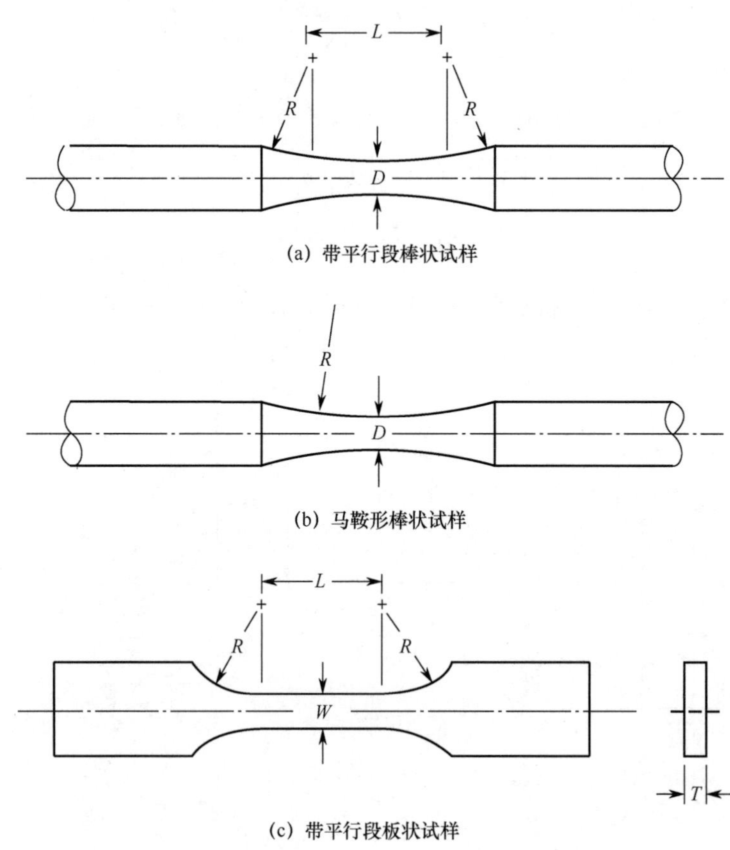

(a) 带平行段棒状试样

(b) 马鞍形棒状试样

(c) 带平行段板状试样

图 7-113　ASTM E 466 推荐的疲劳试验试样

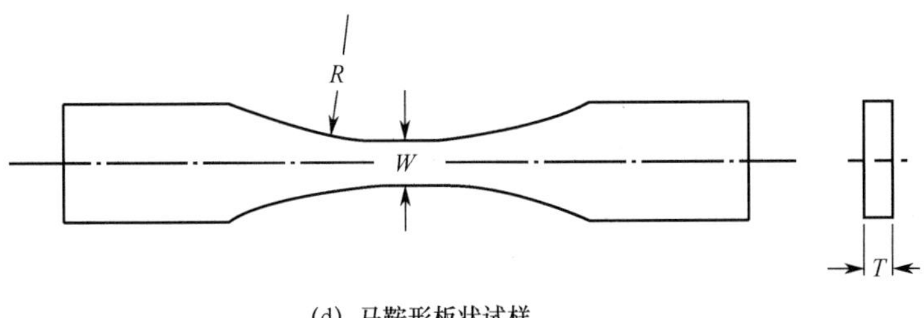

(d) 马鞍形板状试样

图 7-113　ASTM E 466 推荐的疲劳试验试样（续）

对金属材料，研究表明试验频率在 0.01～100 Hz 内对其性能影响不大。因此。ASTM E 466 推荐的金属材料应力控制疲劳测量频率也在此范围内。对于低温测量，特别是 20 K 温度以下的测量，应特别注意弹塑性变形功对试样温度的影响。在 20 K 温度下应力控制疲劳（变形在弹性范围内）试验频率常采用 5～7 Hz。对在 4.2 K 温度测量，测量频率应低于 4 Hz，常选用 1 Hz。

对于应力控制疲劳试验，测量结果通常分散性较大，相同材料在相同应力范围及相同测量频率等条件下疲劳寿命可能相差超过一个数量级，如图 7-114 所示。疲劳测量结果分散性与多种因素密切相关，如环境温度、试样加工和表面粗糙度等。

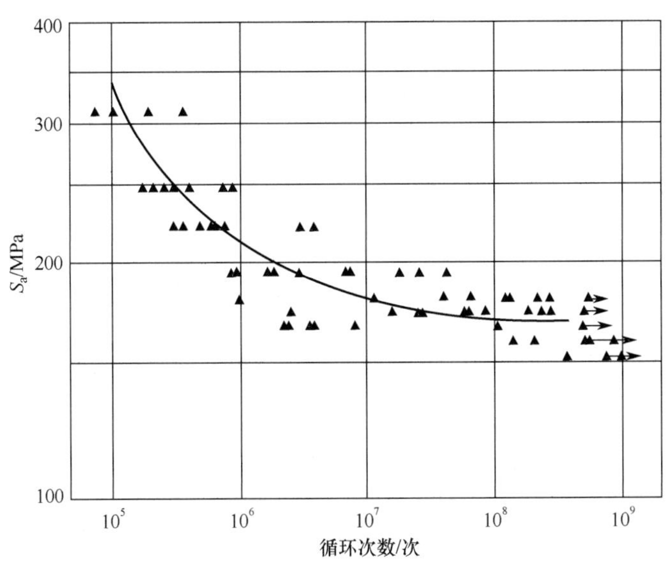

图 7-114　疲劳试验结果分散性示意图[19]

定义概率参数 N_P，表征相同应力等试验条件下达到预期寿命的试样百分数 P 的试样数目。例如，N_{90} 表示疲劳试验中达到预期寿命（循环次数）的试样数目为 90%，即 10%试样未达到预期寿命而发生失效。N_{50} 被称为中值疲劳寿命。P 通常呈正态分布。疲劳测量结果可以用应力 S、疲劳寿命 N 和生存概率 P 三个参数确定，如图 7-115 所示，即 P-S-N 图。由 7-115 图还可以看出高应力疲劳下疲劳寿命分散且较小。

除疲劳寿命外，疲劳强度和疲劳极限也有分散性，且还可以用类似的概率分布描述。

为得到可靠的 S-N 曲线，每个应力水平下有效测量试样数应不少于 10 个。此外，S-N

曲线测量至少需要测量 6～8 个包括疲劳极限在内的应力水平点。应力水平点的选取应基于材料的屈服强度 $R_{p0.2}$ 或抗拉强度 R_m，即单轴应力疲劳试验应以准静态拉伸试验结果为基础选择应力水平点。对多数钢材料，疲劳寿命为 10^3 次，对应的轴向拉伸应力一般为 75%抗拉强度 R_m（弯曲应力则为 90%抗拉强度 R_m）。对疲劳极限，其定义并不唯一，通常定义 10^7 或 10^8 次循环次数对应的应力水平。此范围内，如图 7-116 所示，发现不同的金属材料具有不同特征的 *S-N* 曲线，如钢和钛合金具有疲劳极限，而铝合金、铜合金等则具有不同的行为。

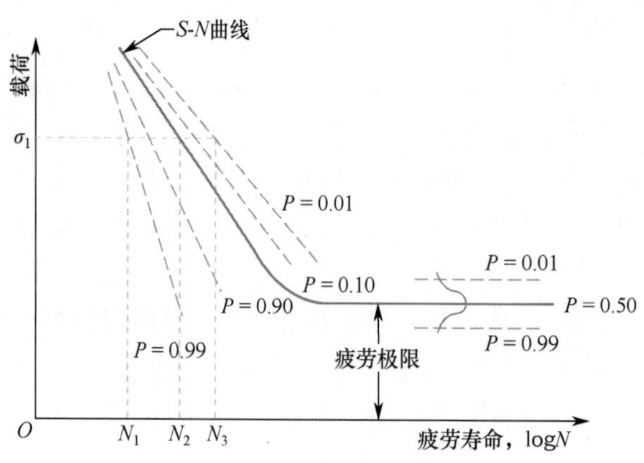

图 7-115　疲劳试验结果示意图

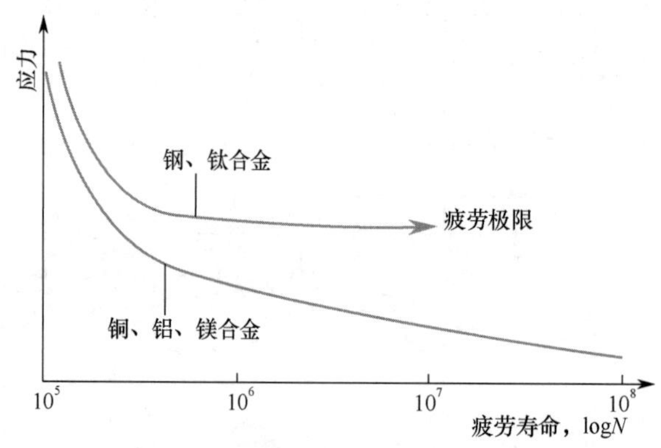

图 7-116　不同材料 *S-N* 曲线变化趋势

对于高速列车以及高速涡轮发动机等设备，服役期内要经历 10^9～10^{10} 次应力循环。近年来，研究发现钢和钛合金等在 10^9 次，甚至 10^{10} 次循环次数时也表现出类似铝合金的行为。应注意，10^9 次应力循环试验对中、低频试验机是巨大的挑战，此类试验一般需要采用超高频试验机完成。然而，对材料在超高频疲劳试验下的响应特性能否反映实际工况仍存争议。

由于低应力水平点测量结果更为分散，所以低应力水平点通常需要更多的试样，通常获得 *S-N* 曲线通常需要 60～80 个，甚至更多试样测量。在同一测量频率下，低应力水平需要消耗更多时间。如疲劳极限选取 10^7 次循环次数，测量频率为 15 Hz，则测量时间达 185.2 h，即约为 7.7 d。

1949 年，韦布尔（Weibull）提出 *S-N* 曲线具有双曲线特征，从而有

$$(\sigma - \sigma_e)^m N = k \tag{7-114}$$

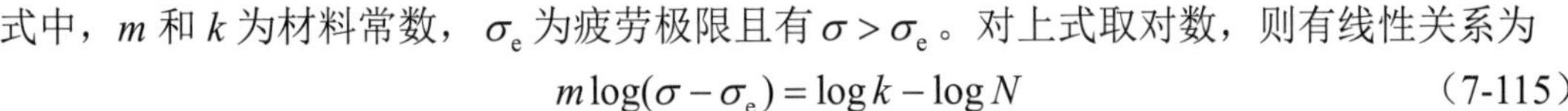

式中，m 和 k 为材料常数，σ_e 为疲劳极限且有 $\sigma > \sigma_e$。对上式取对数，则有线性关系为

$$m\log(\sigma - \sigma_e) = \log k - \log N \tag{7-115}$$

考虑平均应力对疲劳寿命的影响。在高周疲劳阶段（$N>10^4$），平均应力的影响更为显著。这是由于从微观角度上，平均应力决定材料中微裂纹的张开和闭合，从而影响裂纹扩展速率。平均应力为拉应力较平均应力为压应力对裂纹扩展更为有害。在低周疲劳范围，平均应力效应并不明显。这是由于低周疲劳范围内，材料发生较大塑性变形，而平均应力对较大的塑性变形影响不明显。

常规疲劳试验通常用恒寿命图表示平均应力在疲劳损伤中的作用。恒寿命图理论认为，应力幅与平均寿命之间的不同配合可得出一恒定的疲劳寿命，历史上 Gerber 模型、Goodman 模型、Soderberg 模型是其中最重要的代表。

（1）Gerber 模型为

$$\sigma_e = \frac{\sigma_a}{1 - \left(\dfrac{\sigma_a}{R_m}\right)^2} \tag{7-116}$$

（2）Goodman 模型为

$$\sigma_e = \frac{\sigma_a}{1 - \dfrac{\sigma_a}{R_m}} \tag{7-117}$$

（3）Soderberg 模型为

$$\sigma_e = \frac{\sigma_a}{1 - \dfrac{\sigma_a}{R_{p0.2}}} \tag{7-118}$$

式中，σ_e 为应力幅 σ_a 和平均应力 σ_m 对应的应力比 $R = -1$（$\sigma_m = 0$）的疲劳试验的等效疲劳极限。1968 年，Morrow 对平均应力的影响进行了进一步扩展，读者可参考相关文献。

2）*应变控制模式疲劳试验方法及数据分析方法*

20 世纪中期，应变分析法开始用于疲劳设计。其主要背景为，考虑到实际结构中缺口、焊接及其他应力集中点在周期性载荷下易发生局部塑性变形，因此局域化应变 ε 可作为疲劳分析的主参数。应变分析法的前提是，认为通过应变控制模式疲劳试验可获得材料从裂纹萌生、裂纹生长以及裂纹扩展至失效的疲劳寿命。由于应变控制模式疲劳时材料发生相对较大的塑性变形，因此其疲劳寿命较短，即主要对应低周疲劳。如疲劳试验时应变主要发生在弹性应变内，疲劳失效会发生在高周疲劳阶段。

与应力分析法类似，应变分析法的前提是通过应变 ε 控制疲劳试验获得材料的应变–疲劳寿命 ε-N 曲线。ASTM、ISO 等组织提出了多个基于应变控制的疲劳试验方法和数据分析方法。应变控制疲劳试验需要电子引伸计等测量的试样应变信号并参与试验机比例–积分–微分（Proportional-Integral-Derivative，PID）闭环控制系统，因此对试验设备要求更高。

ASTM E 606 推荐了带平行段以及马鞍形两种圆棒试样用于应变控制疲劳试验。注意对带平行段的试样可使用电子引伸计测量局部应变并参与控制，而对马鞍形试样，则推荐采用测量试样直径变化并转换为应变后参与应变控制。试验时应变速率或者频率应尽量低

（0.20～3.0 Hz）以使试样测量时温度上升不超过 2 ℃。当应变控制疲劳寿命在 10^6 次循环次数以上时，频率可提高至 20～30 Hz。疲劳 JIS Z 2283 是目前唯一的液氦温度疲劳试验方法。如前讨论，为防止试样温度升高，测量时应变速率要求小于 $4\times10^{-3}\ s^{-1}$。

应变控制疲劳结果同样存在分散性，适用于应力控制疲劳试验结果的统计分析方法，也适用于应变控制结果。

与应力控制高周疲劳不同，应变控制的低周疲劳试验容易发生塑性变形。在塑性变形下，材料产生不同的响应特点，即滞后回线，如图 7-117 所示，当从原点 O 拉伸至 A 点后卸载，卸载线不能回到原点 O 而是回到 D 点，随后压缩材料至 B 点，随后重新加载至 A 点。A 点和 B 点是疲劳循环中应力和应变极限点，过程中发生的总应变（$\Delta\varepsilon$）包括弹性部分和塑性部分，即

$$\Delta\varepsilon = \Delta\varepsilon_{el} + \Delta\varepsilon_{pl} \tag{7-119}$$

式中，弹性应变为

$$\Delta\varepsilon_{el} = \frac{\Delta\sigma}{E} \tag{7-120}$$

塑性应变 $\Delta\varepsilon_{pl}$ 对应图中 C、D 两点间距离。此外，滞后回线包围的面积为疲劳循环中外力功或者能量损耗量。

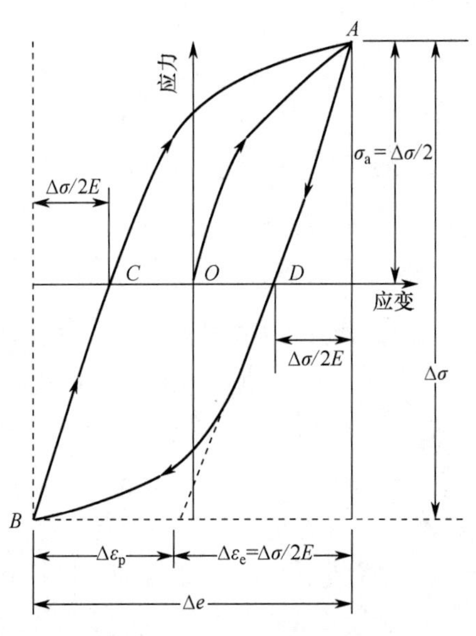

图 7-117　低周疲劳循环中产生的滞后回线示意图[20]

应变控制疲劳试验中应变幅保持恒定不变。由于疲劳循环中塑性变形不能完全恢复，因此循环中应力–应变响应特性也会不同，而这主要与金属材料的初始状态有关。因此应变控制疲劳中材料可能经历循环应变硬化、循环应变软化以及稳定不变等阶段。这些行为表现在应力–时间曲线上分别为极限应力随循环次数逐渐增加、降低和稳定不变。应变控制疲劳试验中材料的硬化或软化通常在数百次疲劳循环后趋于稳定。

通常情况下，对 $R_m/R_{p0.2}\geqslant1.4$ 的材料应变控制疲劳中会发生应变硬化，而 $R_m/R_{p0.2}\leqslant1.2$ 的材料会发生软化。金属材料应变疲劳试验过程中应变硬化或软化与材料位错结构密切相关。当材料经历强加工硬化后其位错密度增大，应变控制疲劳导致位错结构重新调整以获

得更为稳定的位错结构，因此会降低塑性发生变形产生的应力。与此相反，当材料初始位错密度较低，应变控制疲劳循环会提高位错密度，从而提高弹性应变量和应力。

金属材料旋转弯曲及单轴应力疲劳测量标准如表 7-23 所示。

表 7-23　金属材料旋转弯曲及单轴应力疲劳测量标准

体　系	编　号	材　料	方　法	温　度
ASTM	E 466	金属材料	载荷控制疲劳	室温
	E 468	金属材料	载荷控制疲劳试验测量结果分析方法	—
	E 606	金属材料	应变控制疲劳	室温
	E 739	金属材料	疲劳试验测量结果统计分析方法	—
ISO	1143	金属材料	旋转弯曲	室温
	1099	金属材料	载荷控制疲劳	室温
	12106	金属材料	应变控制疲劳	室温
	12110-1,2	金属材料	变幅疲劳	室温
	12107	金属材料	数据统计分析方法	—
JIS	Z 2283	金属材料	应变控制疲劳	4.2 K

7.4.1.2　纤维增强树脂基复合材料单轴拉拉疲劳试验方法

纤维增强树脂基复合材料具有各向异性特征，不同疲劳应力作用下失效机理也不相同。与金属材料疲劳试验标准相比，纤维增强树脂基复合材料的疲劳试验方法标准较少，主要有 ASTM 拉拉疲劳和 I 型分层疲劳试验方法，以及 ISO 疲劳试验方法。然而，一些疲劳试验可以结合准静态试验以及疲劳试验方法来实施。原则上任何准静态试验方法都可用于疲劳试验，但疲劳试验对材料、试验设备和试验技术要求更为苛刻。在准静态试验中较少出现的问题常常在疲劳试验中表现出来，因此开展疲劳试验需要充分考虑各种可能影响实验结果的因素后，周密设计试验方案并可靠实施。

ASTM D 3479 标准给出了纤维增强树脂基复合材料拉拉疲劳试验方法。拉拉疲劳试验采用的试样即为 ASTM D 3039 准静态拉伸试验标准给出的试样。疲劳试验要求试样失效应发生在标距内，而不能发生在试样支撑以及夹持等位置。为此应特别注意加载系统的同轴度以及夹持方法，防止试样在夹持端甚至试样与加强金属片结合处断裂。此外，还应注意应变速率对材料性能以及试样温度的影响等。

ASTM D 6115 标准给出了纤维增强树脂基复合材料 I 型分层疲劳试验方法，此方法与 ASTM D 5528 给出的 I 型层间断裂韧度试验原理基本一致。试样采用双悬臂试样。通过试验可以确定纤维增强树脂基复合材料 I 型能量释放率 G_{I} 与疲劳循环次数 N 的关系。

纤维增强树脂基复合材料疲劳测量标准如表 7-24 所示。

表 7-24　纤维增强树脂基复合材料疲劳测量标准

体　系	编　号	材　料	方　法	温　度
ASTM	D 3479	纤维增强树脂基复合材料	拉拉疲劳试验方法	室温
	D 6115	纤维增强树脂基复合材料	I 型分层疲劳试验方法	室温
ISO	13003	纤维增强树脂基复合材料	疲劳试验一般要求	室温

7.4.2 疲劳裂纹扩展速率（FCGR）测量

常规疲劳设计准则如应力寿命法和应变寿命法都以材料的完整性为前提。然而，实际结构中不可避免存在各种缺陷或裂纹。基于上述考虑，在断裂力学和破损–安全设计原理的基础上发展了新的疲劳设计方法，即损伤容限设计法。

损伤容限设计的基本思想是承认结构中存在初始缺陷、裂纹或其他损伤。这些结构中的不完整因素在循环载荷作用下将不断扩展。通过分析和实验验证，可对预测结构剩余寿命，或对不可检测结构给出严格的剩余强度要求和裂纹增长限制。因此，损伤容限设计是以断裂力学为理论基础，以断裂韧度试验和无损检测技术为手段，以初始缺陷或裂纹构件的剩余寿命估算为中心，以断裂控制为保证，以确保构件在服役期内安全使用的一种疲劳设计方法。损伤容限设计的一个关键问题是剩余寿命的估算。

断裂力学是研究疲劳裂纹扩展的一个有用工具和常规方法，其基本步骤包括确定结构在疲劳载荷作用下的应力强度因子 K，然后根据疲劳裂纹扩展速率（$\mathrm{d}a/\mathrm{d}N$）的实验结果［$\mathrm{d}a/\mathrm{d}N=f(\Delta K)$］，进而预测结构的剩余寿命 N_r，即

$$N_{\mathrm{r}}=\int_{N_0}^{N_{\mathrm{f}}}\mathrm{d}N=\int_{a_0}^{a_{\mathrm{f}}}f^{-1}(\Delta K)\mathrm{d}a \tag{7-121}$$

因此，通过试验确定材料的疲劳裂纹扩展速率（$\mathrm{d}a/\mathrm{d}N$）是损伤容限设计的关键。

ASTM E 647 提供了疲劳裂纹速率测量的试验方法。该方法适用于金属材料及其他材料。测量疲劳裂纹扩展速率常用紧凑拉伸试样。与断裂韧度试验相比，疲劳裂纹扩展速率测量对试样的厚度要求较宽松，因此可以适用于薄板材料。对于薄板材料试验，应安装防屈曲装置。ASTM E 647 标准要求整个试验过程中试样变形处于弹性状态，因此要求试样的韧带长度满足：

$$W-a\geqslant\frac{4}{\pi}\left(\frac{K_{\max}}{R_{\mathrm{p}0.2}}\right)^2 \tag{7-122}$$

与断裂韧度试验相同，试样要求疲劳裂纹预制。为防止试验时裂纹扩展迟缓，一般要求疲劳裂纹预制完成时的最大应力强度因子 $K_{\max}$ 不能超过疲劳裂纹扩展速率测量试验开始时的应力强度因子 K。

试验中裂纹实时长度可以采用卸载柔度法、电势法等计算得到，或采用光学法直接测量得到。注意，光学法直接测量得到的是试样表面裂纹长度，这忽略了厚度效应。低温下通常采用电子引伸计测量裂纹嘴张开位移后，利用卸载柔度法计算得到。当采用柔度法测量计算实时裂纹长度时，要求初始裂纹长度 a 与试样宽度 W 之比（a/W）大于 0.2。低温下测量时一般要求初始 a/W 大于 0.3 以提高测量精度和节省试验成本等。

ASTM E 647 提供了两种试验控制方法，即恒载荷控制法（升 K 法）和降 K 法。升 K 法相对简单，试验过程保持疲劳载荷幅度不变，裂纹长度逐渐增加，因此应力强度因子 K 逐渐增加。降 K 法需要试验程序自动逐渐降低疲劳载荷以使应力强度因子 K 梯度为负。通

常，升 K 法更适合于疲劳裂纹扩展速率大于 10^{-8} m/cycle 的试验，但对更低疲劳裂纹扩展速率的测量非常耗时。降 K 法适合测量疲劳裂纹扩展门槛值 ΔK_{th} 或者近门槛值区的试验。降 K 法试验中最大应力强度因子 K_{max} 或应力强度因子比（简称应力比）R 保持恒定，但应力强度因子差 ΔK 逐渐降低。在近门槛值 ΔK_{th} 区域，由于应力比 R 对门槛值 ΔK_{th} 的影响效应，两种控制方法通常对应不同的行为。

对降 K 法，容易产生“历史”效应，这是由于前一疲劳循环产生的塑性区较大，从而迟缓后续裂纹扩展。为此，ASTM E 647 要求记录并报告应力强度因子 K 梯度：

$$G \equiv \frac{1}{K}\frac{\mathrm{d}K}{\mathrm{d}a} = \frac{1}{\Delta K}\frac{\mathrm{d}\Delta K}{\mathrm{d}a} = \frac{1}{K_{\min}}\frac{\mathrm{d}K_{\min}}{\mathrm{d}a} = \frac{1}{K_{\max}}\frac{\mathrm{d}K_{\max}}{\mathrm{d}a} \tag{7-123}$$

且要求 $G>-0.08\ \mathrm{mm}^{-1}$。对升 K 法，“历史”效应不明显，前一疲劳循环不会迟缓后续疲劳裂纹扩展。

升 K 法和降 K 法试验得到的裂纹长度 a 与疲劳循环次数 N 的关系如图 7-118 所示。对曲线直接微分即得到 $\mathrm{d}a/\mathrm{d}N$，但通常存在较大的分散。

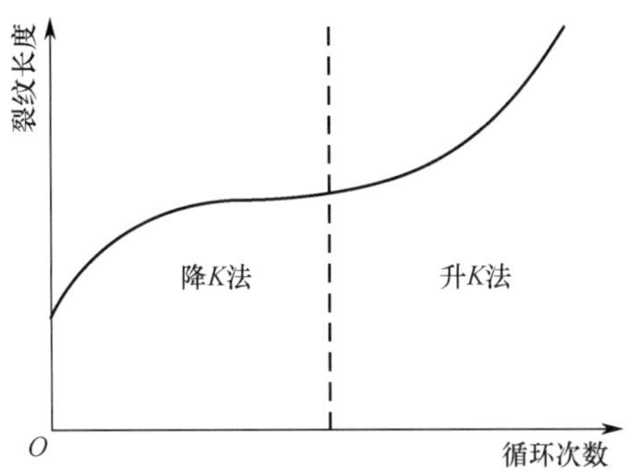

图 7-118　升 K 法和降 K 法裂纹长度-循环次数关系示意图

对于升 K 法试验，相同的应力比 R，最大载荷可以有所不同。大载荷通常导致裂纹长度扩展较快，达到相同的裂纹扩展量需要的疲劳循环次数更低，如图 7-119 所示。但是，由类比原则，二者会得到相同的 $\mathrm{d}a/\mathrm{d}N-\Delta K$ 关系。

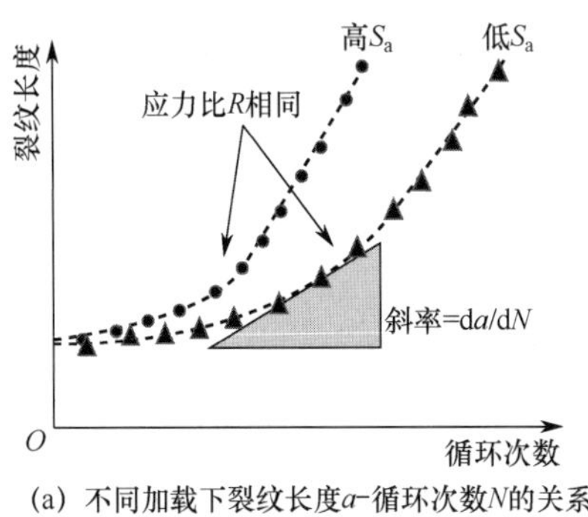

(a) 不同加载下裂纹长度 a-循环次数 N 的关系

图 7-119　相同应力比 R 但不同最大应力裂纹长度 a-循环次数 N 的关系和 $\mathrm{d}a/\mathrm{d}N-\Delta K$ 的关系[19]

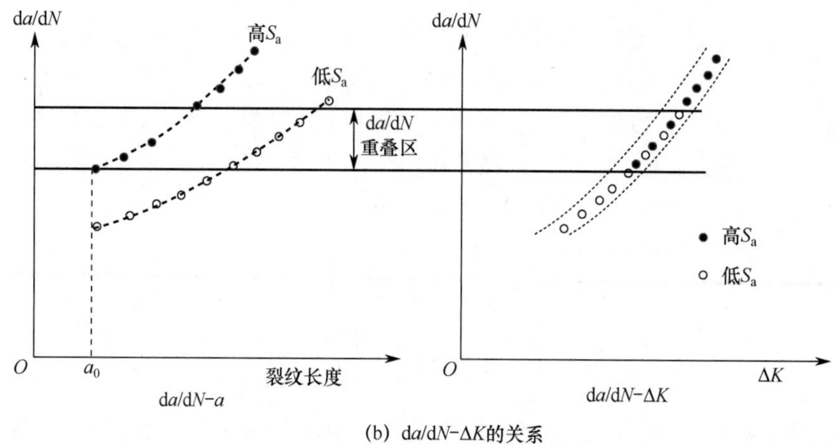

(b) da/dN−ΔK的关系

图 7-119　相同应力比 R 但不同最大应力裂纹长度 a−循环次数 N 的关系和 da/dN−ΔK 的关系[19]（续）

根据记录的载荷、计算得到的裂纹长度，以及形状因子可以计算应力强度因子范围 ΔK。帕里斯等首先将疲劳裂纹扩展速率 da/dN 与应力强度因子范围 ΔK 联系起来，如图 7-120 所示，a/dN−ΔK 关系通常包括三个区：Ⅰ区对应裂纹萌生区，裂纹扩展非常缓慢；Ⅱ区也称帕里斯区，裂纹扩展相对稳定，与材料特性有关，但对微观结构等因素不敏感；Ⅲ区即裂纹快速扩展区，此区内试样快速断裂。三个区域典型特性如表 7-24 所示。

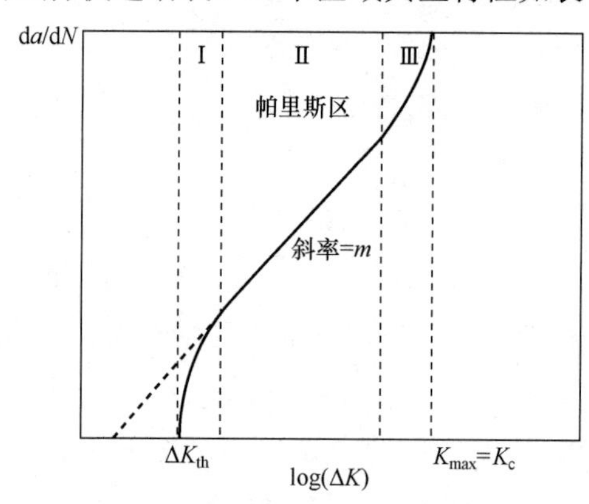

图 7-120　da/dN−ΔK 关系[19]

表 7-24　疲劳裂纹扩展不同区域典型特性[21]

性　质	Ⅰ区	Ⅱ区	Ⅲ区
	低扩展速率（近门槛值区）	中扩展速率（帕里斯区）	高扩展速率
微观失效模式	单一剪切模式	条纹及双滑移	附加准静态模式
断口形貌	锯齿形	平面，有韧窝	解离，微孔洞聚集
裂纹闭合程度	高	低	—
材料微结构影响	大	小	大
应力比 R 影响	大	小	大
环境影响	大	不唯一	小
应力状态影响	—	大	大
裂纹尖端塑性	$r_c \leqslant d_g$	$r_c \geqslant d_g$	$r_c \gg d_g$

r_c：疲劳循环中塑性区大小。d_g：晶粒尺寸。

在Ⅱ区，log(da/dN)−log(ΔK)有著名的帕里斯公式关系（见本书第 2 章），其中 C 和 m 是材料常数。C 单位与 da/dN 单位一致，常用 mm/cycle。对多数金属材料，m 在 2～6 之间。确定 da/dN−ΔK 关系后可开展剩余寿命预测。

低温下疲劳裂纹扩展速率也需要考虑弹性变形导致材料温度升高的因素，因此需要选择合适测量频率。此外，在近裂纹门槛区到中等应力强度因子范围 ΔK 区（Ⅰ区和Ⅱ区），多数金属材料低温下疲劳裂纹扩展速率随温度降低而降低。但在Ⅲ区，低温下一些金属材料的裂纹扩展速率反而大于室温下的值。低温下疲劳裂纹扩展速率变化行为与断裂韧度随温度变化趋势也不一致，其机理尚不明确。此外，用于特定低温液体（如液氢）储存的金属材料还应考虑介质相容性（如氢脆）对材料疲劳裂纹扩展速率的影响等。

疲劳裂纹扩展速率测量标准如表 7-26 所示。

表 7-26　疲劳裂纹扩展速率测量标准

体　系	编　号	材　料	方　法	温　度
ASTM	E 647	工程材料	疲劳裂纹速率	室温
ISO	12108	金属材料	疲劳裂纹扩展速率	室温
GB	T 6398	金属材料	疲劳裂纹扩展速率	室温

7.5　低温简支梁冲击性能测量

7.5.1　冲击性能测量方法

冲击试验自问世以来已有百余年历史。冲击试验设备简单，试样加工也相对容易，试验实施过程也较简单。冲击试验在研究解决桥梁、压力容器、船舶等设备的脆性断裂事故方面起了重要作用。此外，冲击试验还在材料生产及加工工艺评定中起到重要作用。冲击试验的重要应用还包括：由于冲击功对材料的宏观缺陷、显微组织的差异非常敏感，可用于鉴定材料质量和判断冶金、加工和热处置制度的适宜性；由于一些材料的冲击性能对温度非常敏感，可以用于材料的韧脆转变温度测量；由于冲击试验测出的冲击功对缺口非常敏感，因此可以用来评定金属对大能量一次载荷的缺口敏感性；还可以用来鉴定金属材料尤其是钢材时效热处理敏感性。

冲击试验常用的试验方法包括三种，即简支梁（Charpy）冲击、悬臂梁（Izod）冲击和落锤冲击。

简支梁和悬臂梁冲击试样分别如图 7-121（a）和 7-121（b）所示。相对而言，悬臂梁冲击程度更强，这主要在于试样支撑点只有一个。

简支梁和悬臂梁冲击基本原理是冲击锤势能转化为动能后作用在试样上，理想情况下冲击锤前后能量差（CV）即作用在试样上的能量，也就是试样吸收能量 K 为

$$\text{CV} \approx K = mg(h - h') \tag{7-124}$$

在实际试验时，冲击功应为试样吸收功、试样抛出功、设备基座震动损耗功和轴摩擦

功等部分之和。因此，冲击设备通常需要地基固定和轴定期润滑等措施。

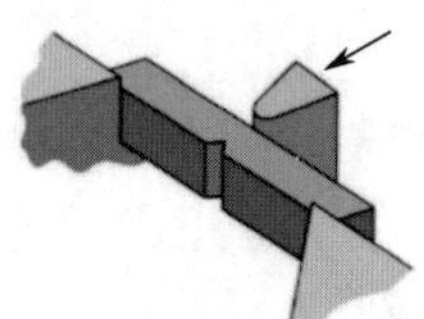

(a) 简支梁冲击示意图

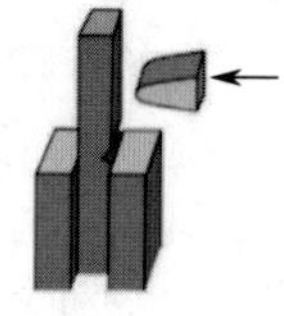

(b) 悬臂梁冲击示意图

图 7-121　简支梁和悬臂梁冲击试样示意图

假定冲击锤升起高度为 1 m，可计算得到冲击锤接触试样时的速率 v 为 4.5 m/s。假定试样塑性变形长度（L）为 5 mm，可计算得到应变速率为

$$\dot{\varepsilon} = \frac{v}{L} \approx 10^3\ \mathrm{s}^{-1} \tag{7-125}$$

可见，冲击试验时应变速率非常高。

通过冲击试验可以得到材料冲击吸收功、金属材料侧膨胀量和断面纤维率等参数。

仪器化冲击试验是通过安装在冲击锤刀口上的载荷传感器测量试样在冲击过程中受到的作用力随时间的变化。通过仪器化冲击试验可获得冲击试验中载荷–时间曲线，并可分析得到诸如动态屈服力 F_{gy}、最大力 F_m、裂纹扩展起始力 F_{iu} 和裂纹扩展终止力 F_a 等参数，如图 7-122 所示。试验的位移可由时间计算得到或者由位移传感器测定，并由此得到诸如最大力时位移 S_m、裂纹扩展起始位移 S_{iu}、裂纹扩展终止时位移 S_a 等参数。由力–位移曲线包围的面积可以得到试样吸收的冲击能量，其包括裂纹产生 E_i 和裂纹扩展 E_p 两部分。如果对试样进行疲劳裂纹预制，即使前述 $E_i = 0$，随后加工侧槽使冲击过程中处于平面应变状态，通过仪器化冲击试验可以得到动态断裂韧度 K_{ID}。对于高强度钢，$K_{ID} \approx K_{Ic}$。

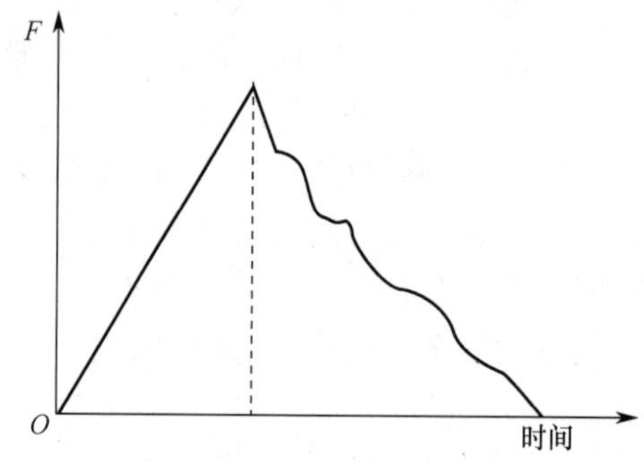

图 7-122　仪器化冲击试验得到的载荷–时间曲线

金属材料简支梁冲击试验试样常用立方柱试样，规格为 10 mm×10 mm×55 mm，缺口可用 V 形、U 形或钥匙孔形。目前常用的 V 形缺口规格及试样如图 7-123 所示。对同一材料，不同缺口得到的冲击功不同。

工程塑料冲击试验所用试样可以用光滑条状试样或带缺口试样。对纤维增强树脂基复合材料，冲击试验需要考虑材料的各向异性。

如前所示，在冲击试验中应变速率较高。高应变速率导致试样温度升高较大，这在低温下尤其明显。另外，冲击试验还较难在准静态拉伸及疲劳试验中将试样及夹持系统放于低温环境中实施。通常采用将试样放入低温环境达到热平衡后迅速取出并放置于冲击试验机上开展冲击试验。因此还需要考虑试样转移环节造成的试样升温。此过程的升温在液氦温度更为明显。为此发展了一些试验方法，如采用轻质工程塑料泡沫保温以及试样放在冲击位置后再次用液氦降温后冲击等。注意液氦温度冲击试验方法尚未形成标准，目前主要依靠经验积累和低温领域形成的规范来进行。

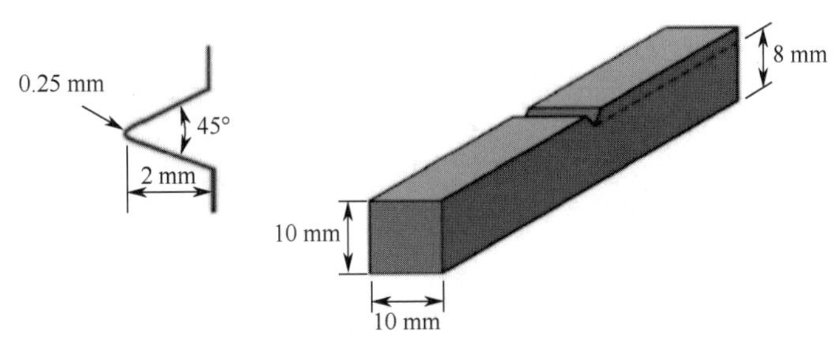

图 7-123　金属材料 V 形缺口冲击试样

简支梁和悬臂梁冲击测量标准如表 7-27 所示。

表 7-27　简支梁和悬臂梁冲击测量标准

体　系	编　号	材　料	方　法	温　度
ASTM	E 23	金属材料	缺口冲击	室温
	D 6110	工程塑料	缺口冲击	室温
ISO	148-1,2	金属材料	缺口冲击	室温
	14556	金属材料	仪器化冲击	室温
	179-1	工程塑料	简支梁冲击	室温
	179-2	工程塑料	仪器化冲击	室温
	13802	摆锤试验机	设备鉴定	—
GB	T 229	金属材料	缺口冲击	室温

7.5.2　低温冲击性能测量方法

前面几节所述的低温力学性能测量，都可以通过将试样及工装放置于各种低温恒温器中来实现。然而，对于冲击力学性能测量都基本不能实现。另外，准静态力学性能及疲劳和疲劳裂纹扩展速率测量，都可以通过控制应变速率实现测量过程中试样与环境的热平衡，因此可以认为整个测量过程中试样温度与环境温度一致。对于冲击力学性能测量，由于测量过程中应变速率高达 $10^3\ s^{-1}$，而且材料的低温比热及热导率较低，绝热效应引起的试样升温特别显著。从这个意义上说，低温冲击测量只是试样初始温度在低温的测量。因此，对于低温冲击力学性能测量一直存在争论，且目前尚未建立任何 ASTM、ISO 或国家标准。

在磁约束热核聚变及航空航天需求牵引下，20 世纪 70 年代开始，在液氦和液氢温度下的冲击性能受到关注。为实现试样所需的初始液氦温度，美国和日本的科研机构开发了多种实验技术，下面进行简要介绍。

（1）聚苯乙烯绝热泡沫胶囊恒温法。基本过程如下：试样置于聚苯乙烯泡沫中，然后放入液氦中实现热平衡，取出聚苯乙烯泡沫和试样放于冲击设备上，利用液氦浇注泡沫胶囊和试样，如图 7-124 所示，随后开始冲击测量。试验发现，液氦浇注 60 s 左右后试验温度可降至 4.2 K，试样上的温度梯度可以忽略，且聚苯乙烯泡沫吸收的能量可以忽略[22-23]。

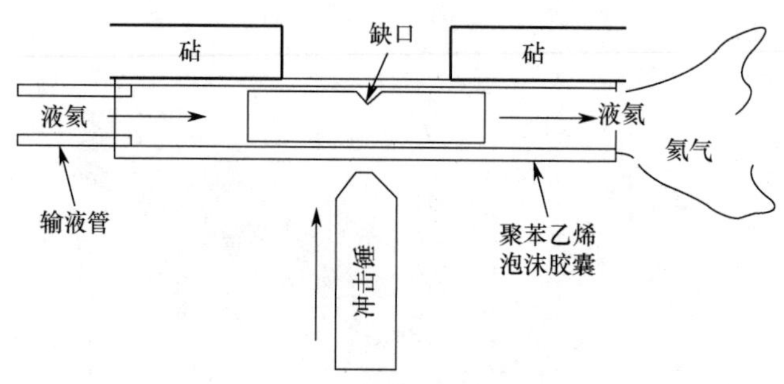

图 7-124　聚苯乙烯绝热泡沫胶囊恒温法示意图[25]

（2）真空玻璃杜瓦恒温法。此法是利用真空绝热的玻璃容器存放液氦冷却后的试样，且测量前不需要再次喷淋液氦冷却。试验表明此法可使试样液氦温度保持长约 120 s，这使试样转移和测量较为从容。此法的不足之处为一次性真空玻璃容器制备相对较贵。由于玻璃容器吸收一定能量因而不适用于吸收能量较小的材料。此外，为得到试样较为准确的吸收能量，应从玻璃容器吸收能量和玻璃容器存在使试样与砧板的距离等方面标定[24]。

（3）直接喷淋降温恒温法。此法是将试样置于 0.5 mm 左右的聚苯乙烯泡沫管道，随后采用液氦喷淋降温和实现热平衡并开始冲击测量，如图 7-125 所示。试验表明液氦喷淋 120 s 后试样内部可达 4.2 K。此法的不足之处在于需要消耗大量昂贵的液氦，单个试样所需液氦超过 10 L[24]。

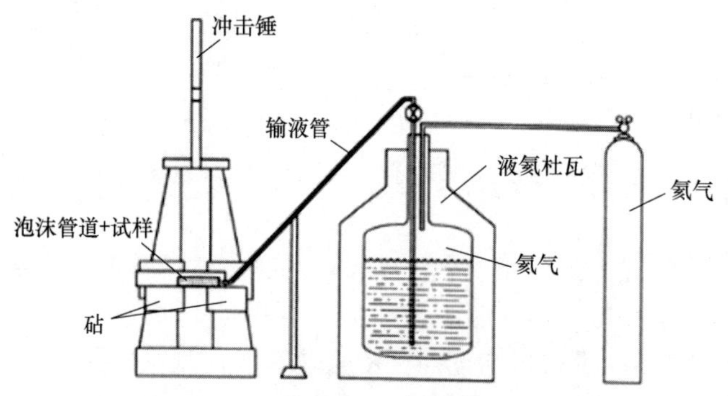

图 7-125　采用直接喷淋降温实现冲击性能测量[26]

7.5.3　低温吸收能量与准静态断裂韧度的关联性

与价格高、测量周期长的液氦、液氢温区准静态断裂韧度测量相比，同温区冲击测量则较为简单和低价。为此，曾有大量研究试图将二者关联。这些研究将材料液氦温区准静态断裂韧度 $K(J)_{\mathrm{Ic}}$ 与材料的基本力学性能（如屈服强度 $R_{\mathrm{p0.2}}$ 和弹性模量 E 等）和吸收能量

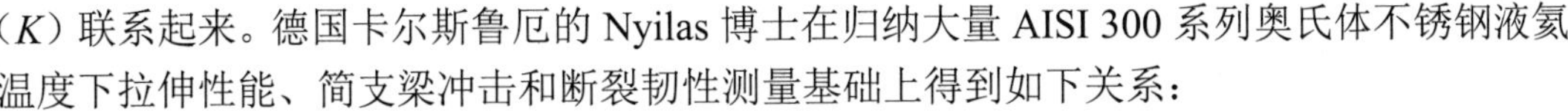

（K）联系起来。德国卡尔斯鲁厄的 Nyilas 博士在归纳大量 AISI 300 系列奥氏体不锈钢液氦温度下拉伸性能、简支梁冲击和断裂韧性测量基础上得到如下关系：

$$K_{Ic} = 31.62278 \times R_{p0.2} \times (631.58 \times (K/R_{p0.2}) - 6.3158)^{1/2} \quad (7\text{-}125)$$

式中，K_{Ic}、K 和 $R_{p0.2}$ 单位分布为 MPa · $m^{1/2}$、J 和 MPa。

这些研究表明，液氦温区准静态断裂韧度 $K(J)_{Ic}$ 与材料的基本力学性能（如屈服强度 $R_{p0.2}$ 和弹性模量 E）和吸收能量（K）的关联关系与材料密切相关，即有些材料存在一定的关联关系，也有一些材料不存在明确的关联关系。因此，液氦温区冲击韧性不能作为液氦温区准静态断裂韧度测量的替代[24, 27]。

1998 年，在日本–美国合作研究的基础上，第一个适用于液氦温度准静态断裂韧度测量的标准 JIS Z 2284 发布。磁约束核聚变及航天领域逐步采用此标准研究相关材料液氦及液氢温区下的准静态断裂韧度，并逐步放弃了液氦温度冲击性能测量。然而，一些选用美国机械工程师协会（ASME）设计规范的领域，如低温压力容器等，仍选择液氦及液氢温区吸收能量作为设计参考。

7.6　本章小结

通过本章的学习应了解低温力学测量用的试验设备、低温环境和力学测量中应变速率的基本概念，掌握金属材料低温准静态拉伸、断裂韧度和冲击性能测量方法。

复习思考题 7

7-1　解释应变速率的意义，阐述材料蠕变和应力松弛、准静态、动态以及冲击力学性能测量的应变速率范围。

7-2　阐述金属材料弹塑性断裂韧度 J_{Ic} 的一般测量步骤。

7-3　阐述金属材料疲劳裂纹扩展速率的一般测量步骤。

本章参考文献

[1] FIELD J E, WALLEY S M, PROUD W G, et al. Review of experimental techniques for high rate deformation and shock studies [J]. International Journal of Impact Engineering, 2004, 30: 725.

[2] DAVIS J R. Tensile testing [M]. 2nd ed. Ohio: ASM International, 2004.

[3] WIGLEY D A. Mechanical properties of materials at low temperature [M]. New York: Plenum Press, 1971.

[4] NOVIKOV N V. Mechanical Property Measurement Techniques of Structural Materials At Cryogenic Temperatures [C]. in Advances in Cryogenic Engineering: Volume 22. K.D. Timmerhaus, R.P. Reed, and A.F. Clark, Editors. 1977, Springer US: Boston, MA. 113.

[5] HEIDUK M, BAGRETS N, WEISS K P. Data Acquisition of a Tensile Test Stand for Cryogenic Environment [J]. IEEE Transactions on Applied Superconductivity, 2012, 22.

[6] SHIMADA M, OGAWA R, MORIYAMA T, et al. Development of a cryogenic fracture toughness test system [J]. Teion Kogaku, 1986, 21: 269.

[7] DOWLING N E. Mechanical behavior of materials: Engineering methods for deformation, fracture, and fatigue [M]. 4th ed. New York: Pearson, 2012.

[8] PELLEG J. Mechanical properties of materials [M]. Dordrecht Heidelberg New York London: Springer, 2013.

[9] BHADURI A. Mechanical properties and working of metals and alloys [M]. Singapor: Springer, 2018.

[10] HODGKINSON J M. Mechanical testing of advanced fibre composites [M]. Boca Raton: CRC Press, 2000.

[11] FRICK A, STERN C, MURALIDHARAN V. Practical testing and evaluation of plastics [M]. Weinheim: Wiley-VCH, 2019.

[12] 周益春，郑学军. 材料的宏微观力学性能[M]. 北京：高等教育出版社, 2009.

[13] ANDERSON T L. Fracture mechanics: fundamentals and applications [M]. 4th ed. Boca Raton: CRC Press, 2017.

[14] GONZALEZ-VELAZQUEZ J L. A practical approach to fracture mechanics[M]. Burlington: Elsevier, 2020.

[15] ZEHNDER A T. Fracture Mechanics [M]. London Dordrecht Heidelberg New York: Springer, 2012.

[16] NOWAK-COVENTRY M, PISARSKI H, MOORE P. The effect of fatigue pre-cracking forces on fracture toughness [J]. Fatigue & Fracture of Engineering Materials & Structures, 2016, 39: 135.

[17] WADAYAMA Y, MATSUMOTO T, SATOH H, et al. Effect of Specimen Size on Elastic-Plastic Fracture Toughness for SUS316LN at Cryogenic Temperature [J]. Journal of Cryogenics and Superconductivity Society of Japan, 1988, 23: 78.

[18] WEISS K, NYILAS A. Specific aspects on crack advance during J-test method for structural materials at cryogenic temperatures [J]. Fatigue & Fracture of Engineering Materials & Structures, 2006, 29: 83.

[19] SCHIJVE J. Fatigue of structures and materials [M]. 2nd ed. Dordrecht: Springer, 2008.

[20] CAMPBELL F C. Fatigue and fracture: understanding the basics [M]. Ohio: ASM International, 2012.

[21] SURESH S. Fatigue of materials [M]. 2nd ed. Cambridge: Cambridge University Press, 1998.

[22] OGATA T, HIRAGA K, NAGAI K, et al. A simple method for Charpy impact test at liquid helium temperature [J]. Tetsu-to-Hagane, 1983, 69: 641.

[23] OGATA T, HIRAGA K, NAGAI K, et al. A simplified method for Charpy impact testing near liquid-helium temperature [J]. Cryogenics, 1982, 22: 481.

[24] NAKAJIMA H, YOSHIDA K, TSUJI H, et al. The Charpy Impact Test as an Evaluation of 4 K Fracture Toughness [C]. in Materials. F R Fickett and R P Reed, Editors. 1992, Springer US: Boston, MA. 207.

[25] OGATA T. Evaluation of Mechanical Properties of Structural Materials at Cryogenic Temperatures and International Standardization for those methods [C]. in Joint Conference of the Transactions of the Cryogenic Engineering Conference/Transactions of the International Cryogenic Materials Conference, 2013, Anchorage, AK.

[26] TOBLER R L, BUSSIBA A, GUZZO J F, et al. Charpy Specimen Tests at 4 K [C]. in Materials. F R Fickett and R P Reed, Editors. 1992, Springer US: Boston, MA. 217.

[27] HWANG I S, MORRA M M, BALLINGER R G, et al. Charpy absorbed energy and J_{Ic} as measures of cryogenic fracture toughness [J]. Journal of Testing and Evaluation, 1992, 20: 248.

08 第 8 章 材料低温热学和电学性能测量

材料的低温热膨胀、热导率、比热和发射率等物理性质是各种低温系统设计和制造的基础。金属材料剩余电阻率和复合超导体临界电流密度是应用超导、低温电子学等领域重点关注的性能。本章首先介绍材料热学性能测量方法，即介绍了固体材料低温热膨胀、热导率、比热和发射率的测量方法；接着介绍低温电学性能测量方法，即介绍了材料剩余电阻率和复合超导体临界电流的测量方法。

8.1 低温热学性能测量方法

热膨胀反应物体体积随温度变化行为，而热导率、热扩散率、比热和发射率与传热过程密切相关，反应物体传导热量、吸收和释放热量的能力。热膨胀、热导率、比热和发射率是重要的热学性能参数，是各类低温系统设计的基础。本节介绍固体材料低温热膨胀、热导率、比热和发射率的测量方法。

8.1.1 低温热膨胀性能测量

热膨胀（$\Delta L/L_0$）或线膨胀系数［$(1/L)\times(\mathrm{d}L/\mathrm{d}T)$］有多种测量方法。从 18 世纪初采用齿轮放大法到目前采用的光干涉膨胀计法，热膨胀系数测量精度已高达 $10^{-9}\,\mathrm{K}^{-1}$。热膨胀系数测量方法一般可分为直接法和间接法。直接法测量材料随温度变化而变的变形量，而间接法测量试样随温度变化时的应变。直接法主要包括光干涉膨胀计法（包括电容桥式、电感式、干涉式、光学）等，而间接法主要包括应变片法等。直接测量法和间接测量法都可用于低温，以获得材料低温环境下的热膨胀或热膨胀系数。由于多数材料低温下热膨胀系数较室温下小，因此低温热膨胀测量对系统的测量精度要求更高。多数材料在 20 K 以下温度热膨胀系数在 $10^{-8}\,\mathrm{K}^{-1}$ 量级，温度变化 1 K 和测量精度要求 1%则需要测量装置应变测量灵敏度达到 $10^{-10}\mathrm{K}^{-1}$ 量级。高灵敏度要求导致低温热膨胀系数较室温和高温热膨胀系数更难准确测量。本节介绍几种低温下常用的热膨胀系数测量方法。

8.1.1.1 光干涉膨胀计法

光干涉膨胀计法是利用待测试样两个表面反射的单色光干涉原理测量热膨胀系数的方法。在真空及入射光与两反射面垂直的条件下，产生干涉条纹的条件为

$$\Delta L = \Delta N \times (\lambda / 2) \tag{8-1}$$

式中，ΔN 为干涉条纹的数目，λ 为单色光真空中的波长，因此样品的热膨胀系数与干涉条

纹数目的关系为

$$\alpha = \frac{1}{L}\frac{\Delta L}{\Delta T} = \frac{\Delta N \times \lambda}{2L \times \Delta T} \tag{8-2}$$

光干涉膨胀计法具有高精度、高分辨率、非接触以及可实时观测等优点。测量得到的数据为试样变形量，因此为直接测量方法。光干涉膨胀计法在各向同性或各向异性材料的弹性、弹塑性甚至大塑性等范围内均能适用。近年来还发展了双光程激光干涉仪，其精度进一步提高。如图 8-1 所示，双光程干涉膨胀计法的原理为测量光束和参考光束在各自的传播途径中多往返一次，从而光学分辨能力较单光程法提高一倍。此外，由于测量光束在试样表面反射两次，从而降低了试样偏转对测试结果的不利影响。

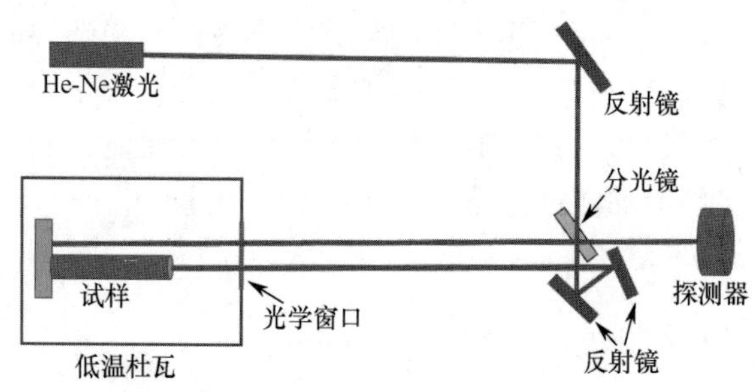

图 8-1　双光程干涉膨胀计法示意图[1]

获得光束和干涉计算方法有多种，具体可分为经典干涉法、全息干涉法、云纹干涉法和散斑干涉法等。

光干涉膨胀计法可用于低温热膨胀系数测量，精度可达 10^{-8} K^{-1}。光干涉膨胀计法用于低温热膨胀测量需要带透明光学窗口的复杂低温系统。

8.1.1.2　顶杆膨胀计法

材料膨胀（或收缩）时尺寸变化 ΔL 通过顶杆传给数字千分尺等尺寸测量元件从而得到热膨胀。测量元件还可以用数字光栅尺等通过测量电信号获得位移变化信息，并与温度信号同步。顶杆一般选用膨胀系数较小的材料，如石英等。

顶杆膨胀计法是经典的热膨胀（系数）测量方法，也是一种直接测量方法。顶杆膨胀计法可应用于低温热膨胀测试，通常精度可达 10^{-7} K^{-1}。

8.1.1.3　容式膨胀计法

材料膨胀（或收缩）时尺寸变化 ΔL 通过顶杆传给电容从而得到热膨胀（系数）。此法利用电容或电容桥将位移变化转化为电测量信号。电容桥可用二端或三端结构，如图 8-2 所示。三端电容桥最早由 White 用于低温热膨胀系数测量。三端容式膨胀计法具有较高的测量精度，变形测量精度可达 10^{-11} m。由于测量精度极高，因此三端容式膨胀计法还适用于较小试样的测量。为提高精度，通常在使用容式膨胀计测量材料的热膨胀（系数）时应考虑电容边缘场修正。如电容与试样同处相同低温环境，使用时还应考虑电容盘自身的热膨胀等。

8.1.1.4　光纤光栅法

光纤光栅（Fiber Bragg Grating，FBG）法利用光纤光栅的波长变化测量温度或试样的

长度变化。温度和应变都会引起光纤光栅波长的线性移动，即

$$\frac{\Delta\lambda}{\lambda}=k_\varepsilon\varepsilon+k_t\times\Delta T \tag{8-3}$$

式中，k_ε 为光纤光栅的应变灵敏度系数，ε 为试样的应变，k_t 为温度灵敏系数。因此，可以通过传感器测量光纤光栅的波长和温度变化，从而求得材料的热膨胀系数。光纤光栅法也是一种测量热膨胀系数的直接方法。

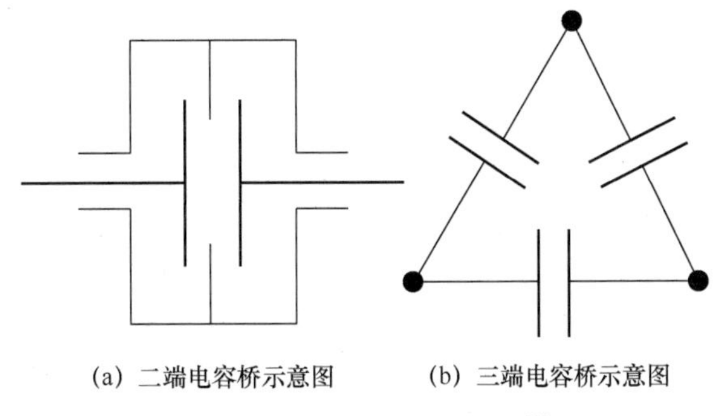

(a) 二端电容桥示意图　(b) 三端电容桥示意图

图 8-2　二端或三端电容桥[1]

对于不加改性镀层的光纤光栅传感器，室温下其反射谱中的单个中心峰在低温下常会劈裂为多峰，这主要源于光纤、胶黏剂，以及基底热膨胀系数间的差异。此现象会引起非均匀热弹性应变从而影响光纤光栅在低温下的应用。通过在光纤光栅表面进行改性，如聚甲基丙烯酸甲酯（PMMA）有机镀层，可在一定程度上解决这种问题。

8.1.1.5　应变片法

应变片法采用应变片将试样变形通过电信号输出。为提高测量灵敏度以及考虑应变片的温度系数，通常采用惠斯通电桥（Wheatstone bridge）电路测量。应变片法具有实施简单等特点，但精度和测量范围都不高，因此主要适用于热膨胀系数较大的材料的测量。

8.1.2　低温热导率测量

根据试样温度与时间的关系，热导率测量方法可分为稳态法和非稳态法两类。

8.1.2.1　稳态法

稳态法是在试样上建立稳态热流，然后通过测量其温度梯度和流经试样的热流来得到热导率。稳态法主要包括纵向热流法和径向热流法两种方法。

1．纵向热流法

纵向热流法的理论依据是傅里叶导热定律。当试样内部存在温度梯度时，热量自发从高温部分流向低温部分。对一维情况，如图 8-3 所示，定义单位时间通过单位面积的热流量为热流密度 q，单位为 W/m^2；热导率为 λ，单位为 $W/(m\cdot K)$，则有

$$\lambda=-\frac{ql}{\Delta T}=\frac{Ql}{A\times\Delta T} \tag{8-4}$$

式中，l 为试样测量区长度，ΔT 为测量区温度梯度，Q 为高温端施加的加热功率，A 为测

量区截面积。

纵向热流法又可分为热势梯度法和防护热板法。热势梯度法适用于细长圆柱或金属丝热导率测量。热势梯度法可采用 2 探针法或 4 探针法，分别如图 8-3（a）和图 8-3（b）所示。测量中应考虑降低对流、辐射漏热等因素以提高测量精度。纵向热流法尤其适用于低温热导率测量。

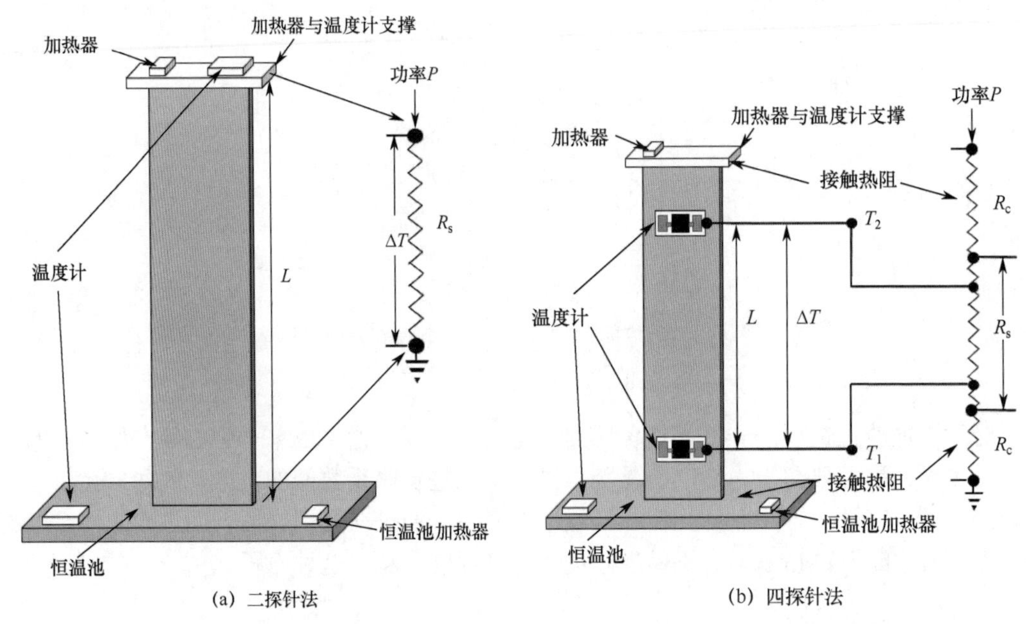

图 8-3　热势梯度法热导率测量示意图[2]

防护热板法适用于低热导率材料（如高分子泡沫材料）热导率测量。如图 8-4 所示，测量时 Cu 或 Al 外部板通过与恒温池接触而保持恒温，加热盘提供均匀且恒定加热功率 P_0，热流经过试样到达外部板（冷板）。中心区外的防护环提供加热功率 P_1 以使防护环的温度与加热盘温度一致。因此加热盘释放的热量 P_0 全部流向试样，且应有 $P_1>P_0$。此外还应注意防护环与加热盘不能接触。测温元件置于试样两侧以测量温度梯度 ΔT_1 和 ΔT_2。试样热导率为

$$\lambda = \frac{LP_0}{A(\Delta T_1 + \Delta T_2)} \tag{8-5}$$

式中，A 为加热盘面积，L 为试样厚度。

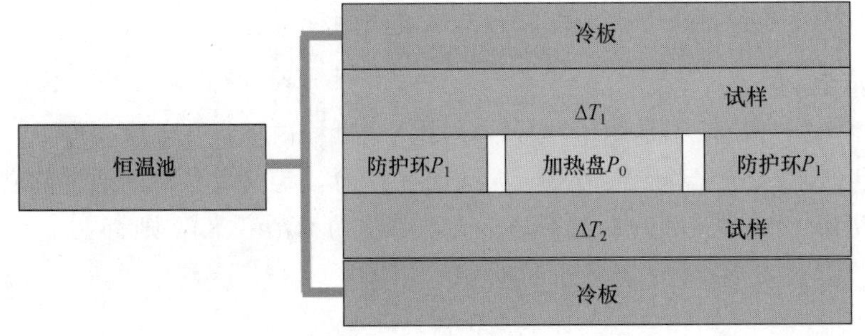

图 8-4　防护热板法热导率测量示意图[1]

试验测量中假设接触热阻远小于试样热阻。注意由于此假设仅适用于温度在 80 K 以上的情况，因此防护热板法主要用于 80～800 K 温区。防护热板法热导率测量不确定度可低至 2%。

2．径向热流法（或圆柱法）

径向热流法是自内向外建立稳态温度梯度并测量材料热导率的方法。与纵向热流法相比，径向热流法基本消除了辐射漏热因素。如图 8-5 所示，试验时沿圆柱轴向加热，达到稳态后测量半径分别为 r_1 和 r_2 处的温度，忽略轴向热耗散，材料的热导率为

$$\lambda(T) = P\frac{\ln\left(\frac{r_2}{r_1}\right)}{2\pi l \times \Delta T} \tag{8-6}$$

式中，P 为加热功率，l 为试样长度，ΔT 为半径为 r_1 和 r_2 处的温度差。

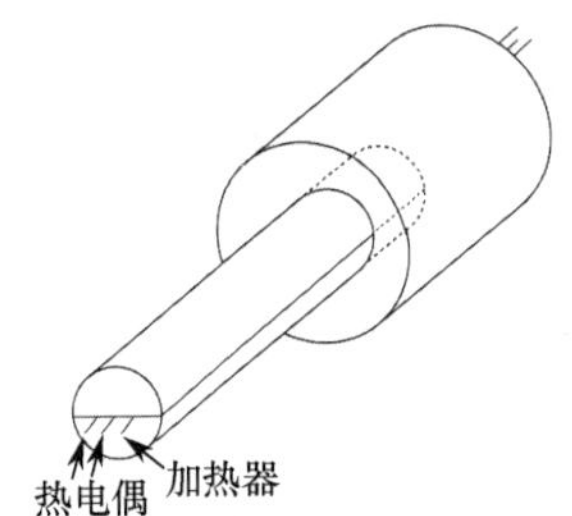

图 8-5　径向热流法热导率测量示意图[1]

径向热流法实施过程较为复杂。低温热导率测量较少使用径向热流法。

8.1.2.2　非稳态法

非稳态法包括瞬态法及间接测量法。瞬态法主要包括 3-ω 法和热脉冲法。间接法主要通过测量热扩散率来得到热导率。

1．3-ω 法（谐波法）

3-ω 法通过测量试样表面金属膜两端的三次谐波电压信号来探测试样热导率。1910 年，Corbino 发现当交流电流通入金属的加热丝后，焦耳热导致温度发生变化。由于金属电阻的温度特性，加热线两端的电压会产生一个三次谐波分量。然而，此三次谐波的信号十分微弱。直至 1987 年，Cahill 用此法进行了材料热导率测量。目前，3-ω 法可用于块体、薄膜甚至液体的热导率。3-ω 法可用于低温热导率测量。此外，3-ω 法还可用于比热测量。

2．热脉冲法

热脉冲法的基本原理是，当向处于平衡态的物体施加短时热脉冲后，其内部温度随时间变化曲线与材料的热导率有关。相对需要长时间建立热平衡的稳态法，热脉冲法具有节省试验时间的特点。

3．间接法

间接法是指通过测量试样的热扩散率后，根据其密度和比热计算来得到热导率。间接法实施较为简单，然而由于依赖热扩散率和比热的测量精度，因此其不确定度较大。

热扩散率测量方法主要包括激光脉冲法和温度波法。

激光脉冲法利用脉冲激光（不大于 1 ms）照射试样后利用红外探测器测量试样背面的温度从而得到材料的热扩散率，如图 8-6 所示。激光脉冲法对试样形状以及表面要求较高。目前，商业激光脉冲法设备已可以测量低至 77 K 的热扩散率。

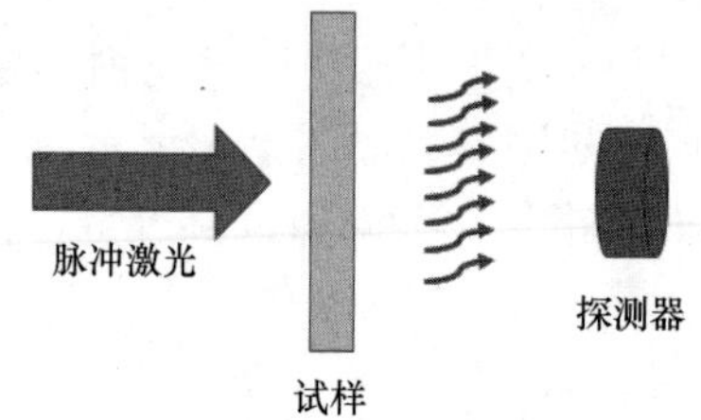

图 8-6　激光脉冲法测量热扩散率原理示意图

温度波法利用光源照射材料后材料温度涨落与其扩散率的关系来确定热扩散率。其基本原理是，光辐射至试样后引起材料温度变化，热量扩散过程中会逐渐衰减，热量衰减的频率与扩散速率相关，即温度波。温度波的衰减系数正比于 $2\pi/\lambda$，λ 为温度波波长。对沿一维圆柱传输的单色平面温度波，有

$$\lambda = 2\sqrt{\pi \Psi \tau} \tag{8-7}$$

式中，Ψ 为热扩散系数，τ 为震荡周期。温度波速率为

$$v = \frac{4\pi \Psi}{\lambda} = 2\sqrt{\pi \Psi / \tau} \tag{8-8}$$

平面温度波的穿透深度定义为温度波下降一个 Nepero 数（约 2.7）经历的距离，即

$$\frac{\lambda}{2\pi} = \sqrt{\Psi \tau / \pi} \tag{8-9}$$

温度波法特别适用于微米级薄膜材料热扩散系数测量，也可用于低温。

8.1.3　低温比热测量

比热定义为单位热量引起单位质量物质的温度变化量。因此热量测量是比热测量的关键。与低温热导测量方法类似，材料低温比热测量方法也主要分为稳态量热法和非稳态量热法两类。

8.1.3.1　稳态量热法

稳态量热法主要包括连续量热法、脉冲量热法和差分量热法。由于测量仪器精度等因素影响，稳态量热法不适用于极低温（低于 1 K）和小质量样品（小于 0.1 g）的比热测量。

1．连续量热法

连续量热法，有时也称扫描法，通过控制加热功率使试样的温度在空间分布相对不变，试样各点的温度随时间的温升速率都相等。试样的比热即可根据加热功率和温升速率得到，即有

$$c = \left(\frac{\mathrm{d}Q}{\mathrm{d}t}\right) \Big/ \left(\frac{\mathrm{d}T}{\mathrm{d}t}\right) = \frac{P}{\left(\dfrac{\mathrm{d}T}{\mathrm{d}t}\right)} \tag{8-10}$$

在试验测量中，由于很难实现试样和附件体系在升温过程中的实时热平衡，因此也要求

试样较小且具有高导率。此外，此法还要求加热功率也足够小，使温升速率满足特定条件。

连续量热法可以提供比热数据的连续值，且具有测量时间快、实施简单等特点。因此该方法还特别适于研究材料的相变等比热异常行为。然而，在试验测量时由于不可避免的漏热等因素，造成连续量热法测量精度较低。通常采用利用不同加热功率以及不加热时测量漏热引起的温度漂移修正等措施以降低测量不确定度。

2．脉冲量热法

脉冲量热法是比热测量的传统方法，也是目前最为成熟和精确的方法。脉冲量热法基本原理是，给试样一热量 ΔQ 后确定其温度变化 ΔT，由此得到试样的比热，即

$$c(T)=\frac{\mathrm{d}Q}{\mathrm{d}t}=\lim_{\Delta T\to 0}\left(\frac{\Delta Q}{\Delta T}\right) \tag{8-11}$$

脉冲量热法测量的比热精度高。然而，低温测量过程中应充分考虑各种漏热因素，如残余气体导热、辐射和电流引线漏热等。此外，此法还具有其系统较为复杂、操作过程冗余等不足。

3．差分量热法

如图 8-7（a）所示，真空绝热恒温器的辐射屏内对称安装两个试样 S_1 和 S_2，其中 S_1 为待测试样，S_2 为空或者标准参考样品。试验时给两个试样分别以 P_1 和 P_2 加热功率使两个试样以同样的升温速率 $\mathrm{d}T/\mathrm{d}t$ 升温，在绝热条件下有

$$\begin{aligned} c_1&=\frac{\mathrm{d}Q_1}{\mathrm{d}T}=\left(\frac{\mathrm{d}Q_1}{\mathrm{d}t}\right)\Big/\left(\frac{\mathrm{d}T}{\mathrm{d}t}\right)=\frac{P_1}{\left(\dfrac{\mathrm{d}T}{\mathrm{d}t}\right)}\\ c_2&=\frac{\mathrm{d}Q_2}{\mathrm{d}T}=\left(\frac{\mathrm{d}Q_2}{\mathrm{d}t}\right)\Big/\left(\frac{\mathrm{d}T}{\mathrm{d}t}\right)=\frac{P_2}{\left(\dfrac{\mathrm{d}T}{\mathrm{d}t}\right)} \end{aligned} \tag{8-12}$$

如试样架和参考试样架对称分布，上面两式相减，得到差分比热

$$\Delta c=c_1-c_2=\frac{P_1-P_2}{\left(\dfrac{\mathrm{d}T}{\mathrm{d}t}\right)} \tag{8-13}$$

如 S_2 为空，则 Δc 即为待测试样的比热，且已扣除附加物的比热。

试验还可用如图 8-7（b）所示的方式，即采用低温热导率较低的不锈钢管将试样 S_1 和 S_2 弱连接，在每次测量前使待测试样达到近似热平衡。用测温元件跟踪 S_1 和 S_2 之间的温差 $\Delta T=\Delta T_1-\Delta T_2$，则两试样的比热之比为

$$\frac{c_1}{c_2}=\left(\frac{\Delta Q_1}{\Delta T_1}\right)\Big/\left(\frac{\Delta Q_2}{\Delta T_2}\right)=\frac{\Delta Q_1}{\Delta Q_2}\left(1+\frac{\Delta T}{\Delta T_1}\right)\approx\frac{\Delta Q_1}{\Delta Q_2} \tag{8-14}$$

该方法避免了脉冲量热法中小温差 ΔT 的直接测量，因此有利于提高测量精度。差分量热法的优点是，具有较高的相对精度（其绝对测量值有赖于参考试样），消除了由剩余气体和热辐射所引起的与环境之间的不可控的热交换所产生的系统误差。差分量热法还特别适用于研究少量杂质对材料比热的影响，以及比较合金成分变化对比热的影响。这种方法的局限性在于样品系统的内平衡时间的有限性。

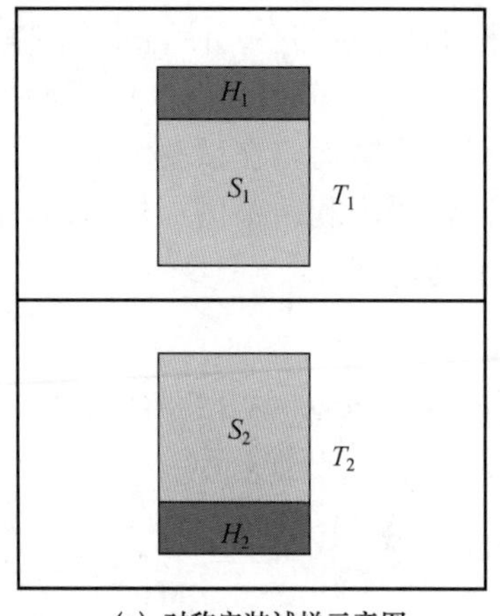

(a) 对称安装试样示意图

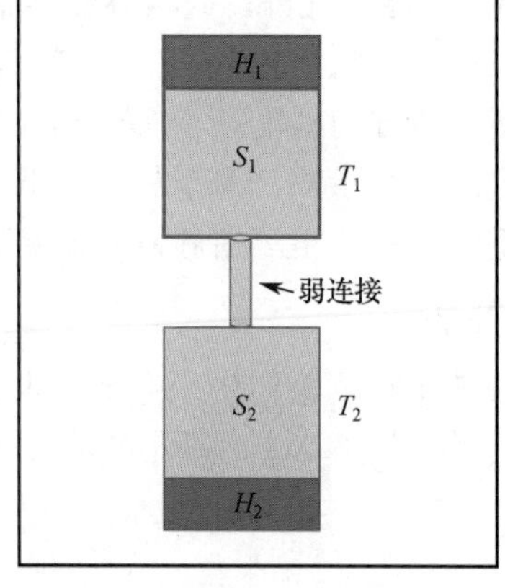

(b) 采用试样弱连接示意图

图 8-7　差分量热法示意图

8.1.3.2　非稳态量热法

非稳态量热法主要包括热弛豫法、交流量热法、差分弛豫法和连续加热法。

1. 热弛豫法

热弛豫法试验在加热过程中通过测量样品的热响应特性得到比热值。如图 8-8 所示，比热为 c_x 的试样通过导热胶粘贴在底部装有温度计和加热器的样品台上（其比热为 c_a），二者之间的导热系数为 K_2。样品台通过金属丝与一温度始终为 T_0 的恒温池（热沉）相连，二者之间的导热系数为 K_1。试验时首先使试样、样品台和热沉处于同一温度 T_0；然后通过加热器给样品台和试样加热（功率 P）使二者温度升高；最后停止加热使样品台和试样的温度自然向热沉温度 T_0 降低。加热过程中体系的热平衡方程有

$$P = c_a \frac{dT_a}{dt} + K_2(T_a - T_x) + K_1(T_a - T_0)$$

$$c_x \frac{dT_x}{dt} + K_2(T_x - T_a) = 0 \tag{8-15}$$

如果加热功率 P 使试样及样品台温度上升至（T_0+ΔT），则 ΔT 为 P/K_1。当 $K_2 \gg K_1$ 时，样品台温度 T_a 与试样温度 T_x 近似相等，则式（8-15）转化为

$$P = (c_a + c_x)\frac{dT_a}{dt} + K_1(T_a - T_0) \tag{8-16}$$

样品台与试样在停止加热后温度随时间的降低过程可用以下方程表示

$$T_p(t) = T_0 + \Delta T e^{-\frac{t}{\tau}}$$

$$\tau = (c_a + c_x)/K_1 \tag{8-17}$$

式中，τ 为时间常数。当 ΔT 足够小时，即 $\Delta T/T \ll 1$，c_x、c_a 和 K_1 在此温度变化过程中保持不变，则通过测量该过程中温度随时间变化的曲线并使用上述方程对曲线进行拟合即可得到时间常数 τ，进而可以得到试样的比热 c_x。

由上述推导可见热弛豫法要求试样具有较高的热导率以使试样在加热过程中可以快速与样品台达到热平衡。

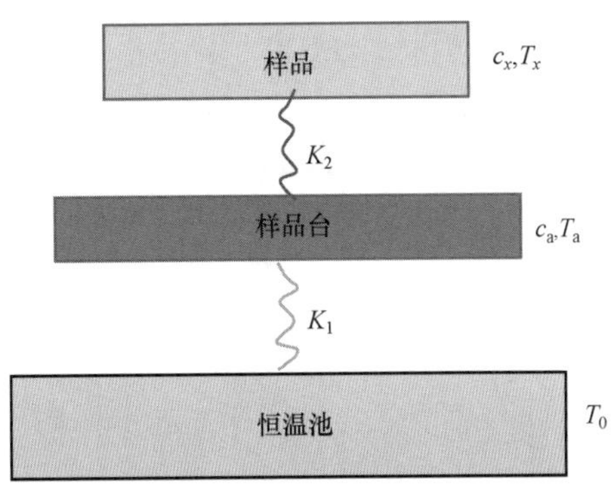

图 8-8　热弛豫法测量材料比热原理示意图[3]

2．交流量热法

对试样通过角频率为 $\omega/2$ 的交流电流加热，因此试样的温度会随时间周期性变化。因此通过测量试样温度随加热电流的频率的变化行为即可得到材料的比热，即有

$$T_{ac} = \frac{\dot{Q}_0}{2\omega c_P}\left(1 + \frac{1}{\omega^2 \tau_1^2} + \omega^2 \tau_2^2 + \frac{2K_b}{3K_s}\right)^{-1/2} \tag{8-18}$$

式中，$\dot{Q}_0$ 为加热电流正弦变化的振幅，τ_1 为试样弛豫时间，τ_2 为样品及附属物弛豫时间，c_P 为定压比热，K_s 和 K_b 分别为试样、试样与热沉之间的热导率。当 $\tau_2 \ll 1/\omega$、$\tau_1 \gg 1$ 和 $K_s \gg K_b$ 时，式（8-18）可简化为

$$c_P \approx \frac{\dot{Q}_0}{2\omega T_{ac}} \tag{8-19}$$

交流量热法适合小质量试样比热测量（小于 0.2 g）。其热容测量精度可达 10^{-8}～10^{-12} J/K。测试中因使用锁相放大器技术而能滤过背景噪声对比热测量带来的误差。由于测量样品质量较小及上述推导过程中的假设条件较难满足等因素，其测量不确定度一般在 1%～8%之间。此外，与弛豫法类似，交流量热法也要求试样具有较高的热导率。

3．差分弛豫法

如图 8-9 所示，分别对试样 S_1 和参考试样 S_2 施加脉冲功率 P_1 和 P_2。停止加热后试样 S_1 和试样 S_2 温度分别按指数率衰减（$e^{(-t/\tau)}$）。试验测量时，通过自动记录样品 S_1 和 S_2 的温度响应曲线，然后通过一阶对数拟合即可得到各自的弛豫时间常数，从而得到比热值 c_1 和 c_2。差分弛豫法是差分量热法与热弛豫法的结合。试验中通过控制初始温差一致，并把试样 S_1 和参考试样 S_2 的温差响应信号置于电桥电路的两端，当两样品架完全对称，试样 S_1 和参考试样 S_2 的弛豫时间相等，则有 $c_1/c_2 \approx P_1/P_2$。

4．连续加热法

连续加热法是在动态连续加热过程中对试样比热进行测量。连续加热过程中，试样体系的热流为

$$\dot{Q}_{in} = \dot{Q}_{HL} + c\frac{dT}{dt} \tag{8-20}$$

式中，$\dot{Q}_{in}$ 为引入试样体系的总热量，$\dot{Q}_{HL}$ 试样体系的热损失量，$c\dfrac{dT}{dt}$ 为试样吸收的热量。

因此，使用连续加热法可通过体系的热量和温度变化获得试样的比热值。

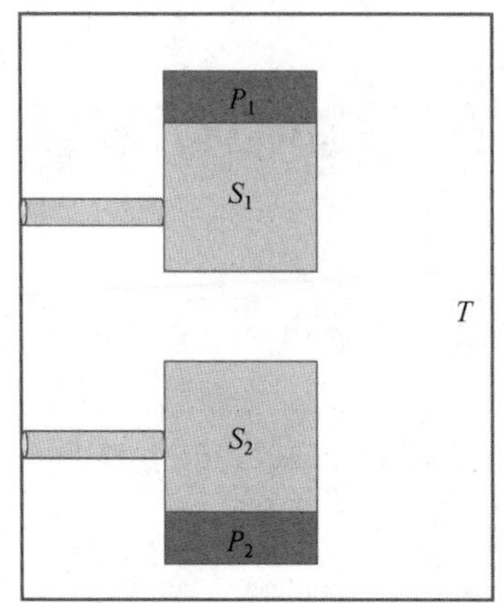

图 8-9　差分弛豫法测量比热原理示意图

差示扫描量热分析仪（DSC）测量比热的原理即为连续加热法。连续加热法的优势在于测量温区宽、所需试样量少、获得的数据点密集和测试时间短等特征。然而，由于连续加热过程中试样体系较难达到热平衡，因此测量的不确定度相对较大。连续加热法在高温区具有高精度，测量不确定度可小于 3%。

8.1.4　低温发射率测量

发射率有光谱定向发射率、全波长定向发射率、光谱半球发射率和全波长半球发射率等不同值。低温系统设计中主要考虑全波长半球发射率。发射率测量方法可分为量热法、反射法、能量法和多波长法等。低温全波长半球发射率主要采用量热法测量。

量热法是最早使用的发射率测量方法。其基本原理是将被测试样与周围环境组成热交换系统，利用热传导方程求出物体的发射率。按热流状态不同又可分为瞬态量热法和稳态量热法。瞬态量热法将试样置于指定温度，一端通过热连接与外界环境连接，另一端与外界的热连接忽略不计。实现热平衡试样后让试样恢复到初始状态。发射率就可以通过材料弛豫时间、试样几何尺寸和热容计算出来。

低温全波长半球发射率测量主要采用稳态量热法。如图 8-10 所示，稳态量热法通过在试样（或热接收器）和恒温的热沉之间设置热连接，以待测试样为发射端，发射率大的样件为参考端，采用热沉两端的温差来计算待测的热量。一般来说，带有温度计的发射端和热沉共同组成了热量测定器，而该测定器可以通过一个电加热器进行标定。全波长半球发射率的值就可以通过热传递量、样品尺寸和试样温度进行计算，即

$$\varepsilon_{\mathrm{R}} = \frac{Q_{\mathrm{R}}}{A\sigma(T_{\mathrm{R}}^4 - T_{\mathrm{A}}^4)} \tag{8-21}$$

式中，ε_{R} 为试样全波长半球发射率，Q_{R} 为吸收（探测）端热流量，A 为待测试样有效表面积，σ 为斯忒藩-玻尔兹曼常数，T_{R}、T_{A} 分别为试样和吸收端温度。低温全波长半球发射率试验过程较复杂，测量不确定度较大。

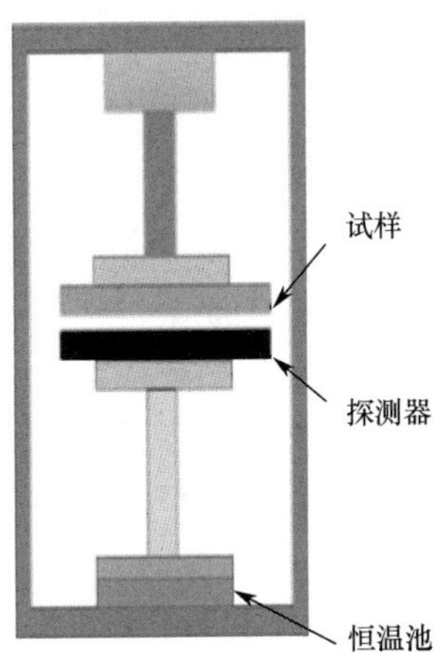

图 8-10　稳态量热法全波长半球发射率测量示意图

8.2　低温电学性能测量方法

电阻率是表征物体电阻特性的物理量。导电金属和合金的剩余电阻率为其室温条件下的电阻率与液氦温度下电阻率之比。剩余电阻率越大，材料越纯、缺陷和位错越少，且热导率越大。与热导率测量相比，剩余电阻率测量通常较为简便。对于复合超导材料，临界电流是其关键参数之一。本节简要介绍金属、合金剩余电阻率和复合超导体临界电流的测量方法。

8.2.1　剩余电阻率测量

金属及金属合金导电机理源于自由电子在电场作用下运动。自由电子运动受到晶格以及材料中杂质、缺陷及位错等散射作用。在低温下，晶格振动非常微弱，因此传导电子输运主要受杂质、缺陷及位错影响。极低温下金属及合金的电阻称为剩余电阻。金属及合金材料剩余电阻率（RRR）定义为室温下电阻率 ρ（293 K）与液氦温度电阻率 ρ（4.2 K）之比。材料的电阻率为

$$\rho = \frac{RA}{L} \tag{8-22}$$

式中，R 为电阻，A 为截面积，L 为长度。剩余电阻率可通过测量材料在室温以及液氦温度下的电阻得到。

晶格振动（声子）对电阻的作用为 R_{ph}，杂质、缺陷及位错等对电阻的贡献为 R_{im}，则剩余电阻率（RRR）为

$$\mathrm{RRR} = \frac{R_{293\mathrm{K}}}{R_{4.2\mathrm{K}}} = \frac{R_{ph} + R_{im}}{R_{im}} \tag{8-23}$$

可见，材料越纯、缺陷越少，剩余电阻率越大。

剩余电阻率（RRR）测量方法主要有两种，即固定点法和曲线法。

固定点法基于测量材料在固定温度点（293 K 和 4.2 K）的电阻后计算剩余电阻率。金

属及合金材料的电阻值可采用四引线法或通过涡流衰减法等得到。

四引线法是金属材料及合金电阻测量的传统方法。测量时给试样施加恒电流后测量电势差得到电阻。四引线法尤其适用于线材以及低电阻率块材的测量。测量时应根据测量电流以及采用电压测量仪表的精度以及试样的电阻率范围等估算所用试样规格来进行。

涡流衰减法基本原理是材料内部产生的感生电流衰减与其电阻率和几何尺寸相关。测量时试样置于通过线圈建立的磁场中，试样内部产生感应电流。当磁场移除后，试样内部感生电流衰减的快慢与试样的电阻率以及几何形状相关。感生电流的变化可通过探测线圈感知并记录，由此得到材料的电阻率。如图 8-11 所示，对圆柱试样有

$$\rho = 2.17\times10^{-2}\frac{\mu r^2}{\tau} \tag{8-24}$$

式中，μ 为磁导率，r 为试样半径，τ 为衰减时间。式(8-24)仅适用于电阻率在 $10^{-12}\sim10^{-8}\ \Omega\cdot\text{m}$ 之间的材料，试样直径 D 在 5～20 mm 之间，且试样长径比（L/D）大于 8 的情况。

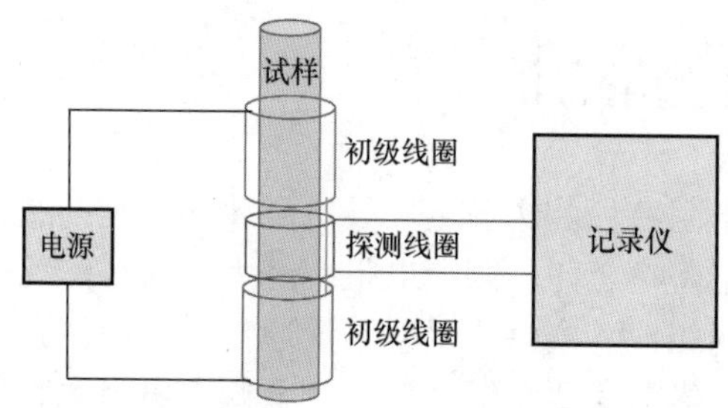

图 8-11　涡流衰减法测量材料电阻率示意图

曲线法通过测量一系列温度点的电阻得到电阻–温度关系。通过数值拟合得到温度–电阻曲线后根据定义获得材料剩余电阻率 RRR。与固定点法相比，曲线法实施较为复杂，试验成本较高。

对超导材料，剩余电阻率定义为其室温电阻 R（293 K）与其自由状态（无应变）、无外磁场条件下超导体刚超过转变温度处的电阻 $R(T_c^*)$ 之比。$R(T_c^*)$ 的确定如图 8-12 所示，图中 A 点即超导材料刚超过临界的温度点。因此，超导材料剩余电阻率 RRR 通常采用曲线法测量。

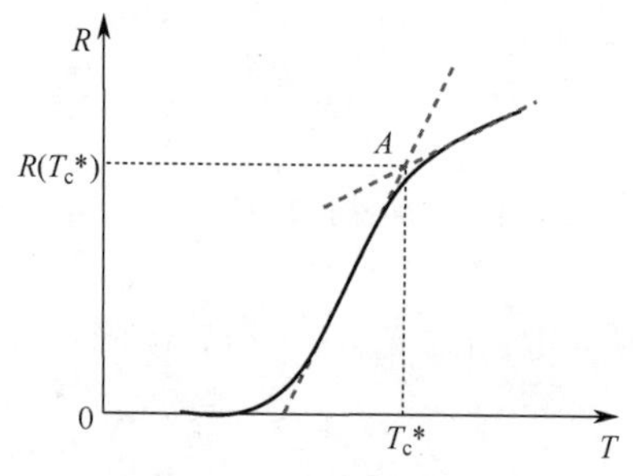

图 8-12　超导材料电阻–温度曲线

8.2.2　超导材料临界电流测量

临界电流密度 J_c 是超导体在超导临界温度 T（$T<T_c$）下能承载的最大直流电流，在此

电流之下超导体可认为是零电阻的载流导体。超导体临界电流密度 J_c 还可以在特定应变(ε)状态或（和）及背景磁场 B 下测量，即 $J_c = f(\varepsilon, B)$。超导体的 $J_c(T, \varepsilon, B)$值对超导磁体的设计和制造非常重要。

临界电流密度实验测量通常是在特定温度下，采用四引线法测定超导体试样的 U-I 曲线后，按特定判据确定临界电流 I_c 以及 n 指数。随后，根据测得的临界电流 I_c，可以计算得到临界电流密度 J_c。采用四引线测量时为防止电流引线的接触电阻对样品电压信号采集的影响，试样上的电压引线须和电流引线分离。试样电流应通过与试样串联的标准电阻来测定。试验测量时从零开始增加试样的直流电流并记录试样上的电势信号以获得完整的 U-I 曲线。试验测得的超导体 U-I 曲线分为两类，即无“爬坡”曲线和有“爬坡”曲线，分别如图 8-13（a）和图 8-13（b）所示。

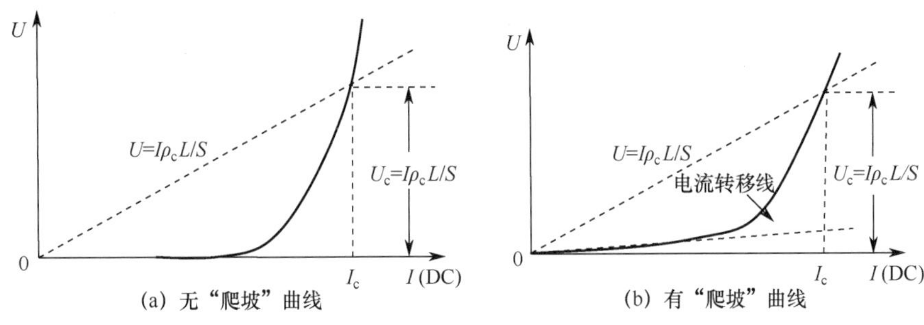

图 8-13 超导体典型 U-I 曲线（IEC 61788-3）

在一定的电势或电阻率范围内，超导体试样 U-I 曲线有如下指数近似：

$$U = U_0\left(\frac{I}{I_0}\right)^2 \tag{8-25}$$

式中，U 为试样的电势，单位为 μV；I 为试样的电流，单位为 A；U_0 为确定 n 值在 U-I 曲线上选定的参照电势，单位为 μV；I_0 为确定 n 值在 U-I 曲线上选定的参照电流，单位为 A。n 值是表征超导体超导转变优劣的参数。如图 8-14 所示，理想超导转变时 $n = \infty$。对 Nb-Ti 超股线，n 值通常在 20～100 之间，用于 NMR 和 MRI 的 Nb-Ti 股线要求 n 值在 50～100 之间；对 Nb_3Sn 超导股线，n 值通常在 20～80 之间，用于 NMR 和 MRI 的 Nb_3Sn 股线要求 n 值在 40～80 之间；对 Bi-2223，n 值通常在 10～25 之间。由超导股线制备 CICC 导体后，超导体的 n 值通常远低于股线的 n 值，如 ITER Nb_3Sn-CICC 超导体的 n 值仅为 10～20。

超导体临界电流判据是判定超导试样是否处于非零电阻的失超状态所使用的量化判据。临界电流判据分为电势判据和电阻率判据两种。试验时可以根据实际需要或约定采用其中一种。按电势判据，在电势增加的过程中，当试样上出现的电势达到所选定电势标准时（如 100 μV/m）的电流即为临界电流 I_c。按电阻率判据，当试样整体呈现的电阻率达到所选电阻率判据时（如 2×10^{-13} Ω · m）的电流即为临界电流 I_c。

当采用电压判据时，临界电流 I_c 应根据 U-I 曲线上的 U_c 点所对应的电流值确定，U_c 是相对于基准电压的测量电压，如图 8-13 所示，即

$$U_c = LE_c \tag{8-26}$$

式中，L 为试样电势引线接点间距，单位为 m；E_c 为电势判据，单位为 μV/m。

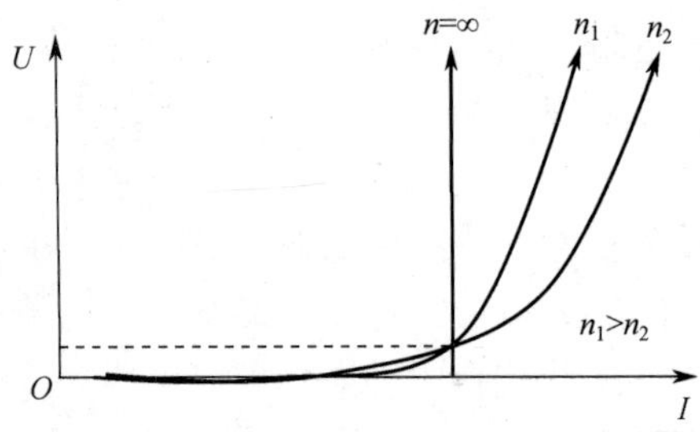

图 8-14　超导转变 U-I 曲线示意图

当采用电阻率判据时，测量电压 U_c 为

$$U_c = I_c \rho_c L / S \tag{8-27}$$

式中，I_c 和 ρ_c 分别为图 8-13 中 U-I 曲线与直线交点对应的电流和电阻率，S 为总横截面积，单位为 m^2。

8.3　本章小结

通过本章的学习应掌握材料低温热导率和剩余电阻率 RRR 的测量原理和方法。

复习思考题 8

8-1　阐述几种低温热导率的测量方法及特点。

8-2　结合前面章节学习及文献阅读，设计一种用于金属铌（Nb）剩余电阻率 RRR 的测量装置，阐述各部分功能、测量步骤，开展测量不确定度分析。

本章参考文献

[1] VENTURA G , PERFETTI M. Thermal properties of solids at room and cryogenic temperatures [M]. Springer, 2019.

[2] VENTURA G , RISEGARI L. The art of cryogenics: low temperature experimental techniques [M]. Burlington: Elsevier, 2008.

[3] 史全, 谭志诚, 尹楠. 低温量热原理及在材料研究中的应用[J]. 科学通报, 2016, 61(28-29): 3100-3114.